주석 국가계약법

법무법인(유한)태평양 건설부동산팀

박영사

머리말

PREFACE

저희 법무법인(유한) 태평양에서 1990년대 중반경 건설과 부동산 관련 업무를 특화해서 국내에서 처음으로 건설부동산팀을 창설한 지 올해로 벌써 20년이 훨씬 더 지났습니다. 저희 건설부동산팀이 그 동안 수행해온 업무는 대형 공사계약, 대형 부동산개발 사업, SOC 사업, 부동산 신탁 사업, 해외 부동산 개발 및 해외 건설공사 등이 망라된 다양한 자문 및 쟁송 업무 등이었는데, 그 중에서도 특히 가장 주요한 업무를 꼽으라면 역시 국가, 지방자치단체, 공공기관 또는 지방공기업을 당사자로 하는 계약에 관한 각종 자문 및 쟁송을 들 수 있습니다.

지난 20여 년을 뒤돌아보면 저희 건설부동산팀에는 정말 많은 일이 있었습니다. 국방조달사업 입찰 관련 가처분을 위해 몇 날을 밤을 새워 가며 준비를 해서 결국 의뢰인이 만족할 만한 성과를 내어 부서 전체가 스스로 대견해 하면서 기뻐했던 일, 국내 100위 이내의 건설회사들이 무더기로 입찰참가자격제한 처분을 받는 바람에 건설부동산팀 전원이 혼연일체가 되어 70여 건의 사건을 처리하면서 변호사는 물론 직원들까지도 1년 가까운 기간 동안 거의 매일 야근 작업을 하는 등으로 사건해결을 위해 몰두하였던 일, 최근에는 간접비 등을 포함해서 공사대금조정 관련 자문과 분쟁에서 고객의 문제를 해결하기 위해 동분서주 바쁘게 뛴 일 등이 뇌리에 남아 있습니다.

국가 등을 당사자로 하는 계약에 관한 업무는 다른 어느 분야보다 기술적이고 실무적인 내용이 많고 쟁점이 복잡해서 당면 현안을 해결하고 실무에 적용할 수 있는 해답을 찾는 것은 결코 쉽지 않은 일입니다. 저희 건설부동산팀 변호사들은 복잡하게 엉켜있는 실타래를 풀어가는 심정으로 어려운 현안을 해결하고자 관련 법령과 선례를 샅샅이 뒤지고 국토교통부나 기획재정부 담당공무원의 견해를 확인해 가면서 일반 민사법의 법리와 건설 관련 지식에 바탕을 둔 합리적 해석과 해결방안을 도출해 왔고, 이를 토대로 고객들께 종합적이고 차별화된 법률서비스를 제공해 왔습니다. 이러한 노력에 힘입어 2016년에는 사내변호사들께서 법무법인(유한) 태평양 건설부동산팀을 건설부동산 분야 국내 1위로 선정해 주셨습니다. 지금까지 저희 건설부동산팀이 성장해 올 수 있었던 것은 무엇보다 고객분들의 전폭적인 신뢰와 배려 덕분이라고 생각하고 이 자리를 빌어 고개 숙여 감사하다는 말씀을 드립니다.

저희 건설부동산팀의 파트너 변호사들은 이러한 고객분들께 보답하기 위해서는 저희가 가지고 있는 지식과 노하우를 책으로 출간하여 널리 알리는 것이 좋겠다고 판단해서 '주석 국가계약법'을 출간하게 되었습니다. 이 책은 국가를 당사자로 하는 계약에 관한 법률의 각 조문 순서대로 해당 조항의 법률적 의미, 실무적으로 문제되는 쟁점 등을 자세하게 설명하고 있습니다. 저희 건설부동산팀 모든 변호사들이 국가 등을 당사자로 하는 계약 관련 업무를 처리해 오면서 축적해온 정보, 지식, 노하우, 결과물 등이 이 책자에 고스란히 담겨 있다고 할 수 있습니다. 이 책을 발간하는 집필자들은 이 책이 실무에 관한 연구와 논의에 기초를 제공하고 그 미래를 설계하는 데 조금이나마 도움이 되기를 간절히 바랍니다.

저희 건설부동산팀이 현재의 모습으로 성장과 발전을 거듭할 수 있도록 무한한 지원을 아낌없이 보내주신 법무법인(유한) 태평양의 집행부를 비롯한 모든 식구들, 그리고 특히 고객께 최고의 법률서비스를 제공하기 위해 불철주야 노력하고 있는 저희 건설부동산팀 주니어 변호사님들, 늘 불편함이 없도록 저희 변호사들을 지원해 주시는 송무팀, 비서팀 등 직원 여러분들께 감사하다는 말씀을 드립니다. 마지막으로 이 책의 출판을 맡아주신 박영사와 직접적으로 업무를 도와주신 김선민 부장님께도 감사의 말씀을 전하고자 합니다.

2017년 정초에
집필자를 대표하여
법무법인(유한)태평양 건설팀장 이 형 석 변호사

차 례
CONTENTS

Ⅰ. 개 관

Ⅱ. 계약의 방법

Ⅲ. 입찰 및 낙찰

Ⅳ. 계약의 체결 및 이행

Ⅴ. 계약금액의 조정

Ⅵ. 계약의 종류

Ⅶ. 지체상금 및 계약의 해제, 해지

Ⅷ. 부정당업자의 입찰참가자격 제한

Ⅸ. 대형공사계약

Ⅹ. 기술제안입찰

Ⅺ. 이의신청 및 국가계약분쟁조정위원회에 의한 심사 · 조정

Ⅰ. 개 관

제1조 (목적)
이 법은 국가를 당사자로 하는 계약에 관한 기본적인 사항을 정함으로써 계약업무를 원활하게 수행할 수 있도록 함을 목적으로 한다.

1. 국가계약법의 제정과 개정

가. 제정

정부조달협정의 타결에 따른 정부조달시장의 개방에 대비하여 정부조달협정의 차질 없는 이행과 계약업무의 원활한 수행을 도모하기 위하여 정부조달협정 및 국제규범을 반영하여 공정하고 효율적인 정부계약에 관한 제도를 마련하고자 예산회계법(2006. 10. 4. 법률 제8050호 국가재정법의 제정으로 폐지)상 계약에 관하여 규정한 제6장을 대체하는 국가를 당사자로 하는 계약에 관한 법률[1]을 별도로 제정(1995. 1. 5. 법률 제4846호)하게 되었고, 1995. 6. 5.부터 시행하기에 이르렀으며,[2] 법률 제정의 이유에서 밝힌 기본사항은 아래와 같다.

첫째, 정부조달협정 협상시 우리나라가 양허한 내용을 국제입찰에 의할 정부조달의 범위로 정하고, 정부조달협정 적용대상이 아닌 계약일 경우에도 발주관서가 필요하다고 인정하는 경우에는 국제입찰에 의할 수 있도록 규정하였다.

둘째, 정부조달협정의 적용을 받는 계약의 경우에는 발주관서가 입찰에 참가하려는 자의 국적이나 물품의 생산지를 부당하게 제한하는 특약이나 조건을 정할 수 없도록 규정하였다.

셋째, 계약은 일반공개경쟁입찰을 원칙으로 하고, 대통령령에서 정하는 바

---

1) 이하 "국가계약법" 또는 "법"이라 하고, 국가를 당사자로 하는 계약에 관한 법률 시행령은 "국가계약법 시행령" 또는 "법 시행령"이라 하며, 국가를 당사자로 하는 계약에 관한 법률 시행규칙은 "국가계약법 시행규칙" 또는 "법 시행규칙"이라 한다.

2) 다만 국제입찰에 관한 규정인 제4조 제1항 및 제2항, 제5조 제2항, 제28조 내지 제31조의 규정은 1997년 1월 1일부터 시행하였다(부칙 제1조 단서).

에 따라 제한경쟁입찰, 지명경쟁입찰을 실시하거나 수의계약을 체결할 수 있도록 규정하였다.

넷째, 정부조달협정의 내용에 따라 충분한 계약이행능력이 있는 자 중 최저가입찰자 또는 가장 유리한 조건을 제시한 자를 낙찰자로 하고, 계약의 성질·규모 등을 감안하여 대통령령에서 별도의 기준을 정한 경우에는 그 기준에 가장 적합한 자를 낙찰자로 정하도록 규정하였다.

다섯째, 정부조달협정에 분쟁처리기구를 설치하도록 되어 있으므로 이의 이행을 위하여 대통령령으로 규정되어 있는 특례조달분쟁심의위원회를 국제계약분쟁조정위원회로 대체하기 위하여 그 법적 근거를 명시하였다.

나. 개정

관련 법률의 개정에 따라 이루어진 개정을 제외하고 국가계약법 자체의 개정 사항을 개정 연혁별로 살펴보면 다음과 같다.

1) 제27조 제1항 개정(2005. 12. 14. 법률 제7722호)

종전 제27조 제1항의 "각 중앙관서의 장은 대통령령이 정하는 바에 의하여 경쟁의 공정한 집행 또는 계약의 적정한 이행을 해칠 염려가 있거나 기타 입찰에 참가시키는 것이 부적합하다고 인정되는 자에 대하여서는 일정기간 입찰참가자격을 제한하여야 하며, 이를 다른 중앙관서의 장에게 통보하여야 한다."는 규정과 관련하여 헌법재판소가 입찰참가자격의 제한기간을 대통령이 정하는 일정기간으로 규정하고 있는 부분(이하 '이 사건 법률조항')은 기간을 특정하지 않은 채 단지 '일정기간'이라고만 규정함으로써 입찰참가자격 제한기간의 상한을 정하지 않고 있다. (중략) 이 사건 법률조항은 그 상한을 전혀 규정하지 않음으로써 자격제한 사유에 해당하는 자로 하여금 이 조항의 내용만으로는 자격제한의 기간을 전혀 예측할 수 없게 하고 동시에 국가기관의 자의적인 집행을 가능하게 하므로 이 사건 법률조항은 명확성의 원칙에 위반된다. 이 사건 법률조항은 입찰참가자격의 제한기간에 관하여 "일정기간"이라고만 규정하고 그 구체적인 범위를 대통령령에 위임하고 있는데 이 사건 법률조항은 부정당업자의 입찰참가자격 제한에 관한 규정으로서 직업의 자유를 제한하는 내용이므로 위임에 있어서 구체성과 명확성의 요구는 보다 강화된다고 보아야 한다. 그런데 이 사건 법률조항의 '일정기간'의 개념은 매우 불명확하여 수범자인 국민으로 하여금 대통령령에 기간의 상한이 어느 정도로 정하여질지 전혀 그 대강을 예측할 수 없도록 되어 있고, '일정기간'은 사전적으로는 '정해져 있는 기간'을 의미하나 사실상은 기간의 제한이 없는 것과 다를 바 없어 결국 하위법령에 자격제한기간을 전적으로 모두 위임하는 것과 같으며 관련법조항을 종합적으로 살펴보아도 '일정기간의 상한'을 예측할 수 없으므로 이 사건 법률조항은 포괄위임금지원칙에 위반된다."며 헌법불합치 결정을 함에 따라(헌법재판소 2005. 6. 30.자 2005헌가1 결정), '일정기간'을 "2년 이내의 범위에서 대통령령이 정하는 바에 따라"로 개정하였다.

2) 제7조 제2항 및 제21조 제1항 신설(2012. 3. 21. 법률 제11377호)

국가재정법 제23조에 따른 계속비는 집행에 수년이 걸리는 등 단년도 예산의 집행과정과 다른 점이 있으므로 사업의 총액과 연부액을 명백히 하여 체결하도록 계속비 계약의 방식과 근거를 법률에 명시하고(제21조 제1항), 시행령 제13조에 따라 업체를 미리 심사하여 적합판정을 받은 업체만 입찰에 참가할 수 있도록 하는 입찰참가 사전심사제도는 국민의 자유와 평등을 제한하는 측면이 있으므로 그 근거를 법률에 규정하기 위해(제7조 제2항) 개정하였다.

3) 제5조의2, 제5조의3, 제14조 제3항 등 신설 및 제23조 등 개정
(2012. 12. 18. 법률 제11547호)

국가계약의 공정성·투명성을 확보하기 위하여 청렴계약의 근거를 마련하고(제5조의2 및 제5조의3 신설), 다른 법령에 따라 품질인증을 받은 물품 또는 품질관리능력을 인증받은 자가 제조한 물품에 대해서는 검사를 면제할 수 있도록 하며(제14조 제3항 신설), 긴급한 재해복구를 위한 계약의 경우 입찰 소요기간 등으로 인하여 공사 착수가 지연되거나 긴급성 등을 사유로 수의계약을 남발하게 되어 부실공사와 특혜의 소지가 있으므로, 긴급한 재해복구를 위한 계약에 대하여 개산계약을 체결할 수 있도록 하며 아울러 개산계약에 관한 규정을 정비하고(제23조 개정), 입찰 참가자격 제한의 원인이 되는 위반행위에 대한 부정당업자의 책임이 경미하거나 유효한 경쟁입찰이 명백히 성립되지 않는 경우에는 입찰 참가자격 제한에 갈음하여 계약금액 또는 추정가격의 100분의 10 또는 100분의 30에 해당하는 금액 이하의 과징금을 부과할 수 있도록 하는 근거 규

정을 마련하며(제27조의2 및 제27조의3 신설), 하도급업체와 중소기업, 소상공인들에게 하도급 대금이 제대로 지불되지 않고 있는 현실을 감안하여 하도급대금 지급 관련 법령을 위반한 계약상대자는 향후 1년간 모든 공공공사에 있어서 발주기관이 하도급대금을 직접 지불하는 것에 합의한다는 내용의 확약서를 제출하는 경우에 한해 입찰에 참가시키도록 하고(제27조의4 신설), 국내입찰의 경우에도 국제입찰과 같이 정부조달계약을 위한 입찰 및 계약의 과정에서 분쟁 발생시 이의신청을 할 수 있도록 함과 동시에 국제계약분쟁조정위원회를 확대한 국가계약분쟁조정위원회를 설치하도록 하여 소송으로 진행되기 전에 분쟁을 조정할 수 있도록 하는 한편(제28조 및 제29조 개정), 법 문장을 원칙적으로 한글로 적고, 어려운 용어를 쉬운 용어로 바꾸며, 길고 복잡한 문장은 체계 등을 정비하여 간결하게 하는 등 국민이 법 문장을 이해하기 쉽게 정비하려는 목적에서 개정하였다.

4) 제27조의5 신설(2013. 8. 13. 법률 제12028호)

조세포탈에 대한 제재를 보다 강화하기 위하여 조세포탈 등을 한 자로서 유죄판결이 확정된 날부터 2년이 지나지 아니한 자에 대해서는 국가 발주 사업에 있어서 입찰참가자격을 제한하기 위해 개정하였다.

5) 제35조 신설(2014. 12. 30. 법률 제12860호)

국가계약과 관련한 분쟁의 조정이나 자문 업무를 수행하는 위원회를 구성하는 위원 중 민간위원의 책임의식과 청렴성을 제고하기 위해 계약관련 업무수행 과정에서 금품수수 등의 위법행위에 관한 벌칙 적용시 공무원으로 의제할 수 있는 근거를 마련하는 규정을 신설하였다.

6) 제27조 및 제29조 개정(2016. 3. 2. 법률 제14038호)

부정당업자 입찰 참가자격 제한제도에 제척기간을 도입하고, 부정당업자 제재처분에 대한 정보를 국민이 열람할 수 있도록 대통령령으로 정하는 바에 따라 제재처분 정보를 공개하며(제27조), 대통령령에서 규정하고 있는 국가계약분쟁조정위원회의 구성 및 위원의 자격·임기 등에 관한 사항을 법률로 상향 규정하는 내용(제29조)을 삽입하여 개정하였다.

2. 국가계약법의 목적

제정 국가계약법이 "이 법은 국가를 당사자로 하는 계약에 관한 기본적인 사항을 정함으로써 계약업무의 원활한 수행을 도모함을 목적으로 한다."고 규정한 이래, 2012. 12. 18. 개정시 "이 법은 국가를 당사자로 하는 계약에 관한 기본적인 사항을 정함으로써 계약업무를 원활하게 수행할 수 있도록 함을 목적으로 한다."고 한 차례 개정된 적이 있긴 하나 자구수정에 그친 것이었다. 즉 국가계약법이 제정될 당초부터 정부조달협정의 타결에 따른 정부조달시장의 개방에 대비하여 정부조달협정의 차질 없는 이행을 포함한 계약업무의 원활한 수행을 도모하기 위해 국가를 당사자로 하는 계약에 관한 기본사항을 정하려는 데에 목적이 있었고 이러한 목적은 현재까지 유지되고 있는 것이다. 따라서 국가계약법의 여타 규정들을 해석함에 있어서는 이러한 제1조의 목적에 담긴 취지와 내용을 항상 염두에 둘 필요가 있다.[3)]

---

3) "계약담당공무원이 입찰절차에서 국가를 당사자로 하는 계약에 관한 법률 및 그 시행령이나 그 세부심사기준에 어긋나게 적격심사를 하였다 하더라도 그 사유만으로 당연히 낙찰자 결정이나 그에 기한 계약이 무효가 되는 것은 아니고, 이를 위배한 하자가 입찰절차의 공공성과 공정성이 현저히 침해될 정도로 중대할 뿐 아니라 상대방도 이러한 사정을 알았거나 알 수 있었을 경우 또는 누가 보더라도 낙찰자의 결정 및 계약체결이 선량한 풍속 기타 사회질서에 반하는 행위에 의하여 이루어진 것임이 분명한 경우 등 이를 무효로 하지 않으면 그 절차에 관하여 규정한 국가를 당사자로 하는 계약에 관한 법률의 취지를 몰각하는 결과가 되는 특별한 사정이 있는 경우에 한하여 무효가 된다고 해석함이 타당하다(대법원 2001. 12. 11. 선고 2001다33604 판결)"는 판결 역시 이러한 국가계약법의 목적을 감안한 판결이라 할 수 있다.

제 2 조 (적용 범위)

이 법은 국제입찰에 따른 정부조달계약과 국가가 대한민국 국민을 계약상대자로 하여 체결하는 계약[세입(歲入)의 원인이 되는 계약을 포함한다] 등 국가를 당사자로 하는 계약에 대하여 적용한다.

1. 규정의 의미

법 제2조가 명시하듯이 국가계약법은 국가를 당사자로 하는 계약 즉 국가계약에 대하여 적용되는 것이다.

'국가계약'이라는 용어와 관련하여, 지방자치단체 및 공공기관을 당사자로 하는 계약까지 총칭하여 이를 '정부계약'이라 명명하는 견해,[4] '정부조달계약'이라 칭하면서 주로 국가가 필요로 하는 행정수요를 충족시키고자 일반사인과 체결하는 예산지출의 원인이 되는 계약(공사 · 물품구매 및 기타 용역관련 계약)에 해당할 것이나, 행정목적을 달성하거나 효율적인 행정수행에 방해가 되지 않는 범위 내에서 국유재산을 처분하는 등의 세입의 원인이 되는 계약도 정부조달계약에 포함된다고 보는 견해,[5] '행정조달계약"이라는 용어를 사용하면서 국가, 지방자치단체 및 기타 행정주체의 조달계약을 총칭하는 견해[6] 등 다양하다.

이러한 국가계약 또는 국가계약을 포함하는 넓은 의미의 정부계약이라는 용어의 쓰임은 별론으로 하고, 본 조는 국가계약법이 국제입찰에 따른 정부조달계약에 적용되고,[7] 또한 국가가 당사자가 되어 체결하는 계약이면 그 계약이 국고의 부담이 되는 조달계약이거나 반대로 세입의 원인이 되는 계약이거나 모두 국가계약법의 적용 범위에 포섭된다는 원칙을 규정하고 있는 것이다.[8]

4) 김성근, 정부계약법 해설Ⅰ, 건설경제(2013), 9면.
5) 정원 · 류남욱, 온주, 국가를 당사자로 하는 계약에 관한 법률(이하, '온주 국가계약법'이라 약칭) 제2조 주석, 로앤비(2017. 1. 16. 확인)
6) 박정훈, "행정조달계약의 법적 성격", 국방조달계약연구논집, 국방부조달본부(2005), 4면.
7) 제2조가 규정하는 국가계약법의 적용 대상으로서 '국제입찰에 따른 정부조달계약'에 관한 주석은 제4조에서 살펴본다.
8) 따라서 국고의 부담이 되는 조달계약이 아닌 민간투자사업에 있어서는 사회기반시설에 대한 민간투자법이 정하는 내용에 따른다.

2. 관련 법령

국가계약법과는 별도로 지방자치단체가 계약상대자와 체결하는 수입 및 지출의 원인이 되는 계약 등에 대하여는 지방자치단체를 당사자로 하는 계약에 관한 법률[9]이 적용된다(지방계약법 제2조). 또한 공공기관의 운영에 관한 기본적인 사항을 정하고 있는 공공기관의 운영에 관한 법률[10]은 공기업 준정부기관의 회계처리의 원칙과 입찰참가자격의 제한기준 등에 관하여 필요한 사항을 기획재정부령으로 정한다고 규정하고 있고(공공기관운영법 제39조 제3항), 이에 따라 공기업·준정부기관 계약사무규칙이 마련되어 공기업 및 준정부기관의 계약의 기준과 절차 및 입찰참가자격의 제한 등에 필요한 사항을 정하고 있다. 지방공기업법 역시 지방공기업이 주체가 되는 계약의 체결, 기준 및 절차, 입찰참가자격의 제한 등에 관한 사항을 정하고 있다(지방공기업법 제42조, 제64조의2).

9) 이하 "지방계약법"이라 한다.
10) 이하 "공공기관운영법"이라 한다.

제 3 조 (다른 법률과의 관계)
국가를 당사자로 하는 계약에 관하여는 다른 법률에 특별한 규정이 있는 경우를 제외하고는 이 법에서 정하는 바에 따른다.

1. 규정 내용

본 조 역시 2012. 12. 18. 법률 제11547호로 법률 제정 당시의 "국가를 당사자로 하는 계약에 관하여는 다른 법률에 특별한 규정이 있는 경우를 제외하고는 이 법이 정하는 바에 의한다."라는 같은 내용의 규정에서 말미 자구만이 수정되었을 뿐 국가계약법이 제정될 당시부터 줄곧 유지되고 있는 규정이다.

법 시행령 역시 "국가를 당사자로 하는 계약에 관하여는 다른 법령에 특별한 규정이 있는 경우를 제외하고는 이 영이 정하는 바에 의한다."는 점을 분명히 하고 있다(국가계약법 시행령 제3조 제1항). 또한 "국제입찰에 의할 정부조달계약에 한하여 적용될 사항은 따로 대통령령으로 정한다."고 규정함에 따라(국가계약법 시행령 제3조 제2항) 특정조달을 위한 국가를 당사자로 하는 계약에 관한 법률 시행령 특례규정이 별도로 마련되어 있다.

2. 규정의 의미

국가를 당사자로 하는 계약에 관한 규율은 비단 국가계약법에만 한정되지 아니한다. 예를 들어, 국가계약법의 규정들이 원래 위치해 있었던 국가재정법(2006. 10. 4. 법률 제8050호 국가재정법의 제정으로 종전 예산회계법은 폐지됨)에도 국가를 당사자로 하는 계약의 상대방이 법령을 위반함으로써 국가에 손해를 가한 경우에 관하여 규율하는 특별한 규정(동법 제100조 제1항)을 두고 있다거나, 조달사업의 운영 및 관리에 관한 사항은 아예 조달사업에 관한 법률이 별도로 규율하고 있으며, 국유재산이나 국가물품의 취득, 보관, 사용 및 처분에 관하여 별도 법률로써 규율하고 있는 국유재산법이나 물품관리법,[11] 군수품관리법 등이 있

11) 물품관리법 제39조는 "각 중앙관서의 장이나 조달청장은 매각을 목적으로 한 물품이나 불용품을 「국가를 당사자로 하는 계약에 관한 법률」에도 불구하고 대통령령으로 정하는 바에 따라 경매 또는 수의계약에 의하여 매각할 수 있다."고 규정하여 국가계약법에 대

는 바와 같다.

따라서 국가를 당사자로 하는 계약에 관하여 다른 법률이 특별히 규정하고 있는 경우에는 응당 그 다른 법률이 국가계약법에 우선하는 것이지만 이러한 경우를 제외하고는 응당 국가계약법이 정하는 바에 따른다는 원칙을 규정한 것으로서, 국가계약법이 국가를 당사자로 하는 계약에 관한 기본법에 해당한다는 점을 확인한 규정이라 할 것이다. 견해에 따라서는 본 조가 국가계약법 적용의 보충성을 의미한다는 견해[12]도 있으나 그보다는 국가를 당사자로 하는 계약을 규율하는 기본법에 해당한다고 보는 것이 법문에 충실한 해석이라 할 것이다.[13] 이 점에서 앞서 살펴 본 국가계약법의 관련법령으로서 지방계약법 제4조 역시 "지방자치단체를 당사자로 하는 계약에 관하여는 다른 법률에 특별한 규정이 있는 경우 외에는 이 법에서 정하는 바에 따른다."고 규정하고 있고, 공공기관운영법의 위임에 따라 공공기관의 계약사무에 관하여 규정하고 있는 공기업·준정부기관 계약사무규칙 제2조 제1항 역시 "공기업·준정부기관의 계약처리에 관하여 다른 법령에 특별한 규정이 있는 경우 외에는 이 규칙에서 정하는 바에 따른다."고 규정하고 있는 것에서도 한결같이 계약에 관한 기본규정을 마련하였다는 점을 확인할 수 있다.

한 특별규정임을 직접적으로 규정하고 있다.

12) 정원·류남욱, 앞의 책 및 김성근, 앞의 책, 48면.

13) 물론 이에 관한 직접적인 판례는 아니고 국가계약법의 강행법규적 성격을 판시한 "구 국가를 당사자로 하는 계약에 관한 법률(2012. 12. 18. 법률 제11547호로 개정되기 전의 것, 이하 '국가계약법'이라 한다) 제11조 규정 내용과 국가가 일방당사자가 되어 체결하는 계약의 내용을 명확히 하고 국가가 사인과 계약을 체결할 때 적법한 절차에 따를 것을 담보하려는 규정의 취지 등에 비추어 보면, 국가가 사인과 계약을 체결할 때에는 국가계약법령에 따른 계약서를 따로 작성하는 등 요건과 절차를 이행하여야 할 것이고, 설령 국가와 사인 사이에 계약이 체결되었더라도 이러한 법령상 요건과 절차를 거치지 아니한 계약은 효력이 없다."는 판례(대법원 2015. 1. 15. 선고 2013다215133 판결)나, "甲 주식회사와 한국철도공사가 체결한 기관차 공급계약에서 물가변동으로 인한 계약금액 조정을 배제하는 특약을 두었는데, 甲회사가 위 특약의 무효를 주장하며 계약 체결 이후의 물가상승을 반영한 계약금액 조정금의 지급을 구한 사안에서, 구 국가를 당사자로 하는 계약에 관한 법률 제19조는 강행법규에 해당하므로 甲회사는 물가변동에 따른 계약금액 조정금을 청구할 수 있고, 위 특약은 국가를 당사자로 하는 계약에 관한 법률 시행령 제4조 등을 위반하여 효력이 없다."라고 한 판례(서울고등법원 2014. 10. 30. 선고 2014나2006945 판결)에서 보듯, 국가계약법의 규정들은 국가를 당사자로 하는 계약을 규율하는 기본적 강행법규라는 성질을 갖는다고 하겠다.

제 4 조 (국제입찰에 따른 정부조달계약의 범위)

① 국제입찰에 따른 정부조달계약의 범위는 정부기관이 체결하는 물품 · 공사(工事) 및 용역의 계약으로서 정부조달협정과 이에 근거한 국제규범에 따라 기획재정부장관이 정하여 고시하는 금액 이상의 계약으로 한다. 다만, 다음 각 호의 어느 하나에 해당하는 경우에는 국제입찰에 따른 정부조달계약의 대상에서 제외한다.

1. 재판매(再販賣)나 판매를 위한 생산에 필요한 물품이나 용역을 조달하는 경우
2. 「중소기업제품 구매촉진 및 판로지원에 관한 법률」에 따라 중소기업제품을 제조 · 구매하는 경우
3. 「양곡관리법」, 「농수산물 유통 및 가격안정에 관한 법률」 및 「축산법」에 따른 농 · 수 · 축산물을 구매하는 경우
4. 그 밖에 정부조달협정에 규정된 내용으로서 대통령령으로 정한 경우

② 제1항 각 호 외의 부분 본문에 따른 정부기관과 물품 · 공사 및 용역의 범위는 정부조달협정의 내용에 따라 대통령령으로 정한다.

③ 「국가재정법」 제6조에 따른 중앙관서의 장(이하 "각 중앙관서의 장"이라 한다) 또는 제6조에 따라 위임 · 위탁 등을 받아 계약사무를 담당하는 공무원(이하 "계약담당공무원"이라 한다)은 계약의 목적과 성질 등을 고려하여 필요하다고 인정하면 제1항에 해당하지 아니하는 경우에도 대통령령으로 정하는 바에 따라 국제입찰에 의하여 조달할 수 있다.

1. 세계무역기구 정부조달협정 가입 및 정부조달시장의 개방

정부조달은 중소기업 보호 및 방위산업 육성 등 특정정책목적을 달성하기 위한 정책수단으로 활용될 수 있으며, 과거에는 외국정부나 기업에 대하여 자국 정부조달시장에의 진입을 억제하기 위한 차별적 제도나 관행을 적용하는 것이 보편화되어 있었다. 그러나 1970년대 중반에 이르러 정부조달을 제외하고는 진정한 무역자유화를 기대할 수 없다는 인식이 보편화되면서 1979년 GATT의 동경라운드에서 최초로 GATT정부조달협정이 복수국가간 협정[14]으로 성립되었고, 1994년 4월 15일 모로코의 마라케쉬에서 정부조달시장의 상호개방을 약속하는 WTO 설립협정에 부속하는 무역협정의 하나인 정부조달에 관한 협정(Government

14) 복수국가 간 협정은 세계무역기구(World Trade Organization: 이하 "WTO"라 한다)에 가입함과 동시에 가입국에게 당연히 적용되는 다자협정과 달리, WTO 회원국 중에서도 별도로 해당 협정에 가입한 국가들에게만 적용되는 무역협정을 의미한다.

Procurement Agreement, 이하 "**1994년 정부조달협정**"이라 한다)에 가입국들이 서명함으로써 1996년 1월 1일부터 위 협정이 발효되었다. 우리나라는 1년의 유예기간을 거쳐 1997년 1월 1일부터 정부조달시장을 개방하였으며, 국가계약법은 이와 같은 정부조달시장의 개방에 대비할 목적으로 1995년 1월 5일 제정되었다.

2. 정부조달협정의 개정

WTO정부조달위원회는 발효일로부터 3년 이내에 협정문 개선과 양허범위 확대를 위한 협상을 개시하도록 한 정부조달협정 제24조 제7항 (b)에 따라 1997년 2월부터 정부조달협정의 개정을 위한 협상을 진행하여 왔으며, 2012년 3월 30일에 정부조달협정 개정의정서(이하 "**개정 정부조달협정**", "**정부조달협정**" 또는 "**협정**"이라고 한다)를 채택하였고, 우리나라에서는 2016년 1월 14일부터 개정 정부조달협정이 발효되었다.

3. 개정 정부조달협정의 주요 내용

가. 전문

개정 정부조달협정의 전문은 정부조달에 관한 법률, 규정, 절차, 행정 지도나 관행 또는 조달기관의 행위가 국내 공급자, 물품 또는 서비스를 보호하거나 외국 공급자, 물품 또는 서비스 간에 차별하도록 준비, 채택 또는 적용되어서는 안 된다는 점을 명시하고 있으며, 이에 더하여 정부조달 제도의 무결성 및 예측가능성이 공공자원의 효율적이고 효과적인 관리, 당사국 경제의 성과 및 다자간 무역제도의 기능에 불가결하다는 점을 강조하고, 더 나아가 정부조달의 투명성 및 부패 관행을 회피하는 것이 중요하다는 점을 강조하고 있다.

나. 정의(협정 제1조)

1994년 정부조달협정에는 정의조항이 없어 해석상 혼란이 야기되어 왔는바, 개정 정부조달협정은 정의조항을 신설하여, "상업적 물품 또는 서비스"[15], "건설

15) 비정부적 목적으로, 상업시장에서 비정부 구매자에게 일반적으로 판매되거나 판매를 위

서비스"[16], "일(日)"[17], "제한입찰"[18], "공개입찰"[19], "선택입찰"[20] 등 21개 용어에 대한 정의규정을 두고 있다. 특히 입찰참가자들이 전자적 수단을 활용해서 자신들의 입찰서상 가격이나 평가기준과 관련되는 요소를 개선할 수 있도록 하고 그 결과에 따라 최종적으로 낙찰자가 선정되는 방식인 "전자경매"의 개념을 도입하였으며, "조치"의 개념을 협정 적용대상 조달과 관련되는 법률, 규정, 절차, 행정 지도나 관행 또는 조달기관의 행위라고 포괄적으로 정의하였다.

다. 적용범위(협정 제2조)

개정 정부조달협정은 동 협정의 적용범위와 관련하여, 조달이 전적으로 전자적 수단에 의해 이루어지는지 또는 부분적으로 전자적 수단에 의해 이루어지는지 불문하고 협정 적용대상 조달과 관련된 모든 조치에 적용된다는 점을 명시하였는데, 이는 전자입찰시스템을 통해 공공조달을 수행하는 경우에도 정부조달협정이 적용됨을 의미한다.[21]

한편, 개정 정부조달협정은 부록 Ⅰ[22]의 당사자 부속서에 명시된 조달기관의 물품, 서비스 또는 이들의 결합, 및 매매, 임차 및 할부구매와 같은 계약적 수단에 의한 조달에 적용되나, 상업적 판매나 재판매를 목적으로 하는 물품이

하여 제공되고, 비정부 구매자가 관례적으로 사들이는 유형의 물품 또는 서비스.

16) 국제연합 잠정중심상품분류(CPC) 제51장에 근거하여, 그 어떠한 수단에 의해서든 토목 또는 건축 공사를 실현하는 것을 목적으로 하는 서비스.

17) 역일(曆日).

18) 조달기관이 자신이 선택한 공급자 또는 공급자들과 접촉하는 조달방법 (국가계약법상 수의계약과 유사한 개념).

19) 관심 있는 모든 공급자가 입찰서를 제출할 수 있는 조달방법 (국가계약법상 일반경쟁입찰과 유사한 개념).

20) 일정한 자격을 구비한 공급자만이 입찰서를 제출하도록 조달기관으로부터 권유를 받는 조달방법 (국가계약법상 지명경쟁입찰과 유사한 개념).

21) 김대식, "개정 WTO 정부조달협정(GPA)의 내용 분석과 평가", 통상법률 101호(2011. 10.), 3면.

22) 정부조달협정의 각 당사자는 부록 Ⅰ의 자신의 부속서에 다음 정보를 명시해야 한다(협정 제2조 제4항).
가. 부속서 1에는 중앙정부기관으로서, 그 조달이 이 협정의 적용을 받는 것
나. 부속서 2에는 중앙정부보다 하위의 기관으로서, 그 조달이 이 협정의 적용을 받는 것
다. 부속서 3에는 그 밖의 모든 기관으로서, 그 조달이 이 협정의 적용을 받는 것
라. 부속서 4에는 이 협정의 적용을 받는 물품
마. 부속서 5에는 이 협정의 적용을 받는 서비스(건설 서비스를 제외한다)
바. 부속서 6에는 이 협정의 적용을 받는 건설 서비스, 그리고
사. 부속서 7에는 일반주석

나 서비스의 구매는 적용대상에서 제외된다. 또한, 토지, 기존 건물 또는 다른 부동산이나 이들에 대한 권리의 취득 또는 임차, 공무원의 고용, 개발원조를 포함하여 국제원조를 위한 특정 목적의 조달, 군대 주둔과 관련되거나 공동사업의 이행과 관련된 국제협약의 특유한 절차 또는 조건에 의한 조달, 국제기구의 특유한 절차 또는 조건에 따르는 조달 등에도 정부조달협정이 적용되지 않는다. 국제 원조를 제공하기 위한 특정 목적의 조달이나 군대주둔 등의 특정 목적조달은 종래 개별 당사국의 부속서에서 적용범위의 예외와 제외대상으로 규정되어 왔으나 개정 정부조달협정에서는 이를 본문에서 예외로 명시하였다.[23]

또한 정부조달협정은 부록 Ⅰ의 당사자 부속서에 명시된 기준금액 이상인 조달계약에 대해서만 적용되며, 이와 관련해서는 협정의 적용을 회피하기 위하여 어떠한 조달을 수개로 나누거나 특수한 조달가액 산정방법을 선택하는 등의 행위가 금지되어 있다.

라. 일반원칙(협정 제4조)

1) 개정된 내용

개정 정부조달협정은 1994년 정부조달협정에서 개별 조문으로 구성되어 있던 원산지규정(1994년 정부조달협정 제4조), 대응구매 금지(1994년 정부조달협정 제16조) 등을 내국민대우 및 비차별원칙(1994년 정부조달협정 제3조)과 통합하여 제4조에서 규정함으로써 조문 형식을 체계화하였다.

한편, 개정 정부조달협정은 전자조달시스템을 이용하여 정부조달을 하는 경우, (ⅰ) 일반적으로 사용되고, 다른 범용 정보기술체계 및 소프트웨어와 상호 정보교환이 가능한 정보기술체계 및 소프트웨어를 이용하여 조달이 진행되도록 해야 하며, (ⅱ) 접수시간의 설정 및 부적절한 접근 방지 등을 포함해서 입찰참가신청과 입찰절차가 결함 없이 진행될 수 있도록 할 것을 명문화하였다.

또한 개정 정부조달협정 제4조 일반원칙에는 정부조달이 이해상충을 회피하고 부패관행을 방지하는 방식으로 투명하고 공평하게 수행되어야 한다는 점이 명시되었는데, 이로써 국적이나 다른 보호무역조치로 차별을 받은 경우뿐만 아니라 조달기관이 이해상충을 회피하지 않거나 부패관행에 부합하는 방식으로

23) 김대식, 앞의 글, 4면.

조달을 수행한 경우 그로 인해 불이익을 받은 자가 이의를 제기할 수 있는 근거가 마련되었다.

2) 비차별원칙

협약 당사국은 외국의 물품, 서비스 또는 공급자를 국내의 물품, 서비스 또는 공급자보다 불리하지 않게 대우해야 하며, 외국의 물품, 서비스 또는 공급자 사이에 차별을 해서는 안 된다. 또한 외국인이 국내에 법인 등을 설립하여 물품이나 서비스를 공급하는 경우 외국인투자지분이 많다는 이유로 차별을 해서도 안 된다.

3) 원산지규정

조달기관은 조달과 관련하여 자국의 원산지 규정을 적용할 수 있으나, 통상적인 무역과정에 적용되는 것과 다른 원산지규정을 적용해서는 안 된다. 이로써 일반적인 무역에 적용되는 원산지 규정보다 까다로운 조건의 원산지 규정을 정부조달에 적용함으로써 다른 당사자국의 물품이나 서비스를 불리하게 대우하는 것이 금지된다.[24)]

4) 대응구매

대응구매란 국산부품사용, 기술 사용허가, 투자요건, 연계무역 또는 유사한 요건을 통해 국내 개발을 장려하거나 국제수지 계정을 개선하기 위하여 사용되는 조치인데, 협약 당사자는 협정 적용대상 조달과 관련하여 대응구매를 추구, 고려, 부과하거나 집행해서는 안 된다.

마. 개발도상국에 대한 특별대우(협정 제5조)

개정 정부조달협정은 개발도상국들이 협정에 가입하는 것을 용이하게 하기 위해 개발도상국과 최빈개발도상국에게 물품이나 서비스 등을 동등하게 대해야 하는 의무 등 특정 의무를 일정기간(최빈개발도상국은 협정 가입 후 5년, 개발도상국은 3년을 초과하지 않는 범위 내에서 필요한 기간) 유예하는 등의 과도적인 조

---

24) 장훈기, 공공계약제도해설, 도서출판 삼일(2015), 1809면.

치들을 취할 수 있도록 규정하고 있다.

바. 공고(협정 제7조)

1) 조달예정공고

조달기관은 협정 적용대상 조달에 대하여 부록 Ⅲ에 기재된 적절한 종이 또는 전자매체에 조달예정공고를 공표하여야 하는데, 그 매체는 널리 유포되어야 하고, 위 조달예정공고는 적어도 공고기간 동안 일반 공중이 쉽게 접근할 수 있어야 한다. 중앙정부기관의 경우는 조달예정공고가 하나의 접근창구를 통해 전자적 수단으로 무료로 접근될 수 있도록 해야 하며, 부속서 2에 따른 지방정부 및 부속서 3에 따른 중앙정부와 지방정부를 제외한 그 밖의 기관은 위와 같은 의무를 부담하지는 않으나, 전자적 수단으로 접근할 수 있도록 하는 경우에는 무료로 접근할 수 있는 전자적 게이트웨이 사이트에 링크를 통해 제공해야 한다.

조달예정공고에는 (ⅰ) 조달기관의 이름 및 주소와 조달기관에 접촉하고 관련 서류를 획득하는데 필요한 정보, (ⅱ) 조달에 대한 설명, (ⅲ) 물품 또는 서비스의 인도일정 또는 계약기간, (ⅳ) 조달방법과 협상 또는 전자경매를 수반하는지 여부, (ⅴ) 입찰서 제출 주소 및 마감일 등이 포함되어야 한다.

2) 요약공고

조달기관은 예정된 조달 건마다 조달의 대상, 입찰서 제출 마감일 및 조달과 관련되는 서류를 신청할 수 있는 주소를 포함하는 요약공고를 WTO 공식 언어인 영어, 프랑스어, 스페인어 중 하나로 공표하여야 한다.

3) 조달계획공고

조달기관은 부록 Ⅲ에 기재된 적절한 종이 또는 전자매체에 자신의 향후 조달계획에 관한 공고(조달의 대상 및 조달예정공고를 공표할 예정일을 포함해야 함)를 각 회계연도마다 가능한 빨리 공표해야 하며, 부속서 2에 따른 지방정부 및 부속서 3에 따른 중앙정부와 지방정부를 제외한 그 밖의 기관은 조달계획공고로 조달예정공고를 갈음할 수 있다.

사. 입찰참가조건(협정 제8조)

조달기관은 공급자가 관련 조달을 수행할 수 있는 법적·재정적 역량과 상업적·기술적 능력을 구비하고 있는지를 보장하는데 필수적인 조건만을 조달참가조건으로 정할 수 있다. 법적 역량은 개정 정부조달협정에 추가된 내용인데, 이와 같이 법적 역량을 조달 참가조건으로 정할 수 있도록 추가함으로써 공급자가 관련 조달을 수행하는 데 필요한 인허가를 보유하거나 국내외에서 부정한 업자로 제재를 받는 등의 사유로 관련 조달을 수행하는 것이 법적으로 금지되지 않을 것을 조달 참가조건으로 정하는 것이 허용되었다.[25)]

한편, 조달기관은 참가조건을 설정함에 있어서 과거에 1건이라도 해당 조달기관으로부터 수주한 실적이 있을 것을 입찰의 참가조건으로 정할 수 없는데, 이는 과거의 수주실적을 입찰참가조건으로 정할 경우 입찰참가조건이 사실상 진입장벽으로 작용하여 조달시장 개방의 의의가 없어지게 되는 문제점을 해소하기 위한 조치이다.[26)]

조달기관은 공급자가 참가조건을 충족하는지 평가함에 있어서 조달기관이 속한 영역 내뿐만 아니라 조달기관이 속하지 않은 영역에서의 사업활동을 기준으로 평가해야 하는데, 이로써 조달기관이 속한 국가 내에서의 실적이 없는 공급자가 차별을 받지 않도록 하는 효과를 기대할 수 있다.

아. 공급자 자격심사(협정 제9조)

1) 공급자 등록제도

협정 당사국(조달기관 포함)은 관심이 있는 공급자로 하여금 등록을 하도록 하고 일정한 정보 제공을 요구하는 공급자 등록제도를 유지할 수 있으며, 등록제도나 자격심사절차가 다른 당사국 공급자의 조달참가에 불필요한 장애가 되지 않도록 해야 한다.

또한 조달기관은 유자격자명부를 유지할 수 있는데, 동 명부에 포함되기를 희망하는 공급자에게 신청을 권유하는 공고를 부록 Ⅲ에 기재된 적절한 매체에 매년 공표해야 하고, 전자적 수단으로 공표하는 경우에는 해당 공표에 계속해

---

25) 김대식, 앞의 글, 7면.
26) 장훈기, 앞의 책, 1814면.

서 접속할 수 있도록 해야 한다. 부속서 2에 따른 지방정부 및 부속서 3에 따른 중앙정부와 지방정부를 제외한 그 밖의 기관은 유자격자 명부 등재신청을 권유하는 공고가 협정 제9조 제7항에 따라 공표되고, 협정 제9조 제8항과 제7조 제2항에 따라 요구되는 정보를 포함하는 등 일정한 요건을 구비하는 경우 위 공고를 조달예정 공고로 사용할 수 있다.

2) 지명경쟁입찰

개정 정부조달협정 제1조 정의규정에서는 "선택입찰(Selective Tendering)"을 일정한 자격이 있는 공급자만이 입찰서를 제출하도록 조달기관으로부터 권유를 받는 조달방법이라고 정의하고 있으며 제9조 제4항 내지 제6항에서 선택입찰의 요건 및 절차를 규정하고 있다. 이러한 선택입찰의 의미 및 요건은 국가계약법에서의 지명경쟁입찰의 의미 및 요건과 거의 일치하므로 이하에서는 선택입찰을 지명경쟁입찰이라고 표기한다.

조달기관은 입찰참가가 허용되는 공급자 수 및 선정되는 공급자 수를 제한하는 지명경쟁입찰을 실시할 수 있는데, 그 경우에도 조달예정 공고에서 입찰참가가 허용될 공급자 수에 제한이 있다는 점 및 제한된 숫자의 공급자를 선정하는 기준을 밝히지 않는 한 모든 유자격 공급자가 조달에 참가하는 것을 허용해야 한다.

자. 기술규격 및 입찰서류(협정 제10조)

공공조달을 위한 입찰 및 계약과정에서 기술규격이 자국 내 특정 공급자만 구비할 수 있는 내용으로 구성된다면 국제무역에 심각한 장애가 될 수 있으므로, 조달기관은 그러한 불필요한 장애를 생성할 것을 목적으로 또는 그러한 효과를 갖는 기술규격을 채택해서는 안 된다. 조달기관은 물품이나 서비스에 대한 기술규격을 정할 때, 가능한 디자인 또는 묘사적 특징보다는 성능 및 기능 요건으로 기술규격을 제시해야 하며, 국제표준이 있을 경우에는 국제표준을, 국제표준이 없을 경우에는 인정된 국가표준이나 건축법규를 기초로 삼아 기술규격을 정해야 한다. 한편, 기술규격에 디자인 또는 묘사적 특징이 사용되는 경우에는 동등한 것을 허용하는 문구를 포함시켜 조달요건을 충족시키는 동등한 물품이나 서비스로 입찰에 참여할 수 있도록 해야 한다.

조달기관은 공급자가 입찰서를 준비 및 제출하는데 필요한 모든 정보를 포함하는 입찰서류를 공급자가 접할 수 있도록 해야 하는데, 이러한 입찰서류에는 조달예정 공고에서 이미 제공된 것을 제외하고 조달될 물품이나 서비스의 특성 및 수량 등 조달내용과 물품이나 서비스가 충족해야 할 요건, 공급자 참가조건, 입찰절차에서 적용될 평가기준과 각 기준의 상대적 중요도, 전자적 수단으로 입찰이 진행될 경우 인증 및 암호화 요건 등, 전자경매인 경우 전자경매규칙, 공개개찰인 경우 개찰 일시 및 장소, 지급조건 등을 포함하는 모든 기타 조건, 상품 인도 또는 서비스 공급 일자 등이 포함되어야 한다.

차. 입찰기간(협정 제11조)

각국의 입찰참가자들에게 공공조달 입찰서 제출기간이 충분히 부여되지 않을 경우 조달기관 자국의 입찰참가자만 유리한 결과가 초래될 수 있으므로, 입찰서 제출기간은 일반경쟁입찰의 경우 조달예정 공고 공표일로부터, 지명경쟁입찰의 경우 공급자에게 입찰서 제출 권유를 통보받은 날로부터, 각 40일 이상 부여되어야 한다. 다만 개정 정부조달협정은 1994년 정부조달협정에 비해 입찰기간을 단축할 수 있는 사유를 확대하여, 조달계획 공고를 조달예정 공표 전에 적어도 40일 이상 12개월 이하의 기간 동안 공표하였고 해당 조달계획 공고에 조달에 대한 설명 등 상세한 정보가 포함되어 있는 경우를 비롯하여 몇 가지 경우에는 10일 이상의 기간으로 단축할 수 있으며, 조달예정공고가 전자적 수단으로 공표되는 경우 5일을 단축할 수 있는 등의 단축사유를 두고 있다.

카. 협상(협정 제12조)

조달기관은 조달예정공고에서 협상을 수행할 의향이 있다고 적시한 경우 또는 조달예정공고 또는 입찰서류에 제시된 평가기준에 비추어 명백하게 가장 유리한 입찰서가 없는 것으로 보일 경우 협상을 수행할 수 있으며, 협상 상대방의 탈락 여부는 조달예정공고 또는 입찰서류에 제시된 평가기준에 따라 결정되어야 한다.

타. 수의계약(협정 제13조)

1) 용어

개정 정부조달협정 제1조 정의규정에서는 "제한입찰(Limited Tendering)"을 조달기관이 자신이 선택한 공급자 또는 공급자들과 접촉하는 조달방법이라고 정의하고 있으며 제13조에서 제한입찰의 요건 및 절차를 규정하고 있다. 이러한 제한입찰의 의미 및 요건은 국가계약법에서의 수의계약의 의미 및 요건과 거의 일치하므로 이하에서는 제한입찰을 수의계약이라고 표기한다.

2) 수의계약의 한계

조달기관은 공급자 사이에서의 경쟁을 회피하는 목적으로 또는 다른 공급자를 차별하거나 국내 공급자를 보호하기 위한 목적이 아닌 경우에 한하여 수의계약을 할 수 있다.

3) 수의계약의 허용요건

조달기관은 (ⅰ) 입찰서가 전혀 제출되지 아니하는 경우, (ⅱ) 입찰서류의 필수적인 요건에 부합하는 입찰서가 제출되지 아니한 경우, (ⅲ) 참가조건을 만족시키는 공급자가 없는 경우 또는 (ⅳ) 제출된 입찰서가 담합에 의한 경우에 수의계약을 할 수 있다.

또한 예술작품이나 지적재산권 등으로 보호되고 있는 등의 이유로 특정 공급자만이 물품 또는 서비스를 공급할 수 있고 합리적인 대안이 없는 경우에도 수의계약이 허용된다.

그 밖에 원 공급자에 의한 추가적인 공급으로서 최초 조달로 조달된 기존 장비나 소프트웨어 등과의 호환성 등의 경제적 또는 기술적 이유로 공급자를 변경할 수 없거나 조달기관이 예상치 못한 사건에 따른 극도의 긴박한 상황으로 인해 일반경쟁입찰이나 지명경쟁입찰로는 물품 또는 서비스의 적기 조달이 불가능한 경우 등과 같은 예외적인 경우에도 수의계약이 허용된다.

파. 입찰서의 취급 및 낙찰(협정 제15조)

조달기관은 모든 입찰서를 조달과정의 공공성 및 공평성과 입찰서의 기밀성을 보장하는 절차에 따라 접수하고 개봉하며 취급하여야 하며, 입찰서는 서면으로 제출되어야 하는데, 여기서 서면이란 전자적으로 전송되고 저장되는 정보도 포함된다(협정 제1조).

조달기관은 공익에 부합하지 않는 것으로 판단되는 경우가 아닌 한, 계약조건을 충족시킬 수 있을 것으로 판단되는 공급자 중 공고 및 입찰서류에 명시된 평가기준에 근거하여 평가할 때 가장 유리한 입찰서(가격이 유일한 기준인 경우 가장 낮은 가격)를 제출한 자를 낙찰자로 결정한다.

하. 조달시행 국내 이의제기절차(협정 제18조)

조달기관은 공급자가 관심을 가지고 있거나 가졌던 협정 적용대상 조달과 관련하여 협정의 위반에 대하여 이의를 제기할 수 있는 행정적 또는 사법적 심사절차를 제공해야 한다. 이의를 제기할 수 있는 자에 "협정 적용대상 조달에 대하여 관심을 가져 온 자"도 포함되므로, 직접 입찰에 참가하지 않은 자도 이의제기를 할 수 있다. 이의를 심사하는 기구가 법원이 아닌 경우 사법절차에 준하는 절차가 보장되어야 하며, 조달기관으로부터 독립된 공평한 행정 또는 사법당국에 상소할 수 있는 절차가 구비되어야 한다.

한편, 개정 정부조달협정에는 당사국의 국내법 사정상 공급자가 협정 위반문제를 직접 제기할 권리를 가지지 못하는 경우 해당 당사국의 협정 이행조치 미준수에 대하여 이의를 제기할 수 있는 행정적 또는 사법적 심사절차를 제공해야 할 의무가 규정되었는바, 이로써 이의제기 관련 국내입법이 미비된 당사국도 대두된 이의제기 사항의 처리를 위해 일정한 기구를 구성해야 할 부담을 지게 되었다.[27]

4. 국제입찰에 따른 정부조달계약

가. 국제입찰에 따른 정부조달계약의 범위

국가계약법 제4조는 정부조달협정에 따라 국제입찰을 실시해야 하는 정부조달계약의 범위 및 정부조달협정의 적용이 배제되는 사항들을 규정하고 있는

27) 김대식, 앞의 글, 10면.

데, 정부기관이 체결하는 물품·공사 및 용역의 계약으로서 정부조달협정과 이에 근거한 국제규범에 따라 기획재정부장관이 정하여 고시하는 금액 이상의 계약은 원칙적으로 국제입찰에 의하여 조달해야 한다. 이에 해당하는 정부기관 및 정부기관이 체결하는 물품·공사 및 용역의 범위는 정부조달협정의 내용에 따라 제정된 대통령령인 「특정조달을 위한 국가를 당사자로 하는 계약에 관한 법률 시행령 특례규정」(이하 **"특정조달특례규정"**이라 한다) 별표1 및 별표2에 상세하게 규정되어 있다. 한편, 기획재정부 장관은 기획재정부 고시 제2015-26호로 WTO의 정부조달협정상 개방대상금액, 대한민국과 칠레공화국, 싱가포르공화국, 페루공화국, 미합중국, 호주, 캐나다 및 뉴질랜드 간의 각 자유무역협정상 개방대상금액을 아래와 같이 고시하였다.

개방대상금액	물품 및 용역	공사
WTO의 정부조달협정상 개방대상금액	2억 1천만원	82억원
칠레공화국과의 자유무역협정상 개방대상금액	8천만원	82억원
싱가포르공화국과의 자유무역협정상 개방대상금액	1억 6천만원	82억원
페루공화국과의 자유무역협정상 개방대상금액	1억 6천만원	82억원
미합중국과의 자유무역협정상 개방대상금액	1억원	82억원
호주와의 자유무역협정상 개방대상금액	2억 1천만원	82억원
캐나다와의 자유무역협정상 개방대상금액	1억원	82억원
뉴질랜드와의 자유무역협정상 개방대상금액	2억 1천만원	82억원

한편, 재판매나 판매를 위한 생산에 필요한 물품이나 용역을 조달하는 경우, 중소기업제품을 제조·구매하는 경우, 농·수·축산물을 구매하는 경우 및 기타 정부조달협정에 규정된 내용으로서 무기·탄약 또는 전쟁물자의 조달이나 국가안보 또는 국방목적수행과 관련된 조달로서 중대한 안보상의 이익을 보호하기 위하여 필요한 경우 등 특정조달특례규정 제3조 제2항에 열거된 경우는 국제입찰에 의한 정부조달계약의 대상에서 제외된다.

나. 임의적 국제입찰

정부조달협정의 적용을 받는 국제입찰에 해당하지 않는 경우에도, 「국가재정법」 제6조에 따른 중앙관서의 장 또는 동법 제6조에 따라 위임·위탁 등을 받아 계약사무를 담당하는 공무원은 (ⅰ) 부실공사방지를 위하여 필요하다고 인정되는 경우, (ⅱ) 국내생산이 곤란하여 국내입찰로는 조달목적을 달성할 수 없는 경우 또는 (iii) 그 밖에 국제입찰에 의하여 조달하는 것이 해당 계약의 목적·성질상 효율적이라고 인정되는 경우에 국제입찰에 의하여 조달할 수 있다(특정조달특례규정 제3조 제5항). 이와 같이 정부조달협정의 적용대상이 아님에도 불구하고 임의로 이루어지는 국제입찰과 관련해서는 정부조달협정을 준수할 의무가 없으나, 정부기관이 필요에 따라 국제입찰을 실시하는 이상 가능한 통일적으로 제도를 운영하는 것이 합리적이므로, 이와 같은 임의적 국제입찰의 경우에도 그 성질에 반하지 않는 범위 안에서는 특정조달특례규정이 준용된다(특정조달특례규정 제3조 제6항).

다. 국제입찰 절차에 따른 정부조달계약에 관한 특례

1) 관계법령

국제입찰 시에 정부조달협정의 내용을 이행하기 위해서는 국내입찰제도를 그대로 적용할 수 없다. 이에 따라 국가계약법 제4조의 규정에 의한 국제입찰을 실시함에 있어서 국가계약법 시행령에 대한 특례를 정하기 위한 목적으로 1996년 12월 31일에 특정조달특례규정이 제정되었으며, 하위규정으로서 기획재정부령인 「특정조달을 위한 국가를 당사자로 하는 계약에 관한 법률 시행특례규칙」도 같은 날 제정되었다.

국제입찰과 관련하여서는 특정조달특례규정이 원칙적으로 적용되며, 특정조달특례규정에 특별히 규정되어 있는 사항에 대해서는 국가계약법 시행령이 적용된다. 다만, 국가계약법 시행령 제21조(제한경쟁입찰에 의할 계약과 제한사항), 제22조(공사의 성질별·규모별 제한에 의한 입찰) 및 제72조 제3항(지역의무공동도급)의 규정은 명시적으로 국제입찰에 관한 사무에 적용되지 않는다(특정조달특례규정 제39조).

이하에서는 특정조달특례규정의 주요 내용에 대해 살펴보기로 한다.

2) 조달계획공고

각 중앙관서의 장 또는 계약담당공무원은 회계연도별로 특정조달계약으로 조달할 물품·공사 및 용역에 대한 조달계획을 전자조달시스템에 공고할 수 있다(특정조달특례규정 제13조). 조달계획공고에는 계약의 목적물 등 특정조달특례규정 제8조 제2항 각 호의 사항[28]과 입찰공고 예정일이 포함되어야 하며 동 규정 제12조의 입찰공고의 내용[29]은 가능한 한 포함되도록 하여야 한다.

3) 계약방법

특정조달계약의 계약방법은 정부조달협정에 규정된 바에 따라 일반경쟁입찰에 의한 계약, 지명경쟁입찰에 의한 계약 및 수의계약으로 구분되는 반면(특정조달특례규정 제7조), 국가계약법은 공공조달과 관련한 계약방법을 정부조달협정 가입 이전부터의 구분에 따라 일반경쟁입찰, 제한경쟁입찰, 지명경쟁입찰과 수의계약 등 4개 유형으로 구분하고 있다(국가계약법 제7조 제1항). 이와 같이 국내입찰에는 국제입찰에서 인정되지 않는 제한경쟁입찰[30]이라는 개념이 인정되고 있는 것으로 오해될 수 있으나, 정부조달협정에서는 일반경쟁입찰의 경우에도 입찰참가자의 법적, 재정적 역량과 상업적, 기술적 능력 등 계약이행능력을 보장하는데 필요한 입찰참가조건을 설정할 수 있도록 허용하고 있고(정부조달협정 제8조), 특정조달특례규정 역시 국제입찰에서 일반경쟁입찰의 참가자격을 실적, 시공능력, 기술능력 및 경영상태 등 필요한 사항으로 정할 수 있도록 허용하고 있으므로(특정조달특례규정 제9조), 국제입찰에서도 위와 같은 자격제한을 통해 국내입찰에서의 제한경쟁입찰과 유사한 입찰이 실행될 수 있다.

---

28) 계약의 목적물, 입찰서 및 입찰참가신청서 제출 마감일, 발주기관(입찰에 관한 서류를 교부하는 기관)의 명칭 및 주소.

29) 1. 당해 조달과 관련하여 추가될 조달의 조건에 관한 사항 및 반복계약의 경우에 있어서 후속입찰에 대하여는 그 입찰공고의 예정시기
2. 일반경쟁입찰 또는 지명경쟁입찰의 방법과 협상절차의 포함여부
3. 구매·임차 및 할부구매 등 발주기관이 사용할 조달형태
4. 입찰참가자격심사신청서·입찰참가신청서 및 입찰서의 제출등을 위한 주소와 제출마감일 및 사용언어
5. 협정의 적용대상 여부

30) 국가계약법상 "제한경쟁입찰"이란 계약의 목적, 성질, 규모 등을 고려하여 필요하다고 인정되는 경우에는 시공능력, 실적, 기술보유상황, 재무상태 등으로 입찰참가자격 요건을 미리 정해놓고 동 요건을 충족하는 자에 한하여 입찰에 참가하도록 하는 방안이다(국가계약법 제7조 제1항, 국가계약법 시행령 제21조).

4) 일반경쟁입찰

앞서 살펴본 바와 같이 국제입찰에서의 일반경쟁입찰을 실시하는 각 중앙관서의 장 또는 계약담당공무원은 계약의 종류 및 규모 등에 따라 해당 계약과 같은 종류의 계약실적, 도급한도액, 시공능력, 기술능력 및 경영상태 등 필요한 사항에 대하여 일반경쟁입찰에 참가하는 자에게 요구되는 자격을 정할 수 있으나, 개정 정부조달협정에서 해당 조달기관으로부터 1건 이상의 계약실적이 있을 것을 조건으로 부과하는 것이 금지됨에 따라 국내 수주실적을 입찰참가자격으로 정하는 것은 원칙적으로 금지된다(특정조달특례규정 제9조 제1항).

일반경쟁입찰에 참가하려는 자의 신청이 있는 경우 각 중앙관서의 장 또는 계약담당공무원은 입찰공고 등에 미리 정해진 요건에 따라 입찰참가자격의 유무를 심사하고 그 결과를 신청자에게 통지해야 하며, 입찰참가자의 국내뿐만 아니라 국외 사업활동에 근거하여 기술능력 및 경영상태 등을 심사하여야 한다(특정조달특례규정 제9조 제2항 및 제3항).

한편, 각 중앙관서의 장 또는 계약담당공무원은 입찰자격기준을 매 회계연도 초에 전자조달시스템에 공고하고 수시로 일반경쟁입찰에 참가하고자 하는 자의 신청을 받아 입찰자격을 심사하고 그 결과에 따라 유자격자명부를 작성·비치할 수 있는데(특정조달특례규정 제10조 제1항), 이러한 유자격자명부에 등록된 자에 대해서는 위와 같은 자격심사를 생략할 수 있다(특정조달특례규정 제9조 제4항).

5) 지명경쟁입찰

정부조달협정에서는 "Selective Tendering"의 의미를 조달기관이 일정한 자격이 있는 공급자에게만 입찰서를 제출하도록 권유하는 조달방법으로 정의하고 있으며, 협정 제9조에서 구체적인 절차를 규정하고 있다.

특정조달특례규정에서는 제19조부터 제22조에 걸쳐 지명경쟁입찰의 구체적인 절차를 규정하고 있는데, 먼저 지명경쟁입찰에 참가하는 자에게 필요한 자격 및 지명기준을 정하여야 하며(특정조달특례규정 제18조), 그러한 자격을 갖춘 자로서 지명기준에 적합하다고 인정되는 자를 지명함과 동시에 그 자에 대하여 입찰공고와 관련된 사항을 통지하여야 한다(특정조달특례규정 제19조). 한편, 지명경쟁입찰에 의하는 경우에도 일반경쟁입찰 시의 공고규정을 준용하여 공고하여야 하며, 유자격자명부를 사용하지 않는 지명경쟁입찰의 경우에는 입찰참가신청서 제출기간을 공고일 전일부터 기산하여 25일 이상이 되도록 해야 한다(특정조달특례규정 제20조).

6) 수의계약

국제입찰에서 수의계약에 의할 수 있는 경우는 다음과 같다(특정조달특례규정 제23조).

(1) 경쟁입찰에 부쳤으나 응찰자가 없는 경우 또는 담합된 입찰서가 제출되었거나 입찰공고 등에서 요구한 조건에 부합되는 입찰서가 없는 경우
(2) 적절한 대용품이나 대체품이 없는 예술품·특허권 또는 출판권 등 독점적 권리와 관련되거나 기술적 이유로 특정공급자로부터 조달할 수 있는 경우
(3) 긴급한 사유로 인하여 경쟁입찰에 의하여서는 필요한 기간 내에 조달할 수 없는 경우
(4) 이미 조달된 물품 등의 부품교환 또는 설비확충 등을 위하여 조달하는 경우 또는 이미 계약을 체결한 공사에 대하여 추가공사가 필요하게 된 경우(공급자를 변경하게 되면 호환성이 없게 되는 등 기술적 또는 경제적으로 곤란하고, 동시에 발주기관에 중대한 불편을 초래하는 경우로 한정한다)
(5) 발주기관의 요구로 개발된 시제품 등을 조달하는 경우(당해 계약의 이행이 완료된 후 당해 제품을 계속하여 조달하는 경우를 제외한다)
(6) 원자재시장(상품거래소등)에서 물품을 구매하는 경우
(7) 파산 및 법정관리기업의 자산처분 등의 사유로 인하여 현저하게 유리한 조건으로 조달하는 경우
(8) 기획재정부령이 정한 내용에 따른 디자인 공모에 당선된 자와 계약을 체결하는 경우

7) 전자경매

개정 정부조달협정에는 전자경매의 절차에 관한 규정이 신설되었는데(협정 제14조), 특정조달특례규정에서는 이러한 개정 정부조달협정의 내용을 반영하여 특정조달계약에 있어서 전자적 수단으로 입찰참가자의 순위를 정하는 방식으로 낙찰자를 결정할 때(이하 "**전자경매**"라 한다)에는 평가기준 및 그에 따른 평가방법

과 그 밖에 해당 전자경매의 수행에 관한 정보를 각 입찰참가자에게 제공해야 한다는 규정이 신설되었다.

8) 국제상관례의 적용

특정조달특례규정에 의하면 특정조달계약에 있어서 특정조달특례규정에 특별히 규정되어 있지 않은 사항에 대해서는 국가계약법 시행령의 규정이 적용되나(특정조달특례규정 제39조), 사안에 따라서는 이러한 원칙에 의할 경우 조달이 불가능하거나 현저하게 비효율적으로 운영되는 경우가 발생할 수 있다. 이에 특정조달특례규정은 통화, 보증금납부의 형태 및 시기, 신용장 등에 의한 대가지급 방법 및 검사 등 조달절차 수행과 관련하여 불가피한 경우 및 물품 및 용역의 특정조달계약에 있어서 물가변동으로 인한 계약금액 조정에 관하여 국제상관례에 따르지 아니하는 경우 조달절차 수행이 곤란하다고 판단되는 때에는 정부조달협정 및 특정조달특례규정과 그 성질에 반하지 아니하는 범위 안에서 국제상관례에 의할 수 있도록 하고 있다(특정조달특례규정 제40조).

9) 자유무역협정과 관련한 특례

자유무역협정이란 둘 이상의 국가가 10년 내에 거의 모든 상품무역, 서비스무역 등의 분야에 관세철폐 및 기타 무역제한적인 규제를 철폐하기로 합의하는 국제조약으로서 상품무역, 서비스무역 및 투자, 지식재산권, 정부조달, 경쟁, 노동 환경 등 포괄적인 분야에 걸쳐 시장통합과 경제통합을 목적으로 하는 지역무역협정의 한 형태이다.[31]

전통적인 자유무역협정은 상품분야의 무역자유화 또는 관세인하/철폐에 중점을 두고 있는 경우가 많았으나, 최근에는 자유무역협정의 적용범위가 크게 확대되어 서비스 및 투자 자유화는 물론 지식재산권, 정부조달, 경쟁정책, 무역구제제도 등 정책의 조화부문까지 협정의 대상범위가 점차 확대되고 있다.

특정조달특례규정에서는 칠레공화국정부, 유럽연합 및 그 회원국, 페루공화국, 미합중국, 콜롬비아공화국, 호주 정부와 체결된 각 자유무역협정의 내용에 따른 특정조달에서의 예외를 규정하고 있다(특정조달특례규정 제41조 내지 제46조).

---

31) 외교통상부, 통상관련 용어집(2013), 129면.

5. 추정가격 및 예정가격

가. 서론

국제입찰에 의하여 조달해야 하는지 여부는 앞서 살펴본 바와 같이 기획재정부장관이 고시하여 정하는 금액을 기준으로 정해지는데, 이 고시금액은 "추정가격"을 의미한다. 정부조달계약에 있어서는 추정가격 이외에도 "예정가격"이라는 용어가 사용되고 있는바, 추정가격과 예정가격은 정부조달계약과 관련한 중요한 판단의 기준이 되므로, 이를 정확하게 이해할 필요가 있다.

나. 추정가격

1) 의의

"추정가격"이란 물품·공사·용역 등의 조달계약을 체결함에 있어 국제입찰 대상여부를 판단하는 기준 등으로 삼기 위하여 예정가격이 결정되기 전에 국가계약법 시행령 제7조에 의하여 예산에 계상된 금액 등으로 추산하여 산정한 가격을 말한다(국가계약법 시행령 제2조 제1호).

2) 추정가격의 산정기준

각 중앙관서의 장 또는 계약담당공무원은 예산에 계상된 금액 등을 기준으로 하여 추정가격을 산정하되, 다음 각 기준 중 어느 하나의 기준에 따른 금액으로 한다(국가계약법 시행령 제7조).

① 공사계약의 경우에는 관급자재로 공급될 부분의 가격을 제외한 금액
② 단가계약의 경우에는 당해 물품의 추정단가에 조달예정수량을 곱한 금액
③ 개별적인 조달요구가 복수로 이루어지거나 분할되어 이루어지는 계약의 경우에는 다음 중에서 선택한 금액
   ㉠ 당해 계약의 직전 회계연도 또는 직전 12월 동안 체결된 유사한 계약의 총액을 대상으로 직후 12월 동안의 수량 및 금액의 예상변동분을 감안하여 조정한 금액
   ㉡ 동일 회계연도 또는 직후 12월 동안에 계약할 금액의 총액
④ 물품 또는 용역의 리스·임차·할부구매계약 및 총계약금액이 확정되지

아니한 계약의 경우에는 다음 중 어느 하나에 의한 금액

㉠ 계약기간이 정하여진 계약의 경우에는 총계약기간에 대하여 추정한 금액

㉡ 계약기간이 정하여지지 아니하거나 불분명한 계약의 경우에는 1월분의 추정지급액에 48을 곱한 금액

⑤ 조달하고자 하는 대상에 선택사항이 있는 경우에는 이를 포함하여 최대한 조달가능한 금액

다. 예정가격

1) 의의

예정가격이란 입찰 또는 계약체결 전에 낙찰자 및 계약금액의 결정기준으로 삼기 위하여 국가계약법 시행령 제8조에 의하여 미리 작성·비치하여 두는 가격을 말한다(국가계약법 시행령 제2조 제2호).

2) 예정가격 비치

각 중앙관서의 장 또는 계약담당공무원은 경쟁입찰 또는 수의계약 등에 부칠 사항에 대하여 당해 규격서 및 설계서 등에 의하여 예정가격을 결정하고 이를 밀봉하여 미리 개찰장소 또는 가격협상장소 등에 두어야 하며 예정가격이 누설되지 아니하도록 하여야 한다(국가계약법 시행령 제7조의2 제1항).

3) 예정가격 작성의 예외

국가계약법 시행령 제26조 제1항 제5호 가목(추정가격이 2,000만원을 초과하는 수의계약으로서 전자조달시스템을 통해 견적서를 제출하는 경우 제외) 및 바목(다른 국가기관, 지방자치단체와 계약을 할 경우)에 의한 수의계약, 국가계약법 시행령 제43조에 의한 협상에 의한 계약 및 국가계약법 시행령 제70조에 의한 개산계약을 체결하고자 할 때에는 예정가격을 결정하지 아니할 수 있다. 또한 정부가 제시하는 공사일괄입찰기본계획 및 지침에 따라 입찰시에 그 공사의 설계서 기타 시공에 필요한 도면 및 서류를 작성하여 입찰서와 함께 제출하는 설계·시공일괄입찰(국가계약법 시행령 제79조 제1항 제5호) 및 발주기관이 작성하여 교부한 기본설계서와 입찰안내서에 따라 입찰자가 기술제안서를 작성하여 입찰서와 함께

제출하는 기본설계 기술제안입찰(국가계약법 시행령 제98조 제3호)에 있어서는 예정가격을 작성하지 아니한다.

그 밖에 특정조달계약에 있어서 거래실례가격이 없어 예정가격을 작성하기 곤란한 경우, 지역 또는 시기에 따라 가격 차가 심한 경우, 특정 제작자만이 제작할 수 있는 경우, 국제시세가 없는 경우 등의 사유에 해당하는 경우에는 예정가격을 작성하지 아니할 수 있다(특정조달특례규정 제6조).

4) 예정가격의 결정방법(국가계약법 시행령 제8조)

예정가격은 계약을 체결하고자 하는 사항의 가격 총액에 대하여 이를 결정하여야 한다. 다만, 일정한 기간 계속하여 제조·공사·수리·가공·매매·공급·임차 등을 하는 계약의 경우에 있어서는 단가에 대하여 그 예정가격을 결정할 수 있다.

공사계약에 있어서 그 이행에 수년이 걸리며 설계서 등에 의하여 전체의 사업내용이 확정된 공사 및 물품의 제조 등의 계약에 있어서 그 이행에 수년이 걸리며 설계서 또는 규격서 등에 의하여 당해 계약목적물의 내용이 확정된 물품의 제조 등의 경우에는 총 공사·총 제조 등에 대하여 예산상의 총 공사금액(관금자재금액 제외) 또는 총 제조금액(관금자재금액 제외) 등의 범위 안에서 예정가격을 결정하여야 한다.

5) 예정가격의 변경(국가계약법 시행규칙 제13조)

예정가격은 원칙적으로 변경될 수 없으나, 국가계약법 시행령 제20조에 의한 재공고입찰에 있어서도 입찰자 또는 낙찰자가 없는 경우로서 당초의 예정가격으로는 국가계약법 시행령 제27조 제1항에 의한 수의계약을 체결할 수 없는 때에는 당초의 예정가격을 변경하여 새로운 절차에 의한 경쟁입찰에 부칠 수 있다.

6) 예정가격의 결정기준

국가계약법령은 예정가격의 작성에 관한 일반적인 기준과 절차를 정하고 있으며, 원가계산에 의한 예정가격 작성·실적공사비에 의한 예정가격작성 및 전문가격조사기관의 등록 등에 있어 적용하여야 할 세부기준에 관해서는 기획재정부 계약예규 「예정가격 작성기준」(기획재정부 계약예규 제319호, 2016. 12. 30. 일부개정)에서 정하고 있다.

(1) **예정가격 결정기준**(국가계약법 시행령 제9조)

각 중앙관서의 장 또는 계약담당공무원은 다음 각 호의 가격을 기준으로 하여 예정가격을 결정하여야 한다. 예정가격을 결정함에 있어서는 계약수량, 이행기간, 수급상황, 계약조건 기타 제반여건을 참작하여야 한다. 다만, 해외로부터 수입하고 있는 군용물자부품을 국산화한 업체와 계약을 체결하려는 경우에는 그 수입가격 등을 고려하여 방위사업청장이 인정한 가격을 기준으로 하여 예정가격을 결정할 수 있다.

① 적정한 거래가 형성된 경우에는 그 거래실례가격(법령의 규정에 의하여 가격이 결정된 경우에는 그 결정가격의 범위 안에서의 거래실례가격)

② 신규개발품이거나 특수규격품 등의 특수한 물품 · 공사 · 용역 등 계약의 특수성으로 인하여 적정한 거래실례가격이 없는 경우에는 원가계산에 의한 가격. 이 경우 원가계산에 의한 가격은 계약의 목적이 되는 재료비 · 노무비 · 경비와 일반관리비 및 이윤으로 이를 계산한다.

③ 공사의 경우 이미 수행한 공사의 종류별 시장거래가격 등을 토대로 산정한 표준시장단가로서 중앙관서의 장이 인정한 가격

④ 위 방법에 의한 가격에 의할 수 없는 경우에는 감정가격, 유사한 물품 · 공사 · 용역 등의 거래실례가격 또는 견적가격

(2) **거래실례가격 및 표준시장단가에 의한 예정가격 결정**(국가계약법 시행규칙 제5조 제1항)

국가계약법 시행령 제9조 제1항 제1호에 따른 거래실례가격으로 예정가격을 결정함에 있어서는 아래 어느 하나에 해당하는 가격으로 하되, 일반관리비 및 이윤을 따로 가산하여서는 아니 된다.

① 조달청장이 조사하여 통보한 가격: 조달청 나라장터의 "가격정보시스템"을 통해 제공하는 가격

② 기획재정부장관이 정하는 기준에 적합한 전문가격조사기관으로서 기획재정부장관에게 등록한 기관이 조사하여 공표한 가격: 대한건설협회의

"거래가격", 한국물가협회의 "물가자료", 한국응용통계연구원의 "유통물가", 한국물가정보센터의 "물가정보", 한국경제조사연구원의 "물가시세" 등에 게재된 가격

③ 각 중앙관서의 장 또는 계약담당공무원이 2 이상의 사업자에 대하여 당해 물품의 거래실례를 직접 조사하여 확인한 가격

국가계약법 시행령 제9조 제1항 제3호에 따라 이미 수행한 공사의 종류별 시장거래가격 등을 토대로 산정한 표준시장단가로서 중앙관서의 장이 인정한 가격을 기준으로 하여 예정가격을 결정할 때에는 이미 수행한 공사의 종류별 계약단가, 입찰단가와 시공단가 등을 토대로 시장상황과 시공상황을 고려하여 산정하되, 이와 관련하여 필요한 사항은 기획재정부장관이 정한다.

(3) **원가계산에 의한 예정가격 결정**(국가계약법 시행규칙 제6조 내지 제9조)

가) **공사·제조·구매**(수입물품의 구매 제외) **및 용역의 경우**

공사·제조·구매(수입물품의 구매 제외) 및 용역의 경우 원가계산에 의한 가격으로 예정가격을 결정함에 있어서는 아래 비목을 포함시켜야 한다.

① 재료비: 계약목적물의 제조·시공 또는 용역 등에 소요되는 규격별 재료량에 그 단위당 가격을 곱한 금액

② 노무비: 계약목적물의 제조·시공 또는 용역 등에 소요되는 공종별 노무량에 그 노임단가를 곱한 금액

③ 경비: 계약목적물의 제조·시공 또는 용역 등에 소요되는 비목별 경비의 합계액

④ 일반관리비: 재료비·노무비 및 경비의 합계액에 국가계약법 시행규칙 제8조 제1항(제10호를 제외한다)의 규정에 의한 일반관리비율을 곱한 금액

⑤ 이윤: 노무비·경비(기획재정부장관이 정하는 비목을 제외한다) 및 일반관리비의 합계액에 국가계약법 시행규칙 제8조 제2항(제3호를 제외한다)의 규정에 의한 이윤율을 곱한 금액

나) 수입물품을 구매하는 경우

수입물품을 구매하는 경우 원가계산에 의한 가격으로 예정가격을 결정함에 있어서는 그 예정가격에 아래 비목을 포함시켜야 한다.

① 수입물품의 외화표시원가
② 통관료
③ 보세창고료
④ 하역료
⑤ 국내운반비
⑥ 신용장개설수수료
⑦ 일반관리비: ① 내지 ⑥의 합계액에 100분의 8을 곱한 금액
⑧ 이윤: ② 내지 ⑦의 합계액에 100분의 8을 곱한 금액

다) 원가계산시 단위당 가격 기준

원가계산시 단위당 가격은 거래실례가격 또는 「통계법」 제15조에 의한 지정기관이 조사하여 공표한 가격(다만, 기획재정부장관이 단위당 가격을 별도로 정한 경우 또는 각 중앙관서의 장이 별도로 기획재정부장관과 협의하여 단위당 가격을 조사·공표한 경우에는 당해 가격)에 의하되, 이러한 가격이 확보되지 않는 경우에는 감정가격, 유사한 거래실례가격 또는 견적가격에 의한다(국가계약법 시행규칙 제7조).

단위당 가격을 거래실례가격 또는 조사·공표가격에 의한 가격을 적용함에 있어서는 「국가기술자격법」 제10조에 의한 기술자격검정시험에 합격한 자로서 기능계 기술자격을 취득한 자를 특별히 사용하고자 하는 경우 또는 도서지역(제주특별자치도 포함)에서 이루어지는 공사의 경우에 해당하는 경우에는 해당 노임단가에 그 노임단가의 100분의 15 이하에 해당하는 금액을 가산할 수 있다.

라) 원가계산서 작성(국가계약법 시행규칙 제9조)

원가계산에 의한 가격으로 예정가격을 결정함에 있어서는 원가계산서를 작성하여야 한다. 다만, 각 중앙관서의 장 또는 계약담당공무원이 직접 원가계산 방법에 의하여 예정가격조서를 작성하는 경우에는 원가계산서를 따로 작성하지 아니할 수 있다.

한편, 각 중앙관서의 장 또는 계약담당공무원은 계약목적물의 내용·성질 등이 특수하여 스스로 원가계산을 하기 곤란한 경우에는 다음 각 기관 중 어느 하나에 해당하는 기관으로서 용역기관의 요건을 갖춘 원가계산용역기관에 원가계산을 의뢰할 수 있다. 이 경우 각 중앙관서의 장 또는 계약담당공무원은 원가

계산용역기관으로 하여금 기획재정부장관이 정하는 바에 의하여 원가계산서를 작성하게 하여야 한다.

① 정부 및 「공공기관의 운영에 관한 법률」에 따른 공공기관이 자산의 100분의 50 이상을 출자 또는 출연한 연구기관
② 「고등교육법」 제2조 각호에 의한 학교의 연구소
③ 「민법」 기타 다른 법령의 규정에 의하여 주무관청의 허가 등을 받아 설립된 법인
④ 「공인회계사법」 제23조의 규정에 의하여 설립된 회계법인

(4) **감정가격 등에 의한 예정가격 결정**(국가계약법 시행규칙 제10조)

거래실례가격, 원가계산에 의한 가격 또는 이미 수행한 공사의 종류별 시장거래가격 등을 토대로 산정한 표준시장단가로서 중앙관서의 장이 인정한 가격을 기준으로 예정가격을 정할 수 없는 경우에는 감정가격(「부동산가격공시 및 감정평가에 관한 법률」에 의한 감정평가법인 또는 감정평가사가 감정평가한 가격), 유사한 거래실례가격(기능과 용도가 유사한 물품의 거래실례가격) 또는 견적가격(계약상대자 또는 제3자로부터 직접 제출받은 가격)을 기준으로 하여 예정가격을 결정하되, 감정가격, 유사한 거래실례가격, 견적가격의 순서로 적용한다.

(5) **예정가격결정시의 세액합산**(국가계약법 시행규칙 제11조)

예정가격에는 「부가가치세법」에 의한 부가가치세, 「개별소비세법」에 의한 개별소비세, 「교육세법」에 의한 교육세, 「관세법」에 의한 관세, 「농어촌특별법」에 의한 농어촌특별세를 포함시켜야 한다.

원가계산에 따른 가격으로 예정가격을 결정하는 경우 예정가격은 원가계산방식으로 계산한 금액에 위 각 세액을 합하여 계산한다. 이 경우 원가계산의 비목별 원재료의 단위당 가격은 전술한 각 세액을 감한 공급가액으로 하며, 부가가치세는 당해 계약목적물의 공급가액에 부가가치세율을 곱하여 산출한다.

한편, 부가가치세가 면제되는 재화나 용역을 공급하는 자와 계약을 체결하기 위해 원가계산에 따른 가격산정방식에 따라 예정가격을 결정하는 경우에는 해당 계약상대자가 부담해야 할 비목별 원재료의 부가가치세 매입세액 해당액을 원가계산방식에 따라 계산한 금액에 따로 합산한다.

제 5 조 (계약의 원칙)
① 계약은 서로 대등한 입장에서 당사자의 합의에 따라 체결되어야 하며, 당사자는 계약의 내용을 신의성실의 원칙에 따라 이행하여야 한다.
② 각 중앙관서의 장 또는 계약담당공무원은 제4조 제1항에 따른 국제입찰의 경우에는 호혜(互惠)의 원칙에 따라 정부조달협정 가입국(加入國)의 국민과 이들 국가에서 생산되는 물품 또는 용역에 대하여 대한민국의 국민과 대한민국에서 생산되는 물품 또는 용역과 차별되는 특약(特約)이나 조건을 정하여서는 아니 된다.

1. 정부계약의 성격 및 적용 원칙

국가계약법이 적용되는 계약은 양당사자가 사경제의 주체로서 상대방과 서로 대응한 위치에서 체결하는 사법상의 계약으로서 그 본질적인 내용은 사인 간의 계약과 다를 바가 없다. 따라서 국가계약법이 적용되는 계약에는 국가계약법 및 기타 관련 법령에 특별한 정함이 있는 경우를 제외하고는 사적 자치와 계약자유의 원칙 등 사법의 원리가 그대로 적용된다.

이에 따라 계약체결을 위한 입찰절차에서 입찰서 제출에 하자가 있다 하여도 그것만으로 해당 입찰이 무효가 되는 것은 아니고, 그 하자가 입찰절차의 공공성과 공정성이 현저히 침해될 정도로 중대할 뿐 아니라 상대방도 그러한 사정을 알았거나 알 수 있었을 경우 또는 그러한 하자를 묵인한 낙찰자의 결정 및 계약체결이 선량한 풍속 기타 사회질서에 반하는 결과가 될 것임이 분명한 경우 등 특별한 사정이 있는 경우에 한하여 무효가 된다(대법원 2006. 6. 19. 선고 2006마117 결정). 다만, 국가계약법령에서 국가가 사경제의 주체로서 상대방과 사법상의 계약을 체결함에 있어 따라야 할 요건과 절차를 규정한 관련 법령은 국가가 사인과 사법상 계약을 체결함에 있어 적법한 절차에 따를 것을 담보하기 위한 것으로서 강행규정이라고 보아야 할 것이므로, 특별한 사정이 없는 한 강행규정에 위반된 계약은 무효라고 해석함이 타당하다.[32]

한편, 국가계약법이 적용되는 계약이 사법상의 계약이므로 그로부터 파생되는 분쟁은 원칙적으로 민사소송의 대상이나, 예외적으로 국가계약법 및 기타

32) 유사한 취지로서 대법원 2004. 1. 27. 선고 2003다14812 판결 참조.

관련 법령에 따른 제재로서 부정당업자에 대한 입찰참가자격 제한조치는 행정소송의 대상이 된다. 다만, 행정소송의 대상이 되는 행정처분은 행정청 또는 그 소속기관이나 법령에 의하여 행정권한의 위임 또는 위탁을 받은 공공기관이 국민의 권리의무에 관계되는 사항에 관하여 공권력을 발동하여 행하는 공법상의 행위를 말하며, 그것이 상대방의 권리를 제한하는 행위라 하더라도 행정청 또는 그 소속기관이나 권한을 위임받은 공공기관의 행위가 아닌 한 이를 행정처분이라고 할 수 없으므로, 수도권매립지관리공사나 한국전력공사 등이 입찰참가자격을 제한하는 내용의 부정당업자 제재처분을 하더라도, 그러한 기관이 관련 법령상 행정청 또는 그 소속기관이거나 이로부터 제재처분의 권한을 위임받았다고 볼 만한 법적 근거가 없는 경우, 부정당업자 제재처분은 행정소송의 대상이 되는 행정처분이 아니라 단지 상대방을 위 공사가 시행하는 입찰에 참가시키지 않겠다는 뜻의 사법상 효력을 가지는 통지행위에 불과하여 행정소송의 대상이 되지 아니한다(대법원 2010. 11. 26.자 2010무137 결정 등).

2. 신의성실의 원칙

국가계약법이 적용되는 계약의 당사자는 계약의 내용을 신의성실의 원칙에 따라 이행하여야 한다. 민법 제2조 제1항은 "권리의 행사와 의무의 이행은 신의에 좇아 성실히 이행하여야 한다."라고 규정하고 있는바, 국가계약법은 제5조 제1항에서 민법 제2조 제1항에 따른 신의성실의 원칙이 국가계약법이 적용되는 계약의 당사자들에게 동일하게 적용된다는 점을 명시하고 있다.

신의성실의 원칙은 법률관계의 당사자는 상대방의 이익을 배려하여 형평에 어긋나거나 신뢰를 저버리는 내용 또는 방법으로 권리를 행사하거나 의무를 이행해서는 안 된다는 추상적 규범을 말하는데, 이를 구체적인 법률관계에 적용함에 있어서는 상대방의 이익의 내용, 행사하거나 이행하려는 권리 또는 의무와 상대방 이익과의 상관관계 및 상대방의 신뢰의 타당성 등 모든 구체적인 사정을 고려하여 그 적용여부를 결정해야 한다(대법원 1989. 5. 9. 선고 97다카2407 판결). 민법 및 국가계약법은 어떠한 행위가 신의성실의 원칙에 위배되는 것으로 인정되는 경우의 효과에 관하여 침묵하고 있으나, 이러한 행위의 효력은 무효라고 보는 것이 타당하다.

3. 부당특약금지

부당특약금지의 원칙이라 함은 국가계약법이 적용되는 계약에 있어서 각 중앙관서의 장 또는 그 위임·위탁을 받은 공무원이 국가계약법, 동법 시행령 및 관계 법령에 규정된 계약상대자의 계약상 이익을 부당하게 제한하는 특약 또는 조건을 정하여서는 아니 된다는 원칙이며(국가계약법 시행령 제4조), 이와 같은 부당특약금지의 원칙에 위배되는 특약 또는 조건은 무효라고 해석하여야 할 것이다. 대법원도 이와 같은 취지에서, 구 「지방재정법 시행령」 제70조에 의하여 지방자치단체를 당사자로 하는 계약에 준용되는 구 「예산회계법 시행령」 제64조에 따르면 지방자치단체의 장은 계약을 체결함에 있어서 구 「예산회계법」과 그 시행령 및 관계 법령에 규정된 계약상대자의 계약상 이익을 부당하게 제한하는 특약 또는 조건을 정하여서는 아니 되므로, 지방자치단체와 사기업이 계약을 체결함에 있어서 구 예산회계법 제93조에 따른 차액보증금(경쟁계약에 있어서 예정가격에 비하여 현저하게 저가로 입찰한 낙찰자로 하여금 납부하도록 하는 보증금)에서 발생하는 이자를 지방자치단체에 귀속시키기로 하는 묵시적인 약정이 있었다 하더라도 그와 같은 약정은 계약상대자의 계약상 이익을 부당하게 제한하는 특약으로서 효력을 가질 수 없다고 판시한 바 있다(대법원 1998. 4. 28. 선고 97다51223 판결).

4. 차별금지

발주기관은 국제입찰의 경우 호혜의 원칙에 따라 정부조달협정 가입국의 국민 및 이들 국가에서 생산되는 물품 또는 용역에 대하여 대한민국의 국민 또는 대한민국에서 생산되는 물품 또는 용역과 차별되는 특약 또는 조건을 정하여서는 아니 된다(국가계약법 제5조 제2항). 이와 관련하여 「특정조달을 위한 국가를 당사자로 하는 계약에 관한 법률 시행령 특례규정」 제4조에서는, 계약상대자를 공정하게 선정하고 정부조달과 관련된 정보를 차별적으로 제공하지 아니할 것, 협정의 적용을 회피할 목적으로 추정가격의 산정방법을 선택하거나 분할 발주하지 아니할 것, 협정가입국의 계약상대자로부터 조달되는 물품·공사 및 용역에 대하여 통상적인 무역과정에서 적용되는 「대외무역법」 및 「관세법」의 규정과 다른 원산지 규정을 적용하지 아니할 것, 입찰참가자격의 심사과정이나 입찰서의 평가 및 낙찰자 결정과정 등에서 부품 등의 국산화율지정, 기술이전 및 대응구매 등의 수단을 통하여 협정가입국 입찰참가자의 입찰참가 또는 조달조건 등을 제한하는 조치를 취하지 아니할 것 등 발주기관이 국제입찰을 통해 체결하는 계약에 있어서 준수해야 하는 원칙들을 규정하고 있다.

차별금지 원칙 위반의 효력과 관련하여, 대법원은 학교급식을 위해 우리 농수축산물을 우선적으로 사용하도록 하고 우리 농수축산물을 사용하는 자를 선별하여 식재료나 식재료 구입비의 일부를 지원하는 것 등을 내용으로 한 광역지방자치단체의 조례안이 국내산품의 생산보호를 위하여 수입산품을 국내산품보다 불리하게 대우하는 것에 해당하는 것으로서 내국민대우원칙을 규정한 '1994년 관세 및 무역에 관한 일반협정' 제3조 제1항, 제4조에 위배되어 위법하므로 효력이 없다고 판시하였다(대법원 2008. 12. 24. 선고 2004추72 판결).

> 제5조의2 (청렴계약)
> ① 각 중앙관서의 장 또는 계약담당공무원은 국가를 당사자로 하는 계약에 있어서 투명성 및 공정성을 높이기 위하여 입찰자 또는 계약상대자로 하여금 입찰 · 낙찰, 계약체결 또는 계약이행 등의 과정(준공 · 납품 이후를 포함한다)에서 직접적 · 간접적으로 금품 · 향응 등을 주거나 받지 아니할 것을 약정하게 하고 이를 지키지 아니한 경우에는 해당 입찰 · 낙찰을 취소하거나 계약을 해제 · 해지할 수 있다는 조건의 계약(이하 "청렴계약"이라 한다)을 체결하여야 한다.
> ② 청렴계약의 구체적 내용과 체결 절차 등 세부적인 사항은 대통령령으로 정한다.

1. 부패방지 관련 한국법제

국가계약의 공정성 · 투명성을 확보하기 위하여 청렴계약의 근거를 마련하고자 계약상대자로 하여금 계약 이행의 전 과정에 걸쳐 금품 및 향응을 주거나 받지 않을 것을 내용으로 하는 청렴계약을 체결해야 하며, 이를 위반한 경우에는 해당 입찰 · 낙찰을 취소하거나 계약을 해제 · 해지할 수 있는 조건까지 계약에 반영하도록 하는 규정이 2012. 12. 18. 개정으로 신설되었다.

부패는 법치주의를 무력케 하고 시장경제를 왜곡하여 한 사회의 엄격한 법치 및 건전한 경제질서를 파괴시키는 것이다. 미국은 해외부패방지법(the Foreign Corrupt Practices Act)이 일찌감치 카터 행정부 시절에 제정되었고 영국 역시 뇌물수수법(the Bribery Act)이 2010년 제정되어 각 경제 활동에 있어 뇌물 제공과 부패 행위를 엄격히 처벌하는 규정을 마련하였고 이러한 해외부패방지법의 규정은 한국 내에서도 적용되고 있다. 우리나라도 다른 선진국의 법제와 같이 부패방지를 위한 법률들이 만들어져 왔는데, 뇌물 일반법에 해당하는 형법 및 이를 가중한 특정범죄 가중처벌 등에 관한 법률과 뇌물관련 규정 적용시 공무원 의제 규정을 마련한 법률들로서 품질경영 및 공산품안전관리법, 건설기계관리법, 건설기술관리법, 관광진흥법, 산업안전보건법 등을 들 수 있다. 그리고 업종별로는 부정한 이익 또는 청탁의 제공이나 취득을 금지하는 규정을 마련한 법률들이 다수 있는데 건설산업기본법, 보험업법 등을 그 예로 들 수 있다. 또한 부패방지법이 2001. 7. 24. 제정되고,[33] 2003. 12. 10.에는 UN부패방지협약에 서명한 후 2008.

33) 2008. 2. 29. 법률 제8878호로 부패방지 및 국민권익위원회의 설치와 운영에 관한 법률의 제정으로 부패방지법은 폐지되었다.

3. 27. 이를 비준하였고, 2015. 3. 27.에는 공직자, 교직원, 언론인 및 공무를 수행하는 사인에 대한 부정청탁 및 금품의 수수를 엄격히 금지하는 부정청탁 및 금품 등 수수의 금지에 관한 법률이 제정되어 2016. 9. 28. 시행에 이르게 되었다.

2. 청렴계약의 체결 및 청렴계약서 제출과 계약서에의 반영

가. 체결 의무

각 중앙관서의 장 또는 계약담당공무원은 국가를 당사자로 하는 계약에 있어서 투명성 및 공정성을 높이기 위하여 입찰자 또는 계약상대자로 하여금 입찰·낙찰, 계약체결 또는 계약이행 등의 과정(준공·납품 이후를 포함한다)에서 직접적·간접적으로 금품·향응 등을 주거나 받지 아니할 것을 약정하게 하고 이를 지키지 아니한 경우에는 해당 입찰·낙찰을 취소하거나 계약을 해제·해지할 수 있다는 조건의 청렴계약을 체결하여야 한다(국가계약법 제5조의2 제1항).

나. 구체적 내용 및 청렴계약서 제출

청렴계약에 포함되어야 할 구체적인 내용은 다음 각 호와 같으며(국가계약법 시행령 제4조의2 제1항, 정부 입찰·계약 집행기준 제98조의3 제1항), 각 중앙관서의 장 또는 계약담당공무원은 입찰자가 입찰서를 제출할 때 청렴계약의 계약서를 제출하도록 하여야 한다(국가계약법 시행령 제4조의2, 정부 입찰·계약 집행기준 제98조의2 제1항).

1) 금품·향응 등의 요구·약속과 수수(授受) 금지 등에 관한 사항
2) 입찰가격의 사전 협의 또는 특정인의 낙찰을 위한 담합 등 공정한 경쟁을 방해하는 행위의 금지에 관한 사항
3) 공정한 직무수행을 방해하는 알선·청탁을 통하여 입찰 또는 계약과 관련된 특정 정보의 제공을 요구하거나 받는 행위의 금지에 관한 사항
4) 위반시 해당 입찰·낙찰을 취소하거나 계약을 해제·해지할 수 있다는 내용

3. 공정 경쟁을 방해하는 행위에 대한 손해배상의 예정

계약담당공무원은 계약목적물의 특성, 공급자의 수 등을 감안할 때 담합행위의 개연성이 있다고 판단될 경우 청렴계약서에 시행령 제4조의2 제1항 제2호 위반시에 입찰자 또는 계약상대자가 배상하여야 할 손해배상액의 예정을 포함할 수 있다(정부 입찰 · 계약 집행기준 제98조의3 제2항). 이러한 손해배상액의 예정에 있어 계약담당공무원은 해당 공사의 발주방식, 난이도 및 예상되는 입찰자의 수 등을 고려하여 적정한 손해배상액을 산정토록 하되, 입찰자의 경우에는 입찰금액의 100분의5, 계약상대자의 경우에는 계약금액의 100분의10을 초과하여서는 아니 된다(정부 입찰 · 계약 집행기준 제98조의3 제3항).

4. 계약서에 반영

계약담당공무원은 계약을 체결할 때 계약상대자가 입찰시에 제출한 청렴계약서의 내용이 계약서에 포함되도록 하여야 한다(정부 입찰 · 계약 집행기준 제98조의2 제2항).

제 5 조의3 (청렴계약 위반에 따른 계약의 해제 · 해지 등) 각 중앙관서의 장 또는 계약담당공무원은 청렴계약을 지키지 아니한 경우 해당 입찰 · 낙찰을 취소하거나 계약을 해제 · 해지하여야 한다. 다만, 금품 · 향응 제공 등 부정행위의 경중, 해당 계약의 이행 정도, 계약이행 중단으로 인한 국가의 손실 규모 등 제반사정을 고려하여 공익을 현저히 해(害)한다고 인정되는 경우에는 대통령령으로 정하는 바에 따라 각 중앙관서의 장의 승인을 받아 해당 계약을 계속하여 이행하게 할 수 있다.

1. 원칙

각 중앙관서의 장 또는 계약담당공무원은 입찰자 또는 계약상대자가 청렴계약을 지키지 아니하는 경우에는 해당 입찰과 낙찰을 취소하거나 계약을 해제 · 해지하여야 하는 것이 원칙이며 이를 재량으로 그 여부를 결정할 수 있는 것이 아니다.

2. 예외

이러한 원칙하에서도 부정행위의 경중이나 해당 계약의 이행 정도와 계약이행 중단으로 인한 국가의 손실 규모와 같은 모든 사정을 고려하여 공익을 현저히 해친다고 인정되는 경우에는 각 중앙관서의 장의 승인을 받아 해당 계약을 계속하여 이행하게 할 수 있다(국가계약법 제5조의3 단서). 이 경우 각 중앙관서의 장은 법 제5조의3 단서에 따라 청렴계약을 지키지 아니한 해당 계약의 계속 이행을 승인할 때에는 계약 대상물의 성격과 해당 계약의 이행 정도 및 기간 등에 관하여 기획재정부장관이 정하는 기준 등을 고려하여야 한다(국가계약법 시행령 제4조의3).

제 6 조 (계약사무의 위임 · 위탁)
① 각 중앙관서의 장은 그 소관에 속하는 계약사무를 처리하기 위하여 필요하다고 인정하면 그 소속 공무원 중에서 계약에 관한 사무를 담당하는 공무원(이하 "계약관"이라 한다)을 임명하여 그 사무를 위임할 수 있으며, 그 소속 공무원에게 계약관의 사무를 대리(代理)하게 하거나 그 사무의 일부를 분장(分掌)하게 할 수 있다.
② 각 중앙관서의 장은 대통령령으로 정하는 바에 따라 다른 중앙관서 소속 공무원에게 계약관의 사무를 위탁할 수 있다.
③ 각 중앙관서의 장은 대통령령으로 정하는 바에 따라 그 소관의 계약에 관한 사무를 다른 관서에 위탁할 수 있다.
④ 제1항과 제2항에 따른 계약관의 사무의 위임 · 위탁, 대리 및 일부 분장은 각 중앙관서 소속 기관에 설치된 관직을 지정함으로써 갈음할 수 있다.
⑤ 계약관은 대통령령으로 정하는 재정보증이 없으면 그 직무를 담당할 수 없다.

1. 의의

중앙관서의 장이 계약사무를 직접 처리하는 것은 비현실적이며, 담당자를 통해 계약에 관한 사무를 처리하는 것이 전문성을 제고할 수 있으므로, 국가계약법은 계약사무의 위임, 위탁제도를 도입하고 있다.

2. 절차

중앙기관의 장은 그 소속 공무원에게 계약에 관한 사무를 담당하는 공무원(이하 "**계약관**"이라 한다)의 사무를 대리하게 하거나 사무의 일부를 분장할 수 있다. 또한 다른 발주기관 소속의 공무원에게 계약관의 사무를 위탁할 수 있는데, 이 경우에는 위탁을 받을 공무원과 위탁하고자 하는 사무의 범위에 관하여 미리 그 소속 발주기관의 장의 동의를 얻어 위탁하고 이를 감사원에 통지하여야 하며, 계약관의 사무의 전부를 대리하거나 그 일부를 분장하는 공무원을 임명하는 경우에도 같다(국가계약법 시행령 제5조 제3항). 발주기관의 장은 위와 같은 절차를 통해 그 소관에 속하는 계약에 관한 사무를 다른 관서에 위탁할 수 있다

(국가계약법 시행령 제5조 제4항). 한편, 계약관은 각 중앙관서의 장 및 기획재정부 장관이 정하는 바에 따른 재정보증 없이는 그 직무를 담당할 수 없다(국가계약법 제6조 제5항, 동법 시행령 제6조).

또한 발주기관의 장은 계약관의 사무의 위임 · 위탁, 대리 및 일부 분장을 각 중앙관서 소속 기관에 설치된 관직을 지정함으로써 갈음할 수 있다. 발주기관의 장은 계약관을 임명하였거나 계약관의 사무를 대리 또는 그 일부를 분장하게 한 때에는 그 뜻을 「국고금관리법」 제22조에 규정한 재무관 및 지출관과 감사원에 통지하여야 한다(국가계약법 시행령 제5조 제1항).

3. 위임 · 위탁의 효과

계약관이 계약사무의 위임 · 위탁 범위 내에서 적법하게 계약사무를 처리한 경우 그 효과는 발주기관의 장에게 미치며, 소속 공무원이 적법하게 계약관의 사무를 대리하거나 일부 분장할 경우 그 행위는 계약관의 행위로 간주되고 결국 그 효과는 발주기관의 장에게 미친다. 반면, 소속 공무원이 적법한 절차에 따라 계약사무의 위임 · 위탁을 받지 아니하거나 위탁받은 범위를 벗어난 경우 그 행위의 효과가 당연히 계약관의 행위로 간주된다고 보기는 어렵고, 계약상대자는 민법상 표현대리의 법리를 원용하여 그 행위의 효력이 발주기관의 장에게 미친다는 주장을 할 수 있을 것이다.

한편, 어느 발주기관이 다른 기관에 계약사무를 위탁한 경우 당해 계약과 관련하여 발생한 부정당업자 제재를 부과할 수 있는지에 관하여, 대법원은 「지방자치단체를 당사자로 하는 계약에 관한 법률」(이하 **"지방계약법"**이라 한다) 제7조 제1항, 제2항, 제31조 제1항 및 「조달사업에 관한 법률」(이하 **"조달사업법"**이라 한다) 제5조의2 제1항, 제2항 등 관련 규정들을 모두 종합하여 보면, 지방자치단체의 장이 조달청장에게 수요물자 구매에 관한 계약 체결을 요청한 경우 그 계약사무의 처리에 관하여는 지방계약법이 적용되고 그 계약의 이행 등과 관련한 입찰참가자격 제한에 관한 권한은 지방계약법 제31조 제1항에 따라 지방자치단체의 장에게 있다고 판시한 바 있으나(대법원 2012. 11. 15. 선고 2011두31635 판결), 2013. 8. 6. 지방계약법 제31조가 개정됨에 따라 위와 같은 경우에 계약사무를 위탁받은 기관이 부정당업자 재제를 부과할 수 있는 법적 근거가 마련되었다.

Ⅱ. 계약의 방법

제7조 (계약의 방법)
① 각 중앙관서의 장 또는 계약담당공무원은 계약을 체결하려면 일반경쟁에 부쳐야 한다. 다만, 계약의 목적, 성질, 규모 등을 고려하여 필요하다고 인정되면 대통령령으로 정하는 바에 따라 참가자의 자격을 제한하거나 참가자를 지명(指名)하여 경쟁에 부치거나 수의계약(隨意契約)을 할 수 있다.
② 제1항 본문에 따라 경쟁입찰에 부치는 경우 계약이행의 난이도, 이행실적, 기술능력, 재무상태, 사회적 신인도 및 계약이행의 성실도 등 계약수행능력평가에 필요한 사전심사기준, 사전심사절차, 그 밖에 대통령령으로 정하는 바에 따라 입찰 참가자격을 사전심사하고 적격자만을 입찰에 참가하게 할 수 있다.

1. 국가계약의 분류

국가계약[1)]은 계약의 목적물, 계약금액 결정방식, 계약기간, 계약당사자의 수, 계약체결 방법(즉, 경쟁을 거치는지 여부 및 경쟁의 방법) 등에 따라 분류할 수 있는 바, 본조가 그 규율 대상으로 하는 계약체결 방법에 따른 분류에 대해서는 아래에서 각각 별도로 기술하기로 하고, 그 외의 분류를 간략히 살펴보면 아래와 같다.

가. 계약목적물에 따른 분류

계약의 목적물에 따라 공사계약, 물품제조·구매계약, 용역계약으로 분류된다. 이러한 분류는 해당계약에 관하여 「공사입찰유의서」,[2)] 「물품구매(제조)입찰유의서」,[3)] 「용역입찰유의서」[4)] 중 어느 것이 적용될 것인지를 결정하는 기준

1) 국가계약법의 적용대상은 국가가 당사자가 되는 계약인바(국가계약법 제1조), 국가·지방자치단체·정부기관 등 행정주체·공공기관 등이 당사자로 되는 계약의 명칭에 대해서는 제2조에 대한 주석 참조.
2) 2016. 12. 30. 개정 기획재정부 계약예규 제325호.
3) 2016. 12. 30. 개정 기획재정부 계약예규 제329호.
4) 2016. 12. 30. 개정 기획재정부 계약예규 제327호.

이 되므로, 계약의 목적물에 따라 명확히 결정할 필요가 있다. 「정부 입찰·계약 집행기준」[5] 제2조의2에 의하면, 물품·용역·공사 중 2개 이상이 혼재된 계약을 발주하려는 경우 계약담당공무원은 (ⅰ) 물품·용역·공사 등 각 목적물 유형별 독립성과 가분성, (ⅱ) 계약목적물의 일부에 공사가 포함된 계약을 발주함에 있어서 「건설산업기본법」, 「전기공사업법」, 「정보통신공사업법」 등 공사 관련 법령의 준수여부, (ⅲ) 계약이행 및 관리의 효율성에 미치는 영향, (ⅳ) 하자 등 책임구분의 용이성, (ⅴ) 각 발주방식에 따른 해당시장의 경쟁제한효과를 고려하여 일괄 또는 분리발주 여부를 검토하여야 한다.

유권해석

1. CCTV 통합관제센터 구축사업을 물품(용역)으로 발주할 것인지 공사로 발주할 것인지의 여부는 사업내용 및 관련 법령 등을 고려하여 계약담당공무원이 판단·결정해야 할 것으로 보임. 다만, 사업내용 중 「정보통신공사업법」 제2조 제2호에서 규정하고 있는 정보통신공사에 해당되는 부분이 있다면 동법 제25조에 따라 정보통신공사로 분리 발주하는 것이 타당할 것임(계약제도과-402, 2011. 4. 19.).
2. 선박수리·보수사업이 「건설산업기본법」 등 공사관련 법령에서 규정하고 있는 공사의 범주에 해당되는 때에는 공사로 발주하여야 할 것이며, 공사 관련 법령상 공사에 해당되지 않는 경우라면 당해 선박수리·보수의 주요 내용이 물질적 재화를 생산(구매)하는 것인지 아니면 물질적 재화의 생산(구매) 이외의 생산이나 소비에 필요한 노무 등을 제공하는 것인지에 따라 물품 또는 용역으로 발주하여야 할 것임(회계제도과-2617, 2006. 11. 22.).
3. 과학전시물의 제작·설치가 「건설업법」, 「전기공사업법」, 「전기통신공사업법」 등 관련 법령에 의한 공사의 범주에 해당되지 않고 주제선정, 동작시나리오작성, 설계, 제작 등의 단계로 이루어지는 것이라면 제조로 볼 수 있음(회제 45107-60, 1995. 5. 13.).
4. 보험계약도 국가계약법 제11조에 따라 계약의 목적·계약금액·이행기간 기타 필요한 사항 등이 기재된 계약서를 작성·확정하고, 동 계약서의 계

5) 2016. 12. 30. 개정 기획재정부 계약예규 제318호.

> 약조건에 따라 계약상대자는 약정된 보험서비스를 제공할 의무, 발주기관은 동 의무이행에 따른 대가를 지급할 의무를 지니게 되는 계약으로서 도급계약에 해당된다고 할 것임(계약제도과-1595, 2011. 12. 29.).[6]

위 유권해석 1 내지 3은 공사와 물품 또는 용역의 구분 기준에 관한 것으로서, 이에 따르면「건설산업기본법」,「전기공사업법」,「정보통신공사업법」,「소방시설공사업법」,「문화재 수리 등에 관한 법률」 등 개별 법령의 규율을 받는 공사는 기본적으로 공사계약으로 봐야 한다는 취지이다. 특히 유권해석 2는 물품과 용역의 구분 기준을 제시하고 있어 주목할 만하다. 다만, 위 4.의 해석은 그 타당성이 다소 의문스럽다. 국가계약법은 '공사'계약에 관하여 '도급'이라는 용어를 사용하고 있고,[7] 도급계약은 일반적으로 일방당사자가 어떠한 일을 완성할 것을 약정하고 상대방이 그 일의 결과에 대하여 보수를 지급할 것을 약정하는 계약을 의미하는바, 보험계약은 위 유권해석 1 내지 3의 기준에 따른 공사계약이나 위와 같은 의미에서의 도급계약에 해당하지는 않는 것으로 보인다. 현행 국가계약법 및 계약예규 등 관련 하위법령이 보험과 같은 특수한 형태의 용역을 목적물로 하는 계약을 상정하지 않고 있어 현행 법령하에서는 부득이한 해석으로 보이나, 국가계약법이나 관련 하위법령의 제·개정 당시에 예상하지 않았던 계약목적물에 관한 국가계약의 체결 필요성이 증가하고 있다는 점을 감안하여[8] 신속히 법령의 정비를 꾀할 필요가 있을 것으로 보인다.

나. 계약금액 결정방식에 따른 분류

1) 확정계약, 개산계약, 사후원가검토조건부계약

계약금액을 확정한 상태에서 체결하는 계약으로, 국가계약법은 계약체결시

---

6) 장훈기, 앞의 책, 138-139, 173-174면에서 재인용.

7) 국가계약법 제17조, 제18조.

8) 예를 들어,「용역계약일반조건」(2016. 12. 30. 개정, 기획재정부 계약예규 제326호)은 특정한 업무의 완성을 목적으로 하는 용역이 계약의 목적물임을 전제로 한 규정이나, 회계자문용역 또는 법률자문용역 등 특정한 업무의 완성이 목적이라기보다는(즉, 민법상 도급계약에 해당한다기보다는) 발주자의 위탁에 따라 전문적 지식과 경험을 이용하여 일정한 업무를 처리하는 것이 목적인 경우가 종종 발생하고 있는바, 위 계약예규는 이러한 성질의 계약과는 성질상 부합하지 않는 규정을 다수 포함하고 있어 정비를 요한다.

계약금액을 명백하게 기재한 계약서를 작성하도록 함으로써(국가계약법 제11조 제1항 제2호) 확정계약을 원칙적인 계약방식으로 정하고 있다. 이와 달리 미리 가격을 정하기 곤란한 경우에 개략적인 금액으로 계약을 체결하고 계약의 이행이 완료된 후 정산하는 형태의 계약을 개산계약(概算契約)이라 하고(국가계약법 제23조), 특히 입찰 전에 예정가격을 구성하는 일부비목별 금액을 결정할 수 없는 경우 계약금액을 잠정적으로 정한 후 계약이행이 완료된 후 사후원가검토를 조건으로 체결하는 계약을 사후원가검토조건부 계약이라 한다(국가계약법 시행령 제73조 제1항).[9)]

2) 총액계약, 단가계약

국가계약은 물론, 일반적으로 체결되는 대부분의 계약은 계약목적물 전체에 대한 비용 또는 계약이행에 필요한 모든 비용을 총액으로 체결하는 이른바 총액계약이다. 그런데 일정기간 계속되는 제조·수리·가공·매매·공급·사용 등을 목적으로 하는 등의 계약을 해야 할 경우, 연 단위로 편성되는 예산이라는 지출의 한계와 어느 정도의 수량이 필요한지 미리 정하기 어려운 불확실성을 고려하여 해당 물품 또는 용역의 단가를 기준으로 계약을 체결하기도 하는데, 이를 단가계약이라고 한다.[10)]

다. 계약기간에 따른 분류

계약의 기간에 따라 당해 회계연도 안에 계약의 체결 및 이행이 종료되는 단년도계약과 계약의 체결 및 이행이 수 회계연도에 걸쳐 이루어지는 다년도계약으로 구분할 수 있는바, 다년도계약에는 국가재정법상 계속비 예산으로 계약을 이행할 수 있도록 하는 계속비계약과 총 공사금액으로 입찰하되 각 회계연도 예산범위 내에서 연차별계약을 체결하여 계약을 이행할 수 있도록 하는 장기계속계약이 있다.[11)]

---

9) 이에 관한 상세한 내용은 제22조에 대한 주석 부분 참조.
10) 이에 관한 상세한 내용은 제22조의 주석 부분 참조.
11) 이에 관한 상세한 내용은 제21조의 주석 부분 참조.

라. 계약당사자의 구성원 수에 따른 분류

단독계약은 국가 측과 계약 상대방 측이 모두 단독 당사자인 계약을 말하며, 원칙적인 형태의 계약이다. 이와 달리 공사·제조·기타의 계약에 있어서 발주기관과 둘 이상의 계약상대자로 구성된 공동수급체가 체결하는 계약을 공동계약이라 하고(국가계약법 제25조 제1항, 「공동계약운용요령」[12] 제2조 제1호), 동일 장소에서 국가의 다른 관서·지방자치단체 또는 「공공기관의 운영에 관한 법률」에 따른 공기업 및 준정부기관 중 2개 기관 이상이 관련되는 공사 등에 대하여 관련기관협의체를 구성하여 공동으로 발주하여 체결하는 계약을 종합계약이라 한다(국가계약법 제24조, 「종합계약집행요령」[13] 제2조 제1호).[14]

2. 국가계약의 방법

가. 일반경쟁의 원칙

국가계약 체결의 원칙적 방법은 일반경쟁이다(국가계약법 제7조 제1항 본문). 경쟁을 통하여 공정하고 투명하며 경제적인 계약체결을 도모하는 것이다. 경쟁의 방법으로는 입찰과 경매가 있는데, 입찰은 경쟁하는 응찰자들이 서로 다른 응찰자의 청약내용을 모르는 상태에서 자신의 청약내용을 표시하는 방식이고, 경매는 경쟁에 참여하는 자들이 다른 경쟁자의 청약내용을 알 수 있는 상태에서 다시 그보다 유리한 청약을 표시할 기회를 갖도록 하는 방식이다.

국가계약의 경쟁방법으로는 두 가지 방법 모두 허용되며(국가계약법 시행령 제10조 제1항), 특히 동산의 매각시에는 필요하다고 인정할 경우 입찰에 준하여 경매에 부칠 수 있다는 명시적 규정을 두고 있다(국가계약법 시행령 제10조 제2항). 이 경우 예정가격을 제시하여 입찰하게 하고 최고입찰액을 발표한 후 다른 응찰자가 없을 때까지 다시 입찰하게 하여 최고가격의 입찰자를 낙찰자로 결정하며(국가계약법 시행규칙 제22조 제1항), 입찰보증금은 입찰금액의 5% 이상으로 하도록 하고 있는 입찰의 경우(국가계약법 시행령 제37조 제1항)와 달리 예정가격

---

12) 2016. 12. 30. 개정 기획재정부 계약예규 제323호.
13) 2015. 9. 21. 개정 기획재정부 계약예규 제255호.
14) 이에 관한 상세한 내용은 제24조 및 제25조의 주석 부분 참조.

의 5% 이상으로 한다(국가계약법 시행규칙 제22조 제2항). 나아가 국가가 물품을 구매하기 위하여 필요하다고 인정되는 경우에는 입찰의 방법에 준하여 역경매 방식을 택할 수 있도록 하고 있다(국가계약법 시행령 제10조 제3항). 즉, 국가에 대하여 물품을 판매하고자 하는 사업자들이 호가를 낮추어 가며 경쟁하도록 하고 최종적으로 가장 낮은 가격을 제시한 사업자와 계약을 체결할 수 있다.

나. 예외적 계약방법

이와 같이 국가계약법상 계약의 원칙적 방법은 일반경쟁이지만, 예외적으로 계약의 목적·성질·규모 등을 고려하여 필요하다고 인정되는 경우 일정한 요건하에서 참가자의 자격을 제한하거나(제한경쟁입찰), 참가자를 지명하여 경쟁에 부치거나(지명경쟁입찰) 수의계약의 방식으로 계약을 체결할 수 있다(국가계약법 제7조 제1항 단서). 또한 국가계약법 시행령은 특수한 경쟁방법으로 희망수량경쟁입찰(국가계약법 시행령 제17조), 2단계 경쟁입찰계약(국가계약법 시행령 제18조 제1, 2항), 기술·가격 분리 동시입찰계약(국가계약법 시행령 제18조 제3항) 및 협상에 의한 계약(국가계약법 시행령 제43조, 제43조의2) 방식을 인정하고 있다.

유권해석

1. 경쟁입찰과 수의계약이 모두 가능한 경우에 있어서 계약체결방법 및 물량배정 등은 계약목적물의 특성 및 계약이행 가능성 등의 제반 여건을 고려하여 발주기관이 판단·결정할 사항으로, 수의계약으로 먼저 물량배정한 후 잔여 물량을 경쟁입찰에 부치는 것이 국가계약법령에 위배되는 것은 아님(계약제도과-1488, 2012. 2. 22.).[15]
2. 제한경쟁입찰과 수의계약이 모두 가능할 경우에는 입찰참가에 대한 제한 정도가 상대적으로 적은 제한경쟁입찰을 먼저 검토하는 것이 국가계약법 제7조의 취지상 바람직할 것임. 다만, 구체적인 경우에 있어서 계약체결방법의 결정은 계약목적물의 특성 및 계약이행 가능성 등 제반여건을 고려하여 온전히 발주기관이 판단할 사항임(계약제도과-1431, 2011. 11. 3.).[16]

15) 정원·류남욱, 온주 국가계약법 제7조 주석에서 재인용.
16) 장훈기, 앞의 책, 197면에서 재인용.

다. 추정가격과 예정가격

추정가격이란 물품·공사·용역 등의 조달계약을 체결함에 있어서 국가계약법 제4조의 규정에 의한 국제입찰 대상여부를 판단하는 기준 등으로 삼기 위하여 예정가격이 결정되기 전에 국가계약법 시행령 제7조의 규정에 의하여 산정된 가격을 말한다(국가계약법 시행령 제2조 제1호). 이 추정가격은 내역입찰(국가계약법 시행령 제14조 제6항), 현장설명(국가계약법 시행령 제14조의2 제2, 3항), 입찰서류의 교부의무 유무(국가계약법 시행령 제16조 제1항), 제한경쟁입찰 적용요건(국가계약법 시행령 제21조 제1항 제6호), 지명경쟁입찰 적용요건(국가계약법 시행령 제23조 제1항 제2, 3, 5호), 수의계약 적용요건(국가계약법 시행령 제26조 제1항 제5호 가목) 등 국가계약법상 계약의 방법 및 절차와 관련된 다양한 기준으로 사용된다.

예정가격이란 입찰 또는 계약체결 전에 낙찰자 및 계약금액의 결정기준으로 삼기 위하여 미리 작성·비치하여 두는 가액으로서 국가계약법 시행령 제8조의 규정에 의하여 작성된 가격을 말한다(국가계약법 시행령 제2조 제2호). 예정가격 역시 낙찰자의 선정기준(국가계약법 시행령 제25조, 제30조 제6항, 제40조 제2항, 제41조 등), 계약금액의 결정기준(국가계약법 시행령 제31조 등) 등 다양한 기준으로 사용된다.

추정가격과 예정가격의 산정방법 등 상세한 내용은 위 제4조의 주석에서 상세히 기술하였다.

3. 일반경쟁입찰

가. 개설

일반경쟁입찰은 입찰공고를 하여 복수의 사업자가 경쟁입찰에 참여하도록 한 후 미리 정해 둔 낙찰자 결정방식에 따라 선정된 자와 계약을 체결하는 방법이다. 다만, '일반'경쟁입찰이라 할지라도 아무런 요건없이 누구든 임의로 입찰에 참여할 수 있는 것은 아니며, 아래에서 보는 바와 같이 입찰에 참여하기 위해서는 일정한 자격요건을 구비하여야 한다(국가계약법 시행령 제12조). 해당 계약을 위해 필요한 최소한의 인허가 등 일반적인 요건은 구비하여야 한다는 취지이다. 제한경쟁입찰, 지명경쟁입찰, 희망수량경쟁입찰, 2단계 경쟁입찰, 기술·가격 분리 동시입찰 또는 협상에 의한 계약 등은 모두 변형된 형태의 경쟁입찰이므로, 아래에서 살펴보는 경쟁입찰에 관한 사항은 위 경우에도 원칙적으로 적용된다.

나. 경쟁입찰의 성립요건

앞서 본 바와 같이 국가계약은 일반경쟁입찰을 원칙으로 하되, 일정한 요건을 갖춘 경우에는 제한경쟁입찰, 지명경쟁입찰, 희망수량경쟁입찰, 2단계 경쟁입찰, 기술·가격 분리 동시입찰 또는 협상에 의한 계약 등 변형된 형태의 경쟁입찰을 할 수 있으며, 예외적인 경우에만 경쟁을 거치지 아니하는 수의계약을 허용하고 있다. 이러한 다양한 형태의 경쟁입찰이 유효하게 성립하기 위해서는 2인 이상의 유효한 입찰이 있어야 하는 것이 원칙이나(국가계약법 시행령 제11조, 「공사입찰유의서」 제14조, 「물품구매(제조)입찰유의서」 제11조 제1항, 「용역입찰유의서」 제11조 제1항), 국가계약법 시행령 제18조 제3항에 따른 기술·가격 분리 동시입찰 방식의 물품구매(제조)입찰 또는 용역입찰의 경우에는 2인 이상의 유효한 입찰로 성립한 규격입찰 또는 기술입찰의 개찰결과에서 규격적격자 또는 기술적격자로 확정된 사업자가 1인인 경우에도 유효한 입찰이 성립하는 것으로 하여 가격입찰서를 개봉할 수 있도록 하고 있다(「물품구매(제조)입찰유의서」 제11조 제2항, 「용역입찰유의서」 제11조 제2항). 또한, 2인 이상이 유효하게 입찰에 참가하기만 하면 되고, 반드시 2인 이상이 낙찰하한선 이상으로 투찰하여야만 하는 것은 아니다.[17]

다. 경쟁입찰의 참가자격

1) 참가자격

경쟁입찰에 참가하기 위해서는 아래와 같은 요건을 구비하여야 한다(국가계약법 시행령 제12조 제1, 2항, 국가계약법 시행규칙 제14조 제1항). 이러한 자격을 구비하지 못한 자가 행한 입찰은 무효로 한다(국가계약법 시행령 제39조 제4항). 따라서, 만일 2인의 사업자가 투찰하였는데, 그 중 하나의 사업자가 아래의 자

---

17) 한국정책연구원 편, 2016년판 국가계약(질의회신) 유권해석집, 도서출판 건설정보사, 314면.

격을 구비하지 못한 경우 해당 입찰은 무효로 된다.

① 다른 법령의 규정에 의하여 허가·인가·면허·등록·신고 등을 요하거나 자격요건을 갖추어야 할 경우에는 당해 허가·인가·면허·등록·신고 등을 받았거나 당해 자격요건에 적합할 것(다만, 「중소기업협동조합법」에 의한 중소기업협동조합이 물품의 제조·구매 또는 용역에 관한 경쟁입찰에 참가하여 위 요건을 갖춘 조합원으로 하여금 해당 물품을 제조 또는 구매하게 하거나 용역을 수행하게 하는 경우, 해당 조합에 대해서는 위 요건을 적용하지 아니함)

② 보안측정 등의 조사가 필요한 경우에는 관계기관으로부터 적합판정을 받을 것

③ 「소득세법」 제168조·「법인세법」 제111조 또는 「부가가치세법」 제8조에 따라 해당 사업에 관한 사업자등록증을 교부받거나 고유번호를 부여받을 것

유권해석

1. 국가기관이 시행하는 경쟁입찰에 있어서 입찰참가자는 국가계약법 시행령 제12조 제1항 제4호 및 동법 시행령 제14조의 규정에 의하여 부가가치세법 제5조의 규정에 의하여 당해 사업에 관한 사업자등록증을 교부받은 자이어야 하는 것이나, 부가가치세법에 의한 사업자등록증은 세원관리를 위한 제도로서 사업자가 업태 및 종목란에 기재된 사업만 영위할 수 있는 것은 아님(회계제도과-555, 2004. 4. 16.).[18]
2. 물품구매계약 공고 시 “당해 물품의 납품이 가능한 업체”로 입찰참가자격을 명시한 경우에 이는 입찰참가자격을 제한하고자 하는 것이 아니므로 국가계약법 시행령 제12조의 요건을 충족하면 유사물품 납품실적만 있는 업체도 입찰참가가 가능한 것임(계약제도과-394, 2011. 4. 15.).[19]
3. 국가계약법 시행규칙 제15조에서 공사, 물품 및 용역등록을 별도로 규정하고 있고, 입찰참가자격 등록신청자는 관련 법령에서 정한 면허 등 자격

18) 장훈기, 앞의 책, 201면에서 재인용.
19) 장훈기, 앞의 책, 217면에서 재인용.

요건을 별도로 갖추어야 하는 것인바, 별도의 절차에 따라 각각의 등록요건을 갖추지 않은 경우에는 다른 종류의 입찰에 참여할 수 없는 것으로 보아야 할 것이며, 국가계약법 시행령 제76조의 규정에 의한 부정당업자의 입찰참가자격 제한조치는 법인인 경우에는 그 법인과 대표자에 대하여 일정기간 동안 입찰참가자격을 제한하는 것이므로 국가계약법 시행규칙 제15조에 따라 별도로 등록하는 일부 사업부문에서 제재사유가 발생하여 부정당업자의 입찰참가자격 제한조치를 받은 경우라 하더라도 동 제재기간 동안에는 법인 전체의 입찰참가자격이 제한되는 것임(회제 41301-996, 2003. 9. 6.).

4. 해외 현지법인 또는 외국법인의 국내지사가 국가계약법 시행규칙 제15조의 물품제조등록을 할 수 있는지 여부: 입찰참가신청자가 관련 법령 등에서 정한 절차에 따른 공장등록요건을 갖춘 경우라면 제조업체로서 입찰참가자격 등록을 할 수 있음(회제 41301-994, 2003. 9. 6.).

2) 참가자격의 증명 및 확인

각 중앙관서의 장 또는 계약담당공무원은 경쟁입찰에 참가하고자 하는 자로 하여금 위 ③의 요건은 사업자등록증 또는 고유번호를 확인하는 서류의 사본에 의하여, ①과 ②의 요건은 관계기관(법령에 의하여 설립된 관련협회 등 단체 포함)에서 발행한 문서에 의하여 각각 이를 증명하게 하여야 한다(국가계약법 시행규칙 제14조 제2항). 다만, 아래에서 보는 입찰참가자격의 등록 절차에 따라 경쟁입찰참가자격등록을 한 자는 등록된 종목 또는 품목에 한하여 교부받은 경쟁입찰참가자격등록증에 의하여 입찰참가자격을 증명할 수 있다(국가계약법 시행규칙 제14조 제3항). 각 중앙관서의 장 또는 계약담당공무원은 입찰참가자에 대하여 입찰참가자격의 유무 및 아래에서 보는 입찰참가자격 제한의 여부를 확인하여야 하고, 그 결과 자격서류의 내용이 사실과 다른 때에는 그 사실을 당해서류의 제출자에게 통지하고 서류보완 등에 필요한 적절한 조치를 하여야 한다(국가계약법 시행규칙 제16조).

국가·지방자치단체 또는 「공공기관의 운영에 관한 법률」에 따른 공공기관이 경쟁입찰에 참가하고자 하는 경우 또는 세입의 원인이 되는 계약을 하는 경우에는 앞서 본 입찰참가자격과 자격요건의 증명 및 참가자격 서류확인 등에 관한 규정이 적용되지 않는다. 다만, 아래에서 보는 입찰참가자격이 제한되는지 여부에 관한 확인은 그러하지 아니하며 위 경우에도 그대로 적용된다(국가계약법 시행규칙 제18조).

3) 입찰참가자격의 등록

가) 입찰참가자격 등록제도

경쟁입찰 자격을 구비하였음을 증명하는 서면을 매번 제출하는 번거로움을 피하기 위하여 사전에 입찰참가자격을 등록함으로써 위 증명서면의 제출을 대체할 수 있도록 하고 있다(국가계약법 시행규칙 제15조 제1항). 등록된 사항이 변경된 때에도 동일하다. 이 제도의 이용을 촉진하기 위하여 각 중앙관서의 장 또는 계약담당공무원으로 하여금 경쟁입찰참가자격을 미리 등록할 수 있다는 뜻, 등록에 필요한 서류, 경쟁입찰참가자격 등록사항에 변동이 있는 경우에는 입찰참가 전에 미리 변경등록하여야 한다는 뜻을「전자조달의 이용 및 촉진에 관한 법률」제2조 제4호에 따른 국가종합전자조달시스템에 게재하도록 하고 있다(국가계약법 시행규칙 제15조 제7항).

나) 제출서류

등록시 제출하여야 하는 서류는 (ⅰ) 공사입찰참가자격 등록 및 용역입찰참가자격 등록의 경우에는 등록신청서, 인감증명서 또는「본인서명사실 확인 등에 관한 법률」제2조 제3호에 따른 본인서명사실확인서, 그리고 관련되는 허가·인가·면허·등록·신고 등을 증명하는 서류(이러한 허가 등이 필요한 경우에 한함)이고, (ⅱ) 물품제조·구매입찰참가자격 등록의 경우에는 위 세 가지 서류에 추가하여「산업집적활성화 및 공장설립에 관한 법률 시행규칙」제12조의3에 따른 공장등록대장 등본 또는「중소기업진흥에 관한 법률」제2조 제8호에 따른 공공기관의 장이 직접 생산을 확인하여 증명하는 서류(공공기관의 장이 직접 생산을 확인하지 아니한 경우 조달청장이 직접생산을 확인하여 증명하는 서류)이다(국가계약법 시행규칙 제15조 제2항).

입찰참가자격의 등록신청을 받은 각 중앙관서의 장 또는 계약담당 공무원은「전자정부법」제36조 제1항에 따른 행정정보의 공동이용을 통하여 법인등기

사항증명서, 공장등록증명서(제조등록의 경우에만 해당), 사업자등록증, 고유번호를 확인하는 서류 또는 사업자등록증명원, 주민등록표 등본(개인의 경우에 한함)을 확인하여야 한다. 다만, 경쟁입찰참가자격의 등록을 신청하려는 자가 다음 각 서류의 확인에 동의하지 아니하는 경우에는 그 서류(사업자등록증의 경우에는 그 사본)를 첨부하도록 하여야 한다(국가계약법 시행규칙 제15조 제3항).

다) 등록 후의 조치

각 중앙관서의 장 또는 계약담당공무원은 입찰참가자격을 등록한 자에게 경쟁입찰참가자격등록증(국가계약법 시행규칙 별지 제1호 서식)을 교부하여야 하고, 국가종합전자조달시스템에 게재하여야 한다. 이 경우 국가종합전자조달시스템에 게재된 등록사항은 다른 중앙관서의 장 또는 계약담당공무원에게도 등록한 것으로 보는 것이 원칙이나, 당해 관서의 경쟁입찰업무에만 활용하기 위하여 경쟁입찰참가자격의 등록을 하게 한 경우는 그러하지 아니하다(국가계약법 시행규칙 제15조 제4, 5, 6항). 조달청장은 국가종합전자조달시스템에 게재된 등록사항에 대하여 별도의 유효기간을 둘 수 있다.

4) 입찰참가의 배제 및 제한

가) 부정당업자 제재에 의한 입찰참가자격 제한

국가계약법 제27조에 따라 부정당업자로 입찰참가자격 제한조치를 받은 사업자는 그 제한기간 동안 모든 국가기관이 시행하는 입찰에 참가할 수 없게 된다.

나) 조세포탈 등을 한 자의 입찰참가자격 제한

각 중앙관서의 장은 아래 사유 중 어느 하나에 해당하는 조세포탈 등을 한 자로서 유죄판결이 확정된 날부터 2년이 지나지 아니한 자에 대하여 입찰참가자격을 제한하여야 한다(국가계약법 제27조의5 제1항, 국가계약법 시행령 제12조 제1항).

① 「조세범처벌법」 제3조에 따른 조세 포탈세액이나 환급·공제받은 세액이 5억원 이상인 자

② 「관세법」 제270조에 따른 부정한 방법으로 관세를 감면받거나 면탈하거나 환급받은 세액이 5억원 이상인 자

③ 「지방세기본법」 제129조에 따른 지방세 포탈세액이나 환급·공제 세액이 5억원 이상인 자

④ 「국제조세조정에 관한 법률」 제34조에 따른 해외금융계좌의 신고의무를 위반하고, 그 신고의무 위반금액이 같은 법 제34조의2 제1항에 따른 금액(현재 금 50억원)을 초과하는 자

⑤ 「외국환거래법」 제18조에 따른 자본거래의 신고의무를 위반하고, 그 신고의무 위반금액이 같은 법 제29조 제1항 제6호(현재 금 10억원)에 해당하는 자

각 중앙관서의 장 또는 계약담당공무원은 「형의 실효 등에 관한 법률」 제2조 제5호에 따른 범죄경력자료의 회보서나 판결문 등의 입증서류를 제출하게 하는 등의 방법으로 계약상대방이 위 조세포탈 등을 한 자에 해당하는지를 계약 체결 전까지 확인하여야 하는바, 계약상대방이 입찰에 참가할 때에 범죄경력자료의 회보서나 판결문 등의 관련 입증서류를 제출하기 어려운 경우에는 조세포탈 등을 한 자에 해당하지 아니한다는 사실을 적은 서약서를 제출하게 할 수 있다. 이 경우 서약서에는 서약서에 적은 내용과 다른 사실이 발견된 때에는 계약을 해제·해지할 수 있고, 부정당업자제재처분을 받을 수 있다는 내용이 포함되어야 한다(국가계약법 시행령 제12조 제4, 5항).

만일 공동계약에 있어서의 공동수급체가 위와 같은 입찰참가자격 제한사유에 해당할 경우에는 해당 원인을 제공한 자에 대해서만 입찰참가자격을 제한한다. 입찰참가자격의 제한을 받은 자가 법인 기타 단체인 경우에는 그 대표자(대표자가 여러 명 있는 경우에는 당해 입찰 또는 계약에 관한 업무를 관장하는 대표자에 한함)에 대하여도, 중소기업협동조합인 경우에는 그 원인을 직접 야기한 조합원에 대하여도 입찰참가자격을 제한한다. 또한 위 규정에 따라 입찰참가자격이 제한된 자를 대표자로 사용하여 그 대표자가 입찰에 관여하는 경우에는 그 사용자에 대하여도 입찰참가자격을 제한하며(단, 대표자가 수인인 경우로서 해당 대표자가 입찰에 관여하지 않은 경우에는 제외), 경쟁입찰에 있어 낙찰된 자가 계약 체결 전에 위 규정에 따라 입찰참가자격 제한을 받은 경우에는 그 낙찰자와 계약을 체결하여서는 아니 되나, 장기계속계약을 체결한 계약상대자가 계약이행 중 입찰참가자격 제한을 받은 경우에, 해당 장기계속계약을 이행하기 위하여

연차별계약을 체결하는 경우에는 그러하지 아니하다(국가계약법 시행령 제12조 제6항, 제76조 제4, 5, 7, 8항).

다) 계속공사의 입찰참가 제한

법 시행령 제26조 제1항 제2호 가목부터 다목까지의 규정[20]에 따라 직전 또는 현재의 시공자와 수의계약을 체결할 수 있는 계속공사에 있어서 당해 수의계약을 체결하지 아니한 자는 당해 공사에 관련된 경쟁입찰에 참가할 수 없다(국가계약법 시행령 제15조).

라) 하도급 대금 직불조건부 입찰참가

각 중앙관서의 장은 계약상대자가 「건설산업기본법」 제34조 제1항 또는 「하도급거래 공정화에 관한 법률」 제13조 제1항이나 제3항을 위반하여 하도급대금을 지급하지 않은 사실을 확인한 때에는 해당 계약상대자 및 위반행위를 다른 중앙관서의 장에게 지체 없이 통보하여야 한다. 위 통보가 있는 때에는 각 중앙관서의 장 또는 계약담당공무원은 해당 계약상대자가 통보일부터 1년 이내에 입찰공고일이 도래하는 입찰에 참가하고자 하는 경우 계약상대자가 발주기관의 대가 지급시 하도급대금은 발주기관이 하수급인에게 직접 지급하는 것에 합의한다는 내용의 확약서를 제출하는 경우에 한정하여 입찰참가를 허용하여야 한다(국가계약법 제27조의4).

5) 입찰참가자격의 부당한 제한 금지

각 중앙관서의 장 또는 계약담당공무원은 국가계약법령 및 다른 법령에 특별한 규정이 있는 경우 외에는 위 요건 외에 다른 요건을 정하여 입찰참가를 제한할 수 없다(국가계약법 시행규칙 제17조).

---

20) ① 공사와 관련하여 장래 시설물의 하자에 대한 책임 구분이 곤란한 경우로서 직전 또는 현재의 시공자와 계약을 하는 경우, ② 작업상 혼란이 초래될 우려가 있는 등 동일 현장에서 2인 이상의 시공자가 공사를 할 수 없는 경우로서 현재의 시공자와 계약을 하는 경우 및 ③ 마감공사와 관련하여 직전 또는 현재의 시공자와 계약을 하는 경우.

유권해석

1. 정부계약에 대한 입찰에 있어서는 예산회계법 제70조의18 및 동법 시행령 제89조(현행 국가계약법 제27조 및 동법 시행령 제76조)의 규정에 의한 부정당업자로 제재받은 경우 및 다른 법령의 규정에 의하여 입찰자격을 제한받은 경우 이외는 입찰참가자격을 제한할 수 없으므로, 이에 해당하지 않는 이상 부도업체도 입찰참가자격이 있음(회제 125-924, 1989. 1. 17.).[21]
2. 일반경쟁입찰에서는 국가계약법 시행규칙 제17조에 따라 국가계약법 시행령 및 국가계약법 시행규칙, 다른 법령에 특별한 규정이 있는 경우 외에는 국가계약법 시행령 제12조의 규정에 의한 경쟁입찰참가자격 외의 요건을 정하여 입찰참가를 제한하여서는 아니됨. 만약 특정자격요건을 입찰공고문에 명시하고 이를 입찰참가자격으로 본다면 국가계약법 시행규칙 제17조에 위반하여 인정되지 않는다고 할 것임(회계제도과-569, 2010. 4. 7.).
3. 특수한 설비 또는 기술이 요구되는 물품과 일반 설비 등으로 제조가 가능한 물품을 하나의 계약목적물로 하여 제한경쟁에 부치는 것은 국가계약법 시행규칙 제17조의 규정에 위배된다(계약제도과-179, 2012. 2. 20.).[22]

6) 입찰참가자격의 유무와 입찰참가자격 배제 또는 제한 사유 판단기준일

「공사입찰유의서」, 「물품구매(제조)입찰유의서」 및 「용역입찰유의서」는 입찰참가자격의 유무 및 그 배제 또는 제한사유를 판단하는 기준일을 명시적으로 규정하고 있다. 이 규정들은 일반경쟁입찰과 제한경쟁입찰, 나아가 수의계약 관련 사항에 대해서도 그 기준을 정하고 있는바, 편의상 제한경쟁입찰의 입찰참가자격 유무 및 그 배제 또는 제한사유의 판단기준일 및 수의계약에 관련되는 사항도 여기에서 같이 서술한다.

가) 공사입찰의 경우

공사입찰의 경우 경쟁입찰 일반에 관한 국가계약법 시행령 제12조와 제한경쟁입찰에 관한 제21조의 규정에 의한 등록·시공능력·실적 등에 의한 입찰

---

21) 정원·류남욱, 온주 국가계약법 제7조 주석에서 재인용.
22) 장훈기, 앞의 책, 218, 260-261면에서 재인용.

참가자격의 판단은 입찰참가신청서류 접수마감일로 하며, 입찰참가자는 입찰서류 제출마감일까지 당해 입찰참가자격을 계속 유지하여야 한다. 입찰참가자가 영업정지처분을 받은 경우에는 「건설산업기본법」 등 관련법령에 의한 처리기준에 따라 입찰참가자격을 판단하고, 입찰참가자가 국가계약법 시행령 제76조 소정의 부정당업자[23]로서 입찰참가자격 제한을 받은 경우에는 입찰서류 접수마감일 전일까지 입찰참가자격 제한기간이 만료되어야 입찰참가가 가능하다(「공사입찰유의서」 제3조의2 제1, 3항). 입찰서류 접수마감일 전일까지 법원의 결정으로 입찰참가자격을 제한하는 처분의 효력이 정지되는 경우도 마찬가지로 봐야 할 것이다.[24] 입찰참가자격 유무의 판단 기준일과 입찰참가자격 사전심사 기준일과는 별개이며, 입찰참가자격 사전심사를 실시하는 경우에 그 사전심사 기준일에는 입찰참가자격 제한조치 기간이 만료되지 않았다 하더라도 입찰서류 접수마감일 전일까지 제한기간이 만료된다면 사전심사신청 및 입찰참가신청이 모두 가능하다고 봐야 할 것이다(「입찰참가자격사전심사요령」 제10조 제2항).[25] 또한, 입찰서류 제출마감일 이후에 입찰참가자격 제한처분을 받은 경우 그 입찰 자체는 유효할 것이나, 국가계약법 시행령 제76조 제10항에 따라 입찰참가자격 제한처분을 받은 낙찰자와의 계약체결은 금지되므로 계약체결일 이전까지 입찰참가자격 제한기간이 만료되거나 처분의 효력이 법원의 가처분 결정으로 정지되어야 계약체결이 가능할 것이며, 이는 해당 계약이 수의계약일 경우에도 동일하다(국가계약법 제27조 제3항).[26]

유권해석

1. (최초 입찰공고의 입찰참가등록 마감일 전일까지는 부정당업자 제재기간이 만료되지 않아 입찰에 참가할 수 없었다 하더라도 당해 입찰이 유찰되어) 국가계약법 시행령 제20조의 규정에 의한 재공고입찰에 의하는 경우 동 재공고에 의한

23) 경쟁의 공정한 집행을 저해할 염려 또는 계약의 적정한 이행을 해칠 염려가 있거나 다른 법령의 위반 등의 사유로 입찰에 참가시키는 것이 적합하지 않는 부정당업자에 관한 규정이다.

24) 장훈기, 앞의 책, 211면도 같은 취지이다.

25) 2014. 11. 26. 계약제도과-1513 및 2011. 12. 6. 계약제도과-1466도 같은 취지로 해석하고 있다. 장훈기, 앞의 책, 213, 216면.

26) 2014. 11. 26. 계약제도과-1513도 같은 취지로 해석하고 있다. 장훈기, 앞의 책, 213면.

입찰참가등록마감일 현재 부정당업자의 입찰참가자격 제한기간이 만료 또는 정지된 자는 동 재공고입찰에 참가할 수 있음(회제 41301-1901, 2001. 12. 28.).

2. 협상에 의한 계약의 경우 입찰참가등록 마감일에 해당하는 날은 제안서 접수 개시일 전일로 보는 것이 타당(회제 41301-2251, 2000. 9. 4.).[27]

한편, 지역제한경쟁입찰에 부치는 경우 그 주된 영업소의 소재지 기준일은 입찰공고일 전일(다만, 저탄소·녹색성장의 효과적인 추진, 국토의 지속가능한 발전, 지역경제 활성화 등을 위하여 특별히 필요하다고 인정하여 기획재정부장관이 고시하는 사업의 경우에는 입찰공고일 전일 현재 해당업체의 전입일 익일부터 기산하여 90일 이상이 경과하고 있어야 함)로 하며, 계약체결일까지 계속 유지하여야 한다(「공사입찰유의서」 제3조의2 제2항).

특별재난선포지역의 지역제한경쟁입찰의 경우에 대해서는 특례를 두고 있다(「공사입찰유의서」 제3조의3). 「재난 및 안전관리 기본법」 제60조에 따라 특별재난지역으로 선포된 지역의 재난복구를 위하여 발주하는 공사를 지역제한경쟁입찰에 부치는 경우에는 그 주된 영업소의 소재지 판단 기준일은 ① 특별재난지역 선포의 원인이 된 재난의 발생일 전에 소재지를 이전한 업체의 경우에는 그 주된 영업소의 소재지 기준일은 입찰공고일 전일(다만, 저탄소·녹색성장의 효과적인 추진, 국토의 지속가능한 발전, 지역경제 활성화 등을 위하여 특별히 필요하다고 인정하여 기획재정부장관이 고시하는 사업의 경우에는 입찰공고일 전일 현재 해당업체의 전입일 익일부터 기산하여 90일 이상이 경과하고 있어야 함)로 하되 계약체결일까지 계속 유지하여야 하고, ② 특별재난지역 선포의 원인이 된 재난의 발생일 이후에 소재지를 이전한 업체의 경우에는 입찰공고일 전일 현재 해당업체의 전입일 익일부터 기산하여 90일 이상이 경과하고 있어야 하며 계약체결일까지 계속 유지 하여야 한다. 나아가 위와 같이 특별재난지역으로 선포된 지역의 재난복구를 위하여 발주하는 공사가 소액수의계약[28]에 해당하여 국가계약법 시행령

27) 장훈기, 앞의 책, 221, 222면에서 재인용.

28) 국가계약법 시행령 제26조 제1항 제5호 가목. ① 「건설산업기본법」에 따른 건설공사(전문공사 제외)로서 추정가격이 2억원 이하인 공사, 같은 법에 따른 전문공사로서 추정가격이 1억원 이하인 공사, 그 밖의 공사관련 법령에 따른 공사로서 추정가격이 8천만원

제30조 제4항 및 시행규칙 제33조 제2항에 의해 견적서를 제출할 수 있는 사업자를 주된 영업소 소재지 기준으로 제한하는 경우에도 위 지역제한경쟁입찰과 같은 특례가 준용된다. 이와 같은 특례를 적용하는 경우에는 계약담당공무원은 이를 입찰공고 및 견적서제출 안내공고 등에 명시하여야 한다.

입찰 전에 상호 또는 대표자의 변경(법인의 경우에는 법인등기사항증명서를 기준으로 함)이 있는 경우에는 변경신고를 한 후 변경된 상호 또는 대표자 명의로 입찰에 참가하여야 한다(「공사입찰유의서」 제3조의2 제4항).

나) 물품 및 용역입찰의 경우

특별재난선포지역에 관한 특례가 없다는 점, 입찰참가자가 영업정지처분을 받은 경우에는 「건설산업기본법」 등 관련법령에 의한 처리기준에 따라 입찰참가자격을 판단한다는 규정은 성질상 적용될 수 없어 그러한 규정이 없다는 점을 제외하고는 공사입찰의 경우와 같다(「용역입찰유의서」 제3조의2 및 「물품구매(제조)입찰유의서」 제3조의2).

7) 입찰참가자격 관련 조치에 대한 이의신청[29]

70억원 이상의 공사계약, 1억 5천만원 이상의 물품 또는 용역계약의 과정에서 중앙관서의 장 또는 계약담당공무원의 입찰참가자격과 관련한 행위로 인하여 불이익을 받은 자는 그 행위를 취소하거나 시정하기 위한 이의신청을 할 수 있다(국가계약법 제28조 제1항 제2호, 국가계약법 시행령 제110조 제1항).

이하인 공사에 대한 계약, ② 추정가격이 2천만원 이하인 물품의 제조·구매계약 또는 용역계약, ③ 추정가격이 2천만원 초과 5천만원 이하인 계약으로서 「중소기업기본법」 제2조 제2항에 따른 소기업 또는 「소상공인 보호 및 지원에 관한 법률」 제2조에 따른 소상공인과 체결하는 물품의 제조·구매계약 또는 용역계약(단, 국가계약법 시행령 제30조 제1항 제3호 및 같은 조 제2항 단서에 해당하는 경우에는 소기업 또는 소상공인외의 자와 체결하는 물품의 제조·구매계약 또는 용역계약 포함), ④ 추정가격이 2천만원 초과 5천만원 이하인 계약 중 학술연구·원가계산·건설기술 등과 관련된 계약으로서 특수한 지식·기술 또는 자격을 요구하는 물품의 제조·구매계약 또는 용역계약, ⑤ 추정가격이 2천만원 초과 5천만원 이하인 계약으로서 「여성기업지원에 관한 법률」 제2조 제1호에 따른 여성기업 또는 「장애인기업활동 촉진법」 제2조 제2호에 따른 장애인기업과 체결하는 물품의 제조·구매계약 또는 용역계약, ⑥ 추정가격이 5천만원 이하인 임대차 계약(연액 또는 총액을 기준으로 추정가격 산정) 등으로서 공사계약 또는 물품의 제조·구매계약이나 용역계약이 아닌 계약이 이에 해당한다.

29) 이에 관한 상세한 내용은 제28조의 주석 부분 참조.

라. 입찰참가자격의 사전심사(PQ)

입찰참가자격사전심사(Pre-Qualification)는 입찰에 참가하려는 자에 대해 입찰 전에 미리 계약조건 등의 내용대로 완성할 수 있는 능력이 있는지 여부를 판단하기 위하여 심사하는 제도이다.[30] 이에 관해서는 입찰절차와 관련한 제8조의 주석에서 상세히 기술한다.

마. 입찰절차

1) 입찰관련서류

가) 공사입찰

각 중앙관서의 장 또는 계약담당공무원은 공사를 입찰에 부치려는 때에는 아래 입찰관련서류를 작성하여야 하나, 종합심사낙찰제가 적용되는 입찰에 대해서는 입찰에 참가하려는 자에게 아래 ②의 물량내역서를 직접 작성(중앙관서의 장 또는 계약담당공무원이 교부하는 물량내역 기초자료를 참고하여 작성하는 경우를 포함)하게 할 수 있다(국가계약법 시행령 제14조 제1항, 국가계약법 시행규칙 제41조 제1항, 「공사입찰유의서」 제4조 제1항).

① 설계서(설계도면, 공사시방서 및 현장설명서)
② 공종별 목적물 물량내역서
③ 입찰공고문 또는 입찰참가통지서
④ 입찰유의서
⑤ 입찰참가신청서 · 입찰서 및 계약서 서식
⑥ 계약일반조건 및 계약특수조건
⑦ 국가계약법 시행령 제42조 제5항 · 제6항에 따른 낙찰자 결정관련 심사기준(세부심사기준 포함)
⑧ 국가계약법 시행령 제6장 및 제8장을 적용받는 공사의 경우 입찰안내서
⑩ 기타 참고사항을 기재한 서류

각 중앙관서의 장 또는 계약담당공무원은 입찰관련서류를 입찰에 참가하

---

30) 장훈기, 앞의 책, 556면.

려는 자에게 열람하게 하고 교부(단 위 ①의 설계서는 교부를 요구한 경우에 한함) 하여야 하나, 종합심사낙찰제가 적용되어 입찰에 참가하려는 자에게 물량내역서를 작성하게 하는 경우에는 물량내역서를 열람 또는 교부하지 아니할 수 있다. 다만, 각 중앙관서의 장 또는 계약담당공무원이 입찰관련서류를 국가종합전자조달시스템에 게재한 경우에는 열람 또는 교부한 것으로 본다(국가계약법 시행령 제14조 제2, 3항). 발주기관이 입찰관련서류를 교부하는 경우에 입찰공고 등에서 정한 금액을 납부할 것을 요구할 수 있고, 이 경우 입찰에 참가하고자 하는 자는 이에 따라야 한다. 위 ①의 설계서를 교부받은 자는 해당 입찰에 참가하거나 계약을 이행하는 용도 이외의 목적으로 설계서를 무단복제·배포·개작·전송 등의 행위를 하여서는 아니 된다. 입찰에 참가하고자 하는 자는 입찰에 관련된 법령 및 입찰관련서류를 입찰 전에 완전히 숙지하여야 하며 이를 숙지하지 못한 책임은 입찰참가자에게 있다. 또한 입찰에 참가하고자 하는 자는 입찰관련서류의 검토과정에서 발견한 입찰에 관한 서류상의 착오·누락사항 또는 기타 설명이 요구되는 사항에 대하여는 입찰서 제출마감일 전일까지 발주기관에 그 설명을 요구할 수 있다(「공사입찰유의서」 제4조 제2, 3항, 제5조). 장기계속공사[31]의 경우에는 총 공사를 대상으로 하여 입찰하게 하여야 한다(국가계약법 시행령 제14조 제8항).

나) 물품 및 용역입찰

물품의 제조·구매 또는 용역입찰의 입찰관련서류는 아래와 같다(국가계약법 시행령 제16조 제1항, 국가계약법 시행규칙 제41조 제2항, 「물품구매(제조)공사입찰유의서」 제4조 제1항, 「용역입찰유의서」 제4조 제1항).

① 입찰공고문 또는 입찰참가통지서
② 입찰유의서
③ 입찰참가신청서·입찰서 및 계약서 서식
④ 계약일반조건 및 계약특수조건
⑤ 국가계약법 시행령 제43조 제7항에 따른 계약체결기준(세부기준 포함)
⑥ 용역계약의 경우 과업지시서 및 과업내용서

---

31) 그 이행에 수년이 걸리며 설계서등에 의하여 전체의 사업내용이 확정된 공사를 말한다(국가계약법 시행령 제8조 제2항).

⑦ 그 외에 참고사항을 적은 서류

각 중앙관서의 장 또는 계약담당공무원은 입찰관련서류를 비치하여야 하며, 입찰공고일부터 입찰등록마감일까지 입찰에 참가하고자 하는 자의 요청이 있는 경우 이를 열람하게 하여야 한다. 다만, 추정가격이 기획재정부 고시금액 이상인 물품의 제조·구매 및 용역 등의 입찰의 경우에는 입찰에 참가하고자 하는 자의 요구가 있는 경우 이를 교부하여야 한다. 다만, 각 중앙관서의 장 또는 계약담당공무원이 입찰관련서류를 국가종합전자조달시스템에 게재한 경우에는 열람 또는 교부한 것으로 본다(국가계약법 시행령 제16조 제2, 3항). 발주기관이 입찰관련서류를 교부하는 경우에 입찰공고 등에서 정한 금액을 납부할 것을 요구할 수 있고, 이 경우 입찰에 참가하고자 하는 자는 이에 따라야 한다. 입찰에 참가하고자 하는 자는 입찰에 관련된 법령 및 입찰관련서류를 입찰 전에 완전히 숙지하여야 하며 이를 숙지하지 못한 책임은 입찰참가자에게 있다. 또한 입찰에 참가하고자 하는 자는 입찰관련서류의 검토과정에서 발견한 입찰에 관한 서류상의 착오·누락사항 또는 기타 설명이 요구되는 사항에 대하여는 입찰서 제출마감일 전일까지 발주기관에 그 설명을 요구할 수 있다(「물품구매(제조)입찰유의서」 제4조 제2항, 제5조, 「용역입찰유의서」 제4조 제2항, 제5조). 장기물품제조등[32]의 경우에는 총 물품을 대상으로 하여 입찰하게 하여야 한다(국가계약법 시행령 제16조 제6항, 제14조 제8항).

한편, 각 중앙관서의 장 또는 계약담당공무원은 「소프트웨어산업 진흥법」 제2조 제3호의 규정에 의한 소프트웨어사업시 계약의 특성상 필요하다고 인정되는 경우에는 물품과 용역을 일괄하여 입찰에 부칠 수 있다. 이 경우에는 최저가낙찰제, 적격심사낙찰제, 2단계 경쟁입찰 및 협상에 의한 계약방법 중에서 계약목적물의 특성에 적합하다고 판단되는 방법을 선택하여 입찰공고시 이를 명시하여야 한다(국가계약법 시행령 제16조 제3, 4항).

---

32) 물품의 제조등의 계약에 있어서 그 이행에 수년이 걸리며 설계서 또는 규격서등에 의하여 당해 계약목적물의 내용이 확정된 물품의 제조등을 말한다(국가계약법 시행령 제8조 제2항).

2) 입찰참가

입찰에 참가하고자 하는 자는 입찰공고 또는 입찰참가통지서에 기재된 입찰참가신청마감일까지 아래 서류를 발주기관에 제출하여 입찰참가 신청을 하여야 한다(「공사입찰유의서」 제3조, 「물품구매(제조)입찰유의서」 제3조, 「용역입찰유의서」 제3조).

① 입찰참가신청서(소정서식)
② 해당 공사에 해당하는 면허수첩 또는 자격등록증 서류, 물품 또는 용역입찰의 경우에는 입찰참가자격을 증명하는 서류
③ 인감증명서 또는 본인서명사실확인서
④ 공사 또는 용역입찰에서 국가계약법 시행령 제72조에 의하여 공동계약이 허용된 경우에는 공동수급체를 구성하여 입찰에 참가하고자 하는 자는 공동수급협정서
⑤ 기타 공고 또는 통지로 요구하는 서류

공사입찰에 참가하려는 자는 입찰 시 입찰서와 함께 산출내역서를 중앙관서의 장 또는 계약담당공무원에게 제출하여야 한다. 따라서, 내역입찰이 원칙이다. 다만, 추정가격이 100억원 미만인 공사와 국가계약법 시행령 제20조 제1항에 따라 재입찰에 부치는 공사의 경우에는 낙찰자로 결정된 후 착공신고서를 제출하는 때에 제출하여야 하는바, 이 경우에는 총액입찰이 된다. 산출내역서는 물량내역서에 단가를 적는 방법으로 작성하여야 하나, 종합심사낙찰제가 적용되는 입찰에 참가하려는 자에게 물량내역서를 작성하게 하는 경우에는 직접 작성한 물량내역서에 단가를 적어야 한다(국가계약법 시행령 제14조 제6, 7항). 물품 또는 용역입찰은 입찰서에 의하여야 하며 입찰금액은 총액에 대하여 실시하는 입찰의 경우에는 총액을, 단가에 대하여 실시하는 입찰의 경우에는 단가를 각각 표시하여야 한다(국가계약법 시행령 제16조 제5항).

유권해석

1. 내역입찰의 경우 산출내역서는 입찰자의 입찰서류로써 입찰조건에 해당하므로 수정이 불가하다 할 것이나, 총액입찰의 경우에는 산출내역서에 명백한 오류가 있어 계약상대자가 수정을 신청하는 경우 산출내역서가 기

성대가지급 및 계약금액조정의 기초자료로 활용되기 전이라면 발주기관의 승인 하에 수정이 가능(계약제도과-252, 2015. 3. 10.).

2. 위에서 '기성대가지급 및 계약금액조정의 기초자료로 활용되기 전'이라 함은 장기계속공사의 경우 각 차수계약별로 적용하는 것이 적절할 것임(계약제도과-459, 2015. 4. 21.).[33]

4. 제한경쟁입찰

가. 개설

국가계약의 기본원칙은 일반경쟁입찰에 의한 계약이나, 계약의 목적·성질·규모 등을 고려하여 필요하다고 인정되면 일정한 요건에 따라 참가자의 자격을 제한하여 경쟁에 부칠 수 있다(국가계약법 제7조 제1항 단서). 즉, 발주기관은 시공능력, 실적, 기술보유상황, 재무상태, 지역 등을 기준으로 일정한 제한을 부가하여 해당 요건에 부합하는 사업자만 입찰에 참가할 수 있도록 하는 제한경쟁계약에 의할 수 있다.

제한경쟁입찰은 목적·성질·규모 등을 고려하여 필요하다고 인정될 경우에만 할 수 있는 것이므로, 모든 국가계약에 대해 적용할 수 있는 방법은 아니고 국가계약법 시행령 및 시행규칙이 정하는 대규모공사, 특수한 기술 또는 공법이 요구되는 공사, 특수한 설비 또는 기술이 요구되는 물품제조, 특수한 성능 또는 품질이 요구되는 물품구매 및 일정 금액 미만의 지역제한공사 등에 대해서만 적용이 가능하다. 앞서 본 바와 같이 제한경쟁입찰과 수의계약이 모두 가능할 경우에는 입찰참가에 대한 제한 정도가 상대적으로 적은 제한경쟁입찰을 먼저 검토하는 것이 국가계약법 제7조의 취지상 바람직할 것이다.

나. 제한경쟁입찰의 적용대상

1) 기획재정부령이 정하는 금액의 공사(국가계약법 시행령 제21조 제1항 제1호, 국가계약법 시행규칙 제24조 제1항)

추정가격이 「건설산업기본법」에 의한 건설공사(전문공사 제외)의 경우 30억

33) 장훈기, 앞의 책, 406면에서 재인용.

원, 「건설산업기본법」에 의한 전문공사 그 밖의 공사관련 법령에 의한 공사의 경우 3억원 이상인 공사계약의 경우에는 시공능력 또는 당해 공사와 같은 종류의 공사실적을 기준으로 제한할 수 있다.

2) 특수기술 또는 공법이 요구되는 공사(국가계약법 시행령 제21조 제1항 제2호, 「정부 입찰 · 계약 집행기준」 제4조 제1항)

아래와 같은 특수한 기술이나 공법이 요구되는 공사계약의 경우 당해 공사 수행에 필요한 기술의 보유상황 또는 당해 공사와 같은 종류의 공사실적을 기준으로 제한할 수 있다.

가) 특수기술이 요구되는 공사

① 터널을 수반하는 공사
② 활주로 공사
③ 지하철 공사
④ 저수 · 유조하천공사 또는 수중작업을 수반하는 공사
⑤ 댐 축조공사
⑥ 취수장 · 정수장 · 유수지 또는 오수처리장 공사로서 수중 작업을 수반하는 공사
⑦ 송 · 배수관공사
⑧ 수중관 · 사이폰 · 저수지 또는 제방공사
⑨ 매립지등 연약지반에서 파일 또는 우물통공사를 수반하는 공사
⑩ 독크 축조공사
⑪ 간척(방조제포함) 또는 매립공사
⑫ 「항만법」 제2조 제5호에 의한 항만시설공사 및 「어촌 · 어항법」 제2조 제3호에 의한 어항시설공사
⑬ 장대교(길이 100m 이상인 교량) 제작 또는 가설공사
⑭ 철도 및 철도궤도공사
⑮ 정밀한 시공을 요하거나 위험을 수반하는 기계설치공사
⑯ 발전 · 변전 · 송전 또는 배전설비공사
⑰ 전기철도 또는 전차시설공사

⑱ 정밀시공·고위험 전기기계 설치공사
⑲ 신호집중제어 또는 특수제어장치설치공사
⑳ 자동신호 또는 연동장치공사
㉑ 원형차량 감지기 설치공사
㉒ 문화재 보수공사
㉓ 차선도색공사
㉔ 도로봉합제를 사용한 신축이음 및 균열 보수공사
㉕ 상수도관 세척갱생공사
㉖ 하수도 흡입 준설공사
㉗ 심정공사
㉘ 산간벽지 등 특수지역에서 시공하여야 하는 군사시설공사
㉙ 하천환경정비사업
㉚ 기타 특수한 기술이 요구되는 공사로 각 중앙관서의 장이 특별히 인정하는 공사

나) 특수공법이 요구되는 공사

① 스폼공법 또는 철골공법에 의한 공사
② 피·시공법 등 중앙관서장이 특수공법으로 지정·고시한 공법에 의한 공사
③ 특수설계 또는 특수사양에 의한 선박공사

다) 신기술 또는 특허공법이 요구되는 공사입찰

「정부 입찰·계약 집행기준」 제5조의2에서는 신기술 또는 특허공법이 포함되는 공사의 처리방법을 특별히 규정하고 있다.

우선 공사계약의 대상이 되는 공사에 신기술 또는 특허공법이 포함된 경우 계약담당공무원은 해당 공사를 신기술 등을 보유한 자가 계약을 이행하는 것이 객관적으로 타당한 경우에는 수의계약 또는 지명경쟁에 의할 수 있되, 신기술 등의 보유자가 다수 존재하는 경우로서 경쟁성이 확보되는 경우에는 제한경쟁에 의할 수 있으며, 이 경우에 입찰공고에 입찰참가자격 제한사유를 명시하여야 한다. 그러나, 해당 공사에서 신기술 등이 일부 포함되어 있는 경우에는 일

반경쟁에 의하는 것을 원칙으로 하고, 일반경쟁에 의하지 않더라도 특수한 기술 또는 공법이 요구되는 공사계약이라는 이유로 제한경쟁입찰을 할 수는 없다.

동일한 공종에 적용될 수 있는 신기술 등이 다수 존재하는 경우로서 위에 따라 신기술 등을 설계에 포함하여 수의계약 체결 내지 경쟁입찰을 실시하고자 하는 때에는 계약심의회의 심의를 거쳐야 하나, 소액수의계약 대상공사는 그러하지 아니하다. 이에 따라 신기술 등을 설계에 포함하고자 하는 경우에 설계반영단계에서 계약담당공무원은 입찰공고 전에 기술보유자와 기술사용협약을 체결하여야 하며, 기술사용협약이 이루어지지 않은 경우에는 분리발주하거나 다른 기술 등을 사용할 수 있다. 계약담당공무원은 위 내용을 입찰공고에 명시하여야 하고, 낙찰자 결정 후에 낙찰자에게 그 사본을 제공하여 낙찰자가 기술보유자로부터 기술사용협약에 따라 해당 기술을 원활히 제공받을 수 있도록 하여야 하며, 하도급대금의 결정은 하도급부분에 해당하는 예정가격에 원도급공사의 낙찰률 및 「건설산업기본법 시행령」 제34조에 따른 비율을 곱한 금액과 동 금액에 「건설기술진흥법」 제14조에 의한 기술사용료를 더한 금액의 범위 내에서 낙찰자와 기술보유자 간 합의한 금액으로 한다. 이러한 기술사용협약에 따라 기술을 제공하거나 시공에 참여하는 경우 기술사용료 지급은 「건설기술진흥법」 시행령 제34조에 따라 국토교통부 장관이 정하는 "건설신기술 기술사용료 적용기준"을 적용하여야 한다.

위와 같은 원칙(단, 건설신기술 기술사용료 적용기준을 적용하는 부분 제외)은 용역계약 및 물품제조계약을 함에 있어 특수한 설비 또는 기술이 요구되는 경우에도 적용된다.

유권해석

1. 「정부 입찰 · 계약 집행기준」 제5조의2 및 제5조의3 제2항은 신기술, 특수한 성능 · 품질 등이 요구되는 공사 및 물품계약에 있어 기술보유자나 특허권자가 낙찰자와 기술지원확약 체결 과정에서 신기술 제공 기피, 높은 사용료 요구 등으로 계약체결이 곤란한 경우가 발생하는 것을 방지하고자 하는 취지인바, 용역계약에 있어서도 동 조항을 준용하여 처리할 수 있음 (회계제도과-478, 2010. 3. 20.).

2. 계약예규「정부 입찰 · 계약 집행기준」 제5조의2 제1항 제1호의 '신기술을 보유한 자'의 범위에는 신기술 지정제도의 경우 인증제도로서 포괄적 사용권이 인정되지 않으므로 신기술 개발자에 한정되며, 신기술 사용협약자는 포함되지 않음. 다만, 특허권은 신기술과 달리 전용실시권이나 통상실시권 등 제3자에 대한 권리승계가 인정되는바, '특허기술을 보유한 자'의 범위에는 당해 특허권자뿐만 아니라 전용 및 통상실시권자도 포함된다고 할 것임(계약제도과-704, 2012. 6. 7.).
3. "기술보유자가 다수 존재하는 경우"는 해당 공사에 적용가능한 신기술 등의 보유자가 2인 이상 있는 경우와 동일 특허공법에 있어서도 통상실시권자 등이 2인 이상 존재하는 경우를 의미함(회계제도과-711, 2009. 4. 15.).
4. 특허공법이 요구되는 공사에서 해당 규정상의 '기술보유자'는 원칙적으로 해당 특허공법을 보유하고 있는 자를 의미할 것임. 해당 특허공법을 보유하고 있는 자와 기술사용협약을 체결하여 계약의 목적을 달성할 수 있는 경우에는 「특허법」상의 통상실시권자와 별도의 협약을 체결할 필요는 없을 것임(계약제도과-143, 2015. 2. 9.).[34]

3) 특수한 설비 또는 기술 등이 요구되는 물품제조(국가계약법 시행령 제21조 제1항 제3호, 「정부 입찰 · 계약 집행기준」 제4조 제2항)

① 특수한 품질 또는 성능의 보장을 위하여 특수한 설비와 기술을 필요로 하는 경우 및 ② 「산업표준화법」 제15조에 따른 인증을 받은 제품 또는 「품질경영 및 공산품안전관리법」 제7조의 규정에 의하여 품질경영체제의 인증을 받은 물품을 제조하는 경우에는 당해 물품제조에 필요한 설비, 기술보유상황 또는 당해 물품과 같은 종류의 물품제조실적으로 제한할 수 있다.

4) 특수한 성능 또는 품질이 요구되는 물품구매(국가계약법 시행령 제21조 제1항 제4호)

아래 각 품질 인증 등을 받은 물품을 구매하려는 경우에는 그 품질 인증 등을 받은 물품인지 여부를 기준으로 제한할 수 있다.

34) 장훈기, 앞의 책, 239, 242, 264면에서 재인용.

① 「산업표준화법」 제15조에 따른 인증을 받은 물품
② 「품질경영 및 공산품안전관리법」 제7조에 따라 품질경영체제인증을 받은 자가 제조한 물품
③ 「환경기술 및 환경산업 지원법」 제17조에 따라 환경표지의 인증을 받은 물품
④ 「자원의 절약과 재활용촉진에 관한 법률」 제33조에 따른 기준에 적합하고 「산업기술혁신 촉진법 시행령」 제17조 제1항 제3호에 따른 품질 인증을 받은 재활용제품

「정부 입찰 · 계약 집행기준」 제5조의3에서는 특수한 성능 또는 품질이 요구되는 물품구매의 처리방법을 특별히 규정하고 있다.

우선, 특수한 성능 또는 품질이 요구되는 물품을 구매할 경우 계약담당공무원은 특수한 성능 등의 납품능력을 가진 자가 공급하는 것이 적합하다고 인정되는 경우에는 수의계약 또는 지명경쟁에 의할 수 있으나, 특수한 성능 등의 납품능력을 가진 자가 다수 존재하는 경우로서 경쟁성이 확보되는 경우에는 제한경쟁에 의할 수 있으며, 이 경우 입찰공고에 입찰참가자격 제한사유를 명시하여야 한다. 그러나, 해당 물품구매에서 특수한 성능 등이 일부만 포함되어 있는 경우에는 일반경쟁에 의하는 것을 원칙으로 하고, 일반경쟁에 의하지 않더라도 특수한 성능 또는 품질이 요구되는 물품이라는 이유로 제한경쟁입찰을 실시할 수는 없다.

특수한 성능 등의 납품능력을 가진 자가 다수 존재하는 경우로서 위에 따라 물품구매에 있어 특수한 성능 등을 규격서(시방서)에 반영하고자 하는 경우에는 규격서 작성단계에서 입찰공고 전에 제조사 또는 기술지원사와 물품공급 또는 기술지원협약을 체결하여야 하며, 물품공급 또는 기술지원협약이 이루어지지 않은 경우에는 다른 물품으로 발주할 수 있다. 계약담당공무원은 위 협약 내용을 입찰공고에 명시하여야 하며, 낙찰자 결정 후 낙찰자에게 그 사본을 제공하여 낙찰자가 제조사 등으로부터 물품공급 또는 기술지원확약서를 발급받을 수 있도록 하여야 한다.

유권해석

(물품공급 또는 기술지원협약 체결 및 기술지원확약서 발급 등은) 특정업체가 물품공급을 독점하고 있는 일반 물품의 경우에도 동일하게 적용(계약제도과-568, 2013. 5. 15.).[35]

5) 특수한 기술이 요구되는 용역(국가계약법 시행령 제21조 제1항 제5호)

특수한 기술이 요구되는 용역계약의 경우에도 공사의 경우와 같이 당해 용역수행에 필요한 기술의 보유상황 또는 당해 용역과 같은 종류의 용역수행실적을 기준으로 제한할 수 있다.

6) 지역제한 경쟁입찰(국가계약법 시행령 제21조 제1항 제6호)

추정가격이 「건설산업기본법」에 의한 건설공사(전문공사 제외)의 경우 고시금액(80억원) 미만, 「건설산업기본법」에 의한 전문공사 그 밖의 공사 관련 법령에 의한 공사의 경우 7억원 미만, 물품제조·구매 및 용역의 경우 고시금액(2억 1천원) 미만인 공사의 경우에는 법인등기사항증명서상 본점의 소재지를 기준으로 제한할 수 있다.

7) 공사의 성질별·규모별 제한(국가계약법 시행령 제21조 제1항 제7호, 제22조)

각 중앙관서의 장 또는 계약담당공무원은 공사를 성질별·규모별로 유형화하여 이에 상응하는 경쟁제한기준을 정하고 이를 미리 국가종합전자조달시스템에 공고하여 경쟁참가적격자로 하여금 등록신청을 하게 할 수 있다. 위와 같이 등록신청을 받은 때에는 이를 심사하여 유형별·등급별로 경쟁참가적격자를 선정하여 등록을 하고 공사 입찰시마다 당해 경쟁참가적격자에게 입찰공고 사항을 통지하여 입찰참가신청을 하게 할 수 있다. 다만, 중앙관서의 장이 공사의 성질별·규모별 경쟁제한기준을 정하고자 할 때에는 기획재정부장관과 협의하여야 한다.

35) 장훈기, 앞의 책, 258-259면에서 재인용.

8) 중소기업제품 구매촉진 및 판로지원에 따른 제한(국가계약법 시행령 제21조 제1항 제8, 10호)

가) 중소기업자 간 제한경쟁

「중소기업제품 구매촉진 및 판로지원에 관한 법률 시행령」 제6조에 따라 중소기업청장이 지정·고시한 물품을 제조·구매하는 경우 또는 고시금액 미만의 물품의 제조·구매 또는 용역(「엔지니어링산업 진흥법」 제2조 제3호의 규정에 의한 엔지니어링사업 및 「건설기술 진흥법」 제2조 제3호의 규정에 의한 건설기술용역 제외)의 경우에는 「중소기업기본법」 제2조의 규정에 의한 중소기업자로 제한할 수 있다.

나) 중소기업자 보호를 위한 특칙

공공기관[36]의 장은 기획재정부장관이 고시한 금액(추정가격 2억 1천만원) 미만의 물품 및 용역(중소기업청장이 지정한 중소기업자간 경쟁 제품은 제외) 또는 중소기업청장이 지정한 물품 또는 용역에 대하여는 아래 방법과 기준에 따라 중소기업자 또는 소기업(또는 소상공인)만을 대상으로 우선적으로 조달계약을 체결하여야 한다(「중소기업제품 구매촉진 및 판로지원에 관한 법률」 제4조, 제7조의2, 동법 시행령 제2조의2).

① 추정가격이 1억원 미만인 물품 또는 용역을 조달하려는 경우에는 「중소기업기본법」 제2조 제2항에 따른 소기업 또는 「소상공인 보호 및 지원에 관한 법률」 제2조에 따른 소상공인 간 제한경쟁입찰에 따라 조달계약을 체결하여야 한다. 다만, 입찰에 참가한 소기업 또는 소상공인이 2인 미만이거나 2인 이상이더라도 적격자가 없는 등의 사유로 유찰(流札)된 경우에는 중소기업자(「중소기업협동조합법」 제3조에 따른 중소기업협동조합은 제외) 간 제한경쟁입찰에 따라 조달계약을 체결할 수 있다.

② 추정가격이 1억원 이상 기획재정부 고시금액(2억 1천만원) 미만인 물품 또는 용역을 조달하려는 경우에는 중소기업자(「중소기업협동조합법」 제3조에 따른 중소기업협동조합은 제외) 간 제한경쟁입찰에 따라 조달계약을

36) 국가기관, 지방자치단체, 중소기업중앙회, 농업협동조합중앙회, 수산업협동조합중앙회, 산림조합중앙회, 한국은행, 「지방공기업법」에 따른 지방공사 및 지방공단, 대한상공회의소, 「공공기관의 운영에 관한 법률」 제5조에 따른 공기업, 준정부기관 및 기타 공공기관을 말한다(「중소기업제품 구매촉진 및 판로지원에 관한 법률」 제2조 제2호).

체결하여야 한다.

③ 3인 이상의 제조 소기업 또는 소상공인(물품을 직접 제조하거나 용역을 직접 제공하는 소기업 또는 소상공인)이 중소기업협동조합과 함께 산업통상자원부령으로 정하는 공동사업을 통하여 제품화한 물품 또는 용역을 조달하려는 경우에는 해당 제조 소기업 또는 소상공인을 대상으로 제한경쟁입찰에 따라 조달계약을 체결할 수 있다. 다만, 공공기관의 장이 해당 중소기업협동조합에 요청하여 공동사업의 주체인 3인 이상의 제조 소기업 또는 소상공인을 추천받은 경우에는 추천받은 제조 소기업 또는 소상공인 중에서 지명경쟁입찰에 따라 조달계약을 체결하여야 한다. 제조 소기업 또는 소상공인이 조합으로부터 추천받을 수 있는 연간횟수, 연간 계약 한도, 추천방법 및 그 밖에 조달계약에 관하여 필요한 사항은 중소기업청장이 조달청장과 협의하여 정한다.

다) 특칙에 대한 예외

공공기관의 장은 다음 각 사유 중 어느 하나에 해당하는 경우에는 위 나)에서 살펴 본 우선조달계약을 체결하지 아니할 수 있다(「중소기업제품 구매촉진 및 판로지원에 관한 법률 시행령」 제2조의3, 「중소기업자 우선조달제도 업무처리기준」[37] 제5조).

① 입찰에 참가한 중소기업자가 2인 미만이거나 2인 이상인 경우에도 적격자가 없는 등의 사유로 유찰된 경우

② 학술연구 등을 위한 용역계약을 비영리법인과 체결하려는 경우

③ 다른 법령에서 우선구매대상으로 규정하였거나 수의계약 또는 지명경쟁입찰에 따라 계약할 수 있도록 규정한 물품 또는 용역을 조달하려는 경우

④ 특정한 성능, 기술, 품질 등이 필요한 경우, 그 밖에 이와 유사한 경우로서 다음 각 사유 중 어느 하나에 해당하여 우선조달계약 외의 방법으로 계약을 체결하려는 경우

㉠ 「건설기술진흥법」 제2조 제3호 건설기술용역 중 고난이도 기술이

37) 중소기업청고시 제2013-27호, 2013. 7. 4.

필요하거나 높은 수준의 안전을 위하여 필요한 경우로서 건설공사의 계획, 조사, 설계, 설계감리, 안전점검, 안전성 검토, 건설사업관리 및 「시설물의 안전관리에 관한 특별법」 제6조 및 제7조에 의한 안전점검, 정밀안전진단의 경우

㉡ 「엔지니어링산업진흥법」 제2조 제1호 엔지니어링활동 중 고난이도 기술이 필요하거나 높은 수준의 안전을 위하여 필요한 경우로서 기획, 타당성조사, 설계, 감리, 시험운전, 안전성검토, 유지 또는 보수를 포함한 사업의 경우

㉢ 「건설폐기물의 재활용촉진에 관한 법률」 제4조에 따라 건설폐기물을 친환경적으로 적절하게 처리하고 재활용을 촉진하기 위해 일정 수준 이상의 기술 또는 품질 확보가 필요한 경우로서 동법 제15조의 규정에 따라 발주하는 경우 및 「폐기물관리법」 제13조에 따라 전문적인 시설·장비·인력에 의해 폐기물을 처리하는 경우

㉣ 「국가연구개발사업의 관리 등에 관한 규정」 제4조 및 제16조에 따른 사전조사 및 기획, 국가연구개발 평가사업의 추진 시 전담체계, 조사인력, 시설 및 장비 등 보안체계를 요구하는 특허기술동향조사의 경우

9) 재무상태(국가계약법 시행령 제21조 제1항 제9호)

계약이행의 부실화를 방지하기 위하여 필요하다고 판단하여 특별히 인정하는 경우에는 경쟁참가자의 재무상태로 제한할 수 있다.

10) 특정지역 소재자 생산물품(국가계약법 시행령 제21조 제1항 제11호)

특정지역에 소재하는 자가 생산한 물품을 구매하려는 경우에는 다음 각 사유 중 어느 하나에 해당하는 자인지 여부를 기준으로 제한할 수 있다.

① 「지역균형개발 및 지방중소기업 육성에 관한 법률」 제50조에 따른 지방중소기업 특별지원지역에 입주(특별지원지역 지정기간만 해당)한 자

② 「농어촌정비법」에 따른 농공단지에 입주한 자

다. 제한기준

계약담당공무원이 경쟁입찰에 참가할 자의 자격을 제한하는 경우에는 계약이행의 난이도, 규모의 대소, 수급상황 등을 적정하게 고려하여야 한다(국가계약법 시행규칙 제25조 제1항). 제한경쟁입찰에 의하고자 할 경우 입찰공고시 그 제한사항과 제한기준을 명시하여야 하나, 지역제한경쟁입찰의 경우에는 필요하다고 인정하는 때에 경쟁입찰참가통지서에 의해 입찰공고의 내용을 통지함으로써 위 입찰공고에 갈음할 수 있다. 이 통지는 현장설명일 7일 전(현장설명을 하지 아니하는 경우에는 입찰서 제출마감일 7일 전)까지 하여야 하나, 긴급을 요하는 경우에는 입찰서 제출마감일 5일 전까지 통지할 수 있다(국가계약법 시행령 제21조 제2, 3항, 국가계약법 시행규칙 제26조).

1) 실적에 의한 제한

실적의 규모 또는 양으로 제한하는 경우에는 당해 계약목적물의 규모 또는 양의 1배 이내로 하여야 하고, 실적의 금액으로 제한하는 경우에는 당해 계약목적물의 추정가격(「건설산업기본법」 등 다른 법령에서 시공능력 적용시 관급자재비를 포함하고 있는 경우에는 추정금액)의 1배 이내에서 제한하여야 한다(국가계약법 시행규칙 제25조 제2항 제1호). 여기서 "실적"이라 함은 현재 발주하려는 계약과 계약내용이 실질적으로 동일한 것은 물론, 이와 유사하여 계약목적달성이 가능하다고 인정되는 과거 1건의 공사·제조 또는 용역 등의 실적(장기계속공사·제조 또는 용역 등에 있어서는 총 공사·제조 또는 용역 등의 실적)에 해당되는 금액 또는 규모(양)를 말하며, 제조 또는 용역의 경우에는 해당 계약목적물의 3분의 1배 이내에서 실적을 요구하되, 계약담당공무원이 계약의 특성 및 난이도 등을 감안하여 필요하다고 인정하는 경우에는 계약목적물의 최대 1배까지 실적을 요구할 수 있다(「정부 입찰·계약 집행기준」 제5조 제1항).

실적증명은 당해 공사 또는 제조를 발주한 관서가 건설산업기본법령 등에 따라 발급한 실적증명서에 의하면 된다. 시공 중에 있거나 제조 중에 있는 것은 실적에 포함시킬 수 없다. 다만, 입찰참가자격사전심사시의 「시공경험」분야 평가시 시공 중인 동종공사의 실적은 당해 공사의 공사공정예정표상 50% 이상에 해당하는 부분에 대하여 기성검사를 필한 후 발주관서장으로부터 기성실적증명서를 발급받은 것에 한하여 인정하고 있다.[38] 건설공사의 시공실적 인정범위는 「건설산업기본법」 소정의 시공실적 산정기준에 따르는 것이 합리적일 것이다.

2) 시공능력에 의한 제한

가) 제한범위

공사계약에 있어서 시공능력에 의하여 제한하는 경우에는 당해 공사 추정가격의 2배 범위 안에서 제한하여야 한다(국가계약법 시행규칙 제25조 제2항 제2호).

나) 시공능력공시제

시공능력은 「건설산업기본법」 제23조에 따라 국토교통부장관이 평가하여 공시하는 바에 따른다. 과거 도급한도액 제도가 있었으나 1996. 12. 30. 건설산업기본법 개정시 공사금액이 일정금액을 초과하면 건설공사를 도급받지 못하게 하는 도급한도액제도를 폐지하는 대신 소관부서 장관이 건설업자의 시공능력을 평가하여 공시하도록 하고, 발주자가 이 시공능력평가를 참고로 하여 건설공사의 특성에 따라 그 공사를 도급받을 수 있는 건설업자의 자격을 제한할 수 있도록 하는 시공능력 공시제도를 도입하였다. 즉, 국토교통부장관은 발주자가 적정한 건설업자를 선정할 수 있도록 하기 위하여 건설업자의 신청이 있는 경우 그 건설업자의 건설공사 실적, 자본금, 건설공사의 안전·환경 및 품질관리 수준 등에 따라 시공능력을 평가하여 공시하도록 하였다(「건설산업기본법」 제23조). 이와 같이 시공능력공시제는 발주자의 판단을 돕기 위한 것이므로 건설업자가 시공능력평가액을 초과하여 입찰에 응하였더라도 건설산업기본법상으로는 문제가 되지 않는다. 다만, 입찰공고시 일정한 시공능력평가액을 입찰참가자격요건을 정하였을 경우에는 이를 위반할 경우 입찰참가자격이 없는 자가 한 입찰로 보아 입찰참가를 배제할 수 있을 것이다.[39]

3) 기술보유현황에 의한 제한

국가계약법 시행령 제21조 제1항 제2호(특수한 기술 또는 공법이 요구되는 공사계약), 제3호(특수한 설비 또는 기술이 요구되는 물품제조계약) 및 제5호(특수한 기술

38) 장훈기, 앞의 책, 232면.
39) 장훈기, 앞의 책, 236면.

이 요구되는 용역계약) 소정의 기술보유현황이라 함은 다음의 경우를 말한다(「정부 입찰 · 계약 집행기준」 제5조 제2항). 따라서, 이러한 사정을 기준으로 입찰참가자격을 제한할 수 있다.

① 「엔지니어링 산업진흥법」에 의한 엔지니어링 활동주체 또는 「기술사법」에 의한 기술사무소로 개설등록을 한 기술사의 경우
② 기술도입 또는 외국업체와의 기술제휴의 방법으로 해당 공사수행 또는 물품제조에 필요한 기술을 보유하고 있음이 객관적으로 인정되는 경우
③ 기타 해당 공사수행 또는 물품제조에 필요한 기술 · 공법을 개발 또는 보유하고 있음이 객관적으로 인정되는 경우

4) 지역에 의한 제한

지역제한으로 경쟁입찰을 하고자 하는 경우에는 업체의 법인등기사항증명서상 본점 소재지가 당해 공사의 현장, 납품지 등이 소재하는 특별시 · 광역시 또는 도(道) 또는 특별자치도의 관할구역(「공공기관 지방이전에 따른 혁신도시 건설 및 지원에 관한 특별법」 제31조에 따른 공동혁신도시의 경우에는 해당 공동혁신도시 건설 공동 주체의 관할구역 전체) 안에 있는 자로 제한하여야 한다. 광역시 · 특별자치시 또는 도의 관할구역 내에서 특별시 · 광역시 또는 특별자치시가 신설(편입은 제외)되는 경우에는 그 신설된 날부터 3년간은 종전의 광역시 · 특별자치시 또는 도의 관할구역과 신설된 특별시 · 광역시 또는 특별자치시의 관할구역은 이를 분리하지 아니한 것으로 본다(국가계약법 시행규칙 제25조 제3, 4항).

지역제한의 기준에 대해서는 「정부 입찰 · 계약 집행기준」 제4조 제4항 및 제6항이 구체적으로 정하고 있다. 우선 개인사업자인 경우에는 당해 사업에 관한 사업자등록증 또는 관련법령에 의한 허가 · 인가 · 면허 · 등록 · 신고 등 관련 서류상의 사업상 소재를 말한다. 다만, 개인사업자가 사업장 소재지는 다르지만 사업종류가 동일한 복수의 사업자등록증 등을 보유하고 있는 경우에는 당해 개인사업자가 그 중 한 곳을 지정한 사업장 소재지를 주된 영업소로 본다. 공사의 경우에는 당해 공사의 현장이 소재하는 특별시 · 광역시 또는 도의 관할구역 안에 본점 또는 사업장 소재지가 있는 자, 물품제조에 있어서는 납품지가 소재하는 시 · 도의 관할구역 안에 주된 영업소가 있는 자, 물품구매에 있어서는 납품지가 소재하는 시 · 도의 관할구역 안에 본점이 있는 자, 용역에 있어

서는 용역 결과물의 납품지(시공단계의 건설사업관리 용역 등 현장과 밀접한 관련이 있는 경우에는 당해 용역의 현장)가 소재하는 시 · 도의 관할구역 안에 본점이 있는 자로 한다.

5) 재무상태에 의한 제한

재무상태라 함은 현재 부도상태에 있거나 파산 등으로 정상적인 영업활동이 곤란하다고 인정되지 아니하는 상태를 말한다(「정부 입찰 · 계약 집행기준」 제5조 제3항). 따라서 이러한 상태가 아닌 업체는 입찰참가가 사실상 배제될 수 있다.

라. 제한의 한계

1) 중복제한의 금지(국가계약법 시행규칙 제25조 제5항)

제한경쟁입찰에 참가할 자의 자격을 제한할 경우에는 국가계약법 시행령 제21조 제1항 각호의 사항을 중복적으로 제한하거나 각 호 내의 사항을 서로 중복적으로 제한해서는 아니 된다. 다만, 지역제한 경쟁입찰인 경우에는 예외적으로 해당 지역 소재업체로 제한하면서 동시에 동항 제2호에 규정된 사항(특수한 기술 또는 공법이 요구되는 공사계약의 경우 당해 공사수행에 필요한 기술의 보유상황 또는 당해 공사와 같은 종류의 공사실적)을 중복적으로 제한할 수 있다. 또한 동항 제8호(「중소기업제품 구매촉진 및 판로지원에 관한 법률 시행령」 제6조에 따라 중소기업청장이 지정 · 고시한 물품을 제조 · 구매하는 경우에는 「중소기업기본법」 제2조에 따른 중소기업자)에 따라 제한하는 경우 다른 제한사유와 중복하여 제한할 수 있다.

유권해석

품질등급업체에 의한 제한이 국가계약법 시행령 제21조 제1항 제2호의 제한경쟁사유인 기술의 보유상황 또는 공사실적에 해당하지 아니한다면 동 사유로 경쟁입찰참가자격을 제한할 수 없을 뿐만 아니라 주된 영업소의 소재지에 의한 제한과도 중복하여 경쟁입찰참가자격을 제한할 수 없다고 할 것임. 다만, 품질등급업체 등록이 다른 법령의 규정에 의하여 갖추어야 할 자격요건에 해당한다면 이는 입찰참가자격에 대한 제한이 아니라 국가계약법 시행령 제12조

제1항에서 규정한 경쟁입찰의 참가자격에 해당하게 되므로 국가계약법 시행규칙 제25조 제5항에 따른 중복제한 문제는 발생하지 않는다고 할 것임(계약제도과-975, 2011. 8. 12.).[40)]

2) 기타의 한계(「정부 입찰 · 계약 집행기준」 제5조 제4항)

계약담당공무원은 제한경쟁입찰에 참가할 자의 자격을 제한하는 경우에 이행의 난이도, 규모의 대소, 수급상황 등을 적정하게 고려하여야 하며, 나아가 아래와 같이 경쟁참가자의 자격을 제한하여서는 아니 된다.

① 특정한 명칭의 실적으로 제한함으로써 유사한 실적이 있는 자의 입찰참가기회를 제한하는 경우. 예를 들어 농공단지 조성공사에 있어 농공단지 조성실적이 있는 업체만으로 제한함으로써 사실상 공사내용이 동일한 공업단지나 주택단지 등의 조성실적이 있는 자의 입찰참가를 배제하거나, 종합문화예술회관 공사에 있어 종합문화회관 건립 단일공사 관람석 ○○○석 이상 준공실적이 있는 업체로 제한함으로써 시민회관, 강당 등 사실상 내용이 같은 공사실적이 있는 자의 입찰참가를 배제하는 경우

② 특정기관이 발주한 준공실적만을 요구하고 다른 기관 및 민간의 실적을 인정하지 않는 경우(예: 국가기관, 지방자치단체 및 공기업 · 준정부기관 등의 실적만을 인정함으로써 다른 공공기관 및 민간실적을 배제)

③ 해당 공사이행에 필요한 수준 이상의 준공실적을 요구하는 경우(예: 동일 공사에서 교량이 2개 이상 있을 경우 합산한 규모의 실적업체로 제한하여 1개 규모의 실적보유업체를 배제)

④ 물품의 제조 · 구매입찰시 부당하게 특정상표 또는 특정규격 또는 모델을 지정하여 입찰에 부치는 경우와 입찰조건, 시방서 및 규격서 등에서 정한 규격 · 품질 · 성능과 동등 이상의 물품을 납품한 경우에 특정상표 또는 모델이 아니라는 이유로 납품을 거부하는 경우(예: 특정 수입품목의 모델을 내역서에 명기하여 품질 및 성능면에서 동등 이상인 국산품목의 납품을 거부)

⑤ 지역제한경쟁입찰을 하는 경우에 본점이 공사의 현장 · 납품지 등이 소

40) 정원 · 류남욱, 온주 국가계약법 제7조 주석에서 재인용.

재하는 시·도의 관할구역 안에 있는 자로 제한하여야 함에도 시·군·자치구의 관할구역 안에 있는 자로 제한하는 경우

⑥ 일반경쟁입찰이 가능함에도 과도하게 실적 등으로 제한하는 경우(예: 빗물 펌프장(유수지) 공사에서 펌프 용량으로 실적제한)

⑦ 관련법령 등에 의해 1개의 등록만으로 시공이 가능함에도 2개 이상의 등록을 요구하는 등 등록요건을 강화하는 경우

⑧ 교량이나 도로공사 발주시 공사의 실적을 평가하는데 주요한 기준의 규모(또는 양)로 제한하지 아니하고, 폭 등 독특한 실적만으로 제한하는 경우 및 폭, 연장, 경간장, 공법 등을 모두 제한하는 경우

⑨ 창의성이 요구되는 건축설계 등 문화예술관련 용역에 대해서 용역수행 실적으로 제한하는 경우

⑩ 국가계약법 시행령 제73조의2에 의한 건설사업관리용역을 발주함에 있어 시공 단계의 건설사업관리 용역이 해당용역의 주요부분임에도 불구하고 건설사업관리 실적만을 요구하는 등 시공 단계의 건설사업관리 용역실적을 인정하지 않는 경우

유권해석

1. 국가기관이 실시하는 공사입찰에 참여하고자 하는 자는 국가계약법 시행령 제12조의 규정에 의하여 당해 공사 관련법령에 정한 면허 등의 자격요건을 갖추어야 하는바, 건설산업기본법령상 일반건설업면허로 시공이 가능하다면, 당해 일반건설업면허 외에 전문건설업면허로 입찰참가자격요건을 정하는 것은 과다제한에 해당된다고 봄(회제 41301-276, 1998. 3. 26.).[41]
2. 적격한 방법으로 당해 계약이행능력심사(적격심사) 등을 통해 낙찰된 자가 별도 발주된 같은 기관의 다수 사업 중 하나의 사업에 낙찰되었다고 하여 다른 사업의 낙찰을 배제하는 것은 경쟁계약의 취지에 부합하지 아니함(조달청 규제개혁법무담당관-6725, 2013. 11. 12.).[42]

41) 정원·류남욱, 온주 국가계약법 제7조 주석에서 재인용.
42) 장훈기, 앞의 책, 258면에서 재인용.

5. 지명경쟁입찰

가. 개설

지명경쟁계약은 계약담당공무원이 계약의 목적·성질 또는 규모 등을 고려하여 필요하다고 인정될 경우 일정한 요건하에서 참가자를 지명하여 경쟁에 부쳐 낙찰자를 결정한 후 낙찰자와 계약을 체결하는 방법이다. 제한경쟁입찰과 수의계약의 중간형태라 할 것이다.

나. 지명경쟁계약의 대상(국가계약법 시행령 제23조 제1항)

① 계약의 성질 또는 목적에 비추어 특수한 설비·기술·자재·물품이나 실적이 있는 자가 아니면 계약목적을 달성하기 곤란한 경우로서 계약대상자가 10인 이내인 경우

② 「건설산업기본법」에 의한 건설공사(전문공사 제외)로서 추정가격이 3억원 이하인 공사, 「건설산업기본법」에 의한 전문공사로서 추정가격이 1억원 이하인 공사 또는 그 밖의 공사관련 법령에 의한 공사로서 추정가격이 1억원 이하인 공사를 하거나 추정가격이 1억원 이하인 물품을 제조할 경우

③ 추정가격이 5천만원 이하인 재산을 매각 또는 매입할 경우

④ 예정 임대·임차료의 총액이 5천만원 이하인 물건을 임대·임차할 경우

⑤ 공사나 제조의 도급, 재산의 매각 또는 물건의 임대·임차 외의 계약으로서 추정가격이 5천만원 이하일 경우

⑥ 「산업표준화법」 제15조에 따른 인증을 받은 제품 또는 「품질경영 및 공산품안전관리법」 제7조의 규정에 의하여 품질경영체제의 인증을 받은 자가 제조한 물품을 구매할 경우

⑦ 법 제7조 단서 및 영 제26조의 규정에 의하여 수의계약에 의할 수 있는 경우

⑧ 「자원의 절약과 재활용촉진에 관한 법률」 제33조의 규정에 의한 기준에 적합하고 「산업기술혁신 촉진법 시행령」 제17조 제1항 제3호에 따른 품질인증을 받은 재활용제품 또는 「환경기술 및 환경산업 지원법」 제17조의 규정에 의한 환경표지의 인증을 받은 제품을 제조하게 하거나 구매

하는 경우

⑨ 「중소기업제품 구매촉진 및 판로지원에 관한 법률 시행령」 제6조에 따라 중소기업청장이 지정·고시한 물품을 「중소기업기본법」 제2조에 따른 중소기업자로부터 제조·구매할 경우

다. 지명기준

계약담당공무원은 위 나.에서 기술한 지명경쟁대상 중 ① 내지 ③, ⑥, ⑧의 경우로서 지명경쟁입찰에 참가할 자를 지명하는 경우에는 다음 기준에 의하여 지명하되, 경쟁원리가 적정하게 이루어지도록 하여야 한다(국가계약법 시행규칙 제27조).

유권해석

지명경쟁입찰을 실시함에 있어 국가계약법 시행규칙 제27조 각호의 지명기준에 따라야 하는 경우는 시행령 제23조 제1항 제1, 2, 3, 6, 9호에 해당되는 경우임. 따라서 국가계약법 시행령 제23조 제1항 제8호에 의한 지명경쟁의 경우 별도의 지명기준을 정하고 있지 않으므로 발주기관이 사업목적 등을 고려하여 지명기준을 정하는 것임(회계제도과-13, 2010. 1. 5.).[43)]

1) 공사의 경우

공사의 경우는 시공능력을 기준으로 지명하는 경우에는 당해 공사추정가격의 2배 이내로 하여야 하고, 신용과 실적 및 경영상태를 기준으로 업체를 지명하되 특수한 기술의 보유가 필요한 경우에는 이를 보유한 자를 지명하여야 한다. 이러한 기준의 구체적 적용방법에 관하여는 「정부 입찰·계약 집행기준」 제6조가 정하고 있다.

① 시공능력을 기준으로 지명하고자 할 때에는 시공능력 일련순위에 따라 지명할 것

② 특수기술을 요하는 공사로서 전문적인 기술의 보유자가 아니면 계약목적달성이 곤란한 때에는 그 기술보유자 중에서 시공능력 순위에 따라

43) 장훈기, 앞의 책, 295면에서 재인용.

지명할 것

③ 특수공법을 요하는 공사의 경우에 동종공사의 시공실적의 보유자가 아니면 계약목적달성이 곤란한 때에는 그 실적보유자 중에서 시공능력 순위에 따라 지명할 것

④ 3억원 이하의 「건설산업기본법」에 의한 건설공사(전문공사 제외), 1억원 이하의 건설산업기본법」에 의한 전문공사 또는 그 밖의 공사관련 법령에 의한 공사의 경우에 시·도업체만을 지명하고자 할 때에는 당해 시·도업체의 시공능력 순위에 따라 지명할 것

2) 물품의 제조 · 구매, 기타

물품의 제조·구매, 수리·가공 등 계약의 성질 또는 목적에 의하여 특수한 기술, 기계·기구, 생산설비 등을 보유하고 있는 자로 하여금 행하게 할 필요가 있는 경우에는 그 기술, 기계·기구, 생산설비 등을 보유한 자를 지명하여야 한다(국가계약법 시행규칙 제27조 제2호).

라. 지명경쟁입찰대상자 지명 및 통지

계약담당공무원이 지명경쟁에 부치고자 할 때에는 5인 이상의 입찰대상자를 지명하여 2인 이상의 입찰참가신청이 있어야 한다. 다만, 지명대상자가 5인 미만인 때에는 모두 다 지명하여야 한다(국가계약법 시행령 제24조 제1항).

지명경쟁입찰에 부치기 위해 입찰대상자를 지명하는 경우에는 입찰공고에 기재할 사항을 각 입찰대상자에게 통지함으로써 입찰공고에 갈음할 수 있다. 입찰대상자에 대한 지명통지는 현장설명일(현장설명을 하지 아니하는 경우는 입찰서 제출마감일) 7일 전까지 하여야 한다. 다만, 긴급을 요하는 경우에는 입찰서 제출마감일 5일 전까지로 단축할 수 있다(국가계약법 시행령 제24조 제2항, 국가계약법 시행규칙 제30조, 제26조).

마. 지명경쟁계약의 보고 및 보고서류

각 중앙관서의 장의 위임을 받은 계약담당공무원이 국가계약법 시행령 제23조 제1항 제1호(계약의 성질 또는 목적에 비추어 특수한 설비·기술·자재·물품 또는 실적이 있는 자가 아니면 계약의 목적을 달성하기 곤란한 경우로서 입찰대상자가 10인

이내인 경우)의 규정에 의해 지명경쟁계약을 체결할 때에는 그 내용을 소속중앙관서의 장에게 보고하여야 하며, 각 중앙관서의 장은 이를 감사원에 통지하여야 한다(국가계약법 시행령 제23조 제2항). 계약담당공무원이 지명경쟁계약결과를 그 소속 중앙관서의 장에게 보고하고자 할 때나 각 중앙관서의 장이 감사원에 지명경쟁계약의 내용을 통지하는 때에는 계약서(해당 계약서에 첨부하여야 하는 서류를 포함)의 사본과 계약의 목적, 예산과목, 적용법령조문 및 구체적인 적용사유, 기타 참고사항을 명백히 한 서류를 함께 제출하여야 한다(국가계약법 시행규칙 제29조).

6. 특수한 경쟁입찰

가. 2단계 경쟁입찰

2단계 경쟁입찰은 물품 또는 용역입찰에 있어서 먼저 기술 또는 규격입찰을 실시한 후 개찰결과 적격자로 확정된 자에 한하여 가격입찰에 참가할 수 있는 자격을 부여하고, 이들을 대상으로 가격입찰을 거쳐 낙찰자를 결정하는 방식이다(국가계약법 시행령 제18조 제1, 2항). 이 방식은 물품 또는 용역입찰에 있어서 미리 적절한 규격 등의 작성이 곤란하거나 기타 계약의 특성상 필요할 경우에 사용할 수 있다. 2단계 경쟁입찰을 실시하고자 할 경우 각 중앙관서의 장은 입찰 전에 평가기준 및 절차 등을 정하여 입찰에 참가하고자 하는 자가 이를 열람할 수 있도록 하여야 한다(국가계약법 시행령 제18조 제4항). 다만, 2단계 경쟁입찰은 청소용역, 검침(檢針)용역, 경비시스템 등에 의하지 아니하는 단순경비 또는 관리용역, 행사보조 등 인력지원용역, 그 밖에 이와 유사한 용역으로서 기획재정부장관이 정하는 용역에는 적용할 수 없다(국가계약법 시행규칙 제23조의3).

2단계 경쟁입찰은 1, 2단계가 각각 독립된 입찰이므로 각 단계에 있어서 2 이상의 유효한 입찰이 있어야 성립한다. 따라서 기술(규격)입찰의 입찰자가 1인뿐인 경우에는 재입찰 또는 재공고입찰 등을 하여야 한다. 기술(규격)입찰에서 적격자가 2인 이상이었으나 가격입찰시 그 중 1인만 입찰한 경우에는 가격입찰에 대해서만 재입찰을 실시할 수 있다.[44)]

---

44) 계약제도과-548, 2010. 12. 20. 장훈기, 앞의 책 393면에서 재인용.

유권해석

1. 2단계 경쟁입찰방식으로 낙찰자를 선정하는 경우 기술입찰 후 가격입찰을 별도로 실시할 때 경쟁입찰 성립요건을 충족해야 하는바, 기술입찰을 개찰한 결과 적격자로 확정되었지만 기술점수의 부족으로 낙찰자로 선정될 가능성이 없다 하더라도 이는 낙찰자 결정방식에 따른 사항일 뿐 입찰의 효력에 영향을 주는 사항이 아니므로 국가계약법령에서 규정하는 입찰참가자격이 없는 것이 아니라고 할 것임. 따라서 2단계 경쟁입찰에서 기술입찰을 개찰한 결과 확정된 적격자 중 2인 이상이 가격입찰에 참여하였다면 가격입찰시 경쟁입찰 성립요건을 충족하였다고 봄(계약제도과-285, 2011. 3. 23.).
2. 경쟁입찰에서 입찰자가 1인인 경우 재공고입찰로 하여야 할 것이나, 2단계 경쟁입찰에서 가격입찰에는 1인만이 참가하였으나 기술입찰에서 통과자가 2인 이상인 경우에는 가격입찰의 재입찰이 가능하다고 보는 것이 타당할 것(계약제도과-548, 2010. 12. 20.).[45]

나. 기술(규격)·가격 분리 동시입찰

기술(규격)입찰과 가격입찰을 별도로 실시하는 2단계 경쟁입찰과 달리 위 두 가지 입찰을 분리하되 '동시에' 실시한 후 먼저 기술(규격)입찰을 개찰한 결과 적격자로 확정된 자에 대해서만 가격입찰을 개찰하는 방식이다(국가계약법 시행령 제18조 제3항). 이 방식 역시 국가계약법 시행규칙 제23조의3 소정의 용역에 대해서는 적용할 수 없다.

이 방식은 기술(규격)입찰과 가격입찰이 독립되지 않은 하나의 입찰이고, 따라서 2인 이상의 유효한 입찰로 성립한 기술(규격)입찰의 개찰결과 규격적격자 또는 기술적격자로 확정된 자가 1인인 경우에도 가격입찰서를 개봉할 수 있다(국가계약법 시행규칙 제48조 제2항). 또한 가격입찰서를 개찰한 결과 낙찰자를 결정할 수 없는 경우로서 규격적격자 또는 기술적격자가 2인 이상인 때에는 그 규격적격자 또는 기술적격자에게 가격입찰서를 다시 제출하게 할 수 있다(국가계약법 시행령 제18조 제5항). 기술(규격)·가격 분리 동시입찰을 실시하고자 할 경

45) 장훈기, 앞의 책, 398-399면에서 재인용.

우에도 각 중앙관서의 장은 입찰 전에 평가기준 및 절차 등을 정하여 입찰에 참가하고자 하는 자가 이를 열람할 수 있도록 하여야 한다(국가계약법 시행령 제18조 제4항).

유권해석

1. (기술·가격 분리 동시입찰의 경우) 기술입찰서는 제출하였으나 가격입찰서를 제출하지 않은 경우에는 유효한 입찰로 보기 어려울 것임(계약제도과-76, 2015. 1. 19.).
2. 기술·가격 분리 동시입찰을 실시함에 있어 2인 이상의 유효한 입찰로 성립한 기술입찰의 개찰결과 기술적격자로 확정된 자가 1인인 경우에는 시행규칙 제48조 제3항의 규정에 의하여 가격입찰서를 개봉할 수 있으나, 당해 1인의 가격입찰 개찰결과 입찰가격이 예정가격을 초과한 경우 낙찰자가 없게 되므로 새로운 입찰 또는 재공고입찰에 부쳐야 할 것임(회계제도과-917, 2005. 5. 13.).[46]

다. 희망수량경쟁입찰

1) 의의

다량의 물품을 매각하거나 제조 또는 구매할 경우의 일반경쟁입찰은 그 매각 또는 수요수량의 범위 안에서 수요자의 매수희망수량 또는 공급자가 공급할 희망수량과 각 그 단가를 입찰하게 하는 방법으로 입찰할 수 있다(국가계약법 시행령 제17조 제1, 2항). 이를 희망수량경쟁입찰이라 한다. 이 경우 낙찰자는 최고가(또는 최저가) 입찰자부터 순차적으로 총 매각수량 또는 수요수량에 달할 때까지 복수의 입찰자를 낙찰자로 결정하게 된다.

2) 적용대상(국가계약법 시행규칙 제19조)

희망수량경쟁입찰의 적용대상은 1인의 능력이나 생산시설로는 그 공급이 불가능하거나 곤란하다고 인정되는 다량의 동일물품을 제조하게 하거나 구매할

46) 장훈기, 앞의 책, 400면에서 재인용.

경우, 1인의 능력으로는 그 매수가 불가능하거나 곤란하다고 인정되는 다량의 동일물품을 매각할 경우, 수인의 공급자 또는 매수자와 분할계약하는 것이 가격·품질 기타 조건에 있어서 국가에 유리하다고 인정되는 다량의 동일물품을 제조·구매 또는 매각할 경우이다.

3) 입찰 및 낙찰자의 결정

희망수량경쟁입찰은 입찰 및 낙찰자 결정방법만 독특한 것일 뿐 일반경쟁입찰과 동일한 것이므로 일반경쟁입찰과 동일한 절차가 적용된다. 다만, 입찰공고에는 희망수량경쟁입찰이라는 점, 입찰공고에 포함되는 일반적 사항, 국가계약법 시행규칙 제47조 제2항의 규정에 의한 입찰수량과 낙찰수량의 조정에 관한 사항 및 기타 희망수량경쟁입찰에 관하여 필요한 사항을 공고하여야 한다. 또한, 2종 이상의 물품에 대하여 희망수량경쟁입찰에 부치고자 하는 경우에는 물품의 종류별로 단가 및 수량에 대하여 입찰을 하게 하여야 한다. 이 방식은 희망수량경쟁입찰과 아래에서 보는 유사물품의 복수경쟁입찰이 결합한 방식이다.

다량의 물품을 희망수량에 따라 분할하여 매각하고자 할 경우에는 예정가격 이상의 단가로 입찰한 자 중 최고가격으로 입찰한 자 순으로 매각수량에 도달할 때까지의 입찰자를 낙찰자로 하고, 다량의 물품을 희망수량에 따라 분할하여 제조·구매하고자 할 경우에는 예정가격 이하의 단가로 입찰한 자 중 최저가격으로 입찰한 자 순으로 수요수량에 도달할 때까지의 입찰자를 낙찰자로 한다(국가계약법 시행령 제45, 46조). 낙찰자가 될 동가의 입찰자가 2인 이상 있을 때에는 입찰수량이 많은 자를 우선순위의 낙찰자로 하고, 입찰수량이 동일한 때에는 추첨으로 낙찰자를 결정하며, 최후순위의 낙찰자의 수량이 다른 낙찰자의 수량과 합산하여 수요량 또는 매각량을 초과하는 경우에는 그 초과하는 수량은 이를 낙찰되지 아니한 것으로 본다(국가계약법 시행규칙 제47조).

희망수량경쟁입찰에 있어서 낙찰자 중 계약을 체결하지 아니한 자가 있는 경우에 국가계약법 시행령 제28조의 규정에 의하여 수의계약에 의할 때에는 물품의 제조나 구매에 있어서는 당해 낙찰자의 낙찰단가 이하로서, 물품의 매각에 있어서는 당해 낙찰자의 낙찰단가 이상으로 계약을 체결하여야 한다(국가계약법 시행규칙 제34조).

유권해석

1. 희망수량경쟁입찰에서 입찰자의 희망수량을 제한하는 것은 곤란함(회제 41301-63, 2002. 1. 19.).
2. 희망수량경쟁입찰에서 동일 입찰자에게 복수의 입찰가를 제출하게 할 수는 없는 것임(회제 41301-649, 2003. 5. 26.).[47)]

라. 유사물품 복수경쟁입찰

각 중앙관서의 장 또는 계약담당공무원은 품질·성능 또는 효율 등에 차이가 있는 유사한 종류의 물품 중에서 품질·성능 또는 효율 등이 일정수준 이상인 물품을 지정하여 구매하고자 하는 경우에는 복수경쟁에 부칠 수 있다. 이 경우 유사한 종류의 물품별로 작성된 예정가격에 대한 입찰금액의 비율이 가장 낮은 입찰자를 낙찰자로 한다(국가계약법 시행령 제25조). 예를 들어 A제품의 예정가격은 500원인데 입찰금액은 400원이고, B제품의 예정가격은 600원인데 입찰금액이 500원이라면 입찰금액비율이 더 낮은 A제품의 입찰자를 낙찰자로 결정하는 것이다.

마. 협상에 의한 계약

물품·용역계약에 있어서 계약이행의 전문성·기술성·긴급성, 공공시설물의 안전성 및 그 밖에 국가안보목적 등의 이유로 필요하다고 인정되는 경우에는 다수의 공급자들로부터 제안서를 제출받아 평가한 후 협상절차를 통하여 국가에 가장 유리하다고 인정되는 자와 계약을 체결하는 방식이다. 이에 관한 구체적 설명은 제10조에 대한 주석 부분에 기술하였다.

7. 수의계약

가. 의의

수의계약은 경쟁입찰을 통하지 않고 특정인을 상대로 하여 계약을 체결하

47) 장훈기, 앞의 책, 400-401면에서 재인용.

는 방법이다. 각 중앙관서의 장 또는 계약담당공무원은 계약의 목적·성질·규모 등을 고려하여 필요하다고 인정되면 일정한 요건하에 수의계약을 할 수 있다(국가계약법 제7조 단서).

유권해석

1. 국가기관을 당사자로 하는 계약에 있어서 발주기관은 계약의 목적·성질 등을 고려하여 계약체결방법(경쟁입찰방식 또는 수의계약방식)을 선택할 수 있는바, 기존에 수의계약에 의하던 것을 경쟁입찰로 변경하더라도 법령의 위반이나 기존 계약상대자의 권리를 침해한다고 볼 수 없을 것임(계약제도과-1591, 2011. 12. 29.).
2. 경쟁입찰과 수의계약이 모두 가능한 경우에 있어서 계약체결방법 및 물량배정 등은 계약목적물의 특성 및 계약이행 가능성 등의 제반 여건을 고려하여 발주기관이 판단·결정할 사항으로, 수의계약으로 먼저 물량배정한 후 잔여 물량을 경쟁입찰에 부치는 것이 국가계약법령에 위배되는 것은 아님(계약제도과-1488, 2012. 2. 22.).[48]

나. 자격요건

수의계약의 경우에도 계약상대자는 국가계약법 시행령 제12조에서 규정하고 있는 경쟁입찰 참가자격을 갖출 것을 요구하고 있다(국가계약법 시행령 제32조). 따라서, 위 제3. 다.의 입찰참가자격에 대한 설명은 수의계약의 경우에도 원칙적으로 적용된다.

다. 수의계약사유(국가계약법 시행령 제26조)

1) 경쟁에 부칠 여유가 없거나 경쟁에 부쳐서는 계약의 목적을 달성하기 곤란하다고 판단되는 경우로서 다음 각 경우

① 천재·지변, 작전상의 병력 이동, 긴급한 행사, 긴급복구가 필요한 수해 등 비상재해, 원자재의 가격급등, 그 밖에 이에 준하는 경우. 위 사유

48) 정원·류남욱, 온주 국가계약법 제7조 주석에서 재인용.

중 긴급한 행사, 긴급복구가 필요한 수해 등 비상재해 기타 이에 준하는 경우로서 경쟁에 부칠 여유가 없을 경우라 함은 국가계약법 시행령 제35조 제4항 등에 따라 긴급 입찰공고에 의한 경쟁입찰에 의하더라도 계약목적의 달성이 곤란한 경우를 말한다(「정부 입찰 · 계약 집행기준」 제7조의2).

② 국가안전보장, 국가의 방위계획 및 정보활동, 군시설물의 관리, 외교관계, 그 밖에 이에 준하는 경우로서 보안상 필요가 있거나, 국가기관의 행위를 비밀리에 할 필요가 있는 경우

③ 방위사업청장이 군용규격물자를 연구개발한 업체 또는 「비상대비자원 관리법」에 따른 중점관리대상업체로부터 군용규격물자(중점관리대상업체의 경우에는 방위사업청장이 지정하는 품목에 한함)를 제조 · 구매하는 경우

④ 비상재해가 발생한 경우에 국가가 소유하는 복구용 자재를 재해를 당한 자에게 매각하는 경우

2) 특정인의 기술이 필요하거나 해당 물품의 생산자가 1인뿐인 경우 등 경쟁이 성립될 수 없는 경우로서 다음 각 경우

① 공사와 관련하여 장래 시설물의 하자에 대한 책임 구분이 곤란한 경우로서 직전 또는 현재의 시공자와 계약을 하는 경우. 이때 하자책임구분이 곤란한 경우라 함은 금차공사가 시공 중에 있는 전차공사 또는 하자담보책임기간 내에 있는 전차공사와 그 수직적 기초를 공통으로 할 경우와 전차시공물의 일부를 해체 또는 변경하여 이에 접합시키는 경우를 말한다(「정부 입찰 · 계약 집행기준」 제8조 제1항 제1호).

유권해석

1. 금차공사가 전차공사와 수직적 기초를 공통으로 하고 전차공사의 하자보수 책임기간이 경과하지 않아 시공자를 달리할 경우 하자책임의 구분이 곤란한 경우라면 전차공사의 시공자와 금차공사의 수의계약이 가능하다고 보는 것이 타당할 것임. 다만, 당해 사안이 하자책임의 구분이 곤란한 경우에 해당하는지 여부는 당해 현장상황 및 전차공사의 하자책임기간 등을 고

려하여 계약담당공무원이 판단할 사안임(계약제도과-623, 2010. 12. 31.).[49]

2. 직전시공자라 함은 공정순서와 상관없이 금차공사와 수직적 기초를 공통으로 하는 전차공사를 시공한 시공자와 전차시공물의 일부를 해체 또는 변경하여 이에 접합시키는 공사의 경우 그 전차시공물을 시공한 시공자를 말함(계약제도과-879, 2015. 7. 6.).
3. 하수급인은 직전 또는 현재의 시공자에 포함되지 않음(회계제도과-1377, 2006. 6. 28.).[50]

② 작업상 혼란이 초래될 우려가 있는 등 동일 현장에서 2인 이상의 시공자가 공사를 할 수 없는 경우로서 현재의 시공자와 계약을 하는 경우. 이때 동일현장에 2인 이상의 업자를 투입할 수 없는 경우라 함은 금차공사가 시공 중에 있는 전차공사와 시공 과정상 시간적, 공간적으로 중복되는 경우를 말한다(「정부 입찰 · 계약 집행기준」 제8조 제1항 제2호).

③ 마감공사와 관련하여 직전 또는 현재의 시공자와 계약을 하는 경우. 이때 마감공사라 함은 시공중에 있는 전차공사 또는 하자담보책임기간 내에 있는 전차공사에 대한 뒷마무리공사와 성토, 옹벽, 포장 등의 부대시설공사를 말한다(「정부 입찰 · 계약 집행기준」 제8조 제1항 제3호).

④ 접적지역 등 특수지역에서 시행하는 공사로서 사실상 경쟁이 불가능한 경우. 이때 사실상 경쟁이 불가능한 경우라 함은 금차공사가 접적지역, 도서지역, 고산벽지 또는 이에 준하는 특수지역의 공사로서 입찰적격자가 한정되어 경쟁이 실질적으로 곤란한 경우를 말한다(「정부 입찰 · 계약 집행기준」 제8조 제1항 제4호).

⑤ 특허공법을 적용하는 공사 또는 「건설기술 진흥법」 제14조에 따라 지정 · 고시된 신기술, 「환경기술 및 환경산업 지원법」 제7조에 따라 인증받은 신기술이나 검증받은 기술 또는 「전력기술관리법」 제6조의2에 따른 신기술(같은 법에 따라 지정된 보호기간 내에 한정)을 적용하는 공사로서 사실상 경쟁이 불가능한 경우.[51] 이때 사실상 경쟁이 불가능한 경우

49) 정원 · 류남욱, 온주 국가계약법 제7조 주석에서 재인용.
50) 장훈기, 앞의 책, 311-312, 316면에서 재인용.
51) 위 각 법률에 따른 보호기간은 새로운 건설기술의 경우는 해당 신기술의 지정 · 고시일

라 함은 특허공법에 의한 공사 및 「건설기술 진흥법」 제14조에 따라 지정·고시된 신기술, 「환경기술 및 환경산업지원법」 제7조에 따라 인증 내지 검증받은 기술 또는 「전력기술관리법」 제6조의2에 따른 신기술(같은 법에 따라 지정된 보호기간 내에 한정)을 적용하는 공사로서 입찰적격자가 한정되어 경쟁이 실질적으로 곤란한 경우를 말한다(「정부 입찰·계약 집행기준」 제8조 제1항 제4호).

유권해석

1. 특허공법은 국내법에 의하여 특허를 받은 공법으로 보아야 할 것이며, 비록 내국인이 외국의 특허권자와 특허사용계약을 맺은 경우라 하더라도 위 규정에 의한 수의계약 대상에 해당되지 않음(회제 41301-2227, 2001. 11. 15.).
2. 신기술권자가 신기술 사용협약을 체결하여 신기술 사용권자가 2인 이상인 경우에는 동 규정에 의한 수의계약사유에 해당되지 않음(회계제도과-1910, 2004. 10. 21.).[52]

⑥ 해당 물품을 제조·공급한 자가 직접 그 물품을 설치·조립 또는 정비하는 경우. 이때 해당물품을 제조·공급한 자가 직접 물품을 설치·조립 또는 정비하는 경우라 함은 해당 물품을 설치·조립 또는 정비하는 공사를 제조·공급과 분리하여 시행하는 경우에 해당물품을 제조·공급한 자가 직접 설치·조립 또는 정비하는 것이 공사비 및 공사기간에 있어서 국가기관에 유리한 경우를 말한다(「정부 입찰·계약 집행기준」 제8조 제1항 제5호).

⑦ 이미 조달된 물품의 부품교환 또는 설비확충 등을 위하여 조달하는 경우로서 해당 물품을 제조·공급한 자 외의 자로부터 제조·공급을 받게 되면 호환성이 없게 되는 경우

로부터 5년의 범위에서 국토교통부장관이 정하는 기간(단 7년 범위 내에서 연장 가능. 「건설기술진흥법 시행령」 제35조), 환경신기술의 경우는 신기술인증 또는 기술검증을 받은 날로부터 3년(1회에 한하여 5년 이내에서 연장 가능. 「환경기술 및 환경산업 지원법」 제7조의3), 새로운 전력기술의 경우는 신기술의 지정·고시일로부터 3년(3-7년 연장 가능. 「전력기술관리법 시행령」 제7조의6).

52) 장훈기, 앞의 책, 309면에서 재인용.

유권해석

위 경우 당해 물품을 제조·공급하는 자가 반드시 1인의 경우만을 의미하는 것은 아님(회제 41301-228, 2002. 2. 22.).[53]

⑧ 특허를 받았거나 실용신안등록 또는 디자인등록이 된 물품을 제조하게 하거나 구매하는 경우로서 적절한 대용품이나 대체품이 없는 경우
⑨ 해당 물품의 생산자 또는 소지자가 1인뿐인 경우로서 다른 물품을 제조하게 하거나 구매해서는 사업목적을 달성할 수 없는 경우

유권해석

1. 이 규정에서 해당 물품의 생산자 또는 소지자는 국내의 생산자 또는 소지자로 보아야 할 것임(계약제도과-258, 2014. 2. 25.).
2. 생산자 또는 소지자가 1인인지 여부는 해당 경쟁입찰에 참가할 수 있는 생산자 또는 소지자를 기준으로 판단하여야 할 것임. 즉 국가계약법 제4조 제1항 본문은 정부조달 개방대상 계약의 경우에는 의무적으로 국제입찰을 실시하도록 하고 있으므로 이 경우에는 외국법인을 포함하여 수의계약 가능여부를 판단하여야 할 것이나, 개방대상 계약이 아닌 경우에는 국내 법인만을 대상으로 수의계약 여부를 판단할 수 있을 것임. 다만, 이 경우에 있어서도 계약담당자는 국가계약법 제4조 제3항에 따라 계약의 목적·성질 등을 고려하여 필요하다고 인정될 경우에는 국제입찰을 실시할 수 있으므로 예산집행 효율성 제고, 부실시공방지 등을 위해 필요하다고 인정될 경우에는 국제입찰에 따른 경쟁입찰로 하는 것이 바람직하다고 할 것인바, 구체적인 경우에 있어서의 수의계약 가능 여부는 이상의 사정을 종합적으로 고려하여 계약담당자가 판단할 사항임.[54]

⑩ 특정인의 기술·품질이나 경험·자격을 필요로 하는 조사·설계·감리·특수측량·훈련 계약, 특정인과의 학술연구 등을 위한 용역 계약,

53) 정원·류남욱, 온주 국가계약법 제7조 주석에서 재인용.
54) 장훈기, 앞의 책, 312-314면에서 재인용.

관련 법령에 따라 디자인공모에 당선된 자와 체결하는 설계용역 계약의 경우

유권해석

국가계약법 시행령 제26조 제1항 제4호 차목에서 "특정인"이라 함은 당해 기술·용역업무를 수행하는데 있어서 법률적·제도적 또는 능력의 측면에서 그 사람이 아니면 수행하기 곤란하다고 판단되는 경우를 의미함(회제 41301-949, 2003. 8. 22.).[55]

⑪ 특정인의 토지·건물 등 부동산을 매입하거나 재산을 임차 또는 특정인에게 임대하는 경우

유권해석

사업인가 전 준비단계에서 계약에 의한 토지취득은 사법상 계약에 의한 것으로 특정인의 토지가 아니라면 당해 사업을 수행하기 곤란한 경우에 국가계약법 시행령 제26조 제1항 제4호 카목에 의한 수의계약을 체결할 수 있다. 반면에 「공익사업을 위한 토지 등의 취득 및 보상에 관한 법률」에 따른 협의취득이나 재결에 의한 수용은 공익사업을 위하여 법률에 의거해 타인의 토지 등의 재산권을 강제적으로 취득하는 것으로 국가계약법령에 의거 계약에 의해 취득하는 것이 아님(회계제도과-1416, 2007. 7. 27.).[56]

위 ① 내지 ③에 따라 직전 또는 현재의 시공자와 수의계약을 체결할 수 있는 계속공사에 있어서 당해 공사 이후의 계약금액은 예정가격에 제1차공사의 낙찰률(예정가격에 대한 낙찰금액 또는 계약금액의 비율)을 곱한 금액 이하로 하여야 한다. 다시 말해 수의계약 상대방이 제출한 견적금액이 해당 예정가격에 제1차공사의 낙찰률을 곱한 금액의 범위 이내일 경우에 한하여 그 금액으로 계약을 체결할 수 있다. 다만, 아래와 같은 경우에는 위와 같은 제한을 받지 아니한

55) 정원·류남욱, 온주 국가계약법 제7조 주석에서 재인용.
56) 정원·류남욱, 온주 국가계약법 제7조 주석에서 재인용.

다(국가계약법 시행령 제31조, 「정부 입찰 · 계약 집행기준」 제9조).

㉠ 제1차공사의 낙찰률이 100분의 87.75 미만인 경우로서 계속공사의 추정가격이 10억원(전문공사 및 전기 · 정보통신 · 소방 · 문화재공사 등은 3억원) 미만인 공사는 해당 예정가격에 100분의 87.75를 곱한 금액

㉡ 제1차공사의 낙찰률이 100분의 86.75 미만인 경우로서 계속공사의 추정가격이 50억원 미만 10억원(전문공사 및 전기 · 정보통신 · 소방 · 문화재공사 등은 3억원) 이상인 공사는 해당 예정가격에 100분의 86.75를 곱한 금액

㉢ 제1차공사의 낙찰률이 100분의 85.5 미만인 경우로서 계속공사의 추정가격이 100억원 미만 50억원 이상인 공사는 해당 예정가격에 100분의 85.5를 곱한 금액

또한, 위와 같은 계속공사에 있어서 수의계약 체결에 불응한 자는 해당 공사와 관련된 경쟁입찰에 참여할 수 없다(국가계약법 시행령 제15조).

3) 「중소기업진흥에 관한 법률」 제2조 제1호에 따른 중소기업자가 직접 생산한 다음 각 제품을 해당 중소기업자로부터 제조 · 구매하는 경우

각 중앙관서의 장 또는 계약담당공무원은 아래 각 제품을 구매하려는 경우에는 주무부장관(주무부장관으로부터 위임받은 자 포함)이 해당 물품을 인증 또는 지정한 날부터 3년(해당 물품에 대한 인증 또는 지정이 유효한 기간만 해당) 동안만 수의계약을 체결할 수 있다. 다만, 주무부장관이 인증기간 또는 지정기간을 연장한 경우에는 연장된 인증기간 또는 지정기간과 연장일부터 3년이 되는 날까지의 기간 중 짧은 기간 동안만 수의계약을 체결할 수 있다(국가계약법 시행령 제26조 제2항).

① 「중소기업제품 구매촉진 및 판로지원에 관한 법률」 제15조에 따라 성능인증을 받은 제품

② 「소프트웨어산업 진흥법」 제13조에 따라 품질인증을 받은 제품

③ 「중소기업 기술혁신 촉진법」 제9조 제1항 제3호에 따른 지원을 받아 개발이 완료된 제품으로서 당초의 수요와 연계된 자가 구매를 협약한 제품

④ 「산업기술혁신 촉진법」 제16조에 따라 신제품으로 인증받은 제품

⑤ 「산업기술혁신 촉진법」 제15조의2, 「환경기술 및 환경산업 지원법」 제7조 또는 「건설기술 진흥법」 제14조에 따라 인증 또는 지정 · 고시된 신

기술을 이용하여 제조한 제품으로서 주무부장관이 상용화 단계에서 성능을 확인한 제품

⑥ 「조달사업에 관한 법률 시행령」 제18조에 따라 우수조달물품으로 지정·고시된 제품

⑦ 「조달사업에 관한 법률 시행령」 제18조의2에 따라 지정·고시된 우수조달 공동상표의 물품(기획재정부장관이 고시한 금액 미만의 물품을 구매하는 경우에 한정)

4) 국가유공자 또는 장애인 등에게 일자리나 보훈·복지서비스 등을 제공하기 위한 목적으로 설립된 다음 각 목의 어느 하나에 해당하는 단체 등과 물품의 제조·구매 또는 용역 계약(해당 단체가 직접 생산하는 물품 및 직접 수행하는 용역에 한정)을 체결하거나, 그 단체 등에 직접 물건을 매각·임대하는 경우

각 중앙관서의 장 또는 계약담당공무원이 이 규정에 따라 수의계약을 체결하고자 하는 경우, 수의계약 대상자의 자격요건 및 수의계약의 대상물품의 직접생산여부를 확인하여야 한다. 또한 각 중앙관서의 장 또는 계약담당공무원은 수의계약 대상자를 감독하는 주무부처의 장에게 위 사항의 확인에 필요한 협조를 요청할 수 있다(국가계약법 시행령 제26조 제3, 4항).

① 국가보훈처장이 지정하는 국가유공자 자활집단촌의 복지공장

② 「국가유공자 등 단체설립에 관한 법률」에 따라 설립된 단체 중 상이를 입은 자들로 구성된 단체

③ 「중증장애인생산품 우선구매 특별법」 제9조 제1항에 따라 지정받은 중증장애인생산품 생산시설

④ 「사회복지사업법」 제16조에 따라 설립된 사회복지법인

유권해석

1. 일반적으로 용역계약이라 함은 물질적 재화의 생산 이외의 생산이나 소비에 필요한 노무 등을 제공하는 계약을 의미하는 것이므로, 위탁판매계약은 용역계약에 해당한다고 볼 수 있을 것이나, 국가계약법 시행령 제26조 제1항 제8호 라목의 "용역계약"이라 함은 사회복지사업법에 의하여 설립

된 법인이 직접 생산하는(즉, 직접 제공하는) 용역계약이라고 봄이 타당함(회계제도과-926, 2004. 6. 18.).[57]

2. 국가계약법 시행령 제26조 제1항 제4호에 따른 수의계약은 계약금액을 제한하고 있지 않음(계약제도과-64, 2013. 1. 8.).
3. 보건복지부 장관으로부터 지정받지 않은 '중증장애인생산품 생산시설'은 국가계약법 시행령 제26조 제1항 제4항 다목에 의한 수의계약 체결 대상이 아님(계약제도과-1297, 2012. 10. 11.).[58]

5) 그 밖에 계약의 목적 · 성질 등에 비추어 경쟁에 따라 계약을 체결하는 것이 비효율적이라고 판단되는 경우로서 다음 각 경우

① 「건설산업기본법」에 따른 건설공사(전문공사 제외)로서 추정가격이 2억원 이하인 공사, 같은 법에 따른 전문공사로서 추정가격이 1억원 이하인 공사 및 그 밖의 공사 관련 법령에 따른 공사로서 추정가격이 8천만원 이하인 공사에 대한 계약

② 추정가격이 2천만원 이하인 물품의 제조 · 구매계약 또는 용역계약

③ 추정가격이 2천만원 초과 5천만원 이하인 계약으로서 「중소기업기본법」 제2조 제2항에 따른 소기업 또는 「소상공인 보호 및 지원에 관한 법률」 제2조에 따른 소상공인과 체결하는 물품의 제조 · 구매계약 또는 용역계약. 다만, 국가계약법 시행령 제30조 제1항 제3호 및 같은 조 제2항 단서에 해당하는 경우에는 소기업 또는 소상공인 외의 자와 체결하는 물품의 제조 · 구매계약 또는 용역계약을 포함한다.

④ 추정가격이 2천만원 초과 5천만원 이하인 계약 중 학술연구 · 원가계산 · 건설기술 등과 관련된 계약으로서 특수한 지식 · 기술 또는 자격을 요구하는 물품의 제조 · 구매계약 또는 용역계약. 여기서 "특수한 지식 · 기술 또는 자격을 요구하는 계약"이란 (ⅰ) 학술연구, 원가계산, 타당성조사, 여론조사 용역, (ⅱ) 「건설기술진흥법」에 따른 건설기술용역, (ⅲ) 「시설물의 안전관리에 관한 특별법」에 따른 안전점검 및 정밀안전

57) 정원 · 류남욱, 온주 국가계약법 제7조 주석에서 재인용.
58) 장훈기, 앞의 책, 327면에서 재인용.

진단 용역, (iv)「엔지니어링산업진흥법」에 따른 엔지니어링활동을 목적으로 하는 용역, (v)「건설폐기물의 재활용촉진에 관한 법률」및「폐기물관리법」에 따른 폐기물처리 용역, (vi) 법률자문 · 회계 · 감정평가 등 특정자격을 필요로 하는 용역, (vii) 기타 전문적인 지식이나 인력 · 설비 등을 요하는 용역(「정부 입찰 · 계약 집행기준」 제10조 제5항)

⑤ 추정가격이 2천만원 초과 5천만원 이하인 계약으로서「여성기업지원에 관한 법률」 제2조 제1호에 따른 여성기업 또는「장애인기업활동 촉진법」 제2조 제2호에 따른 장애인기업과 체결하는 물품의 제조 · 구매계약 또는 용역계약

⑥ 추정가격이 5천만원 이하인 임대차 계약(연액 또는 총액을 기준으로 추정가격을 산정한다) 등으로서 공사계약 또는 물품의 제조 · 구매계약이나 용역계약이 아닌 계약

⑦ 재외공관이 사용하는 물품을 현지에서 구매하는 경우

⑧ 물품을 가공 · 하역 · 운송 또는 보관할 때 경쟁에 부치는 것이 불리하다고 인정되는 경우

⑨「방위사업법」에 따른 방산물자를 방위산업체로부터 제조 · 구매하는 경우

⑩ 다른 법령에 따라 국가사업을 위탁 또는 대행할 수 있는 자와 해당 사업에 대한 계약을 하는 경우

⑪ 다른 국가기관 또는 지방자치단체와 계약을 하는 경우

이 중 ① 내지 ⑥에 해당하는 계약은 이른바 "소액수의계약"으로, 아래에서 항을 달리하여 별도로 기술한다.

유권해석

1. "다른 법령의 규정에 의하여 국가사업을 위탁 또는 대행할 수 있는 자"는 국가사업의 수탁 또는 대행기관으로서 다른 법령에 그 기관의 명칭이 명시된 기관만을 말한다고 할 것이다. 그런데,「통계법 시행령」 제21조 제3항에 따르면 통계자료의 제공에 관하여는 다른 기관에 위탁하여 할 수 있다는 것만 규정되어 있고, 재단법인 대한통계협회는 동 조항에 근거하여 통계청

훈령인 「통계청 통계자료 제공규정」 제9조 및 부칙에 따라 통계청의 통계자료제공업무의 위탁을 받은 기관일 뿐이다. 그렇다면, 재단법인 대한통계협회는 "다른 법령의 규정에 의하여 국가사업을 위탁 또는 대행할 수 있는 자"에 해당하지 아니한다 할 것이다(법제처 07-044, 2007. 3. 23.).

2. 「국방정보화법」에 따르면 국방부 장관은 국방정보화사업을 위한 전담기관 및 전문기술지원기관을 지정하고 경비를 지원할 수 있도록 하고 있는바, 동법에서 규정한 당해 사업을 수행함에 있어 국방부 장관이 지정한 기관과 수의계약을 체결하는 것은 국가계약법 시행령 제26조 제1항 제8호 아목에 위배된다고 볼 수 없을 것임(계약제도과-337, 2010. 11. 5.).
3. 「국가계약법 시행령」 제26조 제1항 제3호의 "다른 국가기관"은 「국가재정법」 제6조에서 정한 「헌법」과 「정부조직법」 등을 근거로 하여 설치된 독립기관과 중앙행정기관(특별지방행정기관, 부속기관, 합의제행정기관 등을 포함)을 의미하는바, 학교기업은 독립기관 및 중앙행정기관에 포함되지 않으므로 국가계약법 시행령 제26조 제1항 제3호의 "다른 국가기관"에 해당하지 않음(회계제도과-1139, 2010. 7. 21.).[59]
4. 국가계약법 시행령 제26조 제1항 제5호 마목의 수의계약은 다른 법령에 수의계약이 될 수 있는 국가사업이 규정되어 있고, 해당 사업을 위탁 또는 대행할 수 있는 자가 지정되어 있는 경우에 가능함. 「농업협동조합법」 제112조의8 제4호는 조합공동사업법인이 국가나 공공단체가 위탁하는 사업 등을 행할 수 있는 근거규정에 불과할 뿐, 국가나 공공단체가 위탁하는 사업이 무엇인지에 대해서는 정하고 있지 않음. 따라서 「농업협동조합법」 제112조의8 제4호는 국가계약법 시행령 제26조 제1항 제5호 마목의 요건에 해당되지 않는다고 할 것임(계약제도과-286, 2012. 3. 19.).
5. 국가계약법 시행령 제26조 제1항 제5호 마목의 수의계약은 다른 법령에 수의계약이 될 수 있는 국가사업이 규정되어 있고, 해당 사업을 위탁 또는 대행할 수 있는 자가 지정되어 있는 경우에 가능함. 「새마을금고법」 제28조 제1항 제7호는 새마을금고가 국가나 공공단체가 위탁하는 사업 등을 행할 수 있는 근거규정에 불과할 뿐, 국가나 공공단체가 위탁하는 사업이

59) 정원·류남욱, 온주 국가계약법 제7조 주석에서 재인용.

무엇인지에 대해서는 정하고 있지 않음. 따라서 「새마을금고법」 제28조 제1항 제7호는 국가계약법 시행령 제26조 제1항 제5호 마목의 요건에 해당되지 않는다고 할 것임. 그럼에도 불구하고 수의계약이 가능토록 공기업·준정부기관이 자체 계약규정에 정하고자 하는 경우에는 「공기업·준정부기관 계약사무규칙」 제2조 제2항에 따라 기획재정부장관의 승인을 얻어야 할 것임(계약제도과-277, 2012. 3. 15.).

6. 수의계약을 체결하려는 시점에 국가계약법 시행령 제26조 제1항 제3호 가목의 요건이 충족되어 있다면 수의계약에 의한 계약방법을 선택할 수 있을 것(계약제도과-1610, 2013. 11. 19.).
7. 국가계약에 있어 계약기간의 연장은 용역계약의 경우 용역계약일반조건 제19조 등에서 정한 사유에 한하여 가능한바, 동 규정에 존재하지 않는 사유로 계약기간을 연장하고, 계약기간 및 계약조건을 전년도에 체결한 계약과 동일하게 하는 것은 계약기간의 연장이 아니라 새로운 계약을 체결하는 것이고, 동 계약이 경쟁입찰의 방식을 취하지 않고 체결된 이상 이는 수의계약에 해당된다(회계제도과-1392, 2010. 8. 27.).[60]

라. 수의계약의 절차

1) 견적서 제출

가) 견적서 제출의 의미

견적서는 수의계약에 있어서 계약상대자로 되려는 자가 계약목적물의 대가를 산정한 서류로서, 입찰시 입찰참가자가 제출하는 입찰서에 대응하는 것이다. 수의계약 시 2인 이상의 견적서를 제출받도록 하는 것은 수의계약의 경우 특정한 상대방과 계약을 체결함에 따라 계약하고자 하는 가격이 부당하게 높은 가격으로 되는 등 공정성을 잃을 우려가 있어, 계약담당공무원으로 하여금 자체적으로 작성한 예정가격과 그 견적가격을 비교함으로써 가격이 적정한지 여부를 검토하도록 하기 위한 것이다.[61]

---

60) 장훈기, 앞의 책, 337, 349, 351면에서 재인용.
61) 장훈기, 앞의 책, 344, 349면.

나) 2인 이상 견적서 제출 원칙

수의계약을 체결하고자 할 때에는 2인 이상으로부터 견적서를 받아야 한다. 다만, 다음 각 사유 중 어느 하나에 해당하는 경우에는 1인으로부터 받은 견적서에 의할 수 있다(국가계약법 시행령 제30조 제1항).

① 법 시행령 제26조 제1항 제2호(특정인의 기술이 필요하거나 해당 물품의 생산자가 1인뿐인 경우 등 경쟁이 성립될 수 없는 경우)
② 법 시행령 제26조 제1항 제5호 마목(계약의 목적 · 성질 등에 비추어 경쟁에 따라 계약을 체결하는 것이 비효율적이라고 판단되는 경우로서 다른 법령에 따라 국가사업을 위탁 또는 대행할 수 있는 자와 해당 사업에 대한 계약을 하는 경우)
③ 법 시행령 제27조(재공고입찰과 수의계약) 및 제28조(낙찰자가 계약을 체결하지 아니할 때의 수의계약)의 규정에 의한 계약의 경우
④ 추정가격이 2천만원 이하인 경우, 다만, 「여성기업지원에 관한 법률」 제2조 제1호에 따른 여성기업 또는 「장애인기업활동 촉진법」 제2조 제2호에 따른 장애인기업과 계약을 체결하는 경우에는 5천만원 이하인 경우
⑤ 추정가격이 2천만원 이하인 경우로 국가종합전자조달시스템을 이용하여 견적서를 제출받았으나 견적서 제출자가 1인뿐인 경우로서 다시 견적서를 제출받더라도 견적서 제출자가 1인밖에 없을 것으로 명백히 예상되는 경우

한편, 전기 · 가스 · 수도 등의 공급계약과 추정가격이 100만원 미만인 물품의 제조 · 구매 · 임차 및 용역계약의 경우에는 견적서(전자공개 소액수의계약에 있어서의 견적서 포함) 제출을 생략하게 할 수 있다(국가계약법 시행령 제30조 제7항 및 국가계약법 시행규칙 제33조 제3항).

유권해석

국가계약법 시행령 제30조 제1항은 발주기관이 수의계약을 체결하고자 할 때에는 "2인 이상으로부터 견적서를 제출" 받도록 규정하고 있음. 동 시행령상 1인의 사업자가 타 사업자의 견적서를 대신하여 제출하는 것을 금지하는

명문의 규정은 없으나, 견적서 제출제도의 취지가 발주기관이 여러 사업자가 제출하는 견적내용을 종합적으로 고려하여 계약상대자 및 계약금액을 합리적으로 결정토록 하기 위한 것임을 감안할 때, "2인 이상으로부터 견적서를 제출" 받는다는 것은 2인 이상의 사업자 각각으로부터 견적서를 제출받는 경우로 한정하여 해석하여야 할 것임(계약제도과-366, 2010. 11. 11.).[62]

2) 수의계약 요건 충족 확인

각 중앙관서의 장 또는 계약담당공무원이 국가계약법 시행령 제26조 제1항 제4호(국가유공자 또는 장애인 등 대상 수의계약)에 따라 수의계약을 체결하고자 하는 경우, 수의계약 대상자의 자격요건 및 수의계약의 대상물품의 직접생산여부를 확인하여야 한다. 또한 각 중앙관서의 장 또는 계약담당공무원은 수의계약 대상자를 감독하는 주무부처의 장에게 위 사항의 확인에 필요한 협조를 요청할 수 있다(국가계약법 시행령 제26조 제3, 4항).

3) 예정가격의 결정

각 중앙관서의 장 또는 계약담당공무원은 수의계약의 경우에도 규격서 및 설계서 등에 의하여 예정가격을 결정하고 이를 밀봉하여 미리 가격협상장소 등에 두어야 하며 예정가격이 누설되지 아니하도록 하여야 한다. 특히 소액수의계약 중 추정가격이 2천만원(여성기업 또는 장애인 기업의 경우에는 5천만원)을 초과하여 국가계약법 시행령 제30조 제2항 본문에 따라 국가종합전자조달시스템을 통해 견적서를 제출할 경우에는 예정가격을 결정하여야 한다. 다만, 국가계약법 시행령 제26조 제1항 제5호 가목 및 바목 소정의 소액수의계약(국가계약법 시행령 제30조 제2항 본문에 따라 견적서를 제출하게 하는 경우는 제외)을 체결하려 할 때에는 예정가격을 작성하지 아니할 수 있다(국가계약법 시행령 제7조의2).

4) 계약상대자 및 계약금액 결정

2인 이상으로 견적서를 받은 경우 그 중 예정가격의 범위에 포함되면서 가장 낮은 가격을 제시한 자를 계약상대자로 결정하여야 할 것이다. 만일 제출받

62) 정원 · 류남욱, 온주 국가계약법 제7조 주석에서 재인용.

은 견적서에 기재된 견적가격이 예정가격(예정가격작성을 생략한 경우에는 추정가격에 부가가치세를 포함한 금액)의 범위 안에 들지 아니한 경우 등 계약상대자를 결정할 수 없는 때에는 다시 견적서를 제출받아 계약금액을 결정하여야 한다(국가계약법 시행령 제30조 제6항). 이때 견적가격 중 하나라도 예정가격의 범위 안에 들면 재차 견적서를 받을 필요는 없을 것이다.63) 1인으로부터 견적서를 받은 경우에는 그 견적가격이 예정가격(예정가격작성을 생략한 경우에는 추정가격에 부가가치세를 포함한 금액)의 범위에 포함되면 그를 계약상대자로 결정하면 될 것이다.

5) 수의계약 체결의 보고 및 감사원 통지

국가계약법 시행령 제26조 제1항 제1호 다목과 라목, 제2호, 제4호 나목과 다목 및 제5호 다목과 마목에 따라 수의계약을 체결한 때에는 그 내용을 소속 중앙관서의 장에게 보고하여야 한다. 이 보고 시에는 계약서(해당계약서에 첨부하여야 하는 서류 포함)의 사본, 계약의 목적, 예산과목, 적용 법령조문 및 구체적 적용사유, 기타 참고사항을 명백히 한 서류를 그 소속 중앙관서의 장에게 제출하여야 한다. 각 중앙관서의 장은 보고받은 사항 중 국가계약법 시행령 제26조 제1항 제2호에 따른 계약에 대하여는 이를 감사원에 통지하여야 하는바, 이 때 위 서류를 함께 제출하여야 한다(국가계약법 시행령 제26조 제5항, 국가계약법 시행규칙 제35조).

마. 소액수의계약

1) 전자조달 소액수의계약64) 체결절차

추정가격이 2천만원 이상(국가계약법 시행령 제30조 제1항 제2호 단서에 따른 여성기업 또는 장애인기업과 계약을 체결하는 5천만원)인 수의계약의 경우65)에는 국가종합전자조달시스템를 이용하여 견적서를 제출하도록 하고 그 견적서의 제출에 필요한 사항을 견적서 제출마감일 전일부터 기산하여 3일 전까지 국가종합전자조달시스템을 이용하여 안내공고를 하여야 한다. 다만, 계약의 목적이나 특성상

63) 장훈기, 앞의 책, 347면.
64) 국가종합전자조달시스템을 이용한 소액수의계약을 이와 같이 지칭하기로 한다. 이하 같다.
65) 계약담당공무원은 추정가격이 2천만원 미만인 계약에 대하여 수의계약을 체결함에 있어 필요하다고 인정하는 경우에는 전자조달 소액수의계약의 절차를 준용할 수 있다(「정부 입찰ㆍ계약 집행기준」 제10조의4).

국가종합전자조달시스템에 의한 견적서 제출이 곤란한 경우로서 아래 사유 중 어느 하나에 해당하는 경우에는 전자조달 소액수의계약에 의하지 않을 수 있다(「정부 입찰 · 계약 집행기준」 제10조 제1항).

① 전문적인 학술연구용역의 경우

② 농 · 수산물 및 음식물(그 재료를 포함한다)의 구입 등 신선도와 품질을 우선적으로 고려하여야 하는 경우

③ 기존 시설물을 계속적으로 유지 · 보수하는 경우로서 국가종합전자조달시스템을 이용하여 견적서를 제출받는 경우 호환이 되지 않는 등 사실상 유지 · 보수가 곤란하거나 예산낭비가 우려되는 경우

④ 「건설기술 진흥법」에 따른 설계용역 및 타당성조사용역과 그 밖에 다른 법령에 따른 설계용역의 경우(지역경제활성화를 위하여 예산을 조기집행할 필요가 있는 경우만 해당). 다만, 계약담당공무원은 추정가격 2천만원 이상인 수의계약을 같은 사업체와 3회 이상 체결할 수 없다.

⑤ 재안내공고를 실시한 결과 2인 이상으로부터 견적서를 받지 못한 경우 그 밖에 계약의 목적이나 특성상 국가종합전자조달시스템에 의한 견적서를 제출받아 수의계약을 체결하는 경우 사실상 계약목적달성이 어려운 경우

안내공고에도 불구하고 다음 각 사유 중 어느 하나에 해당하는 경우에는 재안내공고를 하여야 한다(「정부 입찰 · 계약 집행기준」 제10조 제2항).

㉠ 국가계약법 시행령 제12조(경쟁입찰의 참가자격 요건) 제1항의 요건을 갖춘 견적서 제출자가 2인 미만인 경우

㉡ 예정가격 이하로서 소액수의계약 계약상대자 결정기준을 충족하는 견적서가 없는 경우

㉢ 견적서를 제출한 자가 1인 이하인 경우 등 계약상대자를 결정할 수 없는 경우(단, 재안내 공고를 실시하더라도 견적서 제출자가 1인밖에 없을 것으로 명백히 예상되는 경우는 제외)

계약담당공무원은 전자조달 소액수의계약에 의하는 공사의 경우 설계서, 공종별 물량내역서 기타 견적서 제출에 필요한 서류를 작성 · 비치하여야 하고,

견적서 제출마감일까지 견적서를 제출하려는 자에게 열람하게 하고 교부(설계서의 경우에는 교부를 요구한 경우에 한함)하여야 한다. 다만, 계약담당공무원은 물량내역서 및 견적서 제출에 필요한 서류를 국가종합전자조달시스템에 게재함으로써 열람 또는 교부를 갈음할 수 있다. 또한 계약담당공무원은 견적서를 제출하려는 자에게 견적금액을 적은 견적서를 제출하게 하고, 계약상대자로 결정된 자에게 교부된 물량내역서에 단가를 적은 산출내역서를 착공신고서를 제출하는 때까지 제출하게 하여야 한다(「정부 입찰 · 계약 집행기준」 제10조 제3, 4항).

한편 전자조달 소액수의계약의 경우 계약이행의 용이성 및 효율성 등을 고려하여 필요하다고 인정되는 경우에는 견적서를 제출할 수 있는 자를 법인등기부상 본점소재지가 해당공사의 현장, 물품의 납품지 등이 소재하는 특별시 · 광역시 · 특별자치시 · 도 또는 특별자치도의 관할구역 안에 있는 자로 제한할 수 있다. 다만, 공사의 현장, 물품의 납품지 등이 소재하는 시(행정시 포함) · 군(도의 관할구역 안에 있는 군)에 해당계약의 이행에 필요한 자격을 갖춘 자가 5인 이상인 경우에는 그 시 · 군의 관할구역 안에 있는 자로 제한할 수 있다. 이와 같이 제한할 경우에는 국가종합전자조달시스템상의 안내공고에 그 제한사항과 제한기준을 명시하여야 한다(국가계약법 시행령 제30조 제4항, 국가계약법 시행규칙 제33조 제2항).

2) 전자조달 소액수의계약의 계약상대자 결정

전자조달 소액수의계약의 경우에는 다음 각 기준에 따라 계약상대자를 결정한다(「정부 입찰 · 계약 집행기준」 제10조의2 제1항).

① 공사: 예정가격을 결정한 경우에는 회계예규 「적격심사기준」에서 정한 추정가격이 10억원 미만인 공사의 낙찰하한율 이상으로 견적서를 제출한 자 중 최저가격으로 견적서를 제출한 자

② 물품 · 용역: 예정가격의 88%(국가계약법 시행규칙 제23조의3 각 호에 따른 용역계약[66]의 경우에는 90%) 이상으로 견적서를 제출한 자 중 최저가격으로 견적서를 제출한 자

---

66) 청소용역, 검침용역, 경비시스템 등에 의하지 아니하는 단순경비 또는 관리용역, 행사보조 등 인력지원용역, 그 밖에 이와 유사한 용역으로서 기획재정부장관이 정하는 용역.

다만, 위 기준에 따라 선정된 자가 다음 각 사유 중 어느 하나에 해당되는 경우에는 차순위자를 계약상대자로 결정한다(「정부 입찰·계약 집행기준」 제10조의2 제2항).

㉠ 견적서 제출마감일 현재 부도·파산·해산·영업정지 등이 확정된 경우
㉡ 견적서 제출마감일 현재 「건설산업기본법」 등 공사관련 법령에 정한 기술자 보유현황이 당해 공사 시공에 필요한 업종등록기준에 미달한 자
㉢ 부정당업자의 입찰참가자격제한에 따라 입찰참가자격 제한기간 중에 있는 자
㉣ 수의계약 안내공고일 기준 최근 1년 이내에 부정당업자의 입찰참가자격제한 규정 또는 다른 법령의 규정에 의하여 부실시공, 담합행위, 입찰 및 계약서류 위조 또는 허위제출, 입·낙찰 또는 계약이행관련 뇌물제공자로서 부정당업자 제재처분을 받은 사실이 있는 자
㉤ 계약상대자로 결정된 자가 계약체결 이전에 경쟁입찰의 입찰무효 사유에 준하는 등 부적격자로 판명되어 계약상대자 결정이 취소된 경우로서 동 부적격자를 제외하고 비교 가능한 2개 이상의 견적서가 확보되어 있는 경우
㉥ 계약상대자로 결정된 자가 스스로 계약체결을 포기한 경우로서 포기한 자를 제외하고 비교 가능한 2개 이상의 견적서가 확보되어 있는 경우

유권해석

국가계약법 시행령 제26조 제1항 제5호에 근거한 소액수의계약은 「정부 입찰·계약 집행기준」 제10조 제1항에 따라 추정가격이 2천만원 이상인 경우에는 지정정보처리장치를 통해 견적서를 제출받도록 하고, 동 기준 제10조 제2항 제3호의 "제10조의2 제1항 각 호가 정한 기준에 미달하는 경우" 등 비교 가능한 2개 이상의 견적서를 확보하지 못한 때에 재안내공고를 하도록 하고 있으나, 2천만원 이상의 소액수의계약에서 견적서를 제출토록 한 것은 경쟁입찰과 달리 절차를 간소화하여 신속한 계약체결을 도모하려는 제도임을 고려할 때 "제10조의2 제1항 각 호의 기준에 미달하는 경우"라 함은 제출된 모든 견적서가 동 기준에 미달하는 경우를 의미하는 것으로 해석함이 타당함. 따라서 2개 이상의 유효한 견적서가 제출되고 1개의 견적서만이 동 기준 제

10조의2 제1항 각 호의 기준을 충족하는 경우에도 동 기준 제10조 제2항이 말하는 2개 이상의 비교 가능한 견적서를 확보한 것으로 보는 것이 타당할 것임(회계제도과-1245, 2009. 7. 31.).[67]

3) 전자조달 소액수의계약 시 유의사항

계약담당공무원은 동일구조물공사 및 단일공사로서 설계서 등에 의하여 전체사업내용이 확정된 공사를 시기적으로 분할하거나 공사량을 구조별, 공종별로 분할하여 위 소액수의계약사유에 해당하는 공사를 수의계약으로 체결할 수 없다. 다만, 다른 법률에 의하여 다른 업종의 공사와 분리 발주할 수 있도록 규정된 공사, 공사의 성질이나 규모 등에 비추어 분할시공함이 효율적인 공사, 하자책임구분이 용이하고 공정관리에 지장이 없는 공사(설계서가 별도로 작성되는 공사, 공사의 성격상 공종(工種)간 시공 목적물·시공 시기·시공 장소 등이 명확히 구분되는 공사)로서 분리시공함이 효율적이라고 인정되는 공사 중 어느 하나에 해당하는 경우에는 그러하지 아니하다. 「건설산업기본법」에 따른 공사를 발주하는 경우 종합공사와 전문공사의 구분은 동법 제16조 및 동법 시행령 제21조에 정한 바에 따른다(「정부 입찰·계약 집행기준」 제10조의3).

바. 경쟁입찰관련 수의계약사유

1) 재공고입찰 등과 수의계약

경쟁입찰에서 2인 이상의 유효한 입찰자가 없거나 낙찰자가 없을 경우 또는 낙찰자가 있어도 계약을 체결하지 아니한 경우에는 재공고입찰에 부칠 수 있는데(국가계약법 시행령 제20조 제2항), 이와 같은 재공고입찰에 부친 결과로도 입찰자 또는 낙찰자가 없을 때 수의계약에 의할 수 있다(국가계약법 시행령 제27조 제1항 제2호). 또한 경쟁입찰을 실시하였으나 입찰자가 1인뿐인 경우로서 재공고입찰을 실시하더라도 입찰참가자격을 갖춘 자가 1인밖에 없음이 명백하다고 인정될 때에도 수의계약에 의할 수 있다(국가계약법 시행령 제27조 제1항 제1호).

위 규정에 의한 수의계약의 경우 보증금과 기한을 제외하고는 최초의 입찰에 부칠 때 정한 가격 기타 조건을 변경할 수 없다(국가계약법 시행령 제27조 제2

67) 정원·류남욱, 온주 국가계약법 제7조 주석에서 재인용.

항). 따라서, 최초의 예정가격과 기타 입찰에 부칠 때 정한 조건으로 재공고입찰을 거쳐 수의계약까지도 체결할 수 없게 되었을 때에는 다시 예정가격을 결정하고 관련 조건을 정하여 새로운 입찰 및 계약절차를 밟아야 한다.

재공고입찰 실시 후 수의계약으로 계약상대자를 결정할 때에는 국가에 가장 유리한 가격을 제시한 자를 계약상대자로 결정하여야 한다(국가계약법 시행규칙 제32조).

유권해석

1. '재공고 입찰을 실시한 결과 단독입찰로 인하여 유찰된 경우'는 국가계약법 시행령 제27조 제1항 제2호에 해당함. "입찰자 또는 낙찰자가 없는 경우"는 재공고입찰에 부쳤음에도 불구하고 입찰참가자가 1인뿐인 경우를 포함함(계약제도과-712, 2015. 6. 8.).
2. 국가를 당사자로 하는 계약에 있어서 재공고 입찰에 부치는 경우에는 국가계약법 제20조 제3항에 따라 기한을 제외하고는 최초의 입찰에서 정한 가격 및 기타 조건을 변경할 수 없는바, "기타 조건"이란 최초로 입찰에 부칠 때 정한 입찰참가자격 등 당해 입찰에 필요한 자격조건 등을 포괄하므로 재공고 입찰을 실시함에 있어서 최초 입찰 시의 입찰참가자격조건 등을 변경할 수 없을 것임(계약제도과-677, 2011. 6. 15.).
3. 입찰참가자격 사전심사가 필수적인 경우에 사전심사 참가자가 1인뿐이면 입찰을 실시하더라도 입찰자가 1인이므로 당해 입찰은 유찰이 될 수밖에 없음. 따라서, 입찰참가자격 사전심사가 필수인 계약에서 입찰참가자격 사전심사 참가자가 1인뿐인 경우에는 경쟁입찰에서 유찰된 경우로 볼 수 있을 것임(계약제도과-404, 2015. 4. 8.).
4. 귀 기관의 상업시설 운영자선정 제4차 공고('15. 5. 29.)는 제1차~제3차공고와는 다르게 최저수용가격 등의 조건을 정하였으므로 국가계약법 제20조의 재공고입찰에 해당하지 않으며 새로운 입찰로 보는 것이 타당할 것임(계약제도과-843, 2015. 6. 30.).[68]
5. 법 시행령 제27조 제1항 제1호에 정한 "재공고입찰을 실시하더라도 제12조의 규정에 의한 입찰참가자격을 갖춘 자가 1인밖에 없음이 명백하다고

68) 정원·류남욱, 온주 국가계약법 제7조 주석에서 재인용.

> 인정되는 경우"라 함은 시행령 제12조의 규정에 정하고 있는 바와 같이 관련 법령에 의하여 등록 등을 요하거나 자격을 갖추어야 할 경우로서 등록 등을 받았거나 당해 자격요건에 적합한 자가 1인뿐인 경우를 의미함. 시행령 제27조 제1항 제2호의 규정 중 "낙찰자가 없는 경우"에는 입찰참가자가 1인뿐인 경우도 포함됨(회계제도과-1979, 2005. 9. 27.).

2) 낙찰자가 계약을 체결하지 아니할 때의 수의계약

경쟁입찰로 낙찰자가 결정되었으나 낙찰자가 계약을 체결하지 아니할 때에는 그 낙찰금액 범위 안에서 수의계약에 의할 수 있으며, 또한 낙찰자가 계약체결 후 소정의 기일 내에 계약의 이행에 착수하지 아니하거나, 계약이행에 착수한 후 계약상의 의무를 이행하지 아니하여 계약을 해제 또는 해지한 경우에도 그 계약금액 범위 안에서 수의계약에 의할 수 있다(국가계약법 시행령 제28조). 이 경우 기한을 제외하고는 최초의 입찰에 부칠 때 정한 가격 기타 조건을 변경할 수 없다(국가계약법 시행령 제28조 제1항 단서).

3) 분할수의계약

법 시행령 제26조 제1항 제5호 라목(「방위사업법」에 따라 방산물자를 방산업체로부터 제조·구매하는 경우), 제27조(재공고입찰 등과 수의계약) 또는 제28조(낙찰자가 계약을 체결하지 아니할 때의 수의계약)의 경우에는 예정가격 또는 낙찰금액을 분할하여 계산할 수 있는 경우에 한하여 그 가격 또는 금액보다 불리하지 아니한 금액의 범위 안에서 수인에게 분할하여 수의계약을 체결할 수 있다(국가계약법 시행령 제29조).

4) 희망수량경쟁입찰에 따른 수의계약

희망수량경쟁입찰 결과 낙찰자 중 계약을 체결하지 아니한 자가 있어 국가계약법 시행령 제28조(낙찰자가 계약을 체결하지 아니할 때의 수의계약)의 규정에 의거 수의계약에 의할 때에는, ① 물품의 제조·구매에 있어서는 당해 낙찰자의 낙찰단가 이하로, ② 물품의 매각에 있어서는 당해 낙찰자의 낙찰단가 이상으로 계약을 체결하여야 한다(국가계약법 시행규칙 제34조).

Ⅲ. 입찰 및 낙찰

제 8 조 (입찰 공고 등)

① 각 중앙관서의 장 또는 계약담당공무원은 경쟁입찰을 하는 경우에는 입찰에 관한 사항을 공고하거나 통지하여야 한다.

② 제1항에 따른 입찰 공고 또는 통지의 방법, 내용, 시기, 그 밖에 필요한 사항은 대통령령으로 정한다.

1. 입찰공고의 의의

경쟁계약에 있어서 입찰에 부치는 자는 입찰에 부친다는 표시를 하고, 이 표시에 따라 경쟁자가 입찰을 하면 개찰을 하고 낙찰자를 결정하게 된다. 이때 입찰에 부친다는 사실 및 내용 등을 일반인에게 널리 알리는 것을 "입찰공고"라고 한다.[1)]

국가계약법은 각 중앙관서의 장 또는 계약담당공무원이 경쟁입찰을 하는 경우에는 입찰에 관한 사항을 공고하거나 통지하도록 규정하고 있다(제8조 제1항).

2. 입찰공고의 법적 성격

원칙적으로 입찰에 부친다는 표시는 청약의 유인에 지나지 않는다.

따라서 입찰공고문도 특별한 약정이 없는 한 계약에 해당하지 않으나, 입찰공고를 계약서의 일부로 명시하여 약정하는 경우에는 계약의 내용에 포함될 수 있으며, 적어도 계약해석을 위한 중요한 참고자료에 해당한다.

1) 장훈기, 앞의 책, 539면.

3. 입찰공고의 방법

가. 원칙 – 전자조달시스템을 이용하는 방법

국가계약법에 따른 입찰에 있어서, 입찰에 부치는 자는 원칙적으로 "국가종합전자조달시스템"(이하 '전자조달시스템'이라 함)을 이용하여 입찰공고를 하여야 한다(국가계약법 시행령 제33조 제1항).

국가종합전자조달시스템은 「전자조달의 이용 및 촉진에 관한 법률」(이하 '전자조달법'이라 함) 제12조에 따라 조달청장이 조달업무를 전자적으로 처리하기 위하여 구축·운용하는 정보시스템을 말한다(전자조달법 제2조 제4호). 전자조달시스템에 게시된 내용과 붙임 파일 형태의 입찰공고문의 내용이 다른 경우에는 붙임 파일 형태의 입찰공고문의 내용이 우선한다. 다만, 입찰공고일은 전자조달시스템에 게시한 날과 입찰공고문에 적힌 입찰공고일이 다른 경우 전자조달시스템에 게시한 날이 우선한다(전자조달법 시행령 제4조 제3항).

나. 일간신문에 게재하는 방법

필요한 경우 일간신문 등에 입찰공고를 게재하는 방법을 병행할 수 있다(국가계약법 시행령 제33조). '병행할 수 있다'는 국가계약법의 문언상 계약담당공무원이 전자조달시스템에 공고하지 않고 일간신문에만 게재하는 방법으로 입찰공고하는 것은 위법하다고 해석될 가능성이 높다.

일간신문은 「신문 등의 진흥에 관한 법률」 제2조에서 규정한 일반일간신문을 의미한다(회제 45107-2941, '96. 12. 10.).[2)]

다. 입찰공고를 입찰통지로 대체하는 방법

계약담당공무원은 국가의 보안유지를 위하여 필요한 때에는 입찰공고를 하는 대신 입찰참가적격자에게 입찰공고에 기재하여야 하는 사항을 통지(국가계약법 시행규칙 별지 2호 서식에 의한 경쟁입찰참가통지서를 사용해야 함)하여 입찰참가신청을 하게 할 수 있다(국가계약법 시행령 제34조).

법령상 국가의 보안유지를 위하여 필요한 경우로 한정하고 있는 점, 입찰

---

2) 장훈기, 앞의 책, 540면.

공고를 의무로 규정하고 있는 점 등에 비추어 보면, 국가의 보안유지 이외의 다른 사유로 입찰공고를 입찰통지로 대체하는 것은 허용되지 않는다고 볼 가능성이 높다.

4. 입찰공고의 시기

가. 원칙

입찰공고는 입찰서 제출마감일의 전일부터 기산하여 7일 전에 이를 행하여야 하는 것이 원칙이다(국가계약법 시행령 제35조 제1항).

나. 입찰공고기간을 단축할 수 있는 경우

국가계약법 시행령 제35조 제4항은 다음 각호의 경우에는 입찰서 제출마감일의 전날부터 기산하여 5일 전까지 공고할 수 있도록 규정하고 있다.

i) 재공고입찰의 경우

ii) 다른 국가사업과 연계되어 일정조정을 위하여 불가피한 경우

iii) 긴급한 행사 또는 긴급한 재해예방·복구 등을 위하여 필요한 경우

iv) 그 밖에 제2호 및 제3호에 준하는 경우

다. 협상에 의한 계약의 경우

협상에 의한 계약의 경우에는 제안서 제출마감일의 전날부터 기산하여 40일 전에 공고하여야 한다. 다만, 다음 각 호의 어느 하나에 해당하는 경우에는 제안서 제출마감일의 전날부터 기산하여 10일 전까지 공고할 수 있다(국가계약법 시행령 제35조 제5항).

i) 입찰공고기간을 단축할 수 있는 경우 중 어느 하나에 해당하는 경우

ii) 추정가격이 고시금액 미만인 경우

라. 공사입찰의 경우

1) 현장설명을 실시하는 경우

현장설명일의 전일부터 기산하여 7일 전에 공고하여야 하고, 국가계약법

시행령 제13조에 따라 입찰참가자격을 사전에 심사하려는 공사입찰의 경우에는 현장설명일 전일부터 기산하여 30일 전에 공고하여야 한다(국가계약법 시행령 제35조 제2항).

2) 현장설명을 실시하지 않는 경우

현장설명을 실시하지 않는 공사입찰은 입찰서 제출마감일의 전일부터 기산하여 다음 각 호에서 정한 기간 전에 공고하여야 한다(국가계약법 시행령 제35조 제3항).

i) 추정가격이 10억원 미만인 경우 7일

ii) 추정가격이 10억원 이상 50억원 미만인 경우 15일

iii) 추정가격이 50억원 이상인 경우 40일

5. 입찰공고의 내용

입찰공고에는 다음 사항을 명시하여야 한다(국가계약법 시행령 제36조).

- 입찰에 부치는 사항
- 입찰 또는 개찰의 장소와 일시
- 공사입찰의 경우에는 현장설명의 장소 · 일시 · 참가자격 및 참가의무 여부에 관한 사항
- 협상에 의한 계약체결의 경우로서 제안요청서에 대한 설명을 실시하는 경우에는 그 장소 · 일시 및 참가의무 여부에 관한 사항
- 입찰참가자의 자격에 관한 사항
- 입찰참가등록 및 입찰관련서류에 관한 사항
- 입찰보증금과 국고귀속에 관한 사항
- 낙찰자결정방법(국가계약법 시행령 제42조 제1항 또는 제4항에 따라 낙찰자를 결정하는 경우에는 낙찰자결정에 필요한 서류의 제출일 및 낙찰자통보예정일을 포함한다)
- 계약의 착수일 및 완료일
- 계약하고자 하는 조건을 공시하는 장소
- 입찰무효에 관한 사항

- 입찰에 관한 서류의 열람·교부장소 및 교부비용
- 추가정보를 입수할 수 있는 기관의 주소등
- 전자조달시스템 또는 각 중앙관서의 장이 지정·고시한 정보처리장치를 이용하여 입찰서를 제출하게 하는 경우에는 그 절차 및 방법
- 입찰서를 우편으로 제출하게 하는 경우에는 그 취지와 입찰서를 송부할 주소
- 공동계약을 허용하는 경우에는 공동계약이 가능하다는 뜻(국가계약법 시행령 제72조 제3항 및 제4항의 규정에 의한 공동계약인 경우에는 공동수급체구성원의 자격제한사항을 포함한다)과 공동계약의 이행방식
- 부대입찰의 경우에는 그 취지
- 대안입찰 또는 일괄입찰 등에 관한 사항
- 기타 입찰에 관하여 필요한 사항

제한경쟁입찰에서 경쟁참가자의 자격을 제한하려는 때에는 입찰공고에 그 제한사항과 제한기준을 명시해야 한다(국가계약법 시행령 제21조 제2항).

전자조달시스템에 입찰공고를 할 때에는 아래 내용을 전자조달시스템에 입력하여야 한다(전자조달법 시행규칙 제2조 제1항).

i) 전자입찰서의 접수시작 일시
ii) 전자입찰서의 제출마감 일시
iii) 공동수급협정서의 제출마감 일시
iv) 전자입찰서의 제출마감 후 개찰 일시

6. 입찰공고의 정정

입찰공고 중 내용의 오류나 법령위반사항이 발견되어 공고사항의 정정이 필요한 경우에는 남은 공고기간에 5일 이상을 더하여 정정공고를 하여야 한다(국가계약법 시행령 제33조 제2항). 정정공고 이외의 다른 방법으로는 수정할 수 없다(회계제도과-940, '10. 6. 18.).[3]

---

3) 장훈기, 앞의 책, 552면.

또한 일찰실시 후 낙찰자가 정해졌다고 하더라도 입찰공고의 내용에 오류가 있다면 입찰공고를 통하여 수정하여야 할 것이며, 낙찰자만을 대상으로 변경하는 것은 타당하지 못하다(회제 41301-1935, '98. 7. 15.).[4)]

4) 장훈기, 앞의 책, 553면.

입찰참가자격사전심사(PQ) 및 현장설명

제7조 (계약의 방법)

② 제1항 본문에 따라 경쟁입찰에 부치는 경우 계약이행의 난이도, 이행실적, 기술능력, 재무상태, 사회적 신인도 및 계약이행의 성실도 등 계약수행능력평가에 필요한 사전심사기준, 사전심사절차, 그 밖에 대통령령으로 정하는 바에 따라 입찰 참가자격을 사전심사하고 적격자만을 입찰에 참가하게 할 수 있다.

1. 입찰참가자격사전심사(PQ)

가. 입찰참가자격사전심사의 의의

입찰참가자격사전심사(Pre-Qualification)는 입찰에 참가하려는 자에 대해 입찰 전에 미리 계약조건 등의 내용대로 완성할 수 있는 능력이 있는지 여부를 판단하기 위하여 심사하는 제도이다.[5)]

계약예규 제282호인 입찰참가자격사전심사요령(이하 '심사요령'이라 함), 조달청지침 제5788호인 조달청 입찰참가자격사전심사기준에서 구체적인 심사방법이 상세히 규정되어 있다.

나. 적용범위

추정가격이 300억원 이상인 공사에 관한 입찰의 경우에는 반드시 입찰참가자격사전심사를 하여야 한다(국가계약법 시행령 제13조 제1항 단서, 제42조 제4항 제1호). 나머지 입찰은 각 중앙관서의 장 또는 계약담당공무원의 재량사항이다(국가계약법 시행령 13조 제1항).

국가계약법 시행령 제13조 제1항의 문언에 비추어 보면 입찰참가자격사전심사가 반드시 공사 입찰에 한정되는 것은 아니라고 판단되나, 구체적인 심사기준이 마련되어 있지 않기 때문에 공사입찰이 아닌 나머지 입찰에서 입찰참가

---

5) 장훈기, 앞의 책, 556면.

자격사전심사를 하는 것은 현실적으로 어렵다고 생각된다.

다. 입찰참가자격사전심사 절차

1) 입찰공고

계약담당공무원이 입찰참가자격사전심사를 집행하는 때에는 심사기준의 열람·교부에 관한 사항, 심사에 필요한 서류 및 제출기한 등을 공고하여야 한다(심사요령 제2조 제1항).

입찰참가자격사전심사를 하는 입찰은 입찰공고를 현장설명일의 전일부터 기산하여 최소한 30일 전에 하여야 한다(심사요령 제2조 제2항).

2) 심사기준의 열람, 교부

계약담당공무원은 입찰공고일로부터 입찰참가자격사전심사 신청 마감일까지 다음 각호의 서류를 비치하여 사전심사에 참가하고자 하는 자가 열람할 수 있도록 하여야 하며, 사전심사에 참가하고자 하는 자의 신청이 있는 경우 이를 교부하여야 한다. 전자조달시스템에 게재함으로써 열람 및 교부에 갈음할 수 있다(심사요령 제3조).

1. 심사기준
2. 심사에 필요한 증빙서류의 작성요령 및 제출방법
3. 기타 필요한 사항

3) 사전심사신청

사전심사를 받고자 하는 자는 입찰공고일부터 7일 이상이 지난 날부터 사전심사에 필요한 증빙서류 등을 갖추어 신청할 수 있다. 신청기간은 10일 이상으로 하되, 입찰공고시 그 신청기간을 명시하여야 한다(심사요령 제4조). 계약담당공무원은 제출된 서류 등이 미비하거나 불명확하다고 인정되는 경우에는 사전심사를 신청한 자에게 3일 이내의 기간을 정하여 보완을 요구할 수 있다(심사요령 제4조 제2항).

계약담당공무원은 사전심사신청 자격을 제한할 수 있으나(심사요령 제5조), 추정가격이 200억원 이상으로서 심사요령 제5조 각호에서 규정한 공사의 경우에는 사전심사신청 자격을 제한할 수 없다.

4) 사전심사방법

계약담당공무원은 신청마감일 또는 보완일로부터 10일 이내에 심사하여야 하며 3일의 범위 내에서 그 기간을 연장할 수 있다(심사요령 제8조 제1항). 그 심사결과 심사요령 제6조 제3항에 따른 경영상태부문에 대한 적격요건과 심사요령 제6조 제4항에 따른 기술적 공사이행능력부문에 대한 적격요건을 모두 충족하는 자를 입찰적격자로 선정한다(심사요령 제8조 제4항).

계약담당공무원은 위 심사를 위하여 필요하다고 인정할 때에는 국가계약법 시행령 제94조에 의한 계약심의회의 심의를 거쳐 심사할 수 있다(심사요령 제8조 제5항).

5) 심사결과의 통보

계약담당공무원은 입찰적격자를 선정한 때에는 지체없이 해당자에게 통보하고 해당사실을 전자조달시스템, 게시판 또는 일간건설지 등에 게재하여야 하며, 공사종류별로 입찰적격자명부를 작성·비치하여야 한다(심사요령 제9조 제1항). 사전심사신청자가 심사관련서류의 열람을 신청한 때에는 계약담당공무원은 위 게재일로부터 3일까지는 이를 허용하여야 한다(심사요령 제9조 제2항).

6) 재심사

심사결과를 통보받은 자가 현장설명일부터 3일 이전까지 심사결과에 대하여 이의가 있어 재심사를 요청한 때에는, 계약담당공무원은 재심사를 실시하여야 하고 재심사 요청을 받은 날부터 3일 이내에 그 결과를 통지하여야 한다(국가계약법 시행규칙 제23조의2 제3항).

심사결과를 통보받은 자가 자신의 심사결과에 대해서만 재심사를 요청할 수 있는지 아니면 경쟁업체의 심사결과에 대해서도 재심사를 요청할 수 있는지가 문제되나, 심사결과를 전자조달시스템에 게재하여 사전심사를 신청한 자 모두에게 공개된다는 점에 비추어 보면 자신의 심사결과뿐만 아니라 경쟁업체의 심사결과에 대해서도 재심사를 요청할 수 있다고 보는 것이 타당해 보인다.

공동수급체를 구성하여 입찰에 참가하고자 하는 자가 입찰적격자 선정이후 낙찰자 결정이전에 공동수급체구성원 중 일부 구성원이 부도, 부정당업자제재, 영업정지, 입찰무효 등의 결격사유가 발생한 경우(결격사유가 입찰참가등록 마감일 이전에 소멸되는 경우는 제외)에는, 계약담당공무원은 잔존구성원의 출자비율 또는 분담내용을 변경하거나 결격사유가 발생한 구성원을 대신할 새로운 구성원을 추가하도록 하여 입찰적격자 선정범위에 해당되는지 여부를 재심사 하여야 하고, 잔존구성원만으로 또는 새로운 구성원을 추가하도록 하여 입찰적격자 선정범위에 해당되는 때에는 해당 공동수급체를 입찰에 참가하게 하여야 한다. 다만, 공동수급체대표자가 부도, 부정당업자제재, 영업정지, 입찰무효 등의 결격사유가 발생한 경우에는 해당 공동수급체를 입찰에 참가하게 하여서는 아니 된다(심사요령 제10조 제2항).

7) 부정한 방법으로 사전심사를 신청한 자에 대한 처리

계약담당공무원은 사전심사를 신청한 자가 제출한 서류가 부정하게 작성된 것으로 판명된 때에는, ① 입찰적격자를 선정하기 이전인 경우에는 입찰적격자선정대상에서 제외하고, ② 입찰실시이전일 경우에는 입찰참가자격을 박탈하여야 한다(심사요령 제11조).

부정하게 작성된 것으로 판명된 경우로 한정하고 있는 심사요령의 문구상, 단순한 착오 또는 과실로 사실과 다른 서류를 제출한 경우까지 입찰적격자선정대상자에서 제외하거나 입찰참가자격을 박탈하는 것으로 해석되지는 않을 것으로 보인다. 이 경우 심사요령 제10조에 따라 재심사를 하여야 할 것이라고 생각된다.

8) 현장설명 참가자격 부여

계약담당공무원은 입찰적격자로 통보한 자에 한하여 현장설명에 참가하게 할 수 있다(심사요령 제12조).

9) 사전심사의 면제

계약담당공무원은 해당공사와 동일한 종류의 공사를 이미 심사한 경우로서 신청자 중 입찰적격자로 선정된 자에 대하여는 공사의 특성 등을 고려하여 1년 범위 내에서 사전심사를 면제할 수 있다. 계약담당공무원은 매건 자격심사마다 심사요령 제9조 제1항의 규정에 의거 작성된 명부에 등재된 자에 대한 사전심사를 면제할 것인지의 여부를 결정하여 심사요령 제3조의 규정에 의거 열람하게 하여야 한다(심사요령 제13조).

라. 사전심사기준

국가계약법 시행령 제13조 제2항은 각 중앙관서의 장 또는 계약담당공무원은 입찰참가자의 자격을 심사하는 경우에는 계약이행의 난이도, 이행실적, 기술능력, 재무상태, 사회적 신인도 및 계약이행의 성실도 등 계약수행능력을 평가하는 데에 필요한 요소들을 종합적으로 고려하여 심사기준을 정하여야 한다고 규정하고 있고, 심사요령 제6조, 별표 2, 3에서 상세히 규정되어 있다.

다만 계약담당공무원은 심사요령 제6조, 별표 2, 3에서 정한 기준에 반드시 구속될 필요는 없고, 해당공사의 성질·내용 등을 고려하여 필요하다고 인정되는 경우에는 적격요건을 상향조정할 수 있고 분야별·항목별 배점한도를 가·감 조정하거나, 항목별 세부사항을 추가 또는 제외할 수 있다(심사요령 제7조 제2항, 제3항).

심사요령에서 정한 적격심사기준을 살펴보면 다음과 같다.

① 경영상태부분: 경신용정보업자가 평가한 회사채(또는 기업어음) 또는 기업신용평가등급으로 심사하며 심사요령에 정한 신용등급 이상을 받아야 적격요건에 충족된다.

② 기술적 공사이행능력부문: 시공경험분야, 기술능력분야, 시공평가결과분야, 지역업체참여도분야, 신인도분야를 종합적으로 심사하며, 적격요건은 평점 90점 이상으로 한다.

추정가격이 200억원 이상인 공사 중 심사요령에서 정하는 공사에 적용되는 기준 — 심사요령 별표 2

심사분야		심 사 항 목	
분야별	배점 한도	항 목 별	배점 한도
계	100		100
1. 시공경험	40 (45)	가. 최근 10년간 해당공사와 동일한 종류의 공사실적	30 (34)
		나. 최근 10년간 해당공사와 유사한 종류의 공사실적(시공 중인 동종공사실적 포함)	20 (22)
		다. 최근 5년간 토목·건축·전기·정보통신공사 또는 플랜트공사의 실적합계	10 (11)
2. 기술능력	45	가. 해당공사의 시공에 필요한 기술자 보유현황(해당공종 경험기술자 우대)	30
		나. 신기술 개발·활용실적	4
		다. 최근년도 건설부문 매출액에 대한 건설부문 기술개발 투자비율	8
		라. 기타 해당공사 시공에 필요한 사항	3
3. 시공평가결과	10		10
4. 지역업체참여도	5		5
5. 신인도	+3 -10 〈개정 2012. 7. 4.〉	가. 시공업체로서의 성실성	
		1) 최근 1년 동안 「건설산업기본법」에 정한 벌금이상의 행정형벌, 영업정지, 영업·면허·등록취소 처분 또는 과징금 부과를 받은 자	-2
		2) 「국가를 당사자로 하는 계약에 관한 법률 시행령」 제76조 제1항 각 호에 따라 6개월 이상의 입찰참가자격 제한을 받은 후 입찰참가자격 제한기간 만료일로부터 해당 제한기간 만큼의 기간이 경과하지 아니한 자 〈신설 2012. 4. 2.〉	-2
		3) 그 밖에 국토교통부장관이 정한 「건설업체의 부실벌점 기준」에 해당되는 자 〈2012. 7. 4. 라목에서 이동, 개정 2015. 9. 21.〉	-5
		나. 하도급관련사항	
		1) 최근 국토교통부장관이 협력업자와의 협력관계를 평가한 결과 그 실적이 우수한 자 〈개정 2015. 9. 21.〉	+2
		2) 해당 계약에서의 표준계약서 사용여부〈신설 2011. 5. 13.〉	
		• 표준하도급 계약서 사용	+2

		• 건설기계임대차 표준계약서 사용	+1
		3) 최근 2년 동안 불공정하도급거래로 과징금 부과를 받은 자 〈개정 2012. 7. 4.〉	-7
		4) 최근 2년 이내에 공정거래위원장으로부터 하도급 상습법위반자로 통보 받은 자 〈신설 2008. 12. 29, 개정 2012. 7. 4.〉	-7
		5) 동반성장위원회가 동반성장지수를 평가한 결과 그 실적이 우수한 자 〈신설 2012. 7. 4.〉	+2
		6) 공정거래위원회가 공정거래협약 이행실적을 평가한 결과 그 실적이 우수한 자 〈신설 2012. 7. 4.〉	+1
		다. 건설재해 및 제재처분사항	
		1) 최근 3년간 고용노동부장관이 산정한 환산재해율의 가중평균이 평균환산재해율의 가중평균 이하인 자 〈개정 2015. 9. 21.〉	+1
		2) 최근 1년간 건설업체의 산업재해예방활동 실적을 고용노동부장관이 평가한 결과 그 실적이 우수한 자 〈신설 2015. 9. 21.〉	+1
		3) 최근 1년 동안 「산업안전보건법」 제30조에 제3항에 의한 산업안전보건관리비 사용의무를 위반하여 목적외 사용금액이 1,000만원을 초과하거나 사용내역서를 작성·보존하지 아니한 자	-1
		4) 최근 1년 동안 「산업안전보건법 시행규칙」 별표1 제1호 및 제7호에 따른 산업재해발생 보고의무 위반건수가 배분된 자	-2
		5) 최근 1년 동안 환경관련법령에 의한 벌금 이상의 행정형벌, 영업정지·영업취소 처분 또는 과징금 부과를 받은 자	
		• 1회 받은 자	-0.5
		• 2회 이상 받은 자	-1
		라. 녹색기술 관련사항 〈신설 2012. 7. 4.〉	
		1) 녹색기술이나 녹색사업 인증서 또는 녹색전문기업 확인서를 보유한 자	+2
		2) 친환경 건축물 또는 건축물 에너지효율 2등급 이상 인증 실적을 보유한 자	+2

심사요령 별표 2가 적용되지 않는 공사에 적용되는 기준 — 심사요령 별표 3

<table>
<tr><th colspan="2">심사분야</th><th colspan="3">심 사 항 목</th></tr>
<tr><th>분야별</th><th>배점 한도</th><th colspan="2">항 목 별</th><th>배점 한도</th></tr>
<tr><td>계</td><td>100</td><td colspan="2"></td><td>100</td></tr>
<tr><td rowspan="3">1. 시공경험</td><td rowspan="3">40
(45)</td><td rowspan="2">실적보유자로 입찰자격을 제한하는 공사</td><td>가. 최근 10년간 해당공사와 동일한 종류의 공사실적</td><td>30
(34)</td></tr>
<tr><td>나. 최근 5년간 토목·건축·산업설비·전기·정보통신·문화재공사 등의 업종별 실적합계</td><td>10
(11)</td></tr>
<tr><td>기타방법으로 입찰자격을 제한하는 공사</td><td>가. 최근 5년간 토목·건축·산업설비·전기·정보통신·문화재공사 등의 업종별 실적합계</td><td>40
(45)</td></tr>
<tr><td rowspan="4">2. 기술능력</td><td rowspan="4">45</td><td rowspan="2">실적보유자로 입찰자격을 제한하는 공사</td><td>가. 해당공사의 시공에 필요한 기술자 보유현황(해당공종 경험기술자 우대)</td><td>35</td></tr>
<tr><td>나. 최근년도 건설부문 매출액에 대한 건설부문 기술개발 투자비율</td><td>10</td></tr>
<tr><td rowspan="2">기타방법으로 입찰자격을 제한하는 공사</td><td>가. 해당공사의 시공에 필요한 기술자 보유현황</td><td>35</td></tr>
<tr><td>나. 최근년도 건설부문 매출액에 대한 건설부문 기술개발 투자비율</td><td>10</td></tr>
<tr><td>3. 시공평가결과</td><td>10</td><td colspan="2">가. 시공평가결과</td><td>10</td></tr>
<tr><td>4. 지역업체참여도</td><td>5</td><td colspan="2"></td><td>5</td></tr>
<tr><td rowspan="2">5. 신인도</td><td rowspan="2">+3
-10</td><td colspan="2">가. 시공업체로서의 성실성
1) 최근 1년 동안 「건설산업기본법」에 정한 벌금 이상의 행정형벌, 영업정지, 영업·면허·등록취소 처분 또는 과징금 부과를 받은 자
2) 「국가를 당사자로 하는 계약에 관한 법률 시행령」 제76조 제1항 각 호에 따라 6개월 이상의 입찰참가자격 제한을 받은 후 입찰참가자격 제한기간 만료일로부터 해당 제한기간 만큼의 기간이 경과하지 아니한 자 〈신설 2012. 4. 2.〉
3) 그 밖에 국토교통부장관이 정한 「건설업체의 부실벌점 기준」에 해당되는 자 〈개정 2015. 9. 21.〉</td><td>
-2

-2

-5</td></tr>
<tr><td colspan="2">나. 하도급관련사항
1) 최근 국토교통부장관이 협력업자와의 협력관계를 평가한 결과 그 실적이 우수한 자 〈개정 2015.</td><td>
+2</td></tr>
</table>

	9. 21.〉 2) 해당 계약에서의 표준계약서 사용여부 〈신설 2011. 5. 13.〉 • 표준하도급 계약서 사용 • 건설기계임대차 표준계약서 사용	 +2 +1
	3) 최근 2년 동안 불공정하도급거래로 과징금 부과를 받은 자 〈개정 2012. 7. 4.〉	-7
	4) 최근 2년 이내에 공정거래위원장으로부터 하도급상습법위반자로 통보 받은 자 〈신설 2008. 12. 29, 개정 2012. 7. 4.〉	-7
	5) 동반성장위원회가 동반성장지수를 평가한 결과 그 실적이 우수한 자 〈신설 2012. 7. 4.〉	+2
	6) 공정거래위원회가 공정거래협약 이행실적을 평가한 결과 그 실적이 우수한 자 〈신설 2012. 7. 4.〉	+1
	다. 건설재해 및 제재처분사항	
	1) 최근 3년간 고용노동부장관이 산정한 환산재해율의 가중평균이 평균환산재해율의 가중평균 이하인 자 〈개정 2015. 9. 21.〉	+1
	2) 최근 1년간 건설업체의 산업재해예방활동 실적을 고용노동부장관이 평가한 결과 그 실적이 우수한 자 〈신설 2015. 9. 21.〉	+1
	3) 최근 1년 동안 「산업안전보건법」 제30조에 제3항에 의한 산업안전보건관리비 사용의무를 위반하여 목적외 사용금액이 1,000만원을 초과하거나 사용내역서를 작성·보존하지 아니한 자	-1
	4) 최근 1년 동안 「산업안전보건법 시행규칙」 별표 1 제1호 및 제7호의 규정에 따른 산업재해발생 보고의무 위반건수가 배분된 자	-2
	5) 최근 1년 동안 환경관련법령에 의한 벌금이상의 행정형벌, 영업정지·영업취소 처분 또는 과징금 부과를 받은 자 • 1회 받은 자 • 2회 이상 받은 자	 -0.5 -1
	라. 녹색기술 관련사항	
	1) 녹색기술이나 녹색사업 인증서 또는 녹색전문기업 확인서를 보유한 자 〈신설 2012. 7. 4.〉	+2
	2) 친환경 건축물 또는 건축물 에너지효율 2등급 이상 인증 실적을 보유한 자 〈신설 2012. 7. 4.〉	+2

마. 사전심사결과에 대한 권리구제방법

앞서 본 것처럼 심사결과에 이의가 있는 자는 계약담당 공무원에게 재심사를 요청할 수 있다.

위와 같은 재심사절차와 별도로 소송을 통하여 사전심사를 다툴 수 있는지가 문제된다. 사전심사결과는 국가가 사경제의 주체로서 입찰에 참가할 자를 선정하는 절차에 불과하여 행정처분이라고 보기 어려우므로 행정소송을 통하여 다툴 수 없다. 따라서 민사상 가처분 또는 민사소송을 통하여 사전심사결과를 다투어야 할 것이다.

사전심사결과가 진행 중이라면 입찰절차의 속행금지를 구하고 입찰참가자격이 있음을 임시로 정하는 가처분신청을 하고, 만약 자신을 제외한 채 입찰절차가 진행되어 낙찰자가 선정되었다면 그 입찰결과 자체를 다투는 소송 또는 가처분을 제기하여야 할 것이다.

다만 대법원은 적격심사기준을 국가가 사인과의 사이의 계약관계를 공정하고 합리적·효율적으로 처리할 수 있도록 관계 공무원이 지켜야 할 계약사무처리에 관한 필요한 사항을 정한 국가의 내부규정에 불과하다고 판단하면서, 입찰절차에서 그 세부심사기준에 어긋나게 적격심사를 하였다 하더라도 그 사유만으로 당연히 낙찰자 결정이나 그에 기한 계약이 무효가 되는 것은 아니고, 이를 위배한 하자가 입찰절차의 공공성과 공정성이 현저히 침해될 정도로 중대할 뿐 아니라 상대방도 이러한 사정을 알았거나 알 수 있었을 경우 또는 누가 보더라도 낙찰자의 결정 및 계약체결이 선량한 풍속 기타 사회질서에 반하는 행위에 의하여 이루어진 것임이 분명한 경우 등 특별한 사정이 있는 경우에 한하여 무효가 된다고 판시하고 있다(대법원 2001. 12. 11. 선고 2001다33604 판결). 따라서 입찰참가자격사전심사가 공고된 기준에 부합하지 않게 진행되었다고 하더라도 그 입찰절차가 당연히 무효는 아니고 입찰절차의 공정성과 공공성을 현저히 해하여 입찰을 무효로 할 정도의 특별한 사정이 있는 경우만 무효가 되기 때문에, 예외적인 경우만 법원을 통하여 구제받을 수 있다고 판단된다.

2. 현장설명

가. 의의

공사계약의 경우 공사현장상황, 시공현장의 기술적 여건 등이 계약이행 여부 및 견적에 지대한 영향을 미친다. 이에 공사계약의 경우 입찰 및 계약체결 전에 특정 공사입찰에 참가하고자 하는 자로 하여금 공사이행이 가능한지, 견적은 얼마나 소요되는지 등의 사전판단을 하고 입찰에 참여할 수 있도록 하기 위해 발주기관은 현장설명을 실시할 수 있도록 규정하고 있다.

나. 계약담당공무원의 현장설명의무

현장접근의 어려움 등 기획재정부령이 정하는 사유가 있는 경우를 제외하고 추정가격이 300억원 이상인 공사의 경우에는 반드시 현장설명을 실시하여야 한다(국가계약법 시행령 제14조의2 제2항). 그 외의 공사의 경우에는 공사의 성질·규모 등을 고려하여 계약담당공무원이 현장설명을 할 것인지 여부를 결정할 수 있다(국가계약법 시행령 제14조의2 제1항).

다. 입찰참가자의 현장설명참가 여부

원칙적으로 입찰참가자는 현장설명에 참가할지 여부를 자유로이 결정할 수 있고, 현장설명에 참가하지 않았다고 하더라도 입찰에 참가할 수 있다. 다만 현장설명 시 계약담당공무원이 입찰에 관하여 설명할 수 있으며, 현장설명서가 계약서의 일부가 되기도 하므로, 가능한 현장설명에 참가할 필요가 있다.

입찰참가자격사전심사를 하는 경우에는 사전심사에서 입찰적격자로 통보한 자만 현장설명에 참가할 수 있다(심사요령 제12조).

국가가 시행하는 입찰과 달리 지방자치단체 또는 지방공기업이 시행하는 입찰로서 추정가격이 300억원 이상인 공사입찰의 경우에는, 현장설명에 참가한 자만이 입찰에 참가할 수 있으므로 주의를 요한다(지방계약법 시행령 제15조 제5항, 지방공기업법 시행령 제57조의4 제1항).

제 9 조 (입찰보증금)

① 각 중앙관서의 장 또는 계약담당공무원은 경쟁입찰에 참가하려는 자에게 입찰보증금을 내도록 하여야 한다. 다만, 대통령령으로 정하는 경우에는 입찰보증금의 전부 또는 일부의 납부를 면제할 수 있다.

② 제1항에 따른 입찰보증금의 금액, 납부방법, 그 밖에 필요한 사항은 대통령령으로 정한다.

③ 각 중앙관서의 장 또는 계약담당공무원은 낙찰자가 계약을 체결하지 아니하였을 때에는 해당 입찰보증금을 국고에 귀속시켜야 한다. 이 경우 제1항 단서에 따라 입찰보증금의 전부 또는 일부의 납부를 면제하였을 때에는 대통령령으로 정하는 바에 따라 입찰보증금에 해당하는 금액을 국고에 귀속시켜야 한다.

1. 입찰참가신청

가. 원칙

입찰참가신청인은 다음 각호의 서류를 입찰서 제출마감일 전일까지 제출함으로써 입찰참가신청을 한다. 다만, 국가계약법 시행규칙 제15조에 의하여 자격등록을 한 자에 대하여는 입찰 보증금의 납부로써 다음 각호의 서류의 제출에 갈음한다(국가계약법 시행규칙 제40조 제1항, 제4항).

i) 입찰참가신청서

ii) 입찰참가자격을 증명하는 서류

iii) 기타 입찰공고 또는 지명통지에서 요구한 서류

계약담당공무원은 입찰참가신청인이 위 서류를 제출한 때에는 그 서류의 내용을 검토하여 이를 접수하고 필요한 사항에 대하여 사실조사를 할 수 있으며, 입찰참가신청서류를 접수한 때에는 입찰참가신청증을 교부하여야 한다(국가계약법 시행규칙 제40조 제2항, 제3항).

위와 같은 입찰참가신청은 청약에 해당하여 입찰참가신청만으로 계약이 체결되는 것은 아니다. 또한 입찰참가신청은 요식행위로서 국가계약법 시행규칙에서 정하는 서식에 따라 이루어져야 할 것이다. 다만 절차를 위반한 입찰참가신청이 곧바로 무효가 되는 것은 아니고 입찰절차의 공정성과 공정성을 현저히 침해할 정도로 중대한 하자가 있어야 무효가 될 것이다.

나. 입찰참가의 제한

국가계약법, 지방계약법, 공공기관의 운영에 관한 법률에 따라 입찰참가자격 제한처분을 받은 자는 입찰참가가 제한된다(국가계약법 시행령 제76조 제6항, 제11항). 국가계약법 시행령 제12조 제5항 각호에서 정하는 조세포탈 등을 한 자로서 유죄판결이 확정된 날부터 2년이 지나지 아니한 자도 입찰참가가 제한된다(국가계약법 제27조의5 제1항).

건설산업기본법 제34조 제1항 또는 「하도급거래 공정화에 관한 법률」 제13조 제1항이나 제3항을 위반한 사실이 확인되어 계약담당공무원에게 통보된 자는 그 통보일부터 1년 이내에 입찰공고일이 도래하는 입찰에 참가하고자 하는 경우 대가 지급시 하도급대금은 발주기관이 하수급인에게 직접 지급하는 것에 합의한다는 내용의 확약서를 제출하는 경우에 한정하여 입찰참가를 할 수 있다(국가계약법 제27조의4).

2. 입찰보증금

가. 의의

경쟁입찰에 참가하려는 자에게 입찰보증금을 납부하여야 하며, 입찰참가를 신청하여 낙찰된 자가 계약을 체결하지 않는 경우에는 그 입찰보증금이 국고에 귀속된다(국가계약법 제9조 제1항 제3항). 이는 입찰참가신청을 한 자에게 입찰을 강제하는 효과가 있으며, 국고에 귀속되는 입찰보증금은 낙찰자로 선정되었음에도 불구하고 계약을 체결하지 않음으로써 국가가 입는 손해에 대한 손해배상액의 예정으로서의 성질을 가진다.

대법원은 입찰보증금은 낙찰자의 계약체결의무이행의 확보를 목적으로 하여 그 불이행시에 이를 국고에 귀속시켜 국가의 손해를 전보하는 사법상의 손해배상 예정으로서의 성질을 가지고, 입찰보증금의 국고귀속조치는 국가가 사법상의 재산권의 주체로서 행위하는 것이지 공권력을 행사하는 것이거나 공권력작용과 일체성을 가진 것이 아니라 할 것이므로 이에 관한 분쟁은 행정소송이 아닌 민사소송의 대상이 될 수밖에 없다고 판시하였다(대법원 1983. 12. 27. 선고 81누366 판결).

수의계약을 체결하려는 자는 경쟁입찰에 참가하려는 자가 아니므로 입찰보증금을 납부할 의무가 없다.

나. 입찰보증금 납부방법

입찰보증금은 입찰금액(단가에 대하여 실시하는 입찰인 경우에는 그 단가에 매회별 이행예정량 중 최대량을 곱한 금액)의 100분의 5 이상으로 하여야 하며, 현금 또는 국가계약법 시행령 제37조 제2항 각호에서 정한 보증서 등으로 납부하게 할 수 있다.

입찰보증금은 입찰참가신청 마감일까지 입찰참가신청서와 함께 납부하여야 한다(국가계약법 시행규칙 제43조 제1항).

다만 국가, 지방자치단체 등 국가계약법 시행령 제37조 제3항 각호에서 정하는 자는 입찰보증금의 전부 또는 일부의 납부를 면제받을 수 있다. 이 경우 입찰보증금의 납부를 면제받은 자는 입찰보증금의 국고귀속사유가 발생한 때에는 입찰보증금에 해당하는 금액을 납입할 것을 보장하기 위하여 그 지급을 확약하는 내용의 문서를 제출하여야 한다(국가계약법 시행령 제37조 제4항).

다. 입찰보증금의 국고귀속

낙찰자가 계약을 체결하지 않은 경우에는 입찰보증금은 국고에 귀속된다(국가계약법 제9조 제3항).

입찰서를 제출하지 않은 경우는 낙찰자로 선정된 후 계약을 체결하지 않은 경우에 해당하지 않기 때문에 입찰보증금의 국고귀속사유에 해당하지 않는다. 낙찰자로 선정된 경우라도 사후적으로 입찰서의 하자가 발견되거나 입찰참가자격이 제한되어 입찰이 무효이기 때문에 계약체결에 이르지 못하게 된 경우는 낙찰자가 자의로 계약을 체결하지 않은 경우에 해당하지 않으므로 입찰보증금이 국고에 귀속될 수 없다고 보아야 할 것이다.

또한 낙찰자에게 귀책사유 없는 사유로 계약체결에 이르지 못하게 된 경우에도 입찰보증금이 국고에 귀속될 수 없다. 예를 들어 발주자의 사정, 천재지변 등 불가항력적인 사유로 계약체결에 이르지 못한 경우는 입찰보증금의 국고귀

속사유에 해당하지 않을 것이다(계약제도과-99, 2015. 1. 26.).[6]

특별한 약정이 없는 한 낙찰자가 계약을 체결하지 않으면 국가는 그 손해를 입증하지 않고 입찰보증금을 몰취할 수 있으며, 입찰보증금 이상의 손해를 입었다고 하더라도 그 초과분에 대하여 손해배상을 청구할 수 없다. 또한 특별한 약정이 없으면 입찰보증금이 손해배상액의 예정으로서의 성질을 가지므로, 민법 제398조 제2항에 따라 법원에서 적당히 감액할 수 있다.

라. 입찰보증금의 반환

계약담당 공무원은 입찰이 끝나고 계약 체결 후 납부된 입찰보증금의 보증 목적이 달성된 때에는 계약상대자의 요청에 의하여 즉시 입찰보증금을 반환하여야 한다(국가계약법 시행규칙 제63조 제1항).

낙찰자로서 계약체결에 이르게 된 자가 납부한 입찰보증금을 계약보증금으로 대체할 것을 요청한 때에는 입찰보증금은 계약보증금으로 이를 대체정리된다(국가계약법 시행규칙 제51조 제1항).

유권해석

- 발주기관의 설계단가와 낙찰자가 조사한 단가의 차이를 이유로 계약을 체결하지 않는 것은 정당한 사유에 해당하지 않기 때문에 이 경우 입찰보증금은 국고에 귀속되어야 한다.[7]

---

6) 장훈기, 앞의 책, 611면 참조.
7) 한국정책연구원 편, 앞의 책, 485면.

제10조 (경쟁입찰에서의 낙찰자 결정)

① 세입의 원인이 되는 경쟁입찰에서는 최고가격의 입찰자를 낙찰자로 한다. 다만, 계약의 목적, 입찰 가격과 수량 등을 고려하여 대통령령으로 기준을 정한 경우에는 그러하지 아니하다.

② 국고의 부담이 되는 경쟁입찰에서는 다음 각 호의 어느 하나의 기준에 해당하는 입찰자를 낙찰자로 한다.

1. 충분한 계약이행 능력이 있다고 인정되는 자로서 최저가격으로 입찰한 자
2. 입찰공고나 입찰설명서에 명기된 평가기준에 따라 국가에 가장 유리하게 입찰한 자
3. 그 밖에 계약의 성질, 규모 등을 고려하여 대통령령으로 특별히 기준을 정한 경우에는 그 기준에 가장 적합하게 입찰한 자

1. 입찰서 작성

계약담당공무원은 경쟁입찰에 참가하고자 하는 자로 하여금 국가계약법 시행규칙 별지 제5호서식(입찰 및 낙찰자 결정을 전산처리에 의하여 하고자 하는 경우에는 별지 제6호서식)의 입찰서를 제출하게 하여야 하며, 제출하는 입찰서는 1인 1통으로 한다(국가계약법 시행규칙 제42조 제1항, 제2항).

입찰서에 사용되는 인감(외국인의 경우 서명을 포함한다)은 입찰참가신청서 제출시 신고한 인감과 같아야 한다(국가계약법 시행규칙 제42조 제5항).

2. 입찰서의 제출

계약담당공무원은 입찰자가 입찰서를 제출하는 경우 전자조달시스템을 이용하여 입찰서를 제출하게 하여야 한다. 다만, 미리 기획재정부장관과 협의한 경우에는 전자조달시스템 외에 각 중앙관서의 장이 지정·고시한 정보처리장치를 이용하여 입찰서를 제출하게 할 수 있다(국가계약법 시행령 제39조 제1항).

계약담당공무원은 다음 각 호의 어느 하나에 해당하는 경우에는 입찰서를 입찰공고에 명시한 장소와 일시에 직접 또는 우편으로 제출하게 할 수 있다(국가계약법 시행령 제39조 제2항).

ⅰ) 국제입찰대상 계약인 경우

ⅱ) 전자조달시스템을 이용하기 어려운 경우 등 각 중앙관서의 장이 필요하다고 인정하는 경우

3. 입찰서의 교환, 변경, 취소

입찰자는 제출한 입찰서를 교환·변경 또는 취소하지 못한다(국가계약법 시행령 제39조 제3항). 다만 입찰서에 기재한 중요부분에 착오가 있음을 이유로 개찰현장에서 입찰자가 입찰의 취소의사를 표시한 것으로서 계약담당공무원이 이를 인정한 경우에는 취소할 수 있으나, 이는 입찰무효사유에 해당한다{(계약예규)공사입찰유의서 제15조 제6호}.

또한 국가계약법 제5조의3에 따른 청렴계약을 위반한 경우에도 입찰이 취소될 수 있다(국가계약법 제5조의3).

전자조달의 경우에도 전자조달시스템으로 제출한 전자입찰서를 교환·변경하거나 취소할 수 없다. 다만, 전자입찰서를 제출한 전자조달이용자는 전자입찰서의 입찰금액 등 중요한 입력사항에 오류가 있는 경우에는 수요기관의 장 또는 계약담당자에게 전자입찰의 취소를 신청할 수 있으며(전자조달법 시행령 제5조 제3항), 이 경우 해당 전자입찰서는 무효가 된다(전자조달법 시행령 제5조 제4항).

4. 입찰의 성립

경쟁입찰은 2인 이상의 유효한 입찰로 성립한다(국가계약법 시행령 제11조).

유권해석

- 어떠한 물품을 제조할 수 있는 유일한 제조업체가 직접 입찰에 참여하지 않고 그 물품을 구매하여 공급하여 공급하는 두 개의 업체가 입찰에 참여하는 경우(즉, 동일한 제품으로 서로 다른 업체가 입찰에 참여하는 경우)에도 물품제조구매입찰이 아니라 물품구매입찰이라면 2인 이상의 유효한 입찰로 성립한다.[8]

8) 한국정책연구원 편, 앞의 책, 405면.

- 협상에 의한 계약 체결시 2개 업체가 제안서를 제출하였는데, 1개 업체가 기술평가에서 부적격처리된 경우라고 하더라도 입찰참가자격이 있는 자가 제안서를 제출한 이상 2인 이상의 유효한 입찰이 있었던 것이며 제안서 평가결과 기술능력점수 미달 여부를 불문하고 유효한 입찰이 있었던 것으로 본다.[9)]

2인 이상이 입찰하더라도 유효한 입찰이 아니라면 입찰이 성립되지 않는다. 예를 들어 2인이 입찰하였는데, 1인만 유효한 입찰이고 1인은 무효인 입찰이라면 입찰이 성립하지 않는다.

만약 A, B만 입찰에 참가하여 A가 낙찰자로 선정되었는데, B가 A의 입찰이 무효이기 때문에 낙찰자 선정이 무효라고 주장한다면 B의 주장이 타당하더라도 2인 이상의 유효한 입찰이 없기 때문에 입찰 자체가 성립되지 못하여 B도 낙찰자로 선정될 수 없다.

5. 개찰

계약담당공무원은 지정된 시간까지 입찰서를 접수한 때에는 입찰서의 접수마감을 선언하고, 입찰공고에 표시한 장소와 일시에 입찰자가 참석한 자리에서 입찰자의 참석하에 입찰서를 개봉하여야 한다. 이 경우 입찰자로서 출석하지 아니한 자가 있는 때에는 입찰사무에 관계없는 공무원으로 하여금 개찰에 참여하게 할 수 있다(국가계약법 시행령 40조 제1항, 국가계약법 시행규칙 제48조 제1항).

다만, 전자조달시스템 또는 각 중앙관서의 장이 지정·고시한 정보처리장치를 이용하여 입찰서를 제출하게 하는 경우에는 입찰공고에 표시한 절차와 방법으로 입찰서의 접수를 마감하고 입찰서를 개봉하여야 한다(국가계약법 시행규칙 제48조 제1항).

9) 한국정책연구원 편, 앞의 책, 422면.

6. 낙찰자결정 및 낙찰선언

가. 낙찰자결정 및 낙찰선언의 방법

계약담당공무원은 제출된 입찰서를 확인하고 유효한 입찰서의 입찰금액과 예정가격을 대조하여 적격자를 낙찰자로 결정한 때에는 지체없이 낙찰선언을 하여야 한다. 다만, 제계약이행능력을 심사하여 낙찰자를 결정하는 경우(국가계약법 시행령 제42조 제1항), 각 입찰자의 입찰가격, 공사수행능력 및 사회적 책임 등을 종합적으로 심사하여 낙찰자를 결정하는 경우(국가계약법 시행령 제42조 제1항) 등 낙찰자결정에 장시간이 소요되는 때에는 그 절차를 거친 후 낙찰선언을 할 수 있다(국가계약법 시행령 제40조 제2항).

전자조달시스템 또는 각 중앙관서의 장이 지정·고시한 정보처리장치를 이용하여 입찰서를 제출하는 방식의 경우에는 입찰공고에 표시한 절차와 방법에 의하여 개찰 및 낙찰선언을 한다(국가계약법 시행령 제40조 제3항).

나. 구체적인 낙찰자 결정방법

구체적인 낙찰자 결정방법에 관해서는 '후론-낙찰자 결정'에서 자세히 논의하기로 한다.

다. 낙찰자결정의 성질

낙찰자의 결정으로 바로 계약이 성립된다고 볼 수는 없어 낙찰자는 국가에 대하여 계약을 체결하여 줄 것을 청구할 수 있는 권리를 갖는 데 그치고, 이러한 점에서 낙찰자 결정의 법적 성질은 입찰과 낙찰행위가 있은 후에 더 나아가 본계약을 따로 체결한다는 취지로서 계약의 편무예약에 해당한다. 따라서 그 계약의 목적물, 계약금액, 이행기 등 계약의 주요한 내용과 조건은 낙찰자를 결정할 때에 이미 확정되었다고 할 것이므로, 발주자가 계약의 세부사항을 조정하는 정도를 넘어서서 계약의 주요한 내용 내지 조건을 입찰공고와 달리 변경하거나 새로운 조건을 추가하는 것은 이미 성립된 예약에 대한 승낙의무에 반하는 것으로서 특별한 사정이 없는 한 허용될 수 없다(대법원 2006. 6. 29. 선고 2005다41603 판결 참조).

낙찰자 결정이 편무예약에 해당한다고 하더라도 낙찰자결정에 오류가 있음이 발견된다면 계약담당공무원은 낙찰자결정을 취소하고 낙찰자결정을 번복할 수 있다(계약제도과 - 1113, '11. 9. 22.).[10)]

7. 재입찰 및 재공고입찰

가. 재입찰

경쟁입찰에 있어서 2인 이상의 유효한 입찰자가 없거나 낙찰자가 없을 경우 같은 장소에서 부치는 입찰을 재입찰이라고 한다(국가계약법 시행령 제20조 제1항).

이 경우 재입찰은 새로운 입찰로 보지 아니하며, 다시 공고를 할 필요 없이 입찰자 또는 입찰횟수의 제한을 받지 아니하고 계속 입찰에 부칠 수 있다(국가계약법 시행령 제20조 제1항). 그러나 기한을 제외하고는 최초의 입찰에 부칠 때에 정한 가격 및 기타 조건을 변경할 수 없다(국가계약법 시행령 제20조 제3항).

국가계약법 시행령 제27조 제1항 제2호는 "재공고입찰에도 불구하고 입찰자 또는 낙찰자가 없는 경우"를 수의계약 사유로 규정하고 있는바, 수의계약 사유를 엄격하게 해석하여야 한다는 점, 재입찰은 재공고입찰에 비하여 추가적인 입찰공고를 하지 않는다는 점 등에 비추어 보면, 재입찰을 하였음에도 불구하고 유효한 입찰자 또는 낙찰자가 없는 경우는 수의계약 사유에 해당하지 않는다고 판단된다. 따라서 수의계약을 하기 위해서는 재입찰로는 족하지 않고 반드시 재공고입찰을 하여야 할 것으로 보인다.

나. 재공고입찰

입찰자나 낙찰자가 없는 경우 또는 낙찰자가 계약을 체결하지 아니하는 경우에 행하는 입찰을 재공고입찰이라고 한다(국가계약법 시행령 제20조 제2항). 재공고입찰은 재입찰과 달리 다시 입찰공고를 하여야 한다(국가계약법 시행령 제35조 제4항 제1호). 재공고입찰도 기한을 제외하고는 최초의 입찰에 부칠 때에 정한 가격 및 기타 조건을 변경할 수 없다(국가계약법 시행령 제20조 제3항).

재공고입찰에도 불구하고 입찰자 또는 낙찰자가 없는 경우에는 수의계약

---

10) 장훈기, 앞의 책, 699면.

을 체결할 수 있다(국가계약법 시행령 제27조 제1항 제2호). 이 경우 보증금과 기한을 제외하고는 최초의 입찰에 부칠 때에 정한 가격 및 기타 조건을 변경할 수 없다(국가계약법 시행령 제27조 제2항).

유찰시 재입찰 또는 재공고입찰을 할 것인지 아니면 새로운 입찰을 할 것인지는 계약담당 공무원의 재량이므로 유찰시 곧바로 새로운 입찰을 하는 것도 가능하다(회계제도과-01840, '07. 10. 17.).[11]

유권해석

- 낙찰자가 계약체결 전에 계약이행을 거절하는 경우는 입찰무효사유에 해당하지 않으므로, 차순위자 순으로 필요한 심사를 실시하는 것이 아니라 재공고입찰을 실시하여야 한다. 입찰이 무효가 되는 부적격자는 입찰공고 당시 입찰참가자격이 없었던 자를 의미하는바, 낙찰자가 된 이후에 계약체결을 거절하였다고 하더라도 부적격자가 될 수 없기 때문에 입찰이 무효가 되는 것은 아니다.[12]

11) 장훈기, 앞의 책, 640면.
12) 한국정책연구원 편, 앞의 책, 451면.

입찰의 무효

1. 개요

입찰무효사유에 관해서는 국가계약법 시행령 제39조 제4항, 국가계약법 시행규칙 제44조에 자세히 규정되어 있으며, 해당 사유가 발생하면 입찰이 무효가 되는 것이 원칙이다. 입찰공고에서 무효가 되는 사유를 별도로 규정하는 경우 그 사유가 발생하면 입찰이 무효가 된다. 다만 아래에서 자세히 살피는 바와 같이 입찰이 무효가 되는지 여부에 관하여 계약담당공무원에게 광범위한 재량이 있는바, 국가계약법 시행규칙 제44조에서 정한 사유가 발생하였다고 하여 무조건 입찰이 무효가 되는 것은 아니다.

입찰무효사유에 관해서는 국가계약법 시행규칙 제44조에 비교적 자세히 규정되어 있으므로 법령에 규정된 입찰무효사유를 중심으로 살펴보도록 하겠다.

2. 입찰무효사유

가. 입찰참가자격이 없는 자가 한 입찰(국가계약법 시행규칙 제44조 제1호)

국가계약법 시행령 제12조에 규정된 입찰참가자격을 갖추지 못한 자의 입찰, 입찰참가자격 제한처분 기간 내에 있는 자의 입찰, 법인 또는 단체의 대표자(대표자가 여러 명 있는 경우에는 해당 입찰 및 계약에 관한 업무를 소관하는 대표자로 한정한다)가 입찰참가자격을 갖추지 못한 자의 입찰, 입찰참가자격사전심사(PQ)를 통과하지 못한 자의 입찰, 국가계약법 시행령 제21조 제1항에 따른 제한경쟁입찰에서 입찰공고에서 정한 입찰참가자격을 갖추지 못한 자의 입찰, 지방자치단체 또는 지방공기업이 시행하는 입찰로서 추정가격이 300억원 이상인 공사입찰에 있어서 현장설명에 참가하지 않은 자의 입찰(지방계약법 시행령 제15조 제5항, 지방공기업법 시행령 제57조의4 제1항) 등이 이에 해당한다.

대법원은 입찰참가의 자격이 없는 자가 참가한 입찰을 무효로 한다고 규정하고 있는 지방자체단체를 당사자로 하는 계약에 관한 법률 시행령 제13조 제1항, 제39조 제4항을 수의계약에도 유추적용할 수 있다고 판단하였다(대법원 2015.

4. 23. 선고 2014다236625 판결).

유권해석

- 실적제한 용역입찰에서 입찰참가자가 실적을 위, 변조하여 입찰참가자격이 있는 것처럼 가장한 경우, 국가계약법 시행규칙 제44조 제1호의 입찰참가자격없는 자의 입찰에 해당하여 무효이다(회계제도과-565, '09. 3. 25.).[13]
- 입찰참가자가 법인인 때에는 입찰참가등록마감일 당시의 법인등기부상 대표자 명의로 입찰을 하여야 입찰참가자격이 인정될 것인데, 당해 법인의 대표자 및 상호가 변경된 이후에도 종전 대표자 명의로 입찰을 하였다면 입찰참가자격이 없는 자의 입찰에 해당하여 무효이다(회계제도과-1629, '04. 9. 22.).[14]
- 입찰참가자격이 관련 법령상 용역사업자로 신고를 필한 업체인 경우, 경쟁입찰참가자격 등록시 신고를 증명하는 서류를 제출하지 않고 등록이 이루어 졌다는 이유만으로 입찰참가자격이 없는 자의 입찰로서 보기 어렵고, 계약담당공무원은 신고를 필한 업체인지 여부 등을 확인할 수 있는 서류보완 등 필요한 조치를 할 수 있다(회계제도과-2147, '04. 11. 19.).[15]
- 분담이행방식에 따른 공동수급협정서 중 구성원의 분담내용에 오류(일부 분담내용의 미기재)가 있었으나, 입찰참가자격을 모두 보유하고 분담이행할 부분이 명백하며 당해 계약이행능력 심사 및 이로 인한 낙찰자 결정에 영향을 미치는 경우가 아니라면 입찰참가자격이 없는 자가 한 입찰로 보아 무효에 해당한다고 보기 어렵다(회계제도과-948, '04. 6. 24.).[16]

나. 입찰보증금의 납부일시까지 소정의 입찰보증금을 납부하지 아니하고 한 입찰(국가계약법 시행규칙 제44조 제2호)

입찰보증금의 전액을 납부하지 않은 경우는 물론이고 일부를 납부하지 않은 경우도 입찰무효사유에 해당한다. 다만 입찰보증금이 면제된 경우에는 지급

13) 장훈기, 앞의 책, 645면.
14) 장훈기, 앞의 책, 647면.
15) 장훈기, 앞의 책, 647면.
16) 장훈기, 앞의 책, 648면.

확약서상 금액에 미달하더라도 유효하고(회제 41301-2030, '01. 10. 16.),[17] 면제사유만 지개하고 지급확약서조차 제출하지 않은 경우도 입찰이 무효라고 보기는 어렵다(회제 41301-2774, '00. 11. 3.).[18]

면제대상이라고 하더라도 입찰보증금을 납부하고 입찰에 참가한 이상 입찰보증금 납부가 미달한 이상 무효라고 보아야 할 것이다.[19] 그러나 입찰보증금을 일부만 납부하면서 지급확약서를 동시에 제출하였거나 입찰보증금이 면제된다는 점을 명시하였다면 이 경우까지 입찰이 무효라고 보기는 어렵다고 생각된다.

다. 입찰서가 그 도착일시까지 소정의 입찰장소에 도착하지 아니한 입찰 (국가계약법 시행규칙 제44조 제3호)

입찰참가자가 입찰서를 제출하지 않거나 지연되는 경우는 입찰무효사유에 해당한다.

입찰참가자가 입찰서를 제출하지 않았으나 가격제안서라는 별도의 서류를 제출하여 입찰참가자의 의사나 입찰서에 기재될 내용을 모두 확인할 수 있는 사안에서, 대법원은 계약 체결을 위한 입찰절차에서 입찰서의 제출에 하자가 있다 하여도 다른 서류에 의하여 입찰의 의사가 명백히 드러나고 심사 기타 입찰절차의 진행에 아무 지장이 없어 입찰서를 제출하게 한 목적이 전혀 훼손되지 않는다면 그 사유만으로 당연히 당해 입찰을 무효로 할 것은 아니고, 다만 그 하자가 입찰절차의 공공성과 공정성이 현저히 침해될 정도로 중대할 뿐 아니라 상대방도 그러한 사정을 알았거나 알 수 있었을 경우 또는 그러한 하자를 묵인한 낙찰자의 결정 및 계약체결이 선량한 풍속 기타 사회질서에 반하는 결과가 될 것임이 분명한 경우 등 이를 무효로 하지 않으면 그 절차에 관하여 규정한 '국가계약법'의 취지를 몰각하는 결과가 되는 특별한 사정이 있는 경우에 한하여 무효가 된다고 해석함이 타당하다고 판시하였다(대법원 2006. 6. 19.자 2006마117 결정).

17) 장훈기, 앞의 책, 651면.
18) 장훈기, 앞의 책, 651면.
19) 장훈기, 앞의 책, 651면.

라. 동일사항에 동일인(1인이 수개의 법인의 대표자인 경우 해당 수개의 법인을 동일인으로 본다)이 2통 이상의 입찰서를 제출한 입찰(국가계약법 시행규칙 제44조 제4호)

경쟁입찰에서 입찰서는 1인이 1통의 입찰서만 제출하여야 하므로(국가계약법 시행규칙 제42조 제2항), 이를 위반하여 1인이 수통의 입찰서를 제출한 경우는 입찰무효사유에 해당한다.

유권해석

- A 법인의 대표자가 B 법인의 임원이자 대리인으로서 참가한 경우도 유효한 입찰로 본다(계약제도과-1870, '13. 12. 30.).[20]
- A 법인과 B 법인의 대표자가 부부 사이이고 각 회사의 지분을 상호보유한 경우에도 1인이 수통의 입찰서를 제출한 경우에는 해당하지 않는다고 본다.[21]
- A법인이 B법인의 100% 자회사인 경우에도 1인이 수통의 입찰서를 제출한 경우에 해당하지 않는다고 본다.[22]
- 대표자가 동일인인 두 법인이 각각 다른 공동수급체의 구성원으로 참여한 경우에는 공사입찰유의서 제15조 제5호에 의하여 동일인이 동일사항에 대하여 2통 이상의 입찰서를 제출하는 결과가 되어 허용되지 않는다(회계제도과-1276, '04. 8. 5.).[23]

위 유권해석과 같이 두 법인이 실질적으로 긴밀할 관계를 가지고 있다고 하더라도 1인이 1통의 입찰서를 제출하였는지 여부를 판단함에 있어서는 별개의 법인이라고 판단하여야 할 것이므로 입찰무효사유에 해당하지 않는다. 다만 입찰서를 제출한 두 법인이 긴밀한 관계를 가지고 있는 것에서 더 나아가 담합을 하였다면 입찰무효사유에 해당할 것이다.

---

20) 장훈기, 앞의 책, 655면.
21) 한국정책연구원 편, 앞의 책, 419면.
22) 한국정책연구원 편, 앞의 책, 427면.
23) 장훈기, 앞의 책, 6671면.

마. 내역입찰에 있어서 입찰서와 함께 산출내역서를 제출하지 아니한 입찰 및 입찰서상의 금액과 산출내역서상의 금액이 일치하지 아니한 입찰과 그 밖에 기획재정부장관이 정하는 입찰무효사유에 해당하는 입찰 (국가계약법 시행규칙 제44조 제6호)

산출내역서를 함께 제출해야 하는 내역입찰에서 산출내역서를 제출하지 않은 경우는 입찰서를 제출하지 않은 것과 마찬가지로 입찰무효사유에 해당한다.

산출내역서를 함께 제출하였지만, 산출내역서에 기재된 금액과 입찰서에 기재된 금액이 일치하지 않는 경우에도 입찰무효사유가 될 수 있다. 이 경우에 관하여 계약예규인 정부 입찰 · 계약 집행기준 제20조가 아래와 같이 상세히 규정하고 있다.

(계약예규) 정부 입찰 · 계약 집행기준 제20조

시행규칙 제44조 제6호에 의한 입찰무효의 범위는 다음 각호와 같다.

1. 입찰서금액과 산출내역서상의 총계금액이 일치하지 아니한 입찰, 다만, 10원 미만의 차이가 있는 경우에는 차상위 입찰자의 입찰금액이 10원 이상 높은 경우에 한하여 유효한 입찰로 한다. 이 경우에 입찰서상 금액을 입찰금액으로 하며, 차상위자와 10원 미만의 차이가 있어 입찰무효가 될 때에는 상위금액 입찰자 중 입찰서의 금액과 산출내역서상의 총계금액이 일치한 입찰자를 낙찰자로 한다.
2. 산출내역서의 각 항목(각 공종, 경비, 일반관리비, 이윤, 부가가치세 등을 포함한다)별로 금액을 합산한 금액이 총계금액과 일치하지 아니한 입찰, 이 경우 제1호의 단서규정을 준용한다.
   가. "공종"이란 공사의 특성에 따라 작업단계(예: 가설공사, 기초공사, 토공, 철근콘크리트, 마감공사 등)별로 구분되는 것을 의미하며, 공종별 합계금액을 표기하지 아니한 경우에는 공종 내의 세부비목의 가격을 합산한 금액을 해당 공종의 금액으로 한다.
   나. "공종"에 대한 금액을 재료비, 노무비, 경비를 구분하여 명기한 때에는 재료비, 노무비, 경비를 합산한 금액이 공종의 금액과 일치하지 아니

> 한 경우에는 공종의 금액을 기준으로 한다.
> 3. 발주관서가 배부한 내역서상의 공종별 목적물물량 중 누락 또는 변경된 공종 혹은 수량에 대한 예정가격 조서상의 금액이 예정가격의 100분의 5 이상인 경우
> 4. 입찰서 금액, 산출내역서의 총계금액, 항목(각 공종, 경비, 일반관리비, 이윤, 부가가치세 등을 포함한다)별 금액을 정정하고 정정인을 누락한 입찰

다만 정부 입찰·계약 집행기준 제20조 제2호 나목이 산출내역서 공종에 대한 금액을 재료비, 노무비, 경비를 구분하여 명기한 때에는 재료비, 노무비, 경비를 합산한 금액이 공종의 금액과 일치하지 아니한 경우에는 공종의 금액을 기준으로 한다고 명시적으로 규정하고 있으므로, 산출내역서 중 재료비, 노무비, 경비를 합산한 금액과 공종의 금액이 일치하지 않는 경우는 공종의 금액을 기준으로 하면 족하고 그 입찰이 무효가 되는 것은 아니다.

대법원은『예산회계법시행령 제97조 제3항, 계약사무처리규칙 제25조 제6호, 입찰유의서 제6조, 제10조 제7호, 제11호, 총액단가입찰집행요령 제4조 각 조항의 어디에도 말소 또는 정정된 곳 자체에 정정인을 날인하여야 한다는 규정이 없을 뿐만 아니라 위 법령들이 정정한 곳이 있을 때에는 반드시 정정날인을 하도록 요구하고 있는 것은 입찰자의 의사에 의하지 아니하고 제3자에 의하여 권한 없이 정정되는 것을 방지하려는 데 그 취지가 있으므로 비록 입찰서에 첨부한 산출내역서 기재를 정정하면서 정정할 곳에 횡선을 긋고 정정인을 찍는 통상적인 방법을 사용하지 않고 입찰서상의 투찰금액과 다른 금액이 기재된 산출내역서 1페이지 총괄집계표상의 기재금액을 산출내역서의 끝장에 별도의 총괄집계표를 첨부하고 거기에 위 1페이지의 총괄집계표는 계산착오로 무효이고 이를 총괄집계표로 한다는 취지로 정정한 후 그 곳에 정정인을 찍는 방법으로 정정하였어도 전체적으로 입찰서상의 투찰금액에 맞추어 제대로 정정된 이상 입찰내역서의 작성이 정정의 방법에 위반되거나 그로 인하여 입찰서의 금액과 산출내역서상의 금액이 일치하지 아니하는 입찰 또는 입찰서의 입찰금액 등 중요한 부분이 불분명하거나 정정한 후 정정날인을 누락한 입찰로 되어 입찰무효사유에 해당한다고 볼 수 없다』고 판시하였다(대법원 1994. 12. 2. 선고 94다41454 판결).

참고로 타인의 산출내역서를 복사 등의 방법으로 작성한 경우는 계약예규인 공사입찰유의서 제15조 제7호에서 별도의 입찰무효사유로 규정하고 있다.

유권해석

- 발주기관이 배부한 물량내역서상에서 정한 안전관리비 요율 등을 초과하여 산정·기재하였다는 사유만으로 입찰무효에 해당하지 않고, 정부 입찰·계약 집행기준 제21조에 따라 입찰금액의 범위 내에서 바르게 정정하고 이에 따라 비목별 또는 항목별 금액을 수정할 수 있다(회제 41301-734, '97. 3. 27.).[24]
- 발주자가 물량내역서를 배포하지 않아 입찰참가자가 입찰내역서를 제출하지 못한 경우까지 국가계약법 시행규칙 제44조 제6호에 따라 무효로 처리하는 것은 곤란할 것이다(회제 45107-2840, '96. 12. 2.).[25]

바. 사전에 입찰참가자격을 등록한 사항 중 상호 또는 법인의 명칭, 대표자(수인의 대표자가 있는 경우에는 대표자 전원)의 성명 중 어느 하나에 해당하는 등록사항을 변경등록하지 아니하고 입찰서를 제출한 입찰(국가계약법 시행규칙 제44조 제6의3호)

국가계약법 시행규칙 제15조에 따라 사전에 입찰참가자격을 등록한 경우에는 등록한 사항이 변경된 때에도 변경등록을 하여야 한다(국가계약법 시행규칙 제15조 제1항). 계약예규인 공사입찰유의서 제3조의2 제4항은 입찰 전에 상호 또는 대표자의 변경(법인의 경우에는 법인 등기사항증명서를 기준으로 한다)이 있는 경우에는 변경신고를 한 후에 변경된 상호 또는 대표자 명의로 입찰에 참가하여야 한다고 명시적으로 규정하고 있다.

그럼에도 불구하고 상호 또는 법인의 명칭, 대표자의 성명 중 어느 하나에 관한 변경등록의무를 해태한 경우는 입찰무효사유에 해당한다. 즉, 사전에 입찰참가자격을 등록한 자는 상호, 법인의 명칭이나 대표자의 성명이 변경된 경우에는 신속히 변경등록을 하여야 하고, 이를 해태하여 상호, 법인의 명칭이나 대

---

24) 장훈기, 앞의 책, 662면.
25) 장훈기, 앞의 책, 662면.

표자의 성명이 등록된 것과 불일치하는 경우에는 입찰이 무효가 된다. 예를 들어 A 법인의 대표자가 甲에서 乙로 변경되었는데, 변경등록을 하지 않은 상태에서 乙이 입찰서를 제출한 경우에는 입찰무효사유에 해당한다.

앞서 본 것처럼 입찰참가등록마감일 당시의 법인등기부상 대표자 명의로 입찰을 하여야 입찰참가자격이 인정되기 때문에 당해 법인의 대표자 및 상호가 변경된 이후에도 종전 대표자 명의로 입찰을 하였다면 입찰참가자격이 없는 자의 입찰에 해당하여 무효가 된다(회계제도과-1629, '04. 9. 22.). 따라서 위 예에서 A 법인의 대표자가 甲에서 乙로 변경되었는데, 변경등록을 하지 않았기 때문에 甲 명의로 입찰서를 제출한 경우는 입찰참가자격이 없는 자의 입찰에 해당하여 역시 무효사유에 해당한다.

계약예규인 공사입찰유의서 제3조의2 제4항은 상호 또는 대표자의 변경은 법인등기부를 기준으로 판단해야 할 것이라고 규정하고 있으므로, 대표자의 변경이 유효인지 여부가 다투어지고 있다고 하더라도 법인등기부에 기재된 대표자가 입찰에 참가하여야 할 것이라고 본다.

대법원은 『국가계약법 시행규칙 제44조 제6호의3 (나)목은 '입찰 등록 사항 중 대표자(수인의 대표자가 있는 경우에는 대표자 전원)의 성명을 변경등록하지 아니하고 입찰서를 제출한 입찰을 무효로 한다'고 규정하고 있다. 이처럼 대표자 변경등록 해태를 입찰무효 사유로 규정한 것은 대표자를 정확히 등록함으로써 입찰 이후의 후속 절차에서 대표자 권한의 적법한 행사나 그 효력 등에 관한 다툼이 발생할 위험을 차단하고, 국가계약법 시행령 제76조에 따른 부정당업자의 입찰참가를 막는 한편 대표자가 같은 여러 법인의 중복 또는 사위 입찰을 방지하는 데 목적이 있다. 따라서 국가계약법 시행규칙 제44조 제6호의3 (나)목은 입찰의 공공성과 공정성을 현저히 침해한다고 볼 만한 정형적 사항을 규정한 것으로, 공동수급체를 구성하여 입찰에 참가하는 경우 구성원의 대표자가 변경된 경우에도 그 구성원은 이를 변경등록하여야 한다』라고 판시하면서 국가계약법 시행규칙 제44조 제6호의3 (나)목을 위반한 입찰을 무효라고 판단하였다(대법원 2012. 9. 20.자 2012마1097 결정).

유권해석

- 입찰참가자격등록일 이후 입찰일과 개찰일 사이에 대표이사가 변경되었으나 이미 등록된 대표이사 명의로 입찰서를 제출한 후 개찰일 이전에 대표자 명의가 변경된 경우(즉, 입찰서를 제출할 당시에는 등록된 유효한 대표자가 제출하였으나, 그 입찰서 제출 이후 대표자가 변경된 경우)는 유효한 입찰에 해당한다(회계제도과-28, '05. 1. 5.).[26]

사. 전자조달시스템 또는 각 중앙관서의 장이 지정·고시한 정보처리장치를 이용하여 입찰서를 제출하는 경우 해당 규정에 따른 방식에 의하지 아니하고 입찰서를 제출한 입찰(국가계약법 시행규칙 제44조 제7의2호)

전자조달시스템을 이용하여 입찰서를 제출하여야 하는 입찰임에도 불구하고 서면으로 입찰서를 제출한 경우에는 입찰무효사유에 해당한다.

유권해석

- 입찰자가 정보처리장치의 장애가 아닌 자신의 네트워크 장애를 이유로 입찰서류 서면제출을 요청하였다고 하더라도 이를 허용하는 것은 국가계약법 시행령 제39조 제1항, 제2항에 위배될 뿐만 아니라, 서면으로 제출한 입찰서는 무효이다(계약제도과-1430, '12. 11. 2.).[27]

아. 협상에 의한 계약 시, 제안요청서설명에 참가한 자에 한하여 계약에 참가할 수 있다는 뜻을 입찰공고에 명시한 경우로서 입찰에 참가한 자 중 제안요청서설명에 참가하지 아니한 자의 입찰(국가계약법 시행규칙 제44조 제7의3호)

협상에 의한 계약 체결시 제안요청서설명에 참가한 자에 한하여 계약에 참가할 수 있다는 점을 입찰공고에 명시하였음에도 불구하고 제안요청서 설명에

---

26) 장훈기, 앞의 책, 664면.
27) 장훈기, 앞의 책, 667, 669면.

참가하지 않은 자의 입찰은 무효가 된다.

이에 반하여 국가가 시행하는 공사 입찰에서 입찰참가자가 현장설명에 참가하지 않았다고 하더라도 입찰에 참가할 수 있다. 다만 국가가 시행하는 입찰과 달리 지방자치단체 또는 지방공기업이 시행하는 입찰로서 추정가격이 300억원 이상인 공사입찰의 경우에는, 현장설명에 참가한 자만이 입찰에 참가할 수 있다(지방계약법 시행령 제15조 제5항, 지방공기업법 시행령 제57조의4 제1항).

자. 국가계약법 시행령 제44조 제1항의 규정에 의한 입찰(종합낙찰제에 의한 입찰)로서 입찰서와 함께 제출하여야 하는 품질등 표시서를 제출하지 아니한 입찰(국가계약법 시행규칙 제44조 제8호)

국가계약법 시행령 제44조 제1항의 규정에 의하여 물품의 제조 또는 구매계약에 관한 입찰에 참가한 자는 입찰시에 입찰서와 함께 당해 물품의 품질·성능·효율등이 표시된 품질등의 표시서를 제출하게 하여야 하는데(국가계약법 시행규칙 제42조 제6항), 이러한 의무를 해태한 경우는 입찰무효사유에 해당한다.

차. 지역의무 공동계약의 방법을 위반한 입찰(국가계약법 시행규칙 제44조 제9호)

국가계약법 시행령 제72조 제3항은 해당 공사가 시행되는 지역에 소재한 업체 중 1인 이상을 공동수급체 구성원으로 하여야 한다고 규정하고 있으며, 같은 조 제4항은 공동수급체 구성원으로 의무적으로 포함되어야 하는 지역업체는 해당 지역업체가 아닌 공동수급체 구성원과 「독점규제 및 공정거래에 관한 법률」에 의한 계열회사가 아니어야 한다고 규정하고 있다. 이러한 규정을 위반하여 공동수급체를 구성한 경우에도 입찰무효사유에 해당한다.

카. 대안입찰의 경우 원안을 설계한 자 또는 원안을 감리한 자가 공동으로 참여한 입찰(국가계약법 시행규칙 제44조 제9호)

원안을 설계한 자 또는 감리한 자가 대안을 제출하는 것은 공정한 경쟁을 저해한다고 보아 원안을 설계한 자 또는 감리한 자가 대안입찰에 참여하는 경우에는 입찰무효사유에 해당한다.

타. 실시설계 기술제안입찰 또는 기본설계 기술제안입찰의 경우 원안을 설계한 자 또는 원안을 감리한 자가 공동으로 참여한 입찰(국가계약법 시행규칙 제44조 제10호)

실시설계 기술제안입찰 또는 기본설계 기술제안입찰의 경우에도 대안입찰과 같은 이유로 원안을 설계한 자 또는 감리한 자의 입찰참여가 입찰무효사유에 해당한다.

파. 입찰유의서에 위반된 입찰(국가계약법 시행규칙 제44조 제11호)

국가계약법 시행규칙 제44조 제11호는 기획재정부 장관이 정하는 입찰유의서에 위반되는 입찰을 입찰무효사유로 규정하고 있으며, 계약예규인 공사입찰유의서 제15조, 물품구매(제조)입찰유의서 제12조, 용역입찰유의서 제12조에서 각 입찰무효사유에 관하여 규정하고 있다. 이하에서 공사입찰유의서 제15조에 기재된 입찰무효사유에 관하여 살펴보도록 하겠다.

1) 입찰자(법인인 경우 대표자를 말한다. 이하 같다)가 직접 입찰을 하지 아니하고 대리인을 통하여 입찰을 할 경우에 공사입찰유의서 제8조 제2항에 의한 대리인이 아닌 자가 한 입찰 또는 대리권이 없는 자가 한 입찰

2) 동일사항에 대하여 타인의 대리를 겸하거나 2인 이상을 대리한 입찰

3) 입찰서의 입찰금액 등 중요한 부분이 불분명하거나, 정정한 후 정정날인을 누락한 입찰

앞서 본 바와 같이 대법원은 입찰서에 첨부한 산출내역서 기재를 정정하면서 정정할 곳에 횡선을 긋고 정정인을 찍는 통상적인 방법을 사용하지 않고 입찰서상의 투찰금액과 다른 금액이 기재된 산출내역서 1페이지 총괄집계표상의 기재금액을 산출내역서의 끝장에 별도의 총괄집계표를 첨부하고 거기에 위 1페이지의 총괄집계표는 계산착오로 무효이고 이를 총괄집계표로 한다는 취지로 정정한 후 그 곳에 정정인을 찍는 방법으로 정정하였어도 유효라고 판시하였다(대법원 1994. 12. 2. 선고 94다41454 판결).

4) 담합하거나 타인의 경쟁참가를 방해 또는 관계공무원의 공무집행을 방해한 자의 입찰

대법원은『입찰무효의 사유로 규정한 담합이라 함은, 입찰자가 입찰을 함에 즈음하여 실질적으로는 단독입찰인 것을 그로 인한 유찰을 방지하기 위하여 경쟁자가 있는 것처럼 제3자를 시켜 형식상 입찰을 하게 하는 소위 들러리를 세운다거나 입찰자들끼리 특정한 입찰자로 하여금 낙찰받게 하거나 당해 입찰에 있어서 입찰자들 상호 간에 가격경쟁을 하는 경우 당연히 예상되는 적정한 가격을 저지하고 특정입찰자에게 부당한 이익을 주고 입찰실시자에게 그 상당의 손해를 입히는 결과를 가져올 정도로 싼 값으로 낙찰되도록 하기 위한 사전협정으로서 그 어느 경우이건 최저가입찰자가 된 입찰자에게 책임을 돌릴 수 있는 경우를 말하고, 단지 기업이윤을 고려한 적정선에서 무모한 출혈경쟁을 방지하기 위하여 일반거래 통념상 인정되는 범위 내에서 입찰자 상호 간에 의사의 타진과 절충을 한 것에 불과한 경우는 위의 담합에 포함되지 않는다』고 판시하였다(대법원 1994. 12. 2. 선고 94다41454 판결).

5) 입찰자의 기명날인이 없는 입찰(입찰자의 성명을 기재하지 아니하고 대리인 성명 또는 회사명을 기재한 경우 및 입찰참가신청서 제출시 신고한 인감과 다른 인감으로 날인된 경우도 포함한다)

입찰서에 기명날인이 없는 입찰의 경우에는 입찰무효사유로 볼 수 있으나, 입찰서에 첨부된 첨부서류에 기명날인이 없는 경우까지 모두 입찰이 무효가 된다고 단정하기 어려울 것이다. 기명날인이 누락된 첨부서류의 경중을 따져서 입찰무효 여부를 판단해야 할 것으로 보인다.

입찰서에 사용되는 인감(외국인의 경우 서명을 포함한다)은 입찰참가신청서 제출시 신고한 인감과 같아야 하는바(국가계약법 시행규칙 제42조 제5항), 이를 위반하여 다른 인감을 사용한 경우도 입찰무효사유에 해당한다고 보아야 할 것이다. 입찰서에 첨부된 부속서류에 신고한 인감과 다른 인감을 사용한 경우는 당연 무효사유는 아니고, 그 하자의 경중을 가려서 무효인지를 판단해야 할 것이다.

6) 입찰서에 기재한 중요부분에 착오가 있음을 이유로 개찰현장에서 입찰자가 입찰의 취소의사를 표시한 것으로서 계약담당공무원이 이를 인정한 입찰

7) 국가계약법 시행령 제14조에 의한 내역입찰에 있어서 타인의 산출내역서와 복사 등의 방법으로 동일하게 작성한 산출내역서가 첨부된 입찰(동일한 내용의 산출내역서를 제출한 자 모두 해당) 또는 「정부 입찰 · 계약 집행기준」 제7장에서 무효입찰로 규정한 입찰

8) 건설산업기본법령에 의하여 종합공사를 시공하는 업종을 등록한 건설업자가 도급받아서는 아니되는 공사금액의 하한을 위반한 입찰

건설산업기본법 제47조 제2항은 중소건설업자를 보호하기 위하여 국토교통부장관이 대통령령으로 정하는 바에 따라 대기업인 건설업자가 도급받을 수 있는 건설공사의 공사금액의 하한을 정할 수 있다고 규정하고 있고, 이러한 공사금액의 하한을 위반한 입찰을 무효로 규정하고 있다.

9) 소정의 입찰서를 사용하지 않거나 입찰서의 금액을 아라비아 숫자로만 기재한 입찰 또는 전산서식에 의한 입찰서를 훼손하거나 전산표기방법과 상이하게 작성 · 기재하여 전산처리가 되지 아니한 입찰

10) 공동계약의 공동수급체구성원이 동일 입찰건에 대하여 공동수급체를 중복적으로 결성하여 참여한 입찰, 입찰등록시 공동수급표준협정서를 제출하지 아니한 입찰, 「공동계약운용요령」 제9조를 위반한 입찰

동일한 업체가 각각 다른 공동수급체의 구성원으로 참여한 경우, 공동수급표준협정서를 제출하지 않은 입찰, 계약예규인 공동계약운용요령 제9조에 위반하여 공동수급체를 구성한 입찰을 무효로 규정하고 있다.

국가계약법 시행규칙 제44조 제4호가 1인이 수개의 법인의 대표자인 경우 해당 수개의 법인을 동일인으로 본다고 규정하고 있으므로, 대표자가 동일인인 두 법인이 각각 다른 공동수급체의 구성원으로 참여한 경우도 같은 회사가 각각 다른 공동수급체의 구성원으로 참여한 경우와 마찬가지로 입찰무효사유에 해당한다고 보아야 한다. 그러나 대표자가 동일인이 아니라면 실질적으로 동일인이 지배하고 있거나 대표자 사이에 친족관계에 있다는 이유만으로 하나의 회사로 보기 어렵기 때문에 실질적으로 동일인이 지배하는 회사 혹은 대표자 사이에 친족관계가 있는 회사가 각각의 공동수급체에 참여하였다는 이유만으로

입찰무효에 해당한다고 단정하기 어렵다. 물론 각각 공동수급체 구성원에 참여한 업체 사이에 담합이 있다면, 그 답합만으로 입찰무효에 해당할 것이다.

유권해석

- 대표자가 동일인인 두 법인이 각각 다른 공동수급체의 구성원으로 참여한 경우에는 공사입찰유의서 제15조 제5호에 의하여 동일인이 동일사항에 대하여 2통 이상의 입찰서를 제출하는 결과가 되어 허용되지 않는다(회계제도과-1276, '04. 8. 5.).[28]

3. 입찰무효사유가 발생한 경우의 효과

가. 입찰무효사유가 발생하였다고 하여 당연히 무효가 되는지

국가계약법 시행령 제39조 제4항은 국가계약법 시행규칙에서 정하는 입찰무효사유가 발생한 입찰을 무효로 한다고 명시적으로 규정하고 있다.

대법원도 『국가를 당사자로 하는 계약에 관한 법률 시행규칙 제44조 제6호의3 (나)목이 계약담당 공무원이 입찰절차에서 지켜야 할 내부규정이라고 하더라도 대표자 변경등록을 해태한 경우 입찰무효가 될 수 있다는 점을 입찰공고 등을 통해 입찰 참가자들에게 고지하거나 제시함으로써 이를 숙지하도록 하고 입찰 참가자들도 이를 전제로 입찰에 참가한 경우에는 위와 같은 사유가 있는 참가자의 입찰은 무효가 되어 해당 참가자는 입찰절차에서 배제된다』라고 판시하였다(대법원 2012. 9. 20.자 2012마1097 결정).

그러나 대법원은 『지방재정법에 의하여 준용되는 '국가를 당사자로 하는 계약에 관한 법률'에 따라 지방자치단체가 당사자가 되는 이른바 공공계약은 사경제의 주체로서 상대방과 대등한 위치에서 체결하는 사법상의 계약으로서 그 본질적인 내용은 사인 간의 계약과 다를 바가 없으므로, 그에 관한 법령에 특별한 정함이 있는 경우를 제외하고는 사적 자치와 계약자유의 원칙 등 사법의 원리가 그대로 적용된다고 할 것이므로, 계약 체결을 위한 입찰절차에서 입찰서의 제출에 하자가 있다 하여도 다른 서류에 의하여 입찰의 의사가 명백히

28) 장훈기, 앞의 책, 6671면.

드러나고 심사 기타 입찰절차의 진행에 아무 지장이 없어 입찰서를 제출하게 한 목적이 전혀 훼손되지 않는다면 그 사유만으로 당연히 당해 입찰을 무효로 할 것은 아니고, 다만 그 하자가 입찰절차의 공공성과 공정성이 현저히 침해될 정도로 중대할 뿐 아니라 상대방도 그러한 사정을 알았거나 알 수 있었을 경우 또는 그러한 하자를 묵인한 낙찰자의 결정 및 계약체결이 선량한 풍속 기타 사회질서에 반하는 결과가 될 것임이 분명한 경우 등 이를 무효로 하지 않으면 그 절차에 관하여 규정한 '국가를 당사자로 하는 계약에 관한 법률'의 취지를 몰각하는 결과가 되는 특별한 사정이 있는 경우에 한하여 무효가 된다고 해석함이 타당하다』는 원칙을 설시하면서, '국가를 당사자로 하는 계약에 관한 법률 시행령'에 따른 계약체결을 위한 입찰절차에서, 지방자치단체가 공고한 제안요청서에 게시된 '입찰서'를 제출하지 아니한 하자가 같은 법 시행규칙 제44조 제3호의 '입찰서가 입찰 장소에 도착하지 아니한' 것으로 볼 만큼 중대한 하자라고 보기는 어렵다고 판단하기도 하였다(대법원 2006. 6. 19.자 2006마117 결정).

결국 국가계약법 시행규칙 제44조 각호에서 규정한 사유가 발생하는 경우에는 원칙적으로 입찰이 무효가 된다고 볼 가능성이 높다. 다만 입찰무효사유가 발생하였지만 하자가 보완되어 입찰절차의 진행이나 공정성에 전혀 문제가 없는 예외적인 경우(위 대법원 2006마117 결정의 사안은 입찰서를 제출하지 않았지만 입찰서와 동일한 내용의 가격제안서를 제출하여 입찰절차에 전혀 문제가 없었던 사안이다)까지 입찰이 무효라고 보기는 어렵다고 판단된다.

국가계약법 시행규칙 제44조 각호에서 규정한 사유가 아니라고 하더라도 입찰절차에 관한 규정을 위반하였다면 입찰이 무효가 되는지가 문제된다.

그러나 앞서 본 대법원 판례의 법리와 같이 국가가 당사자가 되는 계약도 사법상 계약의 일종에 불과하고 입찰절차는 국가의 내부규정에 불과하므로, 입찰절차를 위반한 하자가 입찰절차의 공공성과 공정성이 현저히 침해될 정도로 중대할 뿐 아니라 상대방도 그러한 사정을 알았거나 알 수 있었을 경우 또는 그러한 하자를 묵인한 낙찰자의 결정 및 계약체결이 선량한 풍속 기타 사회질서에 반하는 결과가 될 것임이 분명한 경우 등 이를 무효로 하지 않으면 그 절차에 관하여 규정한 국가계약법의 취지를 몰각하는 결과가 되는 특별한 사정이 있는 경우에 한하여 무효가 된다.

나. 입찰무효의 효력 및 입찰무효사유의 고지

계약담당공무원은 입찰을 무효로 하는 경우에는 무효여부를 확인하는데 장시간이 소요되는 등 부득이한 사유가 없는 한 개찰장소에서 개찰에 참가한 입찰자에게 이유를 명시하고 그 뜻을 알려야 한다. 다만, 전자조달시스템 또는 각 중앙관서의 장이 지정·고시한 정보처리장치를 이용하여 입찰서를 제출하게 하는 경우에는 입찰공고에 표시한 절차와 방법으로 입찰자에게 입찰무효의 이유를 명시하고 그 뜻을 알려야 한다(국가계약법 시행규칙 제45조). 따라서 입찰이 무효가 된 경우에는 계약담당공무원은 그 사유를 명시하여 입찰이 무효가 되었음을 알려야 한다.

아래에서 보는 바와 같이 낙찰자의 입찰이 무효가 되거나 입찰의 무효로 인하여 유효한 2인 이상의 입찰이 없는 경우가 아닌 한 낙찰자가 아닌 단순한 입찰참자자 1인의 입찰무효는 해당 입찰참가자의 입찰만 무효가 되는 것이지 전체 입찰결과에 영향을 미치지 않는다.

공동수급체 구성원 중 일부에 입찰참가 무효사유가 있어 그 구성원이 입찰절차에서 배제된다고 하여 그러한 사유가 없는 나머지 구성원의 입찰참가가 당연히 무효가 된다고 볼 수는 없고, 나머지 구성원만으로 입찰적격을 갖출 수 있는지 등 일부 구성원의 입찰참가 무효사유가 공동수급체 입찰에 미치는 영향을 고려하여 나머지 구성원들 입찰의 효력 유무를 판단하여야 한다(대법원 2012. 9. 20.자 2012마1097 결정).

다. 낙찰자의 입찰이 무효인 경우의 후속절차

계약예규인 공사입찰유의서 제18조 제6항은 계약담당공무원은 낙찰자로 결정된 자가 계약체결 이전에 입찰무효 등 부적격자로 판명되어 낙찰자 결정이 취소된 경우로서 동 부적격자를 제외하고 2인 이상 유효한 입찰이 성립되어 있는 때에는 차순위자 순으로 필요한 심사 등을 실시하여 낙찰자를 결정한다고 규정하고 있다. 따라서 낙찰자의 입찰이 무효이고 무효인 낙찰자를 제외하고도 2인 이상의 유효한 입찰이 있는 경우에는 차순위자부터 낙찰자결정을 위한 심사를 하여 다시 낙찰자를 결정해야 할 것이다.

다만 낙찰자에게 입찰무효사유가 발생하였다고 하여 차순위자에게 새로운 심사를 청구할 권리가 당연히 발생하는 것은 아니므로, 계약담당공무원이 종전의 입찰을 유지시키기 어려운 중대한 사정이 있다고 판단하는 경우에는 새로운 입찰절차를 다시 진행할 수 있다(회계제도과-1109. '09. 7. 3.).

라. 입찰이 무효가 되어 유효한 2인 이상의 입찰 없는 경우의 후속절차

입찰참가자 또는 낙찰자의 입찰이 무효가 되어 유효한 2인 이상의 입찰이 없는 경우에는 입찰 자체가 성립하지 않는다(국가계약법 시행령 제11조). 경쟁입찰에 있어서 2인 이상의 유효한 입찰자가 없는 경우에는 재입찰을 실시하는 것이 원칙이다(국가계약법 시행령 제20조 제1항).

물론 계약담당공무원의 판단에 따라 재입찰을 실시하지 않고 아예 새로운 입찰을 실시할 수도 있다고 본다.

마. 계약체결까지 이루어진 후에 낙찰자에게 입찰무효사유가 발견된 경우의 후속절차

국가계약법 및 관련 법령은 입찰무효사유와 입찰절차가 진행되는 동안의 후속절차에 대해서만 규정하고 있다. 낙찰자에게 입찰무효사유가 있었음에도 불구하고 이를 알지 못한 상태에서 낙찰자결정을 하고 계약체결 또는 이에 더 나아가 계약이행까지 이루어진 경우에 관해서는 명시적인 규정을 두고 있지 않으므로 민법의 일반원칙에 따라 판단해야 할 것이다.

대법원은 국가계약법을 위배한 하자가 입찰절차의 공공성과 공정성이 현저히 침해될 정도로 중대할 뿐 아니라 상대방도 이러한 사정을 알았거나 알 수 있었을 경우 또는 누가 보더라도 낙찰자의 결정 및 계약체결이 선량한 풍속 기타 사회질서에 반하는 행위에 의하여 이루어진 것임이 분명한 경우 등 이를 무효로 하지 않으면 그 절차에 관하여 규정한 국가계약법의 취지를 몰각하는 결과가 되는 특별한 사정이 있는 경우에 한하여 무효가 된다고 해석함이 타당하다고 판시하여 예외적인 경우에만 계약무효를 인정하고 있다(대법원 2001. 12. 11. 선고 2001다33604 판결). 이러한 대법원 판례에 비추어 보면, 낙찰자에게 입찰무효사유가 발생하였다고 하더라도 낙찰자 결정 이후 계약체결까지 이른 경우에는 그 계약이 당연 무효라고 단정하기 어렵고 무효사유가 입찰절차의 공정성과 공공성을 침해하는 정도, 계약이 이행된 정도 등 제반사정을 고려하여 계약의 무효 여부를 판단하여야 할 것이다.

참고로 계약이 체결되고 계약이 상당히 이행된 상태에서 검찰수사 등을 통하여 담합이 발견된 경우에도 계약을 무효화시키지 않고 담합을 원인으로 한 계약상대방으로 하여금 계약을 이행하는 실무례가 다수 있다.

또한 대법원은 국가나 지방자치단체가 실시하는 공사입찰에서 적격심사과정의 하자로 인하여 낙찰자결정이 무효이고 따라서 하자 없는 적격심사에 따른다면 정당한 낙찰자가 된다고 주장하는 자는 낙찰자로서의 지위에 대한 확인을 구할 수 있고 이러한 법리는 위 입찰에 터잡아 낙찰자와 계약이 체결된 경우에도 동일하다 할 것이나, 나아가 낙찰자와 체결된 계약에 의하여 이미 그 이행까지 완료된 경우에는 더 이상 낙찰자결정이 무효임을 주장하여 낙찰자지위에 대한 확인을 구할 이익이 존재하지 않는다고 판시하였다(대법원 2004. 9. 13. 선고 2002다50057 판결). 따라서 계약이 체결되고 이행이 완료된 이후에 낙찰자에게 입찰무효사유가 발견된 경우에는 그 계약이 무효가 된다고 보기는 어렵다고 본다.

후론 - 낙찰자 결정

1. 서론

WTO 정부조달협정이 1997. 1. 1. 발효됨에 따라 대외개방이라는 새로운 시장질서가 형성되게 되었고, 그 결과 대외적으로는 선진외국기업들과 경쟁을 함에 있어 낮은 기술경쟁력이 문제점으로 대두되고 있으며, 대내적으로는 1989년도 이래 건설업면허개방으로 공사량의 증가에 비하여 건설업체 수가 훨씬 크게 증가하여 공사수주를 위한 경쟁이 점점 치열해지고 있는 상황에 있다. 특히, IMF 관리체제 극복을 위하여 외국자본유치를 적극적으로 추진하고 있고, 부동산시장 개방도 가속화하고 있는 것과 관련하여 외국건설업체의 진출이 활발하여질 것으로 예상되며, 이에 따라 SOC 및 주택부문에 대한 외국자본 및 건설참여가 본격화될 것으로 전망된다. 그런데 공공공사의 입찰 및 계약시스템은 기술력 향상을 유도하는 기능을 갖추지 못한 채 소위 '운찰제(運札制)'나 '핸드폰 컴퍼니'라는 말들이 등장하게 하였으나 아직까지도 근본적인 치유책은 마련되지 아니하고 있다. 그러나 IMF 관리체제 이전과 비교하여 볼 때 건설업체들 사이에 사실상 담합의 관행이 깨졌고, 그 결과 적격심사낙찰제 입찰과 관련하여 수많은 분쟁이 법원에 제기되면서 그 동안 법리상 문제되었던 많은 부분들이 올바로 수정되었다.[29] 한편, 2016. 1. 1.자로 공공공사에 있어서 종전의 최저가낙찰제를 폐지하고 그 대신 종합심사낙찰제가 도입됨으로써 향후 이와 관련한 많은 분쟁들이 발생할 것으로 예상된다.

2. 낙찰자 결정에 관한 기초적 법리 및 분쟁 유형 - 적격심사낙찰제를 중심으로 -

가. 기초적 법리

우리 법원은 위에서 본 바의 수많은 분쟁을 처리하면서 경쟁입찰의 낙찰자 결정에 있어서 매우 중요한 법리를 일관되게 설시하고 있다. 즉, 국가계약법에

29) 오정면, 대한변협 변호사연수 "국가계약 및 대형공사의 법률문제 강의안"(2003).

따라 국가가 당사자가 되는 이른바 공공계약은 사경제 주체로서 상대방과 대등한 위치에서 체결하는 사법상 계약으로서 본질적인 내용은 사인 간의 계약과 다를 바가 없으므로, 그에 관한 법령에 특별한 정함이 있는 경우를 제외하고는 사적 자치와 계약자유의 원칙 등 사법의 원리가 그대로 적용된다. 따라서 사인(私人)인 입찰시행주체가 입찰에 부친다는 표시는 원칙적으로 청약의 유인에 지나지 아니하여 입찰시행주체는 선정기준, 입찰의 구체적인 요건과 절차 및 입찰절차에 의한 계약체결 여부 등을 전적으로 자신의 의사에 따라 정하여 시행할 수 있다고 할 것이고, 따라서 당해 입찰목적사업에 적합한 기준의 설정 및 그 기준의 해석 · 적용 등에 있어서도 광범위한 재량권을 갖는다고 할 것이어서 사인인 입찰시행주체가 입찰공고에 기재한 조건에 어긋나게 적격심사를 하였다고 하여 그 적격심사 결과나 후속조치로서의 계약체결이 당연히 무효가 된다고 볼 수는 없다(서울중앙지방법원 2005. 2. 28.자 2005카합181 결정). 그러나, 국가 또는 지방자치단체 등이 입찰시행주체가 되는 경우에는 계약 체결을 위한 입찰절차에서 입찰서 제출에 하자가 있다 하여도 그것만으로 해당 입찰이 무효가 되는 것은 아니고, 그 하자가 입찰절차의 공공성과 공정성이 현저히 침해될 정도로 중대할 뿐 아니라 상대방도 그러한 사정을 알았거나 알 수 있었을 경우 또는 그러한 하자를 묵인한 낙찰자의 결정 및 계약 체결이 선량한 풍속 기타 사회질서에 반하는 결과가 될 것임이 분명한 경우 등 이를 무효로 하지 않으면 그 절차에 관하여 규정한 국가계약법의 취지를 몰각하는 결과가 되는 특별한 사정이 있는 경우에 한하여 무효가 된다고 해석함이 타당하다(대법원 2012. 9. 20.자 2012마1097 결정). 즉, 국가 등이 실시하는 입찰절차에 관하여는 관계법령 등에 의하여 입찰실시기관의 행위적법성과 절차투명성이 상당히 담보되어 있고 그에 따라 입찰절차가 상당히 진행되어 입찰참가자들에게 나머지 입찰절차가 관계법령 등이 정한 규정에 따라 계속 진행되리라는 신뢰 내지 기대가 발생한 경우에는 이러한 신뢰와 기대는 관계법령과 신의칙 등에 의하여 보호받아야 할 법적 이익에 해당하여 하자 있는 낙찰자선정의 무효확인이나 낙찰자 또는 적격심사대상자로서의 지위확인, 절차의 속행금지 등에 의한 재판상 권리구제가 가능하다.[30]

30) 법원행정처, 법원실무제요 민사집행 Ⅳ, 보전처분, 388면.

나. 가처분 유형

일반적으로 국가 등이 실시하는 입찰에서 입찰실시기관의 위법한 행위로 인하여 위와 같은 신뢰 또는 기대를 침해받은 입찰참가자는 발주자와 낙찰자 사이에 계약이 체결되기 전이면 계약체결금지 또는 입찰절차속행금지의 가처분을 구하고, 계약이 체결된 이후라면 계약이행금지의 가처분을 구하고 있다. 계약체결금지 가처분신청의 신청취지는 일반적으로 '피신청인은 … (공고날짜와 공고번호 등으로 특정)로 입찰공고한 … (공사명 등으로 특정)공사의 공사계약을 신청인 이외의 다른 회사와 체결하여서는 아니 된다.'라고 기재한다. 입찰절차속행금지 가처분신청의 신청취지는 일반적으로 '피신청인이 … (공고날짜와 공고번호 등으로 특정)로 입찰공고한 … (공사명 등으로 특정)공사의 입찰은 그 절차진행을 정지한다.'라고 기재한다. 계약이행금지 가처분신청의 신청취지는 일반적으로 '피신청인은 … (계약체결일과 계약당사자 등으로 특정)도급계약에 관하여 지시, 지도감독, 검사, 대가의 지급 등 이 사건 도급계약에 따른 일체의 후속절차의 이행을 하여서는 아니 된다.'라고 기재한다.

종종 위 가처분신청을 하면서 제1순위 적격심사대상자의 지위를 확인한다' 라는 신청취지를 기재하는 경우가 있으나, 최저가낙찰제와는 달리 적격심사낙찰제에서는 발주자가 적격심사를 거쳐서 최종적으로 낙찰자 또는 제1순위 적격심사대상자를 선정하는 것이기 때문에, 법원으로서는 이러한 신청취지를 인용하고 있지는 아니하며, 앞서 본 바의 계약체결의 금지 또는 입찰절차속행의 금지 주문만을 내고 있다.

다. 가처분 사례

1) 설계점수의 항목별 차등평가 후 총점 차등평가를 함에 있어서 차등평가의 방법이 잘못되었다는 이유로 계약체결의 금지 신청은 기각하는 대신 입찰절차의 진행 정지 신청은 인용한 사례(서울중앙지방법원 2009. 3. 17.자 2009카합581 결정).
2) 쓰레기자동집하시설의 해외 시공실적을 인정함에 있어서 그 평가가 잘못되었다는 이유로 입찰절차의 진행 금지 신청은 인용하고, 실시설계적격자의 지위 신청은 기각한 사례(수원지방법원 성남지원 2006. 10. 9.자 2006

카합487 결정)

* 발주처가 입찰 과정이나 도급계약 체결 과정에서 자의적인 집행을 하지 못하도록 관계법령이나 또는 발주처 스스로 그에 관한 일정한 기준을 설정하여 둔 이상 실시설계적격자 결정에 있어 1차적으로 실시설계적격자로 선정된 입찰참가자와 경쟁관계에 있는 차순위 입찰참가자로서는 발주처와 기 선정된 입찰참가자 사이에서 이루어진 입찰의 과정이 적법, 유효하게 이루어졌는지의 여부에 따라 자신의 법적 지위에 직접 영향을 받는다고 할 것이고, 따라서 발주처와 기 선정된 입찰참가자를 실시설계적격자로 인정하는 과정에 있어서 위 결정을 무효로 할 정도의 중대한 절차상 또는 실체상의 하자가 있다면 차순위 입찰참가자로서는 발주처와 기 선정된 입찰참가자 사이에 이루어진 실시설계적격자 결정의 무효 확인이나 또는 이를 본안으로 한 보전처분으로서 입찰절차의 정지를 구할 이익이 있다.

3) 협상에 의한 계약체결 방식에 의한 입찰에 있어서 입찰참가자가 입찰서 양식의 문서를 누락한 채 가격제안서 및 금액산출 근거 서류만을 제출한 경우 이를 입찰서가 입찰 장소에 도착하지 아니한 것으로 볼 것이 아니라고 한 사례(대법원 2006. 6. 19.자 2006마117 결정.).

4) 발주처가 입찰공고에 기재한 조건에 어긋나게 적격심사를 한 사안에서, 공공기관이 아닌 사인(私人)이 시행하는 입찰에 있어서는 광범위한 재량권을 갖기 때문에 적격심사 결과나 후속조치로서의 계약체결이 당연히 무효가 될 수 없다고 한 사례(서울중앙지방법원 2005. 2. 28.자 2005카합181 결정). 이러한 경우에는 가처분을 신청할 것이 아니라 본안소송으로서 위법한 적격심사로 인한 손해배상청구 소송을 제기하는 것이 바람직할 것이다.

5) 복수예비가격의 작성 범위를 예비가격기초금액의 ±2%로 한 것은 입찰공고에 정한 ±3% 범위 내에 속하는 것이라는 이유로 적격심사대상자의 지위에 있음을 임시로 정하고, 아울러 발주자는 용역수행에 대한 지시, 대금의 지급 등 용역계약에 따른 일체의 행위를 하여서는 아니 된다라고 판시한 사례(서울중앙지방법원 2004. 8. 3.자 2004카합2177 결정).

* 계약체결 이후 이행금지를 구하는 가처분 신청으로서 이행의 금지를 명하는 주문과 더불어 적격심사대상자의 지위도 인정하는 매우 의미있는 판례라고 할 수 있다.

6) 하도급관리계획의 적정성 평가가 잘못되었다는 이유로 제기한 가처분 신청에서 피보전권리에 대한 소명이 부족하다는 이유로 적격심사1순위 대상 지위의 보전 및 계약체결의 금지를 구하는 신청을 모두 기각한 사례(울산지방법원 2004. 2. 9.자 2004카합8 결정).
7) 납품실적의 인정 여부에 관한 사안에서 낙찰자 지위에 있음을 임시로 정하고, 물품구매의 금지 및 공사시행의 금지 신청을 모두 기각한 사례(제주지방법원 2005. 1. 29.자 2004카합289 결정).
8) 기술제안서와 제안요약서에 칼라인쇄된 용지를 사용한 사안에서 계약의 이행 금지를 구한 가처분 신청을 기각한 사례(수원지방법원 2004. 11. 4.자 2004카합1202 결정).
9) 납품실적의 납품완료 여부가 문제된 사안에서 적격심사대상자의 지위에 있음을 임시로 구하는 신청과 계약의 이행 금지를 구하는 신청을 모두 기각한 사례(서울중앙지방법원 2004. 8. 3.자 2004카합1947 결정).
10) 함정사업평가를 실시하지 않은 것이 위법한지 여부가 문제된 사안에서 낙찰자의 지위에 있음을 임시로 구하는 신청과 계약 체결의 금지를 구하는 신청을 모두 기각한 사례(서울중앙지방법원 2004. 9. 30.자 2004카합2601 결정).
11) 설계보고서의 색인 표시가 문제된 사안에서 적격심사절차진행의 금지를 구하는 신청을 인용한 사례(수원지방법원 2001. 3. 30. 선고 2000카합691, 692 결정).
12) 신인도 평가의 기준일이 문제된 사안에서 공사도급계약에 기한 일체의 공사를 이행하게 하여서는 아니 된다라고 결정한 사례(서울지방법원 의정부지원 2000. 2. 14.자 99카합528 결정).
13) 수시결산서의 심사자료 활용 여부가 문제된 사안에서 적격심사대상자로서의 지위에 있음을 확인한다라는 신청과 도급계약에 기하여 공사를 이행하게 하여서는 아니 된다라는 신청을 모두 인용한 사례(춘천지방법원 영월지원 1999. 9. 9.자 99카합131 결정).
14) 공동수급체의 구성원인 지역업체의 본사 소재지가 문제된 사안에서 적격심사대상자로서의 지위에 있음을 임시로 정하는 신청과 입찰절차 진행의 금지를 구하는 신청을 모두 인용한 사례(서울지방법원 1998. 12. 24.

자 98카합4016 결정).

* 이 사건은 대법원 2000. 5. 12. 선고 2000다2429 판결로 확정.

라. 가처분 신청에 관한 법원 판단의 경향

기본적으로 국가와 입찰참가자 사이의 입찰 또는 계약은 사법 영역에 해당하므로, 앞서 본 바와 같은 입찰의 무효에 해당하는 사정이 명백하지 않은 한, 가급적 법원은 발주자의 낙찰자 선정에 관한 판단을 존중하는 경향을 보이고 있다. 법원이 이러한 판단을 견지하지 아니할 경우, 아마도 입찰에서 탈락한 거의 대부분의 업체들이 사소한 기준 위반 등을 이유로 낙찰자를 다시 선정해 달라고 할 것이라는 점에서, 법원의 판단 경향은 바람직한 것으로 생각된다. 다만, 일반적으로 입찰의 중요 사항에 해당하는 것으로서 명백히 문리해석에 반하여 낙찰자를 선정한 경우, 또는 허위실적임에도 불구하고 이를 간과하여 낙찰자로 선정한 경우 등에 있어서는 법원은 낙찰자 선정이 잘못 되었다는 이유로 계약체결의 금지 가처분 또는 이행금지 가처분 신청 등을 인용하는 경향이 있다.

한편, 이러한 종류의 가처분 신청에서 발주자 측이 일반적으로 언급하는 부제소 합의 주장이 있다. 즉, 거의 대부분의 입찰에서 입찰참가자는 입찰의 결과나 평가 등에 관하여 일체의 이의를 제기할 수 없다는 취지의 서약서를 제출하고 있다. 이를 문언 그대로 해석하면 이른바 부제소합의라고 인정할 여지가 있으나, 이러한 해석은 매우 부당하다. 왜냐하면, 앞서 본 바와 같이 입찰참가자들은 국가나 지방자치단체 등이 실시하는 입찰에 참가함에 있어서 평가 등에 관한 공정성이 충분히 실현될 것이라는 신뢰를 갖고 입찰에 임하게 되는데, 이러한 평가가 입찰안내서 또는 관계법령에 어긋나게 이루어지는 경우 이러한 신뢰는 깨지게 되고, 이러한 신뢰보호 위반에 대하여 위와 같은 서약서만을 이유로 부제소합의를 인정할 수는 없기 때문이다. 다시 말해서, 입찰참가자들이 이의를 제기하지 않겠다는 서약서를 제출하는 것은 정당한 입찰 절차가 진행될 것임을 전제로 하는 것이기 때문에, 이와 달리 정당하지 못한 입찰 절차가 이루어지는 경우에까지 부제소합의의 효력이 미칠 수는 없는 것이다.

3. 세입의 원인이 되는 경쟁입찰에서의 낙찰자 결정

국가계약법 제10조 제1항 본문 및 국가계약법 시행령 제41조는 세입의 원인이 되는 경쟁입찰에서는 예정가격 이상으로서 최고가격의 입찰자를 낙찰자로 정한다고 규정하고 있다. "세입의 원인"이라 함은 국가의 수입이 되는 원인을 말하는 것으로서 국유재산의 매각 등을 그 대표적인 예로 들 수 있다. "경쟁입찰"이라 함은 2인 이상의 유효한 입찰로 성립하는 입찰을 말한다(국가계약법 제11조). "예정가격"이라 함은 입찰 또는 계약체결 전에 낙찰자 및 계약금액의 결정기준으로 삼기 위하여 미리 작성·비치하여 두는 가액을 말한다(국가계약법 시행령 제2조 제2호). 따라서, 비록 2인이 입찰에 참가하였고, 그 중 1인이 예정가격 이상의 최고가격을 제시했다고 하더라도, 나머지 1인의 입찰이 위에서 본 바의 대법원판례에 따라 무효라고 판단될 경우에는 최고가격을 제시한 위 1인을 낙찰자로 결정해서는 아니 된다.

국가계약법 제10조 제1항 단서는 다만, 계약의 목적, 입찰가격과 수량 등을 고려하여 대통령령으로 기준을 정한 경우에는 최고가격의 입찰자를 낙찰자로 선정하지 아니할 수 있다고 규정하고 있다. 대표적인 예로 정부가 보유하고 있는 공기업 등의 주식을 일반 국민에게 매각할 때 최고가격으로 입찰한 자가 아니더라도 낙찰자로 결정하는 희망수량 경쟁입찰(다량물품의 입찰)에 의한 낙찰자 결정방식을 사용할 수 있다(국가계약법 시행령 제45조).[31]

4. 국고의 부담이 되는 경쟁입찰에서의 낙찰자 결정

국가계약법 제10조 제2항은 "국고의 부담이 되는 경쟁입찰에서는 다음 각 호의 어느 하나의 기준에 해당하는 입찰자를 낙찰자로 한다. 1. 충분한 계약이행 능력이 있다고 인정되는 자로서 최저가격으로 입찰한 자, 2. 입찰공고나 입찰설명서에 명기된 평가기준에 따라 국가에 가장 유리하게 입찰한 자, 3. 그 밖에 계약의 성질, 규모 등을 고려하여 대통령령으로 특별히 기준을 정한 경우에는 그 기준에 가장 적합하게 입찰한 자"라고 규정하고 있습니다. 국고의 부담이

---

31) 장훈기, 앞의 책, 705면.

되는 경쟁입찰에서의 낙찰자 결정과 관련하여서는 세입의 원인이 되는 경쟁입찰에서의 낙찰자 결정과 달리 수많은 분쟁이 발생하고 있다.

가. 적격심사낙찰제(국가계약법 시행령 제42조 제1항, 제5항)

추정가격이 300억원 미만인 모든 공사에 적용된다. 기획재정부장관이 작성한 "적격심사기준"(회계예규 2200.04-149-27, 2010. 11. 30.) 제1조는 "이 예규는 국가계약법 시행령 제42조 제1항의 규정에 의한 낙찰자 결정시의 계약이행능력 심사(이하 "적격심사"라 한다) 방법 · 항목 · 배점한도액 기타 필요한 사항을 정함을 목적으로 한다."고 규정하고 있다. 적격심사는 국가계약법령에 나오지 않는 용어이기는 하나, 국가계약법령에 따라 제정된 위 적격심사기준에 따른 용어로서 기존의 최저가 낙찰로 인한 부실공사의 모순 등을 피하고자 기술능력이나 시공경험, 재무상태 등을 종합적으로 심사하여 당해 계약을 가장 잘 이행할 능력이 있는 낙찰자를 선정하는 방법인 것이다. 이하 적격심사의 주요 세부 평가항목을 자세히 살펴보겠다.

1) 이행실적

적격심사기준 제5조 제1항에 따르면 적격심사의 항목 및 배점한도액은 별표와 같다고 규정되어 있고, 동 별표에 따르면 이행실적이라는 용어 대신에 시공경험이 규정되어 있으며, PQ심사항목을 이용한다고 규정되어 있다. 따라서 이행실적과 시공경험은 같은 의미로 보면 된다. PQ(Pre-Qualification)심사라 함은 문언 그대로 입찰의 참가자격을 사전에 심사하고 적격자만을 입찰에 참가하게 하는 것을 말한다(국가계약법 제7조 제2항). 각 중앙관서의 장 또는 계약담당공무원은 입찰참가자의 자격을 심사하는 경우에는 계약이행의 난이도, 이행실적, 기술능력, 재무상태, 사회적 신인도 및 계약이행의 성실도 등 계약수행능력을 평가하는 데에 필요한 요소들을 종합적으로 고려하여 심사기준을 정하여야 한다(국가계약법 시행령 제13조 제2항). 기획재정부 장관은 국가계약법령을 근거로 하여 입찰참가자격사전심사요령(회계예규 2200.04-147-31, 2010. 10. 22.)을 제정하였고, 동 요령 별표1에 따르면, 시공경험에서 심사하는 항목은 최근 10년간 당해공사와 동일한 종류의 공사실적 또는 최근 10년간 당해공사와 유사한 종류의 공사실적 등이다.

"실적"이라 함은 현재 발주하려는 계약과 계약내용이 실질적으로 동일한 것은 물론, 이와 유사하여 계약목적달성이 가능하다고 인정되는 과거 1건의 공사 또는 제조 등의 실적(장기계속공사 또는 제조 등에 있어서는 총 공사 또는 제조 등의 실적으로 한다)에 해당되는 금액 또는 규모(양)를 의미한다(「정부 입찰·계약 집행기준」 제5조 제1항). 다만, 동일공사실적인지 아니면 유사공사실적인지에 따라 배점이 달라질 수 있다. 여기서 말하는 실적에는 입찰공고 등에 특별한 제한이 없는 한 해외공사실적 및 민간공사실적도 포함되며, 실적증명은 당해 공사 또는 제조를 발주한 관서가 건설산업기본법령 등에 따라 발급한 실적증명서에 의하면 된다.

시공 중에 있거나 제조 중에 있는 것은 원칙적으로 실적에 포함시킬 수 없으나, 입찰참가자격사전심사요령은 시공중인 동종공사의 실적은 당해공사의 예정공정표상 50% 이상에 해당하는 부분에 대하여 기성검사를 필한 후 발주관서장으로부터 기성실적증명서를 발급받은 경우 이를 시공경험으로 평가할 수 있다고 규정하고 있다. 따라서, 입찰공고 등 입찰관련서류에 시공중인 실적의 인정 여부에 대하여 보다 면밀하게 살펴볼 필요가 있다.

실적은 다시 규모와 금액으로 나눌 수 있는데, 실적 규모는 1건의 단위구조물로서 당해 공사의 인정기준 규모에 해당하는 경우에 한하여 인정하며, 여기에서 1건이라 함은 단위 계약 건 중 시공실적 인정기준에 부합되는 각 단위구조물을 의미한다. 실적금액은 위와 같은 실적인정 규모에 해당하는 공사금액을 인정하며, 관급자재금액을 포함한다. 분담이행방식에 의한 경우에는 공동수급체의 구성원별로 분담부분에 대해 실적을 인정하고, 공동이행방식에 의한 경우에는 '금액'과 관련해서는 공동수급체의 구성원별 출자비율 상당금액을 실적으로 인정하고 '규모 또는 양'과 관련해서는 실적증명발급기관에서 공사의 성질상 공동수급체의 구성원별 실제 시공부분을 분리하여 구분할 수 있는 경우에는 실제 시공한 부분, 분리·구분할 수 없는 경우에는 출자비율에 따라 실적을 배분한다.

관련 유권해석

☞ 계약상대자가 시공 중 부도로 인하여 연대보증인이 시공한 경우, 보증시공부분을 제외한 실적을 시공 중 부도난 업체(계약상대자)를 포괄양수한 업체가 실적으로 인정받을 수 있는지 여부(회제 41301-902, 2003. 7. 30.)

국가기관이 시행하는 공사입찰에 있어서 국가계약법 시행령 제21조 제1항 및 시행규칙 제25조 제2항의 규정에 의하여 "실적"이라 함은 1건의 공사실적(장기계속공사에 있어서는 총 공사실적)에 해당하는 금액 또는 규모(양)를 의미하고, 국가계약법 시행규칙 제66조 제3항의 규정에 의하여 연대보증인이 보증시공한 경우 연대보증인의 당해 공사에 대한 실적은 보증시공한 부분에 대해서만 인정하는바, (보증시공을 한 부분을 제외한) 잔여부분으로 부도업체가 시공한 부분에 대하여는 부도업체의 실적으로 인정할 수 있으며, 아울러 관련법령에 의거 시공 중 부도난 업체를 포괄 양도·양수하였다면 부도업체의 실적을 양수업체의 실적으로 인정할 수 있다.

[평석] 위 회신은 해당 기관이 부도업체의 실적을 양수업체의 실적으로 승계 인정할 수 있다는 것이지 의무적으로 실적승계를 하여야 한다는 취지는 아니다. 왜냐하면 업체의 실적승계의 기준과 인정 여부는 각 국가기관에서 분명한 기준을 정하여 결정하여야 할 문제이기 때문이다. 특히 본건의 경우 부도상황이 곧바로 부도업체의 소멸을 의미하는 것은 아니기에 부도업체가 다시 사업을 재개할 경우 실적을 둘러싼 논란이 불가피할 것이므로 본건의 실적승계에 대해서는 신중을 기하여야 할 것이다.

☞ 금액에 의한 실적제한시 관급자재 금액 포함 여부(회제 45107-2623, 1996. 11. 11.)

국가기관이 시행하는 공사를 국가계약법 시행령 제21조의 규정에 의거 실적제한 경쟁입찰에 부치면서 공사실적을 금액으로 제한하는 경우에는 시행규칙 제25조 제2항 제1호 나목의 규정에 의거 당해 계약목적물의 추정금액의 1배를 초과하여 제한할 수 없는 것이며, 이 경우 추정금액은 동 규칙 제2조 제2호의 규정에 의거 관급재료로 공급된 부분의 가격을 포함한 금액이다.

☞ 시공에 필요한 면허 등이 없이 시공한 실적 인정 여부(회제 41301-660, 2000. 3. 17.)

시설공사 경쟁입찰의 참가자격을 국가계약법 시행령 제21조의 규정에 의하여 당해 공사와 같은 종류의 공사실적으로 제한한 경우 해당 공사관련 면허·허가 등을 받지 아니한 자가 시공한 사항은 공사실적으로 인정할 수 없을 것이다.

☞ 시설공사 준공실적 인정기준일 관련(회제 41301-243, 2002. 2. 26.)

국가기관이 시행하는 공사계약에 있어서 공사계약일반조건 제27조 제1항의 규정에 따라 계약상대자가 당초 계약서에서 정한 준공기한 내에 준공신고서를 제출하고 준공검사에 합격된 공사인 경우라면 계약상대자의 준공신고서 제출일자를 기준으로 당해 공사의 실적을 인정하는 것이 타당하다.

☞ 제한경쟁입찰시 민자를 유치하여 시공한 실적을 인정하는지 여부(회제 41301-762, 2000. 3. 29.)

국가기관이 실시한 공사입찰을 국가계약법 시행령 제21조에 의하여 당해 공사와 같은 종류의 공사실적으로 제한한 경우 공사의 실적제한에 관한 회계통첩(회제 2210-677, 1992. 10. 12.)에 의하여 "당해 공사와 같은 종류의 공사 실적"에는 현재 발주하려는 공사와 공사내용이 실질적으로 동일한 것은 물론, 이와 유사하여 계약목적달성이 가능하다고 인정되는 과거의 유사공사 실적도 포함되는 바, 민자를 유치하여 시행한 공사의 경우에도 실적 인정대상에 포함된다.

사례 1

조달청이 변전소 신축공사의 입찰에서 "입찰/공급자는 전체성능보장을 위하여 1개 노선의 해당설비의 전체시스템에 대한 납품 및 운전실적이 있거나, 실적이 없는 업체는 1개 노선의 해당설비 전체시스템에 대한 납품 및 운전실적이 있는 업체와 기술제휴를 하고 그 증빙서류를 첨부하여야 한다."고 입찰참가자격을 제한한 사안.

국가계약법은 공사실적의 규모 또는 양에 의하여 입찰참가자격을 제한할 때 당해 계약목적물의 규모 또는 양의 1배를 초과할 수 없도록 규정하고 있는데, 위 제한이 국가계약법에 위반되는지의 여부가 쟁점이다. 조달청이 실시한 본건 입찰의 목적물의 규모는 총 연장 20.1킬로미터의 구간에 변전소 8개소를 세우는 1개 노선의 지하철공사가 아니라 그 중 일부인 연장 11.96킬로미터의 1단계 구간에 변전소 4개소를 세우는 공사이므로, 만약 조달청이 위 '1개 노선'을 건설교통부장관이 지정한 노선이라는 의미로만 해석하여 1개 노선 전체에 대한 납품 및 운전실적이 없는 업체를 입찰참가단계에서부터 배제한다면, 이는 입찰참가자격의 제한기준(1개 노선)이 당해 계약목적물의 규모(1개 노선의 일부)의 1배를 초과하는 것으로서 국가계약법에 위반된다. 나아가, 제한경쟁입찰에 있어서 그 과도한 제한으로 인하여 실질적으로는 1개 업체에게만 입찰참가자격의 요건을 갖추게 함으로써 다른 업체의 입찰참가기회를 봉쇄할 경우에는 위 1개 기업과 사실상 수의계약을 체결하는 결과를 초래할 수 있는 것이다.

사례 2

채무자는 광주 제2농수산물도매시장 건립공사에 관한 입찰공고를 하면서 그 입찰에 참가할 자격을 '입찰공고일 현재 최근 10년 이내에 준공된 공사로서 건축법시행령 제3조의4 관련 [별표 1] 판매 및 영업시설 중 도매시장 및 소매시장에 해당하는 국내단일발주공사 건축연면적 40,686㎡ 이상 시공실적이 있는 업체'로 제한하였다. 채무자는 입찰참가인이 제출한 서류에 의하여 그 적격을 심사하면서 시공경험 평가항목에서 연면적 41,268.65㎡의 송원백화점 건물과 연면적 48,171㎡의 순천 까르푸 건물을 시공한 입찰참가자의 이 사건 공사참여 지분율 55%에 따라 그 시공실적을 합계 49,191.8075㎡{ = (41,268.65㎡ + 48,171㎡) × 0.55}로 보고 이 사건 공사의 평가기준 규모인 40,686㎢를 상회한 것으로 인정하였다.

대법원은 "단순히 계약담당공무원이 입찰절차에서 위 법령이나 그 세부심사기준에 어긋나게 적격심사를 하였다는 사유만으로 당연히 낙찰자 결정이나 그에 기한 계약이 무효가 되는 것은 아니고, 이를 위배한 하자가 입찰절차의 공공성과 공정성이 현저히 침해될 정도로 중대할 뿐 아니라 상대방도 이러한 사정을 알았거나 알 수 있었을 경우 또는 누가 보더라도 낙찰자의 결정 및 계약체결이 선량한 풍속 기타 사회질서에 반하는 행위에 의하여 이루어진 것임이 분명한 경우 등 이를 무효로 하지 않으면 그 절차에 관하여 규정한 국가계약법의 취지를 몰각하는 결과가 되는 특별한 사정이 있는 경우에 한하여 무효가 된다고 해석함이 타당하다. 이 사건에 관하여 보건대, 기록에 의하면 세부심사기준에서 시공경험 평가요소로 정하고 있는 동일한 종류의 공사실적 인정범위는 발주기관에서 현재 발주하고자 하는 공사와 공사내용이 실질적으로 동일하여 계약목적의 달성이 가능하다고 평가할 수 있는 준공이 완료된 1건의 단위구조물체로서 그 규모가 40,686㎡ 이상인 실적을 말하는 것인바, 가사 송원백화점 내의 일반음식점, 관람집회시설 및 운동시설이 원심 판시와 같이 건축법시행령의 해석상 용도구분 중 판매시설 자체에 해당하지 아니하고 따라서 이를 입찰공고 및 설명서에서 기재한 실적 인정범위에 포함시킬 수 없다 하더라도, 기록에 비추어 살펴보면, 이는 판매시설에 부속된 소비자 편익시설로서 주된 용도인 판매시설과 일체를 이루어 1건의 단위구조물로서 유통산업발전법에 의한 대규모 소매점의 일종인 백화점을 구성하고 있는 한편, 이 사건 공사의 내용은 채소동, 청과동, 수산물동, 관리서비스동, 경비실, 쓰레기처리동을 신축하는 것인데, 관리서비스동에는 대회의실, 금융기관, 식당, 다방 등 편의시설, 관리시설 등 이용자 편익시설이 포함되어 있을 뿐 아니라, 이 사건 공사 중 판매시설의 공사가 송원백화점 중 일반음식점, 관람집회시설 및 운동시설에 비하여 그 시행이 특히 어렵다고 단정할 자료도 없으므로, 채무자가 적격심사에 있어 송원백화점을 위 소비자 편익시설까지 포함하여 공사실적으로 인정한 것을 가리켜 이 사건 입찰절차의 공공성과 공정성을 현저히 침해할 정도로 중대한 하자라고 보기 어렵다 할 것이고, 달리 이 사건 낙찰자의 결정 및 계약체결이 선량한 풍속 기타 사회질서에 반하는 행위에 의하여 이루어진 것이라고 인정할 자료도 기록상 찾아볼 수 없다."라고 판시하였다(대법원 2001. 12. 11. 선고 2001다33604 판결).

사례 3

피신청인은 쓰레기자동집하시설공사에 관한 입찰공고에서 입찰참가자격 업체를 "입찰공고일 현재 국내외의 단지면적 1,139,500㎡ 이상에서 관로를 이용한 쓰레기자동집하시설(투입구, 관로, 집하장)을 준공한 실적이 있는 업체.

단, 실적이 없는 경우 상기 실적으로 보유하고 있는 국내외 업체와 기술제휴(협력계약) 가능으로 제한하였다. 입찰참가자는 해외업체와 기술제휴를 하고 그 해외업체로부터의 실적증명서를 제출하였으나, 동 실적증명서는 발주처로부터 발급된 것이 아니고, 그 해외업체는 집하장 공사의 일부만을 시공한 것으로 인정되므로, 입찰공고에서 정한 실적을 갖추었다고 인정하기 어렵다고 판단하였다(수원지방법원 성남지원 2006. 10. 9.자 2006카합5487 결정).

2) 기술능력

적격심사기준 제5조 제1항 및 별표에 따르면 기술능력 역시 PQ심사항목으로 이용하여 심사한다고 규정되어 있다. 입찰참가자격사전심사요령 별표 2에 따르면, 기술능력의 심사항목은 당해 공사의 시공에 필요한 기술자 보유현황, 신기술 개발·활용 실적, 최근년도 건설부문 매출액에 대한 건설부문 기술개발 투자비율, 기타 당해 공사 시공에 필요한 사항으로 되어 있다. 동 요령에 따르면, 신기술 개발·활용실적은「건설기술관리법」제18조,「환경기술개발 및 지원에 관한 법률」제7조,「국가통합교통체계효율화법」제102조의 규정에 의거 신기술로 지정·고시되어 활용된 실적에 의한다.「건설기술관리법」제18조,「환경기술개발 및 지원에 관한 법률」제7조,「국가통합교통체계효율화법」제102조의 규정에 의거 지정된 신기술을 계약상대자가 자발적으로 설계에 반영하고 시공한 경우에는 활용실적에 포함하여 산정 및 평가할 수 있다. 기술개발투자비율관련서류는「공인회계사법」등에 의한 공인회계사의 증명을 받은 것에 한한다. 전기·정보통신·소방공사 등의 업체인 경우는 전기·정보통신·소방부문 등의 매출액 및 기술개발투자비율을 의미한다. 기술개발투자비율 산정 관련 결산서는 회계예규「적격심사기준」제5조관련 [별표] 2. 추정가격이 100억원 미만 50억원 이상인 공사의 주2) 제3호 내지 제5호의 규정에 의한 결산서에 의한다.

기술능력과 관련하여서는 건설업 업종 이외의 여러 업종을 영위하는 기업의 경우에 기술개발 투자비율을 산정함에 있어서 분모를 건설부문 매출액으로 할 것인지, 아니면 전체 매출액으로 할 것인지에 관한 다툼이 종종 있었다. 그러나, 2001. 2. 10.자로 입찰참가자격사전심사요령에서 기술개발투자비율의 산정에 있어서 분모와 분자 공히 모두 건설부문으로 한정한다고 신설함으로써 이와 관련된 분쟁은 더 이상 존재하지 않게 되었다.

3) 재무상태

적격심사기준 제5조 제1항 및 별표에 따르면 재무상태(경영상태) 역시 PQ 심사항목으로 이용하여 심사한다고 규정되어 있다. 입찰참가자격사전심사요령 제6조 제3항은 경영상태부문은 「신용정보의 이용 및 보호에 관한 법률」 제4조 제4항 제1호 또는 제4호의 업무를 영위하는 신용정보업자가 평가한 회사채(또는 기업어음) 또는 기업신용평가등급으로 심사한다고 규정되어 있다.

사례

지방자치단체가 발주한 도로개설공사의 입찰에 있어서 입찰공고일 이전에 제출되지 아니한 반기결산서(경영상태 평가자료)를 적격심사자료로 삼을 수 있는지의 여부.

위 입찰공고에 의하면, 경영상태의 평가자료는 대한건설협회 등 관련협회 가입업체의 경우 입찰공고일을 기준으로 관련협회에서 관리하는 자료에 의하거나 관련협회에서 별도 통보 또는 제출하는 자료에 의거 평가하며 관련협회가 관리하는 자료의 누락, 오류 등으로 인한 평가상 불이익에 대한 책임은 입찰자에게 있다고 규정되어 있다.

원칙적으로 경영상태의 중요한 변경에 따른 수시결산서인 반기결산서는 입찰공고일 이전까지 발주자에 제출되어야만 적격심사자료로 평가될 수 있을 것이라는 견해가 있을 수 있기는 하나, 관련협회의 전산망을 공유하고 있지 아니한 발주자에 의한 공사입찰에 있어서는 적격심사서류 제출기한까지 작성된 반기결산서를 적격심사의 자료로 삼을 수 있는 것으로 판단된다. 왜냐하면, 수시결산서 제도는 계약이행능력 심사항목 중의 하나인 입찰참여자의 재무상태를 평가함에 있어서 그 심사시기에 가장 근접한 재무상태를 기준으로 삼음으로써 당해 입찰참여자의 계약이행능력을 가장 정확히 심사하기 위하여 도입된 것으로서 입찰공고일 직전에 유상증자나 합병 등으로 재무구조가 현저히 개선된 건설업체는 공인회계사의 수시결산에 대한 검토보고서를 받는데 소요되는 기간으로 말미암아 현저히 개선된 재무구조에 따른 적격심사자료를 받을 수 없게 되기 때문이다.

☞ 적격심사 경영상태 평가방법[32]

국가기관이 집행하는 추정가격이 100억원 미만 50억원 이상인 공사입찰에서 계약담당공무원이 입찰자의 계약이행능력심사(적격심사)를 함에 있어 경영상태 평가는 계약예규 적격심사기준 별표 2. 추정가격이 100억원 미만 50억원 이상인 공사, 주2) 경영상태 평가방법에 따르는 것이다. 부채비율과 유동비율로 경영상태를 평가하는 경우로서 입찰자가 해당 회계연도에 합병한 경우에는 합병대상업체(합병으로 존속하거나 소멸하는 업체를 말하며, 이하 같다)의 직전 회계연도 정기결산서 합으로 평가하며, 동 평가금액은 합병으로 존속하는 업체의 합병 후 경영상태평가시 직전 회계연도 정기결산서로 본다. 이 경우 최초결산서는 합하지 아니하나, 합병대상업체가 모두 신설업체인 경우에는 최초결산서 합으로 평가하며, 동 평가금액은 합병으로 존속하는 업체의 합병 후 경영상태평가시 최초결산서로 본다. 부채비율은 부채총계를 자기자본으로 나누어 산정하고, 유동비율은 유동자산을 유동부채로 나누어 산정하는 것이다. 따라서 예를 들면 합병으로 존속하는 회사의 부채비율은 합병대상 업체 각각의 직전 회계연도 부채총계를 합한 부채액을 합병 대상업체 각각의 직전 회계연도 자기자본을 합한 자기자본액으로 나누어 산정하는 것이다. 합병으로 존속하는 회사의 이러한 경영상태는 해당 회계연도의 다음 연도 동안의 경영상태 평가에 적용될 것이다.

4) 과거 계약이행성실도

적격심사기준 제5조 제1항 및 별표에 따르면 과거 계약이행성실도(신인도) 역시 PQ심사항목으로 이용하여 심사한다고 규정되어 있다. 입찰참가자격사전심사요령 별표 2에 따르면, 신인도의 평가방법은 다음과 같다.

"가. 시공업체로서의 성실성

1) 최근 1년 동안 「건설산업기본법」에 정한 벌금 이상의 행정형벌, 영업정지, 영업 · 면허 · 등록취소 처분 또는 과징금 부과를 받은 자

나. 하도급관련사항

1) 최근 국토해양부장관이 협력업자와의 협력관계를 평가한 결과 그 실적이 우

32) 한국정책연구원 편, 앞의 책, 449면.

수한 자

2) 최근 1년 동안 불공정하도급거래로 과징금 부과를 받은 자
3) 최근 1년 이내에 공정거래위원장으로부터 하도급 상습법위반자로 통보받은 자

다. 건설재해 및 제재처분사항

1) 최근 3년간 노동부장관이 산정한 환산재해율의 가중평균이 평균환산재해율의 가중평균 이하인 자
2) 최근 1년 동안 「산업안전보건법」 제30조에 제3항에 의한 산업안전보건관리비 사용의무를 위반하여 목적외 사용금액이 1,000만원을 초과하거나 사용내역서를 작성·보존하지 아니한 자
3) 최근 1년 동안 「산업안전보건법 시행규칙」 별표 1 제1호 및 제7호의 규정에 따른 산업재해발생 보고의무 위반건수가 배분된 자
4) 최근 1년 동안 환경관련법령에 의한 벌금 이상의 행정형벌, 영업정지·영업취소 처분 또는 과징금 부과를 받은 자
   - 1회 받은 자
   - 2회 이상 받은 자

주5) 신인도분야 평가방법

1. 가점과 감점항목이 있을 때에는 이를 상계하여 평가함.
2. 항목별 특성·규모·내용·기간 등의 경중을 고려하여 차등적용 가능함.
3. 환경관련 벌점은 동 처벌사실을 통보받은 날을 기준으로 함.
4. 종전 규정에 의하여 받은 감점은 동 감점의 효력이 소멸될 때 까지는 종전의 규정에 의함.
5. 환산재해율 및 평균환산재해율의 가중평균은 다음 산식에 의하여 산정한다
   - [최근년도 환산재해율 × 0.5 + 최근년도 1년전 환산재해율 × 0.3 + 최근년도 2년전 환산재해율 × 0.2(단, 최근년도 1년전 환산재해율 또는 최근년도 2년전 환산재해율을 산정하지 않은 경우에는 평균값으로 한다)]

라. 기타 국토해양부장관이 정한 「건설업체의 부실벌점 기준」에 해당되는 자”

사례

환경관련 벌점의 적용기준일이 쟁점임.

입찰공고에 의하면, “최근 1년간 환경관련법령 위반으로 벌금 이상의 중한 처벌을 받은 자에 대해서는 2점을 감점한다. 벌금 이상의 중한 처벌을 받은 자

에 대한 감점적용은 벌금형 이상의 형이 확정된 사항을 관련자료 통보기관에서 확인하여 우리시에 접수된 자료에 한하여 적용하며 고발조치 등 미확정 자료는 적용하지 아니한다. 각 심사항목의 최근 1년간이란 입찰공고일 기준 과거 1년 이내에 당해 사실이 있는 경우에 적용하는 것임"이라고 규정되어 있다.

벌금 이상의 중한 처벌을 받은 사실의 적용기준일을 선고일로 할 것인지, 아니면 확정일로 할 것인지가 문제인바, 이 건의 경우 선고일로 할 경우 입찰자는 벌점을 받지 않게 되고, 확정일로 할 경우 입찰자는 벌점을 받게 된 사안이다.

형사소송법상 의미에서 본다면, 벌금 이상의 중한 처벌을 받은 사실의 적용기준일은 형의 확정일로 보는 것이 타당한 해석이다. 다만, 대기환경보전법 등 환경관련법령위반으로 인한 약식명령은 그 송달이 늦어지는바, 당사자의 의사와는 전혀 상관없이 오로지 법원의 약식명령 송달시기에 따라 위 벌점의 적용여부가 결정되는 것은 그 구체적 타당성의 측면에서 다소 부당한 점이 있을 수 있고, 행정자치부도 형이 확정된 날은 법원의 약식명령일로 보아야 한다는 견해를 피력하고 있으며, 우리 대법원은 약식명령의 발령일을 기준으로 약식명령의 확정력이 미친다고 판시하고 있는 점 등을 종합하여 보면, 위 벌금 이상의 중한 처벌을 받은 사실의 적용기준일은 약식명령의 확정일로 하되, 만약 정식재판의 청구 없이 그 청구기간의 도과로 약식명령이 확정된 경우라면 그 적용기준일은 약식명령의 발령일로 소급된다고 해석할 수 있는 여지가 있다.

5) 자재 및 인력조달가격 · 하도급관리계획 · 외주근로자 근로조건 이행계획의 적정성

적격심사기준 제5조 제1항 및 별표에 따르면, 자재 및 인력조달가격의 적정성은 재료비 및 노무비의 적정성을 평가하고, 하도급관리계획의 적정성은 하도급금액의 적정성을 평가한다.

☞ 하도급관리계획 변경시 적정성 여부[33)]

국가기관이 당사자가 되는 공사계약에서 계약상대자는 계약예규 공사계약 일반조건 제53조에 따라 계약예규 입찰참가자격사전심사요령과 적격심사기준

33) 한국정책연구원 편, 앞의 책, 500면.

> 별표의 심사항목에 규정된 사항(하도급관리계획의 적정성 등)에 대하여 적격심사 당시 제출한 내용대로 철저하게 이행하여야 하며, 계약담당공무원은 이러한 이행상황을 수시로 확인하여 제출된 내용대로 이행이 되지 않고 있을 때에는 즉시 시정하도록 조치하여야 하는 것이다. 다만, 계약상대자가 적격심사기준 등에 따라 하도급관리계획서를 제출한 경우로서 공사계약 이행 중 하수급자의 사업포기 등 불가피한 사유가 있을 경우 계약상대자는 발주기관의 승인을 얻어 해당 적격심사기준에서 정한 하수급자의 자격과 동등 이상의 자격을 갖춘 자를 하수급자로 하여 당초 하수급자의 적격심사 각 항목의 요건(하도급비율, 하수급 금액비율, 하도급대금 직불계획 비율 등) 충족 이상으로 하여 하수급자를 변경할 수 있을 것이다. 이 경우에는 하도급할 공사(공종)도 변경할 수 없을 것이나 해당 공사에 대한 하도급계약을 체결할 수 없는 등 부득이한 사유가 있을 경우에는 당초의 하도급관리계획 동등 이상을 유지하는 범위 안에서 당초 하도급할 공사(공종)나 하수급자 수의 변경과 당초 하도급 공사(공종)를 계약상대자가 직접 시공도 가능할 것이다. 다만, 설계변경이나 물가변동으로 하도급 이외의 공종이나 하도급 공종의 계약금액이 조정된 경우 하도급비율은 변경될 수 있을 것이나, 당초 하수급 금액비율 등은 유지되어야 할 것이다.

6) 입찰가격

적격심사기준 제5조 제1항 및 별표에 따르면, 입찰가격의 평점산식은 다음과 같다.

"주1) 입찰가격 평점산식

- 평점(점) = $30 - \left| \left(\frac{80}{100} - \frac{\text{입찰가격}}{\text{예정가격}} \right) \times 100 \right|$
  - | |는 절대값 표시임
  - 입찰가격을 예정가격으로 나눈 결과 소수점 이하의 숫자가 있는 경우에는 소수점 다섯째자리에서 반올림
  - 입찰가격이 예정가격 이하로서 예정가격의 100분의 96 이상인 경우의 평점은 22점으로 한다.
- 최저평점은 2점으로 한다."

입찰가격이 너무 낮아도 안되고, 너무 높아도 안되는 것을 알 수 있다. 즉, 입찰가격이 예정가격 대비 88%에 해당하는 경우에는 만점을 얻지만, 입찰가격이 예정가격의 89%에 해당할 경우에는 1점의 감점을 받게 되고, 입찰가격이 예정가격의 86%에 해당할 경우에는 2점의 감점을 받게 된다.

나. 최저가낙찰제

공공공사에서는 최저가낙찰제가 폐지되었고, 아래에서 보는 바와 같이 물품입찰, 용역계약의 입찰에서만 적용된다. 국가계약법 시행령 제42조 제2항 본문은 각 중앙관서의 장 또는 계약담당공무원은 제1항에 불구하고 추정가격이 고시금액 미만(13만 SDR)인 물품입찰(물품을 제조하지 아니하고 납품하는 경우로 한정한다)의 경우에는 예정가격 이하로서 최저가격으로 입찰한 자를 낙찰자로 결정한다고 규정하고 있다. 그러나 국가계약법 시행령 제42조 제2항 단서는 계약의 이행에 장기간이 소요되는 경우 등으로서 제1항에 따른 계약이행능력의 심사가 필요하다고 인정되는 경우에는 제1항에 따라 낙찰자를 결정할 수 있다고 규정하고 있다. 즉, 지속적으로 물품을 구매할 필요성이 있는 경우에는 단지 입찰가격만 평가할 것이 아니라 위에서 본 바의 적격심사낙찰제를 도입하여 낙찰자를 결정할 수 있다는 것이다.

국가계약법 시행령 제42조 제3항은 각 중앙관서의 장 또는 계약담당공무원은 제1항에 불구하고 제18조에 따른 입찰의 경우에는 예정가격 이하로서 최저가격으로 입찰한 자를 낙찰자로 결정한다고 규정하고 있고, 동 시행령 제18조는 2단계 경쟁등의 입찰이라는 제목으로 제1항에서 각 중앙관서의 장 또는 계약담당공무원은 물품의 제조·구매 또는 용역계약(단순한 노무에 의한 용역으로서 기획재정부령이 정하는 용역의 계약을 제외한다)에 있어서 미리 적절한 규격 등의 작성이 곤란하거나 기타 계약의 특성상 필요하다고 인정되는 경우에는 먼저 규격 또는 기술입찰을 실시한 후 가격입찰을 실시할 수 있다고 규정하고 있다. 즉, 2단계 경쟁입찰을 통하여 물품 등을 구매할 경우 국가는 최저가낙찰제를 실시할 수도 있고, 적격심사낙찰제를 실시할 수도 있다.

다. 종합심사낙찰제(국가계약법 시행령 제42조 제4항, 제6항, 제7항, 제8항)

추정가격이 300억원 이상인 모든 공공공사에 적용된다. 국가계약법 시행령

제42조 제4항은 각 중앙관서의 장 또는 계약담당공무원은 제1항에도 불구하고 다음 각 호의 공사입찰에 대해서는 각 입찰자의 입찰가격, 공사수행능력 및 사회적 책임 등을 종합 심사하여 합산점수가 가장 높은 자를 낙찰자로 결정한다. 1. 추정가격이 300억원 이상인 공사, 2.「문화재수리 등에 관한 법률」제2조 제1호에 따른 문화재수리로서 문화재청장이 정하는 공사라고 규정하고 있다.

종전에는 추정가격이 100억원 이상인 공사입찰의 경우에는 예정가격 이하로서 최저가격으로 입찰한 자부터 입찰금액의 적정성을 심사하여 낙찰자를 결정하는 최저가낙찰제 + 입찰금액의 적정성 심사라는 제도를 활용하고 있었는데, 덤핑입찰을 방지하기 위하여 도입된 저가심의제 또한, 심의기준의 객관성 확보 애로, 공사비 절감사유 개발의 한계 4등으로 인위적으로 저가심의를 통과할 수 있는 외생적인 하한선이 결정되는 등 많은 부작용이 대두되었다.[34] 종합심사낙찰제를 도입하게 된 이유를 설명하면 다음과 같다

> "종합심사낙찰제의 도입(대통령령 제22282호 국가를 당사자로 하는 계약에 관한 법률 시행령 일부개정령 제42조 제4항)
>
> 1) 국고의 부담이 되는 경쟁입찰 중 해당 공사의 추정가격이 100억원(2016. 1. 1. 부터 시행예정 금액기준이며, 현행은 300억원) 이상인 공사입찰의 경우에는 예정가격 이하로서 최저가격으로 입찰한 자부터 입찰금액의 적정성을 심사하고 있는바, 이러한 제도가 과도한 가격경쟁을 유발하여 덤핑낙찰, 공사품질의 저하 및 산업재해를 가중시킬 우려가 있는 등의 문제가 지속적으로 제기됨.
> 2) 이러한 문제를 해결하기 위하여 해당 공사의 추정가격이 300억원 이상인 공사입찰의 경우에는 입찰가격뿐만 아니라 공사수행능력, 사회적 책임 등을 종합적으로 고려하여 낙찰자를 선정하는 종합심사낙찰제도를 도입함."

즉, 일정 수준 이상의 기술력을 갖춘 업체 중 가장 낮은 가격을 제출한 업체를 낙찰자로 선정하는 최저가낙찰제와는 달리 종합심사낙찰제에서는 가격, 공사수행능력, 사회적 책임을 심사하여 종합점수가 가장 높은 입찰자를 낙찰자로 선정하는 것이다.

국가계약법 시행령 제42조 제6항은 각 중앙관서의 장 또는 계약담당공무원

34) 장훈기, 앞의 책, 782면.

은 제4항에 따른 종합 심사를 실시하려는 경우 입찰자의 계약이행실적, 인력배치계획, 사회적 책임 이행 노력 및 입찰가격 등을 종합적으로 고려하여 기획재정부장관이 정하는 심사기준에 따라 세부심사기준을 정하고, 입찰 전에 입찰에 참가하려는 자가 그 기준을 열람할 수 있도록 하여야 한다고 규정하고 있다. 이에 따라 종합심사낙찰제 심사기준(기획재정부계약예규 제283호, 2016. 1. 1. 제정)이 제정되었다.

동 기준에 따르면, 심사분야는 공사수행능력, 입찰금액, 사회적 책임, 계약신뢰도로 구성되어 있다. 공사수행능력의 심사분야는 전문성 심사항목으로 시공실적(시공인력), 매출액 비중, 배치 기술자가 있고, 역량 심사항목으로 공공공사 시공평가 점수, 규모별 시공역량, 공동수급체 구성이 있다.

☞ 고난이도 공사에 관한 질의[35)]

고난이도 공사를 추정가격 300억원 이상인 공사로 봐도 타당한 것인지, 아니면 발주기관에서 별도로 판단하여야 하는 것인지에 관하여, 종합심사대상 공사에 대한 심사를 함에 있어 물량심사 대상(고난이도 공사)으로 정할 사항은 해당 공사의 규모 및 중요도 등에 따라 각 기관 세부기준에서 정하여 시행하여야 하는 것이다.

1) 시공실적 심사

동일공사 시공실적 심사와 동일공사 수행경험이 있는 기술자 심사를 한다. 시공실적 심사는 입찰참가업체가 보유한 입찰공고일 기준 10년 이내 준공된 해당 발주공사와 동일한 공법, 구조형식 등의 시공실적경험을 건수, 금액, 규모 등의 기준으로 합산하여 심사하는 것을 말한다.

☞ 종합심사낙찰제 시공실적 평가에 대한 질의[36)]

종합심사낙찰제 시공실적 평가와 관련하여 하도급실적도 실적으로 인정을 하여 주는 것인지의 문의에 대해서, 공사의 일부분을 하도급하거나 받은 경우

35) 한국정책연구원 편, 앞의 책, 445면.
36) 한국정책연구원 편, 앞의 책, 444면.

> 실적 구분이나 원도급자와 하수급자 사이의 실적 인정 등은 관련 법령이나 사업의 특성 등을 고려하여 계약담당공무원이 해당 입찰설명서(입찰공고문 등)나 종합심사낙찰제 세부 심사기준 등에서 정한 바에 따라야 할 것이다.

시공실적은 관련 협회 및 발주기관에서 심사하여 발급한 증명서에 의하여 확인하다.

공동수급체의 경우 공사실적이 많은 대형 건설업체들의 수주 독점을 방지하기 위하여 구성원별 시공실적에 시공비율을 반영하지 아니하고 100% 합산한다. 다만, 일반공사 실적을 심사하는 경우에는 그러하지 아니하다.

시공인력 심사는 입찰참가 업체가 제1호에 의한 시공실적 대신 동 공사 참여경험이 있는 인력을 제출하는 경우 이를 심사하는 것을 말한다.

일반공사 실적을 심사하는 경우에 대하여는 시공인력 심사로 대체하지 아니하며, 동일공사 실적을 심사하는 경우로서 각 중앙관서의 장 또는 계약담당공무원은 해당공사의 난이도, 해당공사를 수행할 수 있는 자의 수 등을 고려하여 입찰공고에 시공인력 심사 대상이 아님을 명시한 경우에는 시공인력 심사로 대체하지 아니할 수 있다.

시공인력 심사는 심사대상 인력의 등급에 따라 발주기관이 정한 점수를 부여한다. 발주기관이 요구한 공법의 시공실적이 없더라도 동일공사 참여경험이 있는 인력보유사항을 제출하는 경우 이를 심사하는 것으로서, 동일공사 시공실적을 대신할 수 있도록 함에 따라 상대적으로 시공실적이 부족한 중견 및 중소형업체가 동일공사의 경험이 풍부한 기술자를 보유하고 있으면 이를 인정받을 수 있게 된다.[37]

시공인력 심사에서 심사대상 인원을 20인 이내로 제한하였는데, 입찰참가 업체별 20인인지 아니면 공동수급체 전체 20인인지 여부에 대하여, 조달청은 시공인력 심사는 공동수급체 대표자와 주된 공사의 공동수급체 협정서 지분율 30% 이상 업체를 평가대상으로 하며, 공동수급체 중 평가대상 업체 전체가 제출한 20인을 대상으로 심사한다고 회신하였다.[38]

---

37) 장훈기, 앞의 책, 791면.
38) 조달청, 조달청 종합심사낙찰제 심사세부기준 질의응답, 2016. 6. 14., 1면.

2) 동일공종그룹 매출액비중 심사

매출액비중 심사는 입찰참가 업체의 동일공종그룹(토목업종은 교통시설, 수자원시설, 기타토목시설로 분류하고, 건축업종은 주거시설, 비주거시설로 분류) 실적이 동 업체의 해당 업종(토목, 건축)실적에서 차지하는 비중을 심사하는 것을 말한다.

각 중앙관서의 장 또는 계약담당공무원은 가.에서 규정되지 아니한 업종 및 동일공종그룹에 대하여는 세부 심사기준에 별도의 업종 및 동일공종그룹을 설정할 수 있다.

매출액비중 심사는 입찰참가업체의 시공실적 중에서 동일공종그룹 매출액이 동 업체의 해당 업종(토목, 건축) 매출액 전체에서 차지하는 비중을 심사하는 것이다.[39]

3) 배치기술자 시공경력 심사

배치기술자 심사는 입찰참가 업체가 공사현장에 배치할 현장대리인 및 분야별 책임자의 시공참여 경력을 심사하는 것을 말한다.

해당 입찰참가업체에 6개월 미만 재직한 자는 평가점수의 80%만 인정한다.

현장대리인 배치예정자의 경력심사는 동일공종그룹 공사 참여실적을 대상으로 하는 것을 원칙으로 하되, 발주기관이 현장대리인의 특수한 공사 참여실적이 필요하다고 인정하는 경우에는 동일공종그룹에 포함되는 1개 이상의 세부공사(이하 "동일·유사공사"라 한다) 참여실적으로 심사할 수 있다.

배치기술자는 공사에 해당하는 업종을 평가하므로 평가대상 업종의 직무분야에 해당하는 기술사면 평가받을 수 있다.[40]

'공무' 분야의 경력은 시공분야 경력에 포함될 수 있다.

현장대리인 경력은 건설기술인협회에서 인정받은 경우에만 평가받을 수 있다.[41]

종합심사낙찰제는 원도급인을 선정하는 것이므로 원도급인의 현장대리인의 경력만 인정하여 평가한다.[42]

---

39) 장훈기, 앞의 책, 792면.
40) 조달청, 앞의 책, 1면.
41) 조달청, 앞의 책, 2면.
42) 조달청, 앞의 책, 2면.

분야별 책임자 배치예정자의 경력심사는 다음과 같이 실시한다.

- 분야별 책임자란 시공책임자, 품질책임자, 안전책임자를 말하며 최소한 시공책임자, 품질책임자, 안전책임자 각 1인(다만, 시공책임자는 추정가격 500억원 이상 1,000억원 미만 공사의 경우 2인, 추정가격 1,000억원 이상 공사의 경우 3인)을 포함하도록 하여야 한다.
- 시공책임자의 경력심사는 동 배치예정자의 과거 동일공종그룹 공사 참여실적을 대상으로 평가한다.
- 품질 또는 안전책임자의 경력심사는 각각 동 배치예정자의 과거 동일업종 공사의 품질 또는 안전 관련업무 경력을 대상으로 평가한다.

각 중앙관서의 장 또는 계약담당공무원은 현장대리인 및 분야별 책임자의 경력으로 인정되는 직위의 범위를 해당 공사의 기술자 현황 등을 고려하여 입찰공고시 명시하여야 한다.

각 중앙관서의 장 또는 계약담당공무원은 현장대리인 및 분야별책임자가 건설산업기본법, 건설기술진흥법, 산업안전보건법 등 관련법령에서 정하는 요건을 갖추도록 하여야 한다.

배치기술자는 원칙적으로 교체하지 못하며 다음의 경우에 한하여 각 중앙관서의 장 또는 계약담당공무원(조달사업법 제3조에 따라 조달청에 의뢰하여 계약한 공사로서 수요기관이 공사관리를 하는 경우에는 수요기관 담당공무원을 말한다. 이하 "사." 및 "아."에서 이와 같다)의 승인을 받아 당초 심사시 취득한 점수 이상의 점수를 획득할 수 있는 기술자(배치기술자의 변경요청일을 기준으로 판단하되, 가) 내지 다) 및 마)의 경우에는 변경요청일 현재 6개월 이상 근무할 것을 요하지는 아니한다)로 대체할 수 있다.

가) 배치기술자의 사망, 퇴직 등 근무관계가 종료된 경우

나) 배치기술자의 질병, 출산 등으로 정상적인 근무가 곤란한 경우

다) 배치기술자가 해당 현장에 배치된 때로부터 3년 이상이 경과되고 해당 공사의 공정률이 50%를 초과하는 경우

라) 2개 이상의 공사에 동일한 배치기술자 투입계획을 제출하여 2개 이상의 공사에 낙찰예정인 경우

마) 기타 발주기관이 세부 심사기준에 배치기술자의 교체사유로 명시한 경우

각 중앙관서의 장 또는 계약담당공무원은 매년 2회 이상 배치기술자 투입 계획 준수여부를 점검하여야 하며 승인없이 배치기술자를 교체하는 등 위반사항이 발견된 경우 즉시 그 위반사실을 통보하여야 하며 위반사항을 통보한 날로부터 2년동안 해당 업체의 배치기술자 심사 점수에서 일정 비율을 감점한다(해당 발주기관의 향후 발주공사에 한함). 다만, 2개 이상의 공사에 동일 기술자를 투입하는 계획서를 제출하여 2개 이상의 공사에 낙찰예정인 경우로서 해당 기술자를 배치하지 못하는 공사에 대하여 각 중앙관서의 장 또는 계약담당공무원이 요청한 기한까지 동등 점수 이상을 획득할 수 있는 기술자로 교체하지 못하는 경우에는 낙찰되지 아니한 것으로 보며, 감점하지 아니한다.

4) 시공평가결과 심사

시공평가결과 심사는 입찰참가 업체의 건설기술진흥법 제50조에 의한 시공평가결과를 심사하는 것을 말한다.

시공평가결과 심사는 시공평가결과 점수별 등급에 따라 발주기관이 정한 점수를 부여한다.

시공평가결과는 최근 3년간 입찰참가 업체가 동일공종그룹 공사에 대해 받은 시공평가결과 점수(2015. 1. 1. 이후 시공평가결과에 한한다)를 공사규모에 따라 가중 평균하여 심사한다(단, 공동이행방식의 경우 공동수급체 구성원의 시공평가결과는 공동수급체 대표자가 받은 시공평가결과를 적용한다).

동일공종그룹에 대한 시공평가 결과가 없는 업체의 경우 해당 업체가 받은 동일업종(토목, 건축 등)에 대한 시공평가 결과를 적용하며, 동일업종 시공평가결과도 없는 경우에는 기본점수를 부여한다.

공동수급체의 경우 시공평가결과 심사는 구성원별 시공평가결과 점수에 시공비율을 곱한 후 합산하는 방식에 의한다.

시공평가결과는 한국시설안전공단이 관리하는 자료를 활용하므로 건설업체가 직접 조달청에 시공평가결과를 제출할 수 없다.[43]

---

43) 조달청, 앞의 책, 9면.

5) 공사규모별 시공역량 심사

규모별 시공역량 심사는 공사 규모에 따른 적정 규모의 건설업체간 경쟁을 유도하기 위한 심사를 말한다.

동 심사는 발주기관별로 작성한 등급별 유자격자명부에 의한다. 동 명부에 의한 2등급 이하의 공사는 상위 등급의 공동도급 참여 지분율에 따라 점수를 감하는 방식으로 심사한다.

6) 공동수급체 구성 심사

공동수급체 구성 심사란 공동수급체의 구성여부 및 공동수급체 중 대표자를 제외한 구성원의 참여비율(이하 "공동수급체 구성원 비율"이라 한다)을 심사하는 것을 말한다.

공동수급체 구성 심사는 공동수급체 구성원 비율별 등급에 따라 발주기관이 정한 점수를 부여한다.

각 중앙관서의 장 또는 계약담당공무원은 다음 사항을 준수하여 세부 심사기준에 공사규모에 따른 등급표를 규정하여야 한다.

가) 최고 등급에 해당하는 공동수급체 구성원 비율은 30%를 넘지 못한다.

나) 최고 등급에 부여되는 점수와 최저 등급에 부여되는 점수의 편차는 0.5점을 넘지 못한다.

7) 입찰금액 평가

입찰금액 심사는 예정가격과 제8조의 균형가격을 통해 입찰금액에 따른 가격점수를 다음 수식에 따라 도출하는 것을 말한다.

i) 균형가격 미만일 경우

$$입찰금액\ 심사점수 = \sqrt{1 - A \times \left(\frac{당해투찰금액 - 균형가격}{예정가격 - 균형가격}\right)^2} \times 배점$$

ii) 균형가격일 경우

입찰금액 심사점수 = 배점한도

iii) 균형가격 초과일 경우

$$입찰금액\ 심사점수 = \sqrt{1 - B \times (\frac{당해투찰금액 - 균형가격}{예정가격 - 균형가격})^2} \times 배점$$

주: A계수 및 B계수는 발주기관이 각 평가항목별 변별력 등을 고려하여 결정하되 B계수는 A계수의 1배~2배 범위에서 정한다.

균형가격은 건설공사의 품질을 확보할 수 있는 경제적인 적정 투입가격을 의미하는 것으로서, 입찰가격 점수를 산정하는 기준점이 되고 있다. 즉, 균형가격을 기준으로 균형가격까지는 입찰가격이 낮을수록 높은 점수를 부여하되, 균형가격에 만점을 부여하고 그 미만은 오히려 체감을 하게 된다.[44)]

균형가격 산정은 기본적으로 시장기능에 맡겨 입찰자의 입찰가격을 산술평균하여 산정하며, 다만, 담합으로 인해 균형가격 산정이 왜곡되는 것을 방지하기 위해 입찰참가자 수에 따라 균형가격 산정기준을 탄력적으로 조정하여 운용할 수 있다.[45)]

8) 가격 산출의 적정성 심사

가격 산출의 적정성 평가는 세부공종의 단가, 하도급계획, 시공계획심사 등을 통해 적정한 공사비 산정과 공정한 하도급거래를 보장하기 위한 평가를 말한다.

입찰자는 하도급계약건별 하도급계획서를 전문건설업종별로 작성하여야 하며, 조달청에서 배부한 물량내역서(또는 별도 자료)에 명기된 전문건설업종과 다르게 하도급내역서가 작성된 경우 해당 하도급계약건별 하도급점수는 0점으로 평가한다.[46)]

9) 사회적 책임 세부 심사방법

기업의 사회적 책임을 통해 기업이 이윤 추구뿐만 아니라 법령과 윤리를 준수하고 사회적 의무를 다하게 함으로써 사회책임 조달제도가 확산되도록 하는 데 의의가 있다.[47)] 건설인력 고용, 건설안전, 공정거래, 지역경제기여도 심사

44) 장훈기, 앞의 책, 798면.
45) 장훈기, 앞의 책, 798면.
46) 조달청, 앞의 책, 13면.
47) 장훈기, 앞의 책, 787면.

방법이 있다.

수요기관 담당공무원은 매년 2회 이상 낙찰자의 계약신뢰도 각 심사항목 이행여부를 확인하고, 불이행을 확인한 경우 즉시 위반사실을 조달청에 통보하여야 한다. 조달청은 위반사실을 통보받은 날 이후 2년 동안 조달청이 발주하는 종합심사낙찰제 대상공사에서 감점한다. 감점대상은 불이행한 공동수급체 전체 구성원으로 하되 분담이행 구성원은 제외하고, 감점시 위반한 공사에서의 시공비율은 미적용하고, 발주예정공사에서의 시공비율은 적용한다.[48]

계약신뢰도 감점은 전체 종합심사점수에서 감점된다.[49]

각 중앙관서의 장 또는 계약담당공무원은 제4항에 따른 종합 심사를 실시하려는 경우 입찰자의 계약이행실적, 인력배치계획, 사회적 책임 이행 노력 및 입찰가격 등을 종합적으로 고려하여 기획재정부장관이 정하는 심사기준에 따라 세부심사기준을 정하고, 입찰 전에 입찰에 참가하려는 자가 그 기준을 열람할 수 있도록 하여야 한다(국가계약법 시행령 제42조 제6항).

각 중앙관서의 장 또는 계약담당공무원은 제4항에 따라 각 입찰자의 입찰가격, 공사수행능력 및 사회적 책임 등을 종합 심사하기 위하여 종합심사낙찰제심사위원회를 둘 수 있다(국가계약법 시행령 제42조 제7항).

종합심사낙찰제심사위원회는 각 중앙관서별로 그 중앙관서의 소속공무원(「조달사업에 관한 법률 시행령」 제15조에 따라 공사계약의 체결을 조달청장에게 요청한 경우에는 수요기관의 소속공무원을 포함한다), 계약에 관한 학식과 경험이 풍부한 자 등으로 구성하며, 위원회의 구성 및 운영에 관하여 필요한 세부사항은 각 중앙관서의 장이 정한다(국가계약법 시행령 제42조 제8항).

---

48) 조달청, 앞의 책, 21면.
49) 조달청, 앞의 책, 22면.

〈별첨〉 입찰참가자격사전심사요령

[별표 2] 기술적 공사이행능력부문 분야별 심사항목 및 배점기준(제6조 제5항 제1호의 경우에 적용) 〈개정 2008. 12. 29, 2010. 9. 8, 2011. 5. 13, 2012. 1. 1, 2012. 4. 2, 2012. 7. 4, 2015. 1. 1, 2015. 9. 21.〉

심사분야		심 사 항 목	
분야별	배점 한도	항 목 별	배점 한도
계	100		100
1. 시공경험	40 (45)	가. 최근 10년간 해당공사와 동일한 종류의 공사실적 나. 최근 10년간 해당공사와 유사한 종류의 공사실적(시공 중인 동종공사실적 포함) 다. 최근 5년간 토목·건축·전기·정보통신공사 또는 플랜트공사의 실적합계	30 (34) 20 (22) 10 (11)
2. 기술능력	45	가. 해당공사의 시공에 필요한 기술자 보유현황(해당공종 경험기술자 우대) 나. 신기술 개발·활용실적 다. 최근년도 건설부문 매출액에 대한 건설부문 기술개발 투자비율 라. 기타 해당공사 시공에 필요한 사항	30 4 8 3
3. 시공평가결과	10		10
4. 지역업체참여도	5		5
5. 신인도	+3 -10 〈개정 2012. 7. 4.〉	가. 시공업체로서의 성실성 1) 최근 1년 동안 「건설산업기본법」에 정한 벌금 이상의 행정형벌, 영업정지, 영업·면허·등록취소 처분 또는 과징금 부과를 받은 자 2) 「국가를 당사자로 하는 계약에 관한 법률 시행령」 제76조 제1항 각 호에 따라 6개월 이상의 입찰참가자격 제한을 받은 후 입찰참가자격 제한기간 만료일로부터 해당 제한기간 만큼의 기간이 경과하지 아니한 자 〈신설 2012. 4. 2.〉 3) 그 밖에 국토교통부장관이 정한 「건설업체의 부실벌점 기준」에 해당되는 자 〈2012. 7. 4. 라목에서 이동, 개정 2015. 9. 21.〉 나. 하도급관련사항 1) 최근 국토교통부장관이 협력업자와의 협력관계를 평가한 결과 그 실적이 우수한 자 〈개정 2015. 9. 21.〉	 -2 -2 -5 +2

		2) 해당 계약에서의 표준계약서 사용여부〈신설 2011. 5. 13.〉	
		• 표준하도급 계약서 사용	+2
		• 건설기계임대차 표준계약서 사용	+1
		3) 최근 2년 동안 불공정하도급거래로 과징금 부과를 받은 자 〈개정 2012. 7. 4.〉	-7
		4) 최근 2년 이내에 공정거래위원장으로부터 하도급 상습법위반자로 통보받은 자 〈신설 2008. 12. 29, 개정 2012. 7. 4.〉	-7
		5) 동반성장위원회가 동반성장지수를 평가한 결과 그 실적이 우수한 자 〈신설 2012. 7. 4.〉	+2
		6) 공정거래위원회가 공정거래협약 이행실적을 평가한 결과 그 실적이 우수한 자 〈신설 2012. 7. 4.〉	+1
		다. 건설재해 및 제재처분사항	
		1) 최근 3년간 고용노동부장관이 산정한 환산재해율의 가중평균이 평균환산재해율의 가중평균 이하인 자 〈개정 2015. 9. 21.〉	+1
		2) 최근 1년간 건설업체의 산업재해예방활동 실적을 고용노동부장관이 평가한 결과 그 실적이 우수한 자 〈신설 2015. 9. 21.〉	+1
		3) 최근 1년 동안 「산업안전보건법」 제30조에 제3항에 의한 산업안전보건관리비 사용의무를 위반하여 목적외 사용금액이 1,000만원을 초과하거나 사용내역서를 작성·보존하지 아니한 자	-1
		4) 최근 1년 동안 「산업안전보건법 시행규칙」 별표1 제1호 및 제7호에 따른 산업재해발생 보고의무 위반건수가 배분된 자	-2
		5) 최근 1년 동안 환경관련법령에 의한 벌금이상의 행정형벌, 영업정지·영업취소 처분 또는 과징금 부과를 받은 자	
		• 1회 받은 자	-0.5
		• 2회 이상 받은 자	-1
		라. 녹색기술 관련사항 〈신설 2012. 7. 4.〉	
		1) 녹색기술이나 녹색사업 인증서 또는 녹색전문기업 확인서를 보유한 자	+2
		2) 친환경 건축물 또는 건축물 에너지효율 2등급 이상 인증 실적을 보유한 자	+2

주1) 시공경험분야 평가방법

1. “가”항목과 “나”항목은 택일 적용함
2. 시공중인 동종공사의 실적은 해당공사의 예정공정표상 50% 이상에 해당하는 부분에 대하여 기성검사를 필한 후 발주관서장으로부터 기성실적증명서를 발급받은 것에 한함.
3. ( )의 점수는 시행령 제42조 제1항에 따른 공사, 시행령 제72조 제3항에 따른 공사, 시행령 제6장과 제8장에 따른 공사, 회계예규「공동계약 운용요령」제2조의3에 따른 공사, 해당 지역에 공사의 이행에 필요한 자격을 갖춘 자가 10인 미만인 경우에 대해 적용함 〈신설 2010. 9. 8.〉
4. 외국건설업자(「건설산업기본법」 제9조에 따라 건설업 등록을 한 외국인 또는 외국법인을 말하며 공동수급체 구성원인 경우도 포함)에 대해서는 ( )의 점수를 적용함 〈신설 2010. 9. 8.〉

주2) 기술능력분야 평가방법 〈신설 2010. 9. 8.〉

1. “나”항목의 신기술 개발실적은「건설기술진흥법」제14조,「환경기술 및 환경산업 지원법」제7조,「국가통합교통체계효율화법」제102조,「자연재해대책법」제61조의 규정에 의거 신기술로 지정 · 고시된 기술건수를 합산하여 평가하되, 해당 신기술의 개발자가 다수인 경우에는 개발자 수로 나누어 평가함 〈개정 2010. 10. 22, 2012. 7. 4, 2015. 9. 21, 2016. 1. 1.〉
   1-1. “나”항목의 신기술 활용실적은「건설기술진흥법」제14조,「환경기술 및 환경산업 지원법」제7조,「국가통합교통체계효율화법」제102조,「자연재해대책법」제61조의 규정에 의거 지정된 신기술을 활용한 실적으로 평가함 〈개정 2010. 10. 22, 2012. 7. 4, 2015. 9. 21, 2016. 1. 1.〉
2. 기술개발투자비는 건설산업기본법 등 관련법령에 따라 신고한 서류를「공인회계사법」등에 의한 공인회계사의 증명을 받은 것에 한함 〈개정 2016. 1. 1.〉
3. 전기 · 정보통신 · 소방공사 등의 업체인 경우는 전기 · 정보통신 · 소방부문 등의 매출액 및 기술개발투자비율을 의미함.
4. 기술개발투자비율 산정 관련 결산서는 계약예규「적격심사기준」제5조관련 [별표] 2. 추정가격이 100억원 미만 50억원 이상인 공사의 주2) 제3호 내지 제5호의 규정에 의한 결산서에 의한다. 〈개정 2015. 9. 21.〉

주3) 시공평가결과분야 평가방법

해당 입찰참가자가 제출한 시공경험평가자료(“가” 및 “나”항목에 한함)에 대한「건설기술진흥법」제50조의 규정에 의한 평가결과에 의하되, 해당 시공경험이 공동수급체 구성원(공동이행방식)으로 참여하였을 경우에는 공동수급체대표자가 받은 시공평가결과를 적용함 〈개정 2016. 1. 1.〉

주4) 지역업체참여도분야 평가방법 〈신설 2010. 9. 8.〉

1. 공동수급체 구성원 중 해당 공사현장을 관할하는 특별시, 광역시 및 도에 주된 영업소가 소재한 업체(이하 ‘지역업체’라 한다)의 지분율을 기준으로 평가
2. 지역업체는 입찰공고일 현재 90일 이상 해당 공사현장을 관할하는 특별시 · 광역시 및 도에 주된 영업소가 소재한 업체이어야 한다.
3. 단, 해당공사가 시행령 제42조 제1항에 따른 공사, 시행령 제72조 제3항에 따른 공사,

시행령 제6장과 제8장에 따른 공사, 계약예규「공동계약 운용요령」제2조의3에 따른 공사, 해당 지역에 공사의 이행에 필요한 자격을 갖춘 자가 10인 미만인 경우 지역업체참여도분야는 심사에서 제외함 〈개정 2015. 9. 21.〉

주5) 신인도분야 평가방법 〈주4)에서 이동 2010. 9. 8.〉

1. 가점과 감점항목이 있을 때에는 이를 상계하여 평가함.
2. 항목별 특성 · 규모 · 내용 · 기간 등의 경중을 고려하여 차등적용 가능함.
3. 환경관련 벌점은 동 처벌사실을 통보받은 날을 기준으로 함.
4. 종전 규정에 의하여 받은 감점은 동 감점의 효력이 소멸될 때 까지는 종전의 규정에 의함.
5. 표준계약서 사용을 이유로 가점을 받았으나 실제 계약 이행시에 동 계약서를 사용하지 않은 업체에 대해서는 입찰공고일 기준으로 향후 3년 내에 실시하는 입찰에 참가할 경우 받은 가점의 2배 범위 내에서 감점하며, 입찰에 참가하는 업체가 다른 발주기관에서 표준계약서를 사용하지 않아 감점을 받은 건수가 2회 이상인 경우에는 자체기준에 따른 감점의 2배 범위 내에서 감점할 수 있다. 〈신설 2011. 5. 13, 개정 2012. 1. 1.〉
6. 동반성장지수와 공정거래협약 평가에 따른 가점은 1개 업체에 1개만을 적용하며, 대기업과「중소기업기본법」에 따른 중소기업(공동수급체의 경우 대표자 기준)이 모두 참여하는 입찰에는 적용하지 않음 〈개정 2012. 7. 4.〉
7. 환산재해율 및 평균환산재해율의 가중평균은 다음 산식에 의하여 산정한다
   - [최근년도 환산재해율×0.5+최근년도 1년전 환산재해율×0.3+최근년도 2년전 환산재해율×0.2(단, 최근년도 1년전 환산재해율 또는 최근년도 2년전 환산재해율을 산정하지 않은 경우에는 평균값으로 한다)]
8. 친환경 건축물 인증실적과 건축물 에너지효율 인증실적 보유에 따른 가점은 건축공사에 한해 적용한다. 〈신설 2012. 7. 4.〉
9. 계약담당공무원이 입찰참가자의「하도급거래 공정화에 관한 법률」위반 여부를 공정거래위원회 또는 전자조달시스템에서 확인할 수 있는 경우에는 관련 증빙자료 제출을 생략한다. 〈신설 2015. 1. 1.〉

주6) 주계약자관리방식 공동수급체의 경우 구성원중 전문공사를 시공하는 조건으로 참여하는 구성원이 있는 경우, 그 구성원의 최근 3년간 해당 전문공사의 업종실적이 해당 발주공사 추정금액 중 해당 전문공사에 해당하는 추정금액 대비 1/2배 이상 이어야 하며, 그 미만인 경우에는 해당 공동수급체 평가에서 제외한다. 〈신설 2009. 4. 8, 주5)에서 이동 2010. 9. 8.〉

[별표 3] 기술적 공사이행능력부문 분야별 심사항목 및 배점기준(제6조 제5항 제2호의 경우에 적용) 〈개정 2008. 12. 29, 2010. 9. 8, 2011. 5. 13, 2012. 4. 2, 2012. 7. 4, 2015. 9. 21.〉

<table>
<tr><th colspan="2">심사분야</th><th colspan="3">심 사 항 목</th></tr>
<tr><th>분야별</th><th>배점
한도</th><th colspan="2">항 목 별</th><th>배점
한도</th></tr>
<tr><td>계</td><td>100</td><td colspan="2"></td><td>100</td></tr>
<tr><td rowspan="2">1. 시공경험</td><td rowspan="2">40
(45)</td><td>실적보유자로 입찰자격을 제한하는공사</td><td>가. 최근 10년간 해당공사와 동일한 종류의 공사실적
나. 최근 5년간 토목·건축·산업설비·전기·정보통신·문화재공사 등의 업종별 실적합계</td><td>30
(34)
10
(11)</td></tr>
<tr><td>기타방법으로 입찰자격을 제한하는 공사</td><td>가. 최근 5년간 토목·건축·산업설비·전기·정보통신·문화재공사 등의 업종별 실적합계</td><td>40
(45)</td></tr>
<tr><td rowspan="2">2. 기술능력</td><td rowspan="2">45</td><td>실적보유자로 입찰자격을 제한하는 공사</td><td>가. 해당공사의 시공에 필요한 기술자 보유현황(해당공종 경험기술자 우대)
나. 최근년도 건설부문 매출액에 대한 건설부문 기술개발 투자비율</td><td>35
10</td></tr>
<tr><td>기타방법으로 입찰자격을 제한하는 공사</td><td>가. 해당공사의 시공에 필요한 기술자 보유현황
나. 최근년도 건설부문 매출액에 대한 건설부문 기술개발 투자비율</td><td>35
10</td></tr>
<tr><td>3. 시공평가결과</td><td>10</td><td colspan="2">가. 시공평가결과</td><td>10</td></tr>
<tr><td>4. 지역업체참여도</td><td>5</td><td colspan="2"></td><td>5</td></tr>
<tr><td>5. 신인도</td><td>+3
-10</td><td colspan="2">가. 시공업체로서의 성실성
1) 최근 1년 동안 「건설산업기본법」에 정한 벌금 이상의 행정형벌, 영업정지, 영업·면허·등록취소 처분 또는 과징금 부과를 받은 자
2) 「국가를 당사자로 하는 계약에 관한 법률 시행령」 제76조 제1항 각 호에 따라 6개월 이상의 입찰참가자격 제한을 받은 후 입찰참가자격 제한기간 만료일로부터 해당 제한기간 만큼의 기간이 경과하지 아니한 자 〈신설 2012. 4. 2.〉
3) 그 밖에 국토교통부장관이 정한 「건설업체의 부실벌점 기준」에 해당되는 자 〈개정 2015. 9. 21.〉</td><td>-2
-2
-5</td></tr>
</table>

	나. 하도급관련사항	
	1) 최근 국토교통부장관이 협력업자와의 협력관계를 평가한 결과 그 실적이 우수한 자 〈개정 2015. 9. 21.〉	+2
	2) 해당 계약에서의 표준계약서 사용여부 〈신설 2011. 5. 13.〉	
	• 표준하도급 계약서 사용	+2
	• 건설기계임대차 표준계약서 사용	+1
	3) 최근 2년 동안 불공정하도급거래로 과징금 부과를 받은 자 〈개정 2012. 7. 4.〉	-7
	4) 최근 2년 이내에 공정거래위원장으로부터 하도급 상습법위반자로 통보 받은 자 〈신설 2008. 12. 29, 개정 2012. 7. 4.〉	-7
	5) 동반성장위원회가 동반성장지수를 평가한 결과 그 실적이 우수한 자 〈신설 2012. 7. 4.〉	+2
	6) 공정거래위원회가 공정거래협약 이행실적을 평가한 결과 그 실적이 우수한 자 〈신설 2012. 7. 4.〉	+1
	다. 건설재해 및 제재처분사항	
	1) 최근 3년간 고용노동부장관이 산정한 환산재해율의 가중평균이 평균환산재해율의 가중평균 이하인 자 〈개정 2015. 9. 21.〉	+1
	2) 최근 1년간 건설업체의 산업재해예방활동 실적을 고용노동부장관이 평가한 결과 그 실적이 우수한 자 〈신설 2015. 9. 21.〉	+1
	3) 최근 1년 동안 「산업안전보건법」 제30조에 제3항에 의한 산업안전보건관리비 사용의무를 위반하여 목적외 사용금액이 1,000만원을 초과하거나 사용내역서를 작성·보존하지 아니한 자	-1
	4) 최근 1년 동안 「산업안전보건법 시행규칙」 별표1 제1호 및 제7호의 규정에 따른 산업재해발생 보고의무 위반건수가 배분된 자	-2
	5) 최근 1년 동안 환경관련법령에 의한 벌금이상의 행정형벌, 영업정지·영업취소 처분 또는 과징금 부과를 받은 자	
	• 1회 받은 자	-0.5
	• 2회 이상 받은 자	-1
	라. 녹색기술 관련사항	
	1) 녹색기술이나 녹색사업 인증서 또는 녹색전문기업 확	+2

		인서를 보유한 자 〈신설 2012. 7. 4.〉 2) 친환경 건축물 또는 건축물 에너지효율 2등급 이상 인증 실적을 보유한 자 〈신설 2012. 7. 4.〉	+2

주1) 시공경험평가는 해당공사의 입찰방법에 따라 택일 적용

주2) 시공경험 · 기술능력 · 시공평가결과 · 지역업체참여도 · 신인도분야 평가방법은 별표2의 평가방법과 동일하게 적용 〈개정 2010. 9. 8.〉

〈별첨〉 적격심사기준

[별표] 적격심사항목 및 배점한도(제5조 관련)
〈개정 2012. 4. 2, 2014. 1. 10, 2015. 1. 1.〉

1. 추정가격이 100억원 이상인 공사

구분	심사분야	심사항목	배점한도	비고
계			100	
해당공사 수행능력			70	
	• 시공경험 • 기술능력 • 시공평가결과 • 경영상태 • 신인도	• PQ심사항목을 이용	(40)	
	• 하도급관리계획의 적정성	• 하도급금액의 적정성	(14)	
	• 자재 및 인력조달가격의 적정성	• 재료비 및 노무비의 적정성	(16)	
	〈삭제 2006. 5. 25.〉			
입찰가격			30	* 평점산식: 아래

주1) 입찰가격 평점산식

- 평점(점) = $30 - \left| \left(\frac{88}{100} - \frac{\text{입찰가격}}{\text{예정가격}} \right) \times 100 \right|$
  - | | 는 절대값 표시임
  - 입찰가격을 예정가격으로 나눈 결과 소수점 이하의 숫자가 있는 경우에는 소수점 다섯째 자리에서 반올림
  - 입찰가격이 예정가격 이하로서 예정가격의 100분의 96 이상인 경우의 평점은 22점으로 한다.
- 최저평점은 2점으로 한다.

주2) PQ심사항목이용방법

1. PQ대상공사는 PQ점수를 적용하되, 심사분야에 대한 배점한도는 다음의 표에 의함

심사분야	배점한도
시공경험	30
기술능력	32
시공평가결과	3
경영상태	35
신인도	±3

2. PQ대상외의 공사는 PQ심사항목을 준용하여 평가하되, 기술능력분야 심사항목중 기술개발 투자비율외의 심사항목은 제외 가능
3. 경영상태의 평가는 「신용정보의 이용 및 보호에 관한 법률」 제4조 제1항 제1호 또는 「자본시장과 금융투자업에 관한 법률」 제9조 제26항의 업무를 영위하는 신용정보업자가 심사기준일 이전에 평가한 유효기간내에 있는 회사채, 기업어음, 기업의 신용평가등급중에서 가장 최근의 등급에 의하되 다음의 표에 따라 점수를 부여함 〈개정 2008. 11. 1, 2008. 12. 29, 2015. 9. 21.〉

<table>
<tr><th rowspan="3">회사채에 대한 신용평가 등급</th><th rowspan="3">기업 어음에 대한 신용평가 등급</th><th rowspan="3">기업신용평가등급</th><th colspan="4">배점한도</th></tr>
<tr><th rowspan="2">등급 제한 이외 공사</th><th colspan="3">1)등급제한공사</th></tr>
<tr><th>2)1,2 등급 업체</th><th>2)3등급 업체</th><th>2)4등급 이하 업체</th></tr>
<tr><td>A+이상</td><td>A2+이상</td><td>회사채에 대한 신용평가등급 A+에 준하는 등급</td><td>35.0</td><td>35.0</td><td>35.0</td><td>35.0</td></tr>
<tr><td>A0</td><td>A20</td><td>회사채에 대한 신용평가등급 A0에 준하는 등급</td><td>34.7</td><td>34.7</td><td>35.0</td><td>35.0</td></tr>
<tr><td>A-</td><td>A2-</td><td>회사채에 대한 신용평가등급 A-에 준하는 등급</td><td>34.4</td><td>34.4</td><td>34.7</td><td>35.0</td></tr>
<tr><td>BBB+</td><td>A3+</td><td>회사채에 대한 신용평가등급 BBB+에 준하는 등급</td><td>34.0</td><td>34.0</td><td>34.3</td><td>34.6</td></tr>
<tr><td>BBB0</td><td>A30</td><td>회사채에 대한 신용평가등급 BBB0에 준하는 등급</td><td>33.6</td><td>33.6</td><td>33.9</td><td>34.2</td></tr>
<tr><td>BBB-</td><td>A3-</td><td>회사채에 대한 신용평가등급 BBB-에 준하는 등급</td><td>33.2</td><td>33.2</td><td>33.5</td><td>33.8</td></tr>
<tr><td>BB+, BB0</td><td>B+</td><td>회사채에 대한 신용평가등급 BB+, BB0에 준하는 등급</td><td>32.2</td><td>32.2</td><td>32.8</td><td>33.2</td></tr>
<tr><td>BB-</td><td>B0</td><td>회사채에 대한 신용평가등급 BB-에 준하는 등급</td><td>31.6</td><td>31.6</td><td>31.6</td><td>32.0</td></tr>
<tr><td>B+, B0, B-</td><td>B-</td><td>회사채에 대한 신용평가등급 B+, B0, B-에 준하는 등급</td><td>29.3</td><td>29.3</td><td>29.3</td><td>29.5</td></tr>
<tr><td>CCC+ 이하</td><td>C 이하</td><td>회사채에 대한 신용평가등급 CCC+에 준하는 등급 이하</td><td>27.0</td><td>27.0</td><td>27.0</td><td>27.0</td></tr>
</table>

※ 1) '등급제한'이라 함은 입찰참가자격을 시행령 제22조(공사의 성질별 · 규모별 제한에 의한 입찰)에 따라 제한하는 경우를 말함 〈신설 2009. 4. 8.〉
2) '등급'이라 함은 시행령 제22조(공사의 성질별 · 규모별 제한에 의한 입찰)에 따라 편성된 등급을 말함 〈신설 2009. 4. 8.〉

2. 추정가격이 100억원 미만 50억원 이상인 공사

구분	심사분야	심사항목	배점 한도	비고
계			100	
해당공사 수행능력			50	
	• 시공경험 • 경영상태 • 신인도	• PQ심사항목을 이용 • 경영상태의 경우에는 입찰자가 제출하는 다음 각 호의 자료 중 어느 하나로 평가 1. 최근년도 부채비율, 유동비율 및 영업기간 2. 회사채, 기업어음, 기업의 신용평가등급 〈개정 2015. 1. 1.〉	(30)	
	• 하도급관리계획의 적정성	• 하도급금액의 적정성	(10)	
	• 자재 및 인력조달가격의 적정성	• 재료비 및 노무비의 적정성	(10)	
입찰가격			50	*평점산식 : 아래

주1) 입찰가격 평점산식

■ 평점(점) $= 50 - 2 \times \left| \left(\frac{88}{100} - \frac{\text{입찰가격}}{\text{예정가격}} \right) \times 100 \right|$

• | |는 절대값 표시임

• 입찰가격을 예정가격으로 나눈 결과 소수점 이하의 숫자가 있는 경우에는 소수점 다섯째 자리에서 반올림

■ 입찰가격이 예정가격 이하로서 예정가격의 100분의 90.5 이상인 경우의 평점은 45점으로 한다.

■ 최저평점은 2점으로 한다.

주2) 경영상태 평가방법

가. 부채비율, 유동비율 및 영업기간을 심사하는 방법

1. 부채비율 및 유동비율은 건설업체의 가중평균비율(심사항목별 건설업체의 분모합계액 대비 분자합계액의 백분율)을 기준으로 등급을 정하여 평가함.
2. 부채비율 및 유동비율에 의한 평가는 직전 회계연도 정기결산서(비건설업 혹은 다른 건설업면허 보유여부와는 상관없이 세법 등 관련법령에 따라 제출된 정기결산서에 대하여 「주식회사의 외부감사에 관한 법률」에 따라 작성한 감사보고서 또는 한국공인회계사회의 「재무제표 등에 대한 검토업무 기준」에 따라 작성한 검토보고서상의 재무제표를 말함. 이하 같음)로 평가하며, 감사 및 검토의견에 따라 제6호를 준용하여 감점처리함. 〈개정 2010. 11. 30.〉

3. 해당 회계연도에 새로 설립되거나 설립등기한 업체(합병 또는 분할합병으로 신설된 경우는 제외한다. 이하 "신설업체"라 한다)의 경우에는 최초결산서(신설업체가 설립일 또는 법인의 경우 등기일을 기준으로 작성한 결산서로서 외감법 규정을 준용하여 작성된 감사보고서상의 재무제표를 말함. 이하 같음)로 경영상태를 평가함.
4. 해당 회계연도에 합병한 경우에는 합병대상업체(합병으로 존속하거나 소멸하는 업체를 말함. 이하 같음)의 직전 회계연도 정기결산서 합으로 평가하며, 동 평가금액은 합병으로 존속하는 업체의 합병후 경영상태평가시 직전 회계연도 정기결산서로 봄. 이 경우 최초결산서는 합하지 아니한다. 다만, 합병대상업체가 모두 신설업체인 경우에는 최초결산서 합으로 평가하며, 동 평가금액은 합병으로 존속하는 업체의 합병 후 경영상태평가시 최초결산서로 봄.
5. 해당 회계연도에 「상법」 제530조의2 제2항의 규정에 따라 분할합병한 경우에는 제4호의 규정에 불구하고 분할되는 업체를 제외한 합병대상업체의 직전 회계연도 정기결산서의 합으로 평가함. 다만, 합병대상업체가 모두 신설업체인 경우에는 분할되는 업체를 제외한 합병대상업체의 최초결산서 합으로 평가함.
6. 제3호의 규정에 의하여 제출된 감사보고서(회계연도말결산서에 대한 감사보고서 포함)상의 감사의견이 "한정의견"인 경우 경영상태 평점에서 5/100를, "부적정의견" 또는 "의견거절"인 경우 10/100을 감점처리하며, 제4호 및 제5호의 규정에 따라 합병한 업체는 합병대상업체중 가장 낮은 감사의견을 적용하고 정당한 사유로 감사인 의견이 없는 합병대상업체는 적정의견으로 봄.
7. 영업기간은 건설업체가 심사기준일현재 보유하고 있는 건설업면허 취득 또는 등록일로부터 심사기준일까지의 기간을 기준으로 하되, 보유한 건설업면허 또는 등록의 변동이 있었던 경우(「건설산업기본법」 제8조 제2항의 규정에 의한 동일한 종류의 건설업 면허를 말함)에는 종전에 보유하였던 건설업 면허 또는 등록의 보유기간을 합산함.(건설산업기본법 제2조 제2호 및 제4호에 따른 건설업에 포함되지 않는 공사업에도 준용) 〈개정 2008. 11. 1, 2009. 9. 21.〉
   - 5년 이상: 2.0점
   - 5년 미만 3년 이상: 1.8점
   - 3년 미만: 1.5점

   단, 건설산업기본법 시행규칙 부칙 제3조 제1항에 따라 새로이 등록한 업종이 전문공사를 시공하는 업종인 경우에는 새로이 등록한 업종으로 실적전환이 인정된 기간을 영업기간으로 인정함('07. 12. 31. 이전에 전문공사를 시공하는 업종을 보유하고 있는 경우에는 해당 업종을 보유한 기간을 영업기간을 합산하되, 중복되는 기간은 제외함)

나. 회사채, 기업어음, 기업의 신용평가등급을 심사하는 방법 〈신설 2005. 1. 1.〉

1. 추정가격이 100억원 이상 공사의 경우와 동일하게 적용
2. 다만, 등급별 점수는 "주2)-3."의 4등급 이하 업체 등급별 점수에 비례하여 적용

2-1. 등급별 점수에 비례하여 계산한 결과 소수점 이하의 숫자가 있는 경우 소수점 둘째자리에서 반올림

3. 추정가격이 50억원 미만 10억원 이상인 공사(전문공사 및 전기 · 정보통신 · 소방공사 · 문화재공사 등은 50억원 미만 3억원 이상)

구분	심사분야	심사항목	배점한도	비고
계			100	
해당 공사 수행능력			30	
	시공경험		(15)	
		• 해당공사 추정금액대비 최근 5년간 해당업종 실적누계액 비율 〈개정 2014. 1. 10.〉	(15)	• 2배 이상을 만점으로 하고, 일반건설공사 외의 공사의 경우 10억원 미만은 1배 이상을 만점으로 함 - 다만, 신설업체에 대해서는 공동수급체에 포함되어 참여하는 경우 1/2배 이상 실적 보유 시 만점에 해당하는 실적으로 인정함 〈단서신설 2012. 4. 2.〉
	경영상태		(15)	
		• 입찰자가 제출하는 다음 각 호의 자료 중 어느 하나로 평가 1. 최근년도 부채비율, 최근년도 유동비율 영업기간 2. 회사채, 기업어음, 기업의 신용평가등급 〈개정 2015. 1. 1.〉	 (7) (7) (1) (15)	
입찰가격			70	※ 평점산식: 아래
기타 해당공사 수행관련 결격여부	해당공사 수행능력 결격여부	• 관계법령에 의한 해당업종등록기준상 기술자 보유 미달 여부	△10	

주1) 입찰가격 평점산식

- 평점(점) $= 70 - 4 \times \left| \left(\frac{88}{100} - \frac{\text{입찰가격}}{\text{예정가격}} \right) \times 100 \right|$
  - | | 는 절대값 표시임
  - 입찰가격을 예정가격으로 나눈 결과 소수점 이하의 숫자가 있는 경우에는 소수점 다섯째 자리에서 반올림
- 입찰가격이 예정가격 이하로서 예정가격의 100분의 89.25 이상인 경우의 평점은 65점으로 한다.
- 최저평점은 2점으로 한다.

주2) 경영상태평가방법

가. 부채비율, 유동비율 및 영업기간을 심사하는 방법

1. 추정가격 100억원 미만 50억원 이상 공사의 경우와 동일하게 적용하되, 신설업체의 경우 최초결산서에 의한 평가시 기업진단보고서로 평가가능하며, 정기결산서에 의한 평가시 감사보고서 또는 검토보고서상의 재무제표로 평가하는 부분은 적용하지 않음

2. 영업기간은 건설업체가 심사기준일현재 보유하고 있는 건설업면허 취득 또는 등록일로부터 심사기준일까지의 기간을 기준으로 하되, 보유한 건설업면허 또는 등록의 변동이 있었던 경우(「건설산업기본법」 제8조 제2항의 규정에 의한 동일한 종류의 건설업 면허를 말함)에는 종전에 보유하였던 건설업 면허 또는 등록의 보유기간을 합산함(건설산업기본법 제2조 제2호 및 제4호에 따른 건설업에 포함되지 않는 공사업에도 준용) 〈개정 2008. 11. 1, 2009. 9. 21.〉

- 3년 이상: 1.0점
- 3년 미만 1년 이상: 0.9점
- 1년 미만: 0.8점

단, 건설산업기본법 시행규칙 부칙 제3조 제1항에 따라 종전 업종의 실적을 새로이 등록한 업종의 실적으로 전환한 경우에는 다음과 같이 영업기간을 인정한다.

가. 새로이 등록한 업종이 전문공사를 시공하는 업종인 경우에는 새로이 등록한 업종으로 실적전환이 인정된 기간을 영업기간으로 인정함('07. 12. 31. 이전에 전문공사를 시공하는 업종을 보유하고 있는 경우에는 해당 업종을 보유한 기간을 영업기간을 합산하되, 중복되는 기간은 제외함)

나. 새로이 등록한 업종이 종합공사를 시공하는 업종인 경우에는 추정가격이 30억원 미만인 공사의 적격심사시에 한하여 실적전환이 인정된 기간을 영업기간으로 인정함

나. 회사채, 기업어음, 기업의 신용평가등급을 심사하는 방법 〈신설 2015. 1. 1.〉

■ 추정가격이 100억원 미만 50억원 이상 공사의 경우와 동일하게 적용

주3) 기술자 보유미달 여부 확인방법

1. 〈삭제 2010. 4. 15.〉

2. 기술자 보유미달 여부 확인 및 감점처리는 다음 각호와 같이 한다. 〈개정 2008. 12. 29.〉

가. 입찰공고일 현재를 기준으로 공사관련 법령에 따라 공사업체의 기술자정보를 관리하는 협회 등에서에서 직접 발급받거나 발주기관이 동 협회의 전산망을 통하여 제공받은 기술자 보유 확인서에 의한다.(공동도급계약의 경우 구성원 각자의 기술자 보유현황을 확인) 〈개정 2008. 12. 29, 2010. 4. 15.〉

나. 입찰 공고일 현재 기술자 보유현황이 업종등록 기준에 미달하나 입찰서 제출 마감일까지 업종등록기준을 충족하는 경우에는 감점대상에서 제외한다. 다만, 퇴사(4대보험 가입자격 상실 확인서상 퇴사일기준)한 후 50일을 초과하지 않은 경우에 한한다. 〈신설 2008. 12. 29.〉

3. 제2호에 따른 방법으로 확인이 불가능한 경우에는 업체로부터 직접 제출받은 기술자 자격증 사본과 고용여부를 확인할 수 있는 4대 보험 가입증명서류 등에 의한다. 〈신설 2010. 4. 15.〉

주4) 신설업체에 대한 시공경험 평가 〈신설 2012. 4. 2.〉

1. 신설업체는 등록기간(양수·도를 통한 영업기간 합산) 3년 미만인 업체임

2. 신설업체 각각의 공동수급체 내 지분율은 20% 이하여야 하며, 공동수급체 내 모든 신설업체의 지분율의 합은 40% 이하여야 함

4. 추정가격이 10억원 미만 3억원 이상인 공사(일반 건설공사에 해당)

구분	심사분야	심사항목	배점한도	비고
계			100	
해당공사 수행능력			20	
	시공경험	• 해당공사 추정금액대비 최근 5년간 해당업종 실적누계액 비율 〈개정 2014. 1. 10.〉	(10)	• 1/2배 이상을 만점으로 함 - 다만, 신설업체에 대해서는 공동수급체에 포함되어 참여하는 경우 만점에 해당하는 시공실적을 인정함 〈단서신설 2012. 4. 2.〉
	경영상태		(10)	
		• 최근년도 부채비율	(5)	
		• 최근년도 유동비율	(5)	
입찰가격			80	※ 평점산식: 아래
기타 해당공사 수행관련 결격여부	해당공사 수행능력 결격여부	• 관계법령에 의한 해당업종 등록기준상 기술자 보유 미달 여부	△10	

주1) 입찰가격 평점산식

- 평점(점) $= 80 - 20 \times \left| \left(\frac{88}{100} - \frac{\text{입찰가격}}{\text{예정가격}} \right) \times 100 \right|$
  - | | 는 절대값 표시임
  - 입찰가격을 예정가격으로 나눈 결과 소수점 이하의 숫자가 있는 경우에는 소수점 다섯째 자리에서 반올림
- 입찰가격이 예정가격 이하로서 예정가격의 100분의 88.25 이상인 경우의 평점은 75점으로 한다.
- 최저평점은 2점으로 한다.

주2) 경영상태 평가방법

1. 경영상태는 등급을 정하여 평가하되 업종평균비율이상(부채비율인 경우에는 이하)인 업체에 대하여 만점을 부여하고 최저등급의 배점은 최고등급 배점의 60% 이상이 되도록 함
2. 추정가격 100억원 미만 50억원 이상 공사의 경우와 동일하게 적용하되, 신설업체의 경우 최초결산서에 의한 평가시 기업진단보고서로 평가가능하며, 정기결산서에 의한 평가시 감사보고서 또는 검토보고서상의 재무제표로 평가하는 부분은 적용하지 않음

주3) 기술자 보유미달 여부 확인방법

- 추정가격 50억원 미만 10억원 이상 공사의 경우와 동일

주4) 신설업체에 대한 시공경험 평가 〈신설 2012. 4. 2.〉

- 추정가격 50억원 미만 10억원 이상 공사의 경우와 동일

5. 추정가격이 3억원 미만 2억원 이상인 공사(전기 · 정보통신 · 소방공사 · 문화재공사 등은 3억원 미만 8천만원 이상, 전문공사는 3억원 미만 1억원 이상)

구분	심사분야	심사항목	배점한도	비고
계			100	
해당공사 수행능력			10	
	시공경험		(5)	
		• 해당공사 추정금액 대비 최근 5년간 실적누계액 비율(해당업종 구분없이 평가) 〈개정 2014. 1. 10.〉	(5)	• 1/2배이상을 만점으로 함 - 다만, 신설업체에 대해서는 공동수급체에 포함되어 참여하는 경우 만점에 해당하는 시공실적을 인정함 〈단서신설 2012. 4. 2.〉
	경영상태		(5)	
		• 최근년도 부채비율	(3)	
		• 최근년도 유동비율	(2)	
입찰가격			90	※ 평점산식: 아래
기타 해당공사 수행관련 결격여부	해당공사 수행능력 결격여부	• 관계법령에 의한 해당업종 등록기준상 기술자보유 미달 여부	△10	※ 평점산식: 아래

주1) 입찰가격 평점산식

- 평점(점) $= 90 - 20 \times \left| \left(\frac{88}{100} - \frac{\text{입찰가격}}{\text{예정가격}} \right) \times 100 \right|$
  - | | 는 절대값 표시임
  - 입찰가격을 예정가격으로 나눈 결과 소수점 이하의 숫자가 있는 경우에는 소수점 다섯째 자리에서 반올림
- 입찰가격이 예정가격 이하로서 예정가격의 100분의 88.25 이상인 경우의 평점은 85점으로 한다.
- 최저평점은 2점으로 한다.

주2) 경영상태 평가방법

- 추정가격 10억원 미만 3억원 이상 공사의 경우와 동일하게 적용하되, 신설업체의 경우 기업진단보고서 이외에 관련법령에 의하여 업종등록시 제출된 재무제표로도 평가가능

주3) 기술자 보유미달 여부 확인방법

- 추정가격 50억원 미만 10억원 이상 공사의 경우와 동일

주4) 신설업체에 대한 시공경험 평가 〈신설 2012. 4. 2.〉

- 추정가격 50억원 미만 10억원 이상 공사의 경우와 동일

6. 추정가격이 2억원 미만인 공사(전기 · 정보통신 · 소방공사 · 문화재공사 등은 8천만원 미만, 전문공사는 1억원 미만)

구분	심사분야	심사항목	배점 한도	비고
계			100	
해당공사 수행능력			10	
	경영상태	• 최근년도 부채비율 • 최근년도 유동비율	(5) (5)	
	특별 신인도	• 해당공사 추정금액대비 최근 5년간 해당업종 실적누계액 비율이 1배이상인 자 〈개정 2014. 1. 10.〉	+2	
입찰가격			90	※ 평점산식: 아래
기타 해당공사 수행관련 결격여부	해당공사 수행능력 결격여부	• 관계법령에 의한 해당업종 등록기준상 기술자보유 미달 여부	△10	※ 평점산식: 아래

주1) 입찰가격 평점산식

- 평점(점) $= 90 - 20 \times \left| \left(\frac{88}{100} - \frac{\text{입찰가격}}{\text{예정가격}} \right) \times 100 \right|$
  - | | 는 절대값 표시임
  - 입찰가격을 예정가격으로 나눈 결과 소수점 이하의 숫자가 있는 경우에는 소수점 다섯째 자리에서 반올림
- 입찰가격이 예정가격 이하로서 예정가격의 100분의 88.25 이상인 경우의 평점은 85점으로 한다.
- 최저평점은 2점으로 한다.

주2) 경영상태 평가방법

- 추정가격 10억원 미만 3억원 이상 공사의 경우와 동일하게 적용하되, 신설업체의 경우 기업진단보고서 이외에 관련법령에 의하여 업종등록시 제출된 재무제표로도 평가가능

주3) 기술자 보유미달 여부 확인방법

- 추정가격 50억원 미만 10억원 이상 공사의 경우와 동일

7. 추정가격 500억원 이상인 일괄입찰 · 대안입찰공사 〈삭제 2007. 10. 10.〉

8. 추정가격 500억원 미만인 일괄입찰 · 대안입찰공사 〈삭제 2007. 10. 10.〉

〈별첨〉 종합심사낙찰제 심사기준

[별표 1-1] 일반공사의 분야별 심사항목 및 배점기준

<table>
<tr><th>심사 분야</th><th colspan="2">심사 항목</th><th>가중치</th><th>비고</th></tr>
<tr><td rowspan="7">공사수행능력
(40~50점)</td><td rowspan="3">전문성</td><td>시공실적
(시공인력)</td><td>20~30%</td><td rowspan="7"></td></tr>
<tr><td>매출액 비중</td><td>0~20%</td></tr>
<tr><td>배치 기술자</td><td>20~30%</td></tr>
<tr><td rowspan="3">역량</td><td>공공공사 시공평가 점수</td><td>30~50%</td></tr>
<tr><td>규모별 시공역량</td><td>0~20%</td></tr>
<tr><td>공동수급체 구성</td><td>1~5%</td></tr>
<tr><td colspan="2">소계</td><td>100%</td></tr>
<tr><td rowspan="3">입찰금액
(50~60점)</td><td colspan="2">금액</td><td>100%</td><td rowspan="3"></td></tr>
<tr><td rowspan="2">가격 산출의
적정성</td><td>단가</td><td rowspan="2">감점</td></tr>
<tr><td>하도급계획</td></tr>
<tr><td rowspan="5">사회적 책임
(가점 1점)</td><td colspan="2">건설인력 고용</td><td>20~40%</td><td rowspan="5">※ 공사수행
능력에 가산</td></tr>
<tr><td colspan="2">건설안전</td><td>20~40%</td></tr>
<tr><td colspan="2">공정거래</td><td>20~40%</td></tr>
<tr><td colspan="2">지역경제 기여도</td><td>30~40%</td></tr>
<tr><td colspan="2">소계</td><td>100%</td></tr>
<tr><td rowspan="3">계약신뢰도
(감점)</td><td colspan="2">배치기술자 투입계획 위반</td><td>감점</td><td rowspan="3"></td></tr>
<tr><td colspan="2">하도급관리계획 위반</td><td>감점</td></tr>
<tr><td colspan="2">하도급금액 변경 초과비율 위반</td><td>감점</td></tr>
</table>

* 공사수행능력 점수와 입찰금액 점수를 합한 총점은 100점으로 한다.

[별표 1-2]: 고난이도 공사의 분야별 심사항목 및 배점기준

<table>
<tr><th>심사 분야</th><th colspan="2">심사 항목</th><th>가중치</th><th>비고</th></tr>
<tr><td rowspan="7">공사수행능력
(40～50점)</td><td rowspan="3">전문성</td><td>시공실적
(시공인력)</td><td>20～30%</td><td rowspan="7"></td></tr>
<tr><td>매출액 비중</td><td>0～20%</td></tr>
<tr><td>배치 기술자</td><td>20～30%</td></tr>
<tr><td rowspan="3">역량</td><td>공공공사 시공평가 점수</td><td>30～50%</td></tr>
<tr><td>규모별 시공역량</td><td>0～20%</td></tr>
<tr><td>공동수급체 구성</td><td>1~5%</td></tr>
<tr><td colspan="2">소계</td><td>100%</td></tr>
<tr><td rowspan="4">입찰금액
(50～60점)</td><td colspan="2">금액</td><td>100%</td><td rowspan="4"></td></tr>
<tr><td rowspan="3">가격 산출의
적정성</td><td>하도급계획</td><td rowspan="3">감점</td></tr>
<tr><td>물량</td></tr>
<tr><td>시공계획</td></tr>
<tr><td rowspan="5">사회적 책임
(가점 1점)</td><td colspan="2">건설인력 고용</td><td>20～40%</td><td rowspan="5">※ 공사수행
능력에 가산</td></tr>
<tr><td colspan="2">건설안전</td><td>20～40%</td></tr>
<tr><td colspan="2">공정거래</td><td>20～40%</td></tr>
<tr><td colspan="2">지역경제 기여도</td><td>30~40%</td></tr>
<tr><td colspan="2">소계</td><td>100%</td></tr>
<tr><td rowspan="4">계약신뢰도
(감점)</td><td colspan="2">배치기술자 투입계획 위반</td><td>감점</td><td rowspan="4"></td></tr>
<tr><td colspan="2">하도급관리계획 위반</td><td>감점</td></tr>
<tr><td colspan="2">하도급금액 변경 초과비율 위반</td><td>감점</td></tr>
<tr><td colspan="2">시공계획 위반</td><td>감점</td></tr>
</table>

* 공사수행능력 점수와 입찰금액 점수를 합한 총점은 100점으로 한다.

[별표 2] 공사수행능력 세부 심사방법

1. 시공실적 심사

가. 시공실적 심사는 입찰참가업체가 보유한 입찰공고일 기준 10년 이내 준공된 해당 발주공사와 동일한 공법, 구조형식 등의 시공실적경험을 건수, 금액, 규모 등의 기준으로 합산하여 심사하는 것을 말한다.

나. 시공실적 심사의 산식은 다음과 같다.

$$\text{시공실적점수} = \text{배점} \times \frac{\sum_{i=1}^{n} \text{동일공사실적}_i \times A_i}{\text{당해공사의 동일공사규모} \times B}$$

* A: 실적의 경과기간에 따른 조정 계수

(예시: 3년 미만 1, 3~5년 0.9, 5년 이상 0.8)

** B: 만점기준을 조정하는 계수

주:

1) 동일공사실적이란 사업추진에 핵심적인 기술에 해당하고 총 공사의 10% 이상의 비용 · 노동력 · 시간이 소요되는 3개 이내의 항목(이하 "동일공사 실적"이라 한다)을 말한다.
2) 다만, 공사의 특성상 동일공사 실적을 지정할 수 없는 경우에는 발주기관의 세부 심사기준과 입찰공고에 명시된 경우에 한하여 예외적으로 해당 발주공사와 동일한 업종(토목, 건축 등) 또는 공종그룹(교통/수자원/기타토목, 주거/비주거 등) 실적(이하 "일반공사 실적"이라 한다)으로 심사할 수 있다.
3) 각 조정계수는 발주기관이 공사특성, 규모 등을 반영하여 설정한다.
4) 시공실적은 관련협회 및 발주기관에서 심사하여 발급한 증명서에 의하여 확인한다.
5) 공동수급체의 경우 구성원별 시공실적에 시공비율을 반영하지 아니하고 합산한다. 다만, 일반공사 실적을 심사하는 경우에는 그러하지 아니하다.

다. 각 중앙관서의 장 또는 계약담당공무원은 입찰공고에 다음 항목을 명시하여야 한다.

(1) 동일공법, 구조형식 등의 명칭

(2) 심사기준(건수, 금액, 규모 등)

(3) 보유실적 인정기준(예시: 경간 80m 이상인 트러스교 시공건수)

(4) 기타 심사관련 참고사항

라. 각 중앙관서의 장 또는 계약담당공무원은 해당 중앙관서의 사업 특성 및 공사유형별 발주현황 등을 고려하여 세부 심사기준에 동일공사 분류를 명시하여야 한다.

1-1. 시공인력 심사

가. 시공인력 심사는 입찰참가 업체가 제1호에 의한 시공실적 대신 동 공사 참여경험이 있는 인력을 제출하는 경우 이를 심사하는 것을 말한다.

나. 일반공사 실적을 심사하는 경우에 대하여는 시공인력 심사로 대체하지 아니하며, 동일공사 실적을 심사하는 경우로서 각 중앙관서의 장 또는 계약담당공무원은 해당공사의 난이도, 해당공사를 수행할 수 있는 자의 수 등을 고려하여 입찰공고에 시공인력 심사 대상이 아님을 명시한 경우에는 시공인력 심사로 대체하지 아니할 수 있다.

다. 시공인력 심사는 심사대상 인력의 등급에 따라 발주기관이 정한 점수를 부여하며 시공인력 등급 산식은 다음과 같다.

$$시공인력\ 등급 = \Sigma\ 등급계수 \times 경력계수 \times 관리능력계수$$

주:
1) 등급계수: 기술자 등급(특급, 고급, 중급, 초급), 경력계수(동일공사 현장경력), 관리능력 계수(동일공사 현장대리인 경력)
2) 시공인력은 시공실적 증명서(제1호 다. 기준을 충족한 증명서에 한함)에 의거 건설기술인협회 또는 발주기관이 세부 심사기준에 명시한 관련협회가 발급한 기술자 경력증명서에 의해 확인한다.

라. 각 중앙관서의 장 또는 계약담당공무원은 입찰참가 업체가 보유한 시공인력의 기술자격등급, 공사참여경력 등이 적정히 반영될 수 있도록 세부 심사기준을 작성하여 집행하되 세부 심사기준에는 다음의 사항이 반영되도록 하여야 한다.

(1) 시공인력심사의 만점은 시공실적 심사의 배점한도로 한다.

(2) 공동수급체의 경우 구성원별 시공인력에 시공비율을 반영하지 아니하고 합산한다.

2. 동일공종그룹 매출액비중 심사

가. 매출액비중 심사는 입찰참가 업체의 동일공종그룹(토목업종은 교통시설, 수자원시설, 기타토목시설로 분류하고, 건축업종은 주거시설, 비주거시설로 분류) 실적이 동 업체의 해당 업종(토목, 건축)실적에서 차지하는 비중을 심사하는 것을 말한다.

나. 각 중앙관서의 장 또는 계약담당공무원은 가.에서 규정되지 아니한 업종 및 동일공종그룹에 대하여는 세부 심사기준에 별도의 업종 및 동일공종그룹을 설정할 수 있다.

다. 매출액비중 심사는 매출액비중의 등급에 따라 발주기관이 정한 점수를 부여하며 매출액비중 등급 산식은 다음과 같다.

$$\text{매출액 비중} = \text{배점} \times \frac{\text{10년간 동일공종그룹 실적총액}}{\text{10년간 동일업종 실적총액}}$$

주:

1) 공동수급체의 경우 매출액 비중 심사는 구성원별 매출액 비중 점수에 시공비율을 곱한 후 합산하는 방식에 의한다.
2) 발주기관은 입찰공고에 명시한 경우 최근 실적에 대한 우대 가중치를 적용할 수 있다.
3) 기성실적 총액은 관련협회에서 발급한 증명서에 의해 확인한다.

3. 배치기술자 시공경력 심사

가. 배치기술자 심사는 입찰참가 업체가 공사현장에 배치할 현장대리인 및 분야별 책임자의 시공참여 경력을 심사하는 것을 말한다.

나. 해당 입찰참가업체에 6개월 미만 재직한 자는 평가점수의 80%만 인정한다.

다. 현장대리인 배치예정자의 경력심사는 동일공종그룹 공사 참여실적을 대상으로 하는 것을 원칙으로 하되, 발주기관이 현장대리인의 특수한 공사 참여실적이 필요하다고 인정하는 경우에는 동일공종그룹에 포함되는 1개 이상의 세부공사(이하 “동일 · 유사공사”라 한다) 참여실적으로 심사할 수 있다.

$$평점 = \left(\frac{현장대리인\ 근무일수 \times A}{필요\ 근무연수 \times 365} + \frac{기타직위\ 근무일수}{필요\ 근무연수 \times 365} \right) \times 배점$$

주:
1) 필요 근무연수란 만점을 부여하는 최소 근무연수를 말하는 것으로 발주기관이 해당 공사의 기술자 현황 등을 고려하여 결정한다.
2) 동일 · 유사공사를 2개 이상 지정한 경우에는 모든 동일 · 유사공사 근무일수를 합산하여 평가한다.
3) A계수(현장대리인 가중치)는 1~3 범위에서 발주기관이 결정한다.
4) 공동수급체의 경우 현장대리인은 공동수급체 대표자 소속이어야 한다.
5) 시공경력은 건설기술인협회 또는 발주기관이 세부 심사기준에 명시한 관련협회에서 발급한 증명서에 의하여 확인한다.

라. 분야별 책임자 배치예정자의 경력심사는 다음과 같이 실시하며 산식은 다음과 같다.

(1) 분야별 책임자란 시공책임자, 품질책임자, 안전책임자를 말하며 최소한 시공책임자, 품질책임자, 안전책임자 각 1인(다만, 시공책임자는 추정가격 500억원 이상 1,000억원 미만 공사의 경우 2인, 추정가격 1,000억원 이상 공사의 경우 3인)을 포함하도록 하여야 한다.

(2) 시공책임자의 경력심사는 동 배치예정자의 과거 동일공종그룹 공사 참여실적을 대상으로 평가한다.

(3) 품질 또는 안전책임자의 경력심사는 각각 동 배치예정자의 과거 동일업종 공사의 품질 또는 안전 관련업무 경력을 대상으로 평가한다.

$$평점 = \frac{근무일수}{필요\ 근무연수 \times 365} \times 배점$$

주:
1) 필요 근무연수란 만점을 부여하는 최소 근무연수를 말하는 것으로 발주기관이 해당 공사의 기술자 현황 등을 고려하여 결정하되, 현장대리인에 대한 필요 근무연수보다 길게 정할 수 없다.
2) 공동수급체의 경우 공동수급체가 공동으로 제출하는 배치예정기술자를 심사한다.
3) 시공경력은 건설기술인협회 또는 발주기관이 세부 심사기준에 명시한 관련협회에서 발급한 증명서에 의하여 확인한다.

마. 각 중앙관서의 장 또는 계약담당공무원은 현장대리인 및 분야별 책임자의 경력으로 인정되는 직위의 범위를 해당 공사의 기술자 현황 등을 고려하여 입찰공고시 명시하여야 한다.

바. 각 중앙관서의 장 또는 계약담당공무원은 현장대리인 및 분야별책임자가 건설산업기본법, 건설기술진흥법, 산업안전보건법 등 관련법령에서 정하는 요건을 갖추도록 하여야 한다.

사. 배치기술자는 원칙적으로 교체하지 못하며 다음의 경우에 한하여 각 중앙관서의 장 또는 계약담당공무원(조달사업법 제3조에 따라 조달청에 의뢰하여 계약한 공사로서 수요기관이 공사관리를 하는 경우에는 수요기관 담당공무원을 말한다. 이하 "사." 및 "아."에서 이와 같다)의 승인을 받아 당초 심사시 취득한 점수 이상의 점수를 획득할 수 있는 기술자(배치기술자의 변경요청일을 기준으로 판단하되, (1) 내지 (3) 및 (5)의 경우에는 변경요청일 현재 6개월 이상 근무할 것을 요하지는 아니한다)로 대체할 수 있다.

(1) 배치기술자의 사망, 퇴직 등 근무관계가 종료된 경우

(2) 배치기술자의 질병, 출산 등으로 정상적인 근무가 곤란한 경우

(3) 배치기술자가 해당 현장에 배치된 때로부터 3년 이상이 경과되고 해당 공사의 공정률이 50%를 초과하는 경우

(4) 2개 이상의 공사에 동일한 배치기술자 투입계획을 제출하여 2개 이상의 공사에 낙찰예정인 경우

(5) 기타 발주기관이 세부 심사기준에 배치기술자의 교체사유로 명시한 경우

아. 각 중앙관서의 장 또는 계약담당공무원은 매년 2회 이상 배치기술자 투입계획 준수여부를 점검하여야 하며 승인없이 배치기술자를 교체하는 등 위반사항이 발견된 경우 즉시 그 위반사실을 통보하여야 하며 위반사항을 통보한 날로부터 2년 동안 해당 업체의 배치기술자 심사 점수에서 일정 비율을 감점한다(해당 발주기관의 향후 발주공사에 한함). 다만, 2개 이상의 공사에 동일 기술자를 투입하는 계획서를 제출하여 2개 이상의 공사에 낙찰예정인 경우로서 해당 기술자를 배치하지 못하는 공사에 대하여 각 중앙관서의 장 또는 계약담당공무원이 요청한 기한까지 동등 점수 이상을 획득할 수 있는 기술자로 교체하지 못하는 경우에는 낙찰되지 아니한 것으로 보며, 감점하지 아니한다.

4. 시공평가결과 심사

가. 시공평가결과 심사는 입찰참가 업체의 건설기술진흥법 제50조에 의한 시공평가결과를 심사하는 것을 말한다.

나. 시공평가결과 심사는 시공평가결과 점수별 등급에 따라 발주기관이 정한 점수를 부여한다.

다. 시공평가결과는 최근 3년간 입찰참가 업체가 동일공종그룹 공사에 대해 받은 시공평가결과 점수(2015. 1. 1. 이후 시공평가결과에 한한다)를 공사규모에 따라 가중 평균하여 심사한다(단, 공동이행방식의 경우 공동수급체 구성원의 시공평가결과는 공동수급체 대표자가 받은 시공평가결과를 적용한다).

라. 입찰참가업체의 시공평가결과는 한국시설안전공단이 관리하는 자료를 활용한다.

마. 동일공종그룹에 대한 시공평가 결과가 없는 업체의 경우 해당 업체가 받은 동일업종(토목, 건축 등)에 대한 시공평가 결과를 적용하며, 동일업종 시공평가 결과도 없는 경우에는 기본점수를 부여한다.

바. 공동수급체의 경우 시공평가결과 심사는 구성원별 시공평가결과 점수에 시공비율을 곱한 후 합산하는 방식에 의한다.

사. 다.·마.·바.의 규정에도 불구하고 2017. 12. 31.까지는 다음과 같은 방식으로 심사한다.

(1) 입찰참가업체가 동일업종 공사에 대해 받은 시공평가결과 점수를 대상으로 심사하되, 각 중앙관서의 장 또는 계약담당공무원이 동일업종 공사에 대한 시공평가결과를 활용할 경우에도 시공평가결과 심사가 곤란하다고 인정하는 경우에는 전체 공사에 대한 시공평가결과로 심사할 수 있다.

(2) 공동수급체의 경우에는 공동수급체 대표자와 참여비율이 30% 이상인 업체(이하 "시공평가 대상업체"라 한다)를 심사대상으로 하며, 평가는 각 시공평가 대상업체의 시공평가결과 점수에 전체 시공평가 대상업체에서 해당 시공평가 대상업체가 차지하는 비율을 곱하여 합산한다.

(3) 시공평가 결과가 없는 시공평가 대상업체는 기본점수를 부여한다.

5. 공사규모별 시공역량 심사

가. 규모별 시공역량 심사는 공사 규모에 따른 적정 규모의 건설업체간 경쟁을 유도하기 위한 심사를 말한다.

나. 동 심사는 발주기관별로 작성한 등급별 유자격자명부에 의한다. 동 명부에 의한 2등급 이하의 공사는 상위 등급의 공동도급 참여 지분율에 따라 점수를 감하는 방식으로 심사한다.

6. 공동수급체 구성 심사

가. 공동수급체 구성 심사란 공동수급체의 구성여부 및 공동수급체 중 대표자를 제외한 구성원의 참여비율(이하 "공동수급체 구성원 비율"이라 한다)을 심사하는 것을 말한다.

나. 공동수급체 구성 심사는 공동수급체 구성원 비율별 등급에 따라 발주기관이 정한 점수를 부여한다.

다. 각 중앙관서의 장 또는 계약담당공무원은 다음 사항을 준수하여 세부심사기준에 공사규모에 따른 등급표를 규정하여야 한다.

(1) 최고 등급에 해당하는 공동수급체 구성원 비율은 30%를 넘지 못한다.

(2) 최고 등급에 부여되는 점수와 최저 등급에 부여되는 점수의 편차는 0.5점을 넘지 못한다.

라. 가. 내지 다.의 규정에도 불구하고 500억원 미만의 공사에 대하여는 해당 공사를 수행할 수 있는 업체 현황 등을 고려하여 공동수급체 심사를 하지 아니할 수 있다.

[별표 3] 입찰금액 평가 및 가격 산출의 적정성 심사방법

1. 입찰금액 평가

가. 입찰금액 심사는 예정가격과 제8조의 균형가격을 통해 입찰금액에 따른 가격점수를 다음 수식에 따라 도출하는 것을 말한다.

i) 균형가격 미만일 경우

$$\text{입찰금액 심사점수} = \sqrt{1 - A \times (\frac{\text{당해투찰금액} - \text{균형가격}}{\text{예정가격} - \text{균형가격}})^2} \times \text{배점}$$

ii) 균형가격일 경우

입찰금액 심사점수 = 배점한도

iii) 균형가격 초과일 경우

$$\text{입찰금액 심사점수} = \sqrt{1 - B \times (\frac{\text{당해투찰금액} - \text{균형가격}}{\text{예정가격} - \text{균형가격}})^2} \times \text{배점}$$

주: A계수 및 B계수는 발주기관이 각 평가항목별 변별력 등을 고려하여 결정하되 B계수는 A계수의 1배~2배 범위에서 정한다.

2. 가격 산출의 적정성 심사

가. 가격 산출의 적정성 평가는 세부공종의 단가, 하도급계획, 시공계획심사 등을 통해 적정한 공사비 산정과 공정한 하도급거래를 보장하기 위한 평가를 말한다.

나. 단가 심사(감점, 일반공사에 한하여 적용)

1) 단가심사점수 산정 방식은 다음과 같다.

- 단가심사점수 = (-)입찰금액배점의 20% × $(1 - \frac{1}{100}$ (단가점수))

2) 단가점수의 배점한도는 100점으로 한다.

3) 단가점수는 세부공종별 가중치와 세부공종별 단가점수의 곱을 합산하여 산정한다.

4) 세부공종별 가중치는 발주기관 내역서상 전체 세부공종의 합계금액에

대한 각 세부공종 금액으로 산정하며, 전체 가중치의 합계는 1로 한다.

5) 세부공종별 단가점수는 세부공종 입찰단가가 세부공종 기준단가의 ±18% 이내인 경우 100점으로 평가(이하 "적정단가 기준"이라 한다)하고, 그 외에는 0점으로 평가한다. 다만, 각 중앙관서의 장 또는 계약담당공무원은 발주기관 내역서의 직접공사비에서 표준시장단가만으로 적용된 세부공종 및 음(-)의 금액 등 고정비용이 차지하는 비중이 20% 이상인 공사에 대하여는 적정단가 기준을 다음 범위 내에서 설정할 수 있다.

고정비용 비중	적정단가 기준
20% 이상 ~ 25% 미만	세부공종 기준단가의 ±18% 이내 ~ ±19% 이내
25% 이상 ~ 30% 미만	세부공종 기준단가의 ±18% 이내 ~ ±20% 이내
30% 이상 ~ 40% 미만	세부공종 기준단가의 ±18% 이내 ~ ±21% 이내
40% 이상	세부공종 기준단가의 ±18% 이내 ~ ±22% 이내

6) 세부공종 기준단가는 발주기관 내역서상 세부공종에 대한 예정가격의 100분의 70과 균형단가의 100분의 30에 해당하는 금액을 합산하여 산정하되, 구체적인 산정방법은 발주기관별로 세부 심사기준에 명시한다.

7) 단가심사는 모든 세부공종을 대상으로 심사한다. 다만, 표준시장단가를 적용한 세부공종 및 세부공종의 합계금액이 음(-)의 금액인 경우 단가심사를 제외할 수 있다.

다. 하도급계획 심사(감점)

1) 하도급계획서를 제출한 하도급계약 건별 하도급금액의 적정성에 대하여 심사한다.

2) 하도급계획심사점수 산정 방식은 다음과 같다.

- 하도급계획심사점수 = (-)입찰금액배점의 20% × $(1 - \frac{1}{100}$ (하도급점수))

3) 하도급점수의 배점한도는 100점으로 한다.

4) 하도급점수는 하도급계약별 가중치와 하도급계약별 하도급점수의 곱을 합산하여 산정하며, 소수점은 소수 셋째자리에서 반올림한다.

5) 하도급계약별 가중치는 발주기관 내역서상 하도급계획서를 제출한 전체부분의 합계금액(직 · 간접 노무비, 재료비, 경비를 기준으로 산출한 금액에 일반관리비, 이윤, 부가세를 포함한 금액, 이하 "내역서상 금액")에 대한 하도급계획서를 제

출한 각 하도급계약에 대한 내역서상 금액으로 산정하며, 전체 가중치의 합계는 1로 한다.

6) 하도급계약별 하도급점수는 하도급계약별로 하도급업체에 지급할 금액이 발주기관 내역서상 금액의 100분의 60 이상으로서, 하도급할 부분에 대한 입찰금액(직 · 간접 노무비, 재료비, 경비를 기준으로 산출한 금액에 일반관리비, 이윤, 부가세를 포함한 금액, 지급자재 및 하도급대금 지급보증서 발급금액은 제외)의 100분의 82 이상인 경우 100점으로 평가하고, 그 외는 0점으로 평가한다.

7) 각 중앙관서의 장 또는 계약담당공무원(조달사업법 제3조에 따라 조달청에 의뢰하여 계약한 공사로서 수요기관이 공사관리를 하는 경우에는 수요기관 담당공무원을 말한다. 이하 "다. 하도급계획심사" 및 "마. 시공계획 심사"에서 이와 같다)은 낙찰자가 향후 시공 과정에서 직접시공을 하도급으로 전환하려 하거나, 하도급계획을 제출하였으나 직접시공하려고 하는 경우 변경하는 부분에 해당하는 금액(해당 공사에서 1회 이상 변경한 경우에는 누적금액)이 낙찰금액의 10% 범위 내인 경우에 한하여 변경을 승인할 수 있다. 다만, 직접시공을 하도급으로 전환하려고 하는 경우에는 하도급 대금이 6)의 요건을 충족하는 경우에 한하여 변경을 승인하여야 한다.

8) 각 중앙관서의 장 또는 계약담당공무원은 매년 2회 이상 낙찰자의 하도급계획 이행여부를 확인하여야 하며, 하도급계획 불이행을 확인한 경우에는 즉시 그 위반사실을 통보하여야 하며 위반사실을 통보한 날로부터 해당 발주기관의 입찰에서 2년간 감점을 부여한다.

9) 8)에도 불구하고 하도급업체의 파산, 해산, 부도 및 하도급업체의 귀책사유에 따른 계약해제 · 해지 등 계약상대자의 책임없는 사유로 하도급계약이 이행불능에 이른 때에는 감점하지 아니한다.

라. 물량 심사(고난이도 공사에 한하여 적용)

1) 물량심사점수 산정은 다음과 같다.

- 물량심사점수 = (-)입찰금액배점의 20% × $(1 - \frac{1}{100}$(물량점수))

2) 물량점수 배점한도는 100점으로 한다.

3) 물량점수는 세부공종별 가중치와 세부공종별 물량점수의 곱을 합산하여 산정하며, 소수점은 소수 셋째자리에서 반올림한다.

가) 세부공종별 가중치는 발주기관 내역서상 물량심사 대상 전체 세부공종의 합계금액에 대한 각 물량심사 세부공종 금액으로 산정하며, 전체 가중치의 합계는 1로 한다.

나) 세부공종별 물량점수는 세부공종 입찰물량이 최종물량 대비 ±2% 이내인 경우 100점으로 평가하고, 그 외는 0점으로 평가한다.

마. 시공계획 심사(고난이도 공사에 한하여 적용)

1) 시공계획 심사점수 산정 방식은 다음과 같다.

- 시공계획심사점수 = (-)입찰금액배점의 20% × (1 − $\frac{1}{100}$(시공계획점수))

2) 시공계획점수 배점한도는 100점으로 한다.

3) 시공계획점수 평가내용 및 배점은 다음과 같다.

세부항목	평가내용	배점	평가방법*
1. 시공계획의 적정성	- 공정관리의 적정성 - 자재, 인력, 장비관리의 적정성	10~40%	적정(100%) 보통(50%) 부적정(0)
2. 공사기간의 적정성	- 공사계획의 적정성 - 공사기간의 단축 효과 - 공사기간 산정의 적정성	10~30%	적정(100%) 보통(50%) 부적정(0)
3. 안정성 확보 및 환경 오염 방지	- 안정성 확보 방안 - 소음, 오염 방지 대책	10~30%	적정(100%) 보통(50%) 부적정(0)
4. 품질 확보방안	- 대체 공법 시공가능성 - 품질관리계획의 적정성	10~40%	적정(100%) 보통(50%) 부적정(0)
합 계		100	

* 세부항목별 평가는 3개 등급 이상으로 구분한다.

4) 시공계획서를 제출하지 않는 경우에는 0점을 부여한다.

5) 각 중앙관서의 장 또는 계약담당공무원은 시공계획서의 이행여부를 점검하여 불이행한 경우에는 즉시 그 위반사실을 통보하여야 하며 위반사실을 통보한 날로부터 해당 발주기관의 입찰에서 2년간 감점을 부여한다.

6) 각 중앙관서의 장 또는 계약담당공무원은 5)의 점검대상 항목, 점검절차 및 감점기준을 세부 심사기준으로 정하여야 한다. 다만, 점검대상 항목은 정량적으로 평가가 가능한 부분에 한한다.

[별표 4] 사회적 책임 세부 심사방법

1. 사회적 책임 분야 중 건설인력 고용 심사방법은 다음과 같다.

가. 건설인력 고용은 고용탄력성 점수에서 근로기준법 준수 점수를 차감하는 방식으로 심사한다.

나. 고용탄력성은 표준화된 피보험자 증감률에서 표준화된 기성액 증감률을 차감한 값을 말한다.

1) 고용탄력성 심사는 입찰참가자의 고용탄력성 점수에 따라 발주기관이 작성한 고용탄력성 등급별 점수를 부여한다

2) 평가대상 기간은 입찰공고일이 속하는 년도의 전전년도부터 직전 3개년도로 한다.

3) 고용보험 피보험자 수는 입찰자의 본사 및 입찰자가 원수급인인 건설현장에서 신고된 피보험자 수를 합산하여 산정한다. 해당 건설현장에서 신고된 피보험자 수는 원수급인이 신고한 피보험자 수와 고용보험 및 산업재해보상보험의 보험료징수 등에 관한 법률 제9조 및 고용보험법 제15조 제2항에 의해 하수급인이 신고한 피보험자 수를 합산하여 산정한다.

4) 기성액은「건설산업기본법」에 따라 대한건설협회에서 산정한 실적액, 전기공사업법에 따라 한국전기공사협회에서 산정한 실적액, 정보통신공사업법에 따라 한국정보통신공사협회에서 산정한 실적액, 소방시설공사업법에 따라 한국소방설비협회에서 산정한 실적액을 합산하여 산출한다.

5) 피보험자 증감률과 기성액 증감률은 각 2개 연도별 전년대비 증감률을 가중평균한 값으로 하되 최근의 증감률에 0.6을 곱하고 이보다 과거의 증감률에 0.4를 곱한 값으로 한다.

6) 피보험자 증감률과 기성액 증감률은「건설산업기본법시행령」제87조 제1항 제1호에 의해 국토해양부 장관의 위탁을 받은 대한건설협회에 종합건설업을 등록한 업체를 모집단으로 하여 표준화하며, 표준화식은 아래와 같다.

• 표준화 산식 = (변수값 - 평균)/표준편차

7) 고용탄력성 등급별 점수는 각 중앙관서의 장 또는 계약담당공무원이 고용노동부에서 매년 1월 발표하는 고용탄력성 점수 등급별 표준화점수기준을 참고하여 세부 심사기준으로 정한다.

다. 근로기준법 준수 점수는 근로기준법 제43조의3에 따른 임금체불사업주 명단 공개 횟수에 따라 차등 점수를 부여한다.

1) 평가대상 기간은 입찰공고일이 속하는 년도의 전년도부터 직전 3개년도로 한다.

2) 명단공개 사업주의 범위는 입찰자뿐만 아니라 고용보험법 제15조 제2항에 의하여 평가대상기간 동안 입찰자의 이름으로 고용보험 시스템에 등록된 공사현장에 참여한 하도급업자를 포함한다.

3) 입찰자의 명단공개 횟수는 고용노동부 홈페이지 등에 공개된 명단을, 하수급인의 명단공개 횟수는 한국고용정보원 자료를 활용하여 확인한다.

4) 근로기준법 준수 등급 및 등급별 점수는 각 중앙관서의 장 또는 계약담당공무원이 세부 심사기준으로 정한다.

라. 둘 이상의 업체가 공동계약을 체결하여 공사를 공동이행방식으로 시행하는 경우 각 구성원의 점수에 시공비율을 곱한 후 합산하여 평가하되, 전체 공동수급체의 고용탄력성 점수에서 근로기준법 준수점수를 차감하여 산정한다.

2. 사회적 책임 분야 중 건설안전 심사방법은 다음과 같다.

가. 건설안전은 입찰자의 사망만인율 점수와 재해율 점수를 합산하여 평가한다.

나. 사망만인율은 다음의 계산식에 의거 산출하되, 소수점 셋째자리에서 반올림한다.

- 사망만인율 = $\frac{\text{사망자 수}}{\text{상시 근로자 수}} \times 10{,}000$

1) 사망자 수는 산정대상 연도의 1월 1일부터 12월 31일까지의 기간 동안 해당업체가 시공하는 국내의 건설현장에서 사고성 사망재해로 승인된 근로자수를 합산하여 산출한다.

2) 사망자 수는 다음과 같은 기준과 방법에 따라 산출한다.

가) 공동이행 방식으로 시행하는 공사의 경우 해당 현장에서 발생한 사망자 수는 공동수급체의 출자 비율에 따라 분배한다.

나) 「건설산업기본법」 제8조에 따른 종합공사를 시공하는 업체(이하

"종합건설업자"라 한다)의 경우에는 해당 업체의 소속 사망자 수에 그 업체가 시공하는 건설현장에서 그 업체로부터 도급을 받은 업체(설치, 해체, 장비 임대 및 물품 납품 등에 관한 계약을 체결한 업체를 포함한다, 이하 같다)의 사망자 수를 합산하여 산출한다. 다만, 건설산업기본법 제29조 제3항에 따라 종합건설업자(A)가 발주자의 승인을 받아 다른 종합건설업자(B)에 도급을 준 경우에는 해당 업체(B)의 사망자 수와 그 업체로부터 도급을 받은 업체(C)의 사망자 수를, 도급을 한 종합건설업자(A)와 도급을 받은 종합건설업자(B)에 반으로 나누어 각각 합산한다.

다) 산업안전보건법 시행규칙 별표 1 제3호 마목에 해당하는 재해자는 사망자에서 제외한다.

3) 상시 근로자수는 다음과 같이 산출한다.

$$\bullet \text{ 상시 근로자수} = \frac{\text{연간국내공사실적액} \times \text{노무비율}}{\text{건설업월평균임금} \times 12}$$

가) 연간 국내공사실적액은 「건설산업기본법」에 따라 대한건설협회에서 산정한 실적액, 「전기공사업법」에 따라 한국전기공사협회에서 산정한 실적액, 「정보통신공사업법」에 따라 한국정보통신공사협회에서 산정한 실적액, 「소방시설공사업법」에 따라 한국소방시설협회에서 산정한 실적액을 합산하여 산출한다.

나) 노무비율은 고용보험 및 산업재해보상보험의 보험료징수 등에 관한 법률 시행령 제11조 제1항에 따라 고용노동부장관이 고시하는 일반 건설공사의 노무비율을 적용한다.

다) 건설업월평균임금은 고용보험 및 산업재해보상보험의 보험료징수 등에 관한 법률 시행령 제2조 제1항 제3호 가목에 따라 고용노동부장관이 고시하는 건설업 월평균임금을 적용한다.

다. 재해율은 다음의 계산식에 따라 산출하되, 소수점 셋째자리에서 반올림한다.

$$\bullet \text{ 재해율} = \frac{\text{재해자 수}}{\text{상시 근로자 수}} \times 100$$

1) 재해자 수는 산정대상 연도의 1월 1일부터 12월 31일까지의 기간 동안 해당업체가 시공하는 국내의 건설현장에서 사고성 부상재해로 요양 승인된 근로자수를 합산하여 산출한다.

2) 재해자 수 산출 기준과 방법은 사망자수와 동일하게 산출한다.

3) 상시 근로자수는 사망만인율의 상시 근로자수 산출방식과 동일하게 산출한다.

라. 산업재해 발생보고 위반건수는 다음과 같이 산정한다.

1) 건설업체의 산업재해 발생 보고의무 위반건수는 국내의 건설현장에서 발생한 산업재해의 경우 산업안전보건법 제10조에 따른 보고의무를 위반(제4조 제1항에 따른 보고기한을 넘겨 보고의무를 위반한 경우는 제외한다)하여 과태료 처분을 받은 경우만 해당한다.

2) 종합건설업자의 산업재해 발생 보고의무 위반건수에는 해당 업체로부터 도급받은 업체(그 도급을 받은 업체의 하수급인은 포함한다)의 산업재해 발생 보고의무 위반건수를 합산한다. 다만, 「건설산업기본법」 제29조 제3항에 따라 종합건설업자(A)가 발주자의 승인을 받아 다른 종합건설업자(B)에 도급을 준 경우에는 해당 도급을 받은 종합건설업자(B)의 산업재해 발생 보고의무 위반건수와 그 업체로부터 도급을 받은 업체(C)의 산업재해 발생 보고의무 위반건수를 도급을 준 종합건설업자(A)와 도급을 받은 종합건설업자(B)에 반으로 나누어 각각 합산한다.

3) 공동이행 방식으로 시행하는 공사의 경우 산업재해 발생 보고의무 위반건수는 각 구성원의 시공비율을 곱한 후 합산하여 평가한다.

마. 사망만인율과 재해율의 점수 심사산식은 다음과 같다.

구분	점수 심사산식	비고
사망 만인율	$점수 = 100 - 50 \times \frac{해당업체\ 가중평균\ 사망만인율}{건설업\ 가중평균\ 사망만인율}$ * 해당업체 가중평균사망만인율이 건설업 가중평균사망만인율의 2배 이상인 경우는 0점	점수는 소수첫자리에서 반올림하여 정수로 표시하고, 점수한도는 100
재해율	$점수 = 100 - 50 \times \frac{해당업체\ 가중평균\ 재해율}{건설업\ 가중평균\ 재해율}$ * 해당업체 가중평균재해율이 건설업 가중평균재해율의 2배 이상인 경우는 0점	점수는 소수첫자리에서 반올림하여 정수로 표시하고, 점수한도는 100

1) 사망만인율과 재해율은 입찰공고일이 속하는 년도의 전전년도부터 과거 3개년의 가중평균*으로 산출한다.

* 입찰공고일이 속하는 년도의 전전년도 사망만인율(재해율)×0.5+전전년도의 최근 1년전 사망만인율(재해율)×0.3+전전년도의 최근 2년전 사망만인율(재해율)×0.2(입찰공고일이 속하는 년도의 전전년도의 최근 1년전 사망만인율(재해율) 또는 전전년도의 최근 2년전 사망만인율(재해율)을 산정하지 않은 경우에는 평균값으로 함)

2) 산업재해 발생보고 위반건수는 입찰공고일이 속하는 년도의 전전년도의 1월 1일부터 12월 31일까지의 기간 중에 과태료 부과처분이 확정된 건으로 산정하고, 재해율에서 취득한 점수 범위 내에서 다음과 같이 감점한다.

위반건수	1건	2건	3건	4건	5건
감점	20	40	60	80	100

바. 각 중앙관서의 장 또는 계약담당공무원은 한국산업안전보건공단에서 마.에 따라 산출한 입찰자의 사망만인율, 재해율 등의 점수를 확인하고 심사에 반영하여야 한다.

사. 둘 이상의 업체가 공동계약을 체결하여 공사를 공동이행방식으로 시행하는 경우 각 구성원의 점수에 시공비율을 곱한 후 합산하여 평가한다.

3. 사회적 책임 중 공정거래 심사는 상호협력평가 점수에서 공정거래관련법 준수점수를 차감하여 산정한다.

가. 상호협력평가 점수

1) 상호협력평가라 함은 「건설산업기본법」 제48조에 의한 상호협력평가를 말한다.

2) 상호협력평가 점수(100점)는 국토교통부가 매년 5월 31일 공표하는 업체별 상호협력평가 등급에 따라 심사하며 등급별 점수는 각 중앙관서의 장 또는 계약담당공무원이 세부 심사기준으로 정한다.

나. 공정거래관련법 준수

1) 공정거래관련법이라 함은 「독점규제 및 공정거래에 관한 법률」(공정거래법이라 한다), 「하도급거래 공정화에 관한 법률」(하도급법이라 한다)을 말한다.

2) 공정거래관련법의 위반행위 시점은 공정거래위원회 의결일(소송 진행중인 경우 해당소송의 확정판결일)을 기준으로 하되, 입찰공고일이 속하는 년도

의 직전 2개년도를 대상으로 한다.

3) 공정거래관련법 위반행위는 법위반 행위유형 및 조치정도에 따라 아래 해당 점수를 감점한다.

행위 유형	조치정도
입찰담합 등 공동행위 (공정거래법 제19조)	시정명령(25점), 과징금 10억 미만(30점), 과징금 10억 이상 ~ 30억 미만(35점), 과징금 30억 이상(40점), 법인고발(45점), 법인 및 개인고발(50점)
하도급법 위반행위	시정명령(20점), 과징금(30점), 고발(40점)
기타 공정거래법 위반행위	시정명령(15점), 과징금(25점), 고발(30점)

4) 공정거래관련법의 위반행위 여부는 입찰참가자가 제출하는 다음 정보가 포함된 서류로 평가한다.

가) 입찰공고일 기준 직전 2년간 해당 입찰참가자에 대한 공정거래위원회의 3)의 조치사실

나) 입찰참가자가 가) 처분에 대하여 소송이 진행중인 경우에는 이를 입증하는 자료

다) 입찰공고일 기준 직전 2년간 3)의 조치에 대한 소송의 확정판결 및 이에 대한 입증자료

5) 대상기간 중 하나의 의결에 다수의 조치가 있는 경우 그 중 가장 높은 점수만 감점하며, 다수의 의결이 있는 경우 각 의결의 조치 중 높은 점수의 합을 감점한다. 다만, 감점의 합은 100점을 넘지 못한다.

6) 둘 이상의 업체가 공동계약을 체결하여 공사를 공동이행방식으로 시행하는 경우 각 구성원의 점수에 시공비율을 곱한 후 합산하여 평가하되, 전체 공동수급체의 상호협력평가점수에서 공정거래관련법 준수점수를 차감하여 산정한다.

4. 사회적 책임 중 지역경제기여도 심사는 공동수급체 구성원 중 해당 공사현장 소재 지역업체의 참여비율을 심사한다.

1) 지역업체란 입찰공고일 현재 90일 이상 해당 공사현장이 소재한 특별시, 광역시, 특별자치시, 도 및 특별자치도에 주된 영업소가 소재한 업체를 말

하며 공동수급체 대표자는 제외한다.

2) 지역경제기여도 심사의 산식은 다음과 같다.

$$\text{평점} = \frac{\text{지역업체 비율}}{20\% \times A} \times \text{배점}$$

주:

1) 공동수급체 대표자는 지역업체 비율 산정시 제외한다.

2) A는 발주기관이 해당 공사현장 소재지역의 지역업체 현황과 공사규모 및 난이도 등을 종합적으로 고려하여 0.5~2 사이에서 결정.

5. 지식기반사업과 협상에 의한 계약(국가계약법 시행령 제43조의2)

가. 관련 조항

국가계약법 시행령 제43조는 물품·용역계약에 있어서 계약의 전문성·기술성·긴급성, 공공시설물의 안전성 및 그 밖에 국가안보목적 등의 이유로 필요하다고 인정되는 경우에는 다수의 공급자들로부터 제안서를 제출받아 평가한 후 협상절차를 통하여 국가에 가장 유리하다고 인정되는 자와 계약을 체결할 수 있도록 하는 계약방식, 즉 협상에 의한 계약방식에 대하여 규정하고 있다.

그리고 국가계약법 시행령 제43조의2는 정보과학기술 등 집약도가 높은 지식을 활용하여 고부가가치를 창출하는 사업 중 일정한 사업(즉, 지식기반사업)의 경우에는 협상에 의한 계약체결방식을 우선적으로 적용할 수 있도록 하고 있다.

나. 협상에 의한 계약방법이 적용되는 사업(국가계약법 시행령 제43조의2 제1항 각호)

1) 「엔지니어링산업 진흥법」 제2조 제3호에 따른 엔지니어링사업. 다만, 「건설기술 진흥법」 제2조 제3호의 규정에 의한 건설기술용역에 있어서는 고난도 또는 고기술을 요하는 경우에 한한다.
2) 「정보통신산업 진흥법」 제2조 제2호에 따른 정보통신산업
3) 「국가정보화 기본법」 제3조 제2호에 따른 정보화에 관한 사업
4) 「산업디자인진흥법」 제2조의 규정에 의한 산업디자인에 관한 사업
5) 「문화산업진흥 기본법」 제2조 제1호의 규정에 의한 문화산업
6) 「온라인 디지털콘텐츠산업 발전법」 제2조 제3호의 규정에 의한 온라인 디지털콘텐츠산업
7) 기초과학 및 응용과학에 관한 학술연구용역
8) 그 밖에 각 중앙관서의 장이 이에 해당한다고 인정하는 사업

다. 협상에 의한 계약체결 기준(세부절차)

1) 국가계약법 시행령 제43조의2 제2항은 "중앙관서의 장 또는 계약담당공무원은 제1항의 규정에 의하여 협상에 의한 계약을 체결하고자 하는 경우에는

기획재정부장관이 정하는 제안서 평가방법 및 협상절차 등에 따라 세부기준을 정하여 그 계약을 체결하여야 한다."라고 규정하고 있으며, 그에 따라 기획재정부장관은 '협상에 의한 계약체결기준'(이하 "협상기준")을 제정하여, 운용하고 있으며, 각 중앙관서의 장은 이 협상기준에 따라 협상에 의한 계약을 체결함에 있어 필요한 세부기준을 정하여 운용할 수 있다(협상기준 제16조).

다만 협상기준은 「훈령·예규 등의 발령 및 관리에 관한 규정」에 따라 이 예규에 대하여 2016년 1월 1일 기준으로 매 3년이 되는 시점(매 3년째의 12월 31일까지를 말한다)마다 그 타당성을 검토하여 개선 등의 조치를 하여야 한다(협상기준 제17조).

그 내용을 살펴보면 다음과 같다.

2) 입찰공고(협상기준 제4조)

가) 계약담당공무원은 제안서 제출마감일의 전일부터 기산하여 40일 전에 입찰공고를 하여야 한다. 다만, 긴급을 요하는 경우, 추정가격이 고시금액 미만인 경우 및 시행령 제20조 제2항에 따른 재공고입찰인 경우에는 제안서 제출마감일의 전일부터 기산하여 10일 전까지 공고할 수 있다.

나) 입찰공고 사항

i) 사업명, 사업내용, 사업기간, 사업예산
ii) 해당 계약이 협상에 의한 계약이라는 사실
iii) 제안요청서의 요청기한 및 요청에 필요한 서류
iv) 시행령 제43조 제5항[50]에 따라 제안요청서에 대한 설명을 실시하는 경우에는 그 장소·일시 및 참가의무여부에 관한 사항
v) 협상에 의한 계약체결에 필요한 기준 및 절차
vi) 제안서의 제출기간
vii) 제안서의 내용
viii) 제안서의 평가요소 및 평가방법(제7조 제2항에 따라 분야별 배점한도를

50) 각 중앙관서의 장 또는 계약담당공무원은 제1항에 따라 계약을 체결하려는 경우 그 계약의 성질·규모 등을 고려하여 필요하다고 인정되는 경우에는 제안요청서 등에 대한 설명을 할 수 있다.

10점 범위 내에서 조정하는 경우에는 그 사유를 포함한다)

ix) 기타 계약담당공무원이 필요하다고 인정하는 사항

3) 제안요청서의 교부 또는 열람(협상기준 제5조)

가) 제안요청서의 교부

계약담당공무원은 입찰에 참가하고자 하는 자에게 제안요청서를 교부하여야 하며, 제안요청서 등 필요한 서류를 전자조달시스템에 게재함으로써 제1항에 따른 제안요청서 등 필요한 서류의 교부에 갈음할 수 있다.

다만 계약담당공무원은 사업내용이 비교적 단순하여 제안요청서의 교부 또는 열람이 불필요하다고 인정되는 경우에는 제안요청서의 교부 또는 열람을 생략하고, 바로 제안서를 제출하게 할 수 있다. 이 경우에는 입찰공고에 사업내용 등 제안서 작성에 필요한 사항을 명시하여야 한다.

나) 제안요청서의 설명

계약담당공무원은 계약의 성질·규모 등을 고려하여 필요하다고 인정하는 경우에는 제안요청서 등에 대한 설명을 할 수 있으며, 설명을 실시하는 경우에는 설명에 참가한 자에 한하여 계약에 참가하게 할 수 있다.

다) 제안요청서 명시 사항

i) 과업내용

ii) 요구사항

iii) 계약조건

iv) 평가요소와 평가방법

v) 제안서의 규격

vi) 기타 필요한 사항

4) 제안서의 제출(협상기준 제6조)

협상에 의한 계약에 참가하고자 하는 자는 입찰공고 또는 제안요청서에 정한 바에 따라 제안서 및 가격입찰서를 별도로 작성하여 계약담당공무원에게 제출하여야 하며, 계약담당공무원은 입찰참가자의 가격입찰서 모두를 함께 봉함하여 가격입찰서의 개봉시까지 보관하여야 한다.

5) 제안서의 평가(협상기준 제7조)

가) 제안서 평가항목 및 배점한도(협상기준 별표)

제안서의 평가와 관련하여서는 협상기준 별표에서 자세히 규정하고 있다.

[별표] 제안서의 평가항목 및 배점한도 (제7조 관련) 〈개정 2012. 4. 2, 2014. 1. 10.〉

구 분	평가항목	배점한도	비 고
계		100	
기술능력 평가	• 기술 · 지식능력 • 인력 · 조직 · 관리기술 • 사업수행계획 • 지원기술 · 사후관리 • 수행실적 • 재무구조 · 경영상태 • 상호협력 • 외주근로자 근로조건 등 〈신설 2012. 4. 2.〉	80	• 각 평가항목의 배점한도는 30점을 초과하지 못함
입찰가격 평가		20	※ 평점산식: 아래

주1) 입찰가격 평점산식

가) 입찰가격을 추정가격의 100분의 80 이상으로 입찰한 자에 대한 평가

• $\text{평점} = \text{입찰가격평가배점한도} \times \left(\frac{\text{최저입찰가격}}{\text{해당입찰가격}} \right)$

* 최저입찰가격: 유효한 입찰자 중 최저입찰가격으로 하되, 입찰가격이 추정가격의 100분의 60 미만일 경우에는 100분의 60으로 계산 〈개정 2015. 9. 21.〉

* 해당입찰가격: 해당 평가대상자의 입찰가격

* 입찰가격 평가시 사업예산으로 하는 경우에는 추정가격에 부가가치세를 포함하여 적용하고, 예정가격을 작성한 경우에는 추정가격을 예정가격으로 적용

나) 입찰가격을 추정가격의 100분의 80 미만인 입찰한 자에 대한 평가

• $\text{평점} = \text{입찰가격평가배점한도} \times \left(\frac{\text{최저입찰가격}}{\text{추정가격의 80\% 상당가격}} \right) + \left[2 \times \left(\frac{\text{추정가격의 80\% 상당가격} - \text{해당입찰가격}}{\text{추정가격의 80\% 상당가격} - \text{추정가격의 60\% 상당가격}} \right) \right]$

* 최저입찰가격: 유효한 입찰자 중 최저입찰가격으로 하되, 입찰가격이 추정가격의 100분의 60 미만일 경우에는 100분의 60으로 계산 〈개정 2015. 9. 21.〉

* 해당입찰가격: 해당평가대상자의 입찰가격으로 하되, 입찰가격이 추정가격의 100분의 60 미만일 경우에는 배점한도의 30%에 해당하는 평점을 부여 〈개정 2015. 9. 21.〉
* SW 사업의 경우에는 해당 입찰가격이 추정가격의 100분의 80 미만일 경우에는 배점한도의 30%에 해당하는 평점을 부여 〈신설 2014. 1. 10, 개정 2015. 9. 21.〉
* 입찰가격 평가시 사업예산으로 하는 경우에는 추정가격에 부가가치세를 포함하여 적용하고, 예정가격을 작성한 경우에는 추정가격을 예정가격으로 적용

다) 입찰가격 평점산식에 의한 계산결과 소수점 이하의 숫자가 있는 경우에는 소수점 다섯째자리에서 반올림함

라) 각 중앙관서의 장은 계약수행 과정에서 계약상대자가 계약금액 이외에 제3자로부터 경제적 이익을 얻을 수 있는 경우 등 위 기준을 적용하기 곤란하다고 판단되는 경우에는 기획재정부 장관과 협의하여 위 기준과 다른 평점산식을 운영할 수 있다. 〈신설 2015. 9. 21.〉

주2) 기술능력 평가방법 〈신설 2012. 4. 2.〉

가) 외주근로자 근로조건은 시행규칙 제23조의3 각 호에 해당하는 단순노무 용역이 포함된 용역에 한해 평가하며, 임금의 적정수준에 대한 기준은 적격심사에서 단순노무 용역에 적용되는 낙찰하한율을 고려하여 적격심사세부기준에서 정한 내용을 준용한다.

나) 추정가격이 고시금액 미만인 소규모 사업평가시 수행실적은 평가항목에서 제외한다. 단, 원활한 사업이행을 위해서 필요하다고 판단되는 경우에는 예외로 한다. 〈신설 2014. 1. 10.〉

나) 세부평가기준과 평가점수에 대한 재량 및 절차 등(협상기준 제7조 제2항 내지 제4항)

각 중앙관서의 장은 제1항에 의한 평가항목 및 배점한도를 기준으로 세부평가기준을 정할 수 있으며, 이 경우 사업의 특성·목적 및 내용 등을 고려하여 필요한 때에는 별표의 분야별 배점한도를 10점의 범위 내에서 가·감 조정할 수 있고, 평가항목을 추가하거나 제외할 수 있다. 다만, 배점한도에 대하여 10점의 범위를 초과하여 가·감 조정할 경우에는 기획재정부장관과 협의하여야 한다.

그리고 계약담당공무원은 제안서의 평가에 있어서 필요한 서류가 첨부되어 있지 않거나 제출된 서류가 불명확하여 인지할 수 없는 경우에는 제안서 내용의 변경이 없는 경미한 사항에 한하여 기한을 정하여 보완을 요구하여야 하며, 보완요구한 서류가 기한까지 제출되지 아니한 경우에는 당초 제출된 서류만으로 평가하고, 당초 제출된 서류가 불명확하여 심사가 불가능한 경우에는 평가에서 제외한다.

다) 제안서 평가에 대한 심의위원회 심의(협상기준 제7조 제5항 내지 9항)

각 중앙관서의 장 또는 계약담당공무원은 제안서를 평가하는 경우에는 제안서평가위원회(이하 "위원회"라고 함)의 심의를 거쳐야 한다. 이 경우 위원회는 소속공무원, 해당사업 및 계약에 관한 학식과 경험이 풍부한 자 등으로 구성하며, 위원회의 구성 및 운영에 관하여 필요한 세부사항은 각 중앙관서의 장이 정한다.

계약담당공무원은 평가위원회의 요청이 있는 경우에는 제안서를 제출한 자에게 보완자료 등 평가에 필요한 자료를 제출하게 할 수 있으며, 각 중앙관서의 장은 전자조달시스템 또는 발주기관의 정보처리장치를 통해 위원회의 위원별 제안서 평가결과를 공개하여야 한다. 다만, 위원의 실명은 공개하지 아니할 수 있다.

다만, 각 중앙관서의 장은 제안서 평가결과에 개인정보, 영업비밀 및 다른 법령에 따라 공개가 제한되는 정보가 포함되어 있을 경우 평가결과의 일부 또는 전부를 공개하지 아니할 수 있다. 이 경우 전자조달시스템 또는 발주기관의 정보처리장치에 제안서 평가결과를 공개하지 않는다는 취지와 그 사유를 게재하여야 한다.

6) 입찰가격 개봉 및 평가(협상기준 제7조의2)

계약담당공무원은 제안서 평가 후 지체없이 입찰참가자가 참석한 자리에서 봉함된 가격입찰서를 개봉하고 입찰가격에 대한 평가를 실시하여야 한다.

7) 협상적격자 및 협상순위의 선정과 통지(협상기준 제8, 9조)

가) 계약담당공무원은 제안서 평가결과 기술능력평가 점수가 기술능력평가분야 배점한도의 85% 이상인 자를 협상적격자로 선정한다.

협상순서는 협상적격자의 기술능력평가 점수와 입찰가격평가 점수를 합산하여 합산점수의 고득점순에 따라 결정하며, 다만, 합산점수가 동일한 제안자가 2인 이상일 경우에는 기술능력 평가점수가 높은 제안자를 우선순위자로 하고, 기술능력 평가점수도 동일한 경우에는 기술능력의 세부평가항목 중 배점이 큰 항목에서 높은 점수를 얻은 자를 우선순위자로 한다.

나) 계약담당공무원은 협상적격자와 협상순위가 결정된 경우에는 지체없이 협상적격자에게 협상순위, 협상적격자 전원의 기술능력과 입찰가격 평가점수와 합산점수 및 협상일정을 통보하여야 한다.

8) 협상절차(협상기준 제10조)

계약담당공무원은 평가에 따라 결정된 우선순위 협상대상자와 협상을 하며, 이 협상이 성립된 때에는 다른 협상적격자와 협상을 실시하지 아니하나, 협상대상자와의 협상이 성립되지 않으면 동일한 기준과 절차에 따라 순차적으로 차순위 협상적격자와 협상을 실시한다.

그리고 계약담당공무원은 모든 협상적격자와의 협상이 결렬될 경우에는 재공고입찰에 부칠 수 있다.

9) 협상의 내용과 범위 및 기간 등(협상기준 제11조 내지 제14조)

가) 협상의 내용

계약담당공무원은 협상대상자가 제안한 사업내용, 이행방법, 이행일정 등 제안서 내용을 대상으로 협상을 실시하며 협상대상자와 협상을 통해 그 내용의 일부를 조정할 수 있다. 다만, 계약담당공무원은 협상대상자에게 당해 사업과 무관한 요구사항을 추가하는 행위, 기술 이전 요구 등 불공정한 요구를 하여서는 아니 된다.

나) 가격협상

협상대상자와의 가격협상시 기준가격은 해당 사업예산(예정가격을 작성한 경우에는 예정가격) 이하로서 협상대상자가 제안한 가격으로 한다.

계약담당공무원은 협상대상자가 제안한 내용을 가감하는 경우에는 그 가감되는 내용에 상당하는 금액을 해당 사업예산(예정가격을 작성한 경우에는 예정가격) 범위 내에서 조정할 수 있다. 다만, 제안한 내용의 가감조정이 없는 경우에는 가격협상시 협상대상자가 제안한 가격을 증감조정할 수 없다.

협상대상자와의 가격협상을 위하여 예정가격을 작성하는 경우에는 입찰참가자의 제안서 제출 전까지 국가계약법 시행령 제9조에 정해진 예정가격의 결정기준에 따라 작성하여야 하며, 입찰에 참가한 자의 제안가격 등을 기준으로 작성하여서는 아니 된다.

다) 협상기간

계약담당공무원은 협상기간과 대상 등을 협상대상자에게 통보하여야 하며, 협상기간은 협상대상자에게 통보된 날로부터 15일 이내로 한다. 다만, 해당 사업의 규모, 특수성, 난이도 등에 따라 협상대상자와의 협의에 의하여 5일의 범위 내에서 조정할 수 있으며, 위 기간 내에 협상이 이루어지지 않을 경우에는 10일의 범위 내에서 연장할 수 있다.

라) 협상결과의 통보

계약담당공무원은 협상이 성립되면 그 결과를 해당 협상대상자 및 다른 협상적격자에게 서면으로 통보하여야 한다.

10) 계약의 체결 및 이행(협상기준 제15조)

협상이 성립된 경우 그 10일 이내에 계약이 체결되어야 하며, 계약의 체결 및 이행에 관하여는 서면통보한 협상결과와 「국가를 당사자로 하는 계약에 관한 법률」, 시행령 및 시행규칙과 이에 근거한 계약의 일반조건, 특수조건, 입찰유의서 및 일반원칙에 따른다.

☞ 협상에 의한 계약 재공고 유찰로 인한 수의계약 시 제안서평가위원회 심의 (계약제도과-30, 2015. 1. 7.)

질의) 협상에 의한 계약을 진행하였으나 1차 유찰(단독입찰)되어 재공고 결과도 단독업체만이 입찰하여 수의계약을 진행해야 하는 경우,

- 해당업체의 적격여부를 판단하기 위해 반드시 제안서 평가위원회를 구성하여 심의를 거쳐야 하는지, 아니면 위원회 구성없이 사업부서에서 직접 적격여부를 판단해도 되는지 문의

회신)

• 「국가를 당사자로 하는 계약에 관한 법률 시행령」 제43조 제1항에서는 “각 중앙관서의 장 또는 계약담당공무원은 물품·용역계약에 있어서 계

약이행의 전문성·기술성·긴급성, 공공시설물의 안전성 및 그 밖에 국가안보목적 등의 이유로 필요하다고 인정되는 경우에는 제42조의 규정에 불구하고 다수의 공급자들로부터 제안서를 제출받아 평가한 후 협상절차를 통하여 국가에 가장 유리하다고 인정되는 자와 계약을 체결할 수 있다."고 규정하고 있으며, 동조 제8항에서는 "각 중앙관서의 장 또는 계약담당공무원은 제1항에 따라 제안서를 평가하는 경우에는 제안서평가위원회의 심의를 거쳐야 한다. 다만, 「방위사업법」에 따른 방위력개선사업과 관련하여 협상에 의한 계약을 체결하려는 경우에는 같은 법 제18조 제8항에 따른 연구개발사업제안서 평가팀의 심의로 위원회의 심의를 갈음할 수 있다."고 규정하고 있습니다.

- 협상에 의한 계약을 위한 입찰에서 「국가를 당사자로 하는 계약에 관한 법률 시행령」 제27조 제1항 2호에 따라 수의계약을 체결하려는 경우에 귀 기관이 기획재정부장관이 정하는 계약체결기준에 따라 정한 세부기준을 충족한 자와 수의계약이 가능할 것이며, 동시행령 제43조 제8항 본문에 따라 제안서를 평가하는 경우에는 제안서평가위원회의 심의를 거쳐야 할 것입니다.」

☞ 협상에 의한 계약에서 가격입찰을 실시하지 않아도 되는지 여부(계약제도과-1719, 2013. 12. 4.)

「국가기관이 발주하는 계약 중 국고의 부담이 되는 경쟁입찰에서의 낙찰자 선정은 국가계약법시행령 제42조에 의하여 예정가격 이하로서 최저가격으로 입찰한 자의 순으로 계약의 이행능력을 심사하여 낙찰자를 결정하도록 하고 있으나, 동법 시행령 제43조에 의하여 물품·용역계약에 있어서 전문성·기술성·긴급성 등이 인정되는 경우에는 다수의 공급자로부터 제안서를 제출받아 평가한 후 협상절차를 통하여 국가에 가장 유리하다고 인정되는 자와 계약을 체결할 수 있습니다.

- 시행령 제43조에 의한 협상에 의한 계약을 체결하는 경우에는 계약예규 「협상에 의한 계약체결기준」에 따라야 하며 동 예규 제6조, 제7조 및 제8조에 따라 제출받은 제안서에 대하여 기술능력평가를 실시한 후 배

점한도의 85% 이상인 자를 협상적격자로 선정하고, 협상적격자의 기술능력평가점수와 입찰가격평가점수를 합산한 점수가 고득점인자 순으로 협상을 실시하여야 합니다. 이에 따라 협상에 의한 계약은 기술능력평가와 함께 입찰가격평가를 하여야 하는바, 기술능력평가만으로 계약상대자를 결정할 수는 없다고 할 것입니다.」

☞ 지식기반사업의 계약(협상계약)의 적용범위(회계제도과-473, 2004. 4. 1.)

「질의)

- 국가를당사자로하는계약에관한법률 시행령 제43조의2 제1항 각호에서 열거하고 있는 지식기반사업에 대하여는 협상에 의한 계약체결방법을 우선 적용할 수 있도록 규정하고 있음
- 이와 관련하여, 동조항 제7호의 "기초과학 및 응용과학에 관한 학술연구용역"의 개념(정의 및 포함범위)에 대한 질의

회신)

- 국가기관이 체결하는 계약에 있어 각 중앙관서의 장 또는 계약담당공무원은 정보과학기술 등 집약도가 높은 지식을 활용하여 고부가가치를 창출하는 사업 중 국가를당사자로하는계약에관한법률 시행령 제43조의2 제1항 각호의 1에 해당하는 사업에 대하여는 협상에 의한 계약체결방법을 우선적으로 적용할 수 있는바,
- 동조 제7호의 "기초과학 및 응용과학에 관한 학술연구용역"은 학술진흥법 제2조 및 한국표준산업분류(통계청고시)를 원용한 선언적 규정인 바, 이러한 학술연구용역의 구체적인 범위 및 그 해당여부는 당해 용역의 구체적인 내용, 특성, 관계법령 및 한국표준산업분류 등을 참고로 하여 계약담당공무원이 판단할 사항임.」

6. 품질 등에 의한 낙찰자의 결정(국가계약법 시행령 제44조)

가. 관련규정

각 중앙관서의 장 또는 계약담당공무원은 물품의 제조 또는 구매계약에 있어서 필요하다고 인정할 경우에는 당해 물품의 입찰가격 외에 품질 등을 종합적으로 참작하여 예정가격 이하로서 가장 경제성이 있는 가격으로 입찰한 자를 낙찰자로 하며, 이러한 방식으로 낙찰자를 결정하고자 할 경우에는 당해 물품에 대한 품질 등의 평가기준을 입찰 전에 결정하여 입찰참가자로 하여금 이를 열람하게 하여야 한다.

나. 종합낙찰제

위 1.항에 살펴본 방식에 의하여 낙찰자를 결정하는 입찰제도를 종합낙찰제라 한다.

종합낙찰제는 낮은 가격으로만 이루어지는 낙찰자 결정방식으로는 좋은 품질의 물품을 확보하지 못해 장기적으로 오히려 부실한 물품조달 등으로 인한 예산낭비 초래가 우려됨에 따라 이를 지양하고, 또한 업계의 기술개발 및 품질향상을 촉진하기 위해 1983년 4월에 도입되었다.[51]

7. 다량물품을 매각하거나 제조·구매할 경우의 낙찰자 결정
(국가계약법 시행령 제17, 45, 46조)

가. 다량물품의 입찰 및 낙찰

국가계약법 시행령은 다량의 물품을 매각하거나 제조 또는 구매할 경우 그 입찰과 낙찰자 결정과 관련하여 일반적인 경쟁입찰제도에 대한 특례를 규정하고 있다.

다량의 물품을 매각할 경우의 일반경쟁입찰은 그 매각수량의 범위 안에서 수요자의 매수 희망수량과 그 단가를 입찰하게 할 수 있으며, 다량의 수요물품을 제조 또는 구매할 경우의 일반경쟁입찰은 그 수요수량의 범위 안에서 공급

51) 장훈기, 앞의 책, 814면.

자가 공급할 희망수량과 그 단가를 입찰하게 할 수 있는바, 이를 희망수량경쟁입찰이라고 한다.

나. 희망수량경쟁입찰의 대상범위

1) 1인의 능력이나 생산시설로는 그 공급이 불가능하거나 곤란하다고 인정되는 다량의 동일물품을 제조하게 하거나 구매할 경우
2) 1인의 능력으로는 그 매수가 불가능하거나 곤란하다고 인정되는 다량의 동일물품을 매각할 경우
3) 수인의 공급자 또는 매수자와 분할계약하는 것이 가격·품질 기타 조건에 있어서 국가에 유리하다고 인정되는 다량의 동일물품을 제조·구매 또는 매각할 경우

다. 희망수량경쟁입찰에서의 낙찰자 결정(국가계약법 시행령 제45, 46조)

다량의 물품을 희망수량에 따라 분할하여 매각하고자 할 경우에는 예정가격 이상의 단가로 입찰한 자 중 최고가격으로 입찰한 자 순으로 매각수량에 도달할 때까지의 입찰자를 낙찰자로 하며, 다량의 물품을 희망수량에 따라 분할하여 제조·구매하고자 할 경우에는 예정가격 이하의 단가로 입찰한 자 중 최저가격으로 입찰한 자 순으로 수요수량에 도달할 때까지의 입찰자를 낙찰자로 한다.

한편, 중앙관서의 장 또는 계약담당공무원은 희망수량경쟁입찰의 낙찰자 결정에 있어서 낙찰자가 될 동가의 입찰자가 2인 이상 있을 때에는 입찰수량이 많은 자를 우선순위의 낙찰자로 하며, 입찰수량이 동일한 때에는 추첨으로 낙찰자를 결정하고, 낙찰자를 결정함에 있어서 최후순위의 낙찰자의 수량이 다른 낙찰자의 수량과 합산하여 수요량 또는 매각량을 초과하는 경우에는 그 초과하는 수량은 이를 낙찰되지 아니한 것으로 본다(국가계약법 시행규칙 제47조).

☞ 희망수량입찰에서의 복수 입찰가 제출 가부(회제 41301－649, 2003. 5. 26.)

「질의) 희망수량 입찰과 관련하여 최저투찰가능수량이 총 수량의 30% 이상일 경우 30%～100%까지 수량별 단가를 다르게 적용해서 입찰서 1장에

수량별 일괄 투찰이 가능한지 여부
(예: 30%일 때는 5만원, 40%일 때는 4만8천원, … 100%일 때는 3만원)

회신) 국가기관이 시행하는 입찰에 있어서 다량의 물품을 희망수량에 따라 분할하여 제조·구매하고자 할 경우에는 국가를당사자로하는계약에관한법률 시행령 제46조의 규정에 의하여 예정가격 이하의 단가로 입찰한 자 중 최저가격으로 입찰한 자 순으로 수요수량에 도달할 때까지의 입찰자를 낙찰자로 결정하는 것인바, 동 입찰에 있어서 동일 입찰자에게 복수의 입찰가를 제출하게 할 수는 없는 것입니다.」

8. 동일가격 등의 입찰인 경우의 낙찰자 결정(국가계약법 시행령 제47조)

각 중앙관서의 장 또는 계약담당공무원은 낙찰이 될 수 있는 동일가격으로 입찰한 자가 2인 이상인 경우로서 다음 각 호의 어느 하나에 해당하는 경우에는 해당 각 호에서 정한 방법에 따라 낙찰자를 결정하여야 한다. 그리고 입찰자 중 출석하지 아니한 자 또는 추첨을 하지 아니한 자가 있을 때에는 입찰사무에 관계없는 공무원으로 하여금 이를 대신하여 추첨하게 할 수 있다.

가. 희망수량에 의한 일반경쟁입찰인 경우
입찰수량이 많은 입찰자를 낙찰자로 결정하되, 입찰수량도 동일한 때에는 추첨에 의하여 낙찰자를 결정

나. 시행령 제42조 제1항에 따라 낙찰자를 결정하는 경우
이행능력 심사결과 최고점수인자를 낙찰자로 결정하되, 이행능력 심사결과도 동일한 때에는 추첨에 의하여 낙찰자를 결정

다. 시행령 제42조 제2항 본문에 따라 낙찰자를 결정하는 경우
추첨에 의하여 낙찰자를 결정

라. 시행령 제42조 제3항에 따라 낙찰자를 결정하는 경우
규격 또는 기술우위자를 낙찰자로 결정하되, 규격 또는 기술평가 결과도 동일한 때에는 추첨에 의하여 낙찰자를 결정

마. 시행령 제42조 제4항에 따라 낙찰자를 결정하는 경우
공사수행능력과 사회적 책임의 합산점수가 높은 자로 결정하되, 해당

합산점수가 동일한 경우에는 공사의 규모·특성 등을 반영하여 기획재정부장관이 정한 기준에 따라 낙찰자를 결정

제1항의 경우 입찰자 중 출석하지 아니한 자 또는 추첨을 하지 아니한 자가 있을 때에는 입찰사무에 관계없는 공무원으로 하여금 이를 대신하여 추첨하게 할 수 있다.

☞ 동일가격 입찰자가 추첨을 포기했을 시 재입찰 참가 가능여부(법무 41301-55283, 2004. 4. 7.)

「질의) 동일가격 입찰자가 모두 추첨을 포기하여 재입찰에 부친 경우 추첨을 포기한 자도 동일건의 재입찰에 응찰할 수 있는지

회신) 국가기관이 시행하는 입찰에 있어서 동일가격 입찰자 중 출석을 하지 아니한 자 또는 추첨을 하지 아니한 자가 있을 때에는 「국가를 당사자로 하는 계약에 관한 법률 시행령」 제47조 제2항의 규정에 따라 입찰사무에 관계없는 공무원으로 하여금 대신 추첨하게 하여 낙찰자를 결정하여야 하며 동일가격 입찰자가 추첨을 포기하였다 하여 재입찰에 부칠 수는 없는 것입니다.」

☞ 도서정가제 시행에 따른 도서구입계약 낙찰자 결정방법 질의(계약제도과-1637, 2014. 12. 19.)

「질의1) 업체별 견적 금액이 정가의 15%(경제상의 이익 5% 포함) 할인액을 초과하여 제시할 경우 계약가능 여부

질의2) 출판문화산업진흥법 제22조에 근거하여 업체별 견적 금액이 최대의 할인액(가격할인 10% + 경제상의 이익 5%)으로 동등할 경우 계약 상대자 선정방법

회신) 「국가를 당사자로 하는 계약에 관한 법률」 제3조에서는 "국가를 당사자로 하는 계약에 관하여는 다른 법률에 특별한 규정이 있는 경우를 제외하고는 이 법에서 정하는 바에 따른다."고 규정하고 있습니다. 따라서, 「출판문화산업 진흥법」 제22조 제5항에서 규정하고 있는 최대할인율을 적용

한 가격보다 낮은 가격으로 입찰하는 것은 허용되지 않을 것입니다. 낙찰이 될 수 있는 동일가격으로 입찰한 자가 2인 이상인 경우의 낙찰자 결정은「국가를 당사자로 하는 계약에 관한 법률 시행령」제47조에 따라야 할 것입니다. 예를 들어, 추정가격이 고시금액 미만인 물품입찰시 예정가격 이하로서 최저가격으로 입찰한 자를 낙찰자로 결정함에 있어 낙찰이 될 수 있는 동일가격으로 입찰한 자가 2인 이상인 경우에는 추첨에 의하여 낙찰자를 결정해야 할 것입니다.」

Ⅳ. 계약의 체결 및 이행

제11조 (계약서의 작성 및 계약의 성립)

① 각 중앙관서의 장 또는 계약담당공무원은 계약을 체결할 때에는 다음 각 호의 사항을 명백하게 기재한 계약서를 작성하여야 한다. 다만, 대통령령으로 정하는 경우에는 계약서의 작성을 생략할 수 있다.

1. 계약의 목적
2. 계약금액
3. 이행기간
4. 계약보증금
5. 위험부담
6. 지체상금(遲滯償金)
7. 그 밖에 필요한 사항

② 제1항에 따라 계약서를 작성하는 경우에는 그 담당 공무원과 계약상대자가 계약서에 기명하고 날인하거나 서명함으로써 계약이 확정된다.

1. 계약서 작성의무

각 중앙관서의 장 또는 계약담당공무원은 계약을 체결할 때에는 다음 각 호의 사항을 명백하게 기재한 계약서를 작성하여야 한다. 그리고 그 계약에는 계약의 목적, 계약금액, 이행기간, 계약보증금, 위험부담, 지체상금(遲滯償金), 그 밖에 필요한 사항이 기재되어야 한다.

국가계약법 제11조는 국가가 당사자로서 계약을 체결하고자 할 때에는 계약서를 작성하여야 하고 그 경우 담당공무원과 계약당사자가 계약서에 기명날인 또는 서명함으로써 계약이 확정된다고 규정함으로써, 계약의 체결은 계약서의 작성을 성립요건으로 하는 요식행위로 정하고 있다(대법원 2006. 6. 29. 선고 2005다41603 판결). 따라서 계약을 체결함에 있어서는 위 규정에 따른 요건과 절차를 거치지 아니한 계약은 그 효력이 없다고 볼 가능성이 높다(대법원 2009. 9. 24. 선고 2009다52335 판결).

예를 들어 낙찰자 선정 후 계약담당공무원과 계약을 체결하기로 하는 의사의 합치가 되었으나 이를 서면으로 작성하지 않고 단지 구두로만 한 경우에는 국가계약법상 계약이 성립되었다고 보기 어렵다.

다만 국가계약법 시행령 제49조는 다음 각호의 경우에는 계약서 작성을 생략할 수 있다고 규정하고 있다. 이 경우에도 계약담당공무원은 계약상대자로부터 청구서 · 각서 · 협정서 · 승낙사항 등 계약성립의 증거가 될 수 있는 서류를 제출받아 비치하여야 한다(국가계약법 시행규칙 제50조).

1. 계약금액이 3천만원 이하인 계약을 체결하는 경우
2. 경매에 부치는 경우
3. 물품매각의 경우에 있어서 매수인이 즉시 대금을 납부하고 그 물품을 인수하는 경우
4. 각 국가기관 및 지방자치단체 상호 간에 계약을 체결하는 경우
5. 전기 · 가스 · 수도의 공급계약 등 성질상 계약서의 작성이 필요하지 아니한 경우

2. 계약서의 양식

국가계약법 시행규칙은 공사도급표준계약서(별지 7호 서식), 물품구매표준계약서(별지 8호 서식), 용역표준계약서(별지 9호 서식)를 양식으로 정하고 있으며 원칙적으로 위 양식을 사용해야 한다. 하지만 서식에 의하기가 곤란하다고 인정될 때에는 다른 양식의 계약서를 사용하여도 된다(국가계약법 시행규칙 제49조 제1항, 제3항).

계약서에는 담당공무원이 기명날인하여야 한다. 다만, 외국인과 계약을 체결하는 경우 기타 특별한 사유가 있는 경우에는 서명으로써 이에 갈음할 수 있다(국가계약법 시행령 제48조 제2항).

3. 계약조건

각 중앙관서의 장 또는 계약담당공무원은 표준계약서에 기재된 계약일반사항 외에 당해계약에 필요한 특약사항을 명시하여 계약을 체결할 수 있다(국가

계약법 시행규칙 제49조 제2항).

국가계약법 시행령 제48조 제1항은 계약서의 서식 기타 필요한 사항은 기획재정부령으로 정하도록 규정하고 있고, 그에 따라 기획재정부는 계약예규로 공사계약일반조건, 물품구매(제조)계약일반조건, 용역계약일반조건을 정하고 있다. 위 계약조건은 당연히 계약서의 일부가 되는 것이 아니라 당사자가 계약서의 일부로 하는 합의를 하여야 한다. 따라서 기획재정부에서 계약예규를 변경하였다고 하더라도 계약조건이 당연히 변경되는 것은 아니고 변경된 계약예규에 따른 계약조건을 계약서에 편입시키기로 하는 합의를 하여야 한다.

또한 당사자들 사이의 합의로 계약일반조건 이외에 계약특수조건을 계약의 내용에 편입시키기도 하는데, 조달청이 지침이나 공고로 각 유형별 계약특수조건을 공개하고 있다.

통상적으로 계약의 목적, 계약금액, 이행기간, 계약보증금, 위험부담, 지체상금(遲滯償金) 등 해당 계약의 구체적인 내용을 기재한 계약서를 작성하고, 계약예규에 따른 계약일반조건, 해당 계약에 부합하는 계약특수조건을 계약내용에 편입하기로 하는 방식으로 계약을 체결한다.

4. 부당한 특약의 금지

각 중앙관서의 장 또는 계약담당공무원은 계약을 체결함에 있어서 국가계약법령에 규정된 계약상대자의 계약상 이익을 부당하게 제한하는 특약 또는 조건을 정하여서는 아니 된다(국가계약법 시행령 제4조).

계약상대자의 계약상의 이익을 부당하게 제한하는 특약이나 조건을 정하여서는 안된다고 규정하고 있을 뿐이고, 국가계약법이 계약조건에 우선해야 한다고 규정하고 있지 않으므로 당사자 사이에 체결한 계약을 국가계약법과 다르다고 하여 당연히 무효이거나 위법하다고 보기는 어려울 것으로 판단된다. 계약내용이 국가계약법 등 관련 법령에서 정한 계약상대자의 계약상의 이익을 부당하게 제한하여야 무효가 된다.

관련 판례

- 지방자치단체가 구 예산회계법 제93조가 정하는 차액보증금을 보관하였다가 계약상대방이 계약을 이행하여 이를 계약상대방에게 환급하는 경우, 그에 대한 소정의 이자를 지방자치단체에게 귀속시키기로 하는 약정은 구 예산회계법과 그 시행령 및 관계법령인 정부보관금취급규칙에 규정된 계약상대자의 계약상 이익을 부당하게 제한하는 특약으로서 효력을 가질 수 없다고 판단한 사례(대법원 1998. 4. 28. 선고 97다51223 판결)
- 구 '물품제조 · 구매 표준계약 특수조건(일반)'(2008. 2. 18. 방위사업청 지침 제2008-5호로 개정되기 전의 것) 제26조 제1항, 제2항, 구 '물품제조 · 구매 표준계약 특수조건(방산)'(2008. 2. 18. 방위사업청 지침 제2008-5호로 개정되기 전의 것) 제26조 제1항, 제2항, 구 '물품제조 · 구매 표준계약 특수조건(일반 및 방산)'(2012. 6. 25. 방위사업청 지침 제2012-23호로 개정되기 전의 것) 제30조 제1항, 제2항(이하 위 각 계약특수조건을 '계약특수조건'이라고 한다)이 계약상대자의 귀책사유를 전제하지 않고 '부당이득금'과 그 상당의 가산금을 환수할 수 있도록 한 규정이라고는 볼 수 없는 점, 방산물자는 일반적인 시장가격이 형성될 수 없고 원가산정의 기준이 되는 요소들 역시 계약상대자가 자체적으로 관리하므로, 대한민국으로서는 계약상대자가 제시한 원가계산자료에 대한 검토절차를 거치더라도 정보의 비대칭성으로 말미암아 부당성을 시정하는 데에 한계가 있을 수밖에 없는 점, 계약특수조건에 따른 손해배상책임도 일반적인 손해배상책임과 마찬가지로 구체적 사실관계를 고려하여 제한할 수 있는 점 등을 감안하면, 계약특수조건 제2항이 독점규제 및 공정거래에 관한 법률 제3조의2, 제23조 등이 규정하는 불공정거래행위 중 '자기의 거래상의 지위를 부당하게 이용하여 상대방과 거래하는 행위'에 해당하거나 국가를 당사자로 하는 계약에 관한 법률 시행령 제4조, 물품구매계약일반조건 제3조 제3항에 반하여 무효라고 볼 수 없다고 한 사례(대법원 2016. 7. 14. 선고 2013다82944, 82951 판결)
- 甲 회사와 국가가 계약에서 최종 납기 지연으로 인한 지체상금에 관하여 연도별 계약금액이 아닌 총 계약금액을 기준으로 산정하기로 합의한 사안에서, 그 합의가 국가계약법 시행령 제4조에 위배되어 무효라고 할 수 없

다고 본 원심판단을 수긍한 사례(대법원 2011. 2. 10. 선고 2009다81906 판결)

- 甲 주식회사와 한국철도공사가 체결한 기관차 공급계약에서 물가변동으로 인한 계약금액 조정을 배제하는 특약을 두었는데, 甲 회사가 위 특약의 무효를 주장하며 계약 체결 이후의 물가상승을 반영한 계약금액 조정금의 지급을 구한 사안에서, 구 국가계약법 제19조는 강행법규에 해당하므로 甲 회사는 물가변동에 따른 계약금액 조정금을 청구할 수 있고, 위 특약은 국가계약법 시행령 제4조 등을 위반하여 효력이 없다고 한 사례(서울고등법원 2014. 10. 30. 선고 2014나2006945 판결)
- 국제입찰에 의해 외자물품계약으로 체결된 경우로서, 국제부흥개발은행(the International Bank for Reconstruction and Development, 이하 'IBRD')으로부터 차관을 받아 그 재원으로 IBRD가 발행한 표준입찰서류(Standard Bidding Documents)를 기준으로 하여 계약조건을 작성하였고, 거기에 들어간 계약금액 고정특약이 유효하다고 판단한 사례(대법원 2003. 8. 22. 선고 2003다318 판결)

5. 국외공사계약에 관한 특례

각 중앙관서의 장 또는 계약담당공무원은 국외공사계약을 체결할 때에 원칙적으로 현지통화로 계약을 하여야 한다. 다만, 현지통화로 계약하기 곤란한 경우에는 계약상대자와 협의하여 원화 또는 미화로 계약할 수 있다. 각 중앙관서의 장 또는 계약담당공무원은 국외공사계약을 체결할 때 환율 또는 국제상관례 등을 고려하여 계약금액 조정 관련 특례를 설정할 수 있다(국가계약법 시행령 제48조의2).

제12조 (계약보증금)

① 각 중앙관서의 장 또는 계약담당공무원은 국가와 계약을 체결하려는 자에게 계약보증금을 내도록 하여야 한다. 다만, 대통령령으로 정하는 경우에는 계약보증금의 전부 또는 일부의 납부를 면제할 수 있다.

② 제1항에 따른 계약보증금의 금액, 납부방법, 그 밖에 필요한 사항은 대통령령으로 정한다.

③ 각 중앙관서의 장 또는 계약담당공무원은 계약상대자가 계약상의 의무를 이행하지 아니하였을 때에는 해당 계약보증금을 국고에 귀속시켜야 한다. 이 경우 제1항 단서에 따라 계약보증금의 전부 또는 일부의 납부를 면제하였을 때에는 대통령령으로 정하는 바에 따라 계약보증금에 해당하는 금액을 국고에 귀속시켜야 한다.

1. 의의

민간공사계약의 경우 공사의 정상적인 이행을 위하여 수급인의 이행능력이 확보되어야 하므로 이를 담보하기 위하여 수급인으로 하여금 도급금액의 10% 내지 20%에 해당하는 금액을 도급인에게 계약보증금으로 지급하도록 도급계약에 규정하는 것이 일반적이다. 공공계약의 경우도 민간공사계약의 경우와 같이 계약상대자의 계약의 성실한 이행을 담보하기 위하여 계약상대자로 하여금 계약보증금을 납부하도록 하고 있는 것이 일반적이며, 국가계약법도 이에 관하여 규정하고 있다.

☞ 계약보증금제도의 의의(계약제도과-763, 2011. 7. 4.)

「국가계약법 제12조는 국가와 계약을 체결하고자 하는 자로 하여금 손해배상의 예정으로서의 계약보증금을 납부토록 규정하고 있는바, 계약보증금은 계약상대자에 대한 불신에 근거한 제도라기보다 국고지출의 원인이 되는 국가계약의 공익적 중대성을 감안하여 계약기간 동안 계약상대자의 성실한 계약이행을 보증 내지 담보하기 위한 제도임. 또한 물품계약과 관련하여 계약보증금을 대체하여 계약이행을 보증 내지 담보할 수 있는 제도는 국가계약법령에 도입되어 있지 않음.」

2. 계약보증금의 납부

가. 납부금액

계약보증금은 계약금액의 100분의 10 이상이 납부되어야 하며(국가계약법 시행령 제50조 제1항), 단가계약의 경우로서 여러 차례로 분할하여 계약을 이행하게 되는 때에는 매회별 이행예정량 중 최대량에 계약단가를 곱한 금액의 100분의 10 이상이 납부되어야 한다(국가계약법 시행령 제50조 제2항). 그리고 장기계속계약의 경우는 제1차 계약체결시 부기한 총 공사 또는 총 제조 등의 금액의 100분의 10 이상이 납부되어야 한다(국가계약법 시행령 제50조 제3항).

나. 납부시기

계약상대자는 계약체결 전까지 별지 제10호 서식의 계약보증금납부서와 함께 계약보증금(현금 또는 보증서)을 납부하여야 한다(국가계약법 시행규칙 제51조 제1항).

다. 납부의 형태 및 방법

계약보증금은 현금 또는 영 제37조 제2항 각호에 규정된 보증서 등으로 납부되어야 하며(국가계약법 시행령 제50조 제7항), 그 형태 및 방법은 입찰보증금과 동일하다.

보증보험증권 등으로 계약보증금을 납부하는 경우 피보증인 명의는 대한민국 정부이어야 하며, 보증금액은 납부하여야 할 보증금액 이상이어야 한다. 보증기간의 경우 그 초일은 계약기간 개시일이어야 하고, 그 만료일은 계약기간 종료일 이후여야 한다. 그리고 그 보증내용은 계약상대자의 의무이행과 동일한 내용을 보증하는 것이어야 하며, 보증보험보통보험약관에 규정된 면책사유에도 불구하고 국고에 귀속시켜야 하는 금액을 보증하는 특약조항이 증권에 기재되어야 한다(국가계약법 시행규칙 제55조 제1항).

계약상대자가 입찰보증금을 계약보증금으로 대체할 것을 요청한 경우, 각 중앙관서의 장 또는 계약담당공무원은 이를 계약보증금으로 대체처리하여야 한다(국가계약법 시행규칙 제51조 제2항).

라. 납부면제

국가계약법령은 일정한 경우 계약보증금의 전부 또는 일부의 납부를 면제하는 경우를 규정하고 있다(국가계약법 시행령 제50조 제6항).

1) 다음 각호의 자와 계약을 체결하는 경우(국가계약법 시행령 제37조 제3항 1호부터 4호까지 및 제5호의2에 규정된 자)
   가) 국가 또는 지방자치단체
   나) 공공기관의 운영에 관한 법률에 따른 공공기관
   다) 정부가 기본재산의 100분의 50 이상을 출연(법률의 규정에 의하여 귀속시킨 경우를 포함)한 법인
   라) 농업협동조합법에 의한 조합·조합공동사업법인 및 그 중앙회, 수산업협동조합법에 의한 어촌계·수산업협동조합 및 그 중앙회, 산림조합법에 의한 산림조합 및 그 중앙회, 중소기업협동조합법에 의한 중소기업협동조합 및 그 중앙회와 한국농어촌공사 및 농지관리기금법에 따른 한국농어촌공사
2) 계약금액이 5천만원 이하인 계약을 체결하는 경우
3) 일반적으로 공정·타당하다고 인정되는 계약의 관습에 따라 계약보증금 징수가 적합하지 아니한 경우
4) 이미 도입된 외자시설·기계·장비의 부분품을 구매하는 경우로서 당해 공급자가 아니면 당해 부분품의 구입이 곤란한 경우

위와 같이 계약보증금의 납부가 면제되는 경우(다만 3)항의 경우 제외), 각 중앙관서의 장 또는 계약담당공무원은 계약보증금의 전부 또는 일부를 면제받는 자로 하여금 계약보증금의 국고귀속사유가 발생한 때 계약보증금에 해당하는 금액의 납입을 보장하기 위하여 그 지급을 확약하는 내용의 문서, 즉 계약보증금 지급각서를 제출하게 하여야 한다(국가계약법 시행령 제50조 제10항).

한편, 계약담당공무원은 「저탄소 녹색성장 기본법」 제32조 제2항에 따라 녹색기술 및 녹색사업에 대한 적합성 인증을 받거나 녹색전문기업으로 확인받은 업체에 대해서는 다음 각호에서 정한 금액만큼 계약보증금 또는 계약이행보증서상의 보증금액(이하 계약보증금 등)을 감면할 수 있다(기획재정부계약예규 제

280호, 2016. 1. 1. 일부 개정「정부 입찰 · 계약 집행기준」제32조 제1항).

가) 시행령 제50조 및 제52조 제1항 제2호에 따라 계약보증금을 납부하는 경우 계약금액의 5/100

나) 시행령 제52조 제1항 제3호에 따라 계약이행보증서를 제출하는 경우 계약금액의 10/100

위와 같은 경우에 해당한다고 하더라도 계약담당공무원은 다음 각호의 어느 하나에 해당하는 자에 대해서는 계약보증금 등을 감면하지 아니한다(정부 입찰 · 계약 집행기준 제32조 제2항).

가) 계약예규 입찰참가자격사전심사요령 제6조 제2항에 따른 경영상태부문의 적격요건을 충족하지 못한 자(단, 100억 미만 공사의 경우에는 업체 평균 유동 · 부채비율 수준 미만인 자)

나) 입찰참가등록 마감일(수의계약의 경우에는 계약체결일) 기준으로 시행령 제76조에 따라 입찰참가자격 제한을 받고 해당 제한기간이 종료된 날로부터 1년이 경과하지 않은 자

마. 계약보증금의 국고귀속

1) 국고귀속사유

계약상대자가 정당한 이유 없이 계약상의 의무를 이행하지 아니한 때에는 계약보증금은 국고에 귀속된다. 장기계속계약에 있어 계약상대자가 제2차 이후의 공사 또는 제조 등의 계약을 체결하지 아니한 때 또한 동일하다(국가계약법 제12조 제3항, 국가계약법 시행령 제51조 제1, 2항).

계약이 제대로 이행되지 아니한 경우 계약상대자에게 정당한 이유가 있는지 여부와 관련하여 실무상 분쟁이 주로 발생하며, 당해 사안에서 발생한 여러 사정을 기초로 구체적으로 판단이 되고 있다.

☞ 허위서류제출로 계약해지한 경우 계약보증금의 국고귀속 여부 질의(계약제도과-394, 2012. 4. 4.)

[질의) 적격심사를 통과한 업체와 계약을 체결한 후 계약상대자가 적격심사

서류로 제출한 시공실적이 부정·허위서류로 판명되어 계약을 해제한 경우 계약보증금 국고귀속 여부

회신) 국가계약법 제12조는 계약상대자가 계약상의 의무를 이행하지 아니한 때 계약보증금을 국고에 귀속시키도록 하고 있습니다. 이는 계약상의 의무 불이행에 따른 손해를 배상받기 위한 규정으로 계약상대자가 부정 또는 허위의 적격심사서류를 제출한 것을 원인으로 하여 계약을 해제하였다면 이를 계약상의 의무 불이행으로 보기는 어려울 것이므로 국가계약법 제12조에 따른 계약보증금의 국고귀속은 가능하지 않다고 보는 것이 타당할 것입니다.

다만, 계약상대자에게 「민법」상 불법행위에 따른 손해배상 책임을 물을 수 있다고 판단됩니다.」

☞ 계약취소에 따른 계약보증금 국고귀속여부(회제 45107-509, 1995. 4. 14.)

「**질의)** 당 업소는 건설업법에 의한 전문 공사업중 설비공사 면허를 소지하고 수영장(담수 400톤 이상) 수처리 시설공사 실적이 있는 업체로 입찰참가 자격이 제한되어 있는 ○○시 수영장 수처리 시설 개·보수(오존설비)공사 입찰에 수영장(담수 200㎘) 수처리 시설공사 실적으로 참가하여 낙찰되어 계약을 체결하고 착공계를 제출하였으나 설계 사양의 기자재가 독일 수입품으로 계약공사 기간인 15일('94. 10. 27-11. 10) 내에는 계약사항을 이행할 수 없어 실제공사에는 착수하지 못하고 있던중 ○○시에서 준공 날짜인 '94. 11. 10. 입찰참가 자격이 없는 업체가 행한 입찰이라는 이유로 계약취소를 하였습니다.

- 입찰참가 자격이 없는 업체가 행한 입찰이라는 이유로 계약취소라는 행정처분을 한 후 계약 불이행사항으로 간주 계약보증금을 불입하라는 행정처분이 가능한지의 여부

회신) 국가기관이 체결한 공사계약에 있어 계약담당공무원은 계약상대자가 계약상의 의무를 이행하지 아니할 때에는 예산회계법 제79조 제3항(현행 국가계약법 제12조 제3항) 및 회계예규 "공사계약일반조건" 제4조의 규정에 의거 계약보증금을 국고에 귀속하여야 하는바, 귀 질의의 경우

와 같이 입찰참가자격이 없는 자를 낙찰자로 선정하여 계약을 체결한 후에 동계약자가 입찰참가자격이 없다는 이유로 계약을 취소하였다면 계약보증금의 국고귀속사유는 해당되지 않을 것이며, 다만, 예산회계법시행령 제130조(국가계약법 시행령 제76조)의 규정에 의거 부정당업자 제재사유에 해당되는지의 여부를 판단해야 할 것입니다.」

2) 계약의 일부 불이행시 국고귀속 범위

계약상 의무의 일부를 불이행하였다고 하더라도, 계약상의 의무를 이행하지 아니한 때에 해당하므로, 원칙적으로 계약보증금 전액이 국고에 귀속된다. 다만 단가계약으로서 여러 차례에 걸쳐 분할하여 계약을 이행한 경우에는 당초의 계약보증금 중 이행이 완료된 부분에 해당하는 계약보증금은 국고에 귀속되지 않는다(국가계약법 시행령 제51조 제5항). 또한 계약보증계약의 해제 이후 계약보증금을 국고에 귀속시키는 점에 비추어 보아, 계약의 해제사유에 해당하지 않는 부수적 의무 위반의 경우에는 별도로 계약보증금을 국고에 귀속시킬 수 없는 것으로 보인다.

☞ 단가계약의 계약보증금 국고귀속 시점(계약제도과 - 704, 2015. 6. 5.)

「국가계약법 시행령 제51조 제5항에서 "단가계약으로서 여러 차례에 걸쳐 분할하여 계약을 이행하는 경우에는 당초의 계약보증금 중 이행이 완료된 부분에 해당하는 계약보증금은 국고에 귀속하지 아니한다."라고 규정하고 있으며, 또한, 국가계약법 시행령 제75조 제1항에서는 "계약보증금을 국고에 귀속시키는 경우에는 당해 계약을 해제 또는 해지하지 아니하고 계약상대자에게 그 사유를 통지하여야 한다."라고 규정하고 있음. 따라서 '이행이 완료된 부분'을 판단하는 시점은 계약보증금의 국고귀속을 위해 계약해지를 한 시점이라고 할 수 있음.」

☞ 계약보증금 국고귀속의 범위(회제 41301-257, 2003. 3. 6.)

「**질의)** 계약성질이 다른 공사설계도서 제작과 공사감리용역을 구분하지 않고 "신축공사 설계 및 감리용역" 1건으로 계약체결한 후 계약상대자가 계약이행을 포기한 경우 계약자가 이미 납품완료한 설계용역에 해당하는 계약보증금을 제외하고 현재 이행중인 감리용역에 대하여만 계약보증금만 귀속하는 것이 정당한 것인지 여부

회신) 국가기관이 체결한 용역계약에 있어 계약담당공무원은 국가를당사자로하는계약에관한법률시행령 제51조 제1항의 규정에 의하여 계약상대자가 정당한 이유없이 계약상의 의무를 이행하지 아니한 때에는 계약보증금을 국고에 귀속하는 것인바, 귀 질의의 경우 설계용역과 감리용역을 1건으로 계약한 후 계약 일부에 대한 계약을 이행하지 못하여 계약을 해제 또는 해지하는 경우에도 결국 본래의 계약이 완전히 이행된 것이 아니므로 계약서에 특히 정한 것이 있는 경우를 제외하고는 납부한 계약보증금 전액을 국고귀속시키는 것이 타당하다고 봄.」

3) 계약보증금의 국고귀속과 기성부분에 대한 미지급액과의 상계

계약보증금의 국고귀속시 그 계약보증금은 기성부분에 대한 미지급액과 상계처리될 수 없다(국가계약법 시행령 제51조 제3항). 계약보증금의 목적은 계약상대자의 정당한 이유 없는 계약불이행시 이를 대비하기 위한 목적이므로, 계약상대자의 기성대금과의 상계를 허용할 경우 계약보증금의 취지에 반하고 계약상대자에게 가혹한 면이 있기 때문이다. 다만, 계약보증금의 전부 또는 일부를 면제한 경우에는 상계처리가 가능하다(국가계약법 시행령 제51조 제3항 단서).

4) 계약보증금의 국고귀속과 지체상금 부과의 병과 가능 여부

그 병과 여부는 계약보증금의 성격에 따라 좌우될 수 있다. 지체상금은 일반적으로 손해배상액의 예정으로서의 성격을 지니고 있으며, 계약보증금이 위약벌로서의 성격을 지니고 있는 경우에는 그 병과가 가능할 것이나, 손해배상액의 예정으로서의 성격을 지니고 있는 경우에는 그 성격이 중복되므로 병과가 어려울 수 있다.

☞ 계약보증금과 지체상금의 병과가 가능한지 여부(계약제도과-1192, 2012. 9. 11.)

「**질의)** 계속된 지체로 인한 계약해지 시 계약보증금을 전액 국고귀속 하는지,

지체상금을 징수한 부분을 제외한 최종 미납품에 대해서만 일부 국고귀속하는지 여부

회신) 국가계약법 제12조 제3항은 계약상대자가 계약상의 의무를 이행하지 아니한 때 계약보증금을 국고에 귀속토록 하고, 동법 제26조 제1항은 계약상대자가 정당한 이유없이 계약의 이행을 지체한 때에는 지체상금을 부과토록 하고 있습니다.

질의와 관련하여, 계속된 지체로 계약을 해지하는 경우 계약금보증금의 국고귀속 시 감액에 대해서는 근거가 없을 뿐만 아니라 미지급한 기성대가와도 상계할 수 없습니다.

또한 계약상대자가 계약의 일부에 대하여 이미 이행을 완료하였더라도 계약보증금은 전액을 국고에 귀속하는 것입니다. 더불어 계약보증금은 계약의 불이행을 전제로 하고 지체상금은 계약의 지체이행을 전제로 하는 것이어서 양자는 병과될 수 없다고 할 것입니다.」

5) 계약보증금의 국고귀속과 계약의 해제 · 해지

국가계약법 시행령 제75조 제1항은 "각 중앙관서의 장 또는 계약담당공무원은 법 제12조 제3항의 규정에 의하여 계약보증금을 국고에 귀속시키는 경우에는 계약에 특별히 정한 것이 없는 한 당해 계약을 해제 또는 해지하고 계약상대자에게 그 사유를 통지하여야 한다."라고 규정하고 있다. 해제 · 해지와 계약보증금의 국고귀속 순서와 관련하여 다소 불분명한 부분이 있으나, 위 시행령의 문언해석상 계약을 해제 또는 해지한 다음 계약보증금을 국고에 귀속시키는 것으로 보인다.

바. 계약보증금의 반환

보증금은 납부된 보증금의 보증목적이 달성된 때에는 계약상대자의 요청에 의하여 즉시 반환되어야 한다(국가계약법 시행규칙 제63조 제1항). 계약보증금의 보증목적은 계약의 성실한 이행 확보이므로, 계약이행이 완료되면 계약상대자에게 반환되어야 한다. 따라서 계약이행이 완료되지 않을 경우 계약보증금이 반환될 수 없으나, 장기계속공사계약의 경우 그 연차별계약이 완료된 때에는

당초의 계약보증금 중 이행이 완료된 연차별계약금액에 해당하는 부분은 반환되어야 한다(국가계약법 시행령 제50조 제3항). 그리고 계약금액이 감액된 경우에는 그에 상응하는 금액의 계약보증금도 반환되어야 한다.[1)]

한편 계속비 공사에 있어서 준공된 부분에 대하여 계약보증금을 반환하여야 하는지와 관련하여서는 다툼이 있고, 유권해석 또한 이와 관련하여 다소 입장이 다른 것으로 보이다.

계약보증금 반환이 가능하다는 유권해석

☞ 계속비공사의 하자담보책임기간이 개시된 부분의 계약보증금 반환여부

(계약제도과-539, 2014. 4. 25.)

「국가계약법 시행령 제50조에서는 국가기관이 발주하는 계약의 이행을 확보하기 위하여 계약상대자에게 계약금액의 100분의 10 이상을 계약보증금으로 납부하도록 하고 있으며, 제60조에서는 공사의 하자담보책임기간을 규정하면서 계속비 사업의 공사계약 중 부분 완료로 관리·사용이 이루어지고 있는 경우에는 부분 목적물을 인수한 날과 공고에 따라 관리·사용을 개시한 날 중 먼저 도래한 날부터 하자담보 책임기간이 개시된다고 하고 있습니다.

• 장기계속공사와 달리 계속비공사에 대해서는 완료된 부분에 대한 계약보증금 반환 규정이 없으나, 제60조에 의하여 부분 완료되어 관리·사용되고 있는 부분에 대한 하자담보책임기간이 개시된 경우라면 그에 상응하는 부분에 대한 계약보증금은 반환하는 것이 타당하다고 할 것입니다.」

계약보증금 반환이 불가능하다는 유권해석

☞ 계약보증금 반환 관련 질의(계약제도과-608, 2013. 5. 27.)

「**질의)** 사업구간이 상이한 두 개 구간의 도로건설공사를 한 건의 계속비공사(완성에 수년도를 요하는 공사)로 체결하여 이 중 한 개 구간의 공사를 완료(준공 및 개통)하였을 경우 시행령 제50조 제3항의 연차별계약이 완료된 때에는 계약보증금 중 이행이 완료된 연차별 계약금액에 해당하는 분을 반환하는 장기계속공사의 규정을 계속비공사에도 동일하게

1) 기획재정부계약예규 제286호, 2016. 1. 1. 일부개정 「공사계약일반조건」 제7조 제1항.

적용할 수 있는지 여부

회신) 질의와 관련하여 장기계속공사는 계약서상에 총 공사금액을 부기하고 연차별로 당해연도의 예산범위 내에서 계약을 체결·이행하는 것이나, 계속비공사는 장기계속공사와 달리 차수별계약이 아닌 1회 계약으로 이루어지며, 계약서상의 계약금액에는 총 공사비를 명기하고 연부액을 부기하는 것으로 장기계속공사와는 성격이 다르므로 「국가를 당사자로 하는 계약에 관한 법률 시행령」 제50조 제3항의 연차별계약이 완료되어 계약보증금을 반환하는 장기계속공사의 규정은 계속비공사에 적용되지 않는다고 할 것입니다」

3. 공사계약에서의 이행보증

가. 보증이행의 방법

계약상대자는 공사계약을 체결하고자 하는 경우 다음의 방법 중 하나를 선택하여 계약이행의 보증을 하여야 한다(국가계약법 시행령 제52조 제1항).

1) 계약보증금을 계약금액의 100분의 15 이상 납부하는 방법
2) 공사이행보증서(보증기관이 계약상대자를 대신하여 계약상의 의무를 이행하지 아니한 경우에는 계약금액의 100분의 40 이상을 납부하는 것을 보증하는 것이어야 하며, 예정가격의 100분의 70 미만으로 낙찰된 공사계약의 경우에는 계약금액의 100분의 50 이상을 납부하는 것을 보증하는 것이어야 함)

다만 예외적으로 계약담당공무원은 공사계약의 특성상 필요하다고 인정되는 경우에는 계약이행보증방법 중 공사이행보증서의 제출방법으로 한정할 수 있으며, 최저가 낙찰제(국가계약법 시행령 제42조 제4항), 대형공사계약(턴키 또는 대안입찰), 기술제안입찰에 의한 공사계약의 경우는 반드시 공사이행보증서의 제출방법으로 계약상대자로 하여금 계약이행을 보증하게 하여야 한다(국가계약법 시행령 제52조 제1항 단서).

한편 계약담당공무원은 계약상대방자가 위 1)항 또는 2)항의 방법으로 공사계약이행보증을 한 경우로서 계약이행보증방법의 변경을 요청한 경우에는 1회

에 한하여 그 보증방법을 변경하게 할 수 있다(국가계약법 시행령 제52조 제2항).

나. 공사이행보증서

1) 의의 및 관련규정

공사이행보증서란 '공사계약에 있어서 계약상대자가 계약상의 의무를 이행하지 못하는 경우 계약상대자를 대신하여 계약상의 의무를 이행할 것을 보증하되, 이를 보증한 기관이 의무를 이행하지 아니하는 경우에는 일정금액을 납부할 것으로 보증하는 증서'를 말한다(정부 입찰 · 계약 집행기준 제41조 1호, 국가계약법 시행령 제2조 제4호).

국가계약법 시행령 제52조 제4항은 "기획재정부장관은 제1항의 규정에 의한 공사이행보증서의 제출등에 관하여 필요한 사항을 정할 수 있다."라고 규정하고 있으며, 정부 입찰 · 계약 집행기준 제40조는 "계약담당공무원은 시행령 제52조 제1항 제3호 및 시행규칙 제66조에 의한 공사이행보증서의 제출 등에 대해서는 이 장에 정한 바에 따라야 한다."라고 규정하여, 정부 입찰 · 계약 집행기준 제40조에서 제52조에 걸쳐 공사이행보증서와 관련하여 규정하고 있다.

2) 보증채무의 범위

계약상대자가 정당한 이유 없이 계약상의 의무를 이행하지 아니한 때에는 보증기관은 보증서에 기재된 내용에 따라 발주기관에 보증채무를 이행하여야 한다(정부 입찰 · 계약 집행기준 제43조 제1항). 이와 같은 보증채무는 계약상대자의 계약상 의무를 포함하며, 하자담보채무와 선급금반환채무는 포함하지 아니한다. 다만, 계약체결시 하자담보채무에 대하여 별도의 특약으로 이를 포함시킬 수 있다(정부 입찰 · 계약 집행기준 제43조 제2항).

☞ 계약보증 범위에 대한 질의(계약제도과 - 570, 2013. 5. 17.)

「**질의**) 계약상대자가 공사목적물을 완성하고 준공검사 후 준공대금 지급 전까지 하자보수보증금 납부를 하지 않은 상태에서 준공금 포기를 발주처에 통보한 후 폐업한 경우(하자보수보증금이 미지급 준공금보다 많은 상황) 계약보증 범위를 공사목적물의 완성까지로 보는지, 아니면 하자보수보증금 납부 이행까지로 보는지 여부 및 하도급계약 업체(하도급대금 지급 보증)를 제외한 기타 자재 납품, 장비계약 업체 등 법인 및 개인에 지급하지 못한 대금도 계약보증에 의한 보증 범위에 포함되는지 여부

회신) 국가계약법 시행령 제62조 제2항은 하자보수보증금을 당해 공사의 준공검사 후 그 공사의 대가를 지급하기 전까지 납부토록 하고 있는바, 계약상대자가 부도 등의 사유로 하자보수보증금을 납부하지 않는 경우 계약담당공무원은 대가지급분에서 하자보수보증금을 공제한 후 대가를 지급하여야 할 것입니다. 한편 「정부 입찰 · 계약 집행기준」 제43조 제2항에 따르면 별도의 특약을 체결한 경우가 아니면 계약보증기관의 보증채무에는 하자담보채무가 포함되지 않는 점을 고려할 때 하자보수보증금의 납부를 계약보증기관의 의무로 보기는 곤란할 것입니다. 아울러, 「정부 입찰 · 계약 집행기준」 제43조 제1항에 따라 계약담당공무원은 계약상대자가 정당한 이유 없이 계약상의 의무를 이행하지 아니한 경우 보증기관으로 하여금 보증서에 기재된 사항에 따라 발주기관에 보증채무를 이행하게 하여야 할 것입니다.」

☞ 공사의 이행보증 제출한 경우 하자담보 특약에 대한 질의(규제개혁법무-7964, 2013. 12. 30.)

「계약예규 「정부 입찰 · 계약 집행기준」 제43조 공사의 보증이행제도

- 공사의 보증이행채무 내용에 하자담보채무에 관한 별도의 특약을 체결한 때에는 이를 포함한다.

질의 1) 계약조건에 '이행보증채무의 범위에 하자담보채무를 포함'하는 내용이 있다면 보증기관은 해당 공사에 대하여 하자보증서 발급이 없었음에도 불구하고 하자보수의 이행책임이 있는지?

질의 2) 만약, 보증기관이 하자보수의 책임이 있다고 할 경우 금액 및 기간의 책임범위는 어떻게 되는지?

회신) 국가기관이 공사계약을 체결함에 있어서 계약상대자로 하여금 계약이행을 보증하도록 할 때 국가를 당사자로 하는 계약에 관한 법률 시행규칙(이하 시행규칙이라 함) 제52조에 따라 국가를 당사자로 하는 계약

에 관한 법률 시행령 제42조 제4항(최저가 낙찰방법에 의한 계약), 제6장 (대형공사 계약) 및 제8장(기술제안입찰 등에 의한 계약)에 따른 공사계약인 경우에는 반드시 공사이행보증서 제출 방법으로 계약이행을 보증하게 하여야 합니다.

계약체결 후 계약상대자가 정당한 이유 없이 계약상의 의무를 이행하지 아니한 경우 계약담당공무원은 보증기관으로 하여금 보증서에 기재된 사항에 따라 발주기관에 보증채무를 이행하게 하여야 하는 것이며, 그 보증채무에는 계약예규 「정부 입찰 · 계약 집행기준」 제43조 제2항의 규정에 따라 하자담보채무와 선금반환채무를 포함하지 아니합니다. 다만, 계약체결시 하자담보채무에 대하여 별도의 특약을 체결한 때에는 이를 포함하는 것입니다.

귀 질의의 경우, 동예규 「정부 입찰 · 계약 집행기준」 제43조에 따라 계약체결시 공사이행보증에 하자담보채무를 포함하는 별도의 특약을 체결하여 그 내용을 포함하여 발주기관에 제출하였다면 이에는 하자보수보증금이 포함된 것으로 볼 수 있을 것이므로, 공사이행보증서 발급기관에서 보증시공을 하였을 경우 동 발급기관에서 하자보수의 책임까지 부담한다 할 것입니다.

이 때 하자보수보증금 및 기간은 시행규칙 제70조 및 제72조에 따라 계약을 체결할 때 정한 하자보수보증금률 및 기간을 적용하여야 할 것입니다.」

3) 보증채무의 이행방법 및 청구시기

계약상대자가 계약상 의무를 정당한 이유 없이 이행하지 아니한 경우 계약담당공무원은 보증기관으로 하여금 보증업체를 지정하여 해당계약을 이행하게 하여야 한다. 다만 공사이행보증서상의 보증금을 현금으로 납부한 경우에는 그렇지 않다(정부 입찰 · 계약 집행기준 제44조).

다만 계약을 해지할 수 있는 해제 또는 해지할 수 있는 계약상대자의 책임 있는 사유가 있는 경우(공사계약일반조건 제44조 제1항에 정해진 사유)로서 공사이행보증서가 제출된 경우에는 계약담당공무원은 계약을 해제 또는 해지하지 아니하고 보증기관에 대하여 공사를 완성할 것을 청구하여야 한다(공사계약일반조건 제48조 제1항).

☞ 공사계약의 이행보증 관련 질의(계약제도과－1258, 2012. 9. 28.)

「국가계약법 시행령 제52조 제1항 제3호에 따른 공사이행보증서로 계약이행을 보증한 장기계속공사계약에 있어서 계약상대자가 계약상 의무를 이행하지 아니한 경우 발주기관은 보증기관으로 하여금 보증이행업체를 지정하여 당해 계약을 이행하게 하거나, 공사이행보증서상의 보증금을 현금으로 납부하도록 함으로써 보증채무를 이행하게 하여야 합니다. 다만, 보증기관이 공사이행보증서상의 보증금을 현금으로 납부하는 방법으로 보증채무를 이행하는 경우 보증금액은 계약이행이 완료된 연차별 계약금액을 제외한 잔여 계약금액을 기준으로 산출하되, 기존 계약은 해지(해제)하고 잔여 공사이행을 위한 계약상대자를 재선정하는 것이 타당할 것입니다.」

보증기관에 대한 보증채무 청구가 있을 경우, 보증기관은 그 보증의무를 이행하여야 하며, 이를 이행한 보증기관은 계약상대자가 가지는 계약체결상의 이익을 가진다. 즉, 보증기관은 계약금액 중 보증이행부분에 상당하는 금액을 발주기관에 직접 청구할 수 있는 권리를 가지며, 계약상대자는 보증기관의 보증이행부분에 상당하는 금액을 청구할 수 있는 권리를 상실한다(정부 입찰 · 계약 집행기준 제46조 제2항, 공사계약일반조건 제48조 제2, 3항).

☞ 계약보증금 관련 질의(계약제도과－1155, 2012. 9. 3.)

「**질의)** 국가계약법 시행령 제52조 제1항 제2호에 의한 계약보증금이 보증서로 대체되어 제출되고, 공사 중 계약상대자의 부도로 계약이행이 불가하여 계약보증기관에 보증채무이행을 요구한 경우 보증기관이 현금보상 대신에 보증시공을 통해 보증채무이행을 원할 경우 공사이행보증 절차에 따라 처리할 수 있는지 여부

회신) 공사계약에 있어서의 이행보증 시 「국가를 당사자로 하는 계약에 관한 법률 시행령」 제52조 제1항 제2호에 의한 계약보증금을 보증서로 제출

> 하고, 공사 중 계약상대자의 부도로 계약이행이 불가하여 계약보증기관에 보증채무이행을 요구한 경우 계약상대자가 아닌 보증기관은 동 시행령 제52조 제2항의 규정에 의하여 계약이행 보증방법의 변경을 요청할 권한이 없으므로 현금보상 대신에 보증시공을 통한 보증채무이행을 요청하는 것은 가능하지 않다고 할 것입니다.」

계약담당공무원은 보증채무의 이행을 공사이행보증서상의 보증기간 말일 다음날부터 기산하여 6월 이내에 보증기관에 청구하여야 하며, 보증기관은 그 청구기간이 경과된 후에는 보증책임을 지지 아니한다(정부 입찰·계약 집행기준 第47조).

4) 보증이행업체의 지정(정부 입찰·계약 집행기준 第45조)

보증기관이 보증지정업체를 지정할 경우, 계약담당공무원은 보증기관으로 하여금 다음 각호의 자격을 갖추고 있는 자를 보증지정업체로 지정하여야 하며, 지정된 보증이행업체를 변경하는 경우도 같다.

가) 계약상대자와 「독점규제 및 공정거래에 관한 법률」에 의한 계열회사가 아닌 자

나) 입찰참가자격 제한을 받고 그 제한 기간 중에 있지 아니한 자

다) 입찰공고에서 정한 입찰참가자격과 동등 이상의 자격을 갖춘 자

라) 입찰참가자격사전심사를 실시하는 공사의 경우 입찰참가자격사전심사 기준에 따른 심사 종합평점이 입찰적격 기준점수 이상이 되는 자

계약담당공무원은 보증이행업체로 지명된 자가 부적격하다고 인정되는 경우 보증기관에게 그 변경을 요구할 수 있으며, 보증기관이 그 변경을 요구하는 경우에는 이를 승인할 수 있다.

5) 보증기관에 대한 통지(정부 입찰·계약 집행기준 第48조)

계약담당공무원은 다음 각호의 어느 하나의 경우에는 지체없이 그 사실을 보증기관에 서면으로 통지하여야 한다.

가) 공사의 전부 또는 일부의 시공을 중지하였을 경우

나) 시행령 제64조 내지 제66조에 의하여 물가변동, 설계변경, 기타 계약내용변경에 따라 계약금액을 조정하였을 경우

다) 공사계약기간을 연장 또는 단축하고자 할 경우

라) 계약상대자의 공사계약에 의하여 발생한 채권에 대하여 타인으로부터 발주기관에 압류·가압류 또는 가처분 등의 강제집행이 있는 경우

그리고 계약담당공무원은 다음 각호의 어느 하나에 대하여 보증기관의 요청이 있는 경우 이에 협조하여야 한다.

(1) 보증기관이 보증채무의 이행을 위하여 설계도서나 이미 공급한 지급자재내역에 대한 자료요청을 하는 경우

(2) 보증기관이 공사진행 상황을 조사하고자 하는 경우

(3) 하도급내용에 대한 자료요청을 하는 경우

6) 보증채무이행개시 기한과 지체상금(정부 입찰·계약 집행기준 제51, 52조)

가) 계약담당공무원은 보증기관으로 하여금 이행청구서가 접수된 날부터 30일 이내에 보증채무의 이행을 개시하게 하여야 한다. 다만, 보증기관의 보증이행업체 선정 지연 등 불가피한 사유가 인정되는 때에는 30일의 범위 내에서 보증채무의 이행개시일을 연장할 수 있다.

나) 계약담당공무원은 보증기관이 보증채무이행개시 기한(동 기한이 연장된 때에는 연장된 기한) 내에 보증채무의 이행을 개시하는 경우에 그 이행청구서가 접수된 날부터 보증채무이행개시일 전일까지의 기간에 대하여는 지체상금을 부과하여서는 아니 된다.

제13조 (감독)

① 각 중앙관서의 장 또는 계약담당공무원은 공사, 제조, 용역 등의 계약을 체결한 경우에 그 계약을 적절하게 이행하도록 하기 위하여 필요하다고 인정하면 계약서, 설계서, 그 밖의 관계 서류에 의하여 직접 감독하거나 소속 공무원에게 그 사무를 위임하여 필요한 감독을 하게 하여야 한다. 다만, 대통령령으로 정하는 계약의 경우에는 전문기관을 따로 지정하여 필요한 감독을 하게 할 수 있다.

② 제1항에 따라 감독하는 자는 감독조서(監督調書)를 작성하여야 한다.

제14조 (검사)

① 각 중앙관서의 장 또는 계약담당공무원은 계약상대자가 계약의 전부 또는 일부를 이행하면 이를 확인하기 위하여 계약서, 설계서, 그 밖의 관계 서류에 의하여 검사하거나 소속 공무원에게 그 사무를 위임하여 필요한 검사를 하게 하여야 한다. 다만, 대통령령으로 정하는 계약의 경우에는 전문기관을 따로 지정하여 필요한 검사를 하게 할 수 있다.

② 제1항에 따라 검사하는 자는 검사조서(檢查調書)를 작성하여야 한다. 다만, 대통령령으로 정하는 경우에는 검사조서의 작성을 생략할 수 있다.

③ 각 중앙관서의 장 또는 계약담당공무원은 제1항에도 불구하고 다른 법령에 따른 품질인증을 받은 물품 또는 품질관리능력을 인증받은 자가 제조한 물품 등 대통령령으로 정하는 물품에 대하여는 같은 항에 따른 검사를 하지 아니할 수 있다.

④ 물품구매계약 또는 물품제조계약의 경우 물품의 특성상 필요한 시험 등의 검사에 드는 비용과 검사로 인하여 생기는 변형, 파손 등의 손상은 계약상대자가 부담한다.

1. 계약의 이행

계약의 이행이란 계약에서 정한 바에 따라 발생하는 채무를 이행하는 것이다.

계약 당사자는 계약에서 정한 바에 따라 서로 채권과 채무를 부담하게 된다. 채권이란 특정인으로 하여금 특정의 행위를 하게 하는 권리이고, 이 때 특정의 행위를 급부(Leistung)라 한다. 급부는 그 성질과 내용에 따라 작위의무와 부작위의무, 하는 급부(예컨대 용역의 제공)와 주는 급부(예컨대 금전의 지급) 등으로 나누어 볼 수 있다.

2. 감독

가. 의의

감독이란 계약의 이행 과정에서 계약에서 정한 바대로 이행이 될 수 있도록 살피는 것이다. 감독은 모든 계약에 대하여 필수적이지는 않지만 그 필요성이 인정되는 경우에는 의무적으로 이루어져야 한다. 주는 급부의 경우에는 곧바로 이행이 완료되어 감독의 필요성이 인정되는 경우가 많지 않을 것이나, 공사, 제조, 용역 등과 같이 하는 급부에서는 감독의 필요성이 인정되는 경우가 많을 것이다.

나. 중앙관서의 장 또는 계약담당공무원에 의한 감독

각 중앙관서의 장 또는 계약담당공무원은 공사, 제조, 용역 등의 계약을 체결한 경우에 그 계약을 적절하게 이행하도록 하기 위하여 필요하다고 인정하면 계약서, 설계서, 그 밖의 관계 서류에 의하여 직접 감독하거나 소속 공무원에게 그 사무를 위임하여 필요한 감독을 하게 하여야 한다(국가계약법 제13조 제1항).

다. 전문기관에 의한 감독

건설기술 진흥법 제39조 제2항, 전력기술관리법 제12조 등 법령상 전문기관의 건설사업관리 또는 감리가 의무적으로 요구되는 경우, 감독을 하기 위해 전문적인 지식 또는 기술이 필요한 경우 또는 부득이한 사유로 인하여 중앙관서의 장, 계약담당공무원 또는 그 소속 공무원이 감독 업무를 수행할 수 없는 경우에는 각 중앙관서의 장 또는 계약담당공무원은 전문기관을 지정하여 필요한 감독을 하게 할 수 있다(국가계약법 제13조 제1항 단서, 국가계약법 시행령 제54조 제1항 제1호, 제2호).

라. 감독조서의 작성의무

계약의 이행을 감독하는 중앙관서의 장, 계약담당공무원 또는 그 소속 공무원이나 감독자로 지정된 전문기관은 감독조서(監督調書)를 작성하여야 한다(국가계약법 제13조 제2항). 검사조서의 경우와 달리 감독조서의 작성은 생략할 수 있도록 허용하는 규정이 없다.

마. 감독공무원의 추가 배치

각 중앙관서의 장 또는 계약담당공무원은 예정가격의 100분의 70 미만으로 낙찰되어 체결된 공사계약의 경우에는 부실시공을 방지하기 위하여 감독공무원의 수(국가계약법 시행령 제54조 제1항의 규정에 의한 계약 중 공사계약의 경우에는 「건설기술 진흥법」 등에 의하여 정하여진 건설사업관리기술자 또는 감리원의 수를 말한다)를 그 배치기준의 100분의 50 범위 내에서 추가하여 배치할 수 있다(국가계약법 시행령 제54조 제2항).

이 경우 추가로 소요되는 감독 또는 감리비용은 당해 공사예산 중 낙찰차액(예정가격과 낙찰금액 간의 차액을 말한다)으로 충당할 수 있다(국가계약법 시행령 제54조 제3항).

3. 검사

가. 의의

검사는 계약의 전부 또는 일부가 계약에서 정한 대로 이행이 완료되었는지를 확인하는 것이다.

나. 중앙관서의 장 또는 계약담당공무원에 의한 검사(국가계약법 제14조 제1항 본문)

각 중앙관서의 장 또는 계약담당공무원은 계약상대자가 계약의 전부 또는 일부를 이행하면 이를 확인하기 위하여 계약서, 설계서, 그 밖의 관계 서류에 의하여 검사하거나 소속 공무원에게 그 사무를 위임하여 필요한 검사를 하게 하여야 한다.

다. 전문기관에 의한 검사(국가계약법 제14조 제1항 단서)

감독의 경우와 마찬가지로 법령상 전문기관의 건설사업관리 또는 감리가 의무적으로 요구되는 경우, 검사를 하기 위해 전문적인 지식 또는 기술이 필요한 경우 또는 부득이한 사유로 인하여 중앙관서의 장, 계약담당공무원 또는 그 소속 공무원이 감독 업무를 수행할 수 없는 경우에는 각 중앙관서의 장 또는 계약담당공무원은 전문기관을 지정하여 필요한 검사를 하게 할 수 있다(국가계약법 시행령 제55조 제3항, 제54조 제1항 제1호, 제2호).

라. 검사조서

1) 작성의무(국가계약법 제14조 제2항)

계약의 이행을 감독하는 중앙관서의 장, 계약담당공무원 또는 그 소속 공무원이나 감독자로 지정된 전문기관은 검사조서(檢査調書)를 작성하여야 한다.

2) 작성의무의 면제(국가계약법 제14조 제2항 단서, 국가계약법 시행령 제56조)

다음 각 호의 경우에는 검사조서의 작성을 생략할 수 있다.

가) 계약금액이 3천만원 이하인 계약의 경우

나) 매각계약의 경우

다) 전기·가스·수도의 공급계약 등 그 성질상 검사조서의 작성을 필요로 하지 아니하는 계약의 경우

마. 검사 기간

검사는 계약상대자로부터 당해 계약의 이행을 완료한 사실을 통지받은 날부터 14일 이내에 완료하여야 한다. 다만, 기획재정부장관이 정하는 경우에는 7일의 범위 내에서 그 검사기간을 연장할 수 있다(국가계약법 시행령 제55조 제1항). 천재·지변 등 불가항력의 사유로 14일 이내에 검사를 완료하지 못한 경우에는 당해 사유가 소멸한 날부터 3일 이내에 검사를 완료하여야 한다(국가계약법 시행령 제55조 제5항).

바. 총사업비 적정성에 대한 검사

조사설계용역계약인 경우에는 당해 용역계약의 상대자가 조사설계대상사업의 총사업비를 적정하게 산정하였는지의 여부를 함께 검사하여야 한다(국가계약법 시행령 제55조 제2항).

기본설계(타당성 조사에 관한 내용을 포함한다. 이하 같다)와 실시설계를 구분

하여 계약을 체결한 경우에는 실시설계용역에 대한 이행검사를 하는 때에 실시설계대상사업의 총사업비의 산정이 적정한지의 여부를 기본설계서상의 총사업비와 실시설계서상의 총사업비를 비교하여 검사하여야 한다. 이 경우 기본설계서상의 총사업비와 실시설계서상의 총사업비에 차이가 있는 경우에는 실시설계용역의 계약상대자로 하여금 그 사유를 설명하는 자료를 제출하게 하여야 한다(국가계약법 시행령 제55조 제4항).

사. 시정조치

각 중앙관서의 장 또는 계약담당공무원은 법 제14조 제1항의 규정에 의한 검사를 함에 있어서 계약상대자의 계약이행내용의 전부 또는 일부가 계약에 위반되거나 부당함을 발견한 때에는 지체없이 필요한 시정조치를 하여야 한다(국가계약법 시행령 제55조 제6항).

시정조치에 따른 시정이 완료된 경우에는 계약상대자로부터 그 시정을 완료한 사실을 통지받은 날부터 14일 이내에 재검사를 하여야 한다(국가계약법 시행령 제55조 제6항).

아. 감독조서의 확인에 의한 갈음

기성대가지급시의 기성검사는 법 제13조에 의한 감독을 행하는 자가 작성한 감독조서의 확인으로 갈음할 수 있다. 다만, 동 검사 3회마다 1회는 법 제14조에 의한 검사를 실시하여야 한다(국가계약법 시행령 제55조 제7항).

자. 검사의 생략

각 중앙관서의 장 또는 계약담당공무원은 다른 법령에 따른 품질인증을 받은 물품 또는 품질관리능력을 인증받은 자가 제조한 물품 등 다음 각 호의 물품에 대하여는 검사를 하지 아니할 수 있다(국가계약법 제14조 제3항, 국가계약법 시행령 제56조의2).

1) 「산업표준화법」 제15조에 따라 인증을 받은 제품
2) 「품질경영 및 공산품안전관리법」 제6조에 따라 품질경영우수기업 등으로 선정된 자가 제조한 제품
3) 「조달사업에 관한 법률」 제3조의4에 따라 조달청장이 고시한 품질관리

능력 평가기준에 적합한 자가 제조한 물품

다만, 해당 물품이 국민의 생명 보호, 안전, 보건위생 등을 위하여 검사가 필요하다고 인정하거나, 불량 자재의 사용, 다수의 하자 발생 등으로 품질의 확인이 필요한 것으로 인정되어 계약의 내용에 검사를 실시한다는 사항이 포함되도록 한 경우에는 그러하지 아니하다(국가계약법 시행령 제56조의2 단서).

차. 검사 비용의 부담

물품구매계약 또는 물품제조계약의 경우 물품의 특성상 필요한 시험 등의 검사에 드는 비용과 검사로 인하여 생기는 변형, 파손 등의 손상은 계약상대자가 부담한다(국가계약법 제14조 제4항).

4. 감독과 검사직무의 겸직

감독의 직무와 검사의 직무는 원칙적으로 겸할 수 없다(국가계약법 시행령 제57조). 다만, 다음 각호의 1에 해당하는 경우에는 그러하지 아니하다(국가계약법 시행령 제57조 단서).

1. 특별한 기술을 요하는 검사에 있어서 감독을 행하는 자 외의 자로 하여금 검사를 행하게 하는 것이 현저하게 곤란한 경우
2. 유지 · 보수에 관한 공사 등 당해 계약의 이행 후 지체없이 검사를 하지 아니하면 그 이행의 확인이 곤란한 경우
3. 계약금액이 3억원 이하인 물품의 제조 또는 공사계약의 경우
4. 시행령 제54조 제1항 제1호에 규정한 공사계약의 경우(건설기술 진흥법 제39조 제2항, 전력기술관리법 제12조 등 법령상 전문기관의 건설사업관리 또는 감리가 의무적으로 요구되는 경우)
5. 시행령 제55조 제7항 본문의 규정에 의하여 감독조서의 확인으로 기성검사를 갈음하는 경우

제15조 (대가의 지급)

① 각 중앙관서의 장 또는 계약담당공무원은 공사, 제조, 구매, 용역, 그 밖에 국고의 부담이 되는 계약의 경우 검사를 하거나 검사조서를 작성한 후에 그 대가(代價)를 지급하여야 한다. 다만, 국제관례 등 부득이한 사유가 있다고 인정되는 경우에는 그러하지 아니하다.

② 제1항에 따른 대가는 계약상대자로부터 대가 지급의 청구를 받은 날부터 대통령령으로 정하는 기한까지 지급하여야 하며, 그 기한까지 대가를 지급할 수 없는 경우에는 대통령령으로 정하는 바에 따라 그 지연일수(遲延日數)에 따른 이자를 지급하여야 한다.

③ 동일한 계약에서 제2항에 따른 이자와 제26조에 따른 지체상금은 상계(相計)할 수 있다

1. 대가지급의 원칙

국고의 부담이 되는 계약의 대가는 국가계약법 시행령 제55조에 따른 검사를 완료한 후 계약상대자의 청구를 받은 날부터 5일 이내에 지급하여야 한다. 이 경우 계약당사자와 합의하여 5일을 초과하지 아니하는 범위에서 대가의 지급기한을 연장할 수 있는 특약을 정할 수 있다(국가계약법 시행령 제58조 제1항).

천재·지변 등 불가항력의 사유로 지급기한 내에 대가를 지급할 수 없게 된 경우에는 당해 사유가 소멸된 날부터 3일 이내에 대가를 지급하여야 한다(국가계약법 시행령 제58조 제2항).

위 기간을 산정함에 있어서 공휴일 및 토요일을 제외한다(국가계약법 시행령 제58조 제6항).

각 중앙관서의 장 또는 계약담당공무원은 대가지급의 청구를 받은 후 그 청구내용의 전부 또는 일부가 부당함을 발견한 때에는 그 사유를 명시하여 계약상대자에게 당해 청구서를 반송할 수 있다. 이 경우 반송한 날부터 재청구를 받은 날까지 기간은 대가지급기간에 이를 산입하지 아니한다(국가계약법 시행령 제58조 제5항).

2. 기성대가 지급에 관한 특칙

기성부분 또는 기납부분에 대한 대가를 지급하는 경우에는 계약수량, 이행의 전망, 이행기간 등을 참작하여 적어도 30일마다 지급하여야 한다(국가계약법 시행령 제58조 제3항). 대가 지급시에는 국가계약법 시행령 제55조에 따른 검사를 완료하는 날 이전까지 계약상대자로 하여금 대가지급 청구를 하게 할 수 있으며, 검사완료일부터 5일 이내에 검사된 내용에 따라 대가를 확정하여 지급하여야 한다. 다만, 계약상대자가 검사완료일 후에 대가의 지급을 청구한 때에는 그 청구를 받은 날부터 5일 이내에 지급하여야 한다(국가계약법 시행령 제58조 제4항).

3. 국민건강보험료 등 사후정산

계약예규인 정부 입찰·계약 집행기준은 국민건강보험료, 노인장기요양보험료 및 국민연금보험료(이하 '국민건강보험료 등'이라고 한다)의 사후정산절차를 규정하고 있다. 계약상대자가 계약금액에 포함된 국민건강보험료 등을 다른 목적으로 사용하는 것을 방지하기 위한 규정이다.

계약담당공무원은 공사·용역 및 물품제조계약에 있어 예정가격 작성시 국민건강보험료 등을 관련법령에서 정하는 기준에 따라 각각 계상하고, 입찰공고시 국민건강보험료 등을 사후정산을 하게 된다는 사항, 예정가격 작성시 계상된 국민건강보험료 등, 입찰참가자가 입찰금액 산정시(내역입찰의 경우 산출내역서 포함) 국민건강보험료 등은 위 금액을 조정 없이 반영하여야 한다는 사항, 기성대가 및 준공대가 지급시 이 장에 정한 바에 따라 정산을 하게 된다는 사항을 명시하여야 한다(정부 입찰·계약 집행기준 제91조 내지 제93조).

계약담당공무원은 계약상대자의 기성부분에 대한 대가지급 청구시 국민건강보험료 등의 청구와 관련하여 국민건강보험료 등의 납입확인서(하수급인의 보험료 납입확인서를 포함한다), 전회분 기성대가에 포함하여 지급된 국민건강보험료 등의 지급액 중 해당부분을 하수급인에게 지급하였음을 증빙하는 서류를 첨부하게 하여야 하고, 이를 근거로 국민건강보험료 등의 범위 내에서 최종 정산하여야 한다(정부 입찰·계약 집행기준 제94조).

그러나 국가계약법에 의하여 체결한 계약은 확정계약이 원칙으로서, 관련

법령이나 계약조건에 따라 정산하도록 규정하고 있는 경우에 한하여 계약금액의 정산이 가능하다. 계약담당공무원은 국민건강보험료 등의 사후정산과 관련된 사항을 입찰공고시 명시하지 않았다면 사후정산을 할 수 없다고 보아야 한다.

4. 대가지급에 대한 지연이자

국가계약법 제15조 제2항의 규정에 의하여 각 중앙관서의 장 또는 계약담당공무원이 대금지급청구를 받은 경우에 국가계약법 시행령 제58조의 규정에 의한 대가지급기한(국고채무부담행위에 의한 계약의 경우에는 다음 회계연도 개시 후 「국가재정법」에 의하여 당해 예산이 배정된 날부터 20일)까지 대가를 지급하지 못하는 경우에는 지급기한의 다음날부터 지급하는 날까지의 일수에 당해 미지급금액 및 지연발생 시점의 금융기관 대출평균금리(한국은행 통계월보상의 대출평균금리를 말한다)를 곱하여 산출한 금액을 이자로 지급하여야 한다(국가계약법 시행령 제59조).

5. 수요기관이 추가대금지급의무를 부담하는지

국가, 지방자치단체 등은 「조달사업에 관한 법률」(이하 '조달사업법'이라고 함)에 따라 조달청장에게 계약체결을 요청하면, 조달청장이 입찰 및 계약을 대행하게 된다.

대금지급과 관련하여 조달사업법은 조달청장이 대지급하는 경우(조달사업법 제5조의4 제1항)와 수요기관이 지급하는 경우(조달사업법 제5조의4 제2항)로 구분하고 있는데, 조달청장이 대지급하는 경우에는 조달청(대한민국)이 대금지급의무를 부담하는 것에 의문의 여지가 없다.

대법원은 지방자치단체의 구매요청에 따라 조달청이 甲 회사와 조달물자 구매계약을 체결하면서 지급방법을 '대지급'으로 정한 사안에서, 위 조달계약은 그 당사자가 조달청과 甲 회사이고 수요기관인 지방자치단체는 그 계약상 수익자에 불과한 '제3자를 위한 계약'이므로 甲 회사에 대해 조달계약의 당사자로서 그 대금지급의무를 부담하는 자는 조달청일 뿐이고, 조달계약에서 계약금액의 지급방법을 '대지급'으로 약정한 이상, 수요기관인 지방자치단체를 제3채무자로 하여 채권압류 및 전부명령을 받은 甲 회사의 채권자가 위 지방자치단체에 대하여 전부금을 청구할 수 없다고 본 원심의 판단이 적법하다고 판시하였다(대법원 2010. 1. 28. 선고 2009다56160 판결).

그런데 수요기관이 대금지급의무를 부담하는 경우에 추가대금지급의무에 관하여 다툼이 되고 있다.

조달청(대한민국)이 공사대금을 지급하여야 한다는 견해는 조달청이 계약의 당사자이기 때문에 조달청이 계약상 계약금액증액의무를 부담하므로 추가대금지급의무도 부담한다는 견해가 있는 반면, 수요기관이 계약상 권리의무를 가지는 것으로 합의하였다고 보아야 하기 때문에 수요기관이 추가대금지급의무를 부담한다는 견해가 있다.

이에 관하여 대금지급방법을 대지급으로 정한 사안에서처럼 명시적인 판례가 없기 때문에 논란이 계속될 것으로 보이나, 수요기관이 대금을 지급하도록 규정한 조달사업법 제5조의2 제2항에 비추어 보면 수요기관이 추가대금지급의무를 부담한다고 해석하는 것이 타당하다고 생각된다. 조달청이 아니라 수요기관이 공사대금을 지급하고 세금계산서를 발행하고 있는 것이 실무관행이다.

제16조 (대가의 선납)

각 중앙관서의 장 또는 계약담당공무원은 재산의 매각 · 대부, 용역의 제공, 그 밖에 세입의 원인이 되는 계약에서는 다른 법령에 특별한 규정이 없으면 계약상대자에게 그 대가를 미리 내도록 하여야 한다.

세입의 원인이 되는 계약은 계약상대자가 대가를 미리 내도록 하는 것이 원칙이다. 즉, 계약상대방이 대가를 선이행해야 국가가 재산의 매각, 대부, 용역의 제공 등을 이행하겠다는 것이다. 국가가 재산의 매각, 대부, 용역의 제공 등을 이행하였음에도 불구하고 대가를 지급받지 못하는 것을 방지하기 위한 규정이다.

> 제17조 (공사계약의 담보책임)
> 각 중앙관서의 장 또는 계약담당공무원은 공사의 도급계약을 체결할 때에는 그 담보책임의 존속기간을 정하여야 한다. 이 경우 그 담보책임의 존속기간은 「민법」 제671조에서 규정한 기간을 초과할 수 없다.

국가계약법 제17조는 "각 중앙관서의 장 또는 계약담당공무원은 공사의 도급계약을 체결할 때에는 그 담보책임의 존속기간을 정하여야 한다. 이 경우 그 담보책임의 존속기간은 「민법」 제671조에서 규정한 기간을 초과할 수 없다."라고 하여, 계약담당공무원으로 하여금 공사도급계약 체결시 공사의 하자를 보증하기 위한 하자담보책임기간을 정하도록 하고 있다. 다만 그 기간은 민법 제671조에 정해진 기간(토지, 건물 기타 공작물의 경우 5년, 목적물이 석조, 석회조, 연와조, 금속 기타 이와 유사한 재료로 조성된 것인 때에는 10년)을 초과하지 못하도록 하고 있다.

그리고 각 중앙관서의 장 또는 계약담당공무원은 공사의 도급계약을 체결할 때에는 전체 목적물을 인수한 날과 준공검사를 완료한 날 중에서 먼저 도래한 날(공사계약의 부분 완료로 관리·사용이 이루어지고 있는 경우에는 부분 목적물을 인수한 날과 공고에 따라 관리·사용을 개시한 날 중에서 먼저 도래한 날을 말한다)부터 1년 이상 10년 이하의 범위에서 기획재정부령이 정하는 기간[2] 동안 해당 공

---

2) 1. 「건설산업기본법」에 따른 건설공사(제2호의 공사는 제외한다): 「건설산업기본법 시행령」 제30조 및 [별표 4]에 따른 기간
2. 「건설산업기본법」에 따른 건설공사 중 자갈도상 철도공사(궤도공사 부분으로 한정한다): 1년
3. 「주택법」에 따른 주택건설공사: 「주택법 시행령」 제59조 제1항, [별표 6] 및 [별표 7]에 따른 기간
4. 「전기공사업법」에 따른 전기공사: 「전기공사업법 시행령」 제11조의2 및 [별표 3의2]에 따른 기간
5. 「정보통신공사업법」에 따른 정보통신공사: 「정보통신공사업법 시행령」 제37조에 따른 기간
6. 「소방시설공사업법」에 따른 소방시설공사: 「소방시설공사업법 시행령」 제6조에 따른 기간
7. 「문화재수리 등에 관한 법률」에 따른 문화재 수리공사: 「문화재수리 등에 관한 법률 시행령」 제19조 및 [별표 9]에 따른 기간
8. 「지하수법」에 따른 지하수개발·이용시설공사나 그 밖의 공사와 관련한 법령에 따른 공사: 1년

사의 하자보수를 보증하기 위한 하자담보책임기간을 정하여야 한다. 다만, 공사의 성질상 하자보수가 필요하지 아니한 경우로서 기획재정부령[3])이 정하는 경우에는 그러하지 아니하다(국가계약법 시행령 제70조 제1항).

그리고 공사계약 체결시 하자담보책임을 정할 경우 각 공사의 종류(「건설산업기본법」에 따른 건설공사, 「건설산업기본법」에 따른 건설공사 중 자갈도상 철도공사(궤도공사 부분으로 한정한다), 「주택법」에 따른 주택건설공사, 「전기공사업법」에 따른 전기공사, 「정보통신공사업법」에 따른 정보통신공사, 「소방시설공사업법」에 따른 소방시설공사, 「문화재수리 등에 관한 법률」에 따른 문화재 수리공사, 「지하수법」에 따른 지하수개발·이용시설공사나 그 밖의 공사와 관련한 법령에 따른 공사)별 구분에 따라 하자담보책임기간을 정하여야 한다(국가계약법 시행규칙 제70조 제1항 본문). 다만 위 각 종류별 공사 중 「문화재수리 등에 관한 법률」에 따른 문화재 수리공사를 제외한 각 공사의 종류 간의 하자담보책임을 구분할 수 없는 복합공사인 경우에는 주된 공사의 종류를 기준으로 하자담보책임기간을 정하여야 한다(국가계약법 시행규칙 제70조 제1항 단서). 하자담보책임기간을 공종 구분없이 일률적으로 정하였거나 관련 법령에서 정해진 기간과 다르게 정하여 계약이행중인 경우에는 관련 법령에서 정한 대로 계약서상 하자담보책임기간을 조정하여야 한다(공사계약일반조건 제33조 제3항).

장기계속공사에 있어서는 연차계약별로 하자담보책임기간을 정하나, 연차계약별로 하자담보책임을 구분할 수 없는 공사인 경우에는 제1차 계약을 체결할 때에 총 공사에 대하여 하자담보책임기간을 정하여야 한다(국가계약법 시행령 제70조 제2항).

---

3) 1. 「건설산업기본법 시행령」 별표 1에 따른 건설업종의 업무내용 중 구조물 등을 해체하는 공사
2. 단순암반절취공사, 모래·자갈채취공사등 그 공사의 성질상 객관적으로 하자보수가 필요하지 아니한 공사
3. 계약금액이 3천만원을 초과하지 아니하는 공사(조경공사를 제외한다)

제18조 (하자보수보증금)

① 각 중앙관서의 장 또는 계약담당공무원은 공사의 도급계약의 경우 계약상대자로 하여금 그 공사의 하자보수(瑕疵補修) 보증을 위하여 하자보수보증금을 내도록 하여야 한다. 다만, 대통령령으로 정하는 경우에는 하자보수보증금의 전부 또는 일부의 납부를 면제할 수 있다.

② 제1항에 따른 하자보수보증금의 금액, 납부시기, 납부방법, 예치기간, 그 밖에 필요한 사항은 대통령령으로 정한다.

③ 하자보수보증금의 국고 귀속에 관하여는 제12조 제3항을 준용한다. 다만, 그 하자의 보수를 위한 예산이 없거나 부족한 경우에는 그 하자보수보증금을 그 하자의 보수를 위하여 직접 사용할 수 있다.

④ 제3항 단서의 경우에 사용하고 남은 금액은 국고에 납입하여야 한다.

1. 의의 및 성격

국가계약법령은 계약보증금과 같이 계약상대자의 하자보수의무의 이행을 담보하기 위하여 하자보수보증금에 관하여 규정하고 있다. 즉, 하자보수보증금제도는 공사도급계약에 있어 계약목적물에 시공상의 하자가 발생할 경우 시공자인 계약상대자로 하여금 하자보수의무의 이행을 강제함과 동시에 계약상대자가 그 의무의 이행을 게을리할 경우 이를 국고에 귀속시키는 제도이다.

국가계약법 제18조 제3항은 “하자보수보증금의 국고 귀속에 관하여는 제12조 제3항을 준용한다.”라고 규정하고 있고, 제12조 제3항은 “…계약상대자가 계약상의 의무를 이행하지 아니하였을 때에는 해당 계약보증금을 국고에 귀속시킨다.”라고 규정하고 있으므로, 하자보수보증금의 경우 계약상대자가 하자보수의무를 이행하지 않을 경우 그 보수금액과 관계없이 전액 국고에 귀속된다.

이와 같이 실제 보수비용과 관계없이 전액 국고에 귀속되므로, 이를 손해배상액의 예정으로 보는 것이 다수의 견해이다.

☞ 잘못된 시공으로 인한 계약상대자의 하자보수책임(회계제도과-1455, 2009. 8. 27.)

「계약상대자는 국가계약법 제18조 및 동법 시행령 제60조 내지 제63조에 따라 시공상의 하자에 대하여 하자보수책임을 지게 되며, “하자보수”라 함은 해당 공사의 시공상의 잘못 및 설계서대로 시공하지 아니하여 발생한 하자에 대한 보수를 의미함. 시공상의 하자발생이 설계서대로 시공하지 아니하는 등 계약상대자의 책임있는 사유로 인한 것이 명백한 때에는 계약상대자가 하자보수책임을 지는 것임. 이 경우 예상치 못한 폭우를 이유로 계약상대자의 하자보수책임이 면책되지 않는다고 보는 것이 타당함. 다만, 시공상의 하자 여부는 계약담당공무원이 계약목적물의 특성·구조 및 설계도서 등을 종합적으로 고려하여 판단할 사안임.」

☞ 하자보수보증금의 계약금액 포함 여부(회계제도과－1377, 2005. 7. 7.)

「**질의)** ‘국가를 당사자로 하는 계약에 관한 법률 시행령’ 제62조, 동법 시행규칙 제72조의 규정에 의한 하자보수보증금이 물품제조·설치 계약 시의 계약금액에 포함되는지 여부.

회신) 국가기관이 체결한 계약에 있어 하자보수보증금제도는 국가계약법률 제18조, 동법시행령 제62조 및 동법시행규칙 제72조의 규정에 의해 공사계약에 대해서만 인정하고 있습니다. 따라서 국가계약법령상 물품계약에는 하자보수보증금제도가 인정되지 않으며, 다만 회계예규 ‘물품구매계약일반조건’ 제21조의 규정에 의해 납품 후 1년간 납품한 물품의 규격과 품질이 계약내용과 동일함을 보증하도록 하고 있습니다.

한편 공사계약에 있어 하자보수보증금은 계약이행이 완료된 후 하자보수보증기간 동안 그 계약목적물의 시공상의 하자발생에 대한 담보적 성격으로 납부하게 하는 금액을 말하는바, 동 하자보수보증금은 계약금액과 무관한 것으로 계약금액에 포함되는 것이 아닙니다.」

2. 하자보수보증금률

가. 관련 법령

국가계약법 시행령 제62조 제1항은 “법 제18조의 규정에 의한 하자보수보증금은 기획재정부령이 정하는 바에 의하여 계약금액의 100분의 2 이상 100분의 10 이하로 하여야 한다.”라고 하여 하자보수보증금률에 대하여 기획재정부령에 위임하고 있고, 그 위임을 받은 국가계약법 시행규칙 제72조는 아래와 같이 정하고 있다.

나. 하자보수보증금률(국가계약법 시행규칙 제72조 제1항)

1) 철도 · 댐 · 터널 · 철강교설치 · 발전설비 · 교량 · 상하수도구조물 등 중요구조물공사 및 조경공사: 100분의 5
2) 공항 · 항만 · 삭도설치 · 방파제 · 사방 · 간척 등 공사: 100분의 4
3) 관개수로 · 도로(포장공사를 포함한다) · 매립 · 상하수도관로 · 하천 · 일반건축 등 공사: 100분의 3
4) 제1호 내지 제3호 외의 공사: 100분의 2

> ☞ 하자보수보증금 산출기준에 관한 질의(규제개혁법무－4212, 2013. 7. 29.)
>
> 「**질의)** 가) 하자보수보증금 산정시 계약금액은 시공사가 준공시 정산된 준공금액을 기준으로 하자보수보증금을 산출하는 것인지 아니면, 최초의 계약서상 계약금액(또는 최종 변경계약된 변경계약서상 계약금액)을 기준으로 산출하는 것인지
>
> 나) 준공정산시 대체적으로 줄어든 정산금액으로 정산하는데 있어, 변경계약서를 작성하지 않고, 증빙부족으로 원래 계약금액보다 감액된 금액으로 정산함을 동의하는 정산합의서를 발주기관과 시공사가 작성하면 그것은 회계예규에 적용 가능한 변경계약서가 되는가 아니면, 그냥 정산서일 뿐인가에 관한 질의
>
> **회신)** 국가기관이 당사자가 되는 공사계약에서 계약상대자는 계약예규「공사계약일반조건」제34조 제1항에 따라 공사의 하자보수를 보증하기 위하여 계약서에서 정한 하자보수보증금률을 계약금액(당초 계약금액이 설계변경, 물가변동, 그 밖에 계약내용 변경이나 사후정산 등으로 조정된 경우에는 조정된 최종 계약금액을 말함)에 곱하여 산출한 금액(하자보수보증금)을「국가를 당사자로 하는 계약에 관한 법률 시행령」제62조와「동 시행규칙」제72조에 정한 바에 따라 납부하여야 하는 것입니다.
>
> 또한, 준공 지급시에 정산을 위하여 작성한 정산서는 계약당사간에 확인하여 작성하는 것으로서 동 정산서류는 변경계약서에 준할 수 있습니다.」

3. 하자보수보증금의 납부 및 면제

가. 하자보수보증금의 납부 및 방법

1) 하자보수보증금의 납부시기는 당해 공사의 준공검사 이후 공사대가 지급 전까지이며, 장기계속공사에 있어서는 연차별 공사의 준공시기 이후이다.

각 중앙관서의 장 또는 계약담당공무원은 제1항의 규정에 의한 하자보수보증금을 당해 공사의 준공검사 후 그 공사의 대가를 지급하기 전까지 납부하게 하고 제60조의 규정에 의한 하자담보책임기간 동안 보관하여야 한다(국가계약법 시행령 제62조 제2항). 장기계속공사에 있어서는 연차계약별로 제1항 및 제2항의 규정에 의한 하자보수보증금을 납부하게 하여야 한다. 다만, 연차계약별로 하자담보책임을 구분할 수 없는 공사인 경우에는 총 공사의 준공검사 후 하자보수보증금을 납부하게 하여야 한다(국가계약법 시행령 제62조 제3항).

☞ 대가지급시 하자보수보증금공제 여부(회제 45107-449, 1996. 3. 11.)

「**질의)** A사가 발주관서의 공사를 시공하여 A사가 완성한 후 부도가 발생하여 A사로부터 "공사계약일반조건" 제22조의 하자보수보증금(보증서포함)을 예치할 수 없는 경우, 회제 2210-4672('86. 12. 27.)에 의하면 가압류되어 있는 A사의 미지급 공사대금 중에서 하자보수보증금 상당액을 공제하여 예치할 수 있는지의 여부

회신) 국가기관이 시행하는 공사계약에 있어 계약상대자는 하자보수보증금을 회계예규 "공사계약일반조건" 제22조에 의거 당해 공사의 대가를 지급할 때까지 납부하여야 하는 것이며, 부도 등의 사유로 하자보수보증금을 납부할 수 없는 경우 계약담당공무원은 하자보수보증금을 공제한 후 대가를 지급하여야 하는 것임.」

2) 하자보수보증금의 납부는 국가계약법 시행령 제37조 제2항, 제4항 및 제38조의 규정이 준용되므로, 입찰보증금이나 계약보증금과 동일하게 현금 또는 보증서로 납부할 수 있다.

☞ 준공금 청구시 하자보증서 대체가능여부(회제 41301-408, 2002. 3. 28.)

「**질의)** 오폐수처리시설공사를 수주하여 정화처리 시설공사 및 관로공사를 각각 전문업체에 하도급주어 공사를 수행하던 중 당사의 부도로 인하여 현재 하수급회사에서 공사대금을 발주처로부터 직접 수령하여 공사를 시공중에 있으며 추후 위 공사를 완료하여 준공금 청구시 우리사는 하자보증서 발급이 불가능한바 하수급자의 하자보증서 제출로 대체하여 준공금 청구가 가능한지

회신) 국가기관이 체결한 공사계약에서 계약상대자는 공사의 하자보수를 보증하기 위하여 계약서에서 정한 하자보수보증금을 회계예규 공사계약 일반조건 제34조 제1항의 규정에 의하여 당해 공사의 준공검사 후 그 공사의 대가를 지급할 때까지 발주기관에 현금 또는 국가계약법 시행령 제37조 제2항에 규정된 보증서 등으로 납부 또는 제출하여야 하는바, 이 경우 동 예규 제42조의 규정에 의거 승인 또는 통지받은 하수급자가 동 하자보수보증금을 대신 납부할 수 없음.」

☞ 공종별 하자보수보증금 납부 및 반환절차(회제 41301-2134, 1997. 7. 30.)

「**질의)** 가) 국가계약법 시행규칙 제72조[하자담보책임기간] 제1항 및 별표 1에 의거 공정별 하자담보책임기간이 상호 달리하고 있는바, 이 경우 국가를당사자로하는계약에관한법률 제18조[하자보수보증권] 관련 각 공정별로 분할하여 하자보증보험증권을 제출할 수 있는지의 여부.

나) 완료한 공사 중 이미 하자보증보험증권을 최장기간 공정으로 일괄하여 제출한 경우, 이에 별표 1의 하자 담보기간이 종료된 공정에 대하여도 위 하자보증보험증권의 계약기간을 이유로 하자보수를 요청하거나 위 하자보증보험으로부터 당해 공정의 하자보수비용의 청구가 가능한지 여부.

회신) 가) 국가기관이 공사계약을 체결함에 있어 계약담당공무원은 국가를당사자로하는계약에관한법률시행규칙 제70조(별표 1)의 규정에 의거 각 공종간의 하자책임을 구분할 수 있는 경우에는 공종구분에

> 따라 하자담보책임기간을 정하여야 하는바, 각 공종별로 분할하여 하자담보책임기간을 정한 경우에는 하자보수보증서를 공종별로 제출할 수 있으며,
>
> 나) 공종별 하자담보책임기간이 만료되어 보증목적이 달성된 공종의 하자보수보증금은 계약상대자의 요청이 있을 경우 회계예규 "공사계약일반조건" 제34조의 규정에 의거 이를 즉시 반환하여야 함.」

나. 하자보수보증금의 납부면제

1) 계약상대자의 특성에 의한 납부면제

국가계약법 제18조 제1항 단서는 국가계약법 시행령이 정하는 경우에 하자보수보증금의 전부 또는 일부의 납부를 면제할 수 있도록 규정하고 있고, 이에 따라 국가계약법 시행령 제62조 제4항은 다음과 같은 자(국가계약법 시행령 제37조 제3항 제1호 내지 제4호에 규정된 자)와 계약을 체결할 경우 하자보수보증금의 납부를 면제할 수 있도록 정하고 있다.

가) 국가기관 및 지방자치단체

나) 「공공기관의 운영에 관한 법률」에 따른 공공기관

다) 정부가 기본재산의 100분의 50 이상을 출연(법률의 규정에 의하여 귀속시킨 경우를 포함한다. 이하 같다)한 법인

라) 「농업협동조합법」에 의한 조합·조합공동사업법인 및 그 중앙회(농협경제지주회사 및 그 자회사를 포함한다), 「수산업협동조합법」에 의한 어촌계·수산업협동조합 및 그 중앙회, 「산림조합법」에 의한 산림조합 및 그 중앙회, 「중소기업협동조합법」에 의한 중소기업협동조합 및 그 중앙회와 「한국농어촌공사 및 농지관리기금법」에 따른 한국농어촌공사

2) 공사의 성질에 의한 면제

국가계약법 시행령 제62조 제1항 단서는 '공사의 성질상 하자보수가 필요하지 아니한 경우로서 기획재정부령이 정하는 경우' 하자보수보증금의 납부를 면제할 수 있도록 규정하고 있으며, 이에 따라 국가계약법 시행규칙 제72조 제2항은 다음과 같은 경우에 하자보수보증금의 납부가 면제될 수 있도록 규정하고 있다.

가) 「건설산업기본법 시행령」 별표 1에 따른 건설업종의 업무내용 중 구조물 등을 해체하는 공사
나) 단순암반절취공사, 모래·자갈채취공사 등 그 공사의 성질상 객관적으로 하자보수가 필요하지 아니한 공사
다) 계약금액이 3천만원을 초과하지 아니하는 공사(조경공사를 제외한다)

3) 한편, 하자보수보증금의 납부 및 국고귀속의 경우 국가계약법 시행령 제37조 제4항이 준용되고, 제37조 제4항은 "각 중앙관서의 장 또는 계약담당공무원은 제3항의 규정에 의하여 입찰보증금의 전부 또는 일부의 납부를 면제받은 자로 하여금 법 제9조 제3항의 규정에 의한 국고귀속사유가 발생한 때에는 입찰보증금에 해당하는 금액을 납입할 것을 보장하기 위하여 그 지급을 확약하는 내용의 문서를 제출하게 하여야 한다."라고 규정하고 있으므로, 하자보수보증금의 납부를 면제받는 자는 그 지급을 확약하는 내용의 문서를 제출하여야 한다.

4. 하자보수보증금의 반환과 국고귀속 및 직접사용

가. 하자보수보증금의 반환

계약담당공무원은 하자담보책임기간 만료 후 이루어지는 최종검사를 완료하였을 때에 하자보수완료확인서를 계약상대자에게 발급하여야 하며, 그 발급일까지 하자보수보증금을 반환하여야 한다. 다만 하자담보책임기간이 서로 다른 공종이 복합된 건설공사에 있어서는 시행규칙 제70조에 의한 공종별 하자담보책임기간이 만료되어 보증목적이 달성된 공종의 하자보수보증금은 계약상대자의 요청이 있을 경우 즉시 반환하여야 한다(공사계약일반조건 제34조 제3항).

☞ 하자보수보증금의 반환 범위(회제 41301-146, 2000. 1. 21.)

「공사계약에서 하자보수보증금을 현금으로 납부한 경우에는 정부보관금취급규칙 제4조에 따라 금융기관에 예치하여야 하며, 하자보수보증기간 경과 후 보증금 반환시에는 동 규칙 제6조에 따라 동 기간 동안 발생한 이자를 포함하여 지급함.」

나. 국고귀속

하자보수보증금의 국고귀속과 관련한 사항은 입찰보증금과 계약보증금의 국고귀속에 관한 규정을 준용한다(국가계약법 시행령 제18조 제3항, 제12조 제3항). 따라서 계약상대자가 하자보수의무를 제대로 이행하지 못할 경우 계약담당공무원은 하자보수보증금을 국곡에 귀속시켜야 한다.

다. 하자보수보증금의 직접사용

1) 위 나.항에서 본 바와 같이, 계약상대자가 하자보수의무를 제대로 이행하지 못할 경우 하자보수보증금은 국고에 귀속시켜야 하나, 예외적으로 그 하자의 보수를 위한 예산이 없거나 부족한 경우에는 그 하자보수보증금을 그 하자의 보수를 위하여 직접 사용할 수 있다(국가계약법 제18조 제3항 단서). 다만 그 사용하고 남은 금액은 국고에 납입하여야 한다(제18조 제4항).

2) 하자보수보증금을 직접 사용하기 위한 절차는 아래와 같다(국가계약법 시행규칙 제73조).

가) 계약담당공무원의 세입세출외 현금출납공무원 또는 유가증권공무원에 대한 통지

각 중앙관서의 장 또는 계약담당공무원은 국가계약법 시행령 제63조의 규정에 의하여 하자보수보증금을 직접 사용하고자 할 때에는 세입세출외 현금출납공무원 또는 유가증권취급공무원에게 그 뜻을 통지하고 당해 하자보수에 필요한 조치를 하여야 한다.

나) 하자보수보증금이 보증서로 납부된 경우 보증기관에 대한 통지

하자보수보증금을 국가계약법 시행령 제37조 제2항의 규정에 의한 보증보험증권 등으로 제출하게 한 때에는 제1항의 규정에 의한 통지와 동시에 당해보증기관에 대하여 보증한 금액을 납부할 것을 통지하여야 한다.

다) 유가증권취급공무원의 조치

위 가)항에 따라 통지를 받은 유가증권취급공무원은 그가 보관하고 있는

유가증권 등에 관하여 다음 각 호의 조치를 하여야 한다.

(1) 하자보수보증금을 국가계약법 시행령 제37조 제2항의 규정에 의한 보증보험증권 등으로 보관하고 있는 경우에는 즉시 당해 보증기관에 그 보증채무의 이행을 청구하여야 한다.

(2) 하자보수보증금을 상장증권인 주식으로 보관하고 있는 경우에는 국유재산에 관한 법령에서 정하는 바에 의하여 매각하여야 하며, 그 매각수수료는 매각대금 중에서 지급한다. 다만, 해당 상장증권의 매각대금이 하자보수보증금 상당액에 미달할 것으로 판단되는 경우에는 이를 매각할 수 없다.

(3) 하자보수보증금을 상장증권인 국채, 지방채, 국가가 지급보증을 한 채권 또는 사채 등 원리금의 상환기일이 확정되어 있는 채권으로 보관하고 있는 경우에는 국유재산에 관한 법령에서 정하는 바에 의하여 매각하여야 하며, 그 매각수수료는 매각대금 중에서 지급한다. 다만, 해당 상장증권의 매각대금이 하자보수보증금상당액에 미달할 것으로 판단되는 경우 또는 해당 상장증권의 최종원리금상환기일이 매각하고자 하는 날부터 30일 이내에 도래하는 경우에는 이를 매각할 수 없다.

(4) 하자보수보증금을 국가계약법 시행령 제37조 제2항 제5호의 규정에 의한 정기예금증서로 보관하고 있는 경우에는 즉시 당해 금융기관에 현금지급을 청구하여야 한다.

라) 유가증권취급공무원의 보증기관에 대한 조치

유가증권취급공무원은 보관하고 있는 유가증권 등을 다)의 규정에 의하여 매각하거나 당해 보증채무의 이행을 받은 때에는 보증기관 등으로 하여금 그 대금을 직접 세입세출외 현금출납공무원에게 납입하도록 하여야 한다.

마) 계약담당공무원의 지출원인행위 이후 절차와 그 제한

각 중앙관서의 장 또는 계약담당공무원은 하자보수보증금의 직접사용을 위하여 지출원인행위를 한 때에는 그 지출원인행위의 관계서류를 세입세출외 현금출납공무원에게 송부하되, 하자보수보증금으로 제출된 상장유가증권이 위 다)항 (2)호 또는 (3)호의 규정에 의한 방법에 의하여 매각되지 아니한 때에는 지출원인행위를 할 수 없다.

바) 세입세출외 현금출납공무원의 조치

세입세출외 현금출납공무원은 마)항의 규정에 의하여 지출원인행위 관계 서류를 송부받은 때에는 당해 하자보수보증금 중에서 그 하자보수의 대가를 지급하여야 한다.

사) 잔액의 처리

각 중앙관서의 장 또는 계약담당공무원은 제70조 제1항의 규정에 의한 하자담보책임기간 동안 바)항의 규정에 의한 대가를 지급하고도 잔액이 있는 때에는 국가계약법 시행규칙 제64조 제1항[4]에 의하여 처리하여야 한다.

---

4) 각 중앙관서의 장 또는 계약담당공무원은 영 제38조 제1항의 규정에 의하여 제43조 · 제51조 및 제52조의 규정에 따라 납부된 보증금을 국고에 귀속하여야 할 사유가 발생한 경우에는 다음 각호의 방법에 의하여 당해 보증금을 처리하여야 한다.

1. 현금의 경우에는 세입세출외 현금출납공무원과 관계수입징수관에게 그 뜻을 통지하여 수입금으로 징수하도록 요청하여야 한다.
2. 유가증권인 경우에는 유가증권취급공무원에게 그 뜻을 통지하여 정부유가증권취급규정에 의하여 정부소유유가증권으로 처리하도록 요청하여야 한다. 이 경우 등록국채에 있어서는 그 뜻을 유가증권취급점과 유가증권취급공무원에게 통지하여야 한다.
3. 보증보험증권등인 경우에는 관계수입징수관 · 유가증권취급공무원 및 관계보증기관에 그 뜻을 통지하고 당해 보증금을 수입금으로 징수함에 있어서 필요한 조치를 하게 하여야 한다.
4. 정기예금증서등인 경우에는 관계수입징수관 · 유가증권취급공무원 및 당해 금융기관에 그 뜻을 통지하고 당해 보증금을 수입으로 징수함에 필요한 조치를 하게 하여야 한다.

선금의 지급

1. 의의 및 관련규정

공사현장에서 통용되는 선금 또는 선급금이란 자금 사정이 좋지 않은 수급인으로 하여금 자재확보, 노임 지급 등에 어려움이 없이 공사를 원활하게 진행할 수 있도록 하기 위하여 도급인이 장차 지급할 공사대금을 수급인에게 미리 지급하여 주는 선급공사대금으로, 구체적인 기성고과 관련하여 지급된 공사대금이 아니라 전체 공사와 관련되어 지급된 선급 공사대금[5]을 말한다. 수급인은 이 금원을 당해 공사에 사용될 자재구입과 노임지급에 사용하여야 하며 다른 용도에 사용할 수 없다. 이러한 선금 또는 선급금은 건설공사도급계약이나 기계제작계약 등 특수한 계약에서만 인정되는 제도이다.[6]

관급공사 등 국가계약법이 적용되는 계약에 대하여도 이러한 선금 관련 내용이 규정되어 있으며, 그 지급근거는 국고금관리법 및 정부 입찰 · 계약 집행기준이다.

국고금관리법 제26조는 “지출관은 운임, 용선료(傭船料), 공사 · 제조 · 용역 계약의 대가, 그 밖에 대통령령으로 정하는 경비로서 그 성질상 미리 지급하지 아니하거나 개산(槪算)하여 지급하지 아니하면 해당 사무나 사업에 지장을 가져올 우려가 있는 경비의 경우에는 이를 미리 지급하거나 개산하여 지급할 수 있다.”라고 하여 선금의 지급에 관한 근거를 두고 있으며, 동법 시행령 제40조 제1항은 “법 제26조에 따라 미리 지급할 수 있는 경비는 다음 각 호와 같다.”라고 규정한 다음 제15호로 ‘공사, 제조 또는 용역 계약의 대가로서 계약금액의 100분의 70을 초과하지 아니하는 금액’이라고 하여 선금에 관하여 규정하고 있다. 그리고 정부 입찰 · 계약 집행기준에서는 제10장 제33조 내지 제39조에 걸쳐 선금에 관하여 구체적으로 규정하고 있다.

이하에서는 정부 입찰 · 계약 집행기준에 규정된 내용을 기초로 선금에 관하여 구체적으로 살펴보도록 하겠다.

---

5) 대법원 2014. 1. 23. 선고 2013다214437 판결.
6) 윤재윤, 건설분쟁관계법 제6판(개정증보판), 박영사(2015), 174면.

2. 선금지급의 요건과 범위

가. 지급 요건(정부 입찰 · 계약 집행기준 제34조 제1항)

선금을 지급받기 위해서는 다음의 요건을 갖추어야 한다.

1) 공사, 물품 제조 또는 용역 계약(발주기관이 시스템 특성 등에 맞게 소프트웨어의 일부에 대하여 수정 · 변경을 요구하여 체결한 소프트웨어사업을 포함)에 해당할 것
2) 시행령 제76조에 의한 입찰참가자격제한을 받고 그 제한기간 중에 있지 아니할 것

☞ 구매계약에 대한 선금지급 가능여부(계약제도과 - 191, 2015. 2. 23.)

「**질의)** 물품구매(제조없이 납품)와 설치공사가 혼재된 경우 선금의 지급범위 (즉, 구매계약에 대한 선금지급 가능여부)

회신) 기획재정부 계약예규 「정부 입찰 · 계약 집행기준」 제34조 제1항 제1호에 따르면 공사, 물품 제조 또는 용역 계약의 경우에 계약상대자가 선금의 지급을 요청할 때에는 계약금액의 100분의 70을 초과하지 아니하는 범위 내에서 선금을 지급할 수 있습니다.

물품의 제조없이 납품하는 구매계약와 구매물품을 설치하는 공사계약을 동일한 계약으로 체결하였고, 구매계약와 공사계약의 계약금액을 각각 구분할 수 있는 경우에는 공사계약금액의 100분의 70을 초과하지 아니하는 범위 내에서만 선금을 지급할 수 있을 것입니다.

다만, 각 중앙관서의 장이 특수한 사유로 인하여 물품의 제조없이 납품하는 구매계약에 대해서도 선금을 지급하고자 하는 경우에는 기획재정부 계약예규 「정부 입찰 · 계약 집행기준」 제33조 단서에 따라 기획재정부장관과 협의하여 특례를 정할 수 있을 것입니다.」

나. 지급 범위

1) 선금 지급 범위의 한계

위 가.항의 요건을 충족한 경우 계약담당공무원은 계약상대자가 선금의 지급을 요청할 때에는 계약금액의 100분의 70을 초과하지 아니하는 범위 내에서 선금을 지급할 수 있다. 다만, 계약상대자가 선금의무지급률 이하로 신청하는 경우에는 신청한 바에 따라 지급한다(정부 입찰·계약 집행기준 제34조 제1항).

2) 구체적 지급범위(선금의무지급률)

계약담당공무원은 다음 각 호에 해당하는 선금은 그 청구를 받은 날로부터 14일 이내에 지급하여야 한다(정부 입찰·계약 집행기준 제34조 제3항).

가) 공사

(1) 계약금액이 100억원 이상인 경우: 100분의 30

(2) 계약금액이 20억원 이상 100억원 미만인 경우: 100분의 40

(3) 계약금액이 20억원 미만인 경우: 100분의 50

나) 물품의 제조 및 용역

(1) 계약금액이 10억원 이상인 경우: 100분의 30

(2) 계약금액이 3억원 이상 10억원 미만인 경우: 100분의 40

(3) 계약금액이 3억원 미만인 경우: 100분의 50

다) 수해복구공사

(1) 계약금액이 20억원 미만인 경우: 100분의 70

(2) 계약금액이 20억원 이상인 경우: 100분의 50

3) 선금의 추가적 지급(정부 입찰·계약 집행기준 제34조 제4항)

계약담당공무원은 다음 각호의 어느 하나에 해당하는 경우에는 위 나.항에 기재된 선금에 추가하여 해당 계약금액의 100분의 10 범위 내에서 추가로 지급하여야 한다.

가) 제70조의4 제1항 각호[7]에 따른 원자재 가격이 급등한 경우
나) 신기술을 사용하는 물품 및 용역계약에 있어서 기술개발투자를 위한 자금이 계약이행초기에 집중적으로 소요되는 경우
다) 계약상대방이 「저탄소 녹색성장 기본법」 제32조 제2항[8]에 따라 녹색기술·녹색사업에 대한 적합성 인증을 받거나 녹색전문기업으로 확인받은 경우(정부 입찰·계약 집행기준 제32조 제2항 각호[9]에 해당하는 자 제외)

4) 선급지급범위의 예외(선금의무지급률의 예외)(정부 입찰·계약 집행기준 제34조 제11항)

계약담당공무원은 계약이행에 필요한 기간 등에 비추어 계약을 체결한 연도 내에 해당 예산을 전액 집행할 수 없는 경우로서 해당 예산의 사고이월이 불가피하다고 인정되는 때에는 계약을 체결한 연도 내에 집행할 수 있는 금액을 한도로 선금을 지급하여야 하며, 지급하여야 할 선금 중 미지급된 금액은 예산이 이월된 연도에 지급하여야 한다.

---

7) 1. 공사, 용역, 물품제조계약에서 품목조정률이나 지수조정률이 5% 이상 상승한 경우
2. 물품구매 계약에서 품목조정률이나 지수조정률이 10% 이상 상승한 경우
3. 공사, 용역 및 물품제조계약에서 품목조정률이나 지수조정률이 3%(물품구매계약에서는 6%) 이상 상승하고, 기타 객관적 사유로 조정제한기간 내에 계약금액을 조정하지 아니하고는 계약이행이 곤란하다고 계약담당공무원이 인정하는 경우

8) 정부는 녹색기술·녹색산업의 발전을 촉진하기 위하여 녹색기술, 녹색사업, 녹색제품 등에 대한 적합성 인증을 하거나 녹색전문기업 확인, 공공기관의 구매의무화 또는 기술지도 등을 할 수 있다.

9) 계약담당공무원은 제1항에도 불구하고 다음 각 호의 어느 하나에 해당하는 자에 대해서는 계약보증금 등을 감면하지 아니한다.
1. 계약예규 입찰참가자격사전심사요령 제6조 제2항에 따른 경영상태부문의 적격요건을 충족하지 못한 자(단, 100억 미만 공사의 경우에는 업체 평균 유동·부채비율 수준 미만인 자)
2. 입찰참가등록 마감일(수의계약의 경우에는 계약체결일) 기준으로 시행령 제76조에 따라 입찰참가자격제한을 받고 해당 제한기간이 종료된 날로부터 1년이 경과하지 않은 자

☞ 장기계속계약의 사고이월 시 선금지급 비율 등에 관한 질의(계약제도과-1522, 2012. 11. 26.)

「질의)

- 장기계속계약에서 당해 연차의 예산을 집행하지 못하고 사고이월된 경우 「정부 입찰·계약 집행기준」 제34조 제1항에 따라 계약금액의 100분의 70을 한도로 선금을 지급할 수 있는지 여부
- 하도급 거래 공정화에 관한 법률」에 따라 선금을 받은 이후에 하도급 계약을 체결하는 계약은 예외적으로 하도급계약 체결 이후 15일 이내에 지급할 수 있는지 여부에 대한 질의

회신) 「정부 입찰·계약 집행기준」 제34조 제11항은 당해 예산의 사고이월이 불가피하다고 인정되는 때에는 동조 제3항 및 제4항의 규정에 불구하고 계약을 체결할 수 있는 금액을 한도로 선금을 지급하여야 하며, 제3항 및 제4항의 규정에 의하여 지급하여야 할 선금 중 미지급된 금액은 예산이 이월된 연도에 지급하도록 하고 있는바, 동 규정은 제3항 및 제4항의 규정에 의한 의무지급률의 선금지급에 관한 사항에 한정되며, 발주기관은 정부 입찰·계약 집행기준 제34조 제1항에 의해서 직전 연차계약금액의 100분의 70을 초과하지 않는 범위 내에서 선금을 추가지급할 수 있다고 보는 것이 타당할 것입니다.

「국가를 당사자로 하는 계약에 관한 법률」 제3조는 국가를 당사자로 하는 계약에 관하여 다른 법률에 특별한 규정이 있는 경우 다른 법률을 국가계약법에 우선하여 적용하도록 규정하고 있는바, 「하도급 거래 공정화에 관한 법률」 제6조 제1항에서 하도급에 관한 선급금의 지급에 대해 따로 규정하고 있는 경우 동 법률의 규정을 따르는 것이 타당할 것입니다.」

☞ 장기계속계약 선금지급 관련 회계질의(계약제도과-437, 2012. 4. 13.)

「질의) 장기계속 물품제조계약의 전년도 계약차수 부분이 전부 사고이월된 경우

- 올해 연도 계약에 대한 선금 지급과 별도로 전년도 사고이월된 예산으

로 선금지급 가능 여부

- 사고이월된 예산으로 선금을 지급할 수 있을 경우 구체적인 선금지급 범위

회신) 장기계속계약에서 선금의 지급은 각 연차계약금액을 기준으로 하여야 합니다. 따라서 사고이월된 예산을 이월된 연도에 사용할 수 있다고 할지라도, 선금은 앞으로 수행할 계약의 원활한 이행을 위해 지급하는 것으로 이미 완료된 사업에 대해 사고이월된 예산을 전년도 차수계약의 선금으로 지급할 수 없다고 할 것입니다. 또한 당해 사고이월된 예산은 올해연도 차수계약을 목적으로 국회의 승인을 받은 것이 아니므로 올해연도 차수계약의 선금으로도 지급할 수 없다고 보는 것이 타당할 것입니다.」

☞ "계약을 체결한 연도 내에 집행할 수 있는 금액"의 의미(회제 41301-1755, 2002. 12. 3.)

「계약을 체결한 연도 내에 당해 예산을 전액 집행할 수 없는 경우로서 당해 예산의 사고이월이 불가피하다고 인정되는 때의 선금은 당해 공사의 이행을 위하여 계약상대자에게 당해 연도 내에 실제 지출할 금액을 한도로 지급하는 것임.」

3. 선금지급의 절차 및 기준금액

가. 지급절차

1) 지급시기

선금의 지급에 관하여 규정하고 있는 국고금관리법 시행령 제40조 제3항은 "제1항 제15호에 따른 경비를 미리 지급하는 경우에는 계약 체결 후 계약 상대방의 청구를 받은 날부터 14일 이내에 지급하여야 한다. 다만, 불가피한 사유로 지급이 불가능하여 그 사유를 계약 상대방에게 문서로 통지한 경우에는 그러하지 아니하다."라고 규정하고 있다.

따라서, 계약담당공무원은 불가피한 사유로 지급이 불가능하여 이를 미리

문서로 통지한 경우 이외에는 계약 체결 후 계약상대자로부터 청구를 받은 날로부터 14일 이내 선금을 지급하여야 한다.

2) 지급조건(정부 입찰 · 계약 집행기준 제39조)

계약담당공무원은 선금을 지급하고자 하는 경우에는 계약 체결 시에 채권확보조치, 선금의 사용, 정산 및 반환청구, 그 밖에 필요한 사항을 선금지급조건으로 명시하여야 한다.

3) 계약상대자의 선금지급계획 제출 및 하수급인에 대한 서면 통지

계약상대자가 선금지급을 요청하는 경우에는 하수급인에 대한 선금지급계획을 제출하여야 하며(정부 입찰 · 계약 집행기준 제34조 제2항), 선금을 지급받은 날로부터 5일 이내에 하수급인에게 선금수령 사실을 서면으로 통지하여야 한다(정부 입찰 · 계약 집행기준 제34조 제12항).

나. 선금지급 기준금액(정부 입찰 · 계약 집행기준 제34조 제5항 내지 제7항)

선금의 지급에 있어서 기성부분 또는 기납부분에 대하여 대가를 지급한 때에는 계약금액(단가계약의 경우에는 발주금액)에서 그 대가를 공제한 금액을 기준으로 하며, 계속비와 명시이월비 예산에 의한 계약에 대하여 선금을 지급하는 경우에 계약금액 중 해당연도 이행금액을 기준으로 하며, 장기계속계약의 경우에는 각 연차계약금액을 기준으로 하고, 국고채무부담행위예산에 의한 계약에 대하여 선금을 지급하는 경우에 국고채무부담행위액 상환을 위한 세출예산이 계상된 연도에만 할 수 있다.

4. 선금지급의 제한

가. 선금이 지급되어야 함에도 불구하고 계약담당공무원은 자금사정 등 불가피한 사유에 의하여 선금지급이 불가능한 때에는 소속중앙관서의 장의 승인을 얻어 계약상대자에게 그 사유를 통지함으로써 선금지급을 하지 않을 수 있다(정부 입찰 · 계약 집행기준 제34조 제8항).

나. 선금지급이 불가능한 사유(정부 입찰 · 계약 집행기준 제34조 제9항).

1) 자금배정이 지연될 경우. 단, 자금배정이 있을 경우에는 즉시 선금지급을 하여야 함
2) 계약 체결 후 불가피한 사유로 이행착수가 상당기간 지연될 것이 명백한 경우. 단, 동 사유 해제시 즉시 선금지급을 하여야 함
3) 계약상대자로부터 선금지급 요청이 없거나 유예신청이 있는 경우

다. 선금지급의 시기적 제한(정부 입찰 · 계약 집행기준 제34조 제10항)

계약담당공무원은 선금을 지급할 수 있는 경우에도 잔여이행기간이 선금지급 신청일을 기준으로 30일을 초과하지 아니할 경우에는 선금을 지급할 수 없다. 다만, 계약의 이행기간이 선금을 지급하지 아니하고는 계약이행이 곤란하다고 인정되는 경우에는 잔여이행기간이 선금지급 신청일을 기준으로 30일 이내인 경우에도 선금을 지급할 수 있다.

5. 선금지급에 대한 채권확보

가. 채권확보의 방법

1) 선금의 반환사유가 발생하였음에도 불구하고 계약상대자의 자력이 부족하여 이를 반환하지 못하는 경우가 발생할 수 있고, 이러한 경우에 대비하여 선금을 지급할 경우에는 그 반환채권을 확보하기 위한 담보수단이 강구될 필요가 있어, 정부 입찰 · 계약 집행기준에서 이에 관하여 구체적으로 규정하고 있다.

2) 증권 또는 보증서의 제출

계약담당공무원은 선금을 지급하고자 할 경우에는 계약상대자로 하여금 시행령 제37조 제2항 제2항에 의한 증권 또는 보증서를 제출하게 하여야 한다(정부 입찰 · 계약 집행기준 제35조 제1항).

3) 제출 예외사유

일정한 경우 선금 반환에 대한 담보 제출이 면제되는 경우도 있다. 즉 국가, 지방자치단체, 「공공기관의 운영에 관한 법률」에 따른 공공기관 중 공기업과 준정부기관, 특별법에 의하여 정부가 보호 육성하는 법인으로서 정부가 출연한 법인, 「농업협동조합법」에 의한 조합 및 그 중앙회, 「수산업협동조합법」에 의한 어촌계·수산업협동조합 및 그 중앙회, 「산림조합법」에 의한 조합 및 그 중앙회 또는 「중소기업협동조합법」에 의한 중소기업협동조합 및 그 중앙회는 별도로 선금지급에 대한 담보를 위하여 증권이나 보증서를 제출할 필요가 없다. 다만 이 경우에도 선금반환사유가 발생한 경우에는 선금잔액에 해당하는 금액을 현금(체신관서 또는 「은행법」의 적용을 받는 금융기관이 발행한 자기앞수표를 포함한다)으로 반납할 것을 확약하는 내용의 문서를 제출하여야 한다(정부 입찰·계약 집행기준 제35조 제1항 단서).

4) 하수급인의 선금지급에 대한 담보(정부 입찰·계약 집행기준 제35조 제5항, 제38조 제3항)

계약상대자가 선금을 지급받았음에도 불구하고 하수급인에게 정당한 사유 없이 선금을 적정하게 배분하지 않은 경우는 계약상대자의 선금반환사유가 되며, 이 경우 계약담당공무원은 하수급인에게 선금을 직접 지급할 수 있다. 그리고 이와 같이 하수급인에게 선금을 지급하고자 하는 경우로서 계약상대자가 요구할 경우에는 계약담당공무원은 해당 하수급인으로 하여금 계약상대자에게 보증서를 제출하도록 하여야 한다.

나. 채권확보 대상금액

위 가.항에서 살펴본 바와 같은 채권확보조치가 있는 경우 보증 또는 보험금액은 선금액에 그 금액에 대한 보증 또는 보험기간에 해당하는 약정이자상당액[사유발생 시점의 금융기관 대출평균금리(한국은행 통계월보상의 대출평균금리)에 의하여 산출한 금액을 말한다]을 가산한 금액 이상이 되어야 한다(정부 입찰·계약 집행기준 제35조 제2항).

다만 선금이 정산되었을 경우 계약상대자의 요청에 의하여 해당 선금잔액(선금액에서 선금정산액을 공제한 금액을 말한다. 이하 같다)에 해당 약정이자상당액을 가산한 금액을 기준으로 채권확보조치가 이루어질 수 있다(정부 입찰 · 계약 집행기준 제35조 제3항).

☞ 선금지급 시 채권확보로 정기예금증서를 제출받을 수 있는지 여부(계약제도과-682, 2014. 5. 26.)

「질의) ① 선금지급 시 채권확보로 정기예금증서를 제출받을 수 있는지 여부
② 선금보증금의 취급방법

회신)

- 기획재정부 계약예규 「정부 입찰 · 계약 집행기준」 제35조 제1항 본문에서는 "계약담당공무원은 선금을 지급하고자 할 경우에는 계약상대자로 하여금 시행령 제37조 제2항에 의한 증권 또는 보증서를 제출하게 하여야 한다."고 규정하고 있습니다. 해당 규정에서 '시행령 제37조 제2항에 의한 증권 또는 보증서'에 「국가를 당사자로 하는 계약에 관한 법률 시행령」 제37조 제2항 제5호에서 규정하는 정기예금증서가 포함되는 것으로 보는 것이 적정할 것입니다.
- 선금의 채권확보와 관련된 증권 또는 보증서를 제출하게 하는 경우에 있어서 「국가를 당사자로 하는 계약에 관한 법률 시행규칙」 제54조 내지 제56조의 규정을 준용하는 것이 적정할 것입니다.」

다. 보증 또는 보험기간

제출되는 보증서 등의 보증 또는 보험기간의 개시일은 선금지급일 이전이어야 하며 그 종료일은 이행기간의 종료일 다음날부터 60일 이상(계약의 이행기간이 60일 이내인 경우는 30일 이상)으로 하여야 한다. 다만, 계약 이행기간이 연장되는 경우 계약상대자는 당초의 보증 또는 보험기간에 그 연장하고자 하는 기간을 가산한 기간을 보증 또는 보험기간으로 하는 증권 또는 보증서를 제출하여야 한다(정부 입찰 · 계약 집행기준 제35조 제4항).

6. 선금의 사용 및 정산

가. 선금의 사용

선금은 계약목적달성을 위한 용도와 수급인의 하수급인에 대한 선금배분 이외의 다른 목적에 사용할 수 없으며, 노임지급(공사계약은 제외) 및 자재확보에 우선 사용하여야 한다(정부 입찰·계약 집행기준 제35조 제1항). 계약담당공무원은 지급된 선금이 위 용도로 사용되었는지 여부를 확인하기 위하여 선금전액 사용시에는 계약상대자로 하여금 사용내역서를 제출하게 하여야 한다(정부 입찰·계약 집행기준 제36조 제2항).

계약담당공무원은 수급인에게 선금을 지급한 경우에는 선금지급일로부터 20일 이내에 계약상대자와 하수급인으로부터 증빙서류를 제출받아 선금배분 및 수령내역을 비교·확인하여야 하며, 계약상대자가 하수급인에게 선금을 현금으로 지급하도록 하여야 한다(정부 입찰·계약 집행기준 제36조 제4, 5항).

한편, 이와 같은 선금사용용도 이외에 계약담당공무원은 선금을 지급하는 경우에 국민건강보험료 등의 납부를 위하여 선금을 우선 사용할 수 있도록 할 수 있다(정부 입찰·계약 집행기준 제95조).

☞ 선금지급 이전에 사용된 비용을 지급된 선금으로 동비용의 처리 가능여부

(회제 41301-806, 2002. 6. 19.}

「**질의)** 계약 체결 후 발주기관의 예산사정으로 인하여 계약 체결 후 선금을 수령하지 못하고, 계약 체결 4개월이 경과한 후 선금을 수령하였음. 선금을 사용함에 있어 계약 체결 후 동 계약의 수행을 위하여 기 투입한 인건비 등을 동 선금에서 사용할 수 있는 지 여부

회신) 국가기관이 체결한 계약의 선금을 지급함에 있어 계약담당공무원은 당해 선금을 계약목적달성을 위한 용도와 다른 용도로 사용하게 할 수 없도록 하여야 하며, 계약상대자가 선금을 청구할 경우 선금사용계획서를 제출하게 하여야 하는 것이나, 발주처 예산사정으로 인하여 선금지급이 지연되어 계약상대자가 자신의 비용으로 당해 계약목적달성을 위하여 인건비 지급이나, 자재확보 사실 등이 증명된 경우라면 사

후에 지급된 선금으로 동 비용의 충당이 가능하다고 봄.」

☞ 선금을 압류권자에게 지급할 수 있는지의 여부(회제 41301-3158, 1997. 11. 18.)

「질의) 1) ○○○조성공사를 조달청에 의뢰하여 4,228,759,920원에 ○○건설과 도급계약이 체결되었으나, 동 회사의 부도로 보증 시공회사인 A사로 하여금 보증시공키로 하였던바, A사의 연대보증사인 B사가 기존의 채권을 확보하기 위해 위 공사와 관련 4,200,000,000원에 대하여 채권압류 및 전부명령을 신청하여 서울지방법원으로 부터 동 명령서('96타가 9241, 9242)가 송달되자 발주기관에서는 A사의 선금급 1,250,000,000원을 전부명령에 따라 B사에 지급(A사의 동의가 있었음)한 행위가 정당한 집행인지 여부

2) 대립되는 의견

- 갑 의견 : 선금은 회계관리규정상 확정 채무액으로 상대방 채무이행 이전에 지출하는바, 선금을 포함한 계약금 전액에 대하여 채권압류 및 전부명령 결정에 의해 제3채무자가 선금급을 채권자인 B사에게 지급(채무자의 동의)한 것은 정당함.
- 을 의견 : 선금의 지급은 "선금지급요령" 제4조에 의거 당해 계약목적 달성을 위한 용도 이외에 목적에 사용하게 할 수 없으므로 전부명령에 따르는 것은 선금의 목적 달성이 불가능할 것이 확실히 예상될 뿐아니라, 선금및기성대가지급에대한회계통첩상 "선금지급이 불가능한 경우" 중 "계약 체결 후 불가피한 사유로 이행착수가 상당기간 지연될 것이 명백한 경우"에 해당되므로 선금을 지급하여서는 아니 되며, 채무자로 하여금 동 채권압류 및 전부명령을 일정기간까지 해결하지 않으면 공사계약을 해지하여 선금지급의무를 없애도록 조치함이 타당함.

회신) 국가기관이 시행하는 공사계약에 있어 계약담당공무원은 예산회계법 제64조, 동법시행령 제56조 및 회계예규 "선금지급요령"에서 정한 바에 따라 선금을 지급하여야 하는바, 계약상대자(연대보증인이 시공하는 경우에는 연대보증인)가 아닌 자에게 선금을 지급할 수 없음.」

나. 선금의 정산

1) 선금정산 방법 및 공식

도급인이 선금을 지급한 경우 그 정산방법은 공사도급계약의 내용에 따라 정하여지나, 도급인은 기성과 확정 당시 선급금 전체금액에서 기성고 비율에 해당하는 금액을 선급금에서 공제함으로써 공사대금의 지급에 갈음하고, 수급인에게 선급금 공제금액을 제외한 나머지 기성금만을 현실적으로 지급하는 것이 일반적이다.[10)]

정부 입찰·계약 집행기준 제37조는 선금의 정산에 관하여 "선금은 기성부분 또는 기납부분의 대가 지급 시마다 다음 방식에 의하여 산출한 선금정산액 이상을 정산하여야 한다."라고 규정하고 있고, 아래와 같이 선금정산방식을 기재하고 있다.

선금정산액 = 선금액 × [기성(또는 기납) 부분의 대가상당액 / 계약금액]

2) 공동계약에서의 선금정산

공동계약의 경우는 구성원별 출자비율 등에 따라 선금을 지급하므로 정산 시에도 구성원별로 계약금액을 산정하고, 신청된 기성대가(일부 구성원의 부도 등으로 정산하는 경우에는 각 구성원별 실제 시공비율에 따른 기성대가) 및 각 구성원별로 지급된 선금액을 적용하여 선금정산금액을 산출한다.[11)]

7. 선금의 반환청구 등

가. 반환청구 사유

선금을 지급한 이후 다음의 사유가 발생한 경우 계약상대자는 지체 없이 지급받은 선금을 반환하여야 한다(정부 입찰·계약 집행기준 제38조 제1항).

가) 계약을 해제 또는 해지하는 경우

10) 김홍준, 건설재판실무 개정 증보판, 유로(2015), 151면 참조.
11) 장훈기, 앞의 책, 940면 참조.

나) 선금지급조건[12]을 위배한 경우

다) 정당한 사유 없이 선금 수령일로부터 15일 이내에 하수급인에게 선금을 배분하지 않은 경우

라) 계약변경으로 인해 계약금액이 감액되었을 경우

☞ **하도급자가 선금수령을 거부할 경우 선금의 반환청구 요건이 충족되는지 여부**(계약제도과-1160, 2012. 9. 4.)

「**질의)** 계약상대자에게 선금을 지급하였으나 하도급자의 선금수령거부로 계약상대자가 하도급자에게 선금을 배분하지 못한 경우 「정부 입찰·계약 집행기준」 제38조 제1항 제4호의 정당한 이유 없이 선금을 배분하지 아니한 경우에 해당하는지 여부 및 계약상대자에게 선금반환을 청구하여야 하는지 여부

회신) 계약예규 「정부 입찰·계약 집행기준」 제38조 제1항 제4호는 정당한 이유 없이 선금 수령일로부터 15일 이내에 하수급인에게 선금을 배분하지 않은 경우 당해 선금을 반환토록 하고 있습니다. 질의와 관련하여, 계약상대자가 지급받은 선금을 하수급인에게 15일 이내에 배분하고자 하였으나 하수급인이 그 수령을 스스로 거부한 경우에는 선금을 배분하지 못한 데 대한 정당한 사유가 있다고 볼 수 있으므로 위의 요건에 해당한다고 보기 어려울 것입니다. 다만, 동 기준 동조 동항 제2호는 선금지급조건을 위배한 경우에도 선금을 반환토록 하고 있는바, 계약상대자가 하수급인에 대한 선금 배분을 목적으로 선금을 지급받았음에도 하수급인에게 선금을 배분할 수 없는 상태라면 선금 미배분의 정당한 사유 존재 여부와 상관없이 동 요건을 충족한다고 보아야 할 것이므로 계약상대자에게 선금의 반환을 청구하는 것이 타당할 것입니다.」

12) 계약담당공무원은 선금을 지급하고자 하는 경우에는 계약 체결 시에 제35조 내지 제38조에 의한 채권확보조치, 선금의 사용, 정산 및 반환청구 등 기타 필요한 사항을 선금지급 조건으로 명시하여야 한다(정부 입찰·계약 집행기준 제39조).

나. 반환금액

선금반환사유가 발생한 경우 계약상대자는 원칙적으로 선금잔액에 대한 약정이자 없이 원금만을 반환하면 되나, 예외적으로 선금반환사유가 계약상대자의 귀책사유에 의하여 발생한 경우에는 선금잔액에 약정이자 상당액을 가산하여 반환하여야 하며, 그 이자계산기준 시점은 선금을 지급받은 시점이다(정부 입찰·계약 집행기준 제38조 제1항 단서). 이자계산은 매일의 선금잔액에 대한 일변계산에 의하며, 계산기간은 반환 시까지로 한다(정부 입찰·계약 집행기준 제38조 제2항).

그리고 계약금액이 감액되어 선금을 반환하여야 할 경우 계약금액이 감액되는 비율만큼 선금을 반환하여야 한다. 다만, 계약상대자에게 지급된 선금이 계약금액의 70%를 초과하지 아니하였을 경우에는 계약상대자로부터 변경계약에 따른 배서증권 징구 등 채권확보를 안전하게 하는 것으로 이를 갈음할 수 있다(정부 입찰·계약 집행기준 제38조 제5항).

☞ 반환청구의 대상이 되는 선금잔액 산정에 대한 질의(계약제도과-1169, 2013. 8. 27.)

질의) 계약상대자가 정당한 사유 없이 선금수령일로부터 15일 이내에 일부 하수급인에게 선금을 배분하지 않은 경우, 전체 하수급인에 대한 선금 배분액 모두를 포함하여 반환청구해야 하는지 여부

회신) '정부 입찰·계약 집행기준' 제38조에서는 계약담당공무원으로 하여금 계약상대자가 정당한 사유 없이 선금 수령일로부터 15일 이내에 하수급인에게 선금을 배분하지 않은 경우 선금잔액에 대하여 선금 반환 청구를 하도록 규정하고 있습니다.

또한 계약상대자가 하수급인에게 정당한 사유없이 선금을 적정하게 배분하지 않은 경우에는 반환받은 선금을 하수급인에게 직접 지급할 수 있도록 하여 선금배분에 있어 하수급인이 배제되지 않도록 보호하고 있습니다.

- 질의와 관련하여 계약상대자가 일부 하수급인에게 선금을 지급하고 일부 하수급인에게는 정당한 사유없이 15일 이내에 지급하지 아니한 경우, 계약담당자가 그 반환을 청구할 때에는 정당한 사유없이 15일

이내에 지급하지 아니한 부분에 대해서만 반환청구의 대상으로 보는 것이 타당할 것입니다.」

☞ 선금 반환 시 가산되는 이자 산정 기준 관련 회계질의(계약제도과-283, 2012. 3. 16.)

「질의) 계약상대방의 귀책사유로 사고이월되어 선금을 반환해야 하는 사유가 발생한 경우

• 대금정산을 선금과 대금 간의 상계처리 방식으로 할 때 선금에 가산되는 이자의 적용기간에서 선금반환일의 구체적인 시점
• 선금반환 청구 시 이자에 대한 금리 적용의 구체적인 시점

회신)

• 발주기관은 선금을 지급한 후 사고이월 등으로 인하여 선금의 반환이 불가피하다고 인정하는 경우 「정부 입찰 · 계약 집행기준」 제38조 제1항에 따라 계약상대자에게 지체 없이 반환을 청구하여야 합니다. 이 경우 계약상대자의 귀책사유로 사고이월하는 경우라면 선금잔액에 약정이자상당액을 가산하여 반환을 청구하여야 하며, 이자부과기간은 정부 입찰 · 계약 집행기준 제38조 제2항에 따라 선금잔액의 반환 시까지로 하여야 할 것입니다. 질의와 관련하여 발주기관이 선금반환을 청구하였음에도 계약상대자가 반환하지 않음에 따라 대가지급 시 선금과 상계처리함으로써 선금이 반환된 것으로 처리되었다면 계약상대자는 선금을 반환할 때까지 선금으로 인하여 부당이득을 얻었다고 볼 수 있습니다. 따라서 선금이자의 부과기한은 대가지급시점이 된다고 보는 것이 타당할 것입니다.
• 정부 입찰 · 계약 집행기준 제35조 제2항은 선금에 대한 채권확보조치를 하는 경우 선금액에 그 금액에 대한 보증 또는 보험기간에 해당하는 약정이자상당액(사유발생시점의 금융기관 대출평균금리에 의하여 산출한 금액)을 가산한 금액 이상으로 하도록 규정하고 있음에 비추어 볼 때 선금반환 시 적용하는 금리도 사유발생시점의 금리를 적용하는 것이 타당할 것이며, 사유발생시점이란 선금보증채권을 확보하는 계기가 된 시점이므로 선금을 신청한 당시로 보는 것이 타당할 것입니다.」

다. 공동수급체와 선급금반환

공동수급체가 공사를 도급받아 수행하던 중 선급금 반환사유가 발생한 경우, 공동수급체 구성원들의 선급금반환채무의 범위가 문제될 수 있다.

이에 대하여 대법원은 "공동수급체의 구성원이 발주자에 대한 계약상의 의무이행에 대하여 연대하여 책임을 진다고 규정되어 있다고 하더라도, 도급계약의 내용에 선급금 반환채무 등에 관한 다른 구성원의 의무에 관하여는 명시적인 규정이 없고, 선급금에 관하여는 별도의 규정을 두어 그 반환채무의 담보 방법으로 수급인이 제출하여야 할 문서로서 보험사업자의 보증보험증권이나 건설공제조합의 지급보증서 등 그 담보력이 충분한 것으로 제한하고 있다면, 공동수급체의 각 구성원의 연대책임의 범위는 선급금 반환채무에까지는 미치지 아니한다고 봄이 상당하므로, 공동수급체의 구성원으로서는 특별한 사정이 없는 한 다른 구성원의 선급금 반환채무에 관하여는 책임을 부담하지 않는다."라고 판시하여(대법원 2004. 11. 26. 선고 2002다68362 판결 등 다수), 공동수급체의 구성원들의 연대책임 범위에 선급금 반환채무는 포함되지 않는다는 입장을 취하고 있다.

라. 하수급인에 대한 직접지급(정부 입찰 · 계약 집행기준 제35조 제5항, 제38조 제3항)

계약상대자가 하수급인에게 정당한 사유 없이 선금을 적정하게 배분하지 않아 선금이 반환된 경우 계약담당공무원은 하수급인에게 선금을 직접 지급할 수 있으며, 계약상대자가 요구할 경우에는 계약담당공무원은 해당 하수급인으로 하여금 계약상대자에게 보증서를 제출하도록 하여야 한다.

8. 선금반환청구 시 미지급 공사대금과의 문제(충당과 상계)

가. 관련규정

정부 입찰 · 계약 집행기준 제38조 제4항은 "제1항 및 제2항에 의한 반환청구 시 기성부분에 대한 미지급액이 있는 경우에는 선금잔액을 그 미지급액에 우선적으로 충당하여야 한다. 다만, 「건설산업기본법」 및 「하도급 거래공정화에 관한 법률」에 의하여 하도급대금 지급보증이 되어 있지 않은 경우로서 계약예규 「공사계약일반조건」 제43조 제1항[13]에 의하여 하도급대가를 직접 지급하는 때에는 우선적으로 하도급대가를 지급한 후에 기성부분에 대한 미지급액의 잔액이 있으면 선금잔액과 상계할 수 있다."라고 규정하여, 미지급 공사대금이 있을 경우 선금반환청구와의 관계를 규정하고 있다.

나. 공사도급계약 해제 또는 해지 시 선금의 충당과 하도급공사대금의 직접 지급

1) 선금의 성격과 충당의 원칙

공사도급계약에 있어 선금은 자금 사정이 좋지 않은 수급인으로 하여금 자재 확보, 노임 지급 등에 어려움이 없이 공사를 원활하게 진행할 수 있도록 하기 위하여, 도급인이 장차 지급할 공사대금을 수급인에게 미리 지급하여 주는 선급 공사대금이며, 구체적인 기성고와 관련하여 지급된 공사대금이 아니라 전체 공사와 관련하여 지급된 선급 공사대금이다. 이러한 점에 비추어, 선금을 지급한 후 계약이 해제 또는 해지되거나 선금 조건을 위반하는 등의 사유로 중도에 선금을 반환하게 된 경우에는 선금이 공사대금의 일부로 지급된 것인 이상, 하도급을 주었는지 여부를 불문하고 선금은 별도의 상계 의사표시 없이 그 때까지의 기성고에 해당하는 공사대금에 당연 충당되고 그래도 공사대금이 남는다면, 그 금액만을 지급하면 되는 것이고, 거꾸로 선금이 미지급 공사대금에 충당되고 남는다면 그 남은 선금에 관하여 도급인이 반환채권을 가지게 된다(대법원 1997. 12. 12. 선고 97다5060 판결; 1999. 12. 7. 선고 99다55519 판결; 2007. 9. 20. 선고 2007다40109 판결). 따라서 기성공사대금이 가압류나 압류가 된 후 도급계약이

---

13) 계약담당공무원은 계약상대자가 다음 각호의 어느 하나에 해당하는 경우에 「건설산업기본법」 등 관련법령에 의하여 체결한 하도급계약 중 하수급인이 시공한 부분에 상당하는 금액에 대하여는 계약상대자가 하수급인에게 제39조 및 제40조에 의한 대가지급을 의뢰한 것으로 보아 해당 하수급인에게 직접 지급하여야 한다.
1. 하수급인이 계약상대자를 상대로 하여 받은 판결로서 그가 시공한 분에 대한 하도급대금지급을 명하는 확정판결이 있는 경우
2. 계약상대자가 파산, 부도, 영업정지 및 면허취소 등으로 하도급대금을 하수급인에게 지급할 수 없게 된 경우
3. 「하도급거래 공정화에 관한 법률」 또는 「건설산업기본법」에 규정한 내용에 따라 계약상대자가 하수급인에 대한 하도급대금 지급보증서를 제출하여야 할 대상 중 그 지급보증서를 제출하지 아니한 경우

해제 또는 해지되었다고 하더라도, 그러한 가압류나 압류의 효력은 위와 같이 당연 충당되고 잔존하는 공사대금에만 미치게 된다.

다만 도급계약상 하도급대금 직불조항이 있는 경우와 관련하여 예외적으로 이에 관한 정산약정이 있는지 여부에 따라 선금의 공사대금충당과 하도급대금 직불 사이의 우열관계가 결정된다.

2) 선금의 충당과 하도급대금 직불조항과의 관계

가) 위 1)항에서 살펴본 바와 같이, 선급금을 지급한 후 계약이 해제 또는 해지되는 등의 사유로 수급인이 도중에 선급금을 반환하여야 할 사유가 발생하였다면, 특별한 사정이 없는 한 별도의 상계 의사표시 없이도 그 때까지의 기성고에 해당하는 공사대금 중 미지급액은 선금으로 충당되고 도급인은 나머지 공사대금이 있는 경우 그 금액에 한하여 지급할 의무를 부담하게 된다. 다만 이때 선금의 충당 대상이 되는 기성공사대금의 내역을 어떻게 정할 것인지는 도급계약 당사자의 약정에 따라야 하므로, 위 약정에 따라 선금충당과 하도급대금 직불과의 우열관계가 정해진다.

나) 특별한 약정이 없는 경우

하도급대금 직불조항이 있다고 하더라도, 공사대금에 당연충당되는 선금의 성격상 선금이 공제되고 남는 공사대금이 있는 경우에 한하여 하도급대금을 하수급인에게 직접 지급하여야 할 것이다. 대법원은 "건설산업기본법 제35조 제1항, 하도급거래공정화에 관한 법률 제14조 제1항 등에서 하도급대금의 직접지급에 관하여 규정을 두고 있는 것은 수급인이 파산하거나 그 외 사유로 하도급업자들에게 하도급대금을 지급하지 않거나 지급할 수 없는 사유가 생길 경우 약자의 지위에 있는 하도급업자들을 보호하고 공사 수행에 대한 대가를 실질적으로 보장하기 위함에 그 취지와 목적이 있는 것일 뿐이지 도급인과 하수급인과의 직접적인 도급계약관계의 설정을 전제로 한 것은 아니므로, 결국 하수급인이 시공한 부분은 수급인의 기성고로 볼 수밖에 없다. 또한, 하수급인은 수급인의 이행보조자에 불과하므로 수급인의 기성공사금액에는 그 이행보조자인 하수급인의 기성공사부분이 당연히 포함된다고 보아야 한다. 따라서 선급금을 지급한 후 계약의 해제 또는 해지 등의 사유가 발생한 경우에는 하수급인의 기성공사부분에 대한 공사대금도 포함한 수급인의 기성고를 선급금에서 공제하여야 하고, 그래도 남는 공사대금이 있는 경우에 한하여 하도급대금을 하수급인에게 직접 지급하여야 한다."라고 판시하여(대법원 2007. 9. 20. 선고 2007다40109 판결), 이러한 점을 분명히 하고 있다.

다) 예외적으로 정산약정이 있는 경우

공사계약일반조건 제44조 제5항은 "제1항에 의하여 계약이 해제 또는 해지된 경우에 계약상대자는 지급받은 선금에 대하여 미정산잔액이 있는 경우에는 그 잔액에 대한 약정이자상당액[사유발생 시점의 금융기관 대출평균금리(한국은행 통계월보상의 대출평균금리를 말한다)]에 의하여 산출한 금액을 가산하여 발주기관에 상환하여야 한다."라고 규정하고 있으며 제44조 제6항[14]은 "제5항의 경우에 계약담당공무원은 선금잔액과 기성부분에 대한 미지급액을 상계하여야 한다. 다만, 「건설산업기본법」 및 「하도급 거래공정화에 관한 법률」에 의하여 하도급대금 지급보증이 되어 있지 않은 경우로서 제43조 제1항에 의하여 하도급대가를 직접 지급하여야 하는 때에는 우선적으로 하도급대가를 지급한 후에 기성부분에 대한 미지급액의 잔액이 있으면 선금잔액과 상계할 수 있다."라고 규정하고 있다. 이 경우 제44조 제6항을 선금 정산에 있어서 예외적 정산의 약정으로 볼 수 있는지에 대하여 논의가 있었다.

이에 대하여 대법원은, 공사도급계약에 편입된 공사계약일반조건 제43조 제1항에서 도급인이 하수급인에게 하도급대금을 직접 지급해야 하는 경우를 규정하고, 제44조 제5항[15]에서 계약이 해제 또는 해지된 경우 수급인은 미정산 선급금 등을 반환하여야 하고 도급인은 위 금액과 기성공사대금을 상계할 수 있다는 내용을 규정하면서, 그 단서에서 "다만, 제43조 제1항의 규정에 의하여 하도급대가를 직접 지급하는 경우 하도급대가의 지급 후 잔액이 있을 때에는 이와 상계할 수 있다."고 규정하고 있는 사안에서, 「도급인인 피고가 공사계약일반조건 제43조 제1항 에 규정된 바와 같이 하수급인이 시공한 부분에 상당하는 하도급대금을 직접 지급하는 사유가 발생한 경우에는 이에 해당하는 금원은 선급금충당의 대상이 되는 기성공사대금의 내역에서 제외하기로 하는 예외적

14) 과거 제44조 제5항이었으나, 2006. 5. 25. 제6항으로 수정되었다.
15) 현 공사계약일반조건 제44조 제6항.

정산약정을 한 것으로 보아야 할 것이고, 한편 하도급대금의 실질적인 지급 보장이라는 공사계약일반조건 제44조 제5항의 도입 취지, 선급금 충당의 법리와 하도급대금 직접지급의무 규정을 둘러싼 이해관계의 합리적 조정, 구 하도급법상 직접지급의무 발생요건이 충족된 경우 도급인이 선급금의 충당에 우선하여 하수급인에게 하도급대금을 직접 지급해 온 거래계의 관행, 위 조항이 갖는 사회적 기능 등 제반 사정을 종합하면, 공사계약일반조건 제44조 제5항 단서에 의해서 설정된 미정산 선급금의 충당에 대한 예외적 정산약정은, 구 하도급법에 의하여 하수급인에게 하도급대금을 직접 지급할 사유가 인정되는 범위 안에서는, 도급인으로 하여금 미정산 선급금이 기성공사대금에 충당되었음을 이유로 하수급인에게 부담하는 하도급대금 지급의무를 면할 수 없도록 하는 약정에 해당되고, 도급인에 대하여 직접청구권을 갖는 하수급인으로서는 위 예외적 정산약정에 관한 주장을 할 수 있다고 봄이 상당하다」라고 판시하였다(대법원 2010. 5. 13. 선고 2007다31211 판결 등 다수).

위 대법원 판결은 공사계약일반조건 제44조 제6항을 예외적 정산조항에 해당한다고 판단하였으며, 이에 따라 위 조항이 있을 경우 계약담당공무원은 미정산 선금이 기성공사대금에 당연충당되었음을 이유로 하수급인에 대하여 대항할 수 없게 되었다.

한편, 이와 같은 예외적 정산조항이 있다고 하더라도, 이러한 정산약정 또한 특별한 사정이 없는 한 도급인에게 도급대금채무를 넘는 새로운 부담을 지우지 않는 범위 내에서 하수급인을 수급인에 우선하여 보호하려는 약정이라고 보아야 하므로, 도급인이 하도급대금을 직접 지급하는 사유가 발생하기 전에 선급금이 기성공사대금에 충당되어 도급대금채무가 모두 소멸한 경우에는 도급인은 더 이상 하수급인에 대한 하도급대금 지급의무를 부담하지 않게 된다(대법원 2014. 1. 23. 선고 2013다214437 판결 참조).

V. 계약금액의 조정

제19조 (물가변동 등에 따른 계약금액 조정)

각 중앙관서의 장 또는 계약담당공무원은 공사계약 · 제조계약 · 용역계약 또는 그 밖에 국고의 부담이 되는 계약을 체결한 다음 물가변동, 설계변경, 그 밖에 계약내용의 변경으로 인하여 계약금액을 조정(調整)할 필요가 있을 때에는 대통령령으로 정하는 바에 따라 그 계약금액을 조정한다.

1. 개요

가. 의의

1) 국가를 당사자로 하는 계약도 일반 사인과의 계약과 마찬가지로 당사자 사이에 구속력을 갖기 때문에 계약이 체결되면 그 계약내용대로 이행이 되어야 한다. 그런데 계약이 이행되던 중 물가가 변동되거나 설계가 변경되거나 그 밖에 계약내용이 변경되어 계약금액을 조정할 필요가 있을 경우에는 그 대금을 조정하는 것이 상호 간의 공평에 부합하기 때문에 국가계약법은 제19조에서 계약금액의 조정에 관한 규정을 두고 있다.

2) 국가계약법 제19조는 계약금액이 조정되어야 하는 사유로 물가변동, 설계변경 및 그 밖에 계약내용의 변경 3가지를 들고 있다. 그리고 그 구체적인 내용에 대해서는 국가계약법 시행령, 시행규칙, 기획재정부 계약예규인 공사계약 일반조건[1] 및 정부 입찰 · 계약 집행기준[2]에 맡기고 있다.

나. 법률적 성격

1) 사정변경의 원칙을 일반화한 것인가?

일반적으로 계약금액 조정제도는 신의성실의 원칙과 사정변경의 원칙에

1) 현재 시행되고 있는 공사계약일반조건은 기획재정부계약예규 제286호 2016. 1. 1.자로 일부개정된 것이다.

2) 현재 시행되고 있는 '정부 입찰 · 계약 집행기준'은 기획재정부계약예규 제280호 2016. 1. 1.자로 일부개정된 것이다.

그 토대를 두고 있다고 해석하고 있다.[3] 그러나 3가지 유형의 모든 계약금액 조정에 대해 사정변경의 원칙이 적용된 결과라고 해석하는 것은 다소 문제가 있다고 생각된다.

사정변경의 원칙은 계약 체결 당시에 있었던 환경 또는 그 기초가 되는 사정이 그 후 현저하게 변경되어, 당초에 합의하였던 계약의 내용을 그대로 유지하고 강제하는 것이 신의칙과 공평의 원리에 반하는 결과가 되는 경우에, 당사자가 그 법률행위의 효과를 신의·공평에 맞게 변경하거나 해소할 수 있다는 원칙을 말한다.[4] 그리고 계약 체결 당시에 비하여 물가가 급격하게 변동되는 경우를 가장 대표적인 경우로 꼽고 있다. 이러한 점에서 볼 때 물가변동으로 인한 계약금액 조정은 사정변경의 원칙에 따른 제도라고 볼 수 있다. 그러나 설계변경으로 인한 계약금액 조정이나 그 밖에 계약내용 변경으로 인한 계약금액 조정은 계약상대자가 수행하여야 하는 공사의 범위가 변경되어 계약금액을 조정하는 경우이므로 계약 성립 당시에 있었던 환경 또는 그 기초가 되는 사정이 변경된 것이 아니라 계약 내용 자체가 변경된 것이라고 보아야 한다.

따라서 물가변동으로 인한 계약금액 조정은 사정변경의 원칙에 따른 제도이고, 설계변경으로 인한 계약금액 조정과 그 밖에 계약내용 변경으로 인한 계약금액 조정은 수급인이 이행하여야 하는 공사의무의 범위가 변경되는 것에 맞춰 그와 대가관계에 있는 도급인의 대금지급의무의 범위도 변경되어야 한다는 원칙을 제도화한 것이라고 보아야 한다.

대법원 2014. 11. 13. 선고 2009다91811 판결도 그 밖에 계약 내용의 변경에 의한 계약금액 조정이 신의칙 또는 사정변경의 원칙에 의한 계약금액 조정을 일반화한 규정이라고 할 수 없다고 판시하였다. 타당한 판시라고 생각된다.

2) 국가에게 계약금액 조정의무를 부과한 것인가?

국가계약법 제19조는 계약금액 조정사유가 발생하면 "…계약금액을 조정한다."라고 규정하고 있으므로, 계약금액 조정사유가 발생하면 발주기관은 계약금액을 조정할 의무가 있다. 계약금액 조정사유가 발생하였음에도 불구하고 만

---

3) 장훈기, 앞의 책, 1150면; 이재권·이명의·이영욱, 알기 쉬운 국가계약해설서, 진원사(2013), 178면; 최재건, 국가계약법, 청림출판(2006), 389면.
4) 박준서 편집대표, 주석 민법[채권각칙(1)], 한국사법행정학회(2014), 158면.

일 발주기관이 계약금액을 조정하지 않는다면, 계약상대자는 발주기관을 상대로 소송이나 중재 등을 통해 추가 공사대금을 청구할 수 있다.[5] 실제 실무상으로도 계약상대자가 위 3가지 계약금액 조정사유가 발생하였음을 청구원인으로 하여 추가 공사대금을 청구하는 경우가 매우 많다.

3) 강행규정인가?

국가계약법 제19조의 규정과 달리 물가변동, 설계변경 또는 그 밖의 계약내용의 변경에도 불구하고 계약금액을 조정할 수 없다는 특약을 하는 경우 그 특약의 효력은 어떻게 되는가? 이는 국가계약법 제19조가 당사자의 의사표시를 보충하는 임의규정인지, 아니면 당사자 사이의 합의로도 법규정의 효력을 배제할 수 없는 강행규정인지의 문제이다.

대법원판결 중에는 이를 일반론으로 직접 다룬 것이 없고, 다만 국제입찰에 의한 외자물품계약에 관한 사안에 대한 것이 있다.[6] 위 사안에서는 계약일반조건상 계약특수조건에서 별도로 정하는 가격조정을 제외하고는 가격조정을 허용하지 않는다는 조항이 있는데, 정작 계약특수조건에서 그에 관해 아무런 예외규정을 두고 있지 아니하여 결과적으로 계약금액 조정을 아예 허용하지 않았다. 이에 대해 대법원은 계약금액의 조정을 허용하지 않은 특약이 국제입찰에 의한 외자물품계약의 당사자 사이의 합의에 따른 것으로서 유효하고 그것이 물가변동 등에 의한 계약금액 조정을 규정하고 있는 국가계약법 제19조에 위반되어 무효라고 볼 수는 없다고 판시하였다. 일부 학설은 이 대법원판결을 근거로 계약금액 조정을 배제하는 특약이 유효하다고 해석하고 있다.[7]

---

5) 이에 반하여 국가계약법 제19조가 단지 국가의 계약사무처리에 관한 내부규정에 불과할 뿐 계약상대자에게 계약금액 조정청구권을 부여하는 것으로 볼 수 없다는 견해가 있으나(이재권 외, 앞의 책, 184-187면), 뒤에서 자세히 살피는 바와 같이 이는 부당하다고 생각된다.

6) 대법원 2003. 8. 22. 선고 2003다318 판결.

7) 이재권 외, 앞의 책, 184-187면. 위 학설은 위 대법원판결이 물가변동에 따른 계약금액의 조정을 부인하는 내용의 계약조건을 설정할 경우 이를 국가계약법 또는 약관의 규제에 관한 법률에 반하지 않는다고 판시하였다고 설명하고, 또 국가계약법 제19조가 국가와 사인 간의 계약관계에서 관계공무원이 지켜야 할 계약사무 처리에 관한 필요한 사항을 규정한 것으로서 국가의 내부규정에 불과하여, 이 규정을 배제하는 특약을 하였다고 하여 이를 무효로 할 수 없고 위 규정이 계약상대자에게 계약금액 조정요구권을 부여하는 것도 아니라고 설명하고 있다(이재권 외, 앞의 책, 186-187면). 그러나 무엇보다 법률로

그러나 이 대법원판결이 국가계약법 제19조를 임의규정으로 판단하였다고 보기는 어렵다고 생각된다. 왜냐하면 위 사안은 국제입찰에 의한 외자물품계약이라는 특수한 사정이 있기 때문이다.[8)]

오히려 필자의 판단으로는 아래와 같은 점을 종합하면 국가계약법 제19조를 강행규정으로 해석해야 할 것으로 보인다.[9)]

먼저 국가계약법 제19조는 "…계약금액을 조정한다.", 물가변동으로 인한 계약금액조정에 관한 국가계약법 시행령 제64조 제1항, 제6항 및 제7항 및 설계변경으로 인한 계약금액조정에 관한 같은 시행령 제65조 제1항은 "…계약금액을 조정한다.", 그 밖에 계약내용변경으로 인한 계약금액조정에 관한 같은 시행령 제66조 제1항은 "…이를 조정한다."와 같이 모두 의무조항으로 되어 있다. 앞서 살핀 바와 같이 관련 법령 규정은 물가변동 등 해당 사유가 발생하면 계약담당공무원으로 하여금 계약금액을 조정하도록 의무를 부과하고 있고 그 재량을 인정하지 않고 있다.

입법 연혁을 보더라도 처음에는 "조정할 수 있다."라는 표현을 사용하여 계약담당공무원이 재량으로 조정 여부를 결정할 수 있도록 하다가 이를 강화하여 "조정한다."라는 의무조항으로 변경하였다.[10)] 이는 계약담당공무원이 계약금액

써 계약상대방의 권리로 정한 국가계약법 제19조를 국가의 내부규정에 불과한 것으로 해석하는 것은 부당하다고 생각된다.

8) 구 외자구매계약규정(1996. 12. 31. 대통령령 제15187호로 폐지되기 전의 것) 제7조 제1항은 외자를 구매하기 위한 경쟁입찰에 있어서 정부에 유리하다고 인정할 때에는 입찰자로 하여금 개찰된 입찰서 중 공고조건과 부합되지 아니한 사항을 철회 또는 변경하게 할 수 있다고 규정하고 있었고, 제2항은 입찰자가 제출한 입찰서의 내용이 공고조건보다 정부에 유리하다고 인정할 때에는 그 입찰서를 채택하여 계약을 체결할 수 있다고 규정하였으며, 제11조 제2항은 외자구매에 있어서 상관례에 의하여 계약을 체결하는 것이 정부에 유리한 경우 소속 중앙관서의 장의 승인을 얻어 그 상관례에 의하여 계약을 체결할 수 있다고 규정하였다. 이와 같이 외자구매계약에 있어서는 일반적인 조달계약과 달리 좀 더 정부에게 유리하게 계약을 체결할 수 있도록 탄력적으로 운용되고 있음을 알 수 있다.

9) 하급심판결이기는 하지만 서울고등법원 2014. 10. 30. 선고 2014나2006945 판결 역시 국가계약법 제19조를 강행규정으로 해석하였다. 위 사안에서는 공공기관인 도급인이 수급인과 기관차 공급계약을 체결하면서 물가변동으로 인한 계약금액 조정 조항을 배제하는 특약을 두었는데, 법원은 위 특약이 무효라고 판시하면서 물가변동을 반영하여 계약금액을 지급하라고 판시하였다.

10) 국가계약법의 전신이라고 할 수 있는 예산회계법 당시에는 계약금액 조정에 대해서는 시행령에서 규정하고 있었는데, 1983. 3. 28. 대통령령 제11081호로 개정되기 전에는 계약금액 조정에 대해 구 예산회계법 시행령 제92조의2 제1항(물가변동으로 인한 계약금액 조정), 제95조의3 제1항(설계변경으로 인한 계약금액 조정) 및 제4항(그 밖에 계약내

의 조정 여부에 대해 재량권을 행사할 수 있는 여지를 점차 없애고 의무조항화함으로써 계약상대자가 법령에 따라 계약금액 조정권을 행사할 수 있도록 보장해 왔다고 할 수 있다.

이러한 입법조치는 결국 국가를 당사자로 하는 계약에 있어서 상대적인 약자라고 할 수 있는 계약상대자를 보호하기 위한 것이라고 할 수 있다. 그런데 만일 중앙관서의 장 또는 계약담당공무원이 발주기관의 지위에 있다는 점을 악용하여 법률에서 보호하고 있는 계약금액 조정권리 자체를 박탈하는 내용의 약정을 하게 되면 계약상대자의 계약금액 조정권을 인정하고자 하는 입법 목적을 잠탈하게 될 수밖에 없다. 이러한 점에서 볼 때 국가계약법 제19조에서 정하고 있는 계약금액 조정 규정을 박탈하는 개별약정의 효력을 부인하여야만 비로소 입법의 목적을 달성할 수 있다고 보아야 한다.

따라서 국가계약법 제19조는 강행규정이라고 보아야 하고, 이 규정에 반하여 정당한 사유 없이 계약상대자의 계약조정 권리를 박탈한다면 이는 강행규정에 반하는 것으로 효력이 없다고 보아야 한다.[11)]

용 변경으로 인한 계약금액 조정)에 "…계약금액을 조정하여 지급할 수 있다.", "…계약금액을 조정할 수 있다.", "…이를 조정할 수 있다."라고 규정하다가, 구 예산회계법이 위와 같이 개정되면서 먼저 제92조의2 제1항이 " …그에 상당하는 금액을 당초의 계약금액에서 조정한다."라고 변경규정하여 물가변동으로 인한 계약금액 조정을 의무화하였다. 그러다가 구 예산회계법 시행령이 1987. 4. 1. 대통령령 제12123호로 개정되면서 제95조의3 제1항(설계변경으로 인한 계약금액 조정)도 "… 계약금액을 조정한다.", 제94조의4 제1항(그 밖에 계약내용 변경으로 인한 계약금액 조정) 역시 "…이를 조정한다."라고 개정함으로써 의무화하였다.

11) 특수조건으로 설계변경을 금지할 수 없다는 취지의 유권해석: 「국가를 당사자로 하는 계약에 관한 법률 시행령」 제4조에서는 "각 중앙관서의 장 또는 그 위임·위탁을 받은 공무원은 계약을 체결함에 있어서 법, 이 영 및 관계법령에 규정된 계약상대자의 계약상 이익을 부당하게 제한하는 특약 또는 조건을 정하여서는 아니된다."고 규정하고 있으며, 기획재정부 계약예규 「공사계약일반조건」 제3조 제3항에서 "계약담당공무원은 「국가를 당사자로 하는 계약에 관한 법령」, 공사관계 법령 및 이 조건에 정한 계약일반사항 외에 해당 계약의 적정한 이행을 위하여 필요한 경우 공사계약특수조건을 정하여 계약을 체결할 수 있다."고 규정하고 있습니다. 위 규정에 따라 해당 계약의 적정한 이행을 위하여 필요한 경우 공사계약특수조건을 정할 수 있으나, 그 조건에는 「국가를 당사자로 하는 계약에 관한 법령」 및 관계법령에 규정된 계약상대자의 계약상 이익을 부당하게 제한하는 내용이 포함되어서는 아니 될 것입니다. 따라서 계약금액의 증액이 필요한 설계변경을 금지하는 특수조건의 규정은 「국가를 당사자로 하는 계약에 관한 법률」 제19조, 동법시행령 제65조 등에서 규정하고 있는 계약상대자의 계약상 이익을 부당하게 제한하는 내용에 해당될 것이므로 유효하다고 보기 어려울 것입니다(계약제도과-1636, 2014. 12. 19.).

2. 물가변동으로 인한 계약금액의 조정

가. 의의 및 관련 규정

국가계약법 제19조는 "각 중앙관서의 장 또는 계약담당공무원은 공사계약·제조계약·용역계약 또는 그 밖에 국고의 부담이 되는 계약을 체결한 다음 물가변동, 설계변경, 그 밖에 계약내용의 변경으로 인하여 계약금액을 조정(調整)할 필요가 있을 때에는 대통령령으로 정하는 바에 따라 그 계약금액을 조정한다."라고 규정하여 물가변동에 따른 계약금액의 조정을 규정하고 있다.

물가변동으로 인한 계약금액조정은 계약체결 이후 일정기간이 경과한 상황에서 계약금액을 구성하는 품목 또는 비목의 가격이 일정 범위 이상 변동되는 경우 그에 따른 계약금액을 증감시켜 줌으로써 계약 당시 예측할 수 없었던 부담을 계약당사자가 나누어 가지는 것이다.[12] 관련 규정으로는 국가계약법 시행령 제64조, 동법 시행규칙 제74조, 정부 입찰·계약 집행기준 제67조 내지 제70조의5 등이 있고, 공사계약일반조건 제22조에서도 이러한 국가계약법의 관련 규정을 받아들이고 있다.

나. 물가변동으로 인한 계약금액 조정 요건 및 조정 방법

1) 계약금액 조정 요건

가) 실체적 요건

(1) 계약체결일로부터 90일 이상 경과할 것

국고의 부담이 되는 계약[13]을 체결(장기계속공사 및 장기물품제조 등의 경우에는 제1차 계약의 체결을 말한다)한 날로부터 90일 이상 경과하여야 하고, 최초 조

---

12) 정원, 공공조달계약법 Ⅰ, 법률문화원(2016), 482면.

13) 국고의 수입이 되는 계약에서의 계약금액조정에 관한 유권해석: 「국가를 당사자로 하는 계약에 관한 법률 시행령」 제64조에서 규정하고 있는 물가변동으로 인한 계약금액의 조정은 국고의 부담이 되는 계약을 체결한 경우에 적용되므로, 국고의 수입이 되는 계약에는 적용되지 않을 것임. 물건을 매각하는 국고의 수입이 되는 계약에서 계약시점과 실제 매각시점간 해당 물건의 가격변동으로 인하여 계약금액을 조정하기 위해서는 「국가를 당사자로 하는 계약에 관한 법령」 외의 다른 법령에 특별한 규정이 있거나, 「국가를 당사자로 하는 계약에 관한 법령」 및 관계법령에 규정된 계약상대자의 계약상 이익을 부당하게 제한하지 않는 범위에서 계약금액을 조정한다는 내용을 계약체결시 특수조건 등으로 명시하여야 할 것임(계약제도과-144, 2015. 2. 9.).

정 이후에는 직전 조정기준일로부터 90일 이상 경과하여야 한다(국가계약법 시행령 제64조 제1항). 위 기간을 계산함에 있어서 계약체결일은 산입하지 않고 계약체결일 다음날부터 기산한다(민법 제158조).

이에 대한 특례로 국가계약법 시행령은 천재·지변 또는 원자재의 가격급등으로 인하여 당해 조정제한기간 내에 계약금액을 조정하지 아니하고는 계약이행이 곤란하다고 인정되는 경우에는 계약체결일 또는 직전 조정기준일로부터 90일 이내에 계약금액을 조정할 수 있도록 하고 있다(국가계약법 시행령 제64조 제5항).[14] 또한 국가계약법 시행령은 공사계약에 있어 특정규격의 자재(해당 공사비를 구성하는 재료비·노무비·경비 합계액의 100분의 1을 초과하는 자재만 해당한다)별 가격변동으로 인하여 입찰일을 기준일로 하여 산정한 해당자재의 가격증감률이 100분의 15 이상인 때에는 계약담당공무원이 그 자재에 한하여 계약금액을 조정하도록 하고 있는데(소위 단품물가조정 또는 단품슬라이딩 제도[15]), 이 역시 특정자재의 가격증감률이 15% 이상인 때에는 계약체결일로부터 90일 이상 경과할 필요가 없이 계약금액 조정을 인정한다는 점에서 특례에 해당한다.[16]

(2) 기획재정부령에 따라 산출되는 품목조정률 또는 지수조정률이 100분의 3 이상 증감될 것

물가변동으로 인한 계약금액을 조정하기 위해서는 '입찰일'[17](수의계약의 경우에는 계약체결일을, 2차 이후의 계약금액 조정에 있어서는 직전 조정기준일을 말한다)을 기준일로 하여 기획재정부령이 정하는 바에 의하여 산출된 품목조정률이

14) 원자재 가격급등 등으로 계약이행이 곤란한 경우 계약금액조정에 관해서는 정부 입찰·계약 집행기준」 제70조의4에서 구체적인 계약금액 조정 요건 등을 규정하고 있다.

15) 김성근, 정부계약법해설 Ⅱ, 건설경제(2013), 156면.

16) 특정규격 자재의 가격변동으로 인한 계약금액조정에 관해서는 정부 입찰·계약 집행기준 제70조의3에서 구체적인 계약금액 조정방법과 총액증액조정과의 관계 등을 규정하고 있다.

17) 재입찰의 경우 물가변동에 의한 계약금액 조정시 조정기준일에 관한 유권해석: 「국가를 당사자로 하는 계약에 관한 법률 시행령」 제64조 제1항에 따라 물가변동으로 인한 계약금액을 조정하는 경우에는 입찰일을 기준으로 하여 물가조정률을 산정하여야 함. 동 규정에 있어서 입찰일은 입찰참가자가 투찰가격을 산정하는 기준이 되는 날로서 재입찰 시 입찰참가자는 최초 입찰 후 재입찰까지의 물가상승 등을 감안하여 투찰한다고 볼 수 있으며, 또한 재입찰 시 낙찰된 금액을 기준으로 실제 계약이 이루어지는 점을 감안할 때, 사안의 경우 입찰일은 재입찰 마감일로 보는 것이 타당할 것임(계약제도과-825, 2012. 6. 26.).

100분의 3 이상 증감하거나 지수조정률이 100분의 3 이상 증감하여야 한다(국가계약법 시행령 제64조 제1항). '계약체결일'이 아닌 '입찰일'을 조정률 산정 기준일로 한 것은 입찰 이후 계약체결일까지 장기간이 소요되는 설계시공일괄입찰 등을 고려한 것이다.[18)]

이와 관련하여 계약담당공무원은 계약금액을 조정함에 있어서 동일한 계약에 대하여는 품목조정률이나 지수조정률 중 하나의 방법에 의하여야 하며, 계약을 체결할 때에 계약서에 계약상대자가 지수조정률의 방법을 원하는 경우 외에는 품목조정률의 방법으로 계약금액을 조정한다는 뜻을 명시하여야 한다(국가계약법 시행령 제64조 제2항, 공사계약일반조건 제22조 제2항).[19)]

(3) 이러한 요건이 충족되는 날이 조정기준일이 되며, 이 날을 기준으로 이후에 이행되어야 할 금액(물가변동적용대가)에 조정률을 적용하여 물가변동에 따른 계약금액을 조정하게 된다.[20)]

나) 절차적 요건

계약상대자가 물가변동으로 인하여 계약금액을 '증액'받기 위해서는 준공대가(장기계속계약의 경우에는 각 차수별 준공대가) 수령 전까지 조정신청을 하여야 조정금액을 지급받을 수 있으며, 계약금액조정 내역서를 첨부하여야 한다(공사계약일반조건 제22조 제3항 및 제4항).[21)] 대법원은 "물가변동으로 인한 계약금액조정에 있어, 계약체결일부터 일정한 기간이 경과함과 동시에 품목조정률이 일정한 비율 이상 증감함으로써 조정사유가 발생하였다 하더라도 계약금액조정은 자동적으로 이루어지는 것이 아니라, 계약당사자의 상대방에 대한 적법한 계약

---

18) 김성근, 앞의 책, 157면.

19) 국가계약법 시행령 제64조 제6항에 따라 특정규격의 자재별 가격변동으로 계약금액을 조정(단품물가조정)할 경우에는 본문에도 불구하고 '품목조정률'에 의한다.

20) 물가변동에 따른 계약금액 조정시 일부품목을 제외하는 것이 가능한지 여부에 관한 유권해석: 물가변동으로 인한 계약금액조정시 품목 또는 지수조정률은 조정기준일 이후에 이행될 부분의 산출내역서를 구성하는 모든 품목 또는 비목을 대상으로 산출하여야 하므로, 일부 품목 또는 비목을 물가변동으로 인한 계약금액 조정시 제외한다는 특약을 할 수 없음(회계 41301-3587, 1997. 12. 26.).

21) 계약금액이 '감액'될 경우에는 계약담당공무원이 계약상대자에게 통보하여 감액조정한다(정부 입찰·계약 집행기준 제70의5 제1항).

금액조정신청에 의하여 비로소 이루어진다."라고 판시하여 계약금액의 조정은 조정사유가 발생하였다고 하여 자동적으로 이루어지는 것이 아니고 위 관련규정에 따른 요건을 충족할 경우 정해진 절차에 따라 계약당사자의 상대방에 대한 적법한 계약금액 조정신청에 의하여 비로소 금액조정이 이루어지는 것이라는 점을 명확히 하고 있다(대법원 2006. 9. 14. 선고 2004다28825 판결 참조). 또한 대법원은 동 판결에서 "물가변동으로 인한 계약금액조정에 있어서 조정기준일 이후에 이행된 부분의 대가(기성대가)라 할지라도 그 대가가 조정에 앞서 이미 지급된 경우에는, 증액조정이나 감액조정을 불문하고 그것이 개산급(概算給)으로 지급되었거나 계약당사자가 계약금액조정을 신청한 후에 지급된 것이라면 이는 차후 계약금액의 조정을 염두에 두고 일단 종전의 계약내용에 따라 잠정적으로 지급된 것으로서 물가변동적용대가(계약금액 중 조정기준일 이후에 이행되는 부분의 대가)에 포함되어 계약금액조정의 대상이 되나, 이와 달리 당사자 사이에 계약금액조정을 염두에 두지 않고 확정적으로 지급을 마친 기성대가는 당사자의 신뢰보호 견지에서 물가변동적용대가에서 공제되어 계약금액조정의 대상이 되지 않는다."라고 판시하여 물가변동으로 인한 계약금액 조정이 가능하기 위해서는 반드시 준공대가 지급 전까지 계약금액 조정신청이 이루어져야 한다는 점을 명확히 하고 있다.

발주기관은 계약금액을 증액하는 경우에는 계약상대자의 청구를 받은 날부터 30일 이내에 계약금액을 조정하여야 한다. 이 때 예산배정의 지연 등 불가피한 경우에는 계약상대자와 협의하여 그 조정기한을 연장할 수 있으며, 계약금액을 증액할 수 있는 예산이 없는 때에는 공사량 등을 조정하여 그 대가를 지급할 수 있다(국가계약법 시행규칙 제74조 제9항). 또한 계약담당공무원은 계약상대자의 계약금액조정 청구 내용이 일부 미비하거나 분명하지 아니한 경우에는 지체없이 필요한 보완요구를 하여야 하며, 이 경우 계약상대자가 보완요구를 통보받은 날부터 발주기관이 그 보완을 완료한 사실을 통지받은 날까지의 기간은 위 30일의 기간에 산입하지 아니한다. 다만, 계약상대자의 계약금액조정 청구내용이 계약금액 조정요건을 충족하지 않았거나 관련 증빙서류가 첨부되지 아니한 경우에는 그 사유를 명시하여 계약상대자에게 해당 청구서를 반송하여야 하며, 이 경우에 계약상대자는 그 반송사유를 충족하여 계약금액조정을 다시 청구하여야 한다(공사계약일반조건 제22조 제5항 및 제6항).

한편 국가계약법 시행령 제64조 제6항(단품물가조정제도)에 따른 계약금액 조정요건을 충족하였으나 계약상대자가 계약금액 조정신청을 하지 않을 경우에 하수급인은 이러한 사실을 계약담당공무원에게 통보할 수 있으며, 통보받은 계약담당공무원은 이를 확인한 후에 계약상대자에게 계약금액 조정신청과 관련된 필요한 조치 등을 하도록 하여야 한다(공사계약일반조건 제22조 제7항).

2) 계약금액의 조정

계약금액을 조정함에 있어서 그 조정금액은 계약금액 중 '조정기준일' 이후에 이행되는 부분의 대가(이를 '물가변동적용대가'라고 한다)[22]에 품목조정률 또는 지수조정률을 곱하여 산출하되, 계약상 조정기준일 전에 이행이 완료되어야 할 부분('시공 또는 제조 개시 전에 제출된 공정예정표상 조정기준일 전에 이행이 완료되어야 할 부분'을 말한다, 정부 입찰 · 계약 집행기준 제70조 제2항)은 이를 물가변동적용대가에서 제외한다.

조정기준일 이전에 이행되어야 할 부분이 지체되어 이행되지 못하고 조정기준일 이후에 이행된 경우는 계약금액조정의 대상이 아니다. 다만, 정부에 책임 있는 사유 또는 천재지변 등 불가항력의 사유로 이행이 지연된 경우에는 물가변동적용대가에 이를 포함한다(국가계약법 시행규칙 제74조 제5항). 즉 물가변동에 따른 계약금액 조정에 있어 기준일(조정기준일)은 (ⅰ) 계약 체결 후 90일 이상이 경과하고 (ⅱ) 조정률이 3% 이상 증감되어야 하는 계약금액 조정 요건을 충족한 날이 되고, 이 날을 기준으로 산정한 '물가변동적용대가'가 조정의 대상이 되는 것이며, 총계약금액이 조정의 대상이 되는 것이 아니다. 이렇게 산정된 물가변동적용대가에 품목조정률 또는 지수조정률을 곱한 금액이 계약금액 조정금액이 되는 것이다.

이하에서는 품목조정률 및 지수조정률에 의한 계약금액 조정방법 및 각 지수조정률의 산정방법을 살펴본다.

---

22) 장기계속공사에서 물가변동적용대가에 관한 유권해석: 국가기관이 체결한 공사계약에 있어서 물가변동으로 인한 계약금액조정시 물가변동적용대가는 공사공정예정표(장기계속계약의 경우는 총 공사금액에 대한 예정공정표) 조정기준일 이후에 이행되는 부분의 대가를 말하는바, 장기계속계약의 경우는 조정기준일 이후의 당해 연차별 계약금액만을 대상으로 물가변동적용대가를 산정하였다면 계약상대자의 요청이 있는 경우 총 공사부기금액을 대상으로 재산정하여야 함(회제 41301-766, 1998. 4. 28.).

(1) 품목조정률에 의한 계약금액 조정

계약금액을 구성하는 모든 품목 또는 비목의 등락률과 등락폭을 기초로 품목조정률을 산정하고, 동 조정률에 물가변동적용대가를 곱하여 계약금액을 조정하는 방법이다.

구체적인 품목조정률의 산정 방법은 다음과 같다(국가계약법 시행규칙 제74조 제1항 내지 제3항).

$$1.\ 품목조정률 = \frac{\text{각 품목 또는 비목의 수량에 등락폭을 곱하여 산출한 금액의 합계액}}{\text{계약금액}}$$

$$2.\ 등락폭 = 계약단가 \times 등락률$$

$$3.\ 등락률 = \frac{\text{물가변동당시가격} - \text{입찰당시가격}}{\text{입찰당시가격}}$$

위 산식에서 품목 또는 비목의 수량 및 계약금액 등은 조정기준일 전에 이행이 완료되어야 할 부분을 제외한 조정기준일 이후에 이행될 부분을 그 대상으로 하며, '계약단가'라 함은 국가계약법 시행령 제65조 제3항 제1호에 규정한 각 품목 또는 비목의 계약단가를, '물가변동당시가격'이라 함은 물가변동당시 산정한 각 품목 또는 비목의 가격을 말한다(국가계약법 시행규칙 제74조 제1항). 이러한 물가변동당시가격을 산정함에 있어서는 입찰당시가격을 산정한 때에 적용한 기준과 방법을 동일하게 적용하여야 한다. 다만, 천재·지변 또는 원자재가격급등 등 불가피한 사유가 있는 경우에는 입찰당시가격을 산정한 때에 적용한 방식을 달리할 수 있다(국가계약법 시행규칙 제74조 제7항). 또한 '입찰당시가격'이라 함은 입찰서 제출마감일 당시 산정한 각 품목 또는 비목의 가격을 말한다(국가계약법 시행규칙 제74조 제1항).

한편 국가계약법 시행령 제2조 제1항 제2호의 규정에 의한 예정가격을 기준으로 계약을 한 경우에는 위 산식 중 각 품목 또는 비목의 수량에 등락폭을 곱하여 산출한 금액의 합계액에는 그 합계액에 비례하여 증감되는 '일반관리비' 및 '이윤' 등을 포함하여야 하고(국가계약법 시행규칙 제74조 제2항), 위 등락폭을 산정함에 있어서는 (ⅰ) 물가변동당시가격이 계약단가보다 높고 동 계약단가가 입찰당시가격보다 높을 경우의 등락폭은 물가변동당시가격에서 계약단가를 뺀

금액으로 하고, (ⅱ) 물가변동당시가격이 입찰당시가격보다 높고 계약단가보다 낮을 경우의 등락폭은 영으로 한다(국가계약법 시행규칙 제74조 제3항).

(2) 지수조정률에 의한 계약금액 조정

계약금액을 구성하는 비목을 유형별로 정리하여 '비목군'을 편성하고 각 비목군의 재료비·노무비 및 경비의 합계액에서 차지하는 비율을 산정한 후 비목군별로 지수 등을 적용하여 지수조정률(K)을 산출하여 동 조정률에 '물가변동적용대가'를 곱하여 계약금액을 조정하는 방법이다. 지수조정률의 산출방법과 기준은 「정부 입찰·계약 집행기준」 제13장에 구체적으로 정해져 있다.

(가) 비목군

'비목군'은 계약금액의 산출내역 중 재료비, 노무비 및 경비를 구성하는 제 비목을 노무비, 기계경비, 표준시장단가 또는 한국은행이 조사발표하는 생산자물가기본분류지수 및 수입물가지수표상의 품류에 따라 입찰시점(수의계약의 경우 계약체결시점)에 계약담당공무원이 다음의 예와 같이 분류한 비목을 말하며, 이하 "A, B, C, D, E, F, G, H, I, J, K, L, M, … Z"로 한다(정부 입찰·계약 집행기준 제68조 제1호).[23] 비목군은 계약이행기간 중 설계변경, 비목군 분류기준의 변경 및 비목군 분류과정에서 착오나 고의 등으로 비목군 분류가 잘못 적용된 경우를 제외하고는 변경하지 못한다(정부 입찰·계약 집행기준 제69조 제3항).

A: 노무비(공사와 제조로 구분하며 간접노무비 포함)

B: 기계경비(공사에 한하며, B': 국산기계경비, B": 외국산기계경비로 구분)

C: 광산품

---

23) 지수조정률 적용시 비목군 분류가 곤란한 경우에 관한 질의회신: 공사계약의 경우 「국가를 당사자로 하는 계약에 관한 법률 시행령」 제64조에 따른 물가변동에 의한 계약금액 조정 시 물가변동적용대가는 공사공정예정표를 기준으로 조정기준일 이후에 이행할 부분에 대한 대가를 말하는 것임. 이 경우에 '정부 입찰·계약 집행기준' 제68조 제1호에 따른 비목군 분류가 곤란하다는 이유로 계약금액조정을 배제할 수는 없다고 보아야 할 것임. 한국은행 수입물가지수표상의 품류 등을 적용할 수입할 수 있는 비목(수입식물)에 대해서는 '정부 입찰·계약 집행기준' 제68조 제1호에 따른 비목군(수입농림수산품)으로 분류하는 것이 타당할 것임. 다만, 분류가 곤란한 경우(관상용 어류 등)에는 "기타 비목군"으로 분류하여 처리하는 것이 타당할 것임(계약제도과-339, 2010. 11. 5.).

D: 공산품

E: 전력·수도 및 도시가스

F: 농림·수산품

G: 표준시장단가(공사에 한하며, G1: 토목부문, G2: 건축부문, G3: 기계설비부문, G4: 전기부문으로 구분하며, 일부공종에 대하여 재료비·노무비·경비 중 2개 이상 비목의 합계액을 견적받아 공사비에 반영한 경우에는 이를 해당부문(G1, G2, G3, G4)의 표준시장단가에 포함한다)

H: 산재보험료

I: 산업안전보건관리비

J: 고용보험료

K: 건설근로자 퇴직공제부금비

L: 국민건강보험료

M: 국민연금보험료

Z: 기타 비목군

(나) 계수

'계수'라 함은 "A, B, C, D, E, F, G, H, I, J, K, L, M,…… Z"의 각 비목군에 해당하는 산출내역서상의 금액(예정조정기준일 이전에 이행이 완료되어야 할 부분에 해당하는 금액은 제외)이 동 내역서상의 재료비, 노무비 및 경비의 합계액(예정조정기준일 이전에 이행이 완료되어야 할 부분에 해당하는 금액은 제외)에서 각각 차지하는 비율(이하 '가중치'라고 한다)로서 이하 " a, b, c, d, e, f, g, h, i, j, k, l, m, ……z"로 표시한다(정부 입찰·계약 집행기준 제68조 제2호).

(다) 지수

'지수 등'이라 함은 A에 대하여는 국가계약법 시행규칙 제7조 제1항의 규정에 의하여 조사·공표된 해당직종의 평균치를, B에 대하여는 각 중앙관서의 장 또는 그가 지정하는 단체에서 제정한 표준품셈상의 건설기계 가격의 평균치[24]를, "C, D, E, F"에 대하여는 생산자물가기본분류지수표 및 수입물가지수표

24) "표준품셈"상의 건설기계 시간당 손료의 평균치는 정부 입찰·계약 집행기준 제70조 제5항에 따라 산정한다.

상 당해 품류에 해당하는 지수를, G에 대하여는 국가계약법 시행령 제9조 제1항 제3호의 규정에 의하여 각 중앙관서의 장이 발표한 공종별(G1, G2, G3, G4) 표준시장단가의 전체평균치[25]를 말하며, 이하 기준시점인 입찰시점의 지수 등은 각각 "A0, B0, C0, D0, E0, F0, G0"로, 비교시점인 물가변동시점의 지수 등은 "A1, B1, C1, D1, E1, F1, G1"로 표시하되 통계월보상의 지수는 매월말에 해당하는 것으로 보고 각 비목군의 지수상승률을 산출한다(정부 입찰 · 계약 집행기준 제68조 제3호).

"H, I"에 대하여는 다음 공식에 의하여 산출하며, "J, K, L, M"에 대하여는 "H" 산출방식을 준용한다.

H0 = A0 × 입찰시 산재보험률

H1 = A1 × 조정기준일 당시 산재보험료율

I0 = 변동 전 (직접노무비계수 + 재료비계수 + 표준시장단가계수) × 입찰시 산업안전보건관리비율

* 변동 전 재료비계수 = c + d + e + f

I1 = 변동 후 (직접노무비계수 + 재료비계수 + 표준시장단가계수) × 조정기준일 당시 산업안전보건관리비율

* 변동 후 계수 = 변동 전 계수 × 지수변동률

Z0 또는 Z1의 경우에는 A0부터 G0까지 또는 A1부터 G1까지 각 비목의 지수를 해당비목의 가중치에 곱하여 산출한 수치의 합계를 비목군수로 나눈 수치로 하여 아래 공식에 의하여 산출한다. 단, 노무비(A)는 지수화(100%)하여 적용한다.

Z0 = (aA0 + cC0 + dD0 + eE0 + fF0 + gG0)/비목군수

Z1 = (aA1 + cC1 + dD1 + eE1 + fF1 + gG1)/비목군수

각 비목군의 지수는 입찰시점과 조정기준일 시점의 지수("C, D, E, F"에 대하

25) 각 중앙관서의 장이 발표한 공종별(G1, G2, G3, G4) 표준시장단가의 전체 평균치는 정부 입찰 · 계약 집행기준 제70조 제5항에 따라 산정한다.

여는 각각의 전월지수, 다만, 월말인 경우에는 해당 월의 지수를 말한다)를 각각 적용한다(정부 입찰 · 계약 집행기준 제69조 제2항).

(라) 지수조정률(K)의 산출

지수조정률(K)은 각 비목별로 입찰 당시의 가중치계수에 지수변동률을 곱한 값에서 1을 뺀 것이다(정부 입찰 · 계약 집행기준 제69조 제1항).

$$K=\left(a\frac{A_1}{A_0}+b\frac{B_1}{B_0}+c\frac{C_1}{C_0}+d\frac{D_1}{D_0}+e\frac{E_1}{E_2}+f\frac{F_1}{F_0}+g\frac{G_1}{G_1}+h\frac{H_1}{G_0}+i\frac{I_1}{I_0}+\right.$$
$$\left.j\frac{J_1}{J_0}+k\frac{K_1}{K_2}+l\frac{L_1}{L_0}+m\frac{M_1}{M_0}\ \cdots\cdots\cdots\cdots\cdots\ +z\frac{Z_1}{Z_0}\right)-1$$

단, z = 1 - (a + b + c + d + e + f + g + h + I + j + k + l + m ………)

계약담당공무원은 지수조정률 등 산정시 소수점 이하의 숫자가 있는 경우에 다음 각 기준에 따라 산정한다(정부 입찰 · 계약 집행기준 제70조의2).

① 지수, 지수변동률(입찰시점의 지수대비 물가변동시점의 지수) 및 지수조정율(K)은 소수점 다섯째자리 이하는 절사하고 소수점 넷째자리까지 산정함

② 각 비목군의 계수는 계수의 합이 1이 되어야 함을 고려하여 계약당사자간에 협의(예: 일부는 절상하고 일부는 절사하여 계수의 합이 1이 되도록 하는 방법)하여 결정함

(마) 계약금액의 조정

계약담당공무원은 계약체결 후 90일 이상이 경과(계약체결일을 불산입하고 그 익일부터 기산하여 91일이 되는 날을 의미)되고 위와 같이 산출된 K가 100분의 3 이상인 경우로서 계약상대자의 청구가 있는 때에는 계약금액을 조정하되, 청구금액의 적정성에 대하여 직접 심사하기 곤란한 경우에는 「예정가격작성기준」 제31조에 따른 원가계산용역기관에 위탁할 수 있다(정부 입찰 · 계약 집행기준 제70조 제1항). 계약금액의 조정은 조정기준일 이후에 이행되는 부분의 대가(물가변동 적용대가)에 적용하되, 시공 또는 제조 개시 전에 제출된 공정예정표상 조정기준일 전에 이행이 완료되어야 할 부분은 물가변동 적용대가에서 제외한다.

다만, 정부에 책임 있는 사유 또는 천재 · 지변 등 불가항력적인 요인으로 공정 또는 납품이 지연된 경우에는 적용대가에서 제외하지 않는다(정부 입찰 · 계약 집행기준 제70조 제2항).

계약금액조정에 사용된 K는 90일간 변동하지 못하며(정부 입찰 · 계약 집행기준 제70조 제3항), 제2차 이후의 계약금액조정률은 지수조정률 산식 중 "A0부터 Z0"에는 직전조정시의 "A1부터 Z1"을, "A1부터 Z1"에는 비교시점인 물가변동시점의 지수 등을 각각 대입하여 산출한다(정부 입찰 · 계약 집행기준 제70조 제4항).

한편 조정 기준일 이전에 「국고금관리법 시행령」 제40조의 규정에 의하여 당해 계약상대자에게 '선금'을 지급한 것이 있는 때에는 물가변동적용대가에 지수조정률을 곱한 '증가액'에서 아래 산식에 따른 금액을 공제하여야 한다. 이 경우 국가계약법 시행령 제69조 제2항 · 제3항 또는 제5항의 규정에 의한 장기계속공사계약 · 장기물품제조계약 또는 계속비예산에 의한 계약 등에 있어서의 물가변동적용대가는 당해연도 계약체결분 또는 당해연도 이행금액을 기준으로 한다(국가계약법 시행령 제64조 제3항, 동법 시행규칙 제74조 제6항).[26]

공제금액 = 물가변동적용대가 × (품목조정률 또는 지수조정률) × 선금급률

3. 설계변경으로 인한 계약금액의 조정

가. 의의

1) 설계변경으로 인한 계약금액 조정은 당초 설계한 내용이 변경됨에 따라 공사량의 증감이 발생하여 계약금액을 조정하는 것을 말한다.

2) 물가변동으로 인한 계약금액 조정은 물가나 환율의 변동을 반영하여 계약금액을 조정하는 반면에 설계변경으로 인한 계약금액 조정은 설계서가 변경되어 공사량의 증감이 발생하게 됨에 따라 계약금액을 조정한다는 점에서 명백히 구분된다. 또한 그 밖에 계약내용 변경으로 인한 계약금액 조정은 물가변동과 설계변경 외에 계약기간, 운반거리 등의 계약내용이 변경됨에 따라 계약금

26) 조정기준일 이전에 지급된 선금과 계약금액조정신청 이전에 지급된 기성대가는 물가변동적용대가에서 공제한다. 다만, 기성대가의 경우 조정신청일 이전에 지급된 것이라 하더라도 개산급으로 지급한 것은 이를 공제하지 아니한다(회제 2210-724, 1992. 10. 30.).

액을 조정하는 것으로서 설계변경으로 인한 계약금액 조정에서는 공사량의 증감이 있지만, 그 밖에 계약내용 변경으로 인한 계약금액 조정에서는 공사량의 증감이 없다는 점에서 차이가 있다.

나. 설계변경

1) 설계서

가) 설계변경을 이해하려면 먼저 설계서의 개념부터 정립해야 한다. 설계서에 대해서는 공사계약일반조건 제2조에서 개념 정의를 두고 있다.

나) 공사계약일반조건 제2조 제4호는 설계서에 대해 공사시방서, 설계도면, 현장설명서 및 공종별 목적물 물량내역서(가설물의 설치에 소요되는 물량 포함)로 개념정의하고 있다. 각 항목에 대해 살펴본다.

(1) 공사시방서는 공사에 쓰이는 재료, 설비, 시공체계, 시공기준 및 시공기술에 대한 기술설명서와 이에 적용되는 행정명세서로서, 설계도면에 대한 설명 또는 설계도면에 기재하기 어려운 기술적인 사항을 표시해 놓은 도서를 말한다(공사계약일반조건 제2조 제5호).

(2) 설계도면은 시공될 공사의 성격과 범위를 표시하고 설계자의 의사를 일정한 약속에 근거하여 그림으로 표현한 도서로서 공사목적물의 내용을 구체적인 그림으로 표시해 놓은 도서를 말한다(공사계약일반조건 제2조 제6호).

(3) 현장설명서는 국가계약법 시행령 제14조의2에 의한 현장설명 시 교부하는 도서로서 시공에 필요한 현장상태 등에 관한 정보 또는 단가에 관한 설명서 등을 포함한 입찰가격 결정에 필요한 사항을 제공하는 도서를 말한다(공사계약일반조건 제2조 제7호).

(4) 마지막으로 공종별 목적물 물량내역서(이하 '물량내역서')는 공종별 목적물을 구성하는 품목 또는 비목과 동 품목 또는 비목의 규격 · 수량 · 단위 등이 표시된 것으로서 설계서에 포함되는 물량내역서는 아래와 같다(공사계약일반조건 제2조 제8호).

(가) 국가계약법 시행령 제14조 제1항 본문에 따라 총액입찰 또는 내역입찰시 계약담당공무원이 작성하여 입찰자에게 교부하는 물량내역서

(나) 국가계약법 시행령 제14조 제1항 단서에 따라 순수내역입찰시 입

찰에 참가하려는 자가 작성한 물량내역서

(다) 국가계약법 시행령 제30조 제2항[27] 및 「정부 입찰·계약 집행기준」 제10조 제3항[28]에 따라 소액 수의계약 대상 중 추정가격이 2천만원 이상으로서 전자조달시스템을 이용하여 견적서 제출시 작성·비치하거나 견적서를 제출하려는 자에게 열람 교부하도록 하는 물량내역서

이와 같이 물량내역서는 발주기관이 작성하는 것이 원칙인데, 순수내역입찰의 경우에는 입찰참가자가 작성한다는 점에서 차이가 있다. 순수내역입찰에서는 발주기관은 물량산정에 필요한 자료만 제공하고 입찰참가자가 이 자료를 토대로 스스로 물량, 단가 등을 산정하여 산출내역서를 작성해서 입찰서와 함께 제출하게 된다(국가계약법 시행령 제14조 제1항 단서, 제6항, 제7항 단서). 내역입찰의 경우에는 발주기관이 제시한 물량내역서에 단가만 기재한 산출내역서로 입찰에 참가하게 되므로 입찰참가자의 축적된 공사경험을 활용하기 어렵고 견적능력을 저하함으로써 건설업의 발전을 저해한다는 점 및 물량내역의 불일치로 과도한 설계변경이 발생한다는 점을 감안하여 도입된 제도가 바로 순수내역입찰이다.[29]

결론적으로 공정별 목적물의 물량을 기재한 물량내역서는 설계서에 포함이 된다는 점에서 아래 다)항에서 보는 바와 같이 설계서에 포함되지 않는 산출내역서와 큰 차이가 있다.

다) 공사계약일반조건 제2조 제4호는 아래의 산출내역서가 설계서에 포함되지 않는다고 규정하고 있다.

(1) 국가계약법 시행령 제78조에 따라 일괄입찰을 실시하여 체결된 공사와 대안입찰을 실시하여 체결된 공사(대안이 채택된 부분에 한함)의 산출내역서

---

27) 수의계약 중 추정가격이 2천만원을 초과하는 수의계약의 경우에는 전자조달시스템를 이용하여 견적서를 제출하도록 하는 내용이다.

28) 전자조달시스템을 이용하여 견적서를 제출하게 하는 공사의 경우에는 설계서, 물량내역서, 기타 견적서 제출에 필요한 서류를 작성·비치하고, 견적서 제출 마감일까지 견적서를 제출하려는 자에게 열람 또는 교부하게 하는 내용이다.

29) 장훈기, 앞의 책, 409면.

(2) 국가계약법 시행령 제98조에 따라 실시설계 기술제안 입찰을 실시하여 체결된 공사와 기본설계 기술제안입찰을 실시하여 체결된 공사의 산출내역서

(3) 수의계약으로 체결된 공사의 산출내역서. 다만, 국가계약법 시행령 제30조 제2항 본문에 따라 체결된 수의계약 공사의 물량내역서는 제외

위에서 말하는 산출내역서는 발주기관이 교부하는 물량내역서에 입찰참가자가 단가를 기재한 내역서이다(국가계약법 시행령 제14조 제7항). 공사계약일반조건에 따르면 산출내역서는 입찰금액 또는 계약금액을 구성하는 물량, 규격, 단위, 단가 등을 기재한 다음 각 목의 내역서를 말한다(공사계약일반조건 제2조 제9호).

(1) 국가계약법 시행령 제14조 제6항과 제7항에 따라 제출한 내역서: 발주기관이 교부하는 물량내역서에 입찰자가 단가를 기재하여 작성한 내역서로서 입찰서와 함께 제출하는 내역서

(2) 국가계약법 시행령 제85조 제2항과 제3항에 따라 제출한 내역서: 대안입찰 또는 일괄입찰시 입찰서와 함께 제출하는 산출내역서

(3) 국가계약법 시행령 제103조 제1항과 제105조 제3항에 따라 제출한 내역서: 실시설계 기술제안입찰시 입찰서와 함께 제출하는 산출내역서

(4) 수의계약으로 체결된 공사의 경우에는 착공신고서 제출 시까지 제출한 내역서

그러므로 물량내역서에 단가를 기재한 산출내역서가 입찰서와 함께 제출되기는 하지만 이는 설계서가 아니므로, 산출내역서의 단가에 변경을 가져오기 위한 설계변경은 이루어질 수 없다. 산출내역서상 단가를 기재하는 당사자는 계약상대자이므로, 나중에 그 단가가 과다하다거나 과소하다는 이유로 설계변경을 허용하거나 계약금액 조정을 허용할 수는 없으므로, 산출내역서는 설계서에서 제외된 것이다.[30]

---

30) 단가 관련 유권해석: 설계서가 아닌 '발주기관이 작성한 일위대가표, 단가산출서 및 예정가격조서상의 비목 또는 품목에 대한 단가의 과다 또는 과소계상'이나, '예정가격작성의 참고자료인 품셈적용의 오류의 사유' 또는 '입찰자의 책임하에 작성하는 산출내역서의 단가에 대한 과다 또는 과소의 사유'만으로는 설계변경 및 계약금액을 조정할 수는 없는 것입니다(규제개혁법무담당관-5010, 2012. 9. 27.).

2) 설계변경

가) 설계변경의 의의

설계변경은 공사를 진행하는 도중 당초 설계의 내용을 변경하여 공사를 하는 것을 말한다.

나) 설계변경의 사유 및 절차

공사계약일반조건은 설계변경이 이루어져야 하는 사유에 대해 아래와 같이 4가지로 규정하고 있다(공사계약일반조건 제19조 제1항).

① 설계서의 내용이 불분명하거나 누락·오류 또는 상호 모순되는 점이 있을 경우
② 지질, 용수 등 공사현장의 상태가 설계서와 다를 경우
③ 새로운 기술·공법사용으로 공사비의 절감 및 시공기간의 단축 등의 효과가 현저할 경우
④ 기타 발주기관이 설계서를 변경할 필요가 있다고 인정할 경우 등

그 외에도 공사계약일반조건 제19조의6은 소요자재의 수급방법이 변경될 경우에도 설계변경이 가능하도록 규정하고 있다.

아래에서는 각 사유의 의미와 설계변경의 절차에 대해 알아본다.

(1) 설계서 내용의 불분명 등

(가) 먼저 설계변경은 설계서의 내용이 불분명하거나 누락·오류 또는 설계서 상호 간에 모순되는 점이 있을 경우 이루어진다. 이는 당초 설계서 내용에 잘못된 점이 있어서 그 오류를 시정하는 차원에서 설계변경이 필요하다고 본

산출내역서 관련 유권해석: 국가기관이 체결한 공사계약에 있어서 '설계변경'이라 함은 적정한 시공을 위하여 설계서의 내용을 변경하는 것을 의미하며, 동 설계변경으로 공사물량의 증감이 발생한 때에 계약금액을 조정하게 되는 것입니다. 따라서 계약예규 '공사계약일반조건' 제2조 제4호에 규정된 설계서(공사시방서, 설계도면, 현장설명서 및 물량내역서)에 해당되지 않는 산출내역서의 수량을 기준으로 한 설계변경 및 이에 따른 계약금액의 조정은 곤란하다고 할 것입니다(계약제도과-457, 2013. 4. 24.).

일위대가표 관련 유권해석: 일위대가표는 공사계약일반조건 제2조 제4호가 규정한 설계서에 해당되지 아니하므로 일위대가표의 오류를 이유로 하는 설계변경은 가능하지 아니할 것입니다(계약제도과-148, 2010. 10. 6.).

것이다.

(나) 계약상대자는 공사계약의 이행중에 설계서의 내용이 불분명하거나 설계서에 누락·오류 및 설계서 간에 상호모순 등이 있는 사실을 발견하였을 때에는 설계변경이 필요한 부분의 이행 전에 해당사항을 분명히 한 서류를 작성하여 계약담당공무원과 공사감독관에게 동시에 이를 통지하여야 한다(공사계약일반조건 제19조의2 제1항).

(다) 위 통지를 받은 계약담당공무원은 즉시 공사가 적절히 이행될 수 있도록 각 유형별로 다음에서 설명하는 어느 하나의 방법으로 설계변경 등 필요한 조치를 하여야 한다(공사계약일반조건 제19조의2 제2항).

ㄱ) 설계서의 내용이 불분명한 경우

설계서만으로는 시공방법, 투입자재 등을 확정할 수 없는 경우와 같이 설계서의 내용이 불분명한 경우이다. 이 때에는 계약담당공무원은 설계자의 의견 및 발주기관이 작성한 단가산출서 또는 수량산출서 등의 검토를 통하여 당초 설계서에 의한 시공방법·투입자재 등을 확인하는 절차를 거쳐야 한다. 그 결과 확인된 사항대로 시공하여야 하는 경우에는 그에 맞춰 설계서를 보완하되 계약금액조정은 하지 아니한다. 그러나 확인된 사항과 다르게 시공하여야 하는 경우에는 설계서를 보완하고 계약금액을 조정하여야 한다(이상 공사계약일반조건 제19조의2 제2항 제1호).

ㄴ) 설계서에 누락·오류가 있는 경우

이 때에는 계약담당공무원은 그 사실을 조사 확인하고 계약목적물의 기능 및 안전을 확보할 수 있도록 설계서를 보완해야 한다(공사계약일반조건 제19조의2 제2항 제2호).

ㄷ) 설계서 사이에 상호 모순된 점이 있는 경우

앞서 본 바와 같이 설계서는 설계도면, 시방서, 물량내역서 등으로 이루어져 있다. 설계서 사이에 상호 모순된 점이 있다는 것은 이들 설계서 사이에 모순이 있어서 그대로 시공을 하기 어려운 상태에 직면하는 경우이다. 아래의 두 경우로 나누어 볼 수 있다.

① 설계도면과 공사시방서는 서로 일치하나 물량내역서와 상이한 경우에는 설계도면 및 공사시방서에 물량내역서를 일치하도록 설계변경을 한다(공사계약일반조건 제19조의2 제2항 제3호).

② 설계도면과 공사시방서가 상이한 경우로서 물량내역서가 설계도면과 상이하거나 공사시방서와 상이한 경우에는 설계도면과 공사시방서 중 최선의 공사시공을 위하여 우선되어야 할 내용으로 설계도면 또는 공사시방서를 확정한 후 그 확정된 내용에 따라 물량내역서를 일치하도록 설계변경을 한다(공사계약일반조건 제19조의2 제2항 제4호).

(라) 위에서 본 바와 같이 설계서 상호 간에 모순이 있는 경우에는 설계변경 절차를 진행해야 한다. 그러나 공사계약일반조건 제2조 제4호에서 정한 공사에 있어서의 산출내역서, 즉 ⅰ) 국가계약법 시행령 제78조에 따라 일괄입찰을 실시하여 체결된 공사와 대안입찰을 실시하여 체결된 공사 중 대안이 채택된 부분의 산출내역서, ⅱ) 국가계약법 시행령 제98조에 따라 실시설계 기술제안 입찰을 실시하여 체결된 공사와 기본설계 기술제안입찰을 실시하여 체결된 공사의 산출내역서, ⅲ) 수의계약으로 체결된 공사의 산출내역서는 설계서에 포함되지 않으므로, 위 산출내역서가 설계도면이나 시방서와 사이에 모순이 발생하는 경우는 설계변경 사유에 포함되지 않는다(공사계약일반조건 제19조의2 제3항 본문). 다만 위 산출내역서의 경우라고 하더라도 설계도면과 공사시방서가 상호 모순되는 경우에는 관련 법령 및 입찰에 관한 서류 등에 정한 내용에 따라 우선 여부를 결정하여야 한다(공사계약일반조건 제19조의2 제3항 단서).

(2) 설계서와 현장상태의 상이

(가) 설계서와 현장상태가 상이한 경우는 공사의 이행 중에 지질, 용수, 지하매설물 등 공사현장의 상태가 설계서와 다른 점이 발견된 경우이다(공사계약일반조건 제19조의3 제1항). 지질, 용수, 지하매설물 등은 공사를 하기 전에는 정확하게 파악하기가 쉽지 않기 때문에 공사를 실제로 해보면 원래 조사했던 내용과 다른 경우가 흔히 발생한다. 이 때에는 설계서의 내용이 현장상태와 다르다는 것이 판명되었으므로 설계서를 현장상태에 맞춰 설계변경을 해야 한다.

(나) 계약상대자는 설계서와 현장상태가 다른 사실을 발견하였을 때에는 지체없이 설계서에 명시된 현장상태와 상이하게 나타난 현장상태를 기재한 서류를 작성하여 계약담당공무원과 공사감독관에게 동시에 이를 통지하여야 한다(공사계약일반조건 제19조의3 제1항).

(다) 계약담당공무원은 위 통지를 받은 즉시 현장을 확인하고 현장상태에

따라 설계서를 변경하여야 한다(공사계약일반조건 제19조의3 제2항).

(3) 신기술 및 신공법

(가) 새로운 기술·공법을 사용함으로써 공사비의 절감 및 시공기간의 단축 등에 효과가 현저할 것으로 인정되는 경우에는 설계변경이 가능하다(공사계약일반조건 제19조의4). 당초 예정하였던 기술이나 공법보다 공사비 절감 및 시공기간의 단축이 가능할 정도로 우수한 신기술이나 신공법이 있다면 이 기술이나 공법을 이용하여 공사를 하는 것으로 설계변경을 허용하는 것이 타당하기 때문이다. 신기술이나 신공법이 아니라고 하더라도 발주기관의 설계와 동등 이상의 기능·효과를 가진 기술·공법 및 기자재 등이라고 한다면 마찬가지로 설계변경이 가능하다(공사계약일반조건 제19조의4 제1항).

(나) 계약상대자는 신기술·신공법을 적용하기 위하여 다음 각호의 서류를 첨부하여 공사감독관을 경유해서 계약담당공무원에게 서면으로 설계변경을 요청할 수 있다(공사계약일반조건 제19조의4 제1항).

1. 제안사항에 대한 구체적인 설명서
2. 제안사항에 대한 산출내역서
3. 공사계약일반조건 제17조 제1항 제2호에 대한 수정공정예정표
4. 공사비의 절감 및 시공기간의 단축효과
5. 기타 참고사항

(다) 계약담당공무원은 위 설계변경을 요청받은 경우에는 이를 검토하여 그 결과를 계약상대자에게 통지하여야 한다. 이 경우에 계약담당공무원은 설계변경 요청에 대하여 이의가 있을 때에는 「건설기술 진흥법 시행령」 제19조에 따른 기술자문위원회에 청구하여 심의를 받아야 한다. 다만 위 기술자문위원회가 설치되어 있지 아니한 경우에는 「건설기술 진흥법」 제5조에 의한 건설기술심의위원회의 심의를 받아야 한다(이상 공사계약일반조건 제19조의4 제2항). 계약상대자는 위 심의를 거친 계약담당공무원의 결정에 대하여 이의를 제기할 수 없다. 또한 새로운 기술·공법의 개발에 소요된 비용 및 새로운 기술·공법에 의한 설계변경 후에 해당 기술·공법에 의한 시공이 불가능한 것으로 판명된

경우에는 시공에 소요된 비용을 발주기관에 청구할 수 없다(이상 공사계약일반조건 제19조의4 제4항).

(라) 계약상대자는 위 설계변경 요청이 승인되었을 경우에는 지체없이 새로운 기술·공법으로 수행할 공사에 대한 시공상세도면을 공사감독관을 경유하여 계약담당공무원에게 제출하여야 한다(공사계약일반조건 제19조의4 제3항).

(4) 발주기관의 필요에 의한 설계변경

(가) 발주기관은 사업계획이 변경되는 등 자신의 필요에 따라서도 얼마든지 설계를 변경할 수 있다. 즉 계약담당공무원은 다음 어느 하나의 사유로 인하여 설계서를 변경할 필요가 있다고 인정할 경우에는 계약상대자에게 이를 서면으로 통보할 수 있다(공사계약일반조건 제19조의5 제1항).

1. 해당공사의 일부 변경이 수반되는 추가공사의 발생
2. 특정 공종의 삭제
3. 공정계획의 변경
4. 시공방법의 변경
5. 기타 공사의 적정한 이행을 위한 변경

(나) 계약담당공무원은 위와 같이 설계변경을 통보할 경우에는 다음 서류를 첨부하여야 한다. 다만, 발주기관이 설계서를 변경 작성할 수 없을 때에는 설계변경 개요서만을 첨부하여 설계변경을 통보할 수 있다(일반조건 제19조의5 제2항).

1. 설계변경 개요서
2. 수정 설계도면 및 공사시방서
3. 기타 필요한 서류

(다) 계약상대자는 위 통보를 받은 즉시 공사이행상황 및 자재수급 상황 등을 검토하여 설계변경 통보내용의 이행가능 여부를 계약담당공무원과 공사감독관에게 동시에 이를 서면으로 통지하여야 한다. 만일 이행이 불가능하다고 판단될 경우라고 한다면 계약상대자는 이행이 불가능하다고 판단하는 사유와 근거자료까지 첨부하여 통지하여야 한다(이상 공사계약일반조건 제19조의6 제3항).

(5) 소요자재의 수급방법 변경

(가) 의의

공사계약일반조건 제19조는 설계변경사유로 위에서 살펴본 4가지 경우를 들고 있고, 제19조의6에서 위 사유 외에 소요자재의 수급방법이 변경될 경우에도 설계변경이 가능하도록 규정하고 있다.

공사에 필요한 소요자재의 수급방법은 발주기관이 투입하는 관급자재와 계약상대자가 직접 구입하여 투입하는 사급자재로 나눌 수 있다. 둘 중 어느 방법으로 소요자재의 수급을 정할 것인지는 발주기관과 계약상대자가 계약에서 정하게 될 것인데, 공사를 하던 중 당초 약정된 소요자재의 수급방법을 변경할 필요가 발생할 수 있다. 소요자재의 적시 공급은 당초 예정된 계약기간 내에 공사를 완료하는데 필수적인 전제라고 할 수 있으므로 공사수행 중 소요자재의 확보에 어려움이 있을 경우에는 그 수급방법을 변경할 수 있도록 한 것이다.

소요자재의 수급방법 변경은 크게 두 가지로 나눌 수 있다. 즉 당초에는 관급자재를 사용하기로 계약하였는데 이를 사급자재를 사용하는 것으로 변경하거나, 반대로 당초에는 사급자재를 사용하기로 계약하였는데 이를 관급자재를 사용하는 것으로 변경할 필요성이 발생할 경우이다.

(나) 관급자재를 사급자재로 변경하는 경우

ㄱ) 발주기관의 사정으로 관급자재를 사급자재로 변경하려면 계약담당공무원이 계약상대자와 협의해야 하고 관급자재를 사급자재로 변경하는 것으로 결정이 되면 계약담당공무원이 이를 서면으로 계약상대자에게 통보하여야 한다(공사계약일반조건 제19조의6 제1항 전단). 이때 계약담당공무원은 계약상대자와 협의하여 변경된 방법으로 일괄하여 자재를 구입할 수 없는 경우에는 분할하여 구입하게 할 수 있으며, 분할 구입하게 할 경우에는 구입시기별로 이를 서면으로 계약상대자에게 통보하여야 한다(공사계약일반조건 제19조의6 제1항 후단).

이와 같이 관급자재를 사급자재로 변경한 경우에는 계약담당공무원은 통보당시의 가격에 의하여 그 대가(기성부분에 실제 투입된 자재에 대한 대가)를 공사계약일반조건 제39조 내지 제40조에 의한 기성대가 또는 준공대가에 합산하여 지급하여야 한다(공사계약일반조건 제19조의6 제3항). 이때 지급하는 대가에 대한 간접노무비, 산재보험료 및 산업안전보건관리비 등의 승률비용과 일반관리비 및 이윤은 산출내역서상의 간접노무비율, 산재보험료율 및 산업안전보건관리비율 등의 승률비용과 일반관리비율 및 이윤율에 의하되 설계변경당시의 관계법령 및 기획재정부장관 등이 정한 율을 초과할 수 없다(공사계약일반조건 제19조의6 제5항, 제20조 제5항).

ㄴ) 관급자재 등의 공급지체로 공사가 상당기간 지연될 것이 예상되는 경우 위에서 본 바와 같이 이를 사급자재로 수급방법을 변경할 수 있으나 계약상대자가 이미 보유하고 있는 자재로 대체사용하도록 할 수도 있다. 이는 관급자재의 수급이 쉽지 아니하여 계약상대자가 보유하고 있는 자재를 빌려서 먼저 투입하고 이후 적절한 방법으로 갚는 절차라고 할 수 있다.

공사계약일반조건에 따르면 관급자재 등의 공급지체로 공사가 상당기간 지연될 것이 예상되는 경우 계약상대자가 대체사용 승인을 신청하고 계약담당공무원이 이를 승인하는 절차로 진행하도록 하고 있다(공사계약일반조건 제19조의6 제1항). 그리고 계약상대자의 대체사용 승인신청에 따라 자재가 대체사용된 경우에는 관급자재를 사급자재로 변경하는 경우와 같이 그 대금을 지급하도록 하거나 계약상대자와 합의된 장소 및 일시에 현품으로 반환할 수도 있도록 규정하고 있다(공사계약일반조건 제19조의6 제3항).

ㄷ) 이상의 내용은 관급자재를 사용하기로 계약되어 있는 것을 사급자재로 변경하는 경우이다. 그런데 그 외에도 공사의 이행 중에 설계변경 등으로 인하여 관급자재의 수량이 증가되었는데 그 증가되는 수량을 적기에 지급할 수 없어 공사의 이행이 지연될 것으로 예상되는 등 필요하다고 인정되는 때에는 그 증가된 수량을 관급자재가 아닌 사급자재로 변경하여 수급해야 할 수도 있다. 이때에는 계약담당공무원은 계약상대자와 협의한 후에 증가되는 수량을 계약상대자가 직접 구입하여 투입하도록 서면으로 계약상대자에게 통보할 수 있다(공사계약일반조건 제19조의6 제2항).

이와 같이 추가되는 관급자재를 사급자재로 변경하는 경우에는 공사계약일반조건 제20조의 설계변경으로 인한 계약금액의 조정 규정이 정한 바에 따라 계약금액을 조정하여야 한다(공사계약일반조건 제19조의6 제5항).

(다) 사급자재를 관급자재로 변경하는 경우

공사계약일반조건은 계약담당공무원이 당초 계약 시의 사급자재를 관급자재로 변경할 수 없도록 규정하고 있다(공사계약일반조건 제19조의6 제4항 본문). 이는 계약 시에는 사급자재를 사용하도록 하고서는 계약담당공무원이 일방적으로 관급자재를 사용하도록 해서 계약금액을 임의로 감액하는 것을 방지하자는 취지인 것으로 보인다.[31)]

다만 원자재의 수급 불균형에 따른 원자재가격 급등 등으로 사급자재를 관급자재로 변경하지 않으면 계약목적을 이행할 수 없다고 인정될 때에는 계약당사자간의 협의에 의하여 변경할 수 있다(공사계약일반조건 제19조의6 제4항 단서). 이는 사급자재를 관급자재로 변경하는 것이 계약목적 달성을 위해 불가피한 경우라고 할 수 있다. 그리고 이러한 경우에도 당사자 사이에 성의성실의 원칙에 따른 협의가 있어야 한다. 그러므로 발주기관이 일방적으로 사급자재를 관급자재로 변경하도록 강요하는 것은 허용될 수 없다고 보아야 한다.

이와 같이 사급자재를 관급자재로 변경한 경우에는 관급자재를 사급자재로 변경하는 경우와 마찬가지로 설계변경으로 인한 계약금액 조정에 관한 공사계약일반조건 제20조에 정한 바에 따라 계약금액을 조정한다(공사계약일반조건 제19조의6 제5항).

3) 설계변경의 시기

설계변경은 그 설계변경이 필요한 부분의 시공 전에 완료하여야 한다(국가계약법 시행규칙 제74조의2 제1항 본문, 공사계약일반조건 제19조 제3항 본문). 설계변경이 이루어지기 전에 시공부터 하게 되면 확정된 설계가 시공내용과 달라질 경우 다시 시공해야 하는 문제가 발생하고 추후 분쟁이 발생할 가능성이 높기 때문인 것으로 보인다.[32)]

다만 각 중앙관서의 장 또는 계약담당공무원은 공정이행의 지연으로 품질저하가 우려되는 등 긴급하게 공사를 수행하게 할 필요가 있는 때에는 계약상대자와 협의하여 설계변경의 시기 등을 명확히 정하고, 설계변경을 완료하기 전에 우선 시공을 하게 할 수 있다(국가계약법 시행규칙 제74조의2 제1항, 공사계약일반조건 제19조 제3항).[33)]

31) 장훈기, 앞의 책, 1276면.
32) 장훈기, 앞의 책, 1258면.
33) 설계변경 완료 전 우선 시공 관련 유권해석: 계약상대자가 발주기관과 설계변경의 필요

4) 설계변경에 따른 추가 조치

계약담당공무원은 공사계약일반조건 제19조 제1항에 의하여 설계변경을 하는 경우에 그 변경사항이 목적물의 구조변경 등으로 인하여 안전과 관련이 있는 때에는 하자발생시 책임한계를 명확하게 하기 위하여 당초 설계자의 의견을 들어야 한다(공사계약일반조건 제19조의7 제1항).

또한 계약담당공무원은 설계서의 불분명 등(공사계약일반조건 제19조의2), 현장상태와 설계서의 상이(공사계약일반조건 제19조의3) 및 발주기관의 필요(공사계약일반조건 제19조의5)에 의하여 설계변경을 하는 경우에 계약상대자로 하여금 다음 각호의 사항을 계약담당공무원과 공사감독관에게 동시에 제출하게 할 수 있으며, 계약상대자는 이에 응하여야 한다(공사계약일반조건 제19조의7 제2항).

1. 해당공종의 수정공정예정표
2. 해당공종의 수정도면 및 수정상세도면
3. 조정이 요구되는 계약금액 및 기간
4. 여타의 공정에 미치는 영향

계약담당공무원은 공사계약일반조건 제19조의7 제2항 제2호에 의하여 당초의 설계도면 및 시공상세도면을 계약상대자가 수정하여 제출하는 경우에는 그 수정에 소요된 비용을 제23조에 의하여 계약상대자에게 지급하여야 한다(공사계약일반조건 제19조의7 제3항).

다. 계약금액 조정

1) 설계변경과 계약금액 조정 일반론: 공사량의 증감이 있어야 계약금액 조정이 가능함

국가계약법 제19조는 “각 중앙관서의 장 또는 계약담당공무원은 공사계약·제조계약·용역계약 또는 그 밖에 국고의 부담이 되는 계약을 체결한 다음 물가변동, 설계변경, 그 밖에 계약내용의 변경으로 인하여 계약금액을 조정할 필요가 있을 때에는 대통령령으로 정하는 바에 따라 그 계약금액을 조정한다.” 라고 규정하고 있고, 국가계약법 시행령 제65조 제1항 본문은 “각 중앙관서의

성 및 설계변경 완료 전 우선시공 등에 대한 협의가 없이 시공한 부분에 대해서는 설계변경을 인정하기는 어렵다고 보아야 할 것입니다(계약제도과-298, 2011. 3. 25.).

장 또는 계약담당공무원은 공사계약에 있어서 설계변경으로 인하여 공사량의 증감이 발생한 때에는 법 제19조의 규정에 의하여 당해 계약금액을 조정한다." 라고 규정하고 있다. 이에 따라 공사계약일반조건 제20조 제1항도 "계약담당공무원은 설계변경으로 시공방법의 변경, 투입자재의 변경 등 공사량의 증감이 발생하는 경우에는 다음 각호의 어느 하나의 기준에 의하여 계약금액을 조정하여야 한다."라고 규정하고 있다.

이와 같이 설계변경이 이루어졌다고 하여 무조건 계약금액을 조정하는 것이 아니라 설계변경으로 인하여 공사량의 증감이 발생한 경우에 한정하여 계약금액 조정이 가능하다는 점에 유의해야 한다.

2) 계약심의위원회 등의 심의 및 소속중앙관서 장의 승인

계약금액 조정을 위해 계약심의위원회 등의 심의 및 소속중앙관서의 장의 승인이 필요한 경우가 있다. 국가계약법 시행령 제65조 제2항에 따르면, 계약담당공무원은 예정가격의 100분의 86 미만으로 낙찰된 공사계약의 계약금액을 설계변경으로 인하여 증액조정하려는 경우로서 해당 증액조정금액(2차 이후의 계약금액 조정에 있어서는 그 전에 설계변경으로 인하여 감액 또는 증액조정된 금액과 증액조정하려는 금액을 모두 합한 금액을 말한다)이 당초 계약서의 계약금액(장기계속공사의 경우에는 같은 시행령 제69조 제2항에 따라 부기된 총 공사금액을 말한다)의 100분의 10 이상인 경우에는 같은 시행령 제94조 제1항에 따른 계약심의위원회, 「국가재정법 시행령」 제49조에 따른 예산집행심의회 또는 「건설기술 진흥법 시행령」 제19조에 따른 기술자문위원회의 심의를 거쳐 소속중앙관서의 장의 승인을 얻어야 한다. 이는 낮은 금액으로 입찰에 참여하여 계약부터 체결한 다음 나중에 설계변경을 통해 부당하게 부족한 공사비를 만회해 보려는 것을 막아보자는 취지이다.[34]

증액 대상인 계약금액의 100분의 10은 각각의 설계변경으로 인한 금액을 기준으로 할 것인지, 설계변경으로 인한 누계금액을 기준으로 할 것인지 해석상 다툼이 있을 수 있다. 매 설계변경시의 금액을 기준으로 한다면 각 설계변경시의 금액이 100분의 10을 넘지 않는다면 설계변경으로 인한 총 누계 증액 금액이 100분의 10을 넘더라도 위 규정에서 정한 심의 및 승인 절차를 취하지 않

34) 장훈기, 앞의 책, 1279면.

아도 된다. 법령의 문언 및 입법의 취지상 이는 각각의 설계변경으로 인한 계약금액을 기준으로 100분의 10 이상인지 여부를 판정해야 한다고 생각된다.[35]

3) 계약금액 조정절차

가) 계약금액 조정 청구 및 그 시적 제한

물가변동으로 인한 계약금액의 조정과 마찬가지로 설계변경으로 인한 계약금액 조정도 그 사유가 발생하였다 하여 그 자체로 자동적으로 이루어지는 것이 아니라, 계약당사자의 상대방에 대한 적법한 계약금액 조정신청에 의하여 비로소 이루어진다고 보아야 한다.[36]

그리고 그 청구도 반드시 준공대가 수령 전까지 해야 한다. 이 시기를 놓치고 준공대가를 수령하게 되면 그것이 개산급(概算給)으로 지급되었거나 차후 계약금액의 조정을 염두에 두고 일단 종전의 계약내용에 따라 잠정적으로 지급된 것이라면 몰라도 당사자 사이에 계약금액조정을 염두에 두지 않고 확정적으로 지급을 마친 기성대가는 당사자의 신뢰보호 견지에서 더 이상 계약금액 조정의 여지가 없다고 보아야 하기 때문이다.[37]

따라서 설계변경으로 인한 계약금액 조정이 가능하기 위해서는 반드시 준공대가 지급 전까지 계약금액 조정신청이 이루어져야 한다. 이는 계약금액 조정청구권 발생을 위한 절차적 요건이라고 할 수 있다.

나) 계약금액 조정

발주기관은 설계변경으로 인하여 계약금액을 조정하는 경우에는 계약상대자의 계약금액조정 청구를 받은 날부터 30일 이내에 계약금액을 조정하여야 한다. 이 경우에 예산배정의 지연 등 불가피한 경우에는 계약상대자와 협의하여 그 조정기한을 연장할 수 있으며, 계약금액을 조정할 수 있는 예산이 없는 때에

---

35) '계약금액의 100분의 10'의 의미에 관한 유권해석: 증액 대상인 계약금액의 100분의 10의 의미는 "각각의 설계변경"으로 인한 증액 조정금액이 당초 계약금액에서 차지하는 비율입니다(회제 41301-820, 2002. 6. 19.).
만일 설계변경에 따른 누계금액을 기준으로 한다면 설계변경으로 증액된 누계금액이 10% 이상 된 이후부터는 사소한 설계변경의 경우에는 모두 승인을 받아야 되기 때문에 계약담당공무원에게 지나친 절차번잡이 초래되기 때문입니다(회제 45101-1081, 1994. 8. 4.).

36) 물가변동으로 인한 계약금액 조정을 위해 반드시 계약금액 조정 청구가 필요하다는 취지의 대법원 2006. 9. 14. 선고 2004다28825 판결은 설계변경으로 인한 계약금액 조정의 경우에도 적용되지 않을 이유가 없어 보인다.

37) 물가변동으로 인한 계약금액 조정에 관한 위 대법원 2004다28825 판결 참조.

는 공사량 등을 조정하여 그 대가를 지급할 수 있다(이상 공사계약일반조건 제21조 제8항).

계약담당공무원은 계약상대자의 계약금액조정 청구 내용이 부당함을 발견한 때에는 지체없이 필요한 보완요구 등의 조치를 하여야 한다. 이 경우 계약상대자가 보완요구 등의 조치를 통보받은 날부터 발주기관이 그 보완을 완료한 사실을 통지받은 날까지의 기간은 위 기간에 산입하지 아니한다(이상 공사계약일반조건 제21조 제9항).

4) 설계변경으로 인한 계약금액 조정 방법 및 기준

가) 서

설계변경으로 인하여 계약금액을 어떻게 조정해야 하는지에 대해서는 국가계약법 시행령 제65조, 제91조 및 공사계약일반조건 제20조, 제21조에서 자세한 내용을 규정하고 있다.

나) 설계변경으로 인한 계약금액 조정 기준

설계변경으로 계약금액을 조정해야 하는 경우는 앞서 본 바와 같이 공사량의 증감이 발생하는 경우이다. 이와 같이 증감이 발생한 공사물량에 대해 계약금액을 조정하려면 무엇보다 그 단가를 얼마로 할 것인가가 가장 중요하다. 아래에서 자세히 살펴본다.

(1) 원칙적으로 계약단가, 예외적으로 예정가격단가

설계변경으로 인하여 공사량에 있어서 증감이 발생하면 그 증감된 공사량의 단가는 산출내역서에 기재되어 있는 계약단가로 하는 것이 원칙이다(국가계약법 시행령 제65조 제3항 제1호 본문, 공사계약일반조건 제20조 제1항 제1호 본문). 최초 계약 체결 당시 산출내역서에 따라 공사량에 대한 단가를 약정하여 계약금액을 정한 바 있으므로 그 공사량에 증감이 발생하는 경우에도 산출내역서에 기재되어 있는 계약단가를 기준으로 계약금액을 조정하는 것이 가장 타당하다고 할 수 있다.

다만 계약단가가 예정가격단가보다 높은 경우로서 물량이 증가하게 되는 때에도 계약단가를 기준으로 계약금액을 조정하게 되면 계약상대자가 산출내역서 작성시 설계변경이 예상되는 특정 품목에 대해 실제보다 높은 가격을 기재해 놓음으로써 부당한 계약금액 증액을 꾀하는 폐단이 있을 수 있다.[38] 따라서 계약단가가 예정가격단가보다 높은 경우로서 물량이 증가하게 되는 때에는 그 증가된 물량에 대한 적용단가는 계약단가가 아닌 예정가격단가를 기준으로 계약금액을 조정해야 한다(국가계약법 시행령 제65조 제3항 제1호 단서, 공사계약일반조건 제20조 제1항 제1호 단서).

(2) 신규비목의 단가: 설계변경 당시 단가 X 낙찰률

계약단가가 없는 신규비목의 단가는 설계변경 당시를 기준으로 하여 산정한 단가[39]에 낙찰률을 곱한 금액으로 한다(국가계약법 시행령 제65조 제3항 제2호, 공사계약일반조건 제20조 제1항 제2호). 신규비목의 경우에는 계약단가가 없으므로 계약단가를 적용하는 것이 불가능하다. 그렇기 때문에 설계변경 당시의 단가에 낙찰률을 곱한 금액을 기준으로 하게 되면 계약단가를 기준으로 하는 것과 비슷한 결과를 낼 수 있다. 공사계약일반조건 제20조 제1항 제2호는 신규비목으로 ① 산출내역서에 없는 품목이나 비목, ② 동일한 품목이라도 성능, 규격 등이 다른 경우를 들고 있다.

신규비목에 적용되는 단가의 산출시점에 대해 국가계약법 시행령은 '설계변경 당시'로 규정하고 있는데, 공사계약일반조건은 이를 좀 더 세분화해서 구체화하고 있다. 즉 설계변경 당시에 대해 설계도면의 변경을 요하는 경우에는 변경도면을 발주기관이 확정한 때, 설계도면의 변경을 요하지 않는 경우에는 계약당사자간에 설계변경을 문서에 의하여 합의한 때, 공사계약일반조건 제19조 제3항에 의하여 우선시공을 한 경우에는 그 우선시공을 하게 한 때를 말한다고 규정하고 있다(공사계약일반조건 제20조 제1항 제2호).

---

38) 장훈기, 앞의 책, 1283면.

39) 설계변경 당시의 단가 관련 유권해석: 국가계약법 시행령 제65조 제3항 제3호에 따라 신규비목의 단가를 정하기 위해 설계변경당시의 단가를 구해보는 경우에 있어서 제9조 제1항 제1호에 따른 거래실례가격을 구하기 위해 동법 시행규칙 제5조 제1항 제2호에 따라 기획재정부장관이 정하는 기준에 적합한 전문가격조사기관으로서 기획재정부장관에게 등록한 기관이 조사하여 공표한 가격으로 산정하는 경우에는 제5조 제1항 제2호에 따라 기획재정부에 등록된 아래의 기관 중 어느 하나의 기관이 발표한 물가정보지상의 가격에 의하면 될 것입니다.

* 전문가격조사기관(물가정보지): 대한건설협회(거래가격), 한국물가정보(물가정보), 한국물가협회(물가자료), 한국응용통계연구소(유통물가), 한국경제조사연구원(물가시세) (계약제도과-1638, 2014. 12. 19.).

설계변경 당시 단가에 곱하게 되는 낙찰률은 예정가격에 대한 낙찰금액 또는 계약금액의 비율을 말한다(공사계약일반조건 제20조 제1항 제2호).

(3) 발주기관이 설계변경을 요구하거나 계약상대자에 책임이 없는 사유로 인한 경우

(가) 정부에서 설계변경을 요구한 경우나 계약상대자에게 책임이 없는 사유로 인한 경우에는 계약상대자를 좀 더 두텁게 보호하고 있다. 이러한 경우에는 증가된 물량 또는 신규비목의 단가는 설계변경당시를 기준으로 하여 산정한 단가와 동 단가에 낙찰률을 곱한 금액의 범위 안에서 발주기관과 계약상대자가 서로 주장하는 각각의 단가기준에 대한 근거자료 제시 등을 통하여 성실히 협의하여 결정하되, 만일 계약당사자 간에 협의가 이루어지지 아니하는 경우에는 설계변경당시를 기준으로 하여 산정한 단가와 동 단가에 낙찰률을 곱한 금액을 합한 금액의 100분의 50으로 하도록 규정하고 있다(국가계약법 시행령 제65조 제3항 제3호, 공사계약일반조건 제20조 제2항). 앞서 본 일반적인 설계변경의 경우에는 설계변경 당시의 단가가 아닌 계약단가 또는 낙찰률을 곱한 단가를 기준으로 계약금액 조정이 이루어지나, 발주기관의 요구 또는 계약상대자의 귀책이 없이 설계변경이 이루어지는 경우에는 설계변경 당시의 단가와 동 단가에 낙찰률을 곱한 금액 사이에 협의하거나 산술평균한 중간금액으로 계약금액을 조정하도록 하고 있는 것이다.

(나) 발주기관의 요구 또는 계약상대자의 귀책 없이 설계변경이 이루어지는 경우라고 하더라도 표준시장단가가 적용된 공사의 경우[40]에는 계약금액 조정 기준이 달라진다(공사계약일반조건 제20조 제3항). 즉 증가된 공사량의 단가는 예정가격 산정시 표준시장단가가 적용된 경우에 설계변경 당시를 기준으로 하여 산정한 표준시장단가가 적용되고, 신규비목의 단가는 표준시장단가를 기준으로 산정하고자 하는 경우에 설계변경 당시를 기준으로 산정한 표준시장단가를 적용한다.

---

40) 국가계약법 시행령이 대통령령 제25679호 2014. 11. 4.자로 개정되면서 공사에 적용되는 예정가격 결정기준이 변경되었다(국가계약법 시행령 제9조 제1항 제3호). 즉 개정 전에는 공사의 경우 이미 수행한 사업을 토대로 하는 실적공사비를 기준으로 하고 있었는데, 실적공사비의 경우 시장가격을 제대로 반영하지 못하는 문제가 있으므로 이미 수행한 공사의 시장거래가격 등을 토대로 하는 표준시장단가 제도를 도입하여 적정한 공사비를 기준으로 한 공사 입찰 등이 가능하도록 한 것이다.

(4) 새로운 기술·공법 사용에 대한 보상

계약상대자가 새로운 기술·공법 등을 사용함으로써 공사비의 절감, 시공기간의 단축 등에 효과가 현저할 것으로 인정되어 계약상대자의 요청에 의하여 필요한 설계변경을 한 때(공사계약일반조건 제19조의4)에는 기업의 신기술 개발을 장려하는 차원에서 계약금액 조정시 배려를 하고 있다. 즉 설계변경으로 계약금액을 조정함에 있어서 당해 절감액의 100%가 아닌 100분의 30에 해당하는 금액만을 감액하도록 하고 있다(국가계약법 시행령 제65조 제4항).

이 경우 새로운 기술·공법 등의 범위와 한계에 관하여 이의가 있을 때에는 기술자문위원회(기술자문위원회가 설치되어 있지 아니한 경우에는 「건설기술 진흥법」 제5조에 따른 건설기술심의위원회를 말한다)의 심의를 받아야 하는데, 새로운 기술·공법 등의 범위와 한계, 이의가 있을 경우의 처리방법 등 세부적인 시행절차는 각 중앙관서의 장이 정하도록 하고 있다(국가계약법 제65조 제5항).

(가) 일부 공정의 단가가 1식 단가로 되어 있는 경우

산출내역서상 일부 공종의 단가가 세부공종별로 분류되어 작성되지 아니하고 총계방식으로 작성된 경우가 있는데, 이를 "1식 단가"라고 한다. 이와 같이 일부 공정의 단가가 1식 단가로 되어 있는 경우에도 설계도면 또는 공사시방서가 변경되어 1식 단가의 구성내용이 변경되는 때에는 동일하게 계약금액을 조정하여야 한다(공사계약일반조건 제20조 제7항). 이 경우 계약금액조정은 1식으로 구성된 단가 중 변경되는 세부품목 또는 비목에 대하여 조정하는 방식으로 이루어진다.[41]

(나) 승률비용과 일반관리비 및 이윤

계약금액의 증감분에 대한 간접노무비, 산재보험료 및 산업안전보건관리비 등의 승률비용과 일반관리비 및 이윤은 산출내역서상의 간접노무비율, 산재보

41) 1식 단가에 있어서 설계변경 관련 유권해석: 이 경우 계약금액조정은 1식으로 구성된 단가 중 변경되는 세부품목 또는 비목에 대하여 조정하는 것인바, 계약상대자가 제출한 단가산출서상의 당해 공종의 구성비목에 대한 변경내용을 비교하되, 동 산출서가 제출되어 있지 않은 경우에는 예정가격 산정시 당해공종에 대한 발주기관의 단가산출서 또는 일위대가표의 구성비목으로 비교하여 산정할 수 있을 것입니다(규제개혁법무담당관-5380, 2013. 9. 16.).

험료율 및 산업안전보건관리비율 등의 승률비용과 일반관리비율 및 이윤율에 의하되 설계변경당시의 관계법령 및 기획재정부장관 등이 정한 율을 초과할 수 없다(국가계약법 시행령 제65조 제6항, 공사계약일반조건 제20조 제5항). 국가계약법 시행규칙 제8조는 공사에 있어서의 일반관리비의 한도를 100분의 6(같은 조 제1항 제1호), 이윤의 한도를 100분의 15(같은 조 제2항 제1호)로 규정하고 있다.

다) 순수내역입찰제 및 물량내역수정입찰제에서의 계약금액 조정 제한

설계변경으로 인하여 공사량의 증감이 발생하면 원칙적으로 계약금액을 조정하여야 하나, 계약금액 조정이 안 되는 경우가 있다. 물량내역서는 발주관서가 작성하는 것이 원칙이다. 그러나 앞에서도 본 바와 같이 순수내역입찰제에서는 발주기관이 물량산정에 필요한 제반자료를 제공하면 이를 토대로 입찰에 참가하는 자가 물량내역서를 직접 작성하고 여기에 단가를 기재한 산출내역서를 입찰시 제출한다(국가계약법 시행령 제14조 제7항). 그리고 물량내역수정입찰제에서는 입찰자가 교부받은 물량내역서의 물량을 수정하고 단가를 기재한 산출내역서를 제출한다.

이와 같이 순수내역입찰제에서는 물량내역서 자체를 입찰참가자가 직접 작성하고 물량내역수정입찰제에서는 입찰참가자가 물량내역서의 물량을 수정하게 되므로, 입찰참가자가 작성하거나 수정한 물량에 누락, 오류 등이 있다면 이를 바로 잡기 위한 설계변경은 허용해야 하겠지만, 계약금액까지 조정하는 것은 형평에 맞지 않는 점이 있다. 이에 국가계약법 시행령 제65조 제1항 단서 및 공사계약일반조건 제21조 제2항은 위와 같은 경우 계약금액을 조정할 수 없도록 제한하고 있다.

계약금액 조정이 허용되지 않는 대상에 있어서 양자는 차이가 있다. 순수내역입찰에 있어서는 물량내역서의 어느 부분이건 누락이나 오류가 있어서 설계변경을 하더라도 모두 계약금액 조정 대상이 될 수 없다. 그러나 물량내역수정입찰에서는 입찰참가자가 수정을 한 물량내역서 부분에 누락이나 오류가 있어서 설계변경을 하게 되면 계약금액 조정이 되지 않으나, 그 외의 부분에 있어서 설계변경을 하게 되면 계약금액 조정이 허용된다(공사계약일반조건 제21조 제2항 단서).

라) 일괄입찰, 대안입찰 등에서의 계약금액 조정 제한

(1) 일괄입찰, 대안입찰 등의 특징

일괄입찰, 대안입찰 중 대안이 채택된 부분의 입찰 및 기본설계 기술제안입찰 등 대형공사계약에 있어서는 설계에 대한 책임이 계약상대자에게 있으므로 설계변경이 있다고 하더라도 계약금액 조정이 제한될 수밖에 없다. 이러한 경우에는 계약상대자가 설계를 하게 되므로 원칙적으로 증액은 허용되지 않고 감액만 허용되며, 다만 발주기관에게 귀책이 있거나 계약상대자에게 책임이 없는 설계변경의 경우에는 계약금액 조정이 허용된다.

(2) 원칙: 정부에 책임있는 사유 또는 천재・지변 등 불가항력의 사유로 인한 경우가 아니라면 → 증액은 금지되고 감액만 가능

(가) 대안입찰, 일괄입찰, 기본설계 기술제안입찰과 실시설계 기술제안입찰의 의미 및 계약금액 증액 금지

ㄱ) 국가계약법령은 총 공사비 추정가격이 300억원 이상인 신규복합공종공사인 '대형공사'와 총 공사비 추정가격은 300억원 미만인 신규복합공종공사이지만 각 중앙관서의 장이 대안입찰 또는 일괄입찰로 집행함이 유리하다고 인정하는 공사인 '특정공사'에 있어서는 대안입찰 또는 일괄입찰의 방식으로 계약을 체결할 수 있도록 하고 있다(국가계약법 시행령 제78조, 제79조).

"대안"이라 함은 정부가 작성한 실시설계서상의 공종 중에서 대체가 가능한 공종에 대하여 기본방침의 변동없이 정부가 작성한 설계에 대체될 수 있는 동등 이상의 기능 및 효과를 가진 신공법・신기술・공기단축 등이 반영된 설계로서 해당 실시설계서상의 가격이 정부가 작성한 실시설계서상의 가격보다 낮고 공사기간이 정부가 작성한 실시설계서상의 기간을 초과하지 아니하는 방법(공기단축의 경우에는 공사기간이 정부가 작성한 실시설계서상의 기간보다 단축된 것에 한한다)으로 시공할 수 있는 설계를 말한다(국가계약법 시행령 제79조 제1항 제3호). 그리고 "대안입찰"이라 함은 원안입찰과 함께 따로 입찰자의 의사에 따라 위 대안이 허용된 공사의 입찰을 말한다(국가계약법 시행령 제79조 제1항 제4호).

"일괄입찰"이라 함은 정부가 제시하는 공사일괄입찰기본계획 및 지침에 따라 입찰 시에 그 공사의 설계서 기타 시공에 필요한 도면 및 서류를 작성하여 입찰서와 함께 제출하는 설계・시공일괄입찰을 말한다(국가계약법 시행령 제79조

제1항 제5호).

이러한 대안입찰과 일괄입찰에 따라 계약이 체결되는 경우에는 계약상대자가 설계를 하게 되므로, 대안입찰 또는 일괄입찰에 대한 설계변경으로 대형공사의 계약내용을 변경하는 경우에는 정부에 책임있는 사유 또는 천재·지변 등 불가항력의 사유로 인한 경우를 제외하고는 그 계약금액을 증액할 수 없다(국가계약법 시행령 제91조 제1항, 공사계약일반조건 제21조 제1항 제2호).

ㄴ) 한편 공사계약일반조건 제21조 제1항 제3호는 대안입찰 및 일괄입찰 외에도 국가계약법 시행령 제98조에 따른 기본설계 기술제안입찰 및 실시설계 기술제안입찰에 따라 기술제안이 채택된 부분에 관하여 체결된 공사계약에 있어서도 마찬가지로 정부에 책임있는 사유 또는 천재·지변 등 불가항력의 사유로 인한 경우를 제외하고는 그 계약금액을 증액할 수 없도록 하고 있다.

"기본설계입찰"이라 함은 일괄입찰의 기본계획 및 지침에 따라 실시설계에 앞서 기본설계와 그에 따른 도서를 작성하여 입찰서와 함께 제출하는 입찰을 말한다(국가계약법 제79조 제1항 제6호). 그러므로 기본설계 기술제안입찰이나 실시설계 기술제안입찰에 따라 기술제안이 채택되면 설계에 대한 책임이 계약상대자에게 있기 때문에 원칙적으로 계약금액 조정을 제한하고 있는 것이다.

(나) 감액 가능

국가계약법 시행령 제91조 제1항 및 공사계약일반조건 제21조 제1항은 대안입찰, 일괄입찰 등에 있어서 계약금액 조정 중 계약상대자에게 유리한 증액만 금지하고 있다. 그러므로 설계변경으로 인하여 계약금액을 감액하는 것은 허용이 된다고 보아야 한다.[42)]

(3) 예외: 정부에 책임있는 사유 또는 천재·지변 등 불가항력의 사유로 인한 경우라면 → 증액과 감액 모두 가능

대안입찰, 일괄입찰 등의 설계변경이 정부에 책임있는 사유 또는 천재·지변 등 불가항력의 사유로 인한 경우라면 계약금액의 감액뿐만 아니라 증액도 허용된다(국가계약법 시행령 제91조 제1항 및 공사계약일반조건 제21조 제1항). 정부에 책임있는 사유 또는 천재·지변 등 불가항력의 사유에 대해서는 공사계약일반

42) 장훈기, 앞의 책, 1289-1290면.

조건에서 아래와 같이 구체적으로 규정하고 있다(공사계약일반조건 제21조 제5항).

1. 사업계획 변경 등 발주기관의 필요에 의한 경우
2. 발주기관 외에 해당공사와 관련된 인허가기관 등의 요구가 있어 이를 발주기관이 수용하는 경우
3. 공사관련법령(표준시방서, 전문시방서, 설계기준 및 지침 등 포함)의 제·개정으로 인한 경우
4. 공사관련법령에 정한 바에 따라 시공하였음에도 불구하고 발생되는 민원에 의한 경우
5. 발주기관 또는 공사 관련기관이 교부한 지하매설 지장물 도면과 현장 상태가 상이하거나 계약 이후 신규로 매설된 지장물에 의한 경우
6. 토지·건물소유자의 반대, 지장물의 존치, 관련기관의 인허가 불허 등으로 지질조사가 불가능했던 부분의 경우
7. 제32조에 정한 사항 등 계약당사자 누구의 책임에도 속하지 않는 사유에 의한 경우

* 공사계약일반조건 제32조의 불가항력 사유: 태풍·홍수 기타 악천후, 전쟁 또는 사변, 지진, 화재, 전염병, 폭동 기타 계약당사자의 통제범위를 벗어난 사태의 발생 등 계약당사자 누구의 책임에도 속하지 아니하는 경우

(4) 일괄입찰 등에서 계약체결 이전에 실시설계를 변경하는 경우

일괄입찰의 경우 계약체결 이전에 실시설계적격자에게 책임이 없는 사유로 실시설계를 변경한 경우에는 계약체결 이후 즉시 설계변경에 의한 계약금액 조정을 하여야 한다(국가계약법 시행령 제91조 제2항). 설계변경은 계약체결 이후에 주로 문제되는데, 계약체결 이전에 실시설계를 변경한 경우에도 계약체결 이후 즉시 설계변경에 의한 계약금액 조정을 하도록 의무조항을 둔 것이다.

일괄입찰뿐만 아니라 기본설계 기술제안입찰의 경우에도 실시설계가 변경될 수 있다. 이에 공사계약일반조건에서는 일괄입찰뿐만 아니라 기본설계 기술제안입찰의 경우에도 계약체결 이전에 실시설계적격자에게 책임이 없는 사유로 실시설계가 변경된 경우 마찬가지로 계약체결 이후 즉시 설계변경에 의한 계약금액 조정을 하도록 요구하고 있다(공사계약일반조건 제21조 제3항).

실시설계적격자에게 책임이 없는 사유는 아래와 같다(국가계약법 시행령 제

91조 제2항, 공사계약일반조건 제21조 제3항)

1. 민원이나 환경·교통영향평가 또는 관련 법령에 따른 인허가 조건 등과 관련하여 실시설계의 변경이 필요한 경우
2. 발주기관이 제시한 기본계획서·입찰안내서 또는 기본설계서에 명시 또는 반영되어 있지 아니한 사항에 대하여 해당 발주기관이 변경을 요구한 경우
3. 중앙건설기술심의위원회 또는 기술자문위원회가 실시설계 심의과정에서 변경을 요구한 경우

(5) 계약금액 조정 방법 및 기준

(가) 증감된 공사물량 산출

계약금액을 조정하려면 먼저 증감된 공사량부터 산출하여야 하는데, 증감되는 공사물량은 수정전의 설계도면과 수정후의 설계도면을 비교하여 산출한다(공사계약일반조건 제21조 제6항).

(나) 대안입찰 및 일괄입찰에 있어서 단가

국가계약법 시행령 제95조 제3항은 대안입찰과 일괄입찰에 있어서 계약금액 조정(같은 조 제1항) 및 기본설계 이후 실시설계 변경시의 계약금액 조정(같은 조 제2항)에 있어서 그 기준에 대해 아래와 같이 규정하고 있다.

① 감소된 공사량의 단가(제1호)

공사량이 감소된 경우에는 국가계약법 시행령 제85조 제2항 및 제3항의 규정에 의하여 제출한 산출내역서상의 단가를 기준으로 한다.

② 증가된 공사량의 단가(제2호)

공사량이 증가된 경우에는 설계변경당시를 기준으로 산정한 단가와 제1호의 규정에 의한 산출내역서상의 단가의 범위 안에서 계약당사자 간에 협의하여 결정한 단가를 기준으로 한다. 다만 계약당사자 사이에 협의가 이루어지지 아니하는 경우에는 설계변경당시를 기준으로 산정한 단가와 제1호의 규정에 의한 산출내역서상의 단가를 합한 금액의 100분의 50으로 한다.

일반공사에 있어서는 계약상대자의 귀책이 아닌 사유로 설계변경이 이루

어져 계약금액을 조정함에 있어서는 증가된 공사물량이 신규비목에 대해 설계변경당시의 단가와 낙찰률을 곱하여 산정한 단가의 범위에서 발주기관과 계약상대자가 협의하여 결정하되, 협의가 성립되지 않을 경우에는 중간금액인 100분의 50으로 하도록 되어 있다(공사계약일반조건 제20조 제2항). 그러나 일괄입찰 등에 있어서는 예정가격을 정하지 않은 상태에서 입찰이 실시되어 예정가격에 대한 낙찰금액의 비율인 낙찰률이라는 개념이 있을 수 없다. 그렇기 때문에 국가계약법 시행령 제91조 제3항은 증가된 물량에 대해 설계변경당시의 단가와 산출내역서상의 단가를 기준으로 협의하거나 그 중간금액으로 하도록 규정하고 있는 것이다. 이는 아래의 신규비목의 경우에도 마찬가지이다.

③ 신규비목의 단가(제3호)

제1호의 규정에 의한 산출내역서상의 단가가 없는 신규비목의 경우에는 설계변경당시를 기준으로 산정한 단가로 한다. 신규비목의 경우에는 산출내역서상의 단가가 없으므로 설계변경당시의 단가를 기준으로 하도록 규정하고 있는 것이다.

(다) 기본설계 기술제안입찰 및 실시설계 기술제안입찰에 있어서의 단가

기본설계 기술제안입찰 및 실시설계 기술제안입찰에 있어서 설계변경으로 인한 계약금액 조정에 대해서는 공사계약일반조건이 아래와 같이 구분하여 규정하고 있다(공사계약일반조건 제21조 제4항). 물론 계약체결 이후 설계변경이 있는 경우(공사계약일반조건 제21조 제1항)뿐만 아니라 기본설계 이후 계약체결 전에 실시설계가 변경된 경우(공사계약일반조건 제21조 제3항) 모두 적용된다.

① 실시설계 기술제안 입찰(제1호)

실시설계 기술제안입찰의 경우에는 국가계약법 시행령 제65조 제3항, 즉 일반공사에 있어서의 계약금액 조정기준에 따르도록 하고 있다. 그러므로 ⅰ) 증감된 공사량의 단가는 계약단가(단, 계약단가가 예정가격보다 높은 경우로서 물량이 증가하는 경우에는 예정가격단가)로 하고, ⅱ) 신규비목의 단가는 설계변경 당시를 기준으로 하여 산정한 단가에 낙찰률을 곱한 금액으로 하며, ⅲ) 정부에서 설계변경을 요구한 경우(계약상대자에게 책임이 없는 사유로 인한 경우를 포함)에는

증가된 물량 또는 신규비목의 단가는 설계변경당시를 기준으로 하여 산정한 단가와 동 단가에 낙찰률을 곱한 금액의 범위 안에서 계약당사자 간에 협의하여 결정하되, 다만 계약당사자 간에 협의가 이루어지지 아니하는 경우에는 설계변경당시를 기준으로 하여 산정한 단가와 동 단가에 낙찰률을 곱한 금액을 합한 금액의 100분의 50으로 한다.

② 기본설계 기술제안 입찰(제2호)

기본설계 기술제안 입찰의 경우에는 앞서 살펴본 대안입찰 및 일괄입찰의 계약금액 조정을 규정하고 있는 국가계약법 시행령 제91조 제3항에 따른다.

(라) 계약금액 증액이 없는 계약금액 조정

계약금액을 조정할 수 있는 사유(공사계약일반조건 제21조 제3항 각호의 사유 및 제4항 각호의 사유)에 해당되지 않는 경우로서 현장상태와 설계서의 상이 등으로 인하여 설계변경을 하는 경우에는 계약금액을 증액할 수 없다. 이러한 경우 전체공사에 대하여 증·감되는 금액을 합산하여 계약금액을 조정하되, 계약금액을 증액할 수는 없다(공사계약일반조건 제21조 제7항).[43]

계약담당공무원은 위 제7항에 따른 계약금액 조정과 관련하여 연차계약별로 준공되는 장기계속공사의 경우에는 계약체결시 전체공사에 대한 증·감 금액의 합산처리 방법, 합산잔액의 다음 연차계약으로의 이월 등 필요한 사항을 정하여 운영하여야 한다(공사계약일반조건 제21조 제8항).

5) 하수급인에게 계약금액 조정 결과 통보

설계변경으로 인하여 계약금액을 조정하게 되면 그 결과를 하수급인에게

43) 당초에는 세부공종별로 증액은 인정하지 않고 감액만 가능하도록 하였다가, 1998년에 공사계약일반조건을 개정하여 세부공정별로 증액분과 감액분을 합산하도록 하였다. 그러나 이러한 경우 세부공정별 감액분을 초과하는 증액분에 대해서는 인정받을 수 없기 때문에 계약상대자에게 불리하여 2006년에 전체 공정을 대상으로 증감분을 산정하도록 개정한 것이다(장훈기, 앞의 책, 1290면).
위 조항의 의미에 대해 논하고 있는 유석해석: 계약상대자의 책임으로 인한 설계변경의 경우에는 각 사유 또는 건별이 아닌 전체 설계변경으로 인한 증액과 감액을 합산하여 계약금액을 조정하라는 의미이며, 증액이 감액보다 많더라도 계약금액의 증액을 인정하지 않습니다(계약제도과-183, 2012. 2. 21.).

통보하여야 한다(공사계약일반조건 제23조의2). 이는 물가변동 및 그 밖에 계약내용 변경으로 인한 계약금액 조정이 이루어진 경우도 마찬가지이다. 하수급인을 보호하고자 하는 규정이며 건설산업기본법 제36조의 정신을 반영한 것이기도 하다.

건설산업기본법 제36조는 설계변경 등을 이유로 공사금액이 조정되면 하수급인에게도 조정된 금액에 맞춰 하도급대금을 지급하도록 규정하면서, 건설공사금액을 조정하여 지급하는 경우에는 발주자로 하여금 하수급인에게 통보하도록 규정하고 있다.

4. 그 밖에 계약내용 변경으로 인한 계약금액의 조정

국가계약법 시행령 제66조는 물가변동과 설계변경에 의한 경우 외에 공사기간 · 운반거리의 변경 등 계약내용의 변경으로 계약금액을 조정하여야 할 필요가 있는 경우에 그 변경된 내용에 따라 실비를 초과하지 않는 범위 안에서 계약금액을 조정하도록 규정하고 있는데, 이를 '그 밖에 계약내용의 변경으로 인한 계약금액조정제도'라고 한다.

> 제66조 (기타 계약내용의 변경으로 인한 계약금액의 조정)
> ① 각 중앙관서의 장 또는 계약담당공무원은 법 제19조의 규정에 의하여 공사 · 제조등의 계약에 있어서 제64조 및 제65조의 규정에 의한 경우 외에 공사기간 · 운반거리의 변경 등 계약내용의 변경으로 계약금액을 조정하여야 할 필요가 있는 경우에는 그 변경된 내용에 따라 실비를 초과하지 아니하는 범위 안에서 이를 조정한다.

수급인의 책임 없는 사유로 공사기간이 연장되어 간접노무비 등의 비용 증가가 발생한 경우나 당초 계약 체결시 예정하였던 토사채취장의 위치가 바뀌어 비용 증가가 발생한 경우 등이 그 밖에 계약내용의 변경에 해당하고, 국가계약법령은 이러한 경우 계약금액의 조정을 의무화하고 있다. 이와 관련하여 우선 실무적으로 가장 논의가 많이 되는 '공사기간의 연장으로 인한 계약금액의 조정'에 대해 살펴본다.

가. 공사기간의 연장으로 인한 계약금액 조정

국가계약법령은 계약상대자의 책임 없는 사유로 공사기간이 연장되어 간접노무비 등의 비용 증가가 발생하는 경우 계약금액의 조정이 이루어지도록 하고 있으나 실제 계약금액 조정이 이루어지지 않는 경우에는 실무상 계약상대자가 발주기관을 상대로 공사기간 연장에 따른 증액 공사대금을 청구하는 소를 제기하게 되는데 이를 통상 공기연장에 따른 간접비 청구 소송이라고 한다. 일반적으로 공사비는 재료비, 직접노무비, 간접노무비, 경비(현장사무실유지비, 창고비 등), 일반관리비, 이윤 등으로 구성되는데, 공사기간 연장이 일어나는 경우 그에 따른 추가비용은 주로 건설자재비나 직접노무비 등의 직접비가 아니라 공사현장의 유지, 관리를 위한 간접노무비나 임차료 등 제경비, 즉 '간접비'이기 때문에 실무적으로 이러한 추가비용 청구소송을 간접비 청구소송이라고 한다. 이하 공사기간의 연장으로 인한 계약금액 조정 청구의 요건과 조정 방법에 대해 상술한다.

1) 관련 규정

'공사기간 연장으로 인한 계약금액 조정'은 국가계약법 제19조 및 동법 시행령 제66조가 규율하고 있고, 공사계약일반조건 제23조 제1항, 제25조 제3항 및 제26조는 계약내용의 변경 및 계약기간의 연장에 따른 계약금액의 조정에 관하여 아래와 같이 상세한 규정을 두고 있다.

제23조 (기타 계약내용의 변경으로 인한 계약금액의 조정)

① 계약담당공무원은 공사계약에 있어서 제20조 및 제22조에 의한 경우 외에 공사기간 · 운반거리의 변경 등 계약내용의 변경으로 계약금액을 조정하여야 할 필요가 있는 경우에는 그 변경된 내용에 따라 실비를 초과하지 아니하는 범위 안에서 이를 조정하며, 계약예규「정부 입찰 · 계약 집행기준」제14장(실비의 산정)을 적용한다.

② 제1항에 의한 계약내용의 변경은 변경되는 부분의 이행에 착수하기 전에 완료하여야 한다. 다만, 계약담당공무원은 계약이행의 지연으로 품질저하가 우려되는 등 긴급하게 계약을 이행하게 할 필요가 있는 때에는 계약상대자와 협의하여 계약내용 변경의 시기 등을 명확히 정하고, 계약내용을 변경하기 전

에 계약을 이행하게 할 수 있다.
③ 제1항의 경우에는 제20조 제5항을 준용한다.
④ 제1항에 의하여 계약금액이 증액될 때에는 계약상대자의 신청에 따라 조정하여야 한다.
⑤ 제1항 내지 제4항에 의한 계약금액조정의 경우에는 제20조 제8항 내지 제10항을 준용한다.

제20조 (설계변경으로 인한 계약금액의 조정)
⑤ 제1항 및 제2항에 의한 계약금액의 증감분에 대한 간접노무비, 산재보험료 및 산업안전보건관리비 등의 승율비용과 일반관리비 및 이윤은 산출내역서상의 간접노무비율, 산재보험료율 및 산업안전보건관리비율 등의 승율비용과 일반관리비율 및 이윤율에 의하되 설계변경당시의 관계법령 및 기획재정부장관 등이 정한 율을 초과할 수 없다.
⑧ 발주기관은 제1항 내지 제7항에 의하여 계약금액을 조정하는 경우에는 계약상대자의 계약금액조정 청구를 받은 날부터 30일 이내에 계약금액을 조정하여야 한다. 이 경우에 예산배정의 지연 등 불가피한 경우에는 계약상대자와 협의하여 그 조정기한을 연장할 수 있으며, 계약금액을 조정할 수 있는 예산이 없는 때에는 공사량 등을 조정하여 그 대가를 지급할 수 있다.
⑨ 계약담당공무원은 제8항에 의한 계약상대자의 계약금액조정 청구 내용이 부당함을 발견한 때에는 지체없이 필요한 보완요구 등의 조치를 하여야 한다. 이 경우 계약상대자가 보완요구 등의 조치를 통보받은 날부터 발주기관이 그 보완을 완료한 사실을 통지받은 날까지의 기간은 제8항에 의한 기간에 산입하지 아니한다.
⑩ 제8항 전단에 의한 계약상대자의 계약금액조정 청구는 제40조에 의한 준공대가(장기계속계약의 경우에는 각 차수별 준공대가) 수령전까지 조정신청을 하여야 한다.

제25조 (지체상금)
③ 계약담당공무원은 다음 각호의 어느 하나에 해당되어 공사가 지체되었다고 인정할 때에는 그 해당일수를 제1항의 지체일수에 산입하지 아니한다.
1. 제32조에서 규정한 불가항력의 사유에 의한 경우
2. 계약상대자가 대체 사용할 수 없는 중요 관급자재 등의 공급이 지연되어 공사의 진행이 불가능하였을 경우
3. 발주기관의 책임으로 착공이 지연되거나 시공이 중단되었을 경우

4. 삭제
5. 계약상대자의 부도 등으로 보증기관이 보증이행업체를 지정하여 보증시공할 경우
6. 제19조에 의한 설계변경(계약상대자의 책임없는 사유인 경우에 한한다)으로 인하여 준공기한 내에 계약을 이행할 수 없을 경우
7. 원자재의 수급 불균형으로 인하여 해당 관급자재의 조달지연 또는 사급자재(관급자재에서 전환된 사급자재를 포함한다)의 구입곤란 등 기타 계약상대자의 책임에 속하지 아니하는 사유로 인하여 지체된 경우

第26조 (계약기간의 연장)
① 계약상대자는 제25조 제3항 각호의 어느 하나의 사유가 계약기간 내에 발생한 경우에는 계약기간 종료 전에 지체없이 제17조 제1항 제2호의 수정공정표를 첨부하여 계약담당공무원과 공사감독관에게 서면으로 계약기간의 연장신청을 하여야 한다. 다만, 연장사유가 계약기간 내에 발생하여 계약기간 경과 후 종료된 경우에는 동 사유가 종료된 후 즉시 계약기간의 연장신청을 하여야 한다.
② 계약담당공무원은 제1항에 의한 계약기간연장 신청이 접수된 때에는 즉시 그 사실을 조사 확인하고 공사가 적절히 이행될 수 있도록 계약기간의 연장 등 필요한 조치를 하여야 한다.
③ 계약담당공무원은 제1항에 의한 연장청구를 승인하였을 경우에는 동 연장기간에 대하여는 제25조에 의한 지체상금을 부과하여서는 아니된다.
④ 제2항에 의하여 계약기간을 연장한 경우에는 제23조에 의하여 그 변경된 내용에 따라 실비를 초과하지 아니하는 범위 안에서 계약금액을 조정한다. 다만, 제25조 제3항 제5호의 사유에 의한 경우에는 그러하지 아니하다.
⑤ 계약상대자는 제40조에 의한 준공대가(장기계속계약의 경우에는 각 차수별 준공대가) 수령전까지 제4항에 의한 계약금액 조정신청을 하여야 한다.

공사계약일반조건 제23조는 물가변동, 설계변경을 제외한 그 밖에 계약내용 변경의 한 유형으로 '공사기간의 변경'을 들고 있고, 공사기간의 변경으로 계약금액을 조정하여야 할 필요가 있는 경우에는 실비의 범위 내에서 계약금액을 조정하며, 이 때 실비의 산정에 관하여는 「정부 입찰 · 계약 집행기준」 제14장을 적용하도록 규정하면서 계약금액 조정의 절차적 요건에 대해서도 규정하고 있다.

한편 공사계약일반조건은 공사가 지체되는 경우 책임 있는 당사자가 누구인지에 따라 법적 효과를 달리 규율하고 있는데, 공사계약일반조건 제25조에서는 계약상대자의 귀책사유로 인하여 공사가 지체되면 계약상대자가 '지체상금'을 부담하도록 규정하고 있고, 공사계약일반조건 제26조는 동 조건 제25조 제3항 각호의 사유(계약상대자의 귀책이 아닌 사유)가 계약기간 내에 발생한 경우 계약상대자로 하여금 계약기간 연장신청을 하도록 하고 계약담당공무원으로 하여금 계약기간의 연장 등 필요한 조치를 하도록 하며, 이에 따라 계약기간이 연장된 경우 계약기간의 연장에 따라 추가로 소요되는 비용에 대해 실비를 초과하지 않는 범위 내에서 계약금액을 조정하도록 규정하고 있다.

2) 공사기간 연장에 따른 계약금액 조정의 요건

가) 실체적 요건

(1) 공사기간 연장사유에 계약상대자의 책임이 없을 것

공사기간 연장에 따른 계약금액 조정 청구를 하기 위해서는 계약기간 내에 발생한 공사기간 연장사유가 공사계약일반조건 제25조 제3항 각호에서 규정하고 있는 바와 같이 '계약상대자의 책임 없는 사유'로 인한 것이어야 한다. 대표적으로 발주처의 예산부족이나 공사용지의 보상 지연, 문화재 발굴 등이 계약상대자의 책임 없는 사유가 된다. 계약기간이 연장된 경우에 계약금액 조정을 인정하는 이유는 공사기간의 연장에 계약상대자의 책임이 없음에도 불구하고 공기 연장에 따른 추가 지출 비용을 계약상대자가 부담하는 것이 불공평하기 때문이다. 그러므로 계약상대자의 귀책이 없는 공기 연장 사유라는 요건이 충족되어야 공사기간 연장에 따른 계약금액 조정 청구를 할 수 있는 것이다. 실무상으로도 계약기간 연장에 따른 간접비 청구 소송에서 계약상대자의 책임 없는 사유로 공사기간이 연장되었는지 여부가 많이 다투어진다.

(2) 계약기간의 연장이 이루어질 것

공사기간 연장으로 인한 계약금액 조정의 경우 계약상대자의 계약기간 연장신청에 따라 당해 계약의 계약기간 연장이 이루어지는 것을 전제로 한다. 국가계약법 시행령 제66조와 공사계약일반조건 제23조 역시 변경계약 등을 통해 공사기간이라는 계약내용이 변경되는 경우 계약금액 조정을 하도록 규정하고

있다.

이와 관련하여 발주처가 계약상대자의 책임 없는 사유로 공사기간 연장이 필요함에도 불구하고 계약기간을 연장하여 주지 않는 경우 계약상대자가 공기 연장에 따른 계약금액 조정 청구를 할 수 있는지가 문제될 수 있다. 계약상대자가 계약기간 연장을 청구할 수 있는 요건이 갖추어졌다면 그에 따라 공사기간이 연장되어야 하는 것이므로 이러한 경우 계약상대자는 발주처에게 연장되었어야 하는 공사기간에 발생한 추가비용을 청구할 수 있다고 보는 것이 옳다.

(3) 공기 연장으로 계약금액을 조정하여야 할 필요가 있을 것

이는 연장된 공사기간 동안 계약상대자가 실제 간접노무비, 임차료, 보험료 등 추가비용을 지출하여 이와 같은 비용을 보전해 줄 필요가 있는 경우를 뜻한다.

나) 절차적 요건

계약상대자가 공사기간 연장에 따른 간접비를 청구하기 위해서는 ① 계약상대자의 귀책 없이 공기 연장사유 발생시 계약기간 종료 전에 지체 없이 수정공정표를 첨부하여 계약담당공무원과 공사감독관에게 서면으로 계약기간의 연장신청을 하여야 하고(공사계약일반조건 제26조 제1항), ② 공사기간을 연장하는 계약내용의 변경은 변경되는 부분의 이행에 착수하기 전에 완료하여야 하며(공사계약일반조건 제23조 제2항), ③ 공사기간 연장이 이루어지고 이로 인한 계약금액 조정사유가 발생하였다고 하더라도 계약금액의 조정이 이루어지기 위해서는 반드시 계약상대자의 적법한 계약금액 조정신청이 있어야 하고(공사계약일반조건 제23조 제4항),[44] ④ 계약상대자의 이러한 계약금액 조정청구는 준공대가 수령 전까지(장기계속계약의 경우에는 각 차수별계약의 준공대가 수령 전까지) 하여야 한다(공사계약일반조건 제26조 제5항, 제23조 제5항, 제20조 제10항 참조).

실무적으로는 이와 같은 절차적 요건 중 '계약금액 조정 신청을 언제까지 하여야 하는지'가 가장 문제된다. 발주처와의 관계로 인하여 계약상대자가 공기 연장 변경계약이 있을 때마다 계약금액 조정 신청을 하기는 어렵고 적법한 계

44) 공사기간 연장으로 인한 계약금액의 조정 사유가 발생하였다고 하더라도 그 자체로 계약금액 조정이 자동적으로 이루어지는 것이 아니라, 계약당사자의 상대방에 대한 적법한 계약금액 조정신청에 의하여 비로소 이루어진다(대법원 2006. 9. 14. 선고 2004다28825 판결 참조).

약금액 조정 신청이 이루어지지 않는 경우 공기연장에 따른 간접비 청구가 받아들여지지 않기 때문에 공기연장에 따른 간접비 청구 소송에서 당사자 간에 많은 다툼이 일어나는 부분이다.

(1) 우선 계약상대자의 공기연장에 따른 간접비 청구 소송에서 이러한 계약금액 조정신청의 절차적 요건과 관련하여 공사계약일반조건 제23조 제2항이 "계약내용의 변경은 변경되는 부분의 이행에 착수하기 전에 완료하여야 한다."라고 규정하고 있는 점에 착안하여 발주처가 계약상대자의 계약금액 조정 신청이 위 규정에 따라 변경된 공사기간의 개시 전에 이루어지지 않았다는 이유로 절차적 요건의 미비를 항변하는 경우가 있다.

이에 관하여 대법원은 "계약상대자는 공사기간 변경으로 계약금액을 조정하여야 할 필요가 있는 경우에는 연장되는 공사기간의 개시 전에 발주기관의 승인을 받는 등 발주기관과의 공사기간 연장에 관한 합의가 있으면 충분하고, 계약금액의 조정 신청이나 그에 따른 조정까지 반드시 변경된 공사기간 개시 전에 완료될 필요는 없다."라고 판단하여(대법원 2006. 9. 14. 선고 2004다28825 판결; 대법원 2012. 6. 28. 선고 2011다45989 판결) 공기연장에 따른 계약금액 조정신청을 계약기간 연장신청과 달리 연장된 공사기간의 개시 전에 할 필요가 없다는 점을 분명히 하고 있다. 따라서 공사기간의 연장에 따라 계약기간의 변경이 이루어진 경우 계약상대자는 변경된 공사기간이 개시된 이후에 계약금액 증액신청을 하더라도 절차적 요건을 갖춘 것으로 평가된다.

(2) 공기연장에 따른 계약금액 조정 신청을 언제까지 하여야 절차적 요건을 갖춘 것으로 볼 수 있는 것인지에 관하여 공사계약일반조건 제26조 제5항은 명시적으로 '준공대가 수령 전까지(장기계속계약의 경우에는 각 차수별계약의 준공대가 수령 전까지)' 계약금액 조정신청을 하도록 규정하고 있다.

국가계약은 계약의 기간에 따라 당해 회계연도 안에 계약의 체결 및 이행이 종료되는 단년도계약과 계약의 체결 및 이행이 수 회계연도에 걸쳐 이루어지는 다년도계약으로 구분할 수 있고, 다년도계약에는 국가재정법상 계속비 예산으로 계약을 이행할 수 있도록 하는 '계속비계약'과 총 공사금액으로 입찰하되 각 회계연도 예산범위 내에서 연차별계약을 체결하여 계약을 이행할 수 있도록 하는 '장기계속계약'이 있다.[45] 앞서 본 공사계약일반조건 제26조 제5항이 장기계속계약의 경우에만 예외적인 규정을 두고 있으므로 원칙적으로 단년도계약이나 다년도계약 중 계속비계약의 경우에는 '준공대가 수령 전까지' 계약금액 조정을 신청하면 된다. 대법원 역시 "확정적으로 지급을 마친 기성대가는 당사자의 신뢰보호 견지에서 계약금액 조정의 대상이 되지 아니하므로 계약상대자는 늦어도 최종 기성대가(또는 준공대가)의 지급이 이루어지기 전에 계약내용의 변경으로 인한 계약금액 조정 신청을 마치면 된다."라고 판단하여(대법원 2012. 6. 28. 선고 2011다45989 판결), 계속비계약에서 계약금액 조정신청의 종기가 최종 준공대가를 지급받기 이전까지임을 분명히 하였다. 다만 장기계속계약의 경우에는 '각 차수별계약의 준공대가 수령 전까지' 계약금액 조정을 신청하는 것으로 규정되어 있는데, 이와 관련하여 장기계속계약에서 '총 공사기간'의 연장이 있는 경우에도 각 차수별계약의 준공대가 수령 전까지 매번 계약금액 조정 신청을 하여야 하는 것인지에 관해서 다툼이 있다. 이에 관해서는 후술한다.

3) 계약금액 조정 - 공기연장에 따른 구체적인 간접비 산정

국가계약법 시행령 제66조 제1항은 "각 중앙관서의 장 또는 계약담당공무원은 법 제19조의 규정에 의하여 공사·제조 등의 계약에 있어서 제64조 및 제65조의 규정에 의한 경우 외에 공사기간·운반거리의 변경 등 계약내용의 변경으로 계약금액을 조정하여야 할 필요가 있는 경우에는 그 변경된 내용에 따라 실비를 초과하지 아니하는 범위 안에서 이를 조정한다."라고 규정하고, 공사계약일반조건 제23조 제1항은 "계약담당공무원은 공사계약에 있어서 제20조 및 제22조에 의한 경우 외에 공사기간·운반거리의 변경 등 계약내용의 변경으로 계약금액을 조정하여야 할 필요가 있는 경우에는 그 변경된 내용에 따라 실비를 초과하지 아니하는 범위 안에서 이를 조정하며, 계약예규 「정부 입찰·계약 집행기준」 제14장(실비의 산정)을 적용한다."라고 규정하여, 공사기간 연장으로 인한 계약금액 조정시 조정되는 계약금액(통상 증액금액)이 '실비'를 기준으로 산정된다는 점을 원칙으로 하고 있다.

'실비'는 문언대로 계약상대자가 실제 지출한 비용을 의미하는데, 하급심판결은 이러한 실비에 대해 "공사기간의 연장에 따라 추가로 지출하게 된 비용으로서 공사기간의 연장과 객관적으로 관련성이 있어야 할 뿐 아니라 필요하고도

45) 이에 대한 상세는 국가계약법 제21조(계속비 및 장기계속계약)에 대한 주석 참조.

상당한 범위 내의 것이어야 한다."라고 판시하고 있다(서울고등법원 2016. 6. 16. 선고 2015나2005994 판결 등). 즉 공기연장에 따른 계약금액 조정시 계약상대자가 지출한 모든 추가비용이 실비로 인정되는 것은 아니고 실제 지출한 추가비용 중 공사기간의 연장과 객관적으로 관련성이 있고 상당한 범위 안의 비용만 간접비로 인정되어야 한다.

실무적으로 공기연장에 따른 추가간접비 소송에서 추가간접비 산정은 원고인 계약상대자가 원가관리업체 등에 대한 '감정신청'을 하고 감정결과 도출된 금액을 기준으로 법원이 원고와 피고의 세부 감정항목에 대한 주장사항을 반영하여 최종적으로 추가간접비를 산정한다.

공사기간 연장에 따라 증액되는 추가비용으로는 간접노무비, 지급임차료, 보관비, 가설비, 유휴장비비, 수도광열비, 복리후생비, 소모품비, 여비·교통비·통신비, 공사손해보험료 등이 있을 수 있는데, 정부 입찰·계약 집행기준 제14장 제73조는 이러한 공사이행기간 변경에 따른 추가비용에 대해 실비산정 기준을 마련하고 있다. 이하에서는 정부 입찰·계약 집행기준을 기초로 실무상 공기연장에 따른 간접비 산정시 문제되는 항목들을 살펴본다.

가) 간접노무비

공기연장에 따른 계약금액 조정신청을 받은 계약담당공무원은 간접노무비 산출을 위하여 계약상대자로 하여금 급여 연말정산서류, 임금지급대장 및 공사감독의 현장확인복명서 등 간접노무비 지급 관련서류를 제출케 하여 이를 활용할 수 있다(정부 입찰·계약 집행기준 제72조 제2항). 간접노무비는 연장 또는 단축된 기간 중 해당현장에서 계약예규「예정가격 작성기준」제10조 제2항 및 제18조에 해당하는 자가 수행하여야 할 노무량을 산출하고, 동 노무량에 급여 연말정산서, 임금지급대장 및 공사감독의 현장확인복명서 등 객관적인 자료에 의하여 지급이 확인된 임금을 곱하여 산정하되, 정상적인 공사기간 중에 실제 지급된 임금수준을 초과할 수 없다(정부 입찰·계약 집행기준 제73조 제1항). 노무량 산출시 계약담당공무원은 계약상대자로 하여금 공사이행기간의 변경사유가 발생하는 즉시 현장유지·관리에 소요되는 인력투입계획을 제출하도록 하고, 공사의 규모, 내용, 기간 등을 고려하여 해당 인력투입계획을 조정할 필요가 있다고 인정되는 경우에는 계약상대자에게 이의 조정을 요구하여야 한다(정부 입찰·계약 집행기준 제73조 제2항).

이와 관련하여 구 정부 입찰·계약 집행기준(2010. 11. 30. 기획재정부회계예규 제2200.04-159-17호로 개정되기 전의 것) 제73조 제1항이 간접노무비 산정시 "연장 또는 단축된 기간 중 당해현장에서 회계예규「예정가격 작성기준」제10조 제2항 및 제18조의 규정에 해당하는 자가 수행하여야 할 노무량을 산출하고, 동 노무량에 시행규칙 제7조 제1항의 규정에 의한 당해 직종의 단가를 곱하여 계산한다."라고 규정하여 공기연장에 따른 간접비 청구 소송에서 계약상대자가 청구하는 간접노무비를 위와 같은 방식으로 산정하여야 하는 것인지가 문제되었으나, 하급심판결은 "위 관련 규정에서 정하고 있는 간접공사비 산정방식은 계약상대자의 계약금액 조정신청에 따라 당사자들 사이에 계약금액 조정이 이루어질 경우 계약담당공무원이 그 연장된 공사기간에 예상되는 간접공사비를 산정하는 기준을 제시한 것이므로, 이 사건과 같이 계약금액 조정에 대한 합의가 이루어지지 않고, 원고들이 연장된 공사기간에 실제로 지출한 간접공사비를 청구하는 경우에는 적용되지 아니한다. 이 사건과 같은 경우 실제 지출한 공사비용을 공사기간의 연장과 객관적으로 관련성이 있고 상당한 범위 안에서 간접공사비를 인정하여야 한다. 다만, 구 국가계약법 시행령 제66조 제1항의 취지에 따라 그 금액은 실비를 초과할 수 없다."라고 판단하여(서울고등법원 2014. 11. 5. 선고 2013나2020067 판결) 구 정부 입찰·계약 집행기준의 규정이 공기연장에 따른 간접비 청구 소송에서 실비 산정의 기준이 되지는 않는다고 보았다.

현행 정부 입찰·계약 집행기준에 따르면 간접노무비 산정은 "연장 또는 단축된 기간 중 해당현장에서 계약예규「예정가격 작성기준」제10조 제2항 및 제18조에 해당하는 자가 수행하여야 할 노무량을 산출하고, 동 노무량에 급여연말정산서, 임금지급대장 및 공사감독의 현장확인복명서 등 객관적인 자료에 의하여 지급이 확인된 임금을 곱하여 산정하되, 정상적인 공사기간 중에 실제 지급된 임금수준을 초과할 수 없다."는 내용으로 변경되었다. 그러나 현행 정부 입찰·계약 집행기준에서 정하고 있는 간접공사비 산정방식 역시 그 문언상 계약상대자의 계약금액 조정신청에 따라 당사자들 사이에 계약금액 조정이 이루어질 경우, 즉 계약당사자들 사이에 합의가 이루어지는 경우 계약담당공무원이 그 연장된 공사기간에 예상되는 간접공사비를 산정하는 기준이므로, 계약당사자들 사이에 계약금액 조정에 대한 합의가 이루어지지 않아, 계약상대자가 연장된 공사기간에 실제로 지출한 간접공사비를 소구하는 경우에는 위 기준이 반드시 적용되어야 한다고는 보기 어렵다(같은 취지의 하급심판결로 서울고등법원 2016. 7. 15. 선고 2015나2006713 판결).

따라서 현행 정부 입찰·계약 집행기준하에서도 계약상대자의 계약금액 조정신청에 따라 당사자들 사이에 계약금액 조정이 이루어지지 않는 경우, 즉 계약상대자가 공기연장에 따른 간접비 청구 소송을 제기하는 경우에 있어서는 계약상대자가 실제 지출한 공사비용 중에서 공사기간의 연장과 객관적으로 관련성이 있고 상당한 범위 안에서 간접공사비를 산정하면 된다고 할 것이다. 실무적으로도 공기연장에 따른 간접비 청구 소송에서 감정인은 감정절차에서 계약상대자가 제출한 임금대장, 연말정산서류나 현장확인복명서 등의 자료에서 확인되는 실제 지급된 기본급, 제수당, 상여금 및 퇴직급여충당금 등을 더하는 방식으로 간접노무비를 산정하고 있고 이와 같은 방식으로 간접노무비를 산정하였다고 하더라도 위 정부 입찰·계약 집행기준이나 계약조건에 위배되었다고 볼 수 없다.

나) 경비 및 공사손해보험 등

경비 중 지급임차료, 보관비, 가설비, 유휴장비비 등 직접계상이 가능한 비목의 실비는 계약상대자로부터 제출받은 경비지출관련 계약서, 요금고지서, 영수증 등 객관적인 자료에 의하여 확인된 금액을 기준으로 변경되는 공사기간에 상당하는 금액을 산출하며, 수도광열비, 복리후생비, 소모품비, 여비·교통비·통신비, 세금과 공과, 도서인쇄비, 지급수수료(7개 항목을 '기타경비'라고 한다)와 산재보험료, 고용보험료 등은 그 기준이 되는 비목의 합계액에 계약상대자의 산출내역서상 해당비목의 비율을 곱하여 산출된 금액과 당초 산출내역서상의 금액과의 차액으로 한다(정부 입찰·계약 집행기준 제73조 제3항).

계약상대자의 책임 없는 사유로 공사기간이 연장되어 당초 제출한 계약보증서·공사이행보증서·하도급대금지급보증서 및 공사손해보험 등의 보증기간을 연장함에 따라 소요되는 추가비용은 계약상대자로부터 제출받은 보증수수료의 영수증 등 객관적인 자료에 의하여 확인된 금액을 기준으로 금액을 산출한다(정부 입찰·계약 집행기준 제73조 제4항).

다) 임대장비 등의 유휴비용

계약상대자는 건설장비의 유휴가 발생하게 되는 경우 즉시 발생사유 등 사실관계를 계약담당공무원과 공사감독관에게 통지하여야 한다. 계약담당공무원은 장비의 유휴가 계약의 이행 여건상 타당하다고 인정될 경우에는 유휴비용을 다음 기준에 따라 계산한다(정부 입찰 · 계약 집행기준 제73조 제5항).

(1) 임대장비: 유휴 기간 중 실제로 부담한 장비임대료

(2) 보유장비: (장비가격 × 시간당 장비손료계수) × (연간표준가동기간 ÷ 365일) × (유휴일수) × 1/2

라) 일반관리비 및 이윤

계약금액의 증감분에 대한 일반관리비 및 이윤은 입찰시 계약상대자가 제출한 산출내역서상의 일반관리비율 및 이윤율에 의하며, 국가계약법 시행규칙 제8조(원가계산에 의한 예정가격 결정시의 일반관리비율 및 이윤율)에서 정하는 율의 범위 내에서(예를 들어 공사의 경우 일반관리비는 6%, 이윤율은 15%의 범위 안에서) 결정하여야 한다(국가계약법 시행령 제66조 제2항, 제65조 제6항, 정부 입찰 · 계약 집행기준 제76조, 공사계약일반조건 제23조 제3항, 제20조 제5항 참조). 이처럼 관련 규정이 실비를 산정할 때 일반관리비 및 이윤을 포함하도록 규정하고 있고, 계약상대자의 귀책사유 없이 공사기간이 연장되어 그 연장된 공사기간 동안 실제로 간접공사비를 지출한 경우에는 이에 따른 일반관리비와 이윤도 공사에 투입된 비용이므로, 간접공사비를 산정함에 있어서 도급내역서에 정한 율에 따른 일반관리비 및 이윤을 포함시켜야 한다(동 취지 서울고등법원 2016. 6. 16. 선고 2015나2005994 판결).

이와 관련하여 계약상대자가 공사입찰에 참가하면서 제출한 산출내역서에 일반관리비와 이윤을 '0원'으로 기재한 경우 공사기간 연장에 따른 간접비 청구소송에서 연장된 공사기간 동안의 일반관리비와 이윤을 어떻게 인정할 것인지 여부가 실무상 다투어지고 있다.

하급심판결 중에는 "이 사건 도급계약의 내역서에 일반관리비와 이윤이 0원으로 산정되어 있기는 하나…이는 원고들이 위 내역서를 작성할 때 설계내역서의 세부 비용항목 전체에 낙찰률을 적용하여 위 내역서상의 비용을 산출한 것이 아니라 일반관리비 및 이윤에 해당하는 비용을 다른 비용에 포함시키는 방법으로 일반관리비 및 이윤을 0원으로 조정하였기 때문이었음을 알 수 있으

므로, 위와 같은 사정만으로는 원고들이 일반관리비와 이윤을 포기하였다고 볼 수 없다. 게다가 이 사건과 같이 원고들의 귀책사유 없이 공사기간이 연장되어 그 연장된 공사기간 동안 원고들이 실제로 간접공사비를 지출한 경우에는 이에 따른 일반관리비 및 이윤도 이 사건 공사에 투입된 비용이라고 할 것이므로, 위와 같은 간접공사비를 산정함에 있어서는 원고들이 실제 지출한 간접공사비에 설계내역서상의 일반관리비율 및 이윤율, 낙찰률을 적용하여 일반관리비 및 이윤을 산정하는 것이 타당하다."라고 판시한 사례가 있다(서울고등법원 2011. 5. 18. 선고 2010나76841 판결). 다만 간접비 소송 실무상 감정인이 간접비 산정시 일반관리비와 이윤을 산정함에 있어 산출내역서에 정한 율을 적용할 것인데, 산출내역서상 일반관리비와 이윤이 0원으로 기재되어 있는 경우 일반관리비율과 이윤율을 몇 %로 적용할지 그 기준이 명확하지 않아 이 같은 경우 감정실무상 일반관리비와 이윤을 인정하지 않는 경우가 있다.

마) 설계변경으로 인한 계약금액 증액과 계약기간 연장이 동시에 이루어지는 경우 간접비 공제 문제

통상 다년도계약의 경우 공사기간이 연장되어 계약기간 변경을 위한 변경계약이 체결되거나 설계변경으로 인하여 계약금액을 증액하는 변경계약이 체결되는 경우가 많다. 그런데 이러한 변경계약 체결시 계약기간이 연장됨과 동시에 계약금액 증액이 일어나는 경우가 종종 있고, 이 경우 공사기간 연장으로 인한 간접비 청구 소송에서 발주기관은 흔히 설계변경으로 인한 계약금액 증액분에는 공사기간 연장으로 인한 간접비가 포함되므로 이러한 간접비가 계약금액 조정액에서 공제되어야 한다는 주장을 한다.

이에 대해 주류적인 하급심판결은 "설계변경으로 인한 계약금액 조정과 공사기간의 변경 등 기타 계약내용의 변경으로 인한 계약금액 조정은 조정사유와 조정금액 산정방법 등을 전혀 달리할 뿐만 아니라, 설계변경으로 인하여 공사금액이 변경되고 간접비도 증액되었다고 할지라도 이는 종전의 총 공사기간을 전제로 한 간접비의 증액일 뿐이고, 총 공사기간의 연장에 따른 간접비의 증액이 반영되었다고 볼 수는 없다."라고 판시하여(서울고등법원 2016. 7. 15. 선고 2015나2006713 판결 참조), 설계변경이나 물가변동으로 인한 변경계약을 체결하면서 그 공사금액에 반영한 간접공사비와 계약상대자가 청구하는 총 공사기간 연장에 따른 간접공사비(계약체결 이후 연장된 공사기간에 발생한 실비를 기준으로 산출한 금액)는 별개의 비용으로서 변경계약에 따라 증액된 계약금액에는 공기연장으로 인한 간접공사비는 포함되어 있지 않다고 보고 있다[대전지방법원 2014. 7. 10. 선고 2012가합100658, 102869(병합) 판결].

설계변경으로 인하여 공사물량이 증가하는 경우 공사대금이 증액되고 일반적으로 공사기간이 늘어날 수 있으나 계약기간 연장 없이도 설계변경으로 공사대금이 증액되는 경우가 충분히 있을 수 있다는 점, 설계변경으로 인한 계약금액 조정시 반영되는 간접비는 공사계약일반조건 제20조 제5항 등에 따라 직접비에 산출내역서상의 해당 비율을 곱하는 방식으로 산출되지만 공기연장에 따른 계약금액 조정은 공사물량의 증감과는 상관없이 공사기간이 연장됨으로 인하여 계약상대자가 추가로 지출하게 된 비용을 실비 한도로 산정하는 것으로서 서로 무관한 계약금액 조정방법이라는 점 등에서 주류적인 하급심판결의 견해에 찬동한다.

다만 이러한 견해는 변경계약 시 설계변경에 따른 계약금액 조정과 계약기간의 연장이 동시에 일어났지만 당해 설계변경에 따라 당해 계약기간의 연장이 일어난 것인지 여부가 불분명한 경우에는 타당하나, 경우에 따라서는 계약기간 연장이 설계변경으로 인하여 발생하였다는 점이 명확한 경우(예를 들어 준공일 즈음 당초 공사범위 외의 추가공사에 따른 설계변경이 일어나고 추가공사에 필요한 공기 연장이 동시에 일어나는 경우)가 있다. 이러한 경우에는 설계변경으로 인한 계약금액 조정분(간접비)에 공사기간 연장으로 인한 계약금액 조정분이 반영되어 있다고 볼 여지가 있다. 그러나 이러한 경우에도 당해 설계변경으로 연장된 공사기간이 얼마나 되는지, 설계변경으로 인한 계약금액 조정분(간접비)에 공사기간 연장으로 인한 계약금액 조정분이 얼마나 반영되어 있는지 산정하기 쉽지 않아 설계변경으로 인한 계약금액 조정액에 반영된 간접비가 공사기간 연장으로 인한 계약금액 조정액에서 얼마나 공제되어야 하는지에 대해 실무적으로 난점이 있다. 이러한 난점 때문에 일부 하급심판결은 아래 바)에서 보는 바와 같이 계약기간 연장에 따라 산정된 추가간접비를 일부 감액하면서 '연장된 공사기간 중 일부는 설계변경에서 비롯된 것으로 보이는 점'을 그 감액사유로 들고 있다(서울중앙지방법원 2016. 4. 15. 선고 2014가합547740 판결).

바) 책임제한의 문제

공기연장에 따른 계약금액 조정금액은 실비를 기준으로 산정되어야 하고 앞서 본 바와 같이 공사기간 연장과 객관적으로 관련성이 있고 필요하고도 상당한 범위 내로 인정되어야 한다. 실무상으로는 공기연장에 따른 간접비청구 소송에서 계약상대자는 감정인이 산정한 실비 자체가 공기연장과 객관적으로 관련이 있고 필요하고도 상당한 금액이라고 주장하고 발주기관은 감정인이 산정한 실비가 과다하다고 주장하여 적절한 조정금액이 얼마인지에 관해 다툼이 있다.

이와 관련하여 하급심 법원은 "공사기간 연장이라는 계약내용의 변경으로 인한 계약금액 조정은 당사자 사이의 합의에 따라 조정하도록 하는 원칙과 그 합의시 '실비를 초과하지 않는 범위 안에서'라는 조정금액의 한도를 제시하고 있을 뿐이고, 설계변경 또는 물가변동으로 인한 계약금액 조정과 같이 계약단가나 낙찰률 또는 조정률 등에 의하여 일정한 산식에 따라 조정금액이 곧바로 산출되지는 않으므로, 법원으로서는 신의칙 및 공평의 원칙상 이 사건 도급계약 내용이 변경된 원인과 과정, 당해 공사기간 중 쌍방 합의에 의한 계약금액 조정 과정과 당시 최초 산정금액 대비 조정 비율, 이 사건 계약금액 조정이 이루어지지 않은 이유, 수급인이 지출한 비용, 계약금액이 합의에 따라 조정되었을 경우에 예상되는 금액 등을 고려하여 실비의 한도 내에서 적정한 조정금액을 결정할 수 있다."라고 판시하면서(서울고등법원 2016. 7. 15. 선고 2015나2006713 판결; 서울고등법원 2016. 6. 16. 선고 2015나2005994 판결)[46] (ⅰ) 당사자 사이의 협의로 공사기간 변경에 따른 계약금액 조정절차가 진행되었을 경우 실비의 범위 내에서 그보다 적은 금액으로 계약금액 조정이 이루어졌을 가능성을 배제할 수 없는 점, (ⅱ) 연장된 공사기간 중 일부는 설계변경에서 비롯된 것으로 보이는 점, (ⅲ) 도급계약의 공사기간이 연장된 경위 등을 참작하여 감정인이 산정한 실비에서 일정 정도 비율(10~20%)로 감액하여 발주기관의 책임을 제한하고 있다.

4) 장기계속계약에서 공사기간 연장에 따른 계약금액 조정

국가계약은 계약의 기간에 따라 당해 회계연도 안에 계약의 체결 및 이행

46) 이와 같은 감액이 가능한지에 관해 명시적으로 판단한 대법원판례는 없으나 위와 같이 감액을 인정한 하급심판결에 위법이 없다고 판단한 대법원판결이 있다(대법원 2013. 11. 28. 선고 2011다109012 판결).

이 종료되는 단년도계약과 계약의 체결 및 이행이 수 회계연도에 걸쳐 이루어지는 다년도계약으로 구분할 수 있고, 다년도계약에는 국가재정법상 계속비 예산으로 계약을 이행할 수 있도록 하는 '계속비계약'과 총 공사금액으로 입찰하되 각 회계연도 예산범위 내에서 연차별계약을 체결하여 계약을 이행할 수 있도록 하는 '장기계속계약'이 있다.[47] 공사기간의 연장에 따른 계약금액 조정의 문제는 주로 다년도계약에서 문제가 되는데 그 중에서도 총괄계약(총체계약)과 차수별계약으로 구성되는 장기계속계약의 경우 여러 가지 법률적인 쟁점 때문에 아래와 같이 다양한 법적 논의가 진행 중이다.

가) 문제의 소재

장기계속계약의 경우 총 공사를 대상으로 입찰이 이루어지므로 공사입찰공고에는 총 공사기간, 총 공사의 내용이 기재되고 입찰참가자 역시 이 입찰공고를 기초로 총 공사에 대하여 입찰에 참여하게 되며(국가계약법 시행령 제14조 제8항), 총 공사에 대한 총 공사기간과 총 공사금액은 차수별계약에 부기하도록 되어 있다(국가계약법 시행령 제69조 제2항). 이와 같은 점에서 장기계속계약의 경우 총 공사에 대하여 당사자 사이의 의사의 합치, 즉 계약이 있는 것으로 볼 수 있고 이러한 계약을 차수별계약에 대비하여 실무상, 강학상 '총괄계약(총체계약)'이라고 부른다. 이에 대응하여 총 공사에 대한 총괄계약과 별도로 각각의 회계연도 예산 범위 내에서 총 공사 중 일부 공사에 관한 계약을 체결하게 되는데, 이를 '연차별계약' 또는 '차수별계약'이라고 한다. 장기계속계약에 있어 회계연도마다 예산의 범위 내에서 체결되는 연차별계약의 경우 계약의 독립성과 구속력이 인정된다는 점은 다투어지지 않고 있다. 반면 총괄계약의 경우 그 독자적 구속력을 인정할 것인지 여부에 관해 다툼이 있다. 총괄계약의 독립성 및 구속력을 인정할 것인지 여부는 그 인정 여부에 따라 공사기간 연장에 따른 계약금액 조정의 대상을 무엇으로 볼 것인가, 계약금액 조정신청의 기한이 언제까지인가, 증액된 간접비 청구권의 소멸시효는 언제 기산하는가, 이른바 공백기 또는 휴지기(차수별계약 사이에 공사가 중단되는 경우 해당 기간)가 계약금액 조정 대상에 포함되는가 등에 대한 결론이 달라지기 때문에 공기연장에 따른 간접비

47) 이에 대한 상세는 국가계약법 제21조(계속비 및 장기계속계약)에 대한 주석 참조

청구 소송 등의 실무에서 중요한 의미를 갖는다.

총괄계약의 독립성 및 구속력을 인정할 경우에는 총괄계약상 연장된 총 공사기간(최초 총괄계약상 전체 계약기간의 종기 다음날부터 변경계약을 통해 연장된 전체 계약기간의 종기까지의 기간)이 계약금액 조정의 대상이 된다. 반면 총괄계약의 독립성 및 구속력을 부정하는 경우에는 차수별계약만이 독립적인 계약으로 구속력을 가지게 되므로 '연장된 차수별 공사기간'(차수별계약의 계약기간이 연장된 경우 해당 기간)만이 계약금액 조정의 대상이 된다. 이 경우에는 차수별계약기간의 연장이 있는 경우에 한하여 공사기간 연장에 따른 계약금액 조정이 문제될 뿐이고 총 공사기간이 연장되고 연장된 총 공사기간 동안 수차례의 차수별계약이 체결되었다고 하더라도 그러한 차수별계약에 공사기간의 연장이 없는 경우에는 계약금액 조정 자체를 인정하지 않게 된다. 이처럼 장기계속계약에 있어 총괄계약의 구속력 인정 여부는 공사기간 연장에 따른 계약금액 조정의 대상을 무엇으로 볼 것인지에 대한 기준이 되고, 그 인정 여부에 따라 공기연장에 따른 간접비 청구 소송 등 실무에서 간접비 인정 금액 등 결론이 달라지기 때문에 실무상 다툼이 심하게 이루어지고 있다.

나) 총괄계약의 독립성 및 구속력 인정의 문제

(1) 부정하는 입장

장기계속계약에서 구체적인 권리·의무는 차수별계약에 따라 결정되는 것이므로, 차수별계약만이 독자적인 계약으로서 계약당사자 사이에 구속력이 있다는 입장이다.

하급심판결 중에는 "장기계속공사계약에 있어서 공사기간의 연장으로 인한 수급인의 간접비 청구가 가능한지 여부는 도급인이 우월적 지위를 이용하여 상대방의 조정신청을 방해하는 등의 특별한 사정이 없는 한, 총괄계약이 아니라 각 차수별계약을 기준으로 판단하여야 하고, 각 차수별계약의 공사기간 연장에 따른 간접비 청구와 별도로 총괄계약의 공사기간 연장에 따른 간접비 청구는 허용되지 않는다고 봄이 타당하다."라고 판시하면서 아래와 같은 이유를 들고 있는 판결이 있으나(서울중앙지방법원 2014. 11. 28. 선고 2012가합80465 판결 등 참조), 주류적인 판결례는 아니다.

(가) 국가재정법 제22조에 의한 계속비예산으로 체결되는 계속비계약의 경

우 총 공사비 예산이 일괄적으로 의회의 의결을 받아 확정되기 때문에 연차별 계약을 하지 않고 1회의 총괄계약만 체결한 후 연부액을 부기하는 방식으로 이루어지는 반면, 국가계약법 제21조 및 동법 시행령 제69조의 규정에 의하여 체결되는 장기계속계약은 공사비 예산이 세출예산으로써 1년 단위로 편성되기 때문에 연차별로 계약을 체결하고 총 공사금액을 부기하는 형식으로 체결되므로, 계속비계약과는 달리 각 연차별(차수별)계약의 독립성을 강하게 인정하여야 할 필요성이 크다.

(나) 장기계속공사계약의 경우 공사기간의 장기화로 인하여 차수별로 계약을 체결하게 되고, 총괄계약은 총 공사금액이나 총 공사기간이 나중에 변경될 가능성이 매우 크므로, 각 차수별계약체결시 총 공사대금과 총 공사기간이 부기되기는 하지만 총괄계약이 부기된 내용대로 확정적으로 체결되었다고 보기 어려우며, 계약 당사자들도 부기된 총 공사금액과 총 공사기간을 각 차수별계약을 체결하는데 있어 잠정적 기준으로만 활용할 의사를 가지고 있다고 봄이 상당하다.

(다) 국가를 당사자로 하는 도급계약의 대부분에 적용되는 공사계약일반조건에서는, 계약상대자의 계약금액 조정청구는 준공대가(장기계속계약의 경우에는 각 차수별 준공대가) 수령 전까지 하여야 한다고 명시하고 있다(공사계약일반조건 제23조 제5항, 제20조 제9항). 그런데 만일 해당 차수별계약의 준공대가 수령 이후에도 별도로 총괄계약의 공사기간 연장으로 인한 간접비를 청구할 수 있다고 해석한다면, 위 조항을 둔 의미가 퇴색될 뿐만 아니라, 수급인들이 각 차수별계약의 준공대가 수령 전에 해당 차수별 계약기간의 연장에 따른 조정신청을 하였는지 여부와 상관없이, 총괄계약을 기준으로 총 공사가 완료되어 그 공사대금이 전부 지급될 때까지는 언제든지 조정신청을 할 수 있게 되는데, 이는 차수별계약을 기준으로 적법한 조정신청을 해태한 자를 지나치게 보호하는 결과가 되고, 계약상대방(도급인 내지 발주처)의 신뢰보호 및 거래안전에도 지장을 초래할 우려가 있다.

(라) 장기계속공사계약의 경우 총괄계약기간 중에 차수별계약이 존재하지 아니하는 공백기가 발생할 수 있고, 이러한 공백기 동안에 발생하는 간접비용 등은 특별히 발주처와 수급업체 사이에 이를 보전하여 주기로 하는 약정이 없는 한 수급업체들이 부담하게 되는데, 수급업체들은 이러한 사정을 잘 알고 발

주처와 장기계속공사계약을 체결하였다고 보아야 한다. 그런데 발주처가 차수별계약의 공사기간 연장뿐만 아니라 총괄계약의 공사기간 연장에 따른 계약금액 조정의무까지 부담하도록 할 경우 수급업체들은 총괄계약의 공사기간 연장 이전에는 자신들이 부담하였던 차수별계약 사이의 공백기 동안에 발생하는 간접비용을 총괄계약의 공사기간이 연장되었다는 이유만으로 발주처로부터 전부 지급받을 수 있는 부당한 결과를 초래할 수도 있다.

(마) 장기계속공사계약에 관하여, 국가계약법 시행령 제74조 제1항은 연차별 계약금액을 기준으로 공기지연으로 인한 지체상금을 부과하도록 규정하고 있고, 국가계약법 시행령 제62조 제3항은 연차계약별로 하자보수보증금을 납부하도록 하고 있으며, 정부 입찰·계약 집행기준 제33조 제4항은 선금 산정의 기준금액을 총 공사대금이 아니라 각 차수별 계약금액으로 한다고 규정하고 있는데, 총괄계약의 공사기간 연장으로 인한 간접비를 따로 청구할 수 있다고 해석하는 것은 위 관련 법령의 내용과 취지에도 반한다.

(바) 계약상대자는 총괄계약의 공사기간을 연장하면서 해당 차수별계약의 공사기간을 연장하지 않는 경우, 즉 해당 차수별계약의 공사기간을 원래 예상할 수 있었던 기간보다 긴 기간을 공사기간으로 하여 차수별계약을 체결하거나, 차수별계약 자체를 예정된 숫자보다 추가해서 체결하는 경우에는 차수별계약을 기준으로 보면 공사기간 연장이라는 개념이 성립할 수 없고, 이러한 경우에도 차수별계약에 대해서만 계약금액 조정신청이 가능하고 총괄계약에 대해서는 별도로 계약금액 조정신청이 불가능하다고 해석하는 것은 공사기간이 연장되었음에도 그에 대한 계약금액 조정을 받을 수 없는 부당한 결과를 초래한다고 주장하나, 공사비 예산이 세출예산으로써 1년 단위로 편성되기 때문에 연차별로 계약을 체결하고 총 공사금액을 부기하는 형식으로 체결되는 장기계속계약의 본질상, 당초부터 '차수별계약의 숫자'가 예정되거나 차수별 계약기간을 발주처의 사정이나 일방적 의사에 따라 예정 공사기간보다 길게 하여 정할 가능성은 거의 없다고 보인다. 더욱이 총괄계약 체결 당시 예정된 차수별계약의 숫자보다 더 많은 차수별계약이 체결되는 경우라면 그 증가된 차수별 계약대금에 수급업체들의 간접공사비 등을 반영할 수 있으므로, 부당한 결과를 가져온다고 단정하기도 어렵다.

(2) 인정하는 입장

앞서 본 바와 같이 일부 하급심판결 중에는 총괄계약의 독립성 및 구속력을 부정하면서 총괄계약상 총 공사기간의 연장에 따른 간접비를 구할 수 없다고 판시한 사례가 있으나, 현재 다수의 하급심판결례는 총괄계약의 독립성 및 구속력을 인정하면서 총괄계약상 총 공사기간의 연장기간이 계약금액 조정의 대상이 된다는 판시를 하고 있다.[48] 이에 관해서는 대법원에서의 명확한 법리 정립이 필요하다.

장기계속계약에 있어 공기연장에 따른 계약금액 조정과 관련하여 총괄계약의 독립성 및 구속력을 인정하는 다수의 하급심판결 중 서울고등법원 2016. 7. 15. 선고 2015나2006713 판결은 다음과 같은 이유로 총괄계약의 독립성 및 구속력을 인정하면서 총괄계약상 총 공사기간의 연장기간이 계약금액 조정의 대상이 된다는 판시를 하고 있다.

(가) 국가계약법 시행령 제69조 제2항은 "장기계속공사는 낙찰 등에 의하여 결정된 총 공사금액을 부기하고 당해 연도의 예산의 범위 안에서 제1차 공사를 이행하도록 계약을 체결하여야 한다. 이 경우 제2차 공사 이후의 계약은 부기된 총 공사금액(동 시행령 제64조 내지 제66조의 규정에 의한 계약금액의 조정이 있는 경우에는 조정된 총 공사금액을 말한다)에서 이미 계약된 금액을 공제한 금액의 범위 안에서 계약을 체결할 것을 부관으로 약정하여야 한다."라고 규정하고 있고, 동 시행령 제50조 제3항은 장기계속계약에 있어서 제1차 계약 체결시 부

48) 대법원판결 및 그 하급심판결은 장기계속계약의 기본성질을 계속적 거래계약에서와 같이 '기본계약'과 '개별계약'의 관계로 보고 있다(대법원 2005. 1. 28. 선고 2001다74947 판결 및 서울고등법원 2002. 11. 13. 선고 2002나21624 판결 참조). 특히 서울고등법원 2008. 2. 19. 선고 2006나78277 판결은 "이 사건 공사는 국가계약법 제21조 등에 정한 장기계속계약의 체결이 필요한 장기계속공사로서, 그 입찰공고서 등에 총 공사대금과 예정공사기간 등이 지정되어 있고, 개별차수계약 체결시 작성된 계약서에 각 회계연도의 예산 범위 내에서 체결되는 공사 내용 이외에 전체 공사의 내용에 관한 사항이 부기된 사실에 비추어 보면, 기본계약에 관한 독립된 계약서가 작성되지 않았다고 하더라도 이 사건 공사에 관하여 기본계약 자체가 성립하지 않았다고 볼 것은 아니고, 계약의 목적물, 계약금액, 이행기 등 이 사건 기본계약의 주요 내용과 조건은 피고의 입찰공고와 최고가(또는 최저가) 입찰자의 입찰에 의하여 당사자의 의사가 합치됨으로써 피고가 낙찰자를 결정할 때에 이미 확정되었고, 그 후 1차 개별차수계약을 체결할 때 계약서가 작성됨으로써 이 사건 기본계약과 1차 개별차수계약이 동시에 성립하였다고 볼 것이므로, 피고의 위 주장은 받아들일 수 없다."라고 판단함으로써 총괄계약 자체가 하나의 독립된 계약으로서의 성격을 가지고 있다고 보았다.

기한 총 공사금액의 100분의 10 이상을 계약보증금으로 납부하게 하면서 연차별계약이 완료된 때에는 당초의 계약보증금 중 이행이 완료된 연차별 계약금액의 100분의 10을 반환하도록 하고 있으며, 동 시행령 제64조 제1항은 물가변동으로 인한 계약금액 조정과 관련하여 일정한 요건이 충족되는 경우, "계약금액(장기계속공사 등의 경우에는 제1차 계약 체결시 부기한 총 공사 등의 금액을 말한다.)"을 조정한다고 규정하고 있고, 공사기간 등 계약내용 변경에 의한 계약금액 조정에 관한 규정은 위 물가변동으로 인한 계약금액 조정에 관한 규정과 같은 장에 위치해 있다.[49]

(나) 총괄계약에 대하여만 별도로 계약금액 조정 신청이 불가능하다고 본다면, 총괄계약의 총 공사기간이 연장되었지만 차수별계약의 공사기간은 연장되지 않은 경우에는 총 공사기간이 연장되었음에도 차수별계약의 공사기간이 연장되지 않았다는 이유로 계약상대자의 계약금액 조정 신청이 불가능하게 되고, 각 차수별계약에서의 공사기간 연장 일수의 합계가 총괄계약에서의 공사기간 연장 일수보다 적은 경우에는 각 차수별계약에서의 공사기간 연장 일수의 합계를 초과하는 총 공사기간의 연장 일수에 대하여는 계약금액 조정 신청을 할 수 없게 된다는 결론에 이르게 되어 불합리하다.

(다) 공사계약일반조건 제20조 제9항이 '계약금액 조정청구는 준공대가(장기계속계약의 경우에는 각 각 차수별 준공대가) 수령 전까지 하여야 한다'는 취지로 규정하고 있으나, 이는 각 차수별계약에서 공사기간의 연장이 있고 그로 인한 계약금액 조정 신청이 있을 경우를 상정한 규정으로서, 총 공사기간이 연장되었음을 이유로 그 기간 동안 추가 지출한 간접공사비의 청구를 배제하는 규정이라고 볼 수는 없다.

(라) 총괄계약의 구속력이 인정된다고 해석할 경우 총괄계약에서 결정된

---

49) "국가계약법 시행령 제64조 제1항은 장기계속계약의 경우 물가변동으로 계약금액을 조정함에 있어 총 공사금액을 조정하도록 규정하고 있고, 같은 시행령 제66조 제1항, 제69조 제2항도 공사기간 연장으로 계약금액을 조정함에 있어서 그 조정의 대상이 총 공사금액임을 분명히 하고 있는 점 등 관련 규정들의 취지, 목적, 장기계속계약의 특성 등을 종합하여 볼 때, 장기계속계약에서 총 공사기간 및 총 공사대금을 정하여 체결된 총괄계약은 계약당사자 사이에 구속력이 있고, 차수별계약은 총괄계약에 구속되어 각 회계연도의 예산 범위 안에서 해당 연도에 이행할 공사에 관하여 계약이 체결된다고 봄이 타당하다."라고 판시한 사례[대전지방법원 2014. 7. 10. 선고 2012가합100658, 2012가합102869(병합) 판결].

계약금액에 국회의 예산결정권한이 구속된다는 것이어서 이는 헌법 제54조 제1항에서 정한 국회의 예산안 심의·확정권을 침해하고, 예산 외에 국가의 부담이 될 계약을 체결하려 할 때 정부는 미리 국회의 의결을 얻어야 한다고 정한 헌법 제58조에도 위반된다는 견해는 국회의 예산안 심의·의결권은 장기계속계약에서 공공기관인 발주자가 다음 연도의 차수별계약을 체결할 수 있는지 여부와 관련된 것이고, 총괄계약의 이행과정에서 공사기간 연장으로 인하여 발생하는 간접비를 실비로 청구할 수 있는지 여부는 국회의 의결권과 직접적인 연관은 없다는 점에서 이유 없다.

(마) 관련 규정 및 장기계속계약의 특성 등을 종합하면, 조달청이 공사에 관하여 총 공사기간, 총 공사예산액을 정하여 입찰을 실시하면 입찰참가자들이 총 공사기간 안에 공사가 완료될 것을 전제로 입찰금액을 정하여 입찰에 참가하고, 낙찰자로 선정되면 총 공사기간, 총 공사금액을 부기한 1차 계약 및 총괄계약을 체결하고, 2차 계약부터는 회계연도마다 부기된 총 공사금액에서 이미 계약된 금액을 공제한 금액의 범위에서 계약을 체결하게 된다. 그러므로 총 공사기간 및 총 공사대금에 관하여 체결된 총괄계약은 계약당사자 사이에 구속력이 있고, 차수별계약은 총괄계약에 구속되어 각 회계연도 예산의 범위 안에서 이행할 공사에 관하여 체결된 것으로 보아야 한다.

이와 같은 이유와 함께 장기계속공사의 경우에는 총 공사를 대상으로 입찰이 이루어지고, 입찰참가자는 총 공사기간 내에 총 공사가 완료될 것을 전제로 입찰금액을 결정하고 이러한 입찰금액이 총괄계약상의 총 공사금액이 되므로 총 공사기간이나 총 공사금액에 대해서는 계약당사자 사이에 구속력이 있다는 점, 총괄계약상 총 공사기간의 연장에 대하여 별도의 계약금액 조정이 허용되지 않는다고 볼 경우 총 공사기간이 연장되었음에도 불구하고 계약상대자의 계약금액을 조정받을 수 있는 기회가 박탈되는 부당한 결과가 초래된다는 점 등에서 총괄계약의 독립성 및 구속력을 인정하는 주류적인 하급심판결이 타당하다고 본다. 동 견해에 따르면 당연한 귀결로 총괄계약상 총 공사기간의 연장기간이 계약금액 조정의 대상이 된다.

다) 계약금액 조정 신청의 기한이 언제까지인지의 문제(계약금액 조정의 절차적 요건)

(1) 장기계속계약에 있어 공사기간 연장에 따른 계약금액 조정신청을 언제까지 하여야 절차적 요건을 갖춘 것으로 볼 수 있는 것인지에 관하여 공사계약 일반조건 제26조 제5항은 '준공대가 수령 전까지(장기계속계약의 경우에는 각 차수별 준공대가 수령 전까지)' 계약금액 조정신청을 하도록 규정하고 있다.

(2) 앞서 본 바와 같이 장기계속계약에 있어 총괄계약의 독립성 및 구속력을 부정할 경우에는 차수별계약의 연장된 공사기간만이 계약금액 조정의 대상이 되어 차수별계약의 연장된 기간에 대한 계약금액 조정신청을 위 규정에 따라 각 차수별 준공대가 수령 전까지 반드시 마쳐야 한다.

총괄계약의 독립성 및 구속력을 부정하는 견해를 취하는 일부 하급심판결은 "장기계속공사계약의 경우 공사기간의 장기화로 인하여 통상 차수별로 계약을 체결하게 되는데 각 차수별계약은 하나의 독립된 계약이라고 보아야 하고, 동일 차수에서도 여러 차례 변경계약을 체결하는 동안 공사기간의 변경으로 인한 공사금액의 증액 또는 감액이 각 차수별 계약내용에 반영된다고 봄이 상당한 점, 차수별로 공사가 완성되고 그 대금이 지급되면 당해 공사계약에 따른 계약당사자 쌍방이 의무이행이 완료되어 특별한 사정이 없는 한 그 이후에는 당해 계약과 관련된 이행의 문제가 남지 않는 점, 계약금액 조정 사유가 존재함에도 불구하고 조정 신청을 하지 아니하였고 공사완공으로 인한 공사대금 지급이 완료되었는데도 불구하고 그 후 아무런 기간의 제한 없이 이미 지급된 공사대금에 관하여 조정 신청을 할 수 있다고 한다면 조정 신청을 해태한 자를 보호하기 위하여 지나치게 계약상대방의 지위를 불안하게 만들 뿐 아니라 거래의 안전을 해칠 우려가 있는 점 등을 종합하여 보면, 장기계속공사로서 각 차수별로 계약이 체결되어 당해 공사의 완공에 따라 대금이 지급되는 경우에는 공사기간의 연장으로 인한 계약금액 조정 신청은 일방 당사자가 우월한 지위를 이용하여 상대방의 조정 신청을 방해하는 등의 특별한 사정이 없다면, 당해 차수별 공사의 기성금액의 지급 전에 하여야 하는 것으로 봄이 거래안전 및 신뢰보호원칙상 타당하다고 할 것이다. 따라서 장기계속 계약에 있어 계약금액의 조정 신청을 차수별계약이 아닌 전체분 계약의 준공대가 완료 전에 하여야 한다는 원고들의 주장은 이유 없다."라고 판시하거나(광주고등법원 2010. 6. 23. 선고 2009나

5420 판결), "도급인이 우월적 지위를 이용하여 상대방의 조정신청을 방해하는 등의 특별한 사정이 없는 한, 총괄계약이 아니라 각 차수별계약을 기준으로 판단하여야 하고, 각 차수별계약의 공사기간 연장에 따른 간접비 청구와 별도로 총괄계약의 공사기간 연장에 따른 간접비 청구는 허용되지 않는다고 봄이 타당하다…계약상대자는 늦어도 각 차수별 준공대가의 지급이 이루어지기 전에 공사기간의 연장 등 계약내용 변경으로 인한 계약금액 조정 신청을 마쳐야 한다."라고 판단하였다(서울중앙지방법원 2014. 11. 28. 선고 2012가합80465 판결). 즉, 위 견해에 따르면 차수별계약의 공사기간의 연장이 있는 경우에만 계약금액 조정이 허용되고, 이 경우 차수별계약 내에서 연장된 공사기간에 대한 계약금액 조정 신청은 차수별계약의 준공대가 수령 전까지 이루어져야 한다.

(3) 반면에 총괄계약의 독립성 및 구속력을 인정할 경우에는 총괄계약상 총 공사기간의 연장도 계약금액 조정의 대상이 될 수 있는데, 이러한 경우 최종 준공대가 수령 전까지 계약금액 조정 신청을 하면 되는 것인지, 아니면 각 차수별계약의 준공대가 수령 전까지 계약금액 조정 신청을 한 경우에만 계약금액 조정의 절차적 요건이 충족된 것으로 볼 것인지 여부가 문제될 수 있다.

총괄계약의 독립성 및 구속력을 인정하는 하급심판결 중 대표적인 판결은, "총괄계약도 전체 공사계약에 관하여 당사자 사이의 합의에 따라 총 공사대금 및 공사기간 등을 정하는 독립성을 가지는 계약인 점, 원고들은 총 공사기간이 연장되었음을 이유로 그 기간 동안 추가 지출한 간접공사비에 관해 계약금액 조정 신청을 한 것인 점, 피고측의 주장과 같이 총괄계약만에 대해서 별도로 계약금액 조정 신청을 하는 것이 불가능하다고 볼 경우 계약상대자는 총 공사기간의 연장에 따른 계약금액의 조정을 받을 수 있는 기회 자체를 박탈당하게 되는 결과가 발생할 수도 있는 점(총 공사기간을 연장하는 변경계약을 체결하였지만 차수별계약의 공사기간을 연장하는 변경계약이 체결되지 않는 경우, 즉 차수별계약을 체결하면서 연장된 총 공사기간을 반영하여 원래 예상할 수 있었던 기간보다 긴 기간을 공사기간으로 하여 계약을 체결하거나 차수별계약 자체를 예정된 숫자보다 추가해서 체결하는 경우에는 차수별계약을 기준으로 보면 공사기간 연장이라는 개념이 성립할 수 없는바, 이러한 경우에도 차수별계약에 대해서만 계약금액 조정 신청이 가능하고 총괄계약에 대해서는 별도로 계약금액 조정 신청이 불가능하다고 하면 공사기간이 연장되었음이 분명함에도 그에 대한 계약금액 조정을 받을 수 없는 결과가 된다), 피고측은 위 주장의 근거로 계약금액 조정 신청은 각 차수별 준공대가 수령 전까지 하여야 한다는 취지의 2006. 5. 25. 개정 공사계약일반조건 제20조 9항도 들고 있으나, 이는 각 차수별계약에서 공사기간의 연장이 있고 그로 인한 계약금액 조정 신청이 있을 경우를 상정한 규정으로 총 공사기간이 연장되었음을 이유로 그 기간 동안 추가 지출한 간접공사비를 구하는 이 사건에도 그대로 적용될 수 있는지는 의문이고 … 총괄계약에 대해서 독자적인 계약금액 조정 신청은 불가능하다는 전제하에 계약금액 조정신청의 적법 여부를 각 차수별계약을 기준으로 판단하여야 한다는 취지의 피고측의 위 주장은 받아들일 수 없다."라고 판시하거나(서울고등법원 2014. 11. 5. 선고 2013나2020067 판결), "예산부족 등을 이유로 총 공사기간이 연장되는 경우는 차수 계약이 늘어나는 형태로써 차수별계약 내에서 공사기간의 연장과 별개로 계약금액의 조정이 되어야 하고 … 이 경우 계약상대자들의 총 공사기간 연장에 대한 공사금액 조정 신청은 차수별계약과 상관없이 1회로 충분하다."라고 판시하였다(위 서울고등법원 판결의 1심판결인 서울중앙지방법원 2013. 8. 23. 선고 2012가합22179 판결). 이 하급심판결에서는 총괄계약을 기준으로 공기연장에 따른 계약금액 조정 신청을 하는 경우 차수별계약과 상관없이 최종 기성대가(또는 준공대가)를 지급받기 전에 1회 계약금액 조정 신청을 하면 족하다고 보고 있다. 즉 차수별계약의 연장기간에 대한 계약금액 조정 청구의 종기를 최종 기성대가 수령시까지로 보는 것이다.

다만 총괄계약의 독립성 및 구속력을 인정하는 하급심판결에서도 총 공사기간의 연장기간에 대한 계약금액 조정신청은 총괄계약상 최종 준공대가 수령 전까지 이루어지면 족하다고 보면서도, 총 공사기간의 연장 기간 중에 체결되는 차수별계약의 연장기간에 대해서는 당해 차수별계약의 준공대가 수령 전에 계약금액 조정 신청이 이루어져야만 당해 차수별계약의 연장기간에 해당하는 간접비를 지급받을 수 있다고 보는 견해가 있다.

이러한 입장을 취하는 하급심판결은 "장기계속계약에서는 차수별계약과 총괄계약이 각각 병존하는 독립된 계약으로서 계약당사자에 대하여 구속력을 갖는다고 봄이 타당하다. 그런데 장기계속공사는 총 공사를 차수별로 나누어 계약하고 이행한 후 대금을 정산하는 특성이 있고 이러한 특성으로 인해 장기계속공사에서는 공사기간 연장이 총 공사기간만의 연장(각 차수별계약이 공사기간 연장 없이 당초 예정된 횟수보다 추가로 더 체결되는 형태), 총 공사기간과 차수별 공사기간의 중첩적 연장(차수별계약이 공사기간도 일부 연장되고 당초 예정된 횟수보다 추가로 더 체결되는 형태), 차수별 공사기간만의 연장 등 다양한 형태로 나타난다. 결국 총 공사기간이 연장된 경우 차수별계약의 공사기간이 연장된 기간과 총 공사기간이 연장된 기간을 구분하여(차수별계약의 공사기간 연장과 총괄계약의 총 공사기간의 연장이 중첩되는 경우 공사기간의 연장이 이중으로 산정되는 것을 방지하기 위하여 총 공사기간이 연장된 일수에서 각 차수별계약이 연장된 일수의 합계를 제외하여야 한다) 차수별 계약기간 연장으로 인한 계약금액 조정은 차수별계약 내에서 이루어져야 하고, 차수별 계약기간 연장 없이 총 공사기간 연장으로 인한 계약금액 조정은 총괄계약의 변경을 통하여 이루어져야 한다 … 위와 같은 법리에 비추어 보면, 원고들은 차수별계약의 공사기간이 연장되는 부분에 대하여는 그 차수별계약의 최종 기성대가 수령 전에, 총괄계약의 총 공사기간이 연장되는 부분(차수별계약 연장일수는 제외)에 대하여는 총괄계약의 최종 기성대가 수령 전에 적법한 방법으로 피고에게 계약금액 조정 신청을 하여야 한다."라고 판시하고 있다(서울고등법원 2016. 6. 16. 선고 2015나2005994 판결; 서울고등법원 2016. 7. 15. 선고 2015나2006713 판결 등 참조). 위 견해는 장기계속공사에서 총 공사기간의 변경이 차수별계약의 공사기간 변경과 중첩되는 경우, 즉 차수별계약의 공사기간이 변경됨으로 인하여 총 공사기간이 변경된 것이라면, 그 공사기간 변경으로 인한 계약금액 조정은 차수별계약을 통하여 이룰 수 있으므로, 이와 같은 경우 총 공사기간의 변경으로 인한 총 공사대금의 계약금액 조정도 차수별계약의 이행과 계약금액 조정 과정을 통해서 이루어져야 한다고 보는 입장이다. 이는 차수별계약의 연장기간에 대한 계약금액 조정 신청의 종기를 각 차수별계약의 기성대가 수령시까지로 보는 것이다.

앞서 본 바와 같이 장기계속계약에 있어서는 총괄계약의 독립성 및 구속력을 인정하고 계약금액 조정의 대상 역시 연장된 총 공사기간으로 보는 입장이 타당하다고 생각하나, 그러한 입장을 취하는 경우에도 앞서 본 바와 같이 총 공사기간의 연장기간 중에 차수별계약의 연장기간도 있는 경우 그 기간에 해당하는 계약금액 조정 신청은 당해 차수별계약의 준공대가 수령 전에 이루어져야 한다고 보는 견해와 그러한 경우도 총 공사기간의 연장에 따른 간접비 청구라는 점에서 총괄계약상 최종 기성대가 수령 전까지만 계약금액 조정 신청을 하면 된다는 견해가 대립하고 있다. 위 두 견해는 차수별계약의 독립성을 강조하고 기성대가의 확정적 지급이라는 계약당사자의 신뢰를 좀 더 보호할 것인지, 아니면 총괄계약의 독립성을 더 강조하고 계약상대자의 계약금액 조정청구권을 좀 더 보호할 것인지 중에서 어느 입장을 취하느냐에 따라 갈라지는 것으로 두 견해 모두 타당성이 있다. 현 시점에서 계약상대자 입장에서는 대법원에 의해 이 부분 법리가 정립되기 전까지는 총 공사기간의 연장기간 중에 차수별계약의 연장이 이루어지는 경우에는 당해 차수별계약의 준공대가 수령 전에 계약금액 조정 신청을 해 둘 필요가 있다.

라) 장기계속계약에서 공기연장에 따른 간접비 채권의 소멸시효 기산점

공기연장에 따른 간접비 채권은 공사대금 채권으로서 '3년'의 단기소멸시효기간이 적용되는데(민법 제163조 제3호), 장기계속계약의 경우 앞서 본 바와 같이 총괄계약의 독립성 및 구속력 인정 여하에 따라 간접비 채권의 소멸시효 기산점을 달리 볼 수 있다.

총괄계약의 독립성 및 구속력을 부정하는 견해에 따르면 차수별계약 완료시마다 당해 차수별계약의 공사대금이 지급되어야 하는 것이고 계약상대자는 차수별계약의 연장기간에 추가 지출한 간접비를 당해 차수별계약의 준공시 청구할 수 있으므로, 이 경우 당해 간접비 채권의 소멸시효 기산점은 차수별계약의 준공시점이 될 것이다.

하지만 총괄계약의 독립성 및 구속력을 인정하는 입장에서는 계약상대자가 총괄계약상의 총 공사기간 연장으로 인한 추가간접비를 총 공사기간 준공시점에 청구할 수 있으므로, 이 경우 당해 간접비 채권의 소멸시효 기산점은 총괄계약의 준공시점이 될 것이다.[50)]

그러나 앞서 본 바와 같이 총괄계약의 구속력을 인정하는 견해 중에서도 총 공사기간의 연장기간 중에 차수별계약의 연장기간도 있는 경우 그 기간에 해당하는 계약금액 조정 신청은 당해 차수별계약에 따라 이루어져야 한다고 보는 입장에 따르면 "차수별 공사의 공사기간이 연장되는 경우에는 해당 차수별

50) 같은 취지로 대전지방법원 2014. 7. 10. 선고 2010가합100658, 102869(병합) 판결: "총 공사기간 연장으로 인한 간접공사비는 피고의 주장과 달리 오히려 총괄계약에서의 기성대가로서의 성격을 가진다고 보아야 하고, 따라서 위 간접공사비채권의 소멸시효도 그 권리가 발생하여 행사할 수 있는 시점인 총괄계약에서의 공사가 완료된 때로부터 진행한다고 봄이 타당."

공사의 준공 시를 기준으로 공사대금 채권의 소멸시효가 진행되는 것으로 보아야 하고, 차수별계약의 공사기간이 연장됨이 없이 총괄계약이 연장되는 경우에는 총괄계약의 준공시점을 소멸시효의 기산점으로 보아야 한다."라는 결론에 이른다(서울고등법원 2016. 7. 15. 선고 2015나2006713 판결 참조).[51]

따라서 계약상대자 입장에서는 대법원에 의해 이 부분 법리가 정립되기 전까지는 총 공사기간의 연장기간 중에 차수별계약의 연장이 이루어지는 경우 당해 차수별계약의 준공대가 수령 전에 계약금액 조정 신청을 하고 차수별계약의 준공 후 3년 내에 소송을 제기할 필요가 있다.

마) 장기계속계약에서 차수별계약 사이의 휴지기 또는 공백기가 계약금액 조정의 대상에서 제외되는지의 문제

장기계속계약에서 차수별계약은 회계연도마다 체결되지만 예산의 배정에 따라 차수별계약과 계약 사이에 소위 '휴지기(공백기)'가 존재하게 되는 경우가 많다. 이와 같은 휴지기가 총 공사기간의 연장기간에 포함되어 있는 경우 그러한 휴지기를 공기연장에 따른 계약금액 조정의 대상에서 제외할 것인지 여부가 문제될 수 있다.

총괄계약의 독립성 및 구속력을 부정하는 경우 차수별계약만이 구속력 있는 계약이 되고 차수별계약 사이의 휴지기는 차수별 계약기간에 포함되지 않는다. 그렇기 때문에 휴지기는 아무런 계약기간에도 해당하지 않게 되므로 계약금액 조정 대상에서 제외된다.

최근의 하급심판결들은 총괄계약의 독립성 및 구속력을 인정하는 입장에서 차수별계약 사이에 존재하는 휴지기도 총 공사기간에 포함되고 계약상대자는 휴지기에도 공사현장을 유지하고 관리하기 위해 비용을 지출하게 되므로 차수별계약 사이의 휴지기 동안의 간접비를 공기연장에 따른 간접비에서 제외할 것이 아니라고 본다(서울고등법원 2016. 7. 15. 선고 2015나2006713 판결; 서울고등법

---

51) 같은 취지로 서울중앙지방법원 2016. 6. 1. 선고 2014가합20047 판결: "장기계속계약에서 차수별계약의 공사대금은 당해 차수별계약 공사가 완료될 때마다 정산하여 지급되므로, 총 공사기간 연장으로 인한 추가 간접공사비채권 중 차수별계약의 공사기간 연장으로 인한 부분은 해당 차수별 공사의 완료시부터, 차수별계약의 공사기간 연장과 무관한 부분으로서 총 공사대금 지급시까지 조정되어야 하는 부분은 총 공사의 최종 완료시부터 각각 소멸시효가 진행하는 것으로 보아야 한다."

원 2015. 11. 27. 선고 2014나2033107 판결; 서울중앙지방법원 2016. 6. 1. 선고 2014가합20047 판결 등).

바) 총 공사기간의 연장기간에 체결된 차수별계약 또는 차수별계약의 변경계약에 공사기간 연장에 따른 간접비가 반영되어 있는지의 문제

공기연장에 따른 간접비 청구 소송 실무에서 발주기관의 주장 중 하나로 총 공사기간의 연장기간에 체결된 차수별계약 또는 차수별계약의 변경계약에는 공사기간 연장에 따른 간접공사비가 반영되어 있어 계약상대자에게 추가로 지급할 간접공사비가 없다는 주장이 있다.

그러나 연장된 기간 동안 체결된 각 차수별계약에서 산정·반영된 간접공사비는 당초 준공기한까지의 직접 공사물량의 일정비율에 따라 산정된 것으로 당초 총 공사대금에서 정한 간접공사비의 일부이며, 이에는 공사기간이 연장됨으로써 추가로 지출하게 된 간접공사비는 포함되어 있지 않다고 봄이 타당하다(같은 취지 서울고등법원 2014. 11. 5. 선고 2013나2020067 판결). 즉 계약상대자가 구하는 간접공사비는 총 공사기간이 당초보다 연장됨으로 인하여 추가로 발생한 부분인데, 발주기관이 이미 지급하였다고 하는 간접공사비는 당초 총 공사기간을 전제로 정해진 간접공사비라고 볼 수 있고(서울고등법원 2016. 6. 16. 선고 2015나2005994 판결 참조), 이러한 간접공사비가 지급되더라도 이는 당초 준공기한까지 지급되어야 했던 간접공사비가 공사진행에 따라 나중에 지급되는 것이라고 볼 수 있다.

이처럼 차수별계약에 반영된 간접공사비는 계약상대자가 총 공사기간의 연장으로 추가적으로 지출하게 된 간접공사비가 아니므로, 차수별계약에서 지급하였던 간접공사비를 계약상대자에게 지급할 공기연장에 따른 간접공사비에서 공제할 것이 아니다.

나. 운반거리의 변경 등 기타 계약내용의 변경으로 인한 계약금액 조정

1) 의의 및 관련 규정

공사·제조 등의 계약에 있어서 물가변동과 설계변경에 의한 경우 외에 공사기간·운반거리의 변경 등 계약내용의 변경으로 계약금액을 조정하여야 할 필요가 있는 경우에 그 변경된 내용에 따라 실비를 초과하지 않는 범위 안에서 계약금액을 조정하는 것이 '그 밖에 계약내용의 변경으로 인한 계약금액조정' 제도이다. 공사물량의 증감이 수반되지 않는다는 점에서 설계변경에 의한 계약금액 조정과 차이가 있다.[52] 앞서 공사기간의 변경에 따른 계약금액의 조정에 대해서는 살펴보았으므로 이하에서는 그 밖의 계약내용의 변경, 특히 운반거리의 변경으로 인한 계약금액 조정을 살펴보기로 한다. 관련 규정으로는 국가계약법 시행령 제66조, 동법 시행규칙 제74조의3, 정부 입찰·계약 집행기준 제14장 제71조 내지 제76조 등이 있고, 공사계약일반조건 제23조에서도 이러한 국가계약법의 관련 규정의 내용을 더 상세하게 규정하고 있다.

2) 계약금액 조정 요건

공사·제조 등의 계약을 체결하고 당해 계약내용 중 물가변동과 설계변경에 의한 경우 외에 운반거리의 변경 등 계약내용의 변경이 있어야 한다. 계약내용의 변경은 공사기간이나 운반거리의 변경에 한정되지는 않지만, 계약금액 조정 청구를 하기 위해서는 설계서의 변경 등 계약내용의 변경 자체는 있어야 하고, 계약금액을 조정하여야 할 필요도 있어야 한다. 앞서 공사기간의 연장에 따른 계약금약 조정에서 본 바와 같이 계약내용의 변경에 따라 계약상대자가 상당한 비용을 투입한 경우라면 계약금액을 조정하여야 할 필요성이 인정된다고 본다. 나아가 관련 규정에 명기되어 있지 않지만 기타 계약내용의 변경의 경우에도 공사기간의 연장과 마찬가지로 계약상대자의 책임 있는 사유에 의해 그 밖에 계약내용의 변경이 이루어지지 않아야 계약금액 조정청구를 할 수 있다고 봄이 타당하다.

계약내용 중 운반거리의 경우 계약담당공무원은 국가계약법 시행령 제14조에 의한 해당 공사의 설계서를 작성함에 있어 운반비 산정의 기준이 되는 (i) 토사채취, 사토 및 폐기물처리 등을 위한 위치, (ii) 공사현장과 토사채취, 사토 및 폐기물처리장 사이의 운반거리, 운반로 및 운반속도 등과 (iii) 기타 운반비 산정에 필요한 사항을 구체적으로 명기하여 불가피한 경우를 제외하고는 계약체결 후 운반거리 변경이 발생하지 아니하도록 하여야 한다(정부 입찰·계약 집행기준 제74조 제1항). 그럼에도 불구하고 토사채취, 사토 및 폐기물처리 등과

52) 윤재윤, 앞의 책, 191면.

관련하여 당초 설계서에 정한 운반거리가 증가되는 경우가 있을 수 있고 그에 따라 설계서를 변경하게 되면 물량증감이 수반되지는 않기 때문에 설계변경에 따른 계약금액 조정사유는 되지 않으나 그 밖에 계약내용 변경에 따른 계약금액 조정사유는 될 수 있다.

또한 계약상대자가 그 밖에 계약내용의 변경으로 인한 계약금액 조정을 청구하기 위한 절차적 요건으로는 ① 운반거리의 변경 등 계약내용의 변경이 변경되는 부분의 이행에 착수하기 전에 완료되어야 하며(공사계약일반조건 제23조 제2항), ② 계약내용 변경으로 인한 계약금액 조정사유가 발생하였다고 하더라도 계약금액의 조정이 이루어지기 위해서는 반드시 계약상대자의 적법한 계약금액 조정 신청이 있어야 하고(공사계약일반조건 제23조 제4항), ③ 이러한 계약상대자의 계약금액 조정 신청은 준공대가 수령 전까지(장기계속계약의 경우에는 각 차수별계약의 준공대가 수령 전까지) 이루어져야 한다(공사계약일반조건 제23조 제5항, 제20조 제10항 참조).

3) 계약금액 조정 방법

그 밖에 계약내용의 변경으로 인하여 계약금액을 조정하여야 할 필요가 있는 경우 그 변경된 내용에 따라 실비를 초과하지 않는 범위 안에서 계약금액을 조정한다. 구체적인 실비산정방법은 「정부 입찰 · 계약 집행기준」 제14장에 규정되어 있다.

기본적으로 계약담당공무원은 그 밖에 계약내용의 변경으로 계약금액을 조정함에 있어서는 실제 사용된 비용 등 객관적으로 인정될 수 있는 자료와 국가계약법 시행규칙 제7조(원가계산을 할 때 단위당 가격의 기준)의 규정에 의한 가격을 활용하여 실비를 산출하고, 경비의 산출을 위하여 계약상대자로부터 경비지출 관련 계약서, 요금고지서, 영수증 등 객관적인 자료를 제출하게 하여 활용할 수 있다(정부 입찰 · 계약 집행기준 제72조). 공기연장에 따른 계약금액 조정에 있어 구체적인 실비산정 방법은 앞서 살펴보았으므로, 추가적으로 운반거리의 변경 및 그 밖에 계약내용 변경에 있어 실비산정방법을 구체적으로 살펴본다.

우선 운반거리 변경의 경우 토사채취, 사토 및 폐기물처리 등과 관련하여 당초 설계서에 정한 운반거리가 증감되는 경우에 계약담당공무원은 다음 각 기준에 의하여 계약금액을 조정한다. 아래 각 산식 중 협의단가를 결정함에 있어 계약당사자 간의 협의가 이루어지지 아니하는 경우에는 그 중간금액으로 한다(정부 입찰 · 계약 집행기준 제74조).

① 당초 운반로 전부가 남아 있는 경우로서 운반거리가 변경되는 경우
조정금액=당초 계약단가 + 추가된 운반거리를 변경 당시의 품셈을 기준으로 하여 산정한 단가와 동 단가에 낙찰률을 곱한 단가의 범위 내에서 계약당사자 간에 서로 주장하는 각각의 단가기준에 대한 근거자료 제시 등을 통하여 성실히 협의하여 결정한 단가

② 당초 운반로 일부가 남아 있는 경우로서 운반거리가 변경되는 경우
조정금액=(당초 계약단가－당초 운반로 중 축소되는 부분의 계약단가) + 대체된 운반거리를 변경 당시의 품셈을 기준으로 하여 산정한 단가와 동 단가에 낙찰률을 곱한 단가의 범위 내에서 계약당사자 간에 협의하여 결정한 단가

③ 당초 운반로 전부가 변경되는 경우
조정금액=(계약단가 + 변경된 운반거리를 변경 당시의 품셈을 기준으로 산정한 단가와 동 단가에 낙찰률을 곱한 단가의 범위 내에서 계약당사자 간에 협의하여 결정한 단가)－계약단가

다음으로 공기연장이나 운반거리의 변경 외의 그 밖에 계약내용 변경에 있어 실비산정은 변경된 내용을 기준으로 하여 산정한 단가와 당초 단가와의 차액 범위 안에서 계약당사자 간에 협의하여 결정한다. 다만, 계약당사자 간에 협의가 이루어지지 아니하는 경우에는 변경된 내용을 기준으로 하여 산정한 단가와 당초 단가를 합한 금액의 100분의 50으로 한다(정부 입찰 · 계약 집행기준 제75조).

계약금액의 증감분에 대한 일반관리비 및 이윤은 위와 같이 산출된 금액에 대하여 입찰시 계약상대자가 제출한 산출내역서상의 일반관리비율 및 이윤율에 의하며, 국가계약법 시행규칙 제8조(원가계산에 의한 예정가격 결정시의 일반관리비율 및 이윤율)에서 정하는 율의 범위 내에서(공사의 경우 일반관리비는 6%, 이윤율은 15%의 범위 안에서) 결정하여야 한다(국가계약법 시행령 제66조 제2항, 제65조 제6항, 정부 입찰 · 계약 집행기준 제76조, 공사계약일반조건 제23조 제3항, 제20조 제5항 참조).

제20조 (회계연도 시작 전의 계약체결)
각 중앙관서의 장 또는 계약담당공무원은 임차계약 · 운송계약 · 보관계약 등 그 성질상 중단할 수 없는 계약의 경우 대통령령으로 정하는 바에 따라 「국고금 관리법」 제20조에도 불구하고 회계연도 시작 전에 해당 연도의 확정된 예산의 범위에서 미리 계약을 체결할 수 있다.

국고금관리법 제20조에 의하면 지출원인행위는 배정된 예산 또는 기금운용계획의 금액 범위에서 하여야 한다. 따라서 회계연도가 시작되고 예산이 배정된 후에 계약을 체결하는 것이 원칙이다.

임차계약 · 운송계약 · 보관계약 등 그 성질상 중단할 수 없는 계약은 회계연도 시작 전에 해당 연도의 확정된 예산의 범위에서 미리 계약을 체결할 수 있다. 정부예산은 회계연도 개시 전에 국회에서 확정되므로, 예산이 확정된 상태에서는 예산이 배정되기 전이라도 미리 계약을 체결할 수 있다는 것이다.

다만 각 중앙관서의 장 또는 계약담당공무원은 국가계약법 제20조의 규정에 의하여 회계연도 개시 전에 계약을 체결하고자 할 때에는 그 회계연도 개시일 이후에 계약의 효력이 발생하도록 하여야 한다(국가계약법 시행령 제67조).

Ⅵ. 계약의 종류

제21조 (계속비 및 장기계속계약)

① 각 중앙관서의 장 또는 계약담당공무원은「국가재정법」제23조에 따른 계속비사업에 대하여는 총액과 연부액을 명백히 하여 계속비계약을 체결하여야 한다.

② 각 중앙관서의 장 또는 계약담당공무원은 임차, 운송, 보관, 전기 · 가스 · 수도의 공급, 그 밖에 그 성질상 수년간 계속하여 존속할 필요가 있거나 이행에 수년을 요하는 계약에 있어서는 대통령령으로 정하는 바에 따라 장기계속계약을 체결할 수 있다. 이 경우 각 회계연도 예산의 범위에서 해당 계약을 이행하게 하여야 한다.

1. 서론

국가계약은 계약의 기간에 따라 단년도계약, 다년도계약으로 구분할 수 있다. 단년도계약은 당해 회계연도 안에 계약의 체결 및 이행이 종료되는 것을 말하고, 다년도계약은 계약의 체결 및 이행이 수 회계연도에 걸쳐 이루어지는 것을 말한다. 우리나라는「헌법」과「국가재정법」상 회계연도 독립의 원칙을 채택하고 있으므로(헌법 제55조 제1항, 국가재정법 제3조, 제48조 제1항), 계약기간이 1년 이내라고 하더라도 회계연도가 2년에 걸쳐 있다면 이는 다년도계약에 해당한다.

헌법 및 국가재정법상 회계연도 독립의 원칙을 고수할 경우, 다년도계약은 계약의 체결과 이행이 곤란해진다. 매 회계연도의 세출예산 경비의 금액은 다음연도에 사용할 수 없고, 특정 회계연도에서 다른 회계연도의 예산을 편성할 수도 없기 때문이다. 이와 같은 곤란을 해소하고자 국가계약법은 국가재정법상 계속비 예산으로 계약을 이행할 수 있도록 하였는데, 이것이 계속비계약이다(국가계약법 제21조 제1항). 그리고 성질상 수년간 계속하여 존속할 필요가 있는 계약이나 이행에 수년을 요하는 계약을 장기계속계약으로 체결할 수 있는 근거를 두었다(국가계약법 제21조 제2항).

간략히 단년도계약, 계속비계약, 장기계속계약을 비교하면 다음과 같다.

	단년도계약	계속비계약	장기계속계약
근거규정		제21조 제1항	제21조 제2항
사업의 확정 여부	확정	확정	확정
사업기간의 제한	1년	원칙 5년 예외 10년	제한 없음
총 예산 확보 여부	확보	확보 (계속비)	미확보 (당해 연도분만 확보)
계약체결 방식	당해 연도 예산범위 내 입찰 및 계약	총 공사금액으로 입찰 및 계약 (연부액을 부기)	총 공사금액으로 입찰하고 각 회계연도 예산범위 내 계약 및 이행(총 공사금액을 부기)
계약이행보증금	총 공사금액 기준	총 공사금액 기준	총 공사금액기준 (연차별계약이 완료시 이행완료분 반환)
선금	총 공사금액 기준	연부액 기준	연차별계약 기준
지체상금	총 공사금액 기준	총 공사금액 기준	연차별계약 기준
준공처리	총 공사 기준	총 공사 기준	연차별계약 기준
하자보수보증금	총 공사금액 기준	총 공사금액 기준	연차별계약 기준

2. 계속비계약

가. 개념

계속비란 수년에 걸친 경비에 관하여 미리 국회의 의결을 얻고, 이를 변경할 경우 이외에는 다시 그 의결을 얻을 필요가 없는 경비를 의미한다(헌법 제55조 제1항). 국가의 세입, 세출은 매 회계연도마다 편성하여 매년도 국회의 의결을 얻는 것이 원칙이지만, 헌법은 이와 같은 회계연도 독립의 원칙에 대한 예외로서 계속비 제도를 둔 것이다. 계속비계약이란 이와 같은 계속비로 지출하는 사업에 관한 국가계약을 의미한다.

나. 계속비계약의 체결

「국가재정법」에 따르면, 국가는 완성에 수년도를 요하는 공사나 제조 및 연구개발사업은 그 경비의 총액 및 연부액(年賦額)을 정하여 국회의 의결을 얻은 범위 안에서 수년도에 걸쳐서 계속비를 지출할 수 있다(제23조 제1항). 이때 계속비의 지출 연한은 그 회계연도로부터 5년 이내이며, 다만 사업규모 및 국가재원 여건상 필요한 경우에는 예외적으로 10년 이내로 할 수 있다. 이와 같은 계속비 제도에 따른 국가계약 체결 방식을 규정한 것이 국가계약법 제21조 제1항과 국가계약법 시행령 제69조 제5항이다.

계속비계약을 체결하고자 하는 각 중앙관서의 장 또는 계약담당공무원은 「국가재정법」 제23조에 따른 계속비 사업에 대하여는 총액과 연부액을 명백히 하여 계속비계약을 체결하여야 하며(국가계약법 제21조 제1항), 계속비 예산으로 집행하는 공사에 있어서는 총 공사와 연차별 공사에 관한 사항을 명백히 하여 계약을 체결하여야 한다(국가계약법 시행령 제69조 제5항).

계속비계약은 단일한 하나의 계약만이 존재하며 여러 회계연도에 걸쳐 연부액이 집행되는 것이므로, 총괄계약과 연차별계약이 이원적으로 존재하는 장기계속계약과는 차이가 있다.

3. 장기계속계약

가. 개념

전술한 계속비계약은 회계연도 독립의 원칙에 대한 예외를 부여하여 장기적인 계약체결 및 여러 회계연도에 걸친 계약의 이행이 가능하도록 하였다. 그러나 계속비제도는 여러 회계연도에 걸친 사업에 소요되는 비용에 관한 예산을 미리 확보해 둘 수 있다는 장점은 있으나, 사업기간이 5년으로 제한되어 있고, 총액과 연부액에 대하여 미리 국회의 의결을 얻어야 하므로 신축적인 예산의 편성 및 집행이 어렵다는 한계가 있다. 따라서 여러 회계연도에 걸친 사업을 계획, 수립, 시행하면서도, 매 회계연도의 예산사정을 고려하여 신축적인 예산집행이 가능한 계약제도의 도입을 모색하게 되었고, 그 결과 입법된 것이 장기계속계약이다.

국가계약법 및 시행령이 정하고 있는 장기계속계약의 유형은 장기계속단가계약(국가계약법 시행령 제69조 제1항), 장기계속공사계약(국가계약법 시행령 제69조 제2항), 장기계속물품제조계약(국가계약법 시행령 제69조 제32항)이 있다.

나. 장기계속계약의 체결

장기계속계약은 임차, 운송, 보관, 전기·가스·수도의 공급, 그 밖에 그 성질상 수년간 계속하여 존속할 필요가 있거나 이행에 수년을 요하는 계약의 경우 체결할 수 있다(국가계약법 제21조 제2항).[1] 장기계속계약의 체결에 필요한 구체적인 내용은 시행령에서 정하고 있다.

먼저 장기계속공사, 장기물품제조의 경우 설계서 등에 의하여 전체의 사업내용이 확정되거나, 설계서 또는 규격서 등에 의하여 당해 계약 목적물의 내용이 확정되어 있어야 하고, 총 공사·총 제조 등에 대하여 예산상의 총 공사금액 또는 총 제조금액 등의 범위 안에서 예정가격을 결정하여야 한다(국가계약법 시행령 제8조 제2항). 이때 총 공사금액, 총 제조금액에 관급자재 금액은 포함되지 아니한다. 그리고 장기계속공사의 경우에는 총 공사를 대상으로 하여 입찰하게 하여야 한다(국가계약법 시행령 제14조 제8항).

장기계속단가계약의 경우, ① 운송·보관·시험·조사·연구·측량·시설관리 등의 용역계약 또는 임차계약, ② 전기·가스·수도 등의 공급계약, ③ 장비, 정보시스템 및 소프트웨어의 유지보수계약 중 어느 하나에 해당하는 계약으로서 장기계속계약을 체결하려는 경우, 각 소속중앙관서 장의 승인을 받아 단가에 대한 계약으로 체결할 수 있다(국가계약법 시행령 제69조 제2항).

장기계속공사계약의 경우, 낙찰 등에 의하여 결정된 총 공사금액을 부기하고 당해 연도의 예산의 범위 안에서 제1차 공사를 이행하도록 계약을 체결하여야 하는데, 이 경우 제2차 공사 이후의 계약은 부기된 총 공사금액에서 이미 계약된 금액을 공제한 금액의 범위 안에서 계약을 체결할 것을 부관으로 약정하여야 한다(국가계약법 시행령 제69조 제2항). 이때 총 공사금액은 물가변동 또는 계약내용 변동에 따른 계약금액의 조정이 있는 경우에는 조정된 총 공사금액을 의미한다. 장기물품제조계약 역시 이와 같은 방법을 따른다(국가계약법 시행령 제69조 제3항). 그리고 제1차 및 제2차 이후의 계약금액은 총 공사·총 제조 등의 계약단가에 의하여 결정한다(국가계약법 시행령 제69조 제4항).

이와 같은 장기계속계약은 선금, 계약보증금 및 지체상금에 관하여 특칙을 두고 있다. 장기계속계약은 당해 회계연도분을 제외한 장래의 예산이 확보되지 않은 상태에서 체결되어 계약상대자의 입장에서는 계약의 존속 및 연차별 이행

1) "이행에 수년을 요하는 계약"으로서 장기계속계약으로 체결할지 여부는 발주기관 및 계약담당공무원의 재량에 속한다는 것이 기획재정부의 입장이다(질의회신 회계제도과-1555, 2009. 9. 16., 질의회신 계약제도과-82, 2012. 1. 19.). 그러나 민수용 차량구매계약의 경우 계약이행에 수년을 요하는 공사 및 물품제조계약에 해당하지 않으므로 장기계속계약으로 체결하는 것은 적절치 않다고 한다(질의회신 계약제도과-470, 2011. 5. 4.).

이 담보되지 않으므로 총괄계약을 기준으로 계약상대자에게 부담을 지우는 것은 공평하지 않기 때문이다. 장기계속계약에서 지급할 선금 산정의 기준금액은 총 공사 또는 총 제조 부기금액이 아니라 각 연차별 계약금액이고(「정부 입찰 · 계약 집행기준」 제33조 제4항), 지체상금 역시 연차별 계약금액에 지체상금률과 지체일수를 곱한 금액을 부과한다(국가계약법 시행령 제74조 제1항).[2] 계약보증금의 처리는 총괄계약과 연차별계약을 모두 기준으로 삼는데, 제1차 계약체결시 부기한 총 공사 또는 총 제조 부기금액의 100분의 10 이상을 계약보증금으로 납부하고, 이 경우 당해 계약보증금은 총 공사 또는 총 제조 등의 계약보증금으로 보며, 연차별계약이 완료된 때에는 당초의 계약보증금 중 이행이 완료된 연차별 계약금액에 해당하는 분을 반환하도록 하고 있다(국가계약법 시행령 제50조 제3항).

다. 장기계속계약의 구조적 이원성

전술한 바와 같이 장기계속공사계약의 경우, 총 공사를 대상으로 입찰이 이루어지므로, 공사입찰공고에는 총 공사기간, 총 공사의 내용이 기재되고, 입찰참가자 역시 이 입찰공고를 기초로 총 공사에 대하여 입찰에 참여하게 된다. 이와 같이 총 공사를 대상으로 하여 당사자 사이의 의사의 합치가 있는 것으로 볼 수 있어, 이를 강학상 「총괄계약」이라고 부른다. 이에 대응하여 총 공사에 대한 총괄계약과 별도로 각각의 회계연도 예산 범위 내에서 총 공사 중 일부 공사에 관한 계약을 체결하게 되는데, 이를 「연차별계약」 또는 「차수별계약」이라고 한다. 국가계약법 시행령은 총괄계약이라는 표현을 사용하고 있지는 않으나, 「연차별계약」이라는 표현을 사용함으로써(국가계약법 시행령 제50조 제3항, 제69조 제5항, 제74조 제1항, 제76조 제10항 등) 이와 같은 이원적인 구조를 전제하고 있다.

계약상대자는 입찰시 총 공사에 대하여 제시한 입찰금액에 대한 계약을 체결할 권리와 의무를 동시에 가지게 되므로, 발주기관이 정당한 이유 없이 제2차 이후의 계약체결을 거절하거나 제3자와 계약을 체결할 경우 민사상 손해배상책임을 물을 수 있다. 또 계약상대자가 정당한 이유 없이 제2차 이후의 계약체결을 거절할 경우, 계약보증금의 몰취, 계약의 해제 또는 해지, 입찰참가자격의 제한조치 등이 부과될 수 있다.

---

2) 따라서 계약상대자는 연차별계약에 따른 공사를 완성하여 준공검사를 받아야 하고, 장기계속공사의 각 차수별 완성 여부는 연차별계약마다 판단하게 된다.

회계연도마다 예산의 범위 내에서 체결되는 연차별계약에 계약의 구속력이 인정된다는 점은 의문이 없다. 그러나 총괄계약에 계약의 구속력이 인정되는지 논란이 있다.

총괄계약의 구속력을 부정하는 입장은 ① 총괄계약의 구속력을 인정한다면 회계연도 독립의 원칙, 예산일년주의에 위배되고, 헌법 제58조의 규정에도 반한다, ② 총괄계약상 총 공사금액 및 총 공사기간은 변경될 가능성이 매우 크고, 예산의 확보 상황에 따라 달라질 수도 있는 것이므로 확정적인 당사자 사이의 의사의 합치가 있다고 보기 어렵다, ③ 관계법령에 의하면 선금, 지체상금 산정, 준공처리, 하자보수보증금 등을 모두 연차별계약을 근거하여 계산 또는 지급하도록 하고 있는데 이는 총괄계약의 구속력을 부정하는 것을 전제로 한 것이다, ④ 공사계약일반조건에 따르면 계약상대자는 각 차수별 준공대가 수령 전까지 계약금액 조정 신청을 하여야 한다고 규정하는바, 이는 총괄계약의 구속력을 인정하지 않는 당사자의 의사를 전제로 한 것이라는 근거를 든다.

이에 반하여 총괄계약의 구속력을 긍정하는 입장은 ① 총 공사를 대상으로 입찰이 공고되고, 입찰참가자 역시 이 입찰공고를 기초로 총 공사에 대하여 입찰에 참여하게 되므로 전체 총 공사에 대한 의사의 합치가 있다고 볼 수 있다는 점, ② 계약보증금의 납부를 총 공사금액을 기준으로 하도록 하고(국가계약법 시행령 제50조 제3항), 장기계속계약에서 계약금액 조정은 총 공사금액을 기준으로 하도록 정한 점(국가계약법 시행령 제64조 제1항, 제66조 제1항), ③ 총괄계약의 구속력이 없다고 한다면 계약상대자가 총 공사에 대하여 가지는 권리를 설명할 방법이 없다는 점, ④ 총괄계약상 총 공사기간의 연장에 대하여 별도의 계약금액 조정이 허용되지 않는다면, 계약상대자는 계약금액을 조정받을 수 있는 기회를 박탈당한다는 점 등을 근거로 든다.

총괄계약의 구속력을 인정할 것인가 여부는 실무적으로 매우 중요한데, 그 인정 여부에 따라 공사기간 연장에 따른 계약금액 조정의 대상을 무엇으로 볼 것인가, 계약금액 조정 신청의 기한이 언제까지인가, 증액된 간접비 청구권의 소멸시효는 언제 기산하는가, 이른바 공백기(연차별계약 사이에 공사가 중단되는 경우)가 계약금액 조정대상에 포함되는가 등에 대한 결론이 달라지기 때문이다.[3)]

3) 이에 대한 상세는 계약금액조정제도(국가계약법 제19조 및 국가계약법 시행령 제64조 내지 제66조)에 대한 주석 참조.

> 제22조 (단가계약)
> 각 중앙관서의 장 또는 계약담당공무원은 일정 기간 계속하여 제조, 수리, 가공, 매매, 공급, 사용 등의 계약을 할 필요가 있을 때에는 해당 연도 예산의 범위에서 단가(單價)에 대하여 계약을 체결할 수 있다.

국가계약은 물론, 일반적으로 체결되는 계약은 계약목적물 전체에 대한 비용 또는 계약이행에 필요한 모든 비용을 총액으로 체결하는 이른바 「총액계약」이다. 그런데 경우에 따라서는 일정기간 계속하여 제조·수리·가공·매매·공급·사용 등을 목적으로 계약을 해야 할 경우, 국가계약은 예산이라는 지출의 한계와 어느 정도의 수량이 필요한지 미리 정하기 어려운 불확실성이 있으므로, 해당 물품, 용역의 단가를 기준으로 계약을 체결하기도 하는데, 이를 「단가계약」이라고 한다.

단가계약을 체결할 때에는 해당 물품 또는 용역의 단가만을 정하고, 수량은 계약을 이행하는 과정에서 결정되며, 이행이 완료된 시점에 단가와 수량을 곱하여 정산하게 된다. 단가계약의 적용 범위는 매우 넓은데, 특히 각종 사무용품의 납품, 도로 등 시설물의 유지·보수계약에 널리 사용되고 있다.

단가계약의 한 유형으로 「조달사업에 관한 법률」에 따른 제3자를 위한 단가계약이 있다. 조달청장은 각 수요기관에서 공통적으로 필요로 하는 수요물자를 제조·구매 및 가공하는 계약을 할 때 미리 단가만을 정하고 각 수요기관의 장이 직접 해당 물자의 납품 요구나 납품 요구 및 대금 지급을 할 수 있는 계약을 체결할 수 있는데, 이를 제3자를 위한 단가계약이라고 한다(「조달사업에 관한 법률」 제5조 제1항, 「조달사업에 관한 법률 시행령」 제7조). 제3자를 위한 단가계약을 체결한 경우, 조달청장은 그 내용을 수요기관에 통보하여야 하고, 수요기관의 장은 납품요구나 대금지급을 하였을 때 그 내용을 조달청장에게 통보하여야 한다(「조달사업에 관한 법률 시행령」 제7조 제2항, 제3항). 그리고 조달청장은 각 수요기관에서 공통적으로 필요로 하는 수요물자의 안정적 공급을 위하여 필요한 경우 장기계속계약을 체결할 수도 있다(「조달사업에 관한 법률 시행령」 제7조 제2항, 제3항).[4]

---

4) 제3자를 위한 단가계약이 아닌 일반단가계약의 경우에도 장기계속계약 체결이 가능하다(질의회신 계약제도과-497, 2010. 12. 13.).

단가계약의 또 다른 유형으로는 「조달사업에 관한 법률」에 따른 다수공급자계약이 있다.[5] 다수공급자계약이란 조달청장이 각 수요기관에서 공통적으로 필요로 하는 수요물자를 구매할 때 수요기관의 다양한 수요를 충족하기 위하여 필요하다고 인정되는 경우에는 품질·성능 또는 효율 등이 같거나 비슷한 종류의 수요물자를 수요기관이 선택할 수 있도록 2인 이상을 계약상대자로 체결하는 공급계약이다(「조달사업에 관한 법률 시행령」 제7조의2 제1항). 다수공급자계약의 계약상대자가 되려는 자는 「국가를 당사자로 하는 계약에 관한 법률 시행령」 제12조에 따른 경쟁입찰의 참가자격을 갖추어야 하는데, 「중소기업제품 구매촉진 및 판로지원에 관한 법률」 제6조에 따른 중소기업자간 경쟁 제품에 대한 다수공급자계약의 계약상대자가 되려는 자는 같은 법 시행령 제9조에 따른 중소기업자 간 경쟁입찰의 참여자격을 갖추어야 한다(「조달사업에 관한 법률 시행령」 제7조의2 제2항). 그리고 다수공급자계약의 계약상대자는 입찰자의 재무 상태 및 납품 실적 등을 평가하여 조달청장이 기획재정부장관과 협의하여 정한 기준에 적합한 자를 대상으로 가격협상을 통하여 낙찰자로 결정된 자가 된다(「조달사업에 관한 법률 시행령」 제7조의2 제3항). 다수공급자계약은 2006년에 본격적으로 도입된 이후, 10년이 지난 현재 약 30만 개가 넘는 품목과 5,600여 개의 공급업체가 참여하며, 약 6조원이 넘는 공급실적으로 보일 정도로 급속하게 성장하고 있고, 최근에는 물품뿐만 아니라 단가화가 용이한 품목을 중심으로 용역으로까지 공급대상이 넓어지고 있다.[6]

5) 실무에서는 MAS(Multiple Award Schedule)로 약칭하는 경우가 많다.
6) 한국조달연구원, 조달청 다수공급자계약(MAS) 중장기 발전방안 연구(2016), 1면.

> 제23조 (개산계약)
> ① 각 중앙관서의 장 또는 계약담당공무원은 다음 각 호의 어느 하나에 해당하는 계약으로서 미리 가격을 정할 수 없을 때에는 대통령령으로 정하는 바에 따라 개산계약(槪算契約)을 체결할 수 있다.
> 1. 개발시제품(開發試製品)의 제조계약
> 2. 시험 · 조사 · 연구 용역계약
> 3. 「공공기관의 운영에 관한 법률」에 따른 공공기관과의 관계 법령에 따른 위탁 또는 대행 계약
> 4. 시간적 여유가 없는 긴급한 재해복구를 위한 계약
>
> ② 제1항에 따른 개산계약의 사후정산의 절차 · 기준 등에 관하여 필요한 사항은 대통령령으로 정한다.
> ③ 각 중앙관서의 장 또는 계약담당공무원은 제1항에 따라 개산계약을 체결하는 경우 제2항에 따른 사후정산의 절차 · 기준 등에 대하여 입찰공고 등을 통하여 입찰참가자에게 미리 알려주어야 한다.

1. 개념

국가계약은 계약을 체결할 때 계약의 목적과 계약금액을 정하여야 한다(국가계약법 제11조 제1항). 이와 같이 계약목적과 계약금액이 정해진 「확정계약」이 통상적인 계약형태이자, 국가계약법이 정한 원칙적인 모습이다. 그런데 시제품의 제조 및 공급계약과 같이 계약의 내용에 따라서는 계약목적과 계약금액을 계약 체결 당시 확정하기가 곤란한 경우가 있을 수 있는데, 이러한 경우 예외적으로 「개산계약(槪算契約)」을 체결할 수 있다. 그러나 개산계약은 국가가 체결하는 계약의 예외적인 형태이므로, 관련법령은 그 체결요건 및 절차와 정산에 관하여 엄격하게 정하고 있다.[7)]

---

7) 법 제11조의 강행규정성에 비추어 볼 때(대법원 2009. 12. 24. 선고 2009다52188 판결; 대법원 2015. 1. 15. 선고 2013다215133 판결 등) 개산계약, 사후원가검토조건부계약 이외에 계약금액을 확정하지 않은 계약은 허용되지 아니한다고 본다. 그러나 계약체결시 특수조건 등으로 계약상대자의 계약상 이익을 부당하게 제한하지 않는 범위 내에서 사후정산특약을 하는 것은 가능할 것이다(질의회신 회계제도과-1386, 2010. 8. 26.도 마찬가지).

2. 개산계약

법률상 개산계약을 체결할 수 있는 경우는 개발시제품(開發試製品)의 제조계약, 시험·조사·연구 용역계약, 「공공기관의 운영에 관한 법률」에 따른 공공기관과의 관계 법령에 따른 위탁 또는 대행 계약, 시간적 여유가 없는 긴급한 재해복구를 위한 계약으로서 미리 가격을 정할 수 없는 경우이다.

그러나 개산계약을 체결하는 계약상대자는 상대적으로 불안정한 지위를 가질 수밖에 없으므로, 이와 같이 법률상 지위의 불안정성을 최소화할 필요가 있다. 이에 따라 각 중앙관서의 장 또는 계약담당공무원이 개산계약을 체결하고자 할 때에는 미리 개산가격을 결정하여야 하고(국가계약법 시행령 제70조 제1항), 입찰 전에 계약목적물의 특성·계약수량 및 이행기간 등을 고려하여 원가검토에 필요한 기준 및 절차 등을 정하여 이를 입찰에 참가하고자 하는 자가 열람할 수 있도록 하여야 한다(국가계약법 시행령 제70조 제1항). 개산계약을 체결하는 경우, 사후정산의 기준 및 절차 등에 관하여 입찰공고를 통하여 입찰참가자에게 미리 알려주어야 함은 물론이다(국가계약법 제23조 제3항).

나아가 개산계약에 따른 사후정산 과정에서 계약상대자의 지위를 보호하기 위하여 개산계약을 체결한 때에는 이를 감사원에 통지하여야 하며, 계약의 이행이 완료된 후에는 예정가격 결정 기준(국가계약법 시행령 제9조) 및 미리 공고한 사후정산 기준 등에 따라 정산하여 소속중앙관서의 장의 승인을 얻어야 한다.

사후정산을 전제한 개산계약을 체결한 경우라고 하더라도 계약금액의 조정조항을 배제하는 규정은 두고 있지 아니하므로, 시행령 제64조 내지 제66조에 따른 계약금액의 조정은 가능하다고 해석된다.[8)]

3. 사후원가검토조건부계약

계약금액을 사후에 정산하는 계약의 한 가지 형태로 사후원가검토조건부계약이 있다. 입찰 전에 예정가격을 구성하는 일부비목별 금액을 결정할 수 없

8) 기획재정부의 질의회신 중에서도 개산계약과 사후원가검토조건부계약에서 시행령 제65조의 적용을 긍정한 사례를 확인할 수 있다(질의회신 계약제도과-140, 2012. 2. 8.).

는 경우 계약금액을 잠정적으로 정한 후 계약이행이 완료된 후 사후원가검토를 조건으로 체결하는 계약을 의미한다(국가계약법 시행령 제73조 제1항).

계약금액이 사후적으로 결정된다는 점에서는 개산계약의 일종으로 볼 수도 있는 사후원가검토조건부계약은 제작에 고도의 기술이 필요하고 시간이 오래 걸리는 특수물품이나 해외의 첨단부품을 수입하는 경우 이용된다.

개산계약과 마찬가지로 계약상대자가 상대적으로 불안정한 지위를 가지게 되므로, 사후원가검토조건부계약을 체결할 때에는 입찰 전에 계약목적물의 특성·계약수량 및 이행기간 등을 고려하여 사후원가검토에 필요한 기준 및 절차 등을 정하여야 하며, 이를 입찰에 참가하고자 하는 자가 열람할 수 있도록 하여야 하고(국가계약법 시행령 제73조 제2항), 계약의 이행이 완료된 후에는 예정가격 결정 기준(국가계약법 시행령 제9조) 및 미리 공고한 사후정산 기준 등에 따라 원가를 검토하여 정산하여야 한다(국가계약법 시행령 제73조 제3항).

> 제24조 (종합계약)
> ① 각 중앙관서의 장 또는 계약담당공무원은 같은 장소에서 다른 관서, 지방자치단체 또는 「공공기관의 운영에 관한 법률」에 따른 공기업 및 준정부기관이 관련되는 공사 등에 대하여 관련 기관과 공동으로 발주하는 계약(이하 "종합계약"이라 한다)을 체결할 수 있다.
> ② 종합계약을 체결하는 데에 관련되는 기관의 장은 그 계약체결에 필요한 사항에 대하여 협조하여야 한다.

1. 개념

종합계약은 법 제24조에 의해 "동일 장소에서 국가의 다른 관서, 지방자치단체 또는 「공공기관의 운영에 관한 법률」에 따른 공기업 및 준정부기관 중 2개 기관 이상이 관련되는 공사 등에 대하여 관련기관협의체를 구성하여 공동으로 발주하여 체결하는 계약"이다[법 제24조, 종합계약집행요령[9](이하 "집행요령") 제2조 제1호].

종합계약의 세부사항은 집행요령이 규율하고 있는데, 집행요령은 국가기관의 위탁 또는 보조(총 공사금액의 100분의 30 이상의 보조를 받는 경우에 한한다)를 받아 공사를 집행하는 자가 시행하는 공사에 대하여도 준용된다. 또한 도로관리청은 민간 가스공급업자들에 대하여도 필요하다고 인정될 경우에는 종합계약을 조건으로 도로점용을 허가하면서 집행요령을 준용할 수 있다(집행요령 제13조).

종합계약은 2개 이상의 기관이 공동으로 공사를 집행함으로써 공사기간 단축, 대민불편 해소, 정부 예산 절감 효과를 고려하여 도입한 제도이나,[10] 집행기관의 상이, 이에 따른 예산집행의 곤란으로 종합계약의 활용실적은 거의 없는 실정이다.[11]

---

9) 기획재정부 계약예규 제255호, 2015. 9. 21. 일부개정.

10) 매일경제 용어사전 http://terms.naver.com/entry.nhn?docId=9474&cid=43659&categoryId=43659; 최재건, 국가계약법, 청림출판(2007), 67-68면 참조.

11) 정원, 공공조달계약법 제3판, 법률문화원(2009), 87면 참조.

2. 종합계약 적용대상 공사의 선정절차

종합계약은 조달청장이 종합계약에 의하는 것이 적합하다고 인정한 간설시설공사에 적용되는 계약방식인데(집행요령 제2조 제3호), 간설시설공사는 아래와 같이 두 종류로 구분된다.

- "공사기간 동안 도로의 점용·굴착 또는 기타의 사유로 인해 교통체증, 소음 등을 유발함으로써 인근지역 주민들의 생활에 지장을 초래할 것이 예상되는 공사로 추정금액이 30억원 이상인 도로등 토목공사와 추정금액이 10억원 이상인 전기·전기통신·가스·상하수도·교통안전시설·포장공사 등"(집행요령 제2조 제2호 가목, 이하 "가목 간설시설공사")
- "「택지개발촉진법」, 「주택법」, 「산업입지 및 개발에 관한 법률」, 「도시 및 주거환경 정비법」 등에서 규정하는 택지·주택단지·대지·공단조성지역 및 정비구역 등의 사업시행지역 내에서 집행하려는 도로등 토목공사와 전기·전기통신·가스·상하수도·교통안전시설·포장공사 등"(집행요령 제2조 제2호 나목, 이하 "나목 간설시설공사")

가목 간설시설공사를 집행하려는 각 국가기관의 장은 「도로법 시행령」 제30조에 따라 도로관리청[12]에 제출하는 도로점용에 관한 사업계획서에 공사의 개요, 예상금액, 공사기간, 공사장의 위치, 기타 공사집행에 필요한 사항을 명시하여야 한다(집행요령 제3조 제1항). 도로관리청은 위 사업계획서상 동일 도로에서 집행될 공사의 기간조정 등을 통하여 동시에 공사시행이 가능하다고 판단될 경우에는 그 대상공사 및 사업계획서를 조달청장에게 통보하여야 한다(집행요령 제4조 제1항).

「택지개발촉진법」, 「주택법」, 「산업입지 및 개발에 관한 법률」, 「도시 및 주거환경 정비법」 등에서 규정하는 택지·주택단지·대지·공단조성지역 및 정비구역 등의 사업시행지역 내에서 사업을 시행하려는 사업시행자 또는 사업시행주체는 간선시설공사 등의 관련기관들과 협의하여 사업의 실시계획서를 작성하고, 이를 인가권자에게 제출하여야 하며, 사업의 실시계획서에 나목 간설시설공사의 개요, 예상금액, 공사기간, 공사장의 위치, 기타 공사집행에 필요한 사항

12) 도로법 제20조에 의한 도로관리청을 가리킨다(집행요령 제2조 제6호).

을 명시하여야 한다(집행요령 제3조 제2항). 인가권자는 간선시설공사의 공사기간 조정 등을 통하여 동시에 공사시행이 가능하다고 판단될 경우에는 그 대상공사 및 실시계획서를 조달청장에게 통보하여야 한다(집행요령 제4조 제2항).

위와 같이 사업계획서 또는 실시계획서를 통보받은 조달청장은 종합계약에 의하는 것이 적합한지를 심사하여 그 결과를 도로관리청 및 인가권자에게 통보하여야 한다(집행요령 제4조 제3항). 조달청장이 종합계약에 의하는 것이 적합하다고 판단한 경우 도로관리청 또는 인가권자는 종합계약에 의한 공사의 집행을 조건으로 도로점용을 허가하거나 사업의 실시계획을 인가하여야 하고, 그 때 간선시설공사를 지하구[13] 형태로 집행하는 것이 가능하거나 공동굴착이 기술상 가능하다고 판단될 경우에는 이에 의한 공사의 집행을 조건으로 허가 또는 인가하여야 한다(집행요령 제4조 제4항, 제5항).

3. 관련기관협의체

종합계약에 의하여 공사를 집행하기로 된 기관(이하 "관련기관")들은 종합계약을 공동으로 집행하기 위하여 관련기관협의체를 구성하여야 한다(집행요령 제2조 제4호, 제5조 제1항). 관련기관협의체 구성기관들은 원칙적으로 종합계약공사로 판정이 난 공사 중 도로공사가 있는 경우에는 도로공사를 집행하는 기관을, 도로공사가 없는 경우에는 공사의 예상금액이 가장 높은 기관을 관련기관협의체의 대표기관(이하 "대표관련기관")으로 선정하여야 하고, 대표관련기관이 계약상대자 및 제3자에 대하여 관련기관협의체를 대표한다(집행요령 제5조 제3항, 제4항).

관련기관협의체는 종합계약의 집행에 관한 제반사항을 협의하는 실무기관으로 운영협의체를 설치하여야 하는데, 관련기관협의체의 각 구성기관의 장이 임명한 계약업무담당자가 운영협의체의 위원이 된다. 운영협의체는 후술하는 종합계약관련기관협정서에 규정되지 아니한 사항 및 구성기관 간의 분쟁을 협의하여 처리하며, 구성기관 간에 합의가 이루어지지 않을 때에는 대표관련기관의 장이 결정한다(집행요령 제14조).

관련기관협의체는 각 관련기관의 사업계획서와 사업시행자의 사업실시계

---

13) "복수의 기관들이 각각 필요한 전기, 전기통신, 가스, 상하수도시설 등을 동시에 설치할 수 있도록 된 터널형태의 지하구조물"을 가리킨다(집행요령 제2조 제5호).

획서 등을 참고로 하여 공사의 개요, 공사의 종합설계서 및 총 설계금액, 공사기간, 발주방법 및 발주예정시기, 공사장의 위치, 기타 공사집행에 필요한 사항이 포함된 종합집행계획서를 작성하여 기획재정부장관, 도로관리청장과 사업시행자에게 제출하여야 한다. 대표관련기관의 장이 이러한 종합집행계획서의 작성·제출 책임을 부담하는데, 대표관련기관은 종합집행계획서의 원활한 작성을 위해 운영협의체의 계약업무담당자들과 협의하여야 한다(집행요령 제7조). 종합집행계획서를 제출받은 기획재정부장관은 예산배정 및 지출한도액 통지를 함에 있어 해당 공사가 차질없이 집행될 수 있도록 협조하여야 한다(집행요령 제8조).

4. 계약체결

관련기관협의체는 입찰공고 시 해당 공사가 종합계약에 의한다는 것을 명시하여야 한다. 관련기관협의체는 입찰공고 시 종합계약공사 중 2개 이상 공종의 복합공사로서 일괄발주가 가능한 간선시설공사들은 일괄하여 복합공사로 발주할 수 있으며, 이 경우 특별한 사유가 없는 한 공동계약이 가능하다는 것을 입찰공고에 명시하여야 한다(집행요령 제10조).

관련기관협의체는 종합집행계획서 1부를 첨부하여 조달청장에게 계약체결을 요청하여야 하고, 그 경우 조달청장은 「조달사업에 관한 법률 시행규칙」 제11조 내지 제15조에 의하여 계약업무를 집행하여야 한다. 다만 관련기관협의체는 종합계약공사의 시공, 감독, 하자보수 등에 관한 기술적인 특수성 혹은 종합계약의 특수성을 고려하여 직접 공사계약을 체결함이 적합하다고 인정되는 공사로서 조달청장과 미리 협의한 경우에는 직접 계약을 체결할 수 있다(집행요령 제9조).

조달청장에게 계약체결이 요청된 경우에는 종합계약공사의 예정가격을 조달청장이 작성하며, 관련기관협의체가 직접 계약을 체결하는 경우에는 대표관련기관이 운영협의체의 계약업무담당자들과 협의하여 예정가격을 작성한다(집행요령 제11조).

조달청장이 계약체결을 하는 경우 관련기관협의체는 관련기관 상호 간의 권리, 의무 및 책임 등에 관하여 필요한 사항을 규정하기 위하여 관련기관협정서를 작성·비치하고 계약체결 요청시에 관련기관협정서 1부를 조달청장에게 제출하여야 하며, 관련기관협의체가 직접 계약을 체결하는 경우에는 관련기관협의체의 협의에 의해 대표기관집행방식[14]과 공동집행방식[15] 중 하나를 택일하고 이에 따라 집행요령 별지 제1호 및 제2호를 참고하여 종합계약관련기관협정서를 작성하여야 한다(집행요령 제6조).

---

14) 대표관련기관이 단독으로 계약당사자가 되고, 계약상대자 및 제3자에 대하여 단독으로 책임을 부담하는 방식을 가리킨다(집행요령 별지 제1호 제4조 참조).

15) 각 관련기관이 공동으로 계약당사자가 되고, 관련기관 전체에 공통되는 공사부분에 대한 공사집행책임은 대표관련기관이, 공통되지 않는 공사부분에 대한 공사집행책임은 각 해당 관련기관이 부담하는 방식을 가리킨다(집행요령 별지 제2호 제4조 참조).

> 제25조 (공동계약)
> ① 각 중앙관서의 장 또는 계약담당공무원은 공사계약 · 제조계약 또는 그 밖의 계약에서 필요하다고 인정하면 계약상대자를 둘 이상으로 하는 공동계약을 체결할 수 있다.
> ② 제1항에 따라 계약서를 작성하는 경우에는 그 담당 공무원과 계약상대자 모두가 계약서에 기명하고 날인하거나 서명함으로써 계약이 확정된다.

1. 의의

공동계약은 "공사 · 제조 · 기타의 계약에 있어서 발주기관[16]과 둘 이상의 계약상대자로 구성된 공동수급체가 체결하는 계약"을 가리킨다[법 제25조 제1항, 공동계약운용요령[17](이하 "운용요령") 제2조 제1호].

각 중앙관서의 장 또는 계약담당공무원[18]이 경쟁에 의하여 계약을 체결하고자 할 경우에는 계약의 목적 및 성질상 공동계약에 의하는 것이 부적절하다고 인정되는 경우를 제외하고는 가능한 한 공동계약에 의하여야 한다(국가계약법 시행령 제72조 제2항). 특히 지식기반사업 중 수개의 전문분야가 요구되는 복합사업에 입찰참가자가 공동으로 참가하고자 하는 경우에는 특별한 사유가 없는 한 이를 허용하여야 한다(국가계약법 시행령 제72조의2).

계약담당공무원이 아래 공사에 관한 공동계약을 체결할 때 공사현장을 관할하는 특별시 · 광역시 · 도 및 특별자치도에 주된 영업소가 있는 자(이하 "당해지역업체") 중 1인 이상을 공동수급체의 구성원으로 하도록 하여야 하며(지역의무공동계약), 공동수급체의 구성원 중 당해지역업체와 그 외 지역의 업체 간에는 「독점규제 및 공정거래에 관한 법률」에 의한 계열회사가 아니어야 한다. 해당 지역에 공사의 이행에 필요한 자격을 갖춘 자가 10인 미만인 경우에는 당해지역업체를 공동수급체 구성원으로 하도록 하지 않는다(국가계약법 시행령 제72조 제3항, 제4항).

• 추정가격이 고시금액[19] 미만이고 건설업 등의 균형발전을 위하여 필요

---

16) 운용요령, 공동수급표준협정서 등은 도급인을 발주기관, 발주자 등으로 표현하고 있다.
17) 기획재정부 계약예규 제285호, 2016. 1. 1. 일부개정.
18) 각 중앙관서의 장이 계약에 관한 사무를 그 소속공무원에게 위임하지 아니하고 직접 처리하는 경우, 편의상 "계약담당공무원"이라고만 한다.
19) 2016. 12. 30. 현재 80억원이다(기획재정부 고시 제2016-34호).

하다고 인정되는 사업

- 저탄소·녹색성장의 효과적인 추진, 국토의 지속가능한 발전, 지역경제 활성화 등을 위하여 특별히 필요하다고 인정하여 기획재정부장관이 고시하는 사업[다만 외국건설업자(「건설산업기본법」 제9조에 따라 건설업의 등록을 한 외국인 또는 외국법인을 말한다)가 계약상대자에 포함된 경우는 제외]

공동계약은 아래와 같이 공동이행방식, 분담이행방식과 주계약자관리방식으로 구별된다(운용요령 제2조의2).

- 공동이행방식: 공동수급체 구성원이 일정 출자비율에 따라 연대하여 공동으로 계약을 이행하는 공동계약
- 분담이행방식: 공동수급체 구성원이 일정 분담내용에 따라 나누어 공동으로 계약을 이행하는 공동계약
- 주계약자관리방식: 「건설산업기본법」에 따른 건설공사를 시행하기 위한 공동수급체의 구성원중 주계약자[20]를 선정[21]하고, 주계약자가 전체 건설공사 계약의 수행에 관하여 종합적인 계획·관리 및 조정을 하는 공동계약

다만 주계약자관리방식은 종합심사낙찰제 대상공사 중 추정가격 300억원 이상 공사에 한하여 채택 가능하며, 계약담당공무원은 주계약자관리방식에 의한 공동계약으로 발주하고자 하는 경우에 부계약자로 참여할 수 있는 전문건설업자의 수가 충분한지 여부를 고려하여야 한다(운용요령 제2조의3).

한편 계약담당공무원은 「건설산업기본법시행령」 제7조에 의한 설비공사를 발주할 경우에는 설비제조업체와 시공업체 간 분담이행방식에 의한 공동계약방법으로 입찰에 참가하게 할 수 있다. 다만, 단일 설비제조업체의 설비부분이 전체 추정가격의 50% 이상일 경우에 한한다(운용요령 제8조의2 제1항). 계약담당공

20) "주계약자"란, 주계약자관리방식의 공동계약에서 공동수급체 구성원 중 전체 건설공사의 이행에 관하여 종합적인 계획·관리·조정을 하는 자를 가리킨다(운용요령 제2조 제5호).

21) 종합건설업자(종합공사를 시공하는 업종의 등록을 한 건설업자를 말한다. 이하 같다)와 전문건설업자(전문공사를 시공하는 업종을 등록한 건설업자를 말한다. 이하 같다)가 공동으로 도급받은 경우에는 종합건설업자가 주계약자가 된다(운용요령 제2조의2 제3호 제2문).

무원은 제1항의 공사를 시행령 제78조에 의하여 일괄입찰방식으로 발주할 경우에 설비제조업체, 시공업체 및 기술용역등록업체 간 분담이행방식에 의한 공동계약방법으로 입찰에 참가하게 할 수 있다(운용요령 제8조의2 제2항).

계약담당공무원은 공동계약 체결시 공동수급체 구성원 전원이 계약서에 연명으로 기명날인 또는 서명토록 하여야 한다(운용요령 제6조).

2. 공동수급체

가. 개념 및 도입배경

운용요령은 건설공동수급체를 "수인이 건설공사를 공동으로 하기 위하여 결성한 공동기업 또는 조직"을 가리키며, 운용요령은 공동수급체를 "구성원을 2인 이상으로 하여 수급인이 해당계약을 공동으로 수행하기 위하여 잠정적으로 결성한 실체"로 정의하고 있다(운용요령 제2조 제2호).

공동수급체는 본래 1930년대 미국에서 후버댐 건설 등 대규모 공공건설사업을 계기로 고안된 거래방식인데, 이후 여러 나라로 확산되었을 뿐만 아니라, 국제적으로도 많이 이용되게 되었다고 한다.[22] 수급인으로서는 대규모 건설공사에 내재하는 위험을 분산시킬 수 있고, 수주자격(공사실적과 도급한도액)의 한계를 극복할 수 있을 뿐 아니라 특히 한 기업에서 갖추기 어려운 다양한 전문능력을 요하는 공사를 수행할 수 있다는 장점이 있고, 도급인으로서는 복수의 공동수급인들로 하여금 공동으로 공사를 책임지게 함으로써 공사의 확실성을 담보받을 수 있을 뿐 아니라 개별 도급계약을 결합하는 것과 달리 복수의 수급인들 사이의 조정부담을 피할 수 있는 장점이 있어, 쌍방 모두에게 합리적이었기 때문이다.[23] 우리나라에서는 1994년부터 지방중소건설업체를 적극적으로 보호하기 위하여 공사현장을 관할하는 주된 영업소가 있는 업체 1개 이상을 반드시 공동수급체 구성원으로 하도록 의무화하는 지역의무공동도급제도가 시행되고 있어서 중소기업보호정책으로서의 기능도 갖고 있다.[24]

---

22) 이동진, "건설공사공동수급체의 법적 성격과 공사대금청구권의 귀속", 민사판례연구 제35권(2013), 박영사, 525면 참조.

23) 이동진 앞의 글, 525-526면 참조.

24) 윤재윤, 앞의 책, 380면 참조.

나. 법적 성격

1) 대법원판례

대법원은 공동이행방식의 공동수급체를 민법상 조합으로 보고 있다(대법원 2012. 5. 17. 선고 2009다105406 전원합의체 판결; 2000. 12. 12. 선고 99다49620 판결; 2006. 8. 25. 선고 2005다16959 판결; 2013. 7. 11. 선고 2011다60759 판결 등 다수 참조).[25)]

분담이행방식의 공동수급체에 관하여 대법원이 명확한 입장을 밝히지 않았다는 견해가 유력하나,[26)] "공동수급인이 분담이행방식에 의한 계약을 체결한 경우에는 공사의 성질상 어느 구성원의 분담 부분 공사가 지체됨으로써 타 구성원의 분담 부분 공사도 지체될 수밖에 없는 경우라도, 특별한 사정이 없는 한, 공사 지체를 직접 야기한 구성원만 분담 부분에 한하여 지체상금의 납부의무를 부담한다."라고 판시한 대법원 1998. 10. 2. 선고 98다33888 판결에 근거하여 대법원이 분담이행방식의 공동수급체는 민법상 조합이 아니고 도급인-수급인 간에 개별적인 도급계약관계가 체결된 것이라는 입장을 취하였다고 해석하는 견해도 있다.[27)] 분담이행방식의 공동수급체 역시 민법상 조합에 해당된다는 견해도 있다.[28)]

주계약자관리방식의 공동수급체의 법적 성격을 명시한 대법원판례는 없는 것으로 보인다.

2) 학설

이에 관한 학설로는 민법상 조합설, 지분적 조합설, 비법인사단설, 이분설 등이 있는데, 순수한 비법인사단설을 지지하는 학설은 현재 찾기 어려우므로 이에 대한 설명은 생략한다.

가) 민법상 조합설

공동수급체가 계약에 의하여 결성되고 구성원의 변동이 예정되어 있지 않으며, 정관이 없고, 대표자에 의하여 업무집행이 이루어지지만 그 법률효과는

---

25) 다만 대법원판례가 공동수급체의 법적 성격을 민법상 조합으로 보고 있는 것이 아니라는 견해도 있다[김성근, 정부계약법 해설 Ⅱ 개정판, 건설경제(2013), 360-366면 참조].

26) 윤재윤, 앞의 책, 390면; 김홍준, 앞의 글, 92면 참조.

27) 이완수, "공동수급체의 법적 성질에 관한 판례 소고", 건설재판실무논단(2006), 367면 참조.

28) 이동진, 앞의 글, 531-532면 참조.

각 구성원에게 귀속하고, 각 구성원은 대외적으로 개인재산으로 책임(무한책임)을 부담한다는 등의 이유로 공동수급체를 민법상 조합이라고 해석하는 입장으로 다수설이다.[29)]

나) 지분적 조합설

민법상 조합이 계속적 공동사업을 하면서 재산을 합유하고 외부에 대하여 구성원 전원의 이름으로 활동하는 합수적 조합(Gesamthandsgesellschaft)임에 반하여, 공동수급체는 공동수급체를 결성할 때 조합원이 조합재산에 관하여 지분소유권을 보유하기로 합의한 지분적 조합(Gesellschaft nach Bruchteilen)으로 보고, 이렇게 보는 것이 공동수급체 구성원 각자가 선급금과 공사대금을 개별적으로 정산하도록 되어 있는 운용요령 등 현 실정에 부합한다는 입장이다.[30)]

다) 이분설

공동이행방식의 공동수급체는 민법상 조합으로 보아야 하나, 분담이행방식의 공동수급체는 민법상 조합으로 볼 수 없고 공동수급체와 도급인 사이에 체결된 공동도급계약은 실질적으로 분담 부분에 관하여 여러 개의 도급계약이 체결되어야 할 것을 1개의 계약으로 포괄하여 체결한 것에 불과하다고 보는 견해이다.[31)] 분담이행방식에 의한 공동도급계약은 공동수급체 구성원들이 일부 공동비용을 분담한다는 점, 일부 구성원이 계약을 이행할 수 없는 경우 연대보증인을 보충하여 그 이행책임이 있다는 점, 공동수급인 간에 면허나 도급한도액 등을 같이 활용할 수 있다는 점을 제외하고는 도급목적을 분할하여 수개의 도급계약을 체결한 경우와 크게 차이가 없다고 한다.[32)]

3) 사견

기본적으로 이분설에 찬성한다. 다만 민법의 조합규정이 원칙적으로 임의규정이라는 점, 관련 당사자들을 규율하는 공동수급협정서, 운용요령 등의 계약

29) 이균용, “공동수급체의 성질과 그 법률관계”, 대법원판례해설 제35호(2000년 하반기), 법원도서관, 89면.
30) 이완수, 앞의 글, 376-377면; 윤재윤, 앞의 책, 387면 참조.
31) 윤재윤, 앞의 책, 390면 참조. 김홍준, 앞의 책, 93-94면도 유사한 견해로 보인다.
32) 이완수, 앞의 글, 367면.

조건이 민법상 전형계약에 부합하지 않는 경우가 많다는 점 등을 고려할 때, 공동수급체를 민법상 전형계약에 맞추어 파악하기보다는 실제 문제되는 사항마다 공동수급협정서, 운용요령 등 계약조건에 따라 구체적인 법률효과를 판단하여야 할 것이다. 특히 후술하는 바와 같이 공사대금채권과 선급금반환채무의 귀속, 공동원가분담금 등에 있어서는 지분적 조합의 성격도 가지고 있다고 보아야 할 것이다.

다. 공동이행방식의 공동수급체와 도급인 사이의 법률관계

1) 공사대금채권

가) 운용요령의 관련 규정

운용요령의 전신인 공동도급계약운용요령 제11조는 계약담당공무원이 선금・대가 등을 지급함에 있어서 공동수급체 대표자에게 지급하여야 한다고 규정하고 있었으나, 위 공동도급계약운용요령 제11조는 1996. 1. 8. 회계예규 2200.04-136-2로 개정되어, 선금을 제외한 기성대가 또는 준공대가의 경우에는 공동수급체의 대표자가 공동수급체 구성원별로 청구액을 구분하여 신청하면 계약담당공무원은 반드시 공동수급체 구성원 각자에게 구분하여 직접 지급하도록 변경되었고, 그 후 수차례 개정이 있었으나 일부 문언만 개정되었을 뿐 그 취지는 동일하게 유지되고 있다.

현행 운용요령과 운용요령 [별첨 1] 공동수급협정서(공동이행방식)의 관련 규정은 아래와 같다.

[운용요령]

제11조(대가지급)

① 계약담당공무원은 선금・대가 등을 지급함에 있어서는 공동수급체 구성원별로 구분 기재된 신청서를 공동수급체 대표자가 제출하도록 하여야 한다. 다만, 공동수급체 대표자가 부도, 파산 등의 부득이한 사유로 신청서를 제출할 수 없는 경우에는 공동수급체의 다른 모든 구성원의 연명으로 이를 제출하게 할 수 있다.

② 계약담당공무원은 제1항에 의한 신청이 있을 경우에 신청된 금액을 공동수급체 구성원 각자에게 지급하여야 한다. 다만, 선금은 주계약자관리방식에

의한 공동계약일 경우에는 제1항 단서의 경우를 제외하고는 공동수급체 대표자에게 지급하여야 한다.

③ 기성대가는 공동수급체의 대표자 및 각 구성원의 이행내용에 따라 지급하여야 한다. 이 경우에 준공대가 지급시에는 구성원별 총 지급금액이 준공당시 공동수급체 구성원의 출자비율 또는 분담내용과 일치하여야 한다.

[공동수급표준협정서(공동이행방식)]

제 8 조(거래계좌) 계약예규 「공동계약운용요령」 제11조에 정한 바에 의한 선금, 기성대가 등은 다음계좌로 지급받는다.

1. ○○○회사(공동수급체 대표자): ○○은행, 계좌번호 ○○○, 예금주 ○○○
2. ○○○회사: ○○은행, 계좌번호 ○○○, 예금주 ○○○

나) 법리

공동이행방식의 공동수급체를 민법상 조합으로 본다면 공사대금채권은 조합에 합유적으로 귀속하므로 구성원 전원의 합의에 따라 공동으로 청구하거나 업무집행조합원에 해당하는 대표자가 공동수급체를 대표하여(임의적 소송신탁) 청구하여야 할 것이다(민법 제272조, 제706조, 대법원 2001. 2. 23. 선고 2000다68924 판결 등 참조).

과거 주류적 대법원판례도 위와 같은 입장에서 "도급인이 공동도급계약운용요령에 따라 공사대금채권을 공동수급체 구성원 각자에게 지급하고 공동수급체가 그와 같은 지급방식에 의하여 그 대금을 수령한 사정만으로 조합 구성원 사이에 민법규정을 배제하려는 의사가 표시되어 있다는 등 특별한 사정이 있었다고 할 수는 없으므로 공사대금채권은 조합원에게 합유적으로 귀속되는 조합채권으로서 조합원 중 1인이 조합의 채무자에 대하여 출자비율에 따른 급부를 청구할 수 없다."라는 입장이었다(대법원 2000. 11. 24. 선고 2000다32482 판결 등).

또한 공동수급체 구성원 중 1인의 채권자가 그 구성원 개인을 집행채무자로 하여 공동수급체의 채권에 대하여 강제집행하는 경우, 다른 구성원으로서는 보존행위로서 제3자이의의 소를 제기하여 그 강제집행의 불허를 구할 수 있고(대법원 1997. 8. 26. 선고 97다4401 판결 등), 세무서장이 공동수급체의 구성원 중 1인의 부가가치세 체납을 이유로 다른 구성원의 조합재산인 공사대금채권에 대하여 압류처분을 한 것은 체납자 아닌 제3자 소유의 재산을 대상으로 한 것으로서 당연무효이다(대법원 2001. 2. 23. 선고 2000다68924 판결 등).

그런데 대법원 2012. 5. 17. 선고 2009다105406 전원합의체 판결은 위와 같은 법리를 유지하면서도, 운용요령의 기성대가 등의 지급규정(제11조)과 공동수급표준협정서를 근거로 "공동이행방식의 공동수급체와 도급인이 공사도급계약에서 발생한 채권과 관련하여 공동수급체가 아닌 개별 구성원으로 하여금 그 지분비율에 따라 직접 도급인에 대하여 권리를 취득하게 하는 약정"이 묵시적으로 성립되었다고 보아, 운용요령과 공동이행방식의 공동수급협정서가 적용되는 공동수급체의 경우 공사대금채권이 공동수급체 구성원들의 합유재산이 아니라 구성원 각자에게 구분하여 귀속된다고 판시하면서, 이와 배치되는 범위 내에서 대법원 2000. 11. 24. 선고 2000다32482 판결 등을 변경하였다.

[대법원 2012. 5. 17. 선고 2009다105406 전원합의체 판결]

가. 공동이행방식의 공동수급체는 기본적으로 민법상의 조합의 성질을 가지는 것이므로(대법원 2000. 12. 12. 선고 99다49620 판결 등 참조), 공동수급체가 공사를 시행함으로 인하여 도급인에 대하여 가지는 채권은 원칙적으로 공동수급체의 구성원에게 합유적으로 귀속하는 것이어서 특별한 사정이 없는 한 구성원 중 1인이 임의로 도급인에 대하여 출자지분의 비율에 따른 급부를 청구할 수 없고, 구성원 중 1인에 대한 채권으로써 그 구성원 개인을 집행채무자로 하여 공동수급체의 도급인에 대한 채권에 대하여 강제집행을 할 수 없다(대법원 1997. 8. 26. 선고 97다4401 판결; 2001. 2. 23. 선고 2000다68924 판결 등 참조). 그러나 공동이행방식의 공동수급체와 도급인이 공사도급계약에서 발생한 채권과 관련하여 공동수급체가 아닌 개별 구성원으로 하여금 그 지분비율에 따라 직접 도급인에 대하여 권리를 취득하게 하는 약정을 하는 경우와 같이 공사도급계약의 내용에 따라서는 공사도급계약과 관련하여 도급인에 대하여 가지는 채권이 공동수급체의 구성원 각자에게 그 지분비율에 따라 구분하여 귀속될 수도 있고(대법원 2002. 1. 11. 선고 2001다75332 판결 참조), 위와 같은 약정은 명시적으로는 물론 묵시적으로도 이루어질 수 있다.

나. 국가를 당사자로 하는 계약에 관한 법률(이하 '국가계약법'이라고 한다)

제25조는 각 중앙관서의 장 또는 계약담당공무원은 공사 · 제조 기타의 계약에 있어 필요하다고 인정할 때에는 계약상대자를 2인 이상으로 하는 공동계약을 체결할 수 있다고 규정하고 있고, 구 국가계약법 시행령 제72조 제1항(2008. 2. 29. 대통령령 제20720호로 개정되기 전의 것)은 국가계약법 제25조의 규정에 의한 공동계약의 체결방법 기타 필요한 사항은 재정경제부장관이 정하도록 규정하고 있으며, 그 위임에 의하여 제정된 재정경제부 회계예규인 공동도급계약운용요령 제5조는 계약담당공무원은 공동수급체 구성원으로 하여금 입찰공고 내용에 명시된 공동계약의 이행방식에 따라 [별첨 1](공동이행방식) 또는 [별첨 2](분담이행방식)의 공동수급표준협정서를 참고하여 공동수급협정서를 작성하게 하고, 공동수급체 대표자로 하여금 위와 같이 작성한 공동수급협정서를 입찰 참가 신청서류 제출시 함께 제출하도록 한 다음, 이를 보관하여야 한다고 규정하고 있다.

한편 계약담당공무원이 선금 · 대가 등을 지급함에 있어서 공동수급체 대표자에게 지급하여야 한다고 규정하고 있던 공동도급계약운용요령 제11조는 1996. 1. 8. 회계예규 2200.04-136-2로 다음과 같이 개정되어 같은 날 시행되었다. 즉 제11조 제1항 본문은 "계약담당공무원은 선금 · 대가 등을 지급함에 있어서는 공동수급체 구성원별로 구분 기재된 신청서를 공동수급체 대표자가 제출하도록 하여야 한다."라고 하면서도, 제2항에서 "계약담당공무원은 제1항의 규정에 의한 신청이 있을 경우 신청된 금액을 공동수급체 대표자에게 지급하되, 기성대가 또는 준공대가의 경우는 공동수급체 구성원 각자에게 지급하여야 한다."라고 규정함으로써 선금을 제외한 기성대가 또는 준공대가(이하 '기성대가 등'이라고 한다)의 경우에는 공동수급체의 대표자가 공동수급체 구성원별로 청구액을 구분하여 신청하면 계약담당공무원은 반드시 공동수급체 구성원 각자에게 구분하여 직접 지급하도록 개정되었고, 그 이후의 공동도급계약운용요령 제11조도 문언은 일부 수정되었지만 동일한 취지의 내용을 유지하였으며, 이는 '공동계약운용요령'으로 그 명칭이 변경된 현재의 기획재정부 회계예규에 이르기까지 마찬가지이다. 그리고 위와 같은 공동도급계약운용요령 제11조의 개정내용에 맞추어 위 요령 [별첨 1]의 공동수급표준협정서(공동이행방식) 제8조 역시 대표자 명의로 개설한 예금구좌에 의하여 거래하는 것으로 한다는 내용에서 1997. 1. 1. 기성대가 등은 공동수급체의 대표자 또는 각 구성원의 계좌로 직접 지급받는 것으로 하고, 이를 지급받을 구성원 각자의 거래계좌(거래은행, 계좌번호, 예금주)를 기재하는 내용으로 개정되었고, 이후 동일한 내용으로 현재에 이르고 있다.

이와 같이 공동도급계약운용요령 제11조가 기성대가 등을 공동수급체 구성원 각자에게 구분하여 직접 지급하는 내용으로 개정되어 시행된 1996. 1. 8. 이후부터 체결된 공동도급계약에는 위와 같이 개정된 내용의 공동도급계약운용요령 제11조가 적용됨에 따라, 도급인은 공동이행방식의 공동수급체에 있어서도 기성대가 등을 구성원 각자에게 그 지분비율에 따라 구분하여 직접 지급할 것을 예정하고 있고, 공동수급체의 구성원들도 그들 상호 간의 계약인 공동수급협정을 체결하면서 위와 같이 개정된 공동도급계약운용요령 [별첨 1]의 공동수급표준협정서(공동이행방식) 제8조를 참고하여 기성대가 등을 구성원별로 별도 기재한 각자의 거래계좌로 직접 지급받기로 하는 약정 내용이 담긴 공동수급협정서를 작성하여 이를 도급인에게 제출하고 있다.

그렇다면 공동이행방식의 공동수급체의 구성원들이 기성대가 등을 공동수급체의 구성원별로 직접 지급받기로 하는 공동수급협정은 특별한 사정이 없는 한 도급인에 대한 관계에서 공사대금채권을 공동수급체의 구성원 각자가 그 출자지분의 비율에 따라 구분하여 취득하기로 하는 구성원 상호 간의 합의라고 보는 것이 타당하고, 나아가 공동수급체의 대표자가 개정된 공동도급계약운용요령 제11조에 따라 공동수급체 구성원 각자에게 공사대금채권을 지급할 것을 예정하고 있는 도급인에게 위와 같은 공사대금채권의 구분 귀속에 관한 공동수급체 구성원들의 합의가 담긴 공동수급협정서를 입찰 참가 신청서류와 함께 제출하고 도급인이 별다른 이의를 유보하지 않은 채 이를 수령한 다음 공동도급계약을 체결하게 되면 공동수급체와 도급인 사이에서 공동수급체의 개별 구성원으로 하여금 공사대금채권에 관하여 그 출자지분의 비율에 따라 직접 도급인에 대하여 권리를 취득하게 하는 묵시적인 약정이 이루어졌다고 보는 것이 타당하다. 이는 공동도급계약운용요령과 공동수급협정서에서 공동이행방식의 공동수급체 대표자가 부도 등의 부득이한 사유로 신청서를 제출할 수 없는 경우 공동수급체의 다른 모든 구성원의 연명으

> 로 이를 제출하게 할 수 있다고 규정하고 있거나, 공동수급체 구성원들의 각 출자비율과 실제의 시공비율이 일치하지 않더라도 달리 볼 것이 아니다.
>
> 다. 이와 달리 기성대가 등을 공동수급체 구성원 각자에게 구분하여 직접 지급하는 내용으로 개정된 공동도급계약운용요령 제11조가 시행된 1996. 1. 8. 이후에 기성대가 등을 공동이행방식의 공동수급체 구성원별로 직접 지급받기로 하는 약정 내용이 기재된 공동수급협정서가 제출되어 체결된 공동도급계약에 관한 사안에서 공사대금채권이 공동수급체의 구성원들에게 합유적으로 귀속한다는 취지로 판시한 대법원 2000. 11. 24. 선고 2000다32482 판결 등은 모두 이 판결의 견해에 배치되는 범위 내에서 이를 변경하기로 한다.

따라서 위와 같은 명시적, 묵시적 약정이 성립되었다고 인정될 경우(국가계약의 경우 대부분이 그러할 것이다), 공동수급체 구성원은 독립적으로 도급인을 상대로 공사대금의 지급을 청구할 수 있고, 구성원의 일반채권자가 구성원의 도급인에 대한 공사대금채권을 (가)압류할 수 있을 것이다.

다만 공동이행방식의 공동수급체와 도급인 사이의 공사도급계약에서 공동수급체의 개별 구성원으로 하여금 공사대금채권에 관하여 지분비율에 따라 직접 도급인에 대하여 권리를 취득하게 하는 약정이 이루어진 경우, 공사도급계약 자체에서 개별 구성원의 실제 공사 수행 여부나 정도를 지분비율에 의한 공사대금채권 취득의 조건으로 약정하거나 일부 구성원의 공사 미이행을 이유로 공동수급체로부터 탈퇴·제명하도록 하여 그 구성원으로서의 자격이 아예 상실되는 것으로 약정하는 등의 특별한 사정이 없는 한, 개별 구성원들은 실제 공사를 누가 어느 정도 수행하였는지에 상관없이 도급인에 대한 관계에서 공사대금채권 중 각자의 지분비율에 해당하는 부분을 취득하고, 공사도급계약의 이행에 있어서의 실질적 기여비율에 따른 공사대금의 최종적 귀속 여부는 도급인과는 무관한 공동수급체 구성원들 내부의 정산문제일 뿐이라고 할 것이다. 따라서 공동이행방식의 공동수급체와 도급인 사이에서 공동수급체의 개별 구성원으로 하여금 공사대금채권에 관하여 지분비율에 따라 직접 도급인에 대하여 권리를 취득하게 하는 약정이 이루어진 경우에 있어서는 일부 구성원만이 실제로 공사를 수행하거나 일부 구성원이 그 공사대금채권에 관한 자신의 지분비율을 넘어서 수행하였다고 하더라도 이를 이유로 도급인에 대한 공사대금채권 자체가 그 실제의 공사비율에 따라 그에게 귀속한다고 할 수는 없다(대법원 2013. 2. 28. 선고 2012다107532 판결).

참고로 위 전원합의체 판결 선고 이후에도 위와 같은 명시적, 묵시적 약정의 성립을 부정한 아래와 같은 대법원판결이 있으므로(국가 등과 도급계약을 체결한 사인과 하수급인인 공동수급체 사이의 법률관계에 관한 것임), 구체적인 사안에서 위와 같은 명시적, 묵시적 약정의 성립 여부를 면밀히 따져야 할 것이다.

[대법원 2013. 7. 11. 선고 2011다60759 판결]

원심이 확정한 사실관계 및 원심이 적법하게 채택한 증거에 의하면, 이 사건 도급계약에는 공사계약일반조건, 공사계약특수조건, 공동수급협정서 등이 편입되어 있는데, 공사계약일반조건 제35조에는 공동수급체의 구성원은 구성원별로 구분 기재된 기성신청서를 공동수급체의 대표자 혹은 부득이한 사유가 있을 경우 공동수급체의 운영위원회에서 정한 대표자에게 제출하고, 그 대표자가 사업시행자에게 기성대가를 청구하며, 사업시행자는 이 사건 도급계약에서 달리 정하지 않는 한, 공사비 지급기일에 검사된 내용에 따라 기성대가를 확정하여 공동수급체 구성원 각자에게 지급하거나 대표자에게 지급하는 것으로 정해져 있고, 공동수급협정서 제8조에는 공동수급체의 대표가 공동도급공사의 대가 등을 수령한 후 각 구성원의 계좌로 송금한다고 규정되어 있는 사실을 알 수 있다.

이러한 사실관계에 나타난 약정 내용에 의하면, 도급인인 피고 휴먼에듀 주식회사(이하 '휴먼에듀'라 한다)와 이 사건 공동수급체 사이에 체결된 이 사건 도급계약은 공동수급체가 조합체로서 공사대금채권을 가지는 것으로 약정하였다고 보일 뿐, 그 공사대금채권을 공동수급체의 구성원 각자가 출자지분의 비율에 따라 도급인에게 직접 청구할 수 있는 권리를 취득하게 하는 특약을 한 것이라고는 할 수 없다.

그리고 상고이유에서 주장하는 기획재정부 회계예규(2200.04-136-19)인 '공동도급계약운용요령'이나 행정안전부예규인 '지방자치단체 공동계약 운용요령'에서 공동수급체의 공사대금채권이 그 구성원 각자에게 귀속되도록 하는 규정을 두고 있다고 하더라도, 이 사건 도급계약과 같이 정부나 지방자치단체가 도급인이 아닌 경우에도 그 공사의 원발주자가 정부나 지방자치단체라고 하여 위 각 예규가 당연히 적용된다고 할 수는 없는 것이므로 이를 계약내용에 편입하는 특약이 있어야 그 도급계약에 기한 법률관계에 적용될 수 있을 것인데, 기록을 살펴보아도 위 각 예규를 이 사건 도급계약에 명시적 또는 묵시적으로 편입시켰다고 볼 근거를 발견할 수 없다. 따라서 이 사건 도급계약에 위 각 예규가 적용됨을 전제로 한 상고이유 주장은 나아가 살펴볼 필요 없이 이유 없으므로 이 부분 상고이유 주장도 받아들일 수 없다.

2) 선급금반환채무

공동수급체 구성원들의 도급인에 대한 선급금반환채무에 대하여 대법원은 위 대법원 2009다105406 전원합의체 판결 이전부터 일관되게, "공동수급체의 구성원이 발주자에 대한 계약상의 의무이행에 대하여 연대하여 책임을 진다고 규정되어 있다고 하더라도, 도급계약의 내용에 선급금반환채무 등에 관한 다른 구성원의 의무에 관하여는 명시적인 규정이 없고, 선급금에 관하여는 별도의 규정을 두어 그 반환채무의 담보방법으로 수급인이 제출하여야 할 문서로서 보험사업자의 보증보험증권이나 건설공제조합의 지급보증서 등 그 담보력이 충분한 것으로 제한하고 있다면, 공동수급체의 각 구성원의 연대책임의 범위는 선급금반환채무에까지는 미치지 아니한다고 봄이 상당하므로, 공동수급체의 구성원으로서는 특별한 사정이 없는 한 다른 구성원의 선급금반환채무에 관하여는 책임을 부담하지 않는다고 할 것이다."라고 판시하고 있다(대법원 1999. 10. 8. 선고 99다20773 판결; 2000. 6. 13. 선고 2000다13016 판결; 2002. 1. 25. 선고 2001다61623 판결 등 참조).

이에 대하여 대법원판례의 결론에 반대하는 견해가 있으며,[33] 대법원판례의 결론에 찬성하면서도 공동수급체와 도급인 사이에 구성원별로 선급금을 정산하기로 하는 명시적·묵시적 약정이 있는 경우에는 공동수급체 구성원이라 하더라도 다른 구성원이 받은 선급금에 관하여는 반환의무를 부담하지 않는다고 보는 것이 논리상 간명하다는 견해도 있다.[34]

33) 윤재윤, 앞의 책, 399-400면 참조.
34) 김홍준, 앞의 책, 100-101면 참조.

유권해석(회계제도과-1056, 2009. 6. 22.자)][35)]

[회신내용] 국가기관이 체결한 공동계약에 있어 회계예규「공동계약운용요령」 제10조 단서의 규정에 따라 선금보증서를 일괄납부한 경우 공동수급체 구성원 중 부도 등으로 당초 협정서의 내용대로 계약이행이 곤란한 구성원이 발생하여 발주기관의 승인을 받아 출자비율을 변경하고, 동 구성원이 지급받은 선금에 대해서도 출자비율에 따라 공동수급체 대표자가 제출한 보증서에 의하여 일괄책임을 지는 경우라면 보증기관과 탈퇴한 구성원 간의 구상관계는 별론으로 하고 선금반환은 하지 않아도 됨.

[해설] 공동수급체 구성원 각자가 선금보증서를 제출하고 선금 사용 중 일부 구성원에게 선금반환사유가 발생한 경우 반환사유를 야기한 구성원(보증기관)으로 하여금 선금잔액(이자 포함)을 반환토록 해야 하며, 공동수급체 대표자가 선금보증서를 일괄납부한 경우로서 제출한 보증서에 의하여 일괄책임을 지는 경우에는 탈퇴한 공동수급체 구성원 일부가 지급받은 선금에 대해서 반환하지 아니하여도 됨.

3) 계약보증금반환채권

국가계약에 있어서는 국가의 상대방이 계약보증금을 납부하였다가 보증목적이 달성되면 반환받게 되는데(국가계약법 제12조, 시행규칙 제63조) 공동수급체에 있어서 계약보증금반환채권이 구성원들이 준합유하는 조합채권인지 아니면 계약보증금을 납부한 구성원들의 개별채권인지 문제된다. 이에 관한 명시적인 대법원판례는 없으나, 대법원 2003. 2. 11. 선고 2002다44908 판결[36)] 및 대법원 2003. 9. 2. 선고 2002다13522 판결[37)]의 취지를 감안하여 조합채권으로 보는 견

---

35) 박성동 외 2인, 국가계약법령 해설 및 유권해석, 건설경제(2011), 341면에서 재인용.

36) 위 대법원판결은 계약보증금반환채권이 조합채권으로서 구성원들의 준합유에 속한다는 점을 전제로 한 것으로 보이고, 환송 후 원심도 이를 조합채권으로 판단하였다고 한다 [진상범, "공동이행방식의 공동수급체에 있어서 공사대금채권의 귀속주체 및 형태", 대법원판례해설 제91호(2012년 상반기), 법원도서관, 147-148면 참조].

37) "원심은 (중략) 각 공동수급체는 단순히 그 구성원들 내부 사이의 조합이 아니라 대외적으로도 민법상의 조합에 해당하므로, 각 공동수급체가 각 도로공사를 시공함으로 인하여 경상북도에 대하여 가지는 각 차액보증금 반환채권은 그 구성원들의 준합유에 속한다고 판단하였다. 기록에 비추어 살펴보면, 원심의 위와 같은 사실인정과 판단은 정당하

해가 유력하다.[38)]

4) 시공, 공사지체 및 하자담보 등의 책임

공동수급체의 구성원은 발주기관에 대한 계약상의 의무이행에 대하여 연대하여 책임을 지고[운용요령 제7조 제1항 제1호 본문, 공동수급표준협정서(공동이행방식) 제6조 본문], 공동수급체가 해산한 후 해당공사에 관하여 하자가 발생하였을 경우에는 공동수급체 구성원들이 연대하여 책임을 진다(위 협정서 제13조 본문). 따라서 구성원이 내부합의에 따라 각자 별도의 공사부분을 분할하여 시공하였다고 하더라도 일부 구성원의 공사 미완성, 하자, 공사지체 등에 따른 책임이 발생하면 전체 구성원들이 전체에 대하여 연대책임을 부담하게 된다. 또한 그 경우 각 공사는 전체로서 하나를 이루고 준공기한도 공사 전체의 준공기한이므로, 일부 구성원이 자신이 맡은 공사를 준공기한 내에 하지 못함으로써 지체책임을 부담하는 경우 그 지체상금의 기준이 되는 계약금액은 당해 구성원이 맡은 부분에 해당하는 공사대금이 아니라 전체 공사대금이 된다.[39)40)41)]

고, 거기에 원고의 상고이유 제1점이 내세우는 위 사실인정에 관한 채증법칙 위배나 심리미진의 위법, 또는 피고의 상고이유 제1점의 주장과 같은 조합관계의 성립에 관한 법리오해 등의 위법이 없다(대법원 1997. 8. 26. 선고 97다4401 판결; 2001. 2. 23. 선고 2000다68924 판결; 2003. 2. 11. 선고 2002다44908 판결 등 참조)."

38) 진상범, 앞의 글, 147-148면 참조.

39) 김홍준, 앞의 책, 101면 참조. 한편 대법원 1994. 3. 25. 선고 93다42887 판결은 "갑과 을이 함께 지하차도 확장공사를 국가로부터 도급받아 갑은 포장을 제외한 전체 공사를, 을은 포장공사를 각 나누어 받기로 한 경우 공사 중 갑 및 을이 각 책임지기로 한 부분이 특정되어 있기는 하나, 공사이행에 관하여 상호연대보증을 하였으며 도급인인 국가의 입장에서 보면 갑 및 을이 맡은 위 각 공사는 전체로서 지하차도 확장공사라는 하나의 시설공사를 이루고 있는 것이고, 또한 위 공사의 성질상 을이 맡은 포장공사는 갑이 맡은 나머지 공사를 완공한 후에 할 수 있는 공사이어서, 갑이 자신이 맡은 공사를 완공하지 못하는 경우는 을도 그가 맡은 포장공사를 준공기한 내에 하지 못하는 것이며, 위 도급계약에서 정한 준공기한도 갑이 맡은 공사만의 준공기한이 아니라 을이 맡기로 한 포장공사까지 포함한 공사 전체의 준공기한이므로, 갑이 자신이 맡은 공사를 위 준공기한 내에 하지 못함으로써 지체상금을 부담하는 경우 그 지체상금의 기준이 되는 계약금액은 갑이 맡은 부분에 해당하는 공사대금뿐만 아니라 공사의 전체 공사대금으로 보아야 한다."고 판시하고 있으나, 위 판결의 사안은 통상적인 공동이행방식에 의한 공동도급계약이 아니라 분담이행방식 또는 그와 유사한 공동도급계약에 관한 사안으로 보인다.

40) 분담이행방식의 경우에는 특별한 사정이 없는 한 직접 공사지체를 야기한 구성원만 분담부분에 한하여 지체책임을 부담한다(대법원 1998. 10. 2. 선고 98다33888 판결 참조).

41) 분담이행방식의 경우, 공동수급체 구성원인 갑과 을이 공사이행에 관하여 상호연대보증을 하였고, 갑과 을의 공사가 도급인의 입장에서 전체로서 하나의 공사를 이루고 있는

공동수급체의 구성원들이 부담하는 도급계약상 책임은 상행위가 되는 행위로 인하여 부담한 것으로서 상법 제57조 제1항에 따라 연대책임인 것이므로, 위 협정서의 규정들은 이러한 점을 명백히 한 것이다(구성원들이 상인임을 전제로 하는 것이며, 대부분의 경우 그러할 것이다).[42]

도급인은 계약이행청구, 지체상금청구, 하자보수청구나 이에 갈음한 손해배상청구를 공동수급체 구성원 전체 또는 일부에 대하여 할 수 있으며, 구성원은 특별한 사정이 없는 한 그 부분이 자신의 시공부분이 아니라는 이유로 이를 거절할 수 없다.

다만 운용요령이 2014. 1. 10. 개정되면서 위 협정서도 개정되어, 공사이행보증서가 제출된 공사인 경우 계약이행요건을 충족하지 못하는 구성원은 출자비율에 따라 계약상의 의무이행과 하자보수 책임을 지게 되었으므로(운용요령 제7조 제1항 제1호 단서, 위 협정서 제6조 단서, 제13조 단서), 이 한도 내에서는 공동수급체 구성원의 연대책임이 제한된다.

한편 분담이행방식의 공동수급체의 경우에도 구성원 중 일부가 파산 또는 해산, 부도 등으로 계약을 이행할 수 없는 경우에는 잔존구성원이 이를 이행하여야 한다. 잔존구성원만으로는 면허, 실적, 시공능력공시액 등 잔여계약이행에 필요한 요건을 갖추지 못할 경우에는 발주자의 승인을 얻어 새로운 구성원을 추가하는 등의 방법으로 해당요건을 충족하여야 한다[공동수급표준협정서(분담이행방식) 제13조 제2항 참조].

것이며, 공사의 성질상 갑이 맡은 공사가 을이 맡은 공사의 선행공종이어서 그 공사가 완성되지 못하면 을도 공사를 할 수 없는 경우라면, 갑이 자신이 맡은 공사를 준공기한 내에 하지 못함으로써 지체상금을 부담하는 경우 그 지체상금의 기준이 되는 계약금액은 갑이 맡은 부분에 해당하는 공사대금뿐만이 아니라 공사의 전체 공사대금으로 보아야 할 것이다(대법원 1994. 3. 25. 선고 93다42887 판결).

42) 대법원 2015. 3. 26. 선고 2012다25432 판결 등 다수 참조("공동이행방식의 공동수급체는 민법상 조합의 성질을 가지는데, 조합의 채무는 조합원의 채무로서 특별한 사정이 없는 한 조합채권자는 각 조합원에 대하여 지분의 비율에 따라 또는 균일적으로 권리를 행사할 수 있지만, 조합채무가 조합원 전원을 위하여 상행위가 되는 행위로 인하여 부담하게 된 것이라면 상법 제57조 제1항을 적용하여 조합원들의 연대책임을 인정함이 상당하므로, 공동수급체의 구성원들이 상인인 경우 공사도급계약에 따라 도급인에게 하자보수를 이행할 의무는 구성원 전원의 상행위에 의하여 부담한 채무로서 공동수급체의 구성원들은 연대하여 도급인에게 하자보수를 이행할 의무가 있다.").

5) 탈퇴시의 관계

구성원 중 일부가 탈퇴하는 경우 잔존구성원이 연대하여 해당계약을 이행하여야 한다[공동수급표준협정서(공동이행방식) 제12조 제2항 본문]. 다만 잔존구성원만으로 면허, 실적, 시공능력공시액 등 잔여계약이행에 필요한 요건을 갖추지 못할 경우에는 잔존구성원이 발주기관의 승인을 얻어 새로운 구성원을 추가하는 등의 방법으로 해당 요건을 충족하여야 한다(같은 항 단서).

라. 공동이행방식의 공동수급체와 제3자의 관계

1) 하도급관계

가) 원칙

공동수급체가 하도급계약을 체결하는 경우 구성원 전원의 명의로 체결하는 것이 원칙일 것이다. 만일 구성원 중 일부 구성원이 단독으로 하도급계약을 체결하고자 하는 경우에는 다른 구성원의 동의를 받아야 할 것이나[공동수급표준협정서(공동이행방식) 제7조], 이 경우에도 공동수급체 대표자 명의로 체결하는 것이 원칙일 것이고, 대표자 아닌 다른 구성원 명의로 하도급계약을 체결할 경우 개별 하도급계약 체결 행위에 대하여 각 구성원의 대리권 수여행위가 필요하다.[43)]

공동이행방식의 공동수급체는 기본적으로 민법상 조합의 성질을 가지고, 하도급계약은 조합원인 공동수급체 구성원 전원을 위하여 상행위가 되는 행위로 체결된 것이므로, 공동수급체가 하도급계약을 체결한 경우 공동수급체의 구성원들은 상법 제57조 제1항에 따라 연대하여 하수급인에 대하여 책임을 부담하는 것이 원칙이다(대법원 2009. 10. 29. 선고 2009다46750 판결 등 참조). 상행위가 되지 않는 예외적인 경우라면 공동수급체 구성원들이 분담비율에 따라 책임을 질 것이다(민법 제712조).

다만 공동수급체가 하도급계약을 체결할 때 공동수급체가 아닌 개별 구성원으로 하여금 그 지분비율에 따라 직접 하수급인에 대하여 채무를 부담하게 하는 약정을 한 경우와 같이 하도급계약의 내용에 따라서는 공동수급체의 개별 구성원이 하수급인에게 부담하는 채무가 공동수급체의 구성원 각자에게 그 지

43) 윤재윤, 앞의 책, 410면 참조.

분비율에 따라 구분하여 귀속될 수도 있을 것이다(대법원 2013. 3. 28. 선고 2011다97898 판결 참조).

나) 구성원 일부 명의로 하도급계약을 체결한 경우

공동수급체의 구성원이 단독 명의로 하도급계약을 체결한 경우 당해 하도급계약이 공동수급체가 체결한 하도급계약인지 여부는 당사자 확정의 문제로서 의사해석의 문제이다(대법원 2002. 5. 24. 선고 2000다72572 판결 등 참조).

의사표시의 해석은 당사자가 그 표시행위에 부여한 객관적인 의미를 명백하게 확정하는 것으로서, 계약당사자 사이에 어떠한 계약 내용을 처분문서인 서면으로 작성한 경우에는 그 서면에 사용된 문구에 구애받는 것은 아니지만 어디까지나 당사자의 내심적 의사의 여하에 관계없이 그 서면의 기재 내용에 의하여 당사자가 그 표시행위에 부여한 객관적 의미를 합리적으로 해석하여야 하며(대법원 1995. 6. 30. 선고 94다51222 판결; 2000. 10. 6. 선고 2000다27923 판결 참조), 이 경우 문언의 객관적인 의미가 명확하다면, 특별한 사정이 없는 한 문언대로의 의사표시의 존재와 내용을 인정하여야 한다(대법원 2002. 5. 24. 선고 2000다72572 판결 참조).

공동수급체는 대표자를 선정하여야 하고 그 대표자가 공동수급체의 업무를 처리할 권한을 가진다는 점 등에 비추어 볼 때, 공동수급체 대표자가 아닌 다른 구성원이 개별 명의로 하도급계약을 체결한 경우, 당해 하도급계약은 공동수급체가 체결한 하도급계약으로 보기 어려울 것이다.[44]

다만 구체적인 경위에 비추어 볼 때 대표권 없는 구성원의 행위이지만 묵시적인 대리권 수여사실이 인정되거나 공동수급체를 위하여 이루어진 것으로 믿을 만한 사정이 있는 경우(예컨대 다른 구성원이 함께 시공하는 공사현장에서 하수급공사를 시공하면서 다른 구성원과 긴밀한 연관을 갖는 경우)에는 표현대리가 성립될 수도 있다는 견해가 있다.[45] 계약을 체결한 구성원이 다른 구성원과 함께 시공하는 공사현장과 관련하여 하도급계약을 체결하고, 다른 구성원들도 하도급현장에 소속 직원들을 보내 협력·감시 등의 업무를 수행하게 한 경우 등과 같이 극히 예외적인 경우에 한하여 공동수급체를 계약당사자로 볼 수 있을 뿐이

44) 윤재윤, 앞의 책, 410면; 김홍준, 앞의 책, 103면 각주 98) 참조.

45) 윤재윤, 앞의 책, 410면 참조.

라는 견해도 있다.[46)]

공동수급체 대표자가 하도급계약을 체결한 경우에도 당연히 당해 하도급계약이 공동수급체가 체결한 계약으로서 구성원들이 그에 대한 연대책임을 부담한다고 볼 수는 없겠으나, 구성원들이 대표자에게 하도급계약을 체결할 권한을 명시적, 묵시적으로 위임한 경우에는(민법 제709조에 따라 대표자의 대리권은 추정된다) 특별한 사정이 없는 한 대표자가 체결한 하도급계약은 공동수급체가 체결한 계약으로서 구성원들이 그에 대한 연대책임을 부담한다고 볼 것이다.[47)] 공동수급체 대표자가 공동수급체의 대표자임을 현명하지 않은 경우에도 같다(상법 제48조 제1항, 대법원 2009. 10. 29. 선고 2009다46750 판결; 2009. 1. 30. 선고 2008다79340 판결 참조).

한편 대법원은 "피고와 국제토건은 공동수급체를 결성하여 마산시로부터 월영동 택지조성공사를 공동으로 수급하여 그 공사를 공동으로 진행함에 있어서 국제토건이 공동수급체의 대표자로 행동하고 있었던 것으로 보이고, 공동수급체는 기본적으로 민법상의 조합의 성질을 가지는 것이므로 국제토건은 공동수급체의 대표자로서 업무집행자의 지위에 있었다고 한다면 국제토건과 피고의 사이에는 민법상의 조합에 있어서 조합의 업무집행자와 조합원의 관계에 있었다고 할 것이어서, 국제토건이 1995년 12월 무렵 공동수급체의 업무집행으로서 하수급인인 원고에게 국제토건이 분담하여야 할 공사대금뿐만 아니라 피고가 분담하여야 할 공사대금까지도 함께 변제하기 위하여 약속어음 4장을 교부하고 원고로부터 그에 대한 입금표와 세금계산서를 교부받았다면 이는 공동수급체의 구성원들인 피고와 국제토건의 사무처리를 위하여 한 것으로 보아야 할 것이고, 그 후 1996년 1월 무렵 피고가 국제토건으로부터 원고가 발행한 입금표와 세금계산서를 교부받고 원고에 대한 방음벽설치공사 하도급대금을 포함하여 공동으로 수급한 사업과 관련하여 피고가 부담하여야 할 공사대금을 국제토건에 지급한 것은 공동수급체의 구성원들 사이의 내부관계에서 분담비용을 정산한 것으로 볼 여지가 충분하다고 할 것이다."라고 판시한 바 있다(대법원 2000. 12. 12. 선고 99다49620 판결).

---

46) 김홍준, 앞의 책, 103면 각주 98) 참조.
47) 진상범, 앞의 글, 144면 참조.

2) 불법행위책임

공동수급체가 공사수행과정에서 제3자에게 불법행위를 한 경우, 당해 공사를 공동수급체 구성원 전원이 수행하였다면 당연히 공동수급체 구성원 전원이 불법행위책임을 부담할 것이고(민법 제760조), 이러한 불법행위책임은 공동수급체 구성원들 사이에서 부진정연대책임관계에 있다(대법원 1993. 5. 27. 선고 93다6560 판결 등 다수 참조).

당해 공사를 공동수급체 구성원 중 일부가 수행하였다면, 원칙적으로 실제 공사를 한 구성원만이 불법행위책임을 지는 것이 원칙이다. 공동수급체 구성원들이 도급인이나 하수급인 등에 대하여 연대책임을 부담하는 것은 상법 제57조 제1항에 기한 것인데, 위 규정은 계약책임을 전제로 하는 것이기 때문이다.

다만 동업관계에 있는 자들이 공동으로 처리하여야 할 업무를 동업자 중 1인에게 맡겨 그로 하여금 처리하도록 한 경우 다른 동업자는 그 업무집행자의 동업자인 동시에 사용자의 지위에 있다 할 것이므로, 업무집행과정에서 발생한 사고에 대하여 사용자로서 손해배상책임이 있다는 것이 대법원판례인데(대법원 1998. 4. 28. 선고 97다55164 판결; 1999. 4. 27. 선고 98다36238 판결; 2006. 3. 10. 선고 2005다65562 판결 등 참조), 위 대법원판례가 적용될 수 있는 사안의 경우에는 공동수급체 구성원 일부가 공사를 수행하는 과정에서 이루어진 불법행위에 대하여 공동수급체 구성원 전원이 부진정연대책임을 부담하게 될 것이다.

3) 구성원 일부에 대한 입찰참가자격 제한처분이 공동수급체에 미치는 영향

계약 체결을 위한 입찰절차에서 입찰서 제출에 하자가 있다 하여도 그것만으로 해당 입찰이 무효가 되는 것은 아니고, 그 하자가 입찰절차의 공공성과 공정성이 현저히 침해될 정도로 중대할 뿐 아니라 상대방도 그러한 사정을 알았거나 알 수 있었을 경우 또는 그러한 하자를 묵인한 낙찰자의 결정 및 계약 체결이 선량한 풍속 기타 사회질서에 반하는 결과가 될 것임이 분명한 경우 등 이를 무효로 하지 않으면 그 절차에 관하여 규정한 국가계약법의 취지를 몰각하는 결과가 되는 특별한 사정이 있는 경우에 한하여 무효가 된다고 해석함이 타당하다(대법원 2006. 6. 19.자 2006마117 결정 등 참조).

이와 같은 취지에서 공동수급체 구성원 중 일부에 입찰참가 무효사유가 있어 그 구성원이 입찰절차에서 배제된다고 하여 그러한 사유가 없는 나머지 구

성원의 입찰참가가 당연히 무효가 된다고 볼 수는 없고, 나머지 구성원만으로 입찰적격을 갖출 수 있는지 여부 등 일부 구성원의 입찰참가 무효사유가 공동수급체 입찰에 미치는 영향을 고려하여 나머지 구성원들 입찰의 효력 유무를 판단하여야 한다(대법원 2012. 9. 20.자 2012마1097 결정 참조).

한편, 공동수급체를 구성하여 입찰에 참가하고자 하는 자가 입찰적격자 선정 이후 낙찰자 결정 이전에 공동수급체의 일부 구성원에게 부도, 부정당업자제재, 영업정지, 입찰무효 등의 결격사유가 발생한 경우(결격사유가 입찰참가등록 마감일 이전에 소멸되는 경우는 제외, 이하 같음)에는 잔존구성원의 출자비율 또는 분담내용을 변경하거나 결격사유가 발생한 구성원을 대신할 새로운 구성원을 추가하도록 하여 입찰적격자 선정범위에 해당되는지의 여부를 재심사하여야 하며, 잔존구성원만으로 또는 새로운 구성원을 추가하도록 하여 입찰적격자 선정범위에 해당되는 때에는 해당 공동수급체를 입찰에 참가하게 하여야 한다. 다만, 공동수급체 대표자가 부도, 부정당업자제재, 영업정지, 입찰무효 등의 결격사유가 발생한 경우에는 해당 공동수급체를 입찰에 참가하게 하여서는 아니 된다[입찰참가자격사전심사요령(기획재정부 계약예규 제282호, 2016. 1. 1. 일부개정) 제10조 제2항 참조].

마. 공동수급체 내부관계

1) 공동수급체의 구성

가) 공동수급체 구성원의 자격과 지분비율

공동수급체 구성원은 당해 계약을 이행하는데 필요한 면허·허가·등록 등의 자격요건을 갖추어야 한다. 분담이행방식의 경우 구성원이 공동으로, 공동이행방식의 경우 각각의 구성원이 자격을 갖추어야 한다. 주계약자관리방식의 경우 주계약자는 전체공사를 이행하는데 필요한 자격요건을 갖추어야 하며, 나머지 구성원은 분담공사를 이행하는데 필요한 자격요건을 갖추면 된다(운용요령 제9조 제1항). 다만 제한경쟁입찰의 경우 당해 계약에서 요구되는 시공능력, 공사실적, 기술보유상황 등이 건설산업기본법 등 관련 법령에서 규정하고 있는 면허와 동일한 경우에는 공동수급체 구성원 모두의 것을 합산하여 적용한다(같은 조 제2항).

분담이행방식의 공동수급체 구성원은 5인 이하이어야 하고(최소지분율 제한은 없음), 공동이행방식의 경우에는 5인 이하, 최소지분율 10% 이상[48]이어야 하며, 주계약자관리방식의 경우 10인 이하, 최소지분율 5% 이상이어야 한다(운용요령 제9조 제5항 본문 및 각호). 다만 계약담당공무원이 필요하다고 인정할 경우에는 공동계약의 유형별 구성원 수와 구성원별 계약참여 최소지분율을 각각 20% 범위 내에서 가감할 수 있다(운용요령 제9조 제5항 단서). 한편 구성원 일부가 현금 이외의 출자를 한 경우의 출자비율은 당시 시가를 고려하여 구성원들이 협의하여 평가한다[공동수급표준협정서(공동이행방식) 제9조 제3항].

또한 계약담당공무원은 시행령 제72조 제3항에 따른 공동계약의 경우에 공사의 특성 등을 고려하여 지역업체의 최소지분율을 시행령 제72조 제3항 제1호에 따른 공동계약은 30% 이상으로, 시행령 제72조 제3항 제2호에 따른 공동계약은 40% 이상(다만, 시행령 제6장에 따른 대형공사의 경우에는 20% 이상)으로 할 수 있고, 그 경우 그 내용을 입찰공고에 명시하여야 한다(운용요령 제9조 제6항).

시행령 제72조 제3항 제2호에 따른 공동계약에 따른 공동수급체의 구성원이 되는 지역업체는 입찰공고일 현재 90일 이상 해당 공사현장을 관할하는 특별시·광역시 및 도에 주된 영업소가 소재한 업체이어야 한다(운용요령 제9조 제7항).

[시행령 제72조 제3항]

각 중앙관서의 장 또는 계약담당공무원은 제2항에 따른 공동계약을 체결할 때 다음 각 호의 어느 하나에 해당하는 사업인 경우에는 공사현장을 관할하는 특별시·광역시·도 및 특별자치도에 주된 영업소가 있는 자 중 1인 이상을 공동수급체의 구성원으로 하여야 한다. 다만, 해당 지역에 공사의 이행에 필요한 자격을 갖춘 자가 10인 미만인 경우에는 그러하지 아니하다.

1. 추정가격이 고시금액 미만이고 건설업 등의 균형발전을 위하여 필요하다고 인정되는 사업
2. 저탄소·녹색성장의 효과적인 추진, 국토의 지속가능한 발전, 지역경제 활성화 등을 위하여 특별히 필요하다고 인정하여 기획재정부장관이 고

48) 다만, 공동이행방식에 있어 시행령 제6장의 대형공사와 제8장의 기술제안입찰 등에 의한 계약에 의한 공사 중 추정가격이 1,000억원 이상인 공사의 경우에는 10인 이하, 최소지분율 5% 이상이다(운용요령 제9조 제5항 나호 괄호안 참조).

> 시하는 사업. 다만, 외국건설업자(「건설산업기본법」 제9조에 따라 건설업의 등록을 한 외국인 또는 외국법인을 말한다)가 계약상대자에 포함된 경우는 제외한다.

다만 공동수급체 구성원이 동일 입찰 건에 대하여 공동수급체를 중복적으로 결성하여 입찰에 참가하거나, 시행령 제72조 제3항에 의한 공동계약의 경우와 주계약자관리방식에 의한 공동계약의 경우 「독점규제 및 공정거래에 관한 법률」에 의한 상호출자제한기업집단 소속 계열회사들이 공동수급체를 구성할 수 없다(운용요령 제9조 제4항).

공동계약을 체결한 후 공동수급체 구성원의 출자비율 또는 분담내용의 변경은 원칙적으로 허용되지 않는다(운용요령 제12조 제1항 본문).

다만 ① 시행령 제64조 내지 제66조에 의한 계약내용의 변경(물가변동, 설계변경, 기타 계약내용 변경으로 인한 계약금액 조정)이나 파산, 해산, 부도, 법정관리, 워크아웃(기업구조조정촉진법에 따라 채권단이 구조조정 대상으로 결정하여 구조조정 중인 업체), 중도탈퇴의 사유로 인하여 당초 협정서의 내용대로 계약이행이 곤란한 구성원이 발생하여 공동수급체 구성원 연명으로 출자비율 또는 분담내용의 변경을 요청한 경우와 ② 주계약자관리방식에서 구성원이 정당한 사유없이 계약을 이행하지 아니하거나 지체하여 이행하는 경우 또는 주계약자의 계획·관리 및 조정 등에 협조하지 않아 계약이행이 곤란하다고 판단되는 경우로서 주계약자가 변경사유와 변경내용 등을 계약담당공무원에게 통보한 경우에는 출자비율 또는 분담내용을 변경할 수 있다[운용요령 제12조 제1항 단서, 제4항, 공동수급표준협정서(공동이행방식) 제9조].

위와 같은 출자비율 또는 분담내용의 변경에 대해서는 계약담당공무원의 승인을 받아야 한다. 다만 주계약자관리방식의 경우 계약담당공무원은 통보받은 주계약자의 변경내용이 계약의 원활한 이행을 저해하지 않는 한 이를 승인해야 한다(운용요령 제12조 제4항 제2문).

계약담당공무원은 출자비율 또는 분담내용의 변경을 승인함에 있어 구성원 각각의 출자지분 또는 분담내용 전부를 다른 구성원에게 이전하게 하여서는 아니 된다(운용요령 제12조 제2항 본문). 다만 주계약자관리방식에서 공동수급체 구성원 중 일부가 파산, 해산, 부도 등으로 계약을 이행할 수 없는 사유 등으로 공동수급체 구성원의 출자비율 또는 분담내용의 변경을 승인하는 경우에는 그러하지 아니하다(같은 항 단서).

공동수급체는 원칙적으로 구성원을 추가할 수 없다(운용요령 제12조 제3항 본문). 다만 계약내용의 변경이나 공동수급체 구성원의 파산, 해산, 부도, 법정관리, 워크아웃(기업구조조정촉진법에 따라 채권단이 구조조정 대상으로 결정하여 구조조정 중인 업체), 중도탈퇴의 사유로 인하여 잔존구성원만으로는 면허, 시공능력 및 실적 등 계약이행에 필요한 요건을 갖추지 못할 경우로서 공동수급체 구성원 연명으로 구성원의 추가를 요청한 경우에는 그러하지 아니하다(같은 항 단서).

공동수급체를 구성하여 공사를 수행한 경우의 시공실적은 분담이행방식의 경우 공동수급체의 구성원별 분담부분에 따라 배분한다(운용요령 제9조 제3항 제1호). 공동이행방식의 경우에는 금액은 공동수급체의 구성원별 출자비율에 해당되는 금액에 따라, 규모 또는 양은 실적증명 발급기관에서 공사의 성질상 공동수급체의 구성원별 실제 시공부분을 분리하여 구분할 수 있는 경우에는 실제 시공한 부분을 기준으로, 분리·구분할 수 없는 경우에는 출자비율을 기준으로 배분한다(운용요령 제9조 제3항 제2호). 주계약자관리방식의 경우에는 주계약자 아닌 구성원은 분담부분을 기준으로 배분하고, 주계약자는 건설산업기본법 시행규칙 제23조 제10항[49]에 따라 종합공사를 시공하는 업종을 등록한 건설업자가 주계약자로서 다른 전문공사를 시공하는 업종을 등록한 건설업자가 분담하여 시공하는 공사를 계획·관리 및 조정한 경우에는 전체 시공부분을, 다른 종합공사를 시공하는 업종을 등록한 건설업자가 분담하여 시공하는 공사를 계획·관리 및 조정한 경우에는 전체 시공분의 1/2을 실적으로 인정받는다(운용요령 제9조 제3항 제3호).

나) 대표자 선임 및 지위

공동수급체 구성원은 상호 협의하여 공동수급체의 대표자를 선임하여야 하나, 시행령 제36조에 의한 입찰공고에서 요구한 자격을 갖춘 회사를 우선적으로 선임하여야 한다(운용요령 제4조 제1항 본문). 주계약자관리방식의 경우 주

49) 운용요령 제9조 제3항 3호 다목은 건설산업기본법 시행규칙 제23조 제6항이라고 규정하고 있으나, 건설산업기본법 시행규칙 제23조 제6항은 제10항으로 변경되었다.

계약자를 대표자로 선임하여야 한다(운용요령 제4조 제1항 단서). 이와 같이 선임된 대표자가 발주자 및 제3자에 대하여 공동수급체를 대표하고, 공동수급체의 재산의 관리 및 대금청구 등의 권한을 가진다[운용요령 제4조 제2항, 공동수급표준협정서(공동이행방식) 제3조 제3항].[50)]

다만 시행령 제42조 제4항에 의한 종합심사낙찰제 대상공사 입찰의 경우에는 공동수급체 대표자의 출자비율 또는 분담내용이 50% 이상이 되어야 하며, 주계약자관리방식에 의한 공동계약의 경우에는 공사의 내용 및 특성에 따라 분담내용을 정하여야 한다(운용요령 제4조 제5항).

주계약자관리방식의 공동수급체 대표자는 공사시방서 · 설계도면 · 계약서 · 예정공정표 · 품질보증계획 또는 품질시험계획 · 안전 및 환경관리계획 · 산출내역서 등에 의하여 품질 및 시공을 확인하고, 적정하지 못하다고 인정되는 경우에는 재시공지시 등 필요한 조치를 하여야 하고(운용요령 제4조 제3항), 공사 진행의 경제성 및 효율성 등을 감안하여 공동수급체 구성원과의 협의를 거쳐 자재 및 장비 등의 조달을 일원화하여 관리하여야 한다(같은 조 제4항).

2) 공동수급체의 운영 – 공동수급협정 등

공동수급체는 공동수급체의 법률관계를 규율하기 위하여 공동수급표준협정서를 참고하여 공동수급협정서를 작성하여야 하고, 이를 입찰참가시 신청서류와 함께 제출하여야 한다(운용요령 제5조). 이러한 공동수급협정은 당사자 간의 서명과 동시에 발효하며, 해당 계약의 이행으로 종결된다. 다만 발주자 또는 제3자에 대하여 공사와 관련한 권리 · 의무관계가 남아있는 한 협정서의 효력은 존속된다[공동수급표준협정서(공동이행방식) 제4조].

공동수급체 구성원은 공동수급협정에 의한 권리 · 의무를 제3자에게 양도

50) 조합의 업무집행 방법에 관한 민법 규정은 임의규정이므로, 당사자 사이의 약정에 의하여 민법상 조합인 공동수급체의 업무집행에 관하여 구성원 전원의 동의를 요하도록 하는 등 그 내용을 달리 정할 수 있고, 그와 같은 약정이 있는 경우에는 공동수급체의 업무집행은 구성원 전원의 동의가 있는 때에만 유효하다(대법원 1998. 3. 13. 선고 95다30345 판결 참조). 그리고 공동수급체의 구성원이 위와 같은 약정의 존재를 주장 · 증명하면 공동수급체의 대표자가 구성원을 대리할 권한이 있다는 추정(민법 제709조 참조)은 깨어지고, 대표자와 사이에 법률행위를 한 상대방이 나머지 구성원에게 그 법률행위의 효력을 주장하기 위하여는 그와 같은 약정에 따른 구성원 전원의 동의가 있었다는 점을 주장 · 증명할 필요가 있다(대법원 2002. 1. 25. 선고 99다62838 판결 참조).

할 수 없다[공동수급표준협정서(공동이행방식) 제11조]. 이와 관련하여 대법원은 공동수급체 구성원의 지위는 분할합병으로 인한 포괄승계의 대상이 되지 않는다고 보고 있다(대법원 2011. 8. 25. 선고 2010다44002 판결[51] 참조). 다만 공사대금채권을 개별채권으로 보는 위 대법원 2009다105406 전원합의체 판결에 의하면 공동수급체 구성원의 지위를 일신전속적이라고 단정하기 어렵게 되었다는 견해도 있다.[52]

이러한 공동수급협정이 공동수급체 내부의 법률관계를 규율하는 기본계약이 되는 것이나, 공동수급표준협정이 공동수급체에 관하여 발생하는 복잡·다양한 법률관계를 모두 규율하기가 어려워 실무상으로는 발주자에게 제출하는 공동수급협정과 별도로 공동수급체의 법률관계를 규율하는 상세한 내용의 계약(공동운영협정 등)을 따로 체결하는 경우가 많다.

공동수급협정은 당해 협정서가 도급계약의 내용에 편입되지 않는 한 그 자체로 도급계약의 내용을 이루는 것은 아니나, 제3자인 발주자로 하여금 직접 공동수급협정의 당사자들에 대하여 권리를 취득하게 하는 것을 목적으로 하여 체결된 제3자를 위한 계약에 해당되므로(대법원 2000. 9. 26. 선고 99다52077 판결 참조),[53] 실질적으로는 도급계약에 포함되는 것과 같은 효력이 있다.

공동수급체는 공동수급체 구성원을 위원으로 하는 운영위원회를 설치하여 계약이행에 관한 제반사항을 협의한다[공동수급표준협정서(공동이행방식) 제14조 제1항]. 공동수급협정에 규정되지 아니한 사항은 운영위원회에서 정한다(같은 조 제2항).

---

51) "상법 제530조의10은 분할 또는 분할합병으로 인하여 설립되는 회사 또는 존속하는 회사는 분할하는 회사의 권리와 의무를 분할계획서 또는 분할합병계약서가 정하는 바에 따라서 승계한다고 규정하고 있다. 즉 회사의 분할합병이 있는 경우에는 분할합병계약서에 정한 바에 따라 피분할회사의 권리의무는 사법상의 관계나 공법상의 관계를 불문하고 그 성질상 이전을 허용하지 않는 것을 제외하고는 분할합병으로 인하여 존속하는 회사에게 포괄승계된다(대법원 1980. 3. 25. 선고 77누265 판결 참조). 한편 공동수급체는 기본적으로 민법상의 조합의 성질을 가진다 할 것이고, 공동수급체의 구성원 사이에서 구성원 지위를 제3자에게 양도할 수 있기로 약정하지 아니한 이상, 공동수급체의 구성원 지위는 상속이 되지 않고 다른 구성원들의 동의가 없으면 이전이 허용되지 않는 귀속상의 일신전속적인 권리의무에 해당하므로(대법원 1981. 7. 28. 선고 81다145 판결 참조), 공동수급체의 구성원 지위는 원칙적으로 회사의 분할합병으로 인한 포괄승계의 대상이 되지 아니한다고 봄이 상당하다."

52) 김성근, 앞의 책, 391면 참조.

53) 진상범, 앞의 글, 142-143면; 김홍준, 앞의 책, 87면 각주 76); 김홍준, "공동수급체에 관한 몇 가지 법률문제(Ⅱ)," 한국건설법학회 2016. 1. 25. 발표(미공간), 13-14면 참조.

한편 공동수급체 구성원은 각종 보증금 납부시 공동수급협정서에서 정한 구성원의 출자비율 또는 분담내용에 따라 분할 납부하여야 한다. 다만, 공동이행방식 또는 주계약자관리방식에 의한 공동계약일 경우에는 공동수급체 대표자 또는 공동수급체 구성원 중 1인으로 하여금 일괄 납부하게 할 수 있다(운용요령 제10조).

공동수급체는 공사 착공시까지 계약담당공무원에게 공동수급체 구성원별 출자비율 또는 분담내용에 따른 공동계약이행계획서(이하 "계약이행계획서")를 제출하게 하여 승인을 받아야 하고, 계약이행계획서에는 ① 구성원별 이행부분 및 내역서(이행부분을 구분하지 아니하는 경우에는 제외), ② 구성원별 투입 인원·장비 등 목록 및 투입시기 ③ 그 밖에 발주자가 요구하는 사항이 포함되어야 한다(운용요령 제13조 제1항).

공동수급체는 구성원 연명으로 출자비율 또는 분담내용을 준수하는 범위 내에서 계약담당공무원에게 계약이행계획서의 변경에 대한 승인을 요청할 수 있고, 계약담당공무원은 계약이행계획서의 변경이 공사의 적정한 이행을 위하여 필요하다고 인정되는 경우에 한하여 이를 승인할 수 있다(운용요령 제13조 제2항).

한편 주계약자관리방식의 경우에 주계약자 이외의 공동수급체의 구성원 자신이 분담한 부분을 직접 시공하여야 하고, 다만 공동수급체 구성원이 종합건설업자인 경우 다른 법령이나 시공품질의 향상 및 현장사정 등 불가피한 사유가 인정되면 주계약자와 합의한 후 계약담당공무원의 승인을 받아 공사의 일부를 하도급할 수 있다(운용요령 제13조 제3항). 주계약자는 직접 시공에는 참여하지 않더라도 시공관리, 품질관리, 하자관리, 공정관리, 안전관리, 환경관리 등 시공의 종합적인 계획·관리 및 조정에만 참여하는 경우에도 계약을 이행한 것으로 본다(운용요령 제13조 제4항).

만일 공동수급체 구성원 중 정당한 이유없이 계약이행계획서에 따라 실제 계약이행에 참여하지 아니하는 구성원(단순히 자본참여만을 한 경우 등을 포함) 또는 출자비율 또는 분담내용과 다르게 시공하는 구성원 또는 주계약자관리방식에서 주계약자 이외의 구성원이 발주기관의 사전서면 승인없이 직접 시공하지 않고 하도급한 경우에는 입찰참가자격 제한조치를 하여야 한다(운용요령 제13조 제5항).

3) 공동원가분담금

가) 개념과 기본원칙

공동원가란 공동수급체가 도급계약을 이행하는 과정에서 지출하게 되는 하도급대금, 재료비, 노무비, 경비 등의 공동 필요경비를 가리킨다[공동수급표준협정서(공동이행방식) 제10조의2 제1항 참조].

공동수급체 구성원은 이러한 공동원가를 출자비율에 따라 분담하며, 각 구성원이 분담할 비용의 납부시기, 납부방법 등을 상호 협의하여 별도로 정할 수 있다[공동수급표준협정서(공동이행방식) 제10조의2 제1항, 제2항]. 공동수급체 구성원이 공동원가를 미납할 경우에 출자비율을 고려하여 산정한, 미납금에 상응하는 기성대가는 공동수급체 구성원 공동명의의 계좌에 보관하며, 납부를 완료하는 경우에는 해당 구성원에게 지급한다(같은 조 제3항).

공동원가분담금을 3회 이상 미납한 경우에 나머지 구성원은 발주기관의 동의를 얻어 해당 구성원을 탈퇴시킬 수 있다. 다만 탈퇴시킬 수 있는 미납 횟수에 대해서는 부담금 납부주기 등에 따라 발주자의 동의를 얻어 다르게 정할 수 있다[공동수급표준협정서(공동이행방식) 제10조의2 제4항].

나) 공동원가분담금 채무의 법적 성질 - 개별채무

공동수급체 구성원이 부담하는 공동원가분담금 채무의 법적 성질을 조합채무로 보는 견해도 있으나, 아래와 같이 대법원은 이를 개별채무로 파악하고 있다. 따라서 공동수급체 대표자가 공동원가를 먼저 부담한 후 공동수급체 구성원에 대하여 공동원가분담금을 청구한 경우, 일부 구성원이 무자력이더라도 나머지 구성원들이 무자력인 구성원의 분담금 채무를 지분비율에 따라 추가 부담하지 않으며, 대표자가 해당 손실을 전적으로 부담하게 된다.[54)]

즉 대법원 2015. 2. 12. 선고 2014다33284 판결은 "공동수급체 구성원의 공동원가부담의무는 구성원으로서의 출자의무에 다름없으므로, 공동수급체의 대표자가 공동수급운영협정에 따라 공동원가를 선지출한 경우 다른 구성원들은

---

54) 다만 위 해석은 공동수급체 구성원의 공사대금 채권의 성질을 개별채권으로 파악한 대법원 2012. 5. 17. 선고 2009다105406 전원합의체 판결의 법리를 전제로 한 것으로, 위 대법원 전원합의체 판결의 사안과 달리 공사대금 채권을 조합채권으로 보아야 하는 경우에는 달리 해석되어야 할 것이다.

공동수급운영협정에 따라 대표자에 대하여 그 지분비율에 따른 개별적인 공동원가분담의무를 부담할 뿐 민법 제713조에 따라 변제자력이 없는 다른 조합원의 공동원가분담의무에 대해서까지 보충적 책임을 지지 않는다."라고 판시하였다.

대법원 2016. 6. 10. 선고 2013다31632 판결도 같은 취지에서 공동이행방식의 공동수급체 구성원의 대표자에 대한 공동원가분담금 채무는 당해 조합원의 개별채무일 뿐 조합채무에 해당되지 않는다는 원심판결이 조합의 내부관계와 조합규정의 적용범위, 처분문서의 해석 등에 관한 법리를 오해하여 판결에 영향을 미친 위법이 있다고 할 수 없다고 판시하였다.

위 대법원 2013다31632 판결의 원심판결인 대구고등법원 2013. 4. 4. 선고 2012나1475 판결이 위와 같은 법리의 근거를 상세히 설시하고 있어 아래에서 인용한다.

> 공동이행방식의 공동수급체의 경우 기본적으로 민법상의 조합의 성질을 가지는 것이고, 민법상 조합의 채무는 조합원 전원에게 합유적으로 귀속한다. 그리고 이 사건 공동수급체의 대표자로서 업무집행조합원에 해당하는 원고가 이 사건 공사를 위하여 필요한 경비인 공동원가를 미리 지출한 사실은 앞서 본 바와 같다.
>
> 그러나 조합원은 조합계약에서 정한 바에 따라 출자의무를 부담하고, 업무집행조합원이 대외적으로 조합의 업무를 행사하고 이 경우 위임의 법리가 적용되나, 조합에 관한 민법 규정들은 임의규정으로 조합계약으로 다르게 정할 수 있는바(대법원 1988. 3. 8. 선고 87다카1448 판결 참조), 조합인 이 사건 공동수급체의 내부관계는 기본적으로 이 사건 도급계약, 이 사건 협약서 등 원고, 피고, ○○건설 사이의 약정에 따라야 한다.
>
> 이 사건에서 보건대, 앞서 든 증거들에 의하여 인정되는 아래와 같은 여러 사정과 판단을 종합하여 보면, ○○건설의 분담금은 ○○건설만이 원고에게 지급해야 할 책임이 있는 개별채무로 봄이 타당하고, 달리 ○○건설의 분담금이 조합채무에 해당함을 인정할 증거가 없다. (중략)
>
> (가) 이 사건 공동수급체와 같은 건설공동수급체의 공동경비인 공동원가는 공동수급체가 그 목적인 공동사업을 수행하여 얻는 수익인 공사대금을 창출하기 위하여 지출되는 비용이고, 공동수급체의 수익인 공사대금 외에 별도

로 공동수급체의 재산으로 귀속될 수 있는 재산은 보이지 않으므로 공동원가는 공사대금으로 충당하는 것이 원칙이다. 따라서 공동수급체의 구성원들로서는 공동수급체의 공사대금채권과 공동원가 분담의무를 서로 연관지워 약정함이 통상적이다.

즉, 건설공동수급체의 공사대금채권을 조합채권으로 정하는 취지는 공사대금을 건설공동수급체에게 귀속시켜 공사대금이 건설공동수급체 외부로 유출되지 않고 공동원가로 사용되도록 하는 데 있으므로 공사대금채권이 조합채권인 건설공동수급체에 있어서는 공동원가 분담채무를 조합채무로 볼 수 있다. 그러나 건설공동수급체가 공사대금채권을 지분율에 따른 구성원들의 개별채권으로 정하는 경우 공사대금채권은 지분율에 따라 구성원들에게 귀속될 뿐 건설공동수급체에 귀속되지 않으므로 이러한 경우에는 공동원가에 대한 채무 또한 공사대금의 귀속주체인 구성원들의 지분율에 따른 개별채무로 봄이 타당하다. 이와 달리 공사대금채권을 개별채권으로 보면서 공동원가 채무를 조합채무로 보게 되면, 개별채권을 모두 지급받은 구성원이 부도 등으로 공동원가를 지급하지 못할 경우 나머지 구성원이 그 책임을 지게 되는데 건설공동수급체 구성원이 그러한 상황을 감수하면서까지 공동수급협정을 맺는다고 보기는 어렵다.

(나) (중략) 따라서 이 사건 공동수급체의 구성원인 원고, 피고 및 ㅇㅇ건설은 ㅇㅇㅇㅇ공사에 대하여 그 지분비율에 따라 구성원 각자에게 구분하여 귀속하는 공사대금채권을 가진다고 할 것이므로, 이 사건 공동수급체의 공동원가분담금도 구성원들에게 개별적으로 귀속되는 개별채무라고 봄이 상당하다.

(다) 나아가 경리 회계에 대한 공동도급 관리지침에 의하면, 이 사건 공동수급체가 행하는 거래에 관한 일체의 경리업무는 대표사인 원고가 주관하며 공사비를 집행한 후 각 구성원의 지분율에 의거하여 공동원가를 청구하고, 각 구성원은 분담 청구된 자금 중 어음으로 지급되는 자재비 외의 모든 공사비는 매월 말일까지 지정계좌에 현금으로 입금하며, 분담 청구된 공동원가를 2개월 이상 지연하는 경우 발주처로부터 받은 매월의 기성금을 원고가 대신 받을 수 있도록 관련 서류(합의서 및 동의서)를 원고에게 제출하기로 하였는

> 바, 피고나 ○○건설이 분담 청구된 공동원가를 2개월 이상 지연하는 경우 피고나 ○○건설의 개별채권인 매월의 기성금을 원고가 받아서 미지급된 공동원가분담금을 해결할 수 있도록 한 것으로 보아도 이 사건 공동수급체는 각 구성원의 공동원가분담금을 대표사인 원고와 피고 또는 ○○건설 사이의 개별적 채권·채무관계로 약정하였다고 봄이 상당하다.

한편 공동수급체 각 구성원이 부담하는 공동원가분담금 지급채무는 조합내부관계에서 발생한 채무로서 조합원의 개별채무가 아니라 조합채무로 보아야 하고, 조합원은 조합내부관계에서 발생한 조합채무인 공동원가분담금 지급채무에 대하여 당연히 조합재산으로써 책임을 지나, 각 조합원이 조합채무에 대하여 개인재산으로써도 책임을 지는가는 '조합채권자가 조합원이 아닌 제3자인 경우에 적용되는 민법 제712조, 제713조'가 아니라 조합내부관계를 규율하는 조합계약의 해석을 통하여 해결할 수밖에 없으며, 공사대금채권을 개별채권으로 규율하는 공동수급체에 있어서는 공동원가분담금 지급채무도 개별채무로 파악하여야 하므로, 무자력인 다른 구성원의 공동원가분담금까지 책임을 부담할 필요가 없다고 하여 결론적으로 위 대법원판결에 찬성하는 견해도 있다.[55)]

다) 운영위원회의 공동원가 지출 승인

공동이행방식의 공동수급체 구성원은 공동수급협정을 통해 대표자나 구성원이 각자 공사를 시행하면서 공동원가를 집행하고, 나머지 구성원들이 나중에 지분비율에 따라 공동원가를 분담하기로 약정하는 경우가 대부분이다.[56)]

또한 공동수급체는 통상 공동수급협정 외에 공동운영협정 등의 명칭으로 공동수급체의 세부적인 법률관계를 정하는데, 이러한 공동운영협정에는 "현장소장은 실행예산의 범위 내에서 집행함을 원칙으로 하며, 실행예산 초과시에는 운영위원회의 승인을 얻어야 한다."는 취지의 규정이 포함되는 경우가 많다.

따라서 대표자 또는 특정 구성원이 주도적으로 공사를 시행하면서 공동원가를 집행하였으나 적자가 발생한 경우(약정된 공사대금보다 많은 비용이 투입된

55) 김홍준, 앞의 글, 16-17면 참조.
56) 윤재윤, 앞의 책, 413면; 김홍준, 앞의 책, 105면 참조.

경우), 공동원가의 적정성과 분담비율 등을 둘러싸고 공동수급체 사이에서 분쟁이 많이 발생하며, 특히 운영위원회의 승인 없이 지출된 공동원가를 다른 구성원이 분담할 의무가 있는지가 다투어지고 있다.

위와 같은 승인을 얻지 못하면 다른 구성원이 공동원가를 분담할 의무가 없다는 취지가 명확히 합의된 경우에는 그에 따라야 할 것이지만, 그렇지 않은 경우에 대해서는 현재까지 직접 적용될 수 있는 대법원판례는 없는 것으로 보이고, 아래와 같이 하급심판결례는 엇갈리고 있다.

[서울고등법원 2014. 1. 17. 선고 2013나19498 판결]

이 사건 현장 규칙 제50조 제1항 및 제57조 제1항에서는 공동수급체의 거래와 자금집행은 대표사인 원고가 처리한다고 하고 있으면서도, 같은 규칙 제13조 제2항 및 제15조 제2항에서는 **실행예산에 변경이 있는 경우 또는 실행예산을 초과하여 집행하는 경우에는 공동운영위원회의 승인을 필요로 한다고 정하고 있다.** (중략)

이 사건 현장 규칙 제13조 제2항 및 제15조 제2항은 대리권 제한 규정으로 원고는 확정된 실행예산의 범위 내에서만 예산을 집행할 수 있는 대리권을 가지고 실행예산을 초과하는 예산집행은 공동운영위원회의 승인이 있어야만 유효하나, **이 사건 공동운영위원회에서 실행예산을 승인하여 확정되었다고 볼 수 없는 이상**, 원고가 발주처로부터 지급받는 공사대금의 97.62%를 상회하는 예산을 집행할 때에 같은 규칙 제13조 제2항 및 제15조 제2항에 따라 공동운영위원회의 승인을 얻어야 할 의무가 발생하였다고 볼 수 없다. 따라서 **원고가 이 사건 공사에 관한 비용을 집행할 때 이 사건 공동수급체 공동운영위원회의 승인을 받지 않았다고 하더라도 피고는 원고가 집행한 공사비용에 대해 무효를 주장할 수 없다**.

[서울중앙지방법원 2014. 10. 22. 선고 2012가합76206 판결]

이 사건 협약의 해석상 **승인된 실행예산 또는 실행률을 초과하여 공사원가가 지출되었고 그에 관한 운영위원회의 승인이 없었다고 할지라도, 그 공사원가가 이 사건 공사와 관련된 것이고 이 사건 협약에서 정한 공사원가의 기준에 부**

합한다면, 피고는 그에 관하여 분담금을 지급할 의무가 있다고 봄이 타당하다.

① 이 사건 협약에서 실행예산을 초과하여 공사원가가 지출될 경우 이 사건 공동수급체의 운영위원회의 승인이 있어야 한다고 정하고 있으나(위 협약 제6장 제1조 제3호), 그러한 운영위원회의 승인이 없는 경우 초과하여 지출된 공사원가에 관하여 이 사건 공동수급체의 구성원에게 분담금 지급의무가 없는지, 운영위원회가 초과 지출된 공사원가에 관하여 어떠한 기준으로 승인을 할 것인지에 관하여는 각 아무런 정함이 없다.

② 이 사건 협약에서 실행예산을 초과한 경우에 운영위원회의 승인을 요구한 취지가 이 사건 공동수급체의 대표회사와 구성원들 사이에 공정하고 원활한 분담금 정산이 이루어지도록 공사원가의 지출 여부, 공사와의 관련성 등을 논의하려는데 있다고도 볼 수 있는 점을 고려하면, 명시적인 약정이 없는 한 반드시 운영위원회의 승인이 있어야만 분담금 지급의무가 발생한다고 해석되지 않는다.

③ 만약 운영위원회의 승인을 분담금 지급의무의 발생요건으로 본다면, 원고를 제외한 이 사건 공동수급체의 구성원들이 그 승인을 거부할 경우 실행예산을 초과하여 지출된 공사원가는 사실상 원고가 전부 부담하는 결과가 되는데, 이 사건 협약 당시 원고가 그와 같은 내용으로 공사원가의 분담에 관하여 약정할만한 특별한 사정이 보이지 않는다.

④ 이 사건 협약에서 정한 기본적인 원칙(위 협약 제1장 제3조 제2호 참조)과 민법상 조합의 법리(민법 제711조 참조)는 이 사건 공사와 관련된 비용과 이익을 지분 비율에 따라 분배하고, 원칙적으로 조합원 전체가 손해와 이익을 같은 비율로 향유하는 것인데, 피고의 주장대로 운영위원회의 승인이 없는 실행률을 초과하여 집행된 공사원가로서 이 사건 공사와 관련성은 인정되지만 적정성 또는 타당성이 운영위원회에 의하여 인정되지 아니한 부분에 관하여 피고에게 출자의무가 없다고 본다면, 원고가 피고 몫의 공사원가를 부담하는데 반하여 피고는 그 부분에 관한 공사대금을 받으며, 조합원별로 손해와 이익의 비율이 달라지는 결과가 되어 위 원칙이나 법리에 반하게 된다.

⑤ 이 사건 협약에서 이 사건 공동수급체의 소속 회사들은 매월 원고가 청구한 분담금을 지급하기로 하였고 아래에서 보는 바와 같이 소속 회사들이

> 분담금 지급의무 이행을 지체할 경우 높은 이율의 지연손해금을 지급하기로 한 점, 일반적으로 건설공사에서 공사비용을 제때 충당하지 못할 경우 공사가 지연되어 지체상금이 발생하거나 하도급받은 회사가 부도나는 등의 문제가 발생하기 때문에 공사비용을 제때 충당하는 것이 중요한 점, 지출된 공사원가가 적정한 것인지를 판단하기 위해서는 상당한 시간이 소요될 수 있는 점 등을 고려하면, 이 사건 협약에서 실행예산을 초과하여 지출된 공사원가에 관하여 운영위원회의 승인이 없는 한 공사원가를 청구할 수 없다고 정하였다고 보기는 어려운 측면이 있다.
>
> ⑥ 원고가 사실상 대부분의 이 사건 공사를 위한 업무를 하였고 그에 관한 주의의무를 다하지 못하여 적정하지 않은 공사원가를 지출하여 손해가 발생하였다고 할지라도, 그로 인한 손해는 이 사건 공동수급체가 입은 것이기 때문에 그 손해배상채권은 이 사건 공동수급체가 보유한 조합채권이므로, 원칙적으로 모든 조합원의 고유필수적 공동소송에 의하여만 청구할 수 있다. 그리고 조합관계가 종료되어 달리 조합의 잔여 업무가 남아있지 않은 경우 등에 한하여 잔여재산분배청구권 등의 방법으로 피고의 지분 부분에 관하여 주장할 수 있다(대법원 1999. 6. 8. 선고 98다60484, 1992. 4. 24. 선고 92다2509 판결 참조). 따라서 공사원가 지출의 적정성 또는 타당성 여부는 출자의무에 해당하는 분담금 지급의무의 발생요건이 아니라 업무집행조합원의 업무집행에 대한 손해배상채권으로서 정산의 단계에서 판단할 문제라고 봄이 타당하다.

학설로는 아래 대법원 2013. 2. 28. 선고 2011다79838 판결의 법리를 유추하여 운영위원회의 승인 없이 지출된 공동원가의 경우에도 적정성과 타당성이 인정되는 공동원가는 구성원들이 출자비율에 따라 부담하여야 한다거나,[57] 공동수급체 구성원의 공동원가분담의무를 공동수급체에 대한 '출자의무'로 보고, 대표자는 공동원가를 선지출(先支出)하기 전에는 공동수급체의 업무집행자로서 공동수급체를 대표하여, 공동원가를 선지출한 경우에는 구성원의 출자의무를 대신 변제한 대위변제자로서 나머지 구성원들을 상대로 공동원가분담금을 청구할 수 있으며, 다만 대표자가 소송을 통하여 나머지 구성원들을 상대로 공동원

57) 윤재윤, 앞의 책, 413-414면이 이와 유사한 취지로 보인다.

가분담금을 청구하기 위하여는 각 공사원가가 공동으로 수행하는 공사를 위하여 지출된 비용이라는 사실을 증명하여야 한다는 견해가 있다.[58]

[대법원 2013. 2. 28. 선고 2011다79838 판결]

토취장의 경우에는 당초 예정된 장소가 변경될 수 있음이 이미 예상되었고 토취장의 변경에 따라 운반거리가 변경되면 담당 시공사는 공사비 부담이 증가하므로, 감리원의 승인하에 토취장이 변경된 경우 감리단의 확인을 거친 공사비의 증가를 공동원가에 반영하여 다른 공동수급체들이 함께 분담하도록 하되, 그에 앞서 각 공동수급체들의 현장소장으로 구성된 기술분과위원회의 검증을 거치도록 하고 있다.

위와 같이 공동원가분담금 정산과 관련하여 각 공동수급체의 현장소장으로 구성된 기술분과위원회의 검증을 거치도록 한 것은 어느 공동수급체 구성원이 감리원의 승인 내지 확인하에 토취장을 변경하여 공사비가 증가한 경우 그 적정성과 타당성을 심사함으로써 공동수급체 구성원들 상호 간에 공정하고 원활한 분담금 정산이 이루어지도록 하는데 그 취지가 있는 것으로서, **이는 공동수급체 구성원들이 공동으로 부담하여야 할 분담금의 유무와 액수를 조사·결정하기 위한 절차일 뿐, 그 자체가 공동원가분담금채권의 발생요건이라고 볼 수는 없다**. 토취장 변경에 따른 공사비 증가에 관하여 기술분과위원회 또는 시공운영원회에서 전부 혹은 일부 승인 내지 **불승인 결정 등을 한다 하더라도 그러한 조치는 토취장 변경으로 공사비가 증가한 공동수급체 구성원이 다른 구성원들에 대하여 갖는 공동원가분담금채권의 존부 및 범위를 실체적으로 확정시키는 효력은 없고**, 그에 대하여 **이의가 있는 공동수급체 구성원은 다른 구성원들을 상대로 민사소송을 제기하여 정당한 공동원가분담금의 지급을 청구할 수 있다**고 보아야 할 것이다.

나아가 이 사건 협약의 해석상 기술분과위원회의 검증이 공동수급체 구성원의 토취장 변경 전에 반드시 사전에 이루어져야 하고 **사전 검증을 거치지 아니하면 토취장 변경에 따라 정당한 범위 내에서 증가한 공사비에 관하여 다른 공동수급체 구성원들에게 공동원가분담금을 청구할 권리가 상실된다고 볼 수도**

58) 김홍준, 앞의 글, 15면 참조.

> **없다**. 이 사건 협약에는 그러한 취지의 규정을 두고 있지 아니할 뿐만 아니라, 기술분과위원회의 검증절차를 둔 목적이 토취장 변경에 따른 공사비 증가의 적정성과 타당성을 심사하는데 있는 이상, 오로지 사전 검증만이 허용되고 사후 검증은 허용되지 아니한다고 볼 근거는 없다. 특히 토취장 변경에 따른 공사비의 증가를 사전에 추단하기 곤란한 사정이 있는 때에는 사후적으로 실제 변경된 토취장에서 채취한 토사량과 운반시간 등을 토대로 토취장 변경에 따른 공사비 증가의 적정성과 타당성을 심사하는 것이 더 합리적일 수도 있다.
>
> 만일 공동수급체 구성원이 토취장 변경 전에 사전 검증을 거치지 아니한 탓에 기술분과위원회에서 토취장 변경에 따른 공사비 증가의 적정성과 타당성을 인정할 만한 자료가 부족하다고 판단한다면, 이는 그 적정성과 타당성을 뒷받침하는 증거자료에 대한 가치평가의 문제일 뿐, 사전 검증을 받지 아니하였다는 이유를 들어 그 공동수급체 구성원의 다른 구성원들에 대한 공동원가분담금채권이 법률상 발생할 수 없다고 볼 것은 아니다. 이러한 경우에는 결국 그 공동수급체 구성원이 다른 구성원들 상대로 민사소송을 제기하고 그 소송 과정에서 쌍방의 공격방어방법 제출 여하에 따라 공동원가분담금채권의 존부 및 범위가 가려지게 될 것이다.
>
> 그렇다면 원고가 피고들에게 감리원의 승인 내지 확인하에 이루어진 토취장 변경에 따른 공사비 증가에 대하여 사후 검증을 요청하며 관련 자료를 제출하고 공동원가의 분담을 요구하였다가 기술분과위원회의 사전 검증을 거치지 아니하였다는 이유로 이를 거절당하자 이 사건 소로써 그 분담금의 지급을 청구한 이 사건에서, 원심으로서는 원고와 피고들이 제출한 주장과 증거를 면밀히 살펴 토취장 변경에 따른 공사비 증가의 적정성과 타당성을 심리한 후 원고의 피고들에 대한 공동원가분담금채권의 존부 및 범위에 관하여 판단하여야 할 것이다.

라) 공동원가분담금 채권의 소멸시효

민법 제163조 제3호에서 3년의 단기소멸시효에 걸리는 것으로 규정한 '도급받은 자의 공사에 관한 채권'은 수급인이 도급인에 대하여 갖는 공사에 관한 채권을 말하는 것이므로(대법원 1963. 4. 18. 선고 63다92 판결 등 참조), 공동원가분담금 채권은 위 단기소멸시효 규정이 적용되지 않는다(대법원 2013. 2. 28. 선고 2011다79838 판결 참조).

4) 공동수급체 대표자의 선관주의의무 위반(배임행위)과 대표자에 대한 손해배상 청구

가) 기본법리 및 문제점

공동수급체 대표자는 민법상 조합의 업무집행조합원으로 선량한 관리자의 주의의무로 업무를 처리하여야 한다(민법 제707조, 제681조 참조). 대표자가 선관주의의무를 위반하여 조합에 손해를 입힐 경우, 조합에 대하여 손해배상책임을 부담하게 되는데, 업무집행조합원에 대하여 손해배상을 청구할 수 있는 주체가 누구인지가 문제된다.

대법원은 대표자의 선관주의의무 위반으로 인한 손해는 조합의 손해이고, 결과적으로 조합원에게 손해가 발생하였다고 하더라도 이는 조합과 무관하게 개인으로서 입은 손해가 아니라 조합체를 구성하는 조합원의 지위에서 입은 손해에 지나지 않으므로, 피해자인 조합원은 개인의 지위에서 손해의 배상을 구할 수는 없고, 조합이 손해의 배상을 구하여야 한다고 일관되게 판시하고 있으며(대법원 1996. 9. 20. 선고 94다52881 판결; 1997. 11. 28. 선고 95다35302 판결; 1999. 6. 8. 선고 98다60484 판결 등 참조), 이는 민법상 조합의 기본법리에 충실한 해석이다.

그러나 대법원과 같이 해석할 경우 가해자인 업무집행조합원인 대표자가 조합을 위하여 자신에 대하여 손해배상청구를 할 것을 기대하기 어렵고, 조합원 전원이 대표자를 상대로 손해배상청구를 하는 것도 현실적으로 어렵다. 특히 대표자의 선관주의의무 위반으로 공동원가가 과도하게 투입된 경우, 대표자가 조합원에게 과투입한 공동원가의 분담을 청구한다고 하더라도 조합원은 대표자에 대한 손해배상청구권과 위 공동원가분담금청구권을 상계할 수 없고, 먼저 공동원가분담금을 지급한 후 조합원 전원이 대표자를 상대로 손해배상을 청구하여야 하는데, 이는 절차적으로 번거로울 뿐만 아니라 대표자가 무자력인 경우 여러 가지 문제가 발생한다. 이러한 문제점을 해소하기 위하여 아래와 같은 대안이 제시되고 있다.

나) 지분적 조합이론

지분적 조합의 개념은 공동수급체의 법적 성격에서 살핀 바와 같은데, 이에 의하면 선관주의의무 위반으로 인한 대표자에 대한 손해배상청구권은 공동수급체 구성원에게 지분비율에 따라 개별적으로 분할하여 귀속되게 된다.

이에 관한 대표적인 견해는 관급공사에 있어서 선급금반환채무가 구성원에게 분할·귀속된다는 대법원판결(대법원 2004. 11. 26. 선고 2002다68362 판결 등)을 고려할 때, 대법원이 공동수급체를 전형적이 민법상 조합이 아닌 지분적 조합이라는 특수한 조합으로 보고 있다는 입장으로,[59] 공사대금채권이 공동수급체 구성원에게 개별적으로 귀속된다는 대법원 전원합의체 판결(대법원 2012. 5. 17. 선고 2009다105406 전원합의체 판결 등) 역시 이러한 견해를 뒷받침하는 것으로 볼 수도 있다.[60]

다) 잔여재산분배청구권의 행사

대법원은 조합원 중 1인이 배임행위로 인하여 조합에 대하여 손해배상책임을 지는 상황에서 조합관계가 종료된 경우에, "조합의 잔여업무가 남아 있지 아니한 상황에서 조합의 유일한 재산이 배임행위를 한 조합원에 대한 손해배상채권의 형식으로 잔존하고 있는 경우, 다른 조합원은 배임행위를 한 조합원에게 그 손해배상채권액 중 자신의 출자가액 비율에 의한 몫에 해당하는 돈을 잔여재산분배금으로 청구할 수 있다."라고 판시하고 있다(대법원 1992. 4. 24. 선고 92다2509 판결; 2005. 12. 8. 선고 2004다30682 판결 참조). 또한 대법원은 조합해산시의 잔여재산분배에 관한 원칙으로 "조합이 해산된 경우 당사자 사이에 별도의 약정이 없는 이상 청산절차가 종료되지 아니한 상태에서 잔여재산의 분배를 청구할 수는 없다."고 하면서도, 그 예외로서 "조합의 잔무로서 처리할 일이 없고 다만 잔여재산의 분배만이 남아 있을 때에는 따로 청산절차를 밟을 필요가 없이 각 조합원은 자신의 잔여재산의 분배비율의 범위 내에서 그 분배비율을 초과하여 잔여재산을 보유하고 있는 조합원에 대하여 바로 잔여재산의 분배를 청구할

59) 남근욱, "공동수급체의 선급금반환의무(대법원 2004. 11. 26. 선고 2002다68362 판결)", 재판과 판례 제19집(2004), 대구판례연구회, 389면 이하 참조

60) 정원·류남욱, 온주 국가계약법 제25조 주석은 위 대법원 전원합의체 판결이 지분적 조합의 성격을 일부 인정한 것으로 보고 있다.

수 있다."라고 판시하고 있다(대법원 1998. 12. 8. 선고 97다31472 판결 참조).

다만 잔여재산분배의 방법과 시기는 '채권자의 보호와 잔여재산의 공평한 분배'라는 청산의 두 가지 목적을 고려하여 정하여야 할 것인데, 민법상의 청산절차를 거치지 않는 것이 조합채권자의 보호에 큰 장애가 되는 경우에는 청산절차 없이 잔여재산을 분배해서는 안 될 것이다.[61] 예를 들면, 조합이 제3자에 대하여 부동산소유권이전등기의무를 합유적으로 부담하고 있는 경우가 그러하다.[62]

이에 반하여 조합채권자의 보호나 잔여재산의 공평한 분배에 지장이 없다면 청산절차 없이 잔여재산을 분배해도 좋을 것이다. 특히 조합원이 조합에 대하여 불법행위책임이 있는 경우에는 바로 잔여재산의 분배청구를 할 수 있다고 하더라도 상관없을 것이다. 청산절차를 거치지 않더라도 조합의 채권자를 해할 우려도 없고, 조합원 사이의 공평한 청산이 저해되지도 않기 때문이다.[63]

결론적으로 ① 조합관계가 종료되고, ② 보호하여야 할 조합채권자가 없으며, ③ 잔여재산의 공평한 분배에 영향이 없는 경우에 조합의 청산절차를 거치지 않고도 조합원들은 잔여재산분배청구권을 행사할 수 있다는 전제 하에, 조합의 청산절차를 거치지 않고도 잔여재산분배청구권을 행사할 수 있는 상태에서 조합의 재산이 배임행위를 한 조합원에 대한 손해배상채권의 형식으로 잔존하고 있는 경우, 다른 조합원은 배임행위를 한 조합원에게 그 손해배상채권액 중 자신의 출자가액 비율에 의한 몫을 잔여재산분배금으로 청구할 수 있는 것이다.

라) 기타

기본적으로 위 1)항의 기존 대법원판례의 입장에 수긍하면서도, 공동수급체의 대표자가 선관주의의무를 다하지 못하여 과다한 공동원가가 지출되는 바람에 각 공동수급체 구성원들의 공동원가분담금지급의무가 늘어나게 되었다면, 각 구성원은 대표자의 과실로 자신의 출자의무가 늘어나게 되는 손해를 입었음을 이유로 하여 대표자 개인을 상대로 손해배상청구를 할 수 있다는 견해도 있다.[64]

---

61) 김재형, "조합에 대한 법적 규율", 민사판례연구 제19집, 민사판례연구회(1997. 2.), 661면.
62) 김재형, 앞의 글, 661면.
63) 김재형, "조합 해산시의 잔여재산분배청구권(대법원 1995. 2. 24. 선고 94다13749 판결)", 민사판례연구 제18집(1996. 5.), 민사판례연구회, 304면.
64) 김홍준, 앞의 글, 21면.

5) 출자의무 불이행을 이유로 한 이익분배 거부 가능 여부

공동수급체는 기본적으로 민법상의 조합의 성질을 가지는 것이므로, 공동수급체의 구성원인 조합원이 그 출자의무를 불이행하였더라도 이를 이유로 그 조합원이 조합에서 제명되지 아니하고 있는 한, 조합은 조합원에 대한 출자금채권과 그 연체이자채권, 그 밖의 손해배상채권으로 조합원의 이익분배청구권과 직접 상계할 수 있을 뿐이고, 조합계약에 달리 출자의무의 이행과 이익분배를 직접 연계시키는 특약(출자의무의 이행을 이익분배와의 사이에서 선이행관계로 견련시키거나 출자의무의 불이행 정도에 따라 이익분배금을 전부 또는 일부 삭감하는 것 등)을 두지 않는 한 출자의무의 불이행을 이유로 이익분배 자체를 거부할 수는 없다(대법원 2006. 8. 25. 선고 2005다16959 판결 참조).

바. 탈퇴시의 법률관계

공동수급체의 구성원은 원칙적으로 입찰 및 해당 계약의 이행을 완료하는 날까지 탈퇴할 수 없다[공동수급표준협정서(공동이행방식) 제12조 제1항 본문].

다만 ① 발주자 및 구성원 전원이 동의하는 경우, ② 파산, 해산, 부도 기타 정당한 이유없이 해당 계약을 이행하지 아니하거나 공동수급표준협정서(공동이행방식) 제10조의2에 따른 비용(공동원가)을 미납하여 해당구성원 외의 공동수급체의 구성원이 발주자의 동의를 얻어 탈퇴조치를 하는 경우에는 탈퇴가 가능하며, ③ 공동수급체 구성원 중 파산, 해산, 부도 기타 정당한 이유없이 해당 계약을 이행하지 아니하여 입찰참가자격 제한조치를 받은 경우에는 반드시 탈퇴조치를 하여야 한다[공동수급표준협정서(공동이행방식) 제12조 제1항 단서 및 각호]. 탈퇴가 있으면 출자비율이 변동되므로, 위 5.가.1)항에서 살펴본 발주자 승인절차 등을 거쳐야 함은 물론이다.

구성원의 일부가 탈퇴한 경우 탈퇴자의 출자비율을 잔존구성원의 출자비율에 따라 분할하여 가산하고[공동수급표준협정서(공동이행방식) 제12조 제3항], 탈퇴자의 출자금은 계약이행 완료 후에 공동수급체의 손실을 공제한 잔액을 반환한다(같은 조 제4항). 구성원이 정당한 이유 없이 탈퇴한 경우에는 해당 구성원에 대하여 시행령 제76조 제1항 제6호에 근거하여 입찰참가자격 제한처분을 할 수 있을 것이다.

구성원 일부가 탈퇴한 경우 탈퇴조합원이 납부한 계약보증금을 몰취할 수 있는가? 공동이행방식의 경우, 잔존구성원이 계약을 정상적으로 이행한다면 계약불이행 사실 자체가 없으므로 탈퇴조합원이 납부한 계약보증금을 몰취할 수 없을 것이다. 반대로 분담이행방식의 경우에는, 잔존구성원이 발주기관에 대하여 연대책임을 부담하는 것이 아니어서 계약불이행에 해당되므로 탈퇴조합원이 납부한 계약보증금을 몰취할 수 있다고 보아야 한다.[65]

한편 민법 제717조에 따라 공동수급체 구성원이 파산한 경우 공동수급체로부터 탈퇴되는 것으로, 공동수급체 구성원들이 파산시에도 탈퇴하지 않는다는 약정을 하더라도 이러한 탈퇴금지약정은 원칙적으로 허용될 수 없는 것이나, 예외적으로 파산한 구성원이 공동사업을 계속하기 위하여 당해 공동수급체에 잔류하는 것이 파산한 구성원의 채권자들에게 불리하지 아니하여 파산한 구성원의 채권자들의 동의를 얻어 파산관재인이 조합에 잔류할 것을 선택한 경우라면 위 탈퇴금지약정을 무효로 볼 수 없을 것이다(대법원 2004. 9. 13. 선고 2003다26020 판결[66] 참조).

갑과 을이 공동수급체를 구성하여 공사를 도급받아 수행하다가 을이 공동수급체에서 탈퇴하자, 갑과 발주자가 "갑이 잔여공사를 시행하기로 하고, 갑이 을의 미정산 선급금반환채무의 액수를 확인하고 갑이 을의 미정산 선급금반환채무를 승계하여 이를 발주자와 사이에 정산하며, 발주자에게 을 및 그 이행보증사의 미정산 선급금의 반환 여부 또는 그 반환금액에 관하여 이의를 제기하

65) 김성근, 앞의 책, 413-414면 참조.

66) "민법 제717조는 조합원이 사망, 파산, 금치산, 제명된 경우 조합으로부터 탈퇴된다고 규정하고 있어서 조합원 중에 파산자가 발생하면 그 파산관재인은 파산의 목적을 달성하기 위하여 파산한 조합원을 조합으로부터 탈퇴시켜 그 지분을 변제에 충당하여야 하는 것인바, 만일 조합원들이 조합계약 당시 위 민법규정과 달리 차후 조합원 중에 파산하는 자가 발생하더라도 조합에서 탈퇴하지 않기로 약정한다면 이는 장래의 불특정 다수의 파산채권자의 이해에 관련된 것을 임의로 위 법규정과 달리 정하는 것이어서 원칙적으로는 허용되지 않는다 할 것이지만, 파산절차에 있어서도 파산자의 기존 사업을 반드시 곧바로 청산하여야 하는 것이 아니라 그 사업을 계속하는 것이 파산자의 채권자를 위하여 유리할 때에는 일정한 범위 내에서 사업을 계속할 수 있고(파산법 제50조, 제182조 제1항, 제184조 참조), 그 중 파산자의 사업이 제3자와 조합체를 구성하여 진행하는 것일 때에는 파산한 조합원이 그 공동사업의 계속을 위하여 조합에 잔류할 필요가 있는 경우가 있을 수 있는바, 이와 같이 파산한 조합원이 제3자와의 공동사업을 계속하기 위하여 그 조합에 잔류하는 것이 파산한 조합원의 채권자들에게 불리하지 아니하여 파산한 조합원의 채권자들의 동의를 얻어 파산관재인이 조합에 잔류할 것을 선택한 경우까지 조합원이 파산하여도 조합으로부터 탈퇴하지 않는다고 하는 조합원들 사이의 탈퇴금지의 약정이 무효라고 할 것은 아니다."

거나 별도의 지급청구를 하지 아니하기로 하되, 발주자는 을이나 을의 선급금 반환채무 이행보증사로부터 미정산 선급금을 반환받는 경우 즉시 이를 갑에게 지급"하기로 하는 약정을 한 경우, 위 약정의 취지는 을의 미정산 선급금의 액수를 확인하면서 향후 이를 다투지 않을 것을 약속함과 아울러 그 이행보증사가 미정산 선급금을 반환하지 않더라도 발주자에게 이의를 제기하거나 별도의 지급청구를 하지 않겠다는 취지에 불과할 뿐, 발주자가 을에게 지급한 선급금에 대한 반환채무를 갑과 사이에 정산함에 있어 다툼이 발생한 경우에까지 민사상 소송을 제기하지 않겠다는 취지로 볼 수는 없다(대법원 2010. 7. 8. 선고 2010다9597 판결 참조).

Ⅶ. 지체상금 및 계약의 해제, 해지

제26조 (지체상금)
① 각 중앙관서의 장 또는 계약담당공무원은 정당한 이유 없이 계약의 이행을 지체한 계약상대자로 하여금 지체상금을 내도록 하여야 한다. ② 제1항에 따른 지체상금의 금액, 납부방법, 그 밖에 필요한 사항은 대통령령으로 정한다. ③ 제1항의 지체상금에 관하여는 제18조 제3항 단서를 준용한다.

1. 의의

이행기가 정해져 있는 계약상 의무를 정당한 이유 없이 기한 내에 이행하지 못할 경우에 지급할 것을 계약상 미리 정해 놓은 손해배상금을 말한다.

각 중앙관서의 장 또는 계약담당공무원은 정당한 이유 없이 계약의 이행을 지체한 계약상대자로 하여금 지체상금을 내도록 하여야 한다(국가계약법 제26조 제1항). 지체상금을 내도록 하기 위해서는 계약상 지체상금 조항이 있어야 하므로 위 조항은 결국 계약담당공무원에게 지체상금 조항을 규정할 의무를 부과한 것이다.[1)]

국가계약의 경우 국가의 계약상 의무는 대개 금전 지급 채무인 반면 계약상대방의 계약상 의무는 하는 급부 의무가 대부분인데 금전 지급채무의 경우 별도의 약정을 하지 않은 경우에도 민법 또는 상법에 정한 지연손해금을 청구할 수 있지만 하는 급부 의무에 대해서는 지체상금을 미리 정해 두지 않으면 계약상 의무 불이행과 인과관계 있는 구체적인 손해의 발생을 입증하기 곤란하여 손해배상을 받기가 쉽지 않다. 따라서 계약담당공무원이 국가계약을 체결할 때에는 계약상 지체상금을 정해 두도록 한 것이다.

또한 지체상금의 예정은 계약상대방으로 하여금 이행기 준수를 위해 최선의 노력을 다 하도록 압박하는 효과가 있다.

1) 국가계약의 본질적인 내용은 사인 간의 계약과 다를 바가 없어 법령에 특별한 규정이 있는 경우를 제외하고는 사법의 규정 내지 법원리가 그대로 적용된다(대법원 2016. 6. 10. 선고 2014다200763, 200770 판결 참조).

2. 법적 성격

지체상금의 법적 성격은 이행지체에 따른 손해배상의 예정으로 추정되고,[2] 이를 위약벌로 해석하기 위해서는 특별한 사정이 주장·입증되어야 하며, 국가계약법에 그 근거가 마련되어 있다든가 지체상금 약정에서 면제만이 예정되어 있다고 하더라도 그것만으로 위약벌로 해석되지는 않는다.[3]

손해배상의 예정은 부당히 과다할 경우 민법 제398조 제3항에 의해 법원이 적당히 감액할 수 있다는 점, 예정된 금액 외의 실제 손해를 청구할 수 없는 것이 원칙이라는 점에서 감액이 불가능하고 손해 배상을 별도로 청구할 수 있는 위약벌과 구분된다.[4]

지체상금의 부과는 국가가 사법상의 재산권의 주체로서 행하는 것일 뿐 공권력을 행사한 것이 아니어서 행정심판의 대상이 되는 처분이라 할 수 없고, 따라서 지체상금의 부과를 다투는 행정심판 청구는 부적법하여 각하를 면치 못하며,[5] 지체상금에 관한 분쟁은 민사소송으로 해결해야 한다.

3. 지체상금의 금액 및 납부방법

가. 지체상금액

지체상금액 = 계약금액 × 지체상금율 × 지체일수

1) 계약금액

계약상대자의 계약상 급부의무의 이행 대가로 지급되는 금액을 말하며, 장기계속공사계약·장기계속물품제조계약·장기계속용역계약의 경우에는 연차별 계약금액을 말한다.[6]

기성부분 또는 기납부분에 대하여 검사를 거쳐 이를 인수한 경우(인수하지 아니하고 관리·사용하고 있는 경우를 포함한다)에는 그 부분에 상당하는 금액을 계

2) 민법 제398조 제4항.
3) 대법원 2002. 1. 25. 선고 99다57126 판결 참조.
4) 대법원 2015. 12. 10. 선고 2014다14511 판결 참조.
5) 지체상금부과처분취소청구[행정자치부 99-02593. 1999. 5. 14, 경기도지사].
6) 국가계약법 시행령 제74조 제1항.

약금액에서 공제한 금액을 기준으로 지체상금을 계산하여야 한다. 이 경우 기성부분 또는 기납부분의 인수는 성질상 분할할 수 있는 공사·물품 또는 용역 등에 대한 완성부분으로서 인수하는 것에 한한다.[7)]

2) 지체상금률[8)]

가) 공사: 1000분의 1

나) 물품의 제조·구매: 1000분의 1.5. 다만, 계약 이후 설계와 제조가 일괄하여 이루어지고, 그 설계에 대하여 발주한 중앙관서의 장의 승인이 필요한 물품의 제조·구매의 경우에는 1000분의 1

다) 물품의 수리·가공·대여, 용역 및 기타: 1000분의 2.5

라) 군용 음·식료품 제조·구매: 1000분의 3

마) 운송·보관 및 양곡가공: 1000분의 5

시행령 제16조 제3항에 따라 소프트웨어사업시 물품과 용역을 일괄하여 입찰에 부치는 경우에는 2호가 적용된다.

3) 지체일수

이행기 다음날부터 이행이 완료된 날까지의 일수를 말한다.

계약상대자의 책임 없는 사유로 계약이행이 지체되었다고 인정될 때에는 그 해당일수를 지체일수에 산입하지 아니한다.[9)] 계약상대자의 책임 없는 사유에는 불가항력적 사유와 정부에게 책임 있는 사유가 있을 것이다.

계약이 해제·해지된 경우에는 실제 해제·해지시가 아니라 해제·해지 사유가 있어 해제·해지를 할 수 있었을 때부터 다른 사람에게 의뢰하여 이행을 완료할 수 있었던 때까지의 일수가 지체일수가 된다.[10)] 이를 넘어서는 기간은 계약상대자의 책임 있는 사유로 인하여 발생한 지체일수라고 볼 수 없기 때문이다.

---

7) 국가계약법 시행령 제74조 제2항.

8) 국가계약법 시행규칙 제75조.

9) 국가계약법 시행령 제74조 제2항.

10) 대법원 1995. 9. 5. 선고 95다18376 판결; 1989. 7. 25. 선고 88다카6273, 6280(반소) 판결 등 참조.

수급인이 계속하여 준공기한의 연기를 구하고 보증시공을 방해하면서까지 자신이 완공하려고 하였고 결국 뒤늦게나마 스스로 공사를 완공한 경우에는, 도급인이 자신의 계약불이행을 이유로 도급계약을 해제하지 아니한 것을 탓하면서 계약을 해제하여 다른 업자로 하여금 공사를 완성하게 하였다면 지체일수가 줄어들었을 것이라는 주장은 할 수 없다.[11]

나. 납부방법

현금 납부가 원칙이나,[12] 계약상대자에 대한 대가 지급이 지연되어 발생한 이자가 있을 경우에는 서로 상계할 수 있다.[13]

4. 감액 및 과실상계의 문제

지체상금은 손해배상의 예정으로 추정되므로 계약상대자에게 책임 없는 지체일수를 제외하고 산정한 지체상금이 부당히 과다할 경우에는 민법 제398조 제3항에 의해 법원이 적당히 감액할 수 있다.[14]

민법 제398조 제3항에 의한 감액을 함에 있어서는 채무자가 계약을 위반한 경위 등 제반사정이 참작되므로 손해배상액의 감경에 앞서 채권자의 과실 등을 들어 과실상계를 할 수는 없다.[15]

---

11) 대법원 1994. 3. 25. 선고 93다42887 판결 참조.
12) 국가계약법 시행령 제74조 제1항.
13) 국가계약법 제15조 제3항.
14) 대법원 1995. 9. 5. 선고 95다18376 판결 참조.
15) 대법원 2016. 6. 10. 선고 2014다200763, 200770 판결; 2002. 1. 25. 선고 99다57126 판결; 2011. 10. 13. 선고 2009다92142 판결 등 참조.

후론 - 계약의 해제, 해지(국가계약법 시행령 제75조)

1. 일반론

국가계약도 그 본질은 사인 간의 계약과 마찬가지이므로 민법 계약편의 해제, 해지에 관한 규정들과 관련 판례에서 판시한 법리들이 적용된다.[16)]

해제는 유효하게 성립하고 있는 계약의 효력을 당사자 일방의 의사표시에 의하여 그 계약이 처음부터 존재하지 아니한 것과 같은 상태로 회복시키는 것을 말하고, 해지는 계속적 계약관계에서 계약의 효력을 장래에 향하여 소멸하게 하는 일방적 행위를 말한다.[17)] 계속적 계약관계에서는 계약불이행으로 인하여 중도에 계약관계를 종료시키더라도 이미 목적을 달성하고 있는 기왕의 부분에 대해서는 처음과 같은 상태로 회복시킬 필요가 없기 때문에 장래를 향해서만 계약의 효력이 소멸되도록 하는 것이다. 민법의 계약편은 해제권에 대해서만 규정하고 있고 해지권에 대한 일반적인 조항을 두고 있지는 않으므로, 해지권은 개별적 조항(예컨대, 임대차에 관한 민법 제625조)이나 계약상 유보된 경우 및 제한적으로 신의칙에 기하여 인정될 수 있다.

가. 해제, 해지 사유

1) 법정 해제사유

민법상 해제사유로는 이행지체[18)]와 정기행위의 불이행[19)] 그리고 이행불능[20)]이 있다.

가) 이행지체

이행지체는 이행기에 계약상 급부의무의 이행을 완료하지 못한 것을 말한다. 이행지체를 이유로 해제권을 행사하기 위해서는, 채무자가 미리 이행하지

---

16) 대법원 2016. 6. 10. 선고 2014다200763, 200770 판결 참조.
17) 곽윤직, 민법주해 초판 13권, 박영사(1997), 223-224면 참조.
18) 민법 제544조.
19) 민법 제545조.
20) 민법 제546조.

아니할 의사를 표시한 경우가 아닌 한, 상당한 기간을 정하여 이행의 최고를 하고, 그 기간이 도과되어야 한다.[21]

쌍무계약의 경우에는 채권자가 자신의 반대급부를 적법하게 이행제공하지 않는 한 채무자가 이행지체에 빠지지 않으므로 이행지체를 이유로 해제할 수 없다. 적법한 이행제공이란 상대방이 현실로 수령할 수 있는 상태로 급부를 이행할 준비를 한 후 그 수령을 통지하는 것을 말한다. 다만, 쌍무계약에 있어서 일방 당사자의 자기 채무에 관한 이행의 제공을 엄격하게 요구하면 오히려 불성실한 상대 당사자에게 구실을 주는 것이 될 수도 있으므로 일방 당사자가 하여야 할 제공의 정도는 그 시기와 구체적인 상황에 따라 신의성실의 원칙에 어긋나지 않게 합리적으로 정하여야 한다는 것이 판례의 입장이다.[22]

나) 정기행위의 불이행, 이행불능

정기행위의 불이행은 일정한 시일 또는 기간 내에 이행하지 아니하면 계약의 목적을 달성할 수 없을 경우에 그 시기에 이행하지 아니한 것을 발한다. 이 경우에는 이행의 최고를 하지 아니하고 계약을 해제할 수 있다.[23]

이행불능은 후발적 불능만을 말하며(원시적 불능의 경우에는 계약이 성립되지 못할 것이다), 이행불능을 원인으로 한 해제권 행사의 경우에는 이행의 최고를 요하지 않는다.[24]

2) 계약상 해제, 해지 사유

계약에서 정해 놓은 명시적인 해제, 해지 사유가 발생하면 해제, 해지권을 행사하여 계약을 해제, 해지할 수 있다는 데에 의문이 없다. 문제는 포괄적인 해제, 해지 사유를 규정한 경우이다. 민법 제544조는 “당사자 일방이 그 채무를 이행하지 아니하는 때에는 … ”이라고 규정하고 있고, 일반적으로 계약의 해제 조항들 역시 ‘기타 이 계약에서 정한 계약상 의무를 불이행한 경우’를 포괄적인 해제, 해지 사유로 규정하는 경우가 많지만, 모든 계약상 의무 위반이 해제 사

---

21) 민법 제544조.
22) 대법원 1995. 12. 22. 선고 95다40397 판결; 1992. 11. 10. 선고 92다36373 판결; 1992. 7. 14. 선고 92다5713 판결 등 참조.
23) 민법 제545조.
24) 민법 제546조.

유에 해당하지는 않으며 이른바 부수적 의무 위반은 그로 인하여 계약의 목적을 달성할 수 없거나 달리 특별히 정함이 없는 한 해제 사유에 해당하지 않는다는 것이 일반적인 학설, 판례이다.[25)]

계약상 해제, 해지 사유의 발생에 따른 해제, 해지권의 행사의 경우에는 민법상 해제권 행사 요건(상당한 기간을 정한 이행의 최고, 쌍무계약에서 자기 채무의 이행제공 등)이 적용되지 않을 수도 있으며, 계약에서 정한 절차에 따라 해제, 해지권을 행사하면 된다.[26)]

2. 국가계약법상 특칙

해제, 해지권이 발생하더라도 이를 즉시 행사할 것인지 아니면 그 행사를 유예하여 계약상대자로 하여금 계약을 성실히 이행할 수 있는 기회를 부여할 것인지는 원칙적으로 해제, 해지권을 가진 계약당사자의 재량 사항이다. 그러나 국가계약법 시행령 제75조는 계약담당공무원이 해제, 해지권을 행사하는 기준을 정해 놓고 있고, 일정한 경우에는 해제, 해지권을 행사해야 할 의무를 부과하고 있으므로 유의하여야 한다.

가. 계약보증금을 국고 귀속시키는 경우[27)]

국가계약법 시행령 제75조 제1항은 '계약담당공무원은 계약상대자가 계약상 의무를 이행하지 아니하여 계약보증금을 국고에 귀속시키는 경우에는 계약에 특별히 정한 것이 없는 한 계약을 해제 또는 해지하여야 한다.'고 규정하고 있다. 현실적으로 계약상 의무 불이행이 발생한 모든 경우에 계약보증금을 국고에 귀속시킬 수는 없고 계약을 해제 또는 해지할 만한 중대한 계약위반이 발생한 경우에 해제 또는 해지를 하면서 계약보증금을 국고에 귀속시키는 것이 합리적이므로, 위 조항은 의무적인 해제 또는 해지권 행사 기준을 정한 것이라기보다는 해제 또는 해지 시에는 계약보증금을 국고에 귀속시키도록 규정한 것

25) 곽윤직, 앞의 책, 256-259면; 대법원 2005. 11. 25. 선고 2005다53705, 53712 판결; 2012. 3. 29. 선고 2011다102301 판결 등 참조.
26) 대법원 1998. 7. 24. 선고 98다13877 판결 참조.
27) 국가계약법 시행령 제75조 제1항.

으로 이해하는 것이 타당하다.

나. 지체상금이 계약보증금상당액에 달한 경우[28)]

지체상금의 징수사유가 발생하고 그 금액이 계약보증금상당액(면제된 계약보증금을 포함한다)에 달하는 경우에는 다음 각 호의 구분에 따른 방법으로 계약을 해제 또는 해지하거나 유지할 수 있다.

1) 계약상대자의 귀책사유로 계약을 수행할 가능성이 없음이 명백하다고 인정되는 경우

국가계약법 제12조 제3항에 따라 계약보증금을 국고에 귀속시키고 해당 계약을 해제 또는 해지한다.

이 경우에 계약담당공무원은 의무적으로 해제 또는 해지하여야 한다. 계약상대자의 귀책사유로 계약을 수행할 가능성이 없음이 명백하다고 인정됨에도 해제 또는 해지를 게을리 한 경우에는 해제 또는 해지할 수 있었던 때로부터 실제로 해제 또는 해지한 때까지의 기간에 대한 지체상금은 청구할 수 없게 된다.[29)]

2) 제1호 외의 경우로서 계약상대자의 계약 이행가능성이 있고 계약을 유지할 필요가 있다고 인정되는 경우

계약이행이 완료되지 아니한 부분에 상당하는 계약보증금을 추가 납부하게 하고 계약을 유지한다. 이 경우 계약보증금의 추가납부에 관하여는 제50조 제6항부터 제8항까지 및 제10항을 준용한다. 만약 계약보증금을 추가 납부하지 못할 경우에는 계약을 해제, 해지할 수밖에 없을 것이다.

장기계속공사계약·장기계속물품제조계약·장기계속용역계약의 경우에는 연차별 계약금액을 기준으로 지체상금을 산정하므로, 계약의 해제 또는 해지 기준 역시 연차별 계약금액을 기준으로 산정하여 판단하면 된다.

---

28) 국가계약법 시행령 제75조 제2항.

29) 대법원 1995. 9. 5. 선고 95다18376 판결; 대법원 1989. 7. 25. 선고 88다카6273, 6280(반소) 판결 등 참조.

Ⅷ. 부정당업자의 입찰참가자격 제한

제27조 (부정당업자의 입찰참가자격 제한 등)

① 각 중앙관서의 장은 다음 각 호의 어느 하나에 해당하는 자(이하 "부정당업자"라 한다)에게는 2년 이내의 범위에서 대통령령으로 정하는 바에 따라 입찰 참가자격을 제한하여야 하며, 그 제한사실을 즉시 다른 중앙관서의 장에게 통보하여야 한다. 이 경우 통보를 받은 다른 중앙관서의 장은 대통령령으로 정하는 바에 따라 해당 부정당업자의 입찰 참가자격을 제한하여야 한다.

1. 계약을 이행함에 있어서 부실 · 조잡 또는 부당하게 하거나 부정한 행위를 한 자
2. 경쟁입찰, 계약 체결 또는 이행 과정에서 입찰자 또는 계약상대자 간에 서로 상의하여 미리 입찰가격, 수주 물량 또는 계약의 내용 등을 협정하였거나 특정인의 낙찰 또는 납품대상자 선정을 위하여 담합한 자
3. 「건설산업기본법」, 「전기공사업법」, 「정보통신공사업법」, 「소프트웨어산업 진흥법」 및 그 밖의 다른 법률에 따른 하도급에 관한 제한규정을 위반(하도급통지의무위반의 경우는 제외한다)하여 하도급한 자 및 발주관서의 승인 없이 하도급을 하거나 발주관서의 승인을 얻은 하도급조건을 변경한 자
4. 사기, 그 밖의 부정한 행위로 입찰 · 낙찰 또는 계약의 체결 · 이행 과정에서 국가에 손해를 끼친 자
5. 「독점규제 및 공정거래에 관한 법률」 또는 「하도급거래 공정화에 관한 법률」을 위반하여 공정거래위원회로부터 입찰참가자격 제한의 요청이 있는 자
6. 「대 · 중소기업 상생협력 촉진에 관한 법률」 제27조 제5항에 따라 중소기업청장으로부터 입찰참가자격 제한의 요청이 있는 자
7. 입찰 · 낙찰 또는 계약의 체결 · 이행과 관련하여 관계 공무원(제27조의3 제1항에 따른 과징금부과심의위원회, 제29조 제1항에 따른 국가계약분쟁조정위원회, 「건설기술 진흥법」에 따른 중앙건설기술심의위원회 · 특별건설기술심의위원회 및 기술자문위원회, 그 밖에 대통령령으로 정하는 위원회의 위원을 포함한다)에게 뇌물을 준 자
8. 그 밖에 다음 각 목의 어느 하나에 해당하는 자로서 대통령령으로 정하는 자
   가. 입찰 · 계약 관련 서류를 위조 또는 변조하거나 입찰 · 계약을 방해하는 등 경쟁의 공정한 집행을 저해할 염려가 있는 자

> 나. 정당한 이유 없이 계약의 체결 또는 이행 관련 행위를 하지 아니하거나 방해하는 등 계약의 적정한 이행을 해칠 염려가 있는 자
> 다. 다른 법령을 위반하는 등 입찰에 참가시키는 것이 적합하지 아니하다고 인정되는 자
> ② 삭제
> ③ 각 중앙관서의 장 또는 계약담당공무원은 제1항에 따라 입찰 참가자격을 제한받은 자와 수의계약을 체결하여서는 아니 된다. 다만, 제1항에 따라 입찰참가자격을 제한받은 자 외에는 적합한 시공자, 제조자가 존재하지 아니하는 등 부득이한 사유가 있는 경우에는 그러하지 아니하다.
> ④ 제1항에도 불구하고 각 중앙관서의 장은 제1항 각 호의 행위가 종료된 때(제5호 및 제6호의 경우에는 공정거래위원회 또는 중소기업청장으로부터 요청이 있었던 때)부터 5년이 경과한 경우에는 입찰 참가자격을 제한할 수 없다. 다만, 제2호 및 제7호의 행위에 대하여는 위반행위 종료일부터 7년으로 한다.
> ⑤ 각 중앙관서의 장은 제1항에 따라 입찰참가자격을 제한할 경우, 그 제한 내용을 대통령령으로 정하는 바에 따라 공개하여야 한다.

1. 전론

가. 개설

1) 부정당업자에 대한 제재 제도

국가를 당사자로 하는 계약에 관한 법률(이하 '국가계약법'이라고 함)은 입찰자 또는 계약상대자 등이 입찰이나 계약체결, 계약의 이행과정, 하자보수단계에 이르기까지 일련의 과정에서 특정한 위반행위를 한 경우에 대한 제재조항을 두고 있다. 이를 부정당업자 제재라고 부르는데 그 제재의 방법으로 국가계약법 제27조는 입찰참가자격 제한을, 제27조의2는 과징금 부과를 규정하고 있다.

부정당업자에 대한 제재제도는 종래 예산회계법에 근거를 두고 있다가 1995. 1. 5. 법률 제4868호로 국가를 당사자로 하는 계약에 관한 법률이 제정되어 시행되면서 체계가 정립되었다. 부정당업자에 대한 과징금부과 제도는 국가계약법이 2012. 12. 18. 법률 제11547호로 개정되면서 신설되었다. 기존의 부정당업자에 대한 제재방법으로서의 입찰참가자격 제한이 획일적으로 집행되어 위반의 정도에 비하여 불이익이 크다는 비판이 제기됨에 따라 위반행위의 수준이

경미하거나 유효한 입찰이 성립되지 않는 경우 등에는 입찰참가자격 제한에 갈음하는 제재로서 과징금 부과 제도가 도입된 것이다.

2016. 9. 3.부터 시행되는 개정 국가계약법은 부정당업자에 대한 제재방법을 일부 변경하였다.

첫째, 종전 국가계약법(2016. 9. 3. 법률 제14038호 개정되기 전의 것)은 경쟁의 공정한 집행 또는 계약의 적정한 이행을 해칠 염려가 있거나 그 밖에 입찰에 참가시키는 것이 부적합하다고 인정되는 자를 부정당업자(국가계약법 27조 제1항 본문)로 정의하고 이에 대한 제재방법으로 입찰참가자격의 제한을 규정하고 있었다. 그리고 종전 국가계약법 시행령(2016. 9. 2. 대통령령 제27475호로 개정되기 전의 것) 제76조 제1항은 20개 유형의 부정당업자를 명시하고 있었다. 그런데 개정 국가계약법은 종전에 시행령에 명시된 사유 중 대표적인 7개 유형의 부정당업자를 직접적으로 법률에 규정하는 한편, 종전 국가계약법상 부정당업자 정의 규정을 토대로 경쟁의 공정한 집행을 저해할 염려가 있는 경우, 계약의 적정한 이행을 해칠 염려가 있는 경우 또는 다른 법령을 위반하는 등 입찰에 참가시키는 것이 적합하지 아니하다고 인정되는 경우의 3가지 형태로 나누어 대표적인 사유를 예시하면서 구체적인 사유를 대통령령에 위임하는 형식으로 규정하고 있다. 그리고 개정 국가계약법 시행령 제76조 제1항은 종전 시행령에 명시한 20개 유형의 부정당업자 중 법률에 직접 규정된 7개 유형의 부정당업자를 제외한 나머지 13개 유형을 3가지 형태 중 하나로 분류하여 그대로 명시하고 있고, 새롭게 1개 유형의 부정당업자를 추가하였다.[1] 개정 국가계약법은 이와 같이 별도로 부정당업자에 대한 정의를 하고 있지는 않으나 이러한 입법형식의 차이에도 불구하고 부정당업자의 유형에 대한 실질적 내용은 거의 동일하다고 본다.

둘째, 입찰참가자격 제한에 관하여 제척기간을 도입하였다. 종래 부정당업자에 대한 강력한 제재로서의 효력을 가지는 입찰참가자격 제한처분에 대한 입찰참가자격 제한사유가 오래 전에 존재하여 이를 이유로 한 입찰참가자격의 제한처분은 그 실효성을 상실하였음에도 불구하고 아무런 기간 제한 없이 제재를

1) 다른 법령을 위반하는 등 입찰에 참가시키는 것이 적합하지 아니한 경우에 해당하는 사유에 「전자정부법」에 따른 정보시스템 등의 구축 및 유지·보수 등의 과정에서 정보시스템 등에 허가 없이 접속하거나 무단으로 정보를 수집할 수 있는 비(非)인가 프로그램을 설치하거나 그러한 행위에 악용될 수 있는 정보시스템 등의 약점을 고의로 생성 또는 방치하는 경우를 추가하였다.

할 수 있으므로 문제가 있다는 비판이 계속 제기되어 옴에 따라 그 제한사유에 따라 5년 또는 7년의 제척기간을 부여하여 그 기간이 경과한 경우 더 이상 제재를 할 수 없도록 하였다. 침해적 행정처분에 대한 법적 안정성이나 예측 가능성을 보강한 것이다.

셋째, 입찰참가자격을 제한하는 경우 그 제한내용을 공개하는 제도를 신설하였다(국가계약법 제27조 제5항). 강력한 제재로서의 입찰참가자격 제한에도 불구하고 부정당업자로 적발되는 사례가 끊이지 않게 되자 부정당업자 제재처분에 대한 정보를 국민이 열람할 수 있도록 공개제도를 도입한 것이다.

2) 취지

부정당업자의 입찰참가자격을 제한하는 제도를 둔 취지는 국가계약법에서 공정한 입찰 및 계약질서를 어지럽히는 행위를 하는 사람에 대하여 일정 기간 입찰참가를 배제함으로써 국가가 체결하는 계약의 성실한 이행을 확보함과 동시에 국가가 입게 될 불이익을 미연에 방지하기 위한 것이다.[2] 이런 목적을 달성하기 위해 마련된 입찰참가자격 제한제도의 타당성을 지속적으로 확인하여 개선할 필요가 있다. 이를 위해 기획재정부장관은 2014년 1월 1일을 기준으로 3년마다 타당성을 검토하여 개선 등의 조치를 위하여야 한다(국가계약법 시행령 제117조 제6호).

3) 유사 제재처분을 규정하고 있는 법령

부정당업자에 대한 입찰참가자격 제한처분을 규정하고 있는 법령은 국가계약법 이외에도 다수 존재한다. 지방자치단체를 당사자로 하는 계약에 관한 법률(이하 '지방계약법'이라고 함) 제31조, 공공기관의 운영에 관한 법률(이하 '공공기관법'이라고 함) 제39조, 지방공기업법 제64조의2, 사회기반시설에 대한 민간투자법 제46조의2, 방위사업법 제59조, 대·중소기업 상생협력 촉진에 관한 법률 제8조, 조달사업에 관한 법률 제5조, 주한미군기지 이전에 따른 평택시 등의 지원 등에 관한 특별법 제35조 등이 그것이다. 이들 개별법령에 규정된 제한처분은 국가계약법상의 제한처분을 모델로 한 것이다. 이하에서는 국가계약법에 규

---

2) 대법원 2014. 12. 11. 선고 2013두26811 판결; 헌법재판소 2005. 6. 30. 선고 2005헌가1 결정.

정된 제한처분에 대해서 살펴보기로 한다.[3)]

나. 법적 성격

국가계약이 사법상 계약임을 이유로 입찰참가자격 제한행위 역시 사법상 행위라고 보는 견해도 있으나, 중앙관서의 장이 공권력을 지닌 우월한 지위에서 국가계약법에 기하여 일방적으로 계약상대자 등의 권리를 직접적으로 제한한다는 점에서 국가계약법상의 입찰참가자격 제한행위는 행정처분에 해당한다고 봄이 타당하다.[4)] 대법원도 국가계약법에 따른 입찰참가자격 제한행위를 행정소송법에 따른 항고소송의 대상이 되는 행정처분으로 다루고 있다.[5)]

국가계약법 제27조 제1항은 소정의 사유에 해당하는 부정당업자에 대하여는 '입찰참가자격을 제한하여야 한다.'고 규정하고 있으므로, 입찰참가자격 제한행위는 기속행위에 해당하는 것으로 보인다. 그러나 구체적인 입찰참가자격 제한의 기준을 정한 시행령과 시행규칙에 의하면 중앙관서의 장이 입찰참가자격 제한을 함에 있어서 제한기간에 관하여는 재량이 부여되어 있다.[6)] 실무상 입찰참가자격 제한처분의 취소를 구하는 행정소송에서 입찰참가자격 제한기간이 과다하다는 근거로 재량권의 일탈이나 남용에 관한 주장이 제기되고 법원도 이를 심사하여 판단하고 있으므로[7)] 입찰참가자격 제한처분이 재량행위인가 기속행위인가에 대한 논쟁은 큰 의미를 가지지 않는다.

과징금 역시 입찰참가자격 제한에 갈음하는 제재이므로 행정처분으로 보

---

3) 특별한 언급이 없는 한, 이하에서 인용하는 국가계약법은 2016. 3. 2. 법률 제14038호로 일부 개정된 것, 국가계약법 시행령은 2016. 9. 2. 대통령령 제27475호로 일부 개정된 것, 국가계약법 시행규칙은 2016. 9. 23. 기획재정부령 제573호로 일부 개정된 것을 의미한다.

4) 김성근, 앞의 책, 519-520면; 장훈기, 앞의 책, 1751-1752면; 이재권 외, 앞의 책, 259-263면.

5) 대법원 1999. 3. 9. 선고 98두18565 판결; 2000. 10. 13. 선고 99두3201 판결; 2014. 12. 11. 선고 2013두26811 판결.

6) 정원, 앞의 책, 697면.

7) 대법원도 지방자치단체장의 입찰참가자격 제한처분이 문제된 사안에서 원고의 상고이유에 대하여 "제재적 행정처분이 재량권의 범위를 일탈하였거나 남용하였는지 여부는 처분사유로 된 위반행위의 내용과 그 위반의 정도, 당해 처분에 의하여 달성하려는 공익상의 필요와 개인이 입게 될 불이익 및 이에 따르는 제반 사정 등을 객관적으로 심리하여 공익침해의 정도와 그 처분으로 인하여 개인이 입게 될 불이익을 비교교량하여 판단하여야 한다."고 판시하면서 재량권의 일탈·남용에 대하여 심리·판단한 원심의 조치가 정당하다고 보았다(대법원 2012. 11. 15. 선고 2011두31635 판결).

아야 한다. 그 밖에 공공기관법에 따른 공기업 또는 준정부기관이 행하는 입찰참가자격 제한처분, 기타 공공기관이 행하는 입찰참가자격 제한처분, 지방공기업법에 따른 지방공기업의 입찰참가자격 제한처분의 법적 성격이나 효력 등에 대하여 논란이 있는데 이 점에 관하여는 후술하기로 한다.

2. 입찰참가자격 제한의 요건

가. 제한의 주체

1) 각 중앙관서의 장

부정당업자에 대한 입찰참가자격 제한처분을 할 수 있는 주체는 각 중앙관서의 장이다(국가계약법 제27조 제1항). 중앙관서의 장은 국가재정법 제6조상의 중앙관서의 장을 의미하는데(국가계약법 제4조 제3항), 국가재정법에 의하면 중앙관서는 헌법 또는 정부조직법, 그 밖의 법률에 따라 설치된 중앙행정기관을 의미한다(국가재정법 제6조 제2항). 정부조직법에 따른 중앙행정기관은 부·처·청이 있고(정부조직법 제2조 제2항), 정부가 행하는 물자(군수품을 제외한다)의 구매·공급 및 관리에 관한 사무와 정부의 주요시설공사계약에 관한 사무를 관장하기 위해 기획재정부 장관 소속하에 조달청이 설치되어 있다(정부조직법 제27조 제7항). 조달청이 국가계약법에 의한 입찰 및 계약 업무를 담당하고 있으므로 조달청이 국가계약법에 따라 실시하는 입찰 및 계약과 관련하여 부정당업자에 대한 제한처분을 하는 경우 조달청장이 주체가 된다고 할 수 있다.

2) 업무수탁의 경우

조달사업에 관한 법률 제5조의2에 의하면, 수요기관의 장[8]은 일정한 경우 수요물자 또는 공사 관련 계약을 체결함에 있어서 조달청장에게 계약 체결을 요청할 수 있다. 또한 지방계약법 제7조 제1항[9]에 의하면, 지방자치단체의 장은

8) 수요기관은 조달물자, 시설공사계약의 체결 또는 시설물의 관리가 필요한 국가, 지방자치단체, 기타 대통령령으로 정하는 기관을 말하는데(조달사업에 관한 법률 제2조 제5호), 기타 기관으로 국가 또는 지방자치단체가 투자 출연한 기관이나 그 밖에 조달청장이 인정하는 기관을 규정하고 있다(같은 법 시행령 제4조).

9) 지방자치단체의 장은 다른 법령에서 정한 경우 외에는 그 소관 계약사무를 처리하기 위하여 필요하다고 인정되면 그 사무의 전부 또는 일부를 「지방회계법」에 따른 회계관계

그 소관 계약사무를 중앙관서의 장에게 위임하거나 위탁하여 처리하게 할 수 있으며, 실제로 지방자치단체가 조달청장에게 계약 체결을 요청하여 조달청장이 계약을 체결하는 경우가 많다.

이런 경우 수요기관과 계약의 당사자가 달라지게 되므로 누가 입찰참가자격 제한처분을 할 수 있는가가 문제된다. 지방자치단체의 장이 계약사무를 위탁하는 경우, 종전 지방계약법 제31조 제1항(2013. 8. 6. 법률 제12000호로 개정되기 전의 것)은 지방자치단체의 장에게 부정당업자에 대한 제한처분권한을 부여하였는데,[10] 그 후 지방계약법 제31조 제1항이 개정[11]되어 지방자치단체의 장이 중앙행정기관의 장에게 계약사무 처리를 위탁한 경우 위탁받은 중앙행정기관의 장도 부정당업자에 대한 제한을 할 수 있게 되었다.

한편 공공기관법에 의한 공공기관 등이 조달청장에게 계약의 체결을 위탁하는 경우 수탁기관인 조달청장이 제한처분을 할 권한이 있는지가 문제로 되는데, 수요기관이 조달청장에게 위탁한 것은 어디까지나 계약체결에 관한 사무이고 지방계약법과 달리 공공기관법에서 수탁기관인 조달청장이 부정당업자에 대한 제한을 할 수 있도록 규정하고 있지 않으며, 침익적 제재처분에 대하여는 그 절차나 요건을 엄격하게 해석하여야 한다는 점을 고려하면 수요기관만이 제한처분을 할 수 있다고 봄이 타당하다.[12]

나. 제한의 대상

1) 계약상대자 등

입찰참가자격 제한을 받는 당사자는 계약상대자, 입찰자 또는 전자조달시스템을 이용하여 견적서를 제출하는 자(이하 '계약상대자등'이라고 함)이다(국가계약법 시행령 제76조 제2항 본문). 이들 계약상대자등은 직접 입찰참가자격 제한 대

공무원, 중앙행정기관의 장, 다른 지방자치단체의 장 또는 대통령령으로 정하는 전문기관에 위임하거나 위탁하여 처리하게 할 수 있다(지방계약법 제7조 제1항).

10) 대법원도 같은 사안에서 자방자치단체의 장에게 입찰참가자격 제한에 관한 권한이 있다고 판단하였다(대법원 2012. 11. 15. 선고 2011두31635 판결).

11) 개정 지방계약법 제31조 제1항은 '지방자치단체의 장(지방자치단체의 장이 제7조 제1항에 따라 중앙행정기관의 장 또는 다른 지방자치단체의 장에게 계약사무를 위임하거나 위탁하여 처리하는 경우에는 그 위임 또는 위탁을 받은 중앙행정기관의 장 또는 지방자치단체의 장을 포함한다)은 … (중략) 입찰참가자격을 제한할 수 있다'고 규정하고 있다.

12) 경우에 따라 제한의 주체가 달라질 수 있다고 보는 견해도 있다. 장훈기, 앞의 책, 1634면.

상이 되는 행위를 하지 아니하고 대리인, 지배인 또는 기타 사용인을 통하여 제한대상행위를 할 수 있는데(법인 및 단체의 경우), 이런 경우에도 계약상대자등이 제한을 받는 것은 당연하다(국가계약법 시행령 제76조 제2항 단서의 반대해석). 반대로 법인의 사용인 등이 임의로 또는 개인적인 목적에서 제한대상행위를 하였으나, 회사가 사용인 등의 행위를 방지하기 위하여 상당한 주의와 감독을 기울였음에도 불구하고 계약상대자등에 대한 제한을 고수한다면 이는 책임주의를 규정한 헌법에 위반된다.[13] 그러므로 계약상대자등의 대리인, 지배인 또는 그 밖의 사용인에 대하여 계약상대자 등이 그 행위를 방지하기 위하여 상당한 주의나 감독을 게을리하지 않았던 경우에는 제한을 할 수 없다(국가계약법 시행령 제76조 제2항 단서). 그러나 실무상 계약상대자 등이 사용인 등에 대한 주의나 감독을 게을리하지 않았음을 증명하기란 쉽지 않다.

2) 공동계약의 경우

공동계약의 공동수급체의 경우에는 입찰참가자격 제한의 원인을 제공한 자만이 제한의 대상이다(국가계약법 시행령 제76조 제4항). 국가계약법에 의하면 공동계약의 형태는 공동이행방식, 분담이행방식, 주계약자이행방식으로 구분[14] 되는데, 어떤 형태의 공동계약에 있어서도 타 구성원의 위법행위에 대해서까지 제한의 책임을 부담하지는 않는다.

3) 대표자 등의 경우

입찰참가자격 제한처분의 대상이 법인 또는 단체의 경우 그 대표자에 대해서도, 중소기업협동조합의 경우에는 입찰참가자격 제한의 원인을 제공한 조합원에 대해서도 같은 제한처분을 해야 한다(국가계약법 시행령 제76조 제5항). 법인이나 단체가 제한처분을 받고도 그 대표자에게 제한의 효력이 미치지 않는다면 대표자가 개인적으로 입찰에 참가하거나 소속을 옮겨 입찰이나 계약업무를 취

---

13) 헌법재판소 2007. 11. 29. 선고 2005헌가10 결정; 2009. 7. 30. 선고 2008헌가10 결정.

14) 공동계약이란 계약상대자가 2 이상인 계약형태를 의미한다(국가계약법 제25조). 공동계약의 구체적 형태는 기획재정부의 계약예규 "공동계약운용요령"에 규정되어 있는데(국가계약법 시행령 제72조 제1항), 공동계약운용요령 제2조의2는 공동계약을 공동수급체가 도급받아 이행하는 방식에 따라 "공동이행방식", "분담이행방식", "주계약자관리방식"으로 구분하고 있다.

급할 수 있어 제한처분의 실효성이 떨어질 수 있다. 하지만 대표자가 여러 명 있는 경우로 당해 입찰 또는 계약에 관한 업무를 관장하지 않은 대표자에 대해서는 제한처분을 할 수 없다(국가계약법 시행령 제76조 제5항 제1호). 이는 책임주의의 원칙상 당연하다고 할 수 있다.

4) 대표자의 사용자

입찰참가자격 제한처분을 받은 자를 대표자로 사용하여 그 대표자가 입찰에 관여하는 경우에는 그 사용자에 대하여도 입찰참가자격이 제한된다(국가계약법 시행령 제76조 제8항 본문). 이는 부정당행위로 인하여 제한처분을 받은 자가 소속을 옮겨 별개의 입찰자의 자격으로 계속 입찰에 관여함으로써 본인에 대한 제한처분을 회피하려고 하는 행위를 금지하기 위함이다. 다만 대표자가 여러 명 있는 경우로서 해당 대표자가 입찰에 관여하지 아니한 경우에는 입찰참가자격이 제한되지 않는다(같은 항 단서).

다. 제한의 시기 및 제척기간

입찰참가자격 제한처분을 하는 시기에 대하여 국가계약법에는 규정이 없으나, 국가계약법 시행령 제76조 제2항은 제한사유 후 "즉시"라고 규정하고 있다. 그런데 중앙관서의 장이 제한처분의 사유를 사유발생 즉시 인식하는 경우는 드물기 때문에,[15] 중앙관서의 장이 계약상대자 등에 대하여 제한사유가 있음을 인식한 후 지체 없이 처분을 하라는 의미로 해석하는 것이 타당하다.[16] 하지만 제한처분이 가능함을 알고도 즉시 처분을 하지 않았다고 하여 제한이 불가능하거나 제재권이 소멸된다고 해석할 수는 없다.

이와 관련하여 중앙관서의 장은 제한사유가 발생한 때부터 언제든지 이를 인식하기만 하면 제한을 할 수 있는가? 제한사유가 발생하였음에도 장기간 제한처분을 하지 아니하는 경우 대상자가 계속하여 불안정한 지위에 있게 되고, 제한사유가 발생한 이후 상당한 기간이 경과하였음에도 불구하고 느닷없이 제한을 하게 되면 법적 안정성을 해칠 우려가 있다. 이에 개정 국가계약법은 입찰참

15) 언론보도, 경찰이나 검찰의 통보, 공정거래위원회 또는 감사원의 제재요청 등에 의하여 비로소 인식하는 경우가 대부분일 것이다.
16) 이재권 외, 앞의 책, 275-276면; 장훈기, 앞의 책, 1640면.

가자격 제한에 대한 제척기간을 도입하여 행위유형에 따라 행위가 종료한 때부터 5년 또는 7년이 경과하면 입찰참가자격을 제한할 수 없도록 하였다(국가계약법 제27조 제4항).[17] 제척기간의 기산점은 제한사유에 해당하는 행위의 종료일이고, 중앙관서의 장이 제한사유를 알았는지 여부를 불문하고 기간은 진행한다. 제척기간이 경과하도록 제한처분을 하지 않은 경우에는 제척기간의 만료로 더 이상 제한을 할 수 없고 제척기간 경과 후 한 제한처분은 당연무효라 할 것이다.[18]

라. 입찰참가자격 제한 사유

개정된 국가계약법에서 제한사유에 대한 변화가 대폭적으로 이루어졌다. 개정 전 국가계약법은 소위 부정당업자를 정의하면서 개별적인 제한사유를 시행령에 위임하였고 시행령은 여러 번의 개정을 거쳐 무려 20개 유형에 달하는 제한사유를 규정하고 있었다(개정 전 국가계약법 시행령 제76조 제1항 제1호 내지 제18호). 그런데 현행 국가계약법 제27조는 종전 시행령에 규정하였던 제한사유 중 대표적인 7개 유형을 제1호부터 제7호까지 직접적으로 규정하는 한편, 제8호에서는 개정 전 국가계약법상 부정당업자 정의 규정을 토대로 경쟁의 공정한 집행을 저해할 염려가 있는 경우, 계약의 적정한 이행을 해칠 염려가 있는 경우 또는 다른 법령을 위반하는 등 입찰에 참가시키는 것이 적합하지 아니하다고 인정되는 경우의 3가지 형태로 나누어 대표적인 사유를 예시하면서 구체적인 사유를 대통령령에 위임하고 있다.

---

17) 담합 및 뇌물제공을 이유로 한 제재사유(국가계약법 제27조 제1항 제2호, 제7호)에 대하여만 제척기간이 7년이고, 나머지 제재사유에 대하여는 제척기간이 5년이다.

18) 대법원은 제척기간 도과 후 양도소득세를 부과한 사안에서 그 과세처분은 당연무효라고 판시하였다(대법원 2015. 7. 9. 선고 2013두16975 판결).

제27조 제1항 (부정당업자의 입찰참가자격 제한 등)

1. 계약을 이행함에 있어서 부실 · 조잡 또는 부당하게 하거나 부정한 행위
2. 경쟁입찰, 계약 체결 또는 이행 과정에서 입찰자 또는 계약상대자 간에 서로 상의하여 미리 입찰가격, 수주 물량 또는 계약의 내용 등을 협정하였거나 특정인의 낙찰 또는 납품대상자 선정을 위하여 담합하는 경우
3. 「건설산업기본법」, 「전기공사업법」, 「정보통신공사업법」, 「소프트웨어산업 진흥법」 및 그 밖의 다른 법률에 따른 하도급에 관한 제한규정을 위반(하도급통지의무위반의 경우는 제외한다) 및 발주관서의 승인 없이 하도급을 하거나 발주관서의 승인을 얻은 하도급조건을 변경하는 경우
4. 사기, 그 밖의 부정한 행위로 입찰 · 낙찰 또는 계약의 체결 · 이행 과정에서 국가에 손해를 끼치는 경우
5. 「독점규제 및 공정거래에 관한 법률」 또는 「하도급거래 공정화에 관한 법률」을 위반하여 공정거래위원회로부터 입찰참가자격 제한의 요청이 있는 경우
6. 「대 · 중소기업 상생협력 촉진에 관한 법률」 제27조 제5항에 따라 중소기업청장으로부터 입찰참가자격 제한의 요청이 있는 경우
7. 입찰 · 낙찰 또는 계약의 체결 · 이행과 관련하여 관계 공무원(제27조의3 제1항에 따른 과징금부과심의위원회, 제29조 제1항에 따른 국가계약분쟁조정위원회, 「건설기술 진흥법」에 따른 중앙건설기술심의위원회 · 특별건설기술심의위원회 및 기술자문위원회, 그 밖에 대통령령으로 정하는 위원회의 위원을 포함한다)에게 뇌물을 주는 경우
8. 그 밖에 다음 각 목의 어느 하나에 해당하는 자로서 대통령령으로 정하는 자
   가. 입찰 · 계약 관련 서류를 위조 또는 변조하거나 입찰 · 계약을 방해하는 등 경쟁의 공정한 집행을 저해할 염려가 있는 자
   나. 정당한 이유 없이 계약의 체결 또는 이행 관련 행위를 하지 아니하거나 방해하는 등 계약의 적정한 이행을 해칠 염려가 있는 자
   다. 다른 법령을 위반하는 등 입찰에 참가시키는 것이 적합하지 아니하다고 인정되는 자

이와 같이 국가계약법에서 정한 제한사유나 그 위임에 따라 시행령으로 정한 제한사유는 모두 침익적 행정처분인 입찰참가자격 제한처분의 근거가 되는 것으로 단순히 부정당업자의 행위유형을 예시한 것이 아니라 제한적으로 열거한 것으로 보아야 하고 법치행정의 원칙에 따라 조문에 명시된 제한사유를 엄

격히 해석해야 할 것이다.[19]

1) 계약을 이행함에 있어서 부실 · 조잡 또는 부당하게 하거나 부정한 행위를 한 자(국가계약법 제27조 제1항 제1호)

가) 본 호의 사유는 종전 시행령상의 규정을 법률에 명시한 것이다. 부실, 조잡, 부당, 부정이라는 표현 자체가 추상적이어서 구체적인 적용에 있어서는 다툼의 여지가 있는데, 국가계약법 시행규칙 제76조 제1항 [별표 2]에서 구체적인 제한의 기준을 규정하고 있으므로 이를 참조할 수밖에 없다.

나) 먼저 계약이행의 부실은 국가계약법 시행규칙 [별표 2]의 부실시공, 부실설계 또는 부실감리를 한 것으로서 부실벌점으로 측정된다. 부실벌점은 건설기술진흥법 제53조 제1항 각 호 외의 부분에 따른 부실벌점을 의미한다.[20] 조잡은 공사의 경우 하자비율이 10% 이상, 물품의 경우 보수비율 6% 이상에 해당하는 것으로서, 그 미만의 경우는 포함되지 않는다. 여기서 하자비율은 하자담보책임기간 중 하자검사결과 하자보수보증금에 대한 하자발생 누계금액비율을 말하고, 보수비율은 물품보증기간 중 계약금액에 대한 보수비용발생 누계금액비율을 말한다. 부당이라 함은 설계서나 규격서와 달리 구조물 내구성 연한의 단축, 안전도의 위해를 가져오는 등의 시공이나 제조를 의미하고, 부정이라 함은 설계서상의 기준규격보다 낮은 다른 자재를 쓰는 것을 의미한다.[21]

2) 경쟁입찰, 계약 체결 또는 이행 과정에서 입찰자 또는 계약상대자 간에 서로 상의하여 미리 입찰가격, 수주 물량 또는 계약의 내용 등을 협정하였거나 특정인의 낙찰 또는 납품대상자 선정을 위하여 담합한 자(국가계약법 제27조 제1항 제2호)

가) 소위 담합행위에 관한 규정으로 종전 시행령상의 규정을 그대로 법률에 편입시켰다. 크게 입찰, 계약 체결 또는 이행과정에서 입찰자 또는 계약상대자 간에 서로 상의하여 입찰가격 등을 협정하는 경우와 특정인의 낙찰 또는 납품대상자 선정을 위하여 담합하는 경우이다. 국가계약법 시행규칙 [별표 2]에

19) 장훈기, 앞의 책, 1632, 1649면; 김성근, 앞의 책, 533면.
20) 건설기술진흥법 제53조는 구체적인 벌점의 기준을 동법 시행령 제87조 및 [별표 8]에 위임하고 있다.
21) 장훈기, 앞의 책, 1652면.

의하면 담합을 주도하여 낙찰을 받은 자, 담합을 주도한 자, 그 밖에 입찰자 또는 계약상대자 간에 서로 상의하여 미리 입찰가격, 수주 물량 또는 계약의 내용 등을 협정하거나 특정인의 낙찰 또는 납품대상자 선정을 위하여 담합하는 경우로 구분되어 제한의 정도가 달라진다. 여기서 담합을 주도한 자란 특정인의 실제 낙찰을 위한 목적으로 기획 또는 회의를 주재하는 등 중심적인 위치에서 활동한 자를 의미한다.[22]

나) 이 조항은 경쟁입찰을 전제로 하고 있으므로 국가계약법 제30조 제2항에 따라 전자조달시스템을 이용하여 견적서를 제출하는 수의계약의 절차에는 적용되지 않는다고 보아야 한다.[23]

다) 어떠한 행위가 담합에 해당하는가? 대법원은 동업자들 사이의 무모한 출혈경쟁을 방지하기 위한 수단에 불과하여 입찰가격에 있어 입찰실시자의 이익을 해하거나 입찰자에게 부당한 이익을 얻게 하는 것이 아니었다 하더라도 그들 상호 간에 공모하여 미리 조작한 가격에 따라 입찰한 행위는 담합에 해당한다고 보았으나,[24] 반면 일부 입찰자가 단순히 정보를 교환하여 응찰가격을 조정하는 행위나[25] 단지 기업이윤을 고려한 적정선에서 무모한 출혈경쟁을 방지하기 위하여 일반거래 통념상 인정되는 범위 내에서 입찰자 상호 간에 의사의 타진과 절충을 한 것에 불과한 경우에는 담합을 부인하였다.[26]

라) 한편 담합은 입찰자 간에 이루어져야 하므로 담합에 가담한 자가 입찰자가 아니라면 본 조항이 적용된다고 할 수 없다. 대법원은 특정인의 낙찰을 위하여 담합한 자는 당해 경쟁입찰에 참가한 사람으로서 그 입찰에서 특정인이 낙찰되도록 하기 위한 목적으로 담합한 사람을 의미한다고 보아야 하고, 당해 경쟁입찰에 참가하지 아니함으로써 경쟁입찰의 성립 자체를 방해하는 담합행위자는 설사 그 경쟁입찰을 유찰시켜 수의계약이 체결되도록 하기 위한 목적에서 비롯된 것이라고 하더라도 위 계약상대자 또는 입찰자에 해당한다고 할 수 없다는 입장이다.[27]

---

22) 기획재정부 유권해석 회계제도과-227, 2003. 11. 24.
23) 기획재정부 유권해석 계약제도과-227, 2015. 3. 3.; 김성근, 앞의 책, 557면.
24) 대법원 1995. 5. 9. 선고 94도2131 판결.
25) 대법원 1997. 3. 28. 선고 95도1199 판결.
26) 대법원 1994. 12. 2. 선고 94다41454 판결.
27) 대법원 2008. 2. 28. 선고 2007두13791, 13807 판결.

마) 담합행위는 여러 법률에서 금지하거나 처벌하고 있다. 담합행위는 기본적으로 형법상 입찰방해죄(제315조)를 구성할 수 있고, 민법상 불법행위(제750조)에 해당할 수 있다. 독점규제 및 공정거래에 관한 법률은 담합행위에 대해 과징금, 시정조치 및 형사처벌(제19조 제1항 제8호, 제26조 내지 제28조, 제66조 제1항 제9호)을 규정하고 있으며 건설산업기본법도 건설공사에 관한 담합을 처벌하고 있다(제95조 제1호).

3) 「건설산업기본법」, 「전기공사업법」, 「정보통신공사업법」, 「소프트웨어산업 진흥법」 및 그 밖의 다른 법률에 따른 하도급에 관한 제한규정을 위반(하도급통지의무위반의 경우는 제외한다)하여 하도급한 자 및 발주관서의 승인 없이 하도급을 하거나 발주관서의 승인을 얻은 하도급조건을 변경한 자(국가계약법 제27조 제1항 제3호)

가) 건설산업기본법은 제29조, 제30조에서, 전기공사업법은 제14조에서, 정보통신공사업법은 제31조에서, 소프트웨어산업 진흥법은 제20조의3에서 하도급에 관한 제한규정을 두고 있다.

나) 본 조항의 행위 태양은 각종 법령상의 하도급제한규정을 위반하여 하도급한 경우, 발주관서의 승인 없이 하도급을 한 경우, 발주관서의 승인을 얻은 하도급조건을 변경하는 경우이다. 국가계약법 시행규칙 [별표 2]는 본 호 위반행위를 6개로 나누어 각각의 경우에 대한 제한수위를 달리 규정하고 있다.

다) 전부 또는 주요부분의 대부분을 1인에게 하도급한 경우와 2인 이상에게 하도급한 경우에 대한 제한은 건설산업기본법상 일괄하도급을 제한한 제29조 제1항을 위반한 행위를 염두에 둔 것이다.

라) 면허·등록 등 관련 자격이 없는 자에게 하도급한 경우는 위 각 법률 이외에도 예컨대, 「소방시설공사업법」 제22조, 「문화재 수리 등에 관한 법률」 제25조 등에서 해당 공사를 수행하기 위한 특정한 자격을 요구하고 있음에도 무자격자에게 하도급한 경우가 해당될 것이다.[28]

마) 발주기관의 승인 없이 하도급한 경우는 국가계약법에 따라 체결된 계약의 구체적인 계약조건에서 하도급에 대하여 발주기관의 승인을 명시적으로 규

28) 장훈기, 앞의 책, 1655면.

정하고 있으나 이에 따르지 않고 하도급한 경우를 말한다. 국가계약법에 따른 계약조건으로 편입되고 있는 공사계약일반조건[29]에는 계약상대자의 하도급에 대하여 발주기관의 사전승인을 요하는 규정은 존재하지 않으므로 공사계약특수조건에서 발주기관의 사전승인에 관한 조항이 없다면, 이런 계약조건하에서 해당 하도급이 관련 법령상의 하도급 제한 규정을 위반한 것이 아닌 이상 발주기관의 승인 없이 하도급한 경우에 해당한다고 해석하기 곤란할 것이다.[30]

바) 재하도급금지 규정에 위반하여 하도급한 경우는 국가계약법이 이를 제한사유로 규정하고 있지 않고 시행규칙에만 규정하고 있으므로 법률에서 위임받지 아니한 제한사항에 해당되어 위법하다는 평가를 받을 수 있다. 만약 재하도급금지 규정이 법령에 존재한다고 하면 이를 무시한 재하도급 행위는 단순한 법령상의 하도급제한에 관한 규정위반에 해당하는 것이라고 해석할 여지는 있지만, 단순히 계약조건에 재하도급을 금지하는 규정이 존재하는데 이를 위반하였음을 이유로 제한을 한다는 것은 법적 근거가 빈약하다는 비난을 면하기 어렵다고 본다.

사) 하도급조건을 하도급자에게 불리하게 변경하는 경우란 법률의 규정상 '발주기관의 승인을 받은' 하도급조건을 하수급인에게 불리하게 변경하는 경우로 제한하여 해석해야 하고, 발주기관의 승인대상이 아닌 하도급조건에 대해서는 비록 하수급인에게 불리하게 변경된다고 하더라도 제재사유에 해당하지 않는다고 본다.[31] 다만 어느 경우에도 하도급조건을 하수급인에게 불리하게 변경하는 경우에는 「하도급거래공정화에 관한 법률」로 규율받게 될 것이다. 여기서 말하는 '하도급자'는 하수급인을 의미한다.

4) 사기, 그 밖의 부정한 행위로 입찰 · 낙찰 또는 계약의 체결 · 이행 과정에서 국가에 손해를 끼친 자(국가계약법 제27조 제1항 4호)

가) 종전 국가계약법 시행령상의 제한사유를 법률에 규정하였다. 단순한 사기나 부정한 행위 자체만으로는 부족하고 이들 행위가 입찰이나 낙찰 또는

29) 기획재정부계약예규 제286호.

30) 김성근, 앞의 책, 538-539면; 물품제조계약에 관해서는 다른 의견도 있다. 이재권 외, 앞의 책, 295면.

31) 김성근, 앞의 책, 540면.

계약의 체결이나 이행과정에 개입되어 이로 인하여 국가가 손해를 입어야 한다. 국가계약법 시행규칙 [별표 2]에 의하면 국가에 끼친 손해 액수 10억원을 기준으로 제한의 수위가 달라진다.

나) 어떠한 행위가 사기, 그 밖의 부정한 행위에 해당하는가에 대해서 국가계약법령은 별도의 정의규정을 두고 있지 않다. 조세범 처벌법 제3조 제1항에서는 '사기나 그 밖의 부정한 행위로써' 조세를 포탈하거나 환급·공제받은 자에 대한 처벌을 규정하고 있고, 대법원은 위 규정에서 말하는 '사기나 그 밖의 부정한 행위'를 '조세포탈을 가능케 하는 행위로서 사회통념상 부정이라고 인정되는 행위, 즉 조세의 부과와 징수를 불능 또는 현저하게 곤란하게 하는 위계 기타 부정한 적극적인 행위'를 의미한다고 보고 있는데,[32] 이러한 개념 정의는 이 규정의 해석에도 그대로 적용될 수 있다고 본다. 따라서 본 호에서 말하는 '사기, 그 밖의 부정한 행위'란 계약상대자 등의 적극적인 기망 또는 사회통념상 정당한 것으로 허용되지 않는 행위로 인하여 이러한 행위가 없었더라면 국가에 손해가 발생하지 않았을 것으로 인정되는 행위로 이해하면 될 것이다.

다) 국가에 현실적인 손해가 발생하여야 하는가? 문언상 명백히 '국가의 손해가 발생할 것'을 요건으로 하고 있고 국가계약법 시행규칙에도 손해액을 기준으로 제한기간을 정하고 있으므로, 구체적인 손해가 발생하여야 하고, 손해가 발생하지 않거나 추상적인 손해가 발생한 경우는 위 제한사유에 해당하지 않는다고 볼 것이다.[33]

5) 「독점규제 및 공정거래에 관한 법률」 또는 「하도급거래 공정화에 관한 법률」을 위반하여 공정거래위원회로부터 입찰참가자격 제한의 요청이 있는 자(국가계약법 제27조 제1항 제5호)

가) 독점규제 및 공정거래에 관한 법률 제19조에 근거하여 제정된 공정거래위원회 예규 '입찰에 있어서의 부당한 공동행위 심사지침'(2015. 8. 21. 공정거래위원회 예규 제228호)은 입찰담합의 유형 및 내용과 구체적인 심사기준, 발주기관에 입찰참가자격 제한조치를 요청하는 기준 등을 규정하고 있다. 이에 의하

32) 대법원 1999. 4. 9. 선고 98도667 판결.
33) 기획재정부 유권해석 계약제도과-1476, 2014. 11. 20.; 김성근, 앞의 책, 587면; 이재권 외, 앞의 책, 322면.

면 공정거래위원회는 법 위반행위를 한 해당 사업자에 대한 조치 외에 필요한 경우 법 위반행위의 정도, 횟수 등을 고려하여 발주기관에 입찰참가자격 제한을 요청할 수 있다.

나) 하도급거래 공정화에 관한 법률 제26조 제2항 및 같은 법 시행령 제17조 제2항에 따라 공정거래위원회는 관련규정을 위반한 원사업자 또는 수급사업자에 대하여 그 위반 및 피해의 정도를 고려하여 벌점을 부과하고, 그 누적 벌점이 일정기준을 초과하는 경우에는 관계 행정기관의 장에게 입찰참가자격의 제한 등 필요한 조치를 취할 것을 요청하여야 한다.

다) 국가계약법 시행규칙 [별표 2]에 의하면, 공정거래위원회로부터 입찰참가자격 제한요청이 있는 자로서 이 제한기준[34]에서 정한 사유로 입찰참가 자격 제한 요청이 있는 자에 대해서는 해당 각 호의 기준에 따라 처리하고, 이 제한기준에 해당하는 사항이 없는 경우로서 입찰참가자격 제한 요청이 있는 자에 대해서는 6개월의 제한을 부과하도록 규정하고 있다.

6) 「대·중소기업 상생협력 촉진에 관한 법률」 제27조 제5항에 따라 중소기업청장으로부터 입찰참가자격 제한의 요청이 있는 자(국가계약법 제27조 제1항 제6호)

중소기업청장은 위탁기업이 수탁기업에 물품 등의 제조를 위탁할 때 약정서의 발급(대·중소기업 상생협력 촉진에 관한 법률 제21조), 납품대금의 지급(같은 법 제22조), 검사의 합리화(같은 법 제23조), 14가지 준수사항(같은 법 제25조 제1항)과 관련한 해당 규정을 위반한 위탁기업에 대하여 그 위반 및 피해의 정도별로 벌점을 부과할 수 있으며, 그 벌점이 일정기준(같은 법 시행규칙 제5조의3)을 초과하는 경우 공정거래위원회위원장과 미리 협의하여 입찰참가자격 제한을 관계 행정기관의 장에게 요청할 수 있다. 이에 따라 중앙행정기관의 장이 입찰참가자격 제한을 요청받은 경우 구체적인 제한의 기준은 공정거래위원회로부터 입찰참가자격 제한을 요청받은 경우와 동일하다(국가계약법 시행규칙 [별표 2]).

7) 입찰·낙찰 또는 계약의 체결·이행과 관련하여 관계 공무원(제27조의3 제1항에 따른 과징금부과심의위원회, 제29조 제1항에 따른 국가계약분쟁조정위원회,

34) 국가계약법, 국가계약법 시행령 및 국가계약법 시행규칙상의 입찰참가자격 제한기준을 의미한다.

「건설기술 진흥법」에 따른 중앙건설기술심의위원회 · 특별건설기술심의위원회 및 기술자문위원회, 그 밖에 대통령령으로 정하는 위원회의 위원을 포함한다)에게 뇌물을 준 자(국가계약법 제27조 제1항 제7호)

가) 여기서 의미하는 관계 공무원에는 국가계약법 시행령 제42조 제7항에 따른 종합심사낙찰제심사위원회, 국가계약법 시행령 제43조 제8항에 따른 제안서평가위원회, 국가계약법 시행령 제94조 제1항에 따른 계약심의위원회의 위원도 포함된다(국가계약법 시행령 제118조). 국가계약법 시행규칙 [별표 2]는 뇌물액수를 기준으로 제한수위를 달리 정하고 있다.

나) 뇌물이라 함은 직무와 관련한 부당한 이익을 의미하는데 형법 제129조 내지 제132조가 규정하는 뇌물에 관한 죄의 뇌물과 같은 의미로 해석된다. 계약상대자가 아닌 계약상대자의 대리인, 지배인 기타 사용인이 뇌물을 주는 경우에도 계약상대자는 제한을 받는다. 대법원은 건설회사의 현장소장이 해당 공사와 관련하여 편의를 보아 달라는 명목으로 관계공무원에게 금원을 제공하였다면 이는 동 회사를 위한 것으로 보여지므로 그 증뢰가 회사의 자금 또는 회사 대표이사의 지시에 의하여 이루어진 것이 아니라 하더라도 위와 같은 증뢰행위는 공사계약의 상대자인 위 회사의 사용인이 그 계약의 이행과 관련하여 관계 공무원에게 증뢰한 경우에 해당한다고 판시하였다.[35)]

8) 입찰 · 계약 관련 서류를 위조 또는 변조하거나 입찰 · 계약을 방해하는 등 경쟁의 공정한 집행을 저해할 염려가 있는 자(국가계약법 제27조 제1항 제8호 가목)

가) **입찰 또는 계약에 관한 서류**(제39조에 따라 전자조달시스템을 통하여 입찰서를 제출하는 경우에 「전자서명법」 제2조 제8호에 따른 공인인증서를 포함한다)를 **위조 · 변조하거나 부정하게 행사한 자 또는 허위서류를 제출한 자**(국가계약법 시행령 제76조 제1항 제1호 가목)

(1) 입찰에 관한 서류로서는 다음과 같은 서류를 들 수 있다.[36)]

- 입찰참가자격사전심사: 시공실적증명서류, 경영상태 심사서류, 용역에서 책임기술자의 참여경력 및 실적증명서 등
- 입찰참가신청시: 입찰참가신청서, 해당 공사에 해당하는 면허수첩 또는

35) 대법원 1985. 7. 23. 선고 85누136 판결.
36) 장훈기, 앞의 책, 1680면.

자격등록증 서류, 인감증명서, 그 밖에 공고 또는 통지로 요구하는 서류, 공동계약이 허용된 경우 공동수급협정서, 입찰참가자격등록에 관한 서류 등

- 입찰시: 입찰서, 산출내역서, 물품에서의 납품실적증명서, 전자조달시스템에 의하여 입찰서를 제출하는 경우 공인인증서 등

(2) 계약에 관한 서류는 계약의 체결뿐만 아니라 계약의 이행과 관련하여 작성된 서류를 포함한다고 해석된다.[37)]

(3) 위조라 함은 작성권한이 없는 자가 타인명의를 모용하여 문서를 작성하는 것을 의미한다. 형법상 이런 유형의 행위를 유형위조라고 한다. 반면 무형위조란 권한 있는 자가 진실에 반하는 내용의 문서를 작성하는 경우, 즉 허위내용의 문서를 작성하는 경우를 말하는데 이러한 무형위조행위도 위조의 개념에 포함되는지 논란이 있을 수 있다. 형법은 유형위조와 무형위조를 구별하여 무형위조를 작성이라고 부르고 있으므로 엄밀하게 해석하자면 본 조의 위조의 개념에는 유형위조만이 포함된다고 해석해야 한다.[38)] 그러나 대법원은 입찰이나 그에 따른 계약 시 입찰참가자격에 관한 서류 기타 계약에 관한 서류를 작성함에 있어서 타인의 명의를 도용하는 방법으로 위조하여 제출하는 행위는 물론 자신의 명의로 작성하더라도 허위의 내용을 기재한 서류를 작성하여 제출하는 행위 역시 경쟁의 공정한 집행 또는 계약의 적정한 이행을 해칠 염려가 되는 행위에 해당함은 분명하므로 서류를 허위로 작성하는 행위도 위조에 해당한다고 해석함이 타당하다고 판시하여 소위 무형위조행위도 위조행위에 포함된다고 보았다.[39)] 한편 1999. 9. 9. 국가계약법 시행령의 개정으로 '허위서류를 제출하는 경우'를 제한사유로 추가함으로써 무형위조행위가 여기서 말하는 위조의 개념에 포함되는지에 관한 논란은 더 이상 의미가 없게 되었고, 무형위조행위는 '허위서류를 제출하는 경우'에 해당하는 것으로 이해하면 될 것이다.

(4) 변조란 권한 없이 이미 진정하게 성립된 타인 명의의 문서에 동일성을

---

37) 장훈기, 앞의 책, 1681면; 김성근, 앞의 책, 563-564면; 이와 관련하여 대법원 2006. 12. 8. 선고 2006두1552 판결이 계약의 이행과 관련된 서류가 해당하지 않는다고 판시하였으나 이 판결은 심리불속행으로 상고를 기각한 사례이고, 이에 반하는 하급심 판례와 기획재정부 유권해석도 있으므로 법률 개정을 통하여 명확히 정리하여야 한다는 견해가 있다. 정원, 앞의 책, 678-679면.

38) 김성근, 앞의 책, 564면.

39) 대법원 2000. 10. 13. 선고 99두3201 판결.

해하지 않을 정도로 변경을 가하는 행위를 말한다. 변조행위가 지나쳐 전혀 새로운 내용의 문서가 된 경우에는 위조에 해당한다고 해석해야 한다.

(5) 부정행사란 진정하게 성립된 문서를 사용할 권한이 없는 자가 문서명의자로 또는 사용권한이 있는 것처럼 가장하여 행사하거나, 사용할 권한이 있더라도 본래의 사용 목적이나 정당한 용법에 반하여 사용 또는 행사하는 경우를 의미한다.[40]

(6) 허위서류란 진실에 반하는 내용이 기재되어 있는 서류를 의미하는데, 작성권한있는 자가 진실에 반하는 내용을 기재한 서류, 즉 무형위조를 의미한다. 허위서류의 제출과 관련해서는 허위서류 제출에 대한 고의가 있어야 하는지에 대하여 논의가 있다. 대법원은 행정법규 위반에 대한 제재조치는 행정목적의 달성을 위하여 행정법규 위반이라는 객관적 사실에 착안하여 가하는 제재이므로 위반자의 의무 해태를 탓할 수 없는 정당한 사유가 있는 등의 특별한 사정이 없는 한 위반자에게 고의나 과실이 없다고 하더라도 부과될 수 있다고 판시[41]하고 있으므로, 제출자의 인식과 무관하게 제한이 가능하다고 해석할 수 있다.[42] 이에 반하여 제출자의 고의가 필요하고, 단순한 오기나 착오 등에 의한 경우에는 제한대상이 되지 않는다는 견해도 있다.[43] 허위서류의 제출이 오기나 착오에 의하였다면 제한을 할 수 없다는 견해를 취하더라도 실무상 계약상대자 등이 이를 증명하여야 하는데 그 증명이 쉽지 않을 것이며, 입찰이나 계약상 이익을 얻기 위한 목적에서 허위서류를 제출하는 경우가 대부분일 것이라는 점을 감안하면 이에 대한 논의의 실익이 그리 크지 않을 것이라고 본다.

(7) 입찰이나 계약에 관한 서류를 위조하거나 변조한 행위 자체로 제한을 할 수 없고 이렇게 위법하게 만들어진 문서가 실질적으로 행사되어 경쟁의 공정한 집행을 저해할 염려를 야기시켜야 한다. 본 규정상 '부정행사'와 같이 위조나 변조한 문제를 실제로 사용하는 행위가 필요하다고 본다.[44]

(8) 국가계약법 시행규칙 [별표 2]는 이러한 위조 내지 변조 등 행위에 대한 제한으로서 낙찰을 받은 경우와 그렇지 않은 경우로 구별하여 제한수위를 정하고 있다.

---

40) 김성근, 앞의 책, 566면; 이재권 외, 앞의 책, 314면; 장훈기, 앞의 책, 1683면.
41) 대법원 2003. 9. 2. 선고 2002두5177 판결.
42) 김성근, 앞의 책, 567면; 정원, 앞의 책, 651면.
43) 장훈기, 앞의 책, 1683면.
44) 김성근, 앞의 책, 568면.

나) 고의로 무효의 입찰을 한 자(국가계약법 시행령 제76조 제1항 제1호 나목)

무효입찰의 고의란 자신의 입찰에 무효사유가 있다는 것을 인식하면서 입찰에 나아간 것을 말하고, 종국적으로 자신의 입찰을 무효화시키려는 목적까지 있어야 하는 것은 아니다.[45]

무효입찰의 사유는 국가계약법 시행령 제39조 제4항 및 국가계약법 시행규칙 제44조, 공사입찰유의서[46] 제15조 등에 규정되어 있다.

다) 입찰참가신청서 또는 입찰참가승낙서를 제출하고도 정당한 이유 없이 해당 회계연도 중 3회 이상 입찰(제39조 제1항에 따라 전자조달시스템 또는 각 중앙관서의 장이 지정·고시한 정보처리장치를 통하여 입찰서를 제출하게 한 입찰은 제외한다)**에 참가하지 아니한 자**(국가계약법 시행령 제76조 제1항 제1호 다목)

입찰자가 입찰참가신청서를 제출하거나 발주기관의 입찰참가요청에 대하여 입찰참가승낙서를 제출하고도 정당한 이유 없이 입찰절차에 반복적으로 불참하는 경우를 의미하며, 단순히 사전심사신청서를 제출하거나 발주기관의 입찰참가요청에 불응하는 경우는 여기서 말하는 입찰불참에 포함되지 아니한다.[47]

3회 이상 불참 여부는 당해 회계연도 중 발주기관 별로 산정하되, 지정정보처리장치에 의하여 입찰서를 제출하게 하는 전자입찰은 제외한다.

정당한 이유에 대해서는 사안별로 개별적이고 구체적인 상황을 종합적으로 고려하여 판단할 수밖에 없다.

라) 입찰참가를 방해하거나 낙찰자의 계약체결 또는 그 이행을 방해한 자(국가계약법 시행령 제76조 제1항 제1호 라목)

(1) 입찰·계약의 방해행위는 입찰참가신청에서부터 가능하고 전자조달시스템을 통하여 입찰서를 제출하는 경우에도 적용된다고 해석된다. 그러나 적격심사낙찰 또는 최저가낙찰에서 적격 여부의 심사과정이나 저가심의를 하는 과정, 종합심사낙찰에서의 입찰가격·공사수행능력 및 사회적 책임 등에 대한 종

45) 대법원 1986. 10. 14. 선고 84누314 판결.
46) 기획재정부계약예규 제287호.
47) 김성근, 앞의 책, 575면.

합심사과정, 기술제안입찰에서의 기술제안서 평가과정은 낙찰자 선정 이전의 단계이므로 이 과정에서의 방해행위는 본 목에 의한 제한대상이 아니라고 본다.[48] 이 조항은 입찰을 전제로 하고 있고 수의계약에 있어서는 낙찰자라는 개념이 있을 수 없으므로 수의계약 단계절차에서의 방해행위에 관해서는 본 목에 따른 제한을 할 수 없다고 본다.[49]

(2) 방해행위는 위력, 위계 또는 그 밖의 어떤 방법을 불문하고 입찰에 참가하려는 사람을 참가하지 못하도록 하는 행위로서 방해의 결과가 발생할 것까지 요하지는 아니하고 경쟁의 공정한 집행을 저해할 위험이 발생하는 것으로 충분하다고 할 것이다.[50]

(3) 본 목이 규정하는 방해행위와 관련하여 참고할 사항으로 건설산업기본법의 규정을 살펴본다. 건설산업기본법은 제95조 제3호에서 위계 또는 위력, 그 밖의 방법으로 다른 건설업자의 입찰행위를 방해한 자를 처벌하고 있다. 대법원은 이 조항을 건설공사의 입찰에서 입찰의 공정을 해치는 행위를 하는 건설업자들을 특별히 가중처벌하기 위한 것으로서 형법 제315조 소정의 입찰방해죄의 특별규정으로 보고 있다. 나아가 여기서 '입찰행위'를 방해한다고 함은 형법상의 입찰방해죄의 구성요건을 충족함을 의미하는 것으로서 건설산업기본법 제95조 제3호 소정의 '입찰행위'의 개념은 형법상의 입찰방해죄에 있어 '입찰'과 동일한 개념이고, '다른 건설업자의 입찰행위를 방해한 자'에는 입찰에 참가한 다른 건설업자의 입찰행위를 방해한 자뿐만 아니라 입찰에 참가할 가능성이 있는 다른 건설업자의 입찰 참가 여부 결정 등에 영향을 미침으로써 입찰행위를 방해한 자도 포함된다고 판시하였다. 또한 형법상의 입찰방해죄와 마찬가지로 건설산업기본법 제95조 제3호 위반죄는 건설공사의 입찰에서 위계 또는 위력, 그 밖의 방법으로 다른 건설업자의 입찰행위를 방해하는 경우에 성립하는 위태범이므로, 다른 건설업자의 입찰행위를 방해할 행위를 하면 그것으로 족하고 현실적으로 다른 건설업자의 입찰행위가 방해되는 결과가 발생할 필요는 없다는 것이 대법원의 입장이다.[51]

---

48) 김성근, 앞의 책, 587면; 장훈기, 앞의 책, 1697-1698면.
49) 김성근, 앞의 책, 578면; 장훈기, 앞의 책, 1698면.
50) 대법원 1993. 2. 23. 선고 92도3395 판결; 김성근, 앞의 책, 577면; 장훈기, 앞의 책, 1697면.
51) 대법원 2015. 12. 24. 선고 2015도13946 판결.

마) 정당한 이유 없이 제42조 제1항에 따른 계약이행능력의 심사에 필요한 서류의 전부 또는 일부를 제출하지 아니하거나 서류제출 후 낙찰자 결정 전에 심사를 포기한 자(국가계약법 시행령 제76조 제1항 제1호 마목)

본 규정은 국가계약법 시행령 제42조 제1항에서 규정하고 있는 적격심사절차에 따라 낙찰자를 선정하는 입찰에 적용된다.

입찰참가자가 정당한 이유 없이 적격심사 서류를 제출하지 아니하거나 낙찰자 결정 전에 포기하는 경우가 해당되는데, 여기에서 말하는 정당한 이유는 불가항력적 사유는 물론 사회통념상 입찰참가자가 심사서류를 제출하지 아니하거나 심사를 포기할 수밖에 없는 객관적 사정으로 부도나 영업정지 등과 같이 낙찰이 되더라도 계약의 체결이나 이행이 불가능한 사유를 포함한다고 해석함이 타당하다.[52]

바) 제42조 제4항에 따른 낙찰자 결정과정에서 정당한 이유 없이 심사에 필요한 서류의 전부 또는 일부를 제출하지 아니하거나 서류제출 후 낙찰자 결정 전에 심사를 포기한 자(국가계약법 시행령 제76조 제1항 제1호 바목)

이 규정은 국가계약법 시행령 제42조 제4항에서 규정하고 있는 추정가격이 300억원 이상인 공사 및 문화재수리로서 문화재청장이 정하는 공사에서 종합심사절차에 따라 낙찰자를 선정하는 입찰에 적용된다.

종합심사낙찰에서는 입찰자의 입찰가격, 공사수행능력 및 사회적 책임 등을 종합 심사하여 낙찰자를 결정하는데, 입찰서 이외에 이러한 심사서류를 제출하지 아니하거나 서류제출 후 심사를 포기하는 경우를 제한사유로 삼고 있다.

사) 제87조에 따라 일괄입찰의 낙찰자를 결정하는 경우에 실시설계적격자로 선정된 후 정당한 이유 없이 기한 내에 실시설계서를 제출하지 아니한 자(국가계약법 시행령 제76조 제1항 제1호 사목)

이 규정은 국가계약법 시행령 제87조에 따른 설계·시공일괄입찰절차에 따라 낙찰자를 선정하는 입찰에 적용된다.

52) 기획재정부 유권해석 계약제도과-762, 2012. 6. 12.

여기에서 정당한 이유는 불가항력적 사유를 포함하여 사회통념상 실시설계적격자의 책임으로 돌릴 수 없는 객관적인 사유를 의미한다고 할 것인데, 회생절차개시신청은 실시설계서 미제출의 정당한 사유로 보기 어렵다고 본 유권해석이 있다.[53)]

9) 정당한 이유 없이 계약의 체결 또는 이행 관련 행위를 하지 아니하거나 방해하는 등 계약의 적정한 이행을 해칠 염려가 있는 경우(국가계약법 제27조 제1항 제8호 나목)

가) **정당한 이유 없이 계약을 체결 또는 이행**(제42조 제5항에 따른 계약이행능력심사를 위하여 제출한 하도급관리계획, 외주근로자 근로조건 이행계획에 관한 사항의 이행과 제72조 및 제72조의2에 따른 공동계약에 관한 사항의 이행을 포함한다)**하지 아니하거나 입찰공고와 계약서에 명시된 계약의 주요 조건**(입찰공고와 계약서에 이행을 하지 아니하였을 경우 입찰참가자격 제한을 받을 수 있음을 명시한 경우에 한정한다)**을 위반한 자**(국가계약법 시행령 제76조 제1항 제2호 가목)

(1) 계약미체결과 관련하여, 계약을 체결하지 아니한 자를 제재하기 위해서는 계약체결의무의 존재가 전제되어야 한다고 해석된다.[54)] 예컨대 경쟁입찰의 경우 낙찰자로 결정된 경우에 정당한 이유 없이 계약체결을 거부하는 경우에는 제한대상이 된다고 본다.

(2) 수의계약을 체결하는 경우 수의계약을 체결할 자격이 있는 자가 협의를 거쳐 계약을 체결할 단계에 이르렀으나 임의로 계약의 체결을 거부하는 경우에도 제한을 할 수 있는가? 경쟁입찰이 아닌 수의계약에 있어서는 계약상대자에게 계약을 체결할 의무가 있다고 보기 어려우므로 수의계약 체결에 응하지 않는다고 하여 본 목에 의한 제한을 할 수는 없다고 본다.[55)] 공동계약에 있어서 공동수급체의 일부 구성원이 정당한 이유 없이 계약체결을 하지 아니하는 경우에는 당해 구성원은 본 호에 의한 제한대상이 된다.[56)] 왜냐하면 공동계약에 있

53) 기획재정부 유권해석 회계제도과-620, 2010. 4. 19.
54) 장훈기, 앞의 책, 1665면.
55) 김성근, 앞의 책, 550면.
56) 장훈기, 앞의 책, 1665면.

어서는 공동수급체를 구성하는 구성원 전원이 계약서에 연명으로 기명날인 또는 서명하여야 하기 때문이다(공동계약운용요령 제6조).

(3) 실무상 가장 논란이 많은 부분은 계약의 미이행이다. 계약의 이행에는 적격심사낙찰에서 계약이행능력심사를 위해 제출한 사항 중 하도급관리계획 및 외주근로자 근로조건 이행계획에 관한 사항을 포함하며, 공동계약에 관한 사항의 이행, 하자보수의무의 이행 및 공사이행보증서 제출의무자의 공사이행보증서 제출의무도 포함된다.[57]

계약을 이행하지 아니한 경우에는 계약내용 전부를 이행하지 아니한 경우뿐만 아니라 일부를 이행하지 아니한 경우, 불완전하게 이행한 경우도 포함된다. 공동계약의 경우에는 공동계약에서 정한 구성원 간의 출자비율 또는 분담내용대로 시공하지 않거나 시공에 참여하지 않는 경우가 해당된다. 실무상 공동계약의 경우 공동수급체 구성원 간의 내부 합의에 의하여 공동계약에서 정한 출자비율이나 부담내용대로 시공하지 않는 경우가 많다고 알려져 있으나 이런 행위는 본 호에 의한 제한대상이 된다.[58] 미이행한 계약에는 계약상대자인 주계약자가 체결한 계약뿐만 아니라 주계약자를 위하여 체결한 보증계약도 포함되므로 주계약인 용역계약에 대한 이행보증인이 보증계약을 이행하지 아니한 경우 이행보증인에 대해서도 계약미이행을 이유로 제한을 할 수 있다.[59]

공사계약의 이행지체에 대해서도 본 호에 의한 계약미이행으로 보아 제한을 할 수 있는가가 문제될 수 있으나 계약의 이행지체에 대해서는 별도의 지체상금이라는 이행지체에 대한 발주기관의 피해 보상 제도가 있으므로[60] 이행지체를 이유로 한 제한에는 찬성하기 어렵다.[61] 마찬가지로 공사계약에 있어서 하자의 보수의무는 계약상대자의 책임이므로 하자보수의무의 불이행 역시 계약미이행이라고 볼 수 있지만 하자보수에 관련하여서도 별도의 제도적 장치가 존재하므로[62] 이를 통하여 해결하는 것이 타당하다고 본다.

57) 장훈기, 앞의 책, 1666면.
58) 김성근, 앞의 책, 553면; 장훈기, 앞의 책, 1666면; 국가계약법 시행규칙 [별표 2] 참조.
59) 대법원 2013. 5. 23. 선고 2011두19666 판결; 국가계약법 시행령 제52조 제1항 단서에 따라 공사이행보증서를 제출하여야 하는 자로서 해당 공사이행보증서 제출의무를 이행하지 않는 경우에도 당연히 제한이 가능하다. 국가계약법 시행규칙 [별표 2] 참조.
60) 공사계약일반조건 제25조.
61) 김성근, 앞의 책, 551-552면.
62) 공사계약일반조건 제33조, 제34조.

(4) 이 규정에서 입찰공고와 계약서에 명시된 계약의 주요조건을 위반하는 자를 부정당업자로 제한하는 경우는 2016. 9. 2. 국가계약법 시행령이 개정되면서 새롭게 추가된 사항이다. 계약의 주요조건 위반은 주로 계약의 이행과정에서 준수하여야 할 절차규정의 위반이라는 점에서 계약상대자 등의 채무불이행과 동일하게 보기 어렵다는 점을 고려해서 이러한 경우에도 부정당업자로 보아 제한할 수 있음을 명확히 한 것으로 보인다. 이와 같이 입찰공고와 계약서에 명시된 계약의 주요조건을 위반하는 것 외에도 입찰공고와 계약서에 계약의 주요조건을 위반하였을 경우 입찰참가자격 제한을 받을 수 있음을 명시한 경우에 한하여 제한사유로 삼을 수 있다.

나) 조사설계용역계약 또는 원가계산용역계약에 있어서 고의 또는 중대한 과실로 조사설계금액이나 원가계산금액을 적정하게 산정하지 아니한 자(국가계약법 시행령 제76조 제1항 제2호 나목)

이 규정은 조사설계용역계약 및 원가계산용역계약에 한정하여 적용되고, 다른 연구용역계약에서의 금액산정이 적정하지 않은 경우라 하더라도 그 적용대상이 아니다.[63)]

고의 또는 중대한 과실로 금액을 적정하게 산정하지 아니하여야 하고, 경과실로 산정을 적정하게 하지 못한 경우에는 이 조항으로 제한할 수 없다. 여기에서 중대한 과실은 당해 용역을 수행하는 자격이 있는 자가 약간의 주의를 한다면 손쉽게 오류를 알 수 있는데도 그러한 주의조차 기울이지 아니하여 금액산정이 적정하지 못하게 된 경우를 말한다.

국가계약법 시행규칙 [별표 2]에서는 위반행위가 고의 또는 중대한 과실에 의한 것인지에 따라 제한기간을 달리 정하고 있다.

다) 「건설기술 진흥법」 제47조에 따른 타당성 조사 용역의 계약에서 고의 또는 중대한 과실로 수요예측 등 타당성 조사를 부실하게 수행하여 발주기관에 손해를 끼친 자(국가계약법 시행령 제76조 제1항 제2호 다목)

이 규정은 타당성조사용역계약에 한정하여 적용되고, 설계나 감리용역계약

63) 김성근, 앞의 책, 545면.

등 다른 용역계약은 그 적용대상이 아니다.[64]

조사설계용역계약 및 원가계산용역계약의 경우와는 달리 타당성조사용역계약에서 수요예측 등 타당성조사를 부실하게 수행한 것뿐만 아니라 발주기관에 손해를 끼칠 것을 요건으로 하고 있다.

국가계약법 시행규칙 [별표 2]에 의하면 위반행위가 고의 또는 중대한 과실에 의한 것인지에 따라 제한기간이 다르다.

라) 감독 또는 검사에 있어서 그 직무의 수행을 방해한 자(국가계약법 시행령 제76조 제1항 제2호 라목)

발주기관의 감독 또는 검사업무는 계약의 적정한 이행 여부를 심사하는 필수절차이므로, 이러한 직무 수행을 방해한 자를 제재함으로써 계약의 적정한 이행을 보장하기 위해 규정한 것이다.

여기서 감독 또는 검사에 대한 직무는 국가계약법 제13조에 따라 공사, 제조, 용역 등의 계약을 체결한 경우에 그 계약을 적정하게 이행하도록 하기 위한 감독과 국가계약법 제14조에 따라 계약상대자가 계약의 전부 또는 일부를 이행하면 이를 확인하기 위한 검사에 한정되고,[65] 방위사업청이 수행하는 방위력개선사업 중 구매사업절차에서 이루어지는 시험평가(방위사업법 제21조)나 공사계약일반조건 제12조에 의한 공사자재 검사는 이에 포함되지 않는다고 봄이 타당하다.

방해행위는 위력, 위계 또는 그 밖의 어떤 방법을 불문하며 방해의 결과가 발생할 것까지 요하지 아니한다.

마) 시공 단계의 건설사업관리 용역계약 시 「건설기술 진흥법 시행령」 제60조 및 계약서 등에 따른 건설사업관리기술자 교체 사유 및 절차에 따르지 아니하고 건설사업관리기술자를 교체한 자(국가계약법 시행령 제76조 제1항 제2호 마목)

이 규정은 건설사업관리기술자의 부당한 교체가 건설사업관리용역계약의 적정한 이행을 저해하고, 그로 인하여 관리용역 대상인 공사계약의 부실을 초

64) 김성근, 앞의 책, 546면.
65) 기획재정부 유권해석 계약제도과-1396, 2013. 10. 10.

래할 위험이 있기 때문에 이를 방지하기 위한 것이다.

시공 단계의 건설사업관리를 수행하는 건설사업관리용역업자는 해당 건설공사의 규모 및 공종에 적합하다고 인정하는 건설기술자를 건설사업관리 업무에 배치하여야 하고(건설기술 진흥법 시행령 제60조 제1항), 건설사업관리용역업자가 이미 배치되었거나 배치될 건설사업관리기술자를 교체하려는 경우에는 미리 발주청의 승인을 받아야 한다(같은 조 제4항). 그러므로 건설사업관리용역업자가 발주청의 사전승인을 받지 않거나 용역계약에서 정한 교체사유 및 절차에 의하지 않고 건설사업관리기술자를 교체하면 이 규정의 제한사유에 해당한다.

10) 다른 법령을 위반하는 등 입찰에 참가시키는 것이 적합하지 아니하다고 인정되는 경우(국가계약법 제27조 제1항 제8호 다목)

가) 계약의 이행에 있어서 안전대책을 소홀히 하여 공중에게 위해를 가한 자 또는 사업장에서 「산업안전보건법」에 따른 안전·보건 조치를 소홀히 하여 근로자 등에게 사망 등 중대한 위해를 가한 자(국가계약법 시행령 제76조 제1항 제3호 가목)

(1) 여기에서 말하는 계약은 공사, 물품제조, 용역, 구매계약 등 계약의 종류를 불문한다.[66]

(2) 안전대책에 관하여 특별한 정의규정이 없어 그 범위가 불분명하나 산업안전보건법에 따른 안전·보건조치를 포함하여 관계법령에서 규정하고 있는 안전대책을 의미한다고 봄이 타당하다.[67] 국가계약법 시행규칙 [별표 2]는 안전대책을 소홀히 하여 공중에게 가한 위해가 생명·신체상의 것인지, 재산상의 것인지에 따라 제한기간에 차등을 두고 있다. 위해는 공중의 생명·신체·재산에 손해가 발생할 것을 요한다.

(3) 사업장에서 근로자 등에게 발생한 중대한 위해는 산업안전보건법에 의한 안전·보건조치를 소홀히 하여 해당 사업장에서 근로자 등에게 발생한 2인 이상의 사망을 의미한다.[68] 따라서 해당 사업장에서 1인의 근로자가 사망하거나 2인 이상의 근로자가 중상해를 입은 경우, 해당 사업장이 아닌 장소에서 발생한

66) 김성근, 앞의 책, 547면.
67) 장훈기, 앞의 책, 1663면.
68) 국가계약법 시행규칙 [별표 2].

사고로 2인 이상의 근로자가 사망하더라도 입찰참가자격을 제한할 수 없다.

나) 「전자정부법」 제2조 제13호에 따른 정보시스템의 구축 및 유지 · 보수 계약의 이행과정에서 알게 된 정보 중 각 중앙관서의 장 또는 계약담당공무원이 누출될 경우 국가에 피해가 발생할 것으로 판단하여 사전에 누출금지정보로 지정하고 계약서에 명시한 정보를 무단으로 누출한 자(국가계약법 시행령 제76조 제1항 제2호 나목)

(1) 이 규정은 국가기관의 정보화시스템 구축 및 운영과정에서 취득한 자료를 무단으로 유출함에 따른 국가의 피해 발생을 방지하기 위하여 2010. 7. 21. 국가계약법 시행령의 개정시 신설된 제한사유이다.

(2) 여기에서 말하는 누출된 정보는 중앙관서의 장 또는 계약담당공무원이 사전에 누출금지정보로 지정하고 계약서에 명시한 정보로 한정되므로, 사전에 누출금지정보로 지정되지 않거나 지정했다 하더라도 계약서에 명시하지 아니한 정보는 이에 해당하지 않는다.[69] 무단히 누출한다는 것은 발주기관의 사전 동의나 승인을 받지 않고 임의로 제3자로 하여금 정보를 알 수 있는 상태에 두는 것을 말한다.

(3) 국가계약법 시행규칙 [별표 2]에서는 이 조항의 제한사유에 대한 제한기간을 정보 누출 횟수를 기준으로 하여 정하고 있다.

다) 「전자정부법」 제2조 제10호에 따른 정보통신망 또는 같은 조 제13호에 따른 정보시스템의 구축 및 유지 · 보수 등 해당 계약의 이행과정에서 정보시스템 등에 허가 없이 접속하거나 무단으로 정보를 수집할 수 있는 비(非)인가 프로그램을 설치하거나 그러한 행위에 악용될 수 있는 정보시스템등의 약점을 고의로 생성 또는 방치한 자(국가계약법 시행령 제76조 제1항 제1호 라목)

국가 정보통신망 등의 보안 안정성을 제고하기 위해 정보통신망 구축 및 유지 · 보수 등 계약의 이행과정에서 해킹프로그램을 설치하거나 그러한 설치를 유발시킨 자를 부정당업자로 제한할 수 있다.

---

69) 김성근, 앞의 책, 588면.

이 규정은 2016. 9. 2. 국가계약법 시행령 개정시 새롭게 추가된 제한사유로 국가계약법 시행규칙 [별표 2]에는 2년의 제한기간을 정하고 있다.

마. 제한의 기준

1) 일반 기준

부정당업자에 대한 제재로서의 입찰참가자격 제한의 최대기간은 2년인데(국가계약법 제27조 제1항), 개별적인 제한 기간은 2년의 범위 내에서 각 제한사유별로 부실벌점, 하자비율, 부정행위 유형, 고의·과실 여부, 뇌물 액수, 국가에 손해를 끼친 정도 등을 고려하여 기획재정부령으로 정한다(국가계약법 시행령 제76조 제2항, 제3항). 국가계약법 시행규칙은 [별표 2]에서 각 제한사유의 유형을 세분하여 제한기간을 규정하고 있다.

2) 기간의 가중 또는 감경

가) 가중 사유

입찰참가자격 제한조치를 받은 자에게 그 처분일로부터 입찰참가자격 제한기간 종료 후 6월이 경과하는 날까지의 기간 중 다시 부정당업자에 해당하는 사유가 발생한 경우에는 자격제한기간을 그 위반행위의 동기·내용 및 횟수 등을 고려하여 [별표 2]의 해당 호에서 정한 기간의 2분의 1의 범위 안에서 가중하여 제한할 수 있다. 이때 가중한 기간을 합산한 기간은 2년을 초과할 수 없다(국가계약법 시행규칙 [별표 2] 1. 일반기준). 이 규정이 적용되는 경우란 동일한 중앙관서의 장이 동일한 계약상대자에 대해 제한조치처분을 한 후 그 제한기간이 종료된 후 6월 이내에 다시 동일한 계약상대자가 제한사유를 범하여 동일한 중앙관서의 장이 새로운 제한을 하는 경우를 말하고, 제한조치를 할 당시에 2 이상의 제한사유가 발생되어 함께 제한조치를 하는 경우에는 적용되지 않는다.[70] 그러므로 제한기간 내에 새로운 제한사유를 범한 경우에는 새로운 제한사유에 대하여 가중하여 제한을 할 수 있다.

---

70) 기획재정부 유권해석 회계제도과-1826, 2009. 11. 4.

나) 감경 사유

각 중앙관서의 장은 부정당업자에 대한 입찰참가자격을 제한하는 경우 자격제한기간을 그 위반행위의 동기·내용 및 횟수 등을 고려하여 별표 2의 해당 호에서 정한 기간의 2분의 1의 범위 안에서 감경할 수 있다. 이 경우 감경 후의 제한기간은 1월 이상이어야 한다(국가계약법 시행규칙 [별표 2] 1. 일반기준). 정상을 참작한 작량감경이라고 할 수 있는데 아무리 감경한다고 하더라도 감경의 최대한도는 1/2까지이고 어떠한 경우에도 1월 이상이어야 한다.

3) 수개의 위반행위가 있는 경우

가) 부정당업자가 위반한 여러 개의 행위에 대하여 같은 시기에 입찰참가자격 제한을 하는 경우 입찰참가자격 제한기간은 [별표 2] 각 호에 규정된 해당 위반행위에 대한 제한기준 중 가장 길게 규정한 제한기준에 따른다(국가계약법 시행규칙 [별표 2] 1. 일반기준). 본 조항이 적용되는 경우란 제한사유가 2 이상에 해당하는 2 이상의 행위가 있는 경우임은 명백하지만, 1개의 제한사유에 해당하는 행위가 2 이상 있는 경우나 하나의 행위가 2 이상의 제한사유에 해당하는 경우도 해당되는지 여부는 명백하지 않다. 1개의 제한사유에 해당하는 행위가 2 이상 있는 경우, 예컨대 계약상대자가 수회 뇌물을 제공한 경우 만약 수회의 뇌물제공사실이 시차를 두고 인지된 경우에는 각각의 뇌물제공 건에 대하여 제한을 하게 되어 국가계약법 시행규칙 제76조 제2항에 의하여 가중처벌이 가능한 데 반하여, 같은 사실이 동일시점에 인지된 경우 그 중 무거운 제한기준으로 제재하게 되면 시차를 두고 인지된 경우와 비교하여 제한기간이 짧아지는 결과를 초래하므로 이 경우에는 뇌물제공 총액으로 제한하는 것이 타당하다.[71] 하나의 행위가 2 이상의 제한사유에 해당하는 경우에는 가장 길게 규정한 제한기준에 따르는 것이 타당하다.[72]

나) 다수 계약 건의 이행과정에서 2 이상의 제한사유가 발생한 경우에는 그 중 무거운 제한기준에 의한다.[73]

---

71) 기획재정부 유권해석 계약제도과-1263, 2012. 9. 28; 이재권 외, 앞의 책, 323면; 장훈기, 앞의 책, 1709면.

72) 이재권 외, 앞의 책, 324면; 김성근, 앞의 책, 613면.

73) 장훈기, 앞의 책, 1709면; 기획재정부 유권해석 계약제도과-1263, 2012. 9. 28.

4) 제한처분을 한 후에, 제한처분 이전에 제한사유가 있었음이 추가로 밝혀진 경우

대법원은 "국가계약법 시행규칙 제76조 제3항은 수개의 위반행위에 대하여 그 중 가장 무거운 제한기준에 의하여 제한처분을 하도록 규정하고 있고, 이는 가장 중한 위반행위에 대한 입찰참가자격 제한처분만으로도 입법 목적을 충분히 달성할 수 있다는 취지로 보이며, 또한 행정청이 입찰참가자격 제한처분을 할 때 그 전에 발생한 수개의 위반행위를 알았거나 알 수 있었는지 여부를 구별하여 적용기준을 달리 정하고 있지도 아니하다. 나아가 수개의 위반행위에 대하여 한 번에 제한처분을 받을 경우와의 형평성 등을 아울러 고려하면, 위 시행규칙 제76조 제3항은 행정청이 입찰참가자격 제한처분을 한 후 그 처분 전의 위반행위를 알게 되어 다시 입찰참가자격 제한처분을 하는 경우에도 적용된다."고 판시하였다.[74] 개정된 국가계약법 시행규칙 [별표 2] 1. 나. 에 의하면 여러 개의 위반행위에 대하여 같은 시기에 입찰참가자격을 하는 경우에 가장 중한 제한기준에 따르게 되는데, 위 대법원 판결의 취지상 제한처분의 시기가 다르다고 하여 제한기준을 달리 설정할 이유가 없다.[75] 그러므로 이미 입찰참가자격 제한처분을 한 사유와 새롭게 밝혀진 입찰참가자격 제한사유를 비교하여 전자에 대한 제한의 수위가 후자의 그것보다 높다고 하면 후자에 대한 제한은 위법하게 된다.

3. 입찰참가자격 제한처분의 절차

부정당업자에 대한 입찰참가자격을 제한하기 위해서는 행정절차법에 규정된 절차가 그대로 적용된다. 이를 간단히 도표로 설명하면 다음과 같다.

부정당업자 보고	➡	처분의 사전 통지	➡	의견청취 (의견제출, 청문, 공청회 등)	➡	처분	➡	송달과 전자조달 시스템에 게재 및 공개

이하 차례대로 설명한다.

74) 대법원 2014. 11. 27. 선고 2013두18964 판결.

75) 장훈기, 앞의 책, 1709-1710면.

가. 보고

계약담당공무원은 입찰참가자격 제한사유에 해당한다고 인정하는 자에 대하여 지체 없이 소속 중앙관서의 장에게 보고하여야 한다(국가계약법 시행규칙 제77조 제1항). 제한처분의 권한이 중앙관서의 장에게 있기 때문이다.

나. 처분의 사전통지

1) 원칙적 사전통지(행정절차법 제21조 제1항, 제3항)

중앙관서의 장은 미리 다음 사정을 당사자에게 통지하여야 한다.

① 처분의 제목

② 당사자의 성명 또는 명칭과 주소

③ 처분하려는 원인이 되는 사실과 처분의 내용 및 법적 근거

④ 위 ③에 대하여 의견을 제출할 수 있다는 뜻과 의견을 제출하지 아니하는 경우의 처리방법

⑤ 의견제출 기관의 명칭과 주소

⑥ 의견제출 기한

⑦ 그 밖에 필요한 사항

위 의견제출기한은 의견제출에 필요한 상당한 기간을 고려하여 정하여야 한다.

2) 사전통지의 예외(행정절차법 제21조 제4항, 제5항)

다음에 해당하는 경우에는 처분의 사전통지를 하지 않을 수 있다.

① 공공의 안전 또는 복리를 위해 긴급히 처분을 할 필요가 있는 경우

② 법령 등에서 요구된 자격이 없거나 없어지게 되면 반드시 일정한 처분을 하여야 하는 경우에 그 자격이 없거나 없어지게 된 사실이 법원의 재판 등에 의하여 객관적으로 증명된 경우(동법 시행령 제13조 참조)

③ 해당 처분의 성질상 의견청취가 현저히 곤란하거나 명백히 불필요하다고 인정될 만한 상당한 이유가 있는 경우

3) 사전 통지 없이 이루어진 제한처분의 법적 효력

전술한 행정절차법 제21조의 사전통지 규정은 행정청이 당사자에게 의무를 부과하거나 권익을 제한하는 처분을 하는 경우에 적용되고 원칙적으로 사전통지, 예외적으로 사전통지 생략이 가능하다. 국가계약법 제27조의 규정에 의한 제한은 당사자의 권익을 제한하는 처분에 해당하므로 중앙관서의 장이 계약상대자 등에게 제한을 하기 위해서는 당연히 행정절차법이 정한 절차를 준수하여야 한다. 따라서 만약 중앙관서의 장이 제한처분을 하면서 위와 같은 사전통지를 하지 않았다면 사전통지를 하지 않을 수 있는 예외적인 사정이 없는 한 위법하고 취소를 면할 수 없다.[76]

다. 의견청취(행정절차법 제22조 내지 제30조의2)

행정절차법에서 정한 의견청취 절차는 청문, 공청회, 의견제출의 세 가지이다. 당사자에게 참여기회를 부여하여 위법하거나 부당한 처분이 이루어지지 않도록 하기 위함이다.

1) 의견제출(행정절차법 제27조, 제27조의2)

행정청이 어떠한 행정작용을 하기 전에 당사자 등이 의견을 제시하는 절차로서, 청문이나 공청회에 해당하지 아니하는 절차를 말한다(행정절차법 제2조 제7호). 당사자에게 의무를 부과하거나 권익을 제한하는 처분을 할 때 청문이나 공청회를 하지 않는 경우에 필요하다(행정절차법 제22조 제1항 내지 제3항).

의견제출은 처분 전에 하여야 하고, 관할 행정청에 서면이나 말로 또는 정보통신망을 이용하여 제출할 수 있다. 이 때 주장을 뒷받침하는 증거자료의 첨부도 가능하다. 행정청은 말로 의견제출이 이루어진 경우 서면으로 그 진술의 요지와 진술자를 기록하여야 하고 당사자들이 정당한 이유 없이 의견제출 기한까지 의견제출을 하지 아니한 경우에는 의견이 없는 것으로 본다(행정절차법 제27조). 행정청은 처분을 할 때 당사자 등이 제출한 의견이 상당한 이유가 있다고 인정하는 경우에는 이를 반영하여야 한다(행정절차법 제27조의2).

---

76) 대법원 2013. 5. 23. 선고 2011두2555 판결.

2) 청문(행정절차법 제22조, 제28조 내지 제37조)

청문은 행정청이 어떠한 처분을 하기 전에 당사자 등의 의견을 직접 듣고 증거를 조사하는 절차인데(행정절차법 제2조 제5호), 청문을 실시하는 경우는 다음과 같다(행정절차법 제22조 제1항).

① 다른 법령 등에서 청문을 하도록 규정하고 있는 경우
② 행정청이 필요하다고 인정하는 경우
③ 인허가 등의 취소, 신분·자격의 박탈, 법인이나 조합 등의 설립허가의 취소시 의견제출기한 내에 당사자 등의 신청이 있는 경우

행정청이 청문을 실시하지 않기로 한 경우에는 전술한 의견제출의 기회를 주어야 한다. 부정당업자에 대한 입찰참가자격 제한처분을 위해서는 청문이 필요적인 것은 아니고 행정청이 필요하다고 인정하는 경우에 청문을 실시하면 되는 것으로 해석된다. 청문의 구체적인 절차는 행정절차법 제28조 내지 제37조에 규정되어 있다.

3) 공청회(행정절차법 제22조, 제38조 내지 제39조의2)

공청회는 행정청이 공개적인 토론을 통하여 어떠한 행정작용에 대하여 당사자 등, 전문지식과 경험을 가진 사람, 그 밖의 일반인으로부터 의견을 널리 수렴하는 절차를 말한다(행정절차법 제2조 제6호). 행정청은 다른 법령 등에서 공청회를 개최하도록 규정하고 있거나 당해 처분의 영향이 광범위하여 널리 의견을 수렴할 필요가 있다고 인정하는 경우에 실시한다(행정절차법 제22조 제2항). 공청회의 구체적인 절차는 행정절차법 제38조 내지 제39조의2에 규정되어 있다.

4) 절차의 신속한 진행 등(행정절차법 제22조 제5항)

행정청은 전술한 청문·공청회 또는 의견제출을 거쳤을 때에는 신속히 처분하여 해당 처분이 지연되지 않도록 하여야 한다.

라. 제한처분

1) 계약심의위원회 심의(국가계약법 시행령 제94조)

계약심의위원회는 발주기관이 부정당업자의 입찰참가자격 제한 등에 관한

질문에 자문을 하기 위해 중앙관서의 장이 임의적으로 설치·운영하는 조직이다. 실무상으로는 대부분 부정당업자에 대한 입찰참가자격 제한을 위하여 계약심의위원회의 심의를 거치고 있다.

2) 처분의 이유제시(행정절차법 제23조)

행정청은 처분을 할 때에는 다음 각 호의 어느 하나에 해당하는 경우를 제외하고는 당사자에게 그 근거와 이유를 제시하여야 한다.

① 신청내용을 모두 그대로 인정하는 처분인 경우
② 단순·반복적인 처분 또는 경미한 처분으로서 당사자가 그 이유를 명백히 알 수 있는 경우
③ 긴급히 처분을 할 필요가 있는 경우

3) 처분의 방식(행정절차법 제24조)

행정청이 처분을 할 때에는 다른 법령 등에 특별한 규정이 있는 경우를 제외하고는 문서로 하여야 하며, 전자문서로 하는 경우에는 당사자 등의 동의가 있어야 한다. 다만, 신속히 처리할 필요가 있거나 사안이 경미한 경우에는 말이나 그 밖의 방법으로 할 수 있으며, 이 경우 당사자가 요청하면 지체 없이 처분에 관한 문서를 주어야 한다. 처분을 하는 문서에는 그 처분의 행정청과 담당자의 소속·성명 및 연락처(전화번호, 팩스번호, 전자우편주소 등을 말함)를 적어야 한다.

4) 처분의 정정(행정절차법 제25조)

행정청은 처분에 오기, 오산 또는 그 밖에 이에 준하는 명백한 잘못이 있을 때에는 직권으로 또는 신청에 따라 지체 없이 정정하고 그 사실을 당사자에게 통지하여야 한다.

5) 불복방법의 고지(행정절차법 제26조)

행정청이 처분을 할 때에는 당사자에게 그 처분에 관하여 행정심판 및 행정소송을 제기할 수 있는지 여부, 그 밖에 불복을 할 수 있는지 여부, 청구절차 및 청구기간, 그 밖에 필요한 사항을 알려야 한다.

마. 송달(행정절차법 제14조, 제15조)

1) 상대방이 있는 행정처분의 경우 특별한 규정이 없는 한 의사표시의 일반적 법리에 따라 그 행정처분이 상대방에게 고지되어야 효력을 발생하는데,[77] 행정절차법은 이를 위한 송달에 관한 규정을 두고 있다.

2) 송달은 우편, 교부 또는 정보통신망 이용 등의 방법으로 하되, 송달받을 자(대표자 또는 대리인 포함)의 주소·거소·영업소·사무소 또는 전자우편주소로 한다. 다만 송달받을 자가 동의하는 경우에는 그를 만나는 장소에서 송달할 수 있다.

3) 교부에 의한 송달은 수령확인서를 받고 문서를 교부함으로써 하며, 송달하는 장소에서 송달받을 자를 만나지 못한 경우에는 그 사무원·피용자 또는 동거인으로서 사리를 분별할 지능이 있는 사람에게 문서를 교부할 수 있다.

4) 정보통신망을 이용한 송달은 송달받을 자가 동의하는 경우에만 한다. 이 경우 송달받을 자는 송달받을 전자우편주소 등을 지정하여야 한다.

5) 송달받을 자의 주소 등을 통상의 방법으로 확인할 수 없거나 송달이 불가능한 경우에는 송달받을 자가 알기 쉽도록 관보, 공보, 게시판, 일간신문 중 하나 이상에 공고하고 인터넷에도 공고하여야 한다.

6) 행정청은 송달하는 문서의 명칭, 송달받는 자의 성명 또는 명칭, 발송방법 및 발송 연월일을 확인할 수 있는 기록을 보전하여야 한다.

7) 송달은 다른 법령 등에 특별한 규정이 있는 경우를 제외하고는 해당 문서가 송달받을 자에게 도달됨으로써 효력이 발생한다. 정보통신망을 이용하여 전자문서로 송달하는 경우에는 송달받을 자가 지정한 컴퓨터 등에 입력된 때에 도달된 것으로 본다. 관보 등에 공고하는 방법으로 송달하는 경우에는 다른 법령 등에 특별한 규정이 있는 경우를 제외하고는 공고일로부터 14일이 지난 때에 그 효력이 발생한다.

바. 전자조달시스템에 게재

1) 각 중앙관서의 장은 입찰참가자격을 제한한 사실을 즉시 다른 중앙관서의 장에게 통보하여야 한다(국가계약법 제27조 제1항).

---

77) 대법원 2012. 11. 15. 선고 2011두31635 판결.

2) 각 중앙관서의 장은 입찰참가자격 제한처분을 한 경우에는 다음 각 호의 사항을 명백히 하여 입찰참가자격 제한기간의 개시일 전까지 전자조달시스템에 게재하여야 한다(국가계약법 시행령 제76조 제9항).

① 업체(상호)명 · 주소 · 성명(법인인 경우 대표자성명, 법인등록번호) · 주민등록번호 · 사업자등록번호 · 관계 법령상 면허 또는 등록번호

② 입찰참가자격 제한기간

③ 입찰참가자격을 제한하는 구체적인 사유

④ 입찰참가자격 제한처분이 집행정지된 경우 그 집행정지 또는 집행정지의 해제사실

3) 게재방법은 별지 15호서식의 부정당업자제재확인서를 전자조달시스템에 게재하는 것이다(국가계약법 시행규칙 제77조 제3항). 여기서 말하는 전자조달시스템은 조달청에 설치되어 있는 G2B(나라장터)를 의미한다.

4) 각 중앙관서의 장은 전자조달시스템을 이용하여 입찰참가자의 입찰참가자격이 제한되고 있는지 여부를 확인하여야 한다(국가계약법 시행규칙 제77조 제4항).

5) 국가계약법 시행령 제76조, 지방계약법 시행령 제92조, 공기업 · 준정부기관 계약사무규칙 제15조에 의하면, 각 중앙관서의 장, 지방자치단체, 공기업 또는 준정부기관이 입찰참가자격 제한을 할 때 이를 전자조달시스템에 게재하도록 하고, 이들 입찰참가자격 제한사실이 전자조달시스템에 게재되는 경우 모든 중앙관서, 지방자치단체, 공공기간의 입찰에 참여할 수 없게 된다. 예컨대, 공공기관이 입찰참가자격 제한처분을 하는 경우 처분당사자는 전자조달시스템에 그 사실이 게재됨으로 인하여 모든 중앙관서와 지방자치단체의 입찰에도 참가할 수 없게 되는 중대한 불이익을 입게 된다. 그렇다면 전자조달시스템 게재는 입찰참가자격 제한처분과는 별개의 행정처분인가, 별도로 그 위법을 다툴 수 있는가 여부가 문제될 수 있다. 이 점에 대한 대법원 판결은 아직 찾아볼 수 없고 하급심의 선례로서는 전자조달시스템 게재는 사실행위에 불과하다거나,[78] 전자조달시스템 게재가 별개의 행정처분일 수 있음을 암시하거나,[79] 전자조달시스템이 입찰참가자격 제한처분과 일체성을 가진다고 본 판결[80] 등이 있어 일관되어 있지 않

78) 광주지방법원 2015. 2. 12. 선고 2013구합10830 판결.
79) 서울행정법원 2015. 3. 26. 선고 2013구합13730 판결.
80) 대구지방법원 2014. 8. 13. 선고 2013구합10771 판결.

다. 전자조달시스템 게재의 법적 성격에 대한 대법원의 판단이 필요하다.

사. 입찰참가자격 제한사실의 공개

1) 각 중앙관서의 장은 입찰참가자격을 제한할 경우 그 제한내용을 대통령령이 정하는 바에 따라 공개하여야 한다(국가계약법 제27조 제6항). 이는 국민에게 특정 계약상대자 등의 입찰참가자격 제한사실을 공개하는 제도로서 국가계약법의 개정으로 신설된 제도이다.

2) 각 중앙관서의 장은 입찰참가자격 제한처분을 한 경우에는 다음 각 호의 사항을 입찰참가자격 제한기간의 개시일 전까지 전자조달시스템에 공개하여야 한다(국가계약법 시행령 제76조 제10항).

① 업체(상호)명 · 성명(법인인 경우 대표자성명, 법인등록번호) · 사업자등록번호

② 입찰참가자격 제한기간

③ 입찰참가자격을 제한하는 구체적인 사유

④ 입찰참가자격 제한처분이 집행정지된 경우 그 집행정지 또는 집행정지의 해제사실

3) 공개방법은 별지 제15호서식의 부정당업자제재확인서를 입찰참가자격 제한기간 동안 전자조달시스템에 공개하는 것이다(국가계약법 시행규칙 제77조 제5항). 입찰참가자격 제한처분을 전자조달시스템에 게재하는 방법과 동일하다.

4) 공개제도의 도입은 공정한 입찰과 계약의 이행을 간접적으로 확보하고자 하려는 것으로 이해된다. 그러나 이미 존재하는 입찰참가자격 제한의 광범위한 제재효력에도 불구하고 부정당업자가 근절되지 않는 실정에 비추어 볼 때 공개제도의 실효성은 제도의 시행에 따라 판가름날 것으로 보인다.

4. 입찰참가자격 제한처분의 효과

가. 효력발생 시기

전술한 바와 같이 입찰참가자격 제한처분은 상대방에게 송달되어야 효력이 발생한다. 송달은 송달받을 자에게 도달됨으로써 효력이 발생하고 정보통신망을 이용하여 전자문서로 송달할 경우에는 송달받을 자가 지정한 컴퓨터 등에

입력된 때에 도달된 것으로 보며, 관보 등에 게재된 경우에는 다른 법령 등에 달리 정한 경우가 아니라면 공고일로부터 14일이 경과한 때에 효력이 발생한다.

그런데 처분에서 정한 효력발생일을 경과하여 처분이 상대방에게 송달된 경우에는 언제부터 처분의 효력이 발생하는가? 예컨대 중앙관서의 장이 2016. 9. 1. 3개월의 입찰참가자격 제한처분을 하면서 입찰참가자격 제한기간을 처분 다음날인 2016. 9. 2.부터 2016. 11. 1.까지로 정하였는데 처분서가 2016. 9. 4.에 비로소 송달된 경우 송달되기 전 2일 간의 기간은 어떻게 처리되는가? 대법원은 입찰참가자격 제한처분은 고지되어야 효력이 발생하므로 고지되기 이전의 제한기간에 대해서는 입찰참가자격 제한의 효력이 미치지 않는다는 입장이다.[81]

나. 효력의 내용

1) 입찰참가자격 제한

가) 각 중앙관서의 입찰참가자격 제한

부정당업자에 대하여 입찰참가자격을 제한한 각 중앙관서의 장은 그 제한사실을 즉시 다른 중앙관서의 장에게 통보하여야 한다. 통보를 받은 다른 중앙관서의 장은 해당 부정당업자의 입찰참가자격을 제한하여야 한다. 그러므로 입찰참가자격을 받은 자는 제한기간 동안 각 중앙관서가 실시하는 일체의 입찰에 참여할 수 없다(국가계약법 제27조 제1항). 또한 각 중앙관서의 장 또는 계약담당공무원은 입찰참가자격을 제한받은 자와 수의계약을 체결하여서도 아니 된다. 다만 입찰참가자격을 제한받은 자 이외에는 적합한 시공자, 제조자가 존재하지 아니하는 등 부득이한 사유가 있는 경우에는 수의계약의 체결이 허용된다(국가계약법 제27조 제3항).

입찰참가자격 제한은 원칙적으로 경쟁입찰에 적용되는 것이므로 수의계약에 대해서는 입찰참가자격 제한의 효력이 미치지 않는 것으로 해석할 수 있을 것이다. 그러나 입찰참가자격 제한처분 자체가 공정한 경쟁이나 계약의 적정한 이행을 방해한 행위에 대한 제재이므로 경쟁입찰뿐만 아니라 수의계약에 대해서도 계약체결을 금지하는 규정을 두었다. 다만 당해 수의계약의 특성에 따라 부득이한 사정이 있는 경우에는 입찰참가자격을 제한받은 자와 수의계약이 가

---

81) 대법원 2012. 11. 15. 선고 2011두31635 판결. 이러한 대법원의 입장에 따르면 위 사례의 경우 입찰참가자격 제한처분의 효력은 2016. 11. 1.에 만료된다고 할 것이다.

능하도록 예외를 허용한 것이다.

각 중앙관서의 장 또는 계약담당공무원은 입찰참가자격을 제한받은 자에 대하여 제한기간 내에는 해당 관서에서 집행하는 모든 입찰에 참가할 수 없도록 하여야 한다(국가계약법 시행령 제76조 제6항).

나) 지방자치단체 및 공공기관이 입찰참가자격 제한을 한 경우

각 중앙관서의 장 또는 계약담당공무원은 「지방자치단체를 당사자로 하는 계약에 관한 법률」 또는 「공공기관의 운영에 관한 법률」 등 다른 법령에 따라 입찰참가자격 제한을 한 사실을 통보받거나 전자조달시스템에 게재된 자에 대하여도 입찰에 참가할 수 없도록 하여야 한다(국가계약법 시행령 제76조 제11항).

다) 지방자치단체, 공기업·준정부기관, 기타공공기관, 지방공기업에 대한 효력

지방계약법 제31조에 따라 입찰참가자격 제한을 받은 자뿐만 아니라 다른 법령에 따라 입찰참가자격을 제한받은 자는 그 제한기간 동안 각 지방자치단체에서 시행하는 모든 입찰에 대하여 입찰참가자격이 제한된다(지방계약법 제31조 제3항). 따라서 국가계약법에 의한 입찰참가자격 제한의 효력은 그 제한기간 동안 각 지방자치단체가 실시하는 모든 입찰에 대하여 미친다.

공기업·준정부기관은 공공기관법 제39조 제2항, 「공기업·준정부기관 계약사무규칙」 제15조에 따라 국가계약법 제27조에 따른 입찰참가자격 제한을 할 수 있다. 그런데 공공기관법이나 「공기업·준정부기관 계약사무규칙」에는 국가계약법 또는 지방계약법에 따라 입찰참가자격 제한조치를 한 사실을 통보받거나 전자조달시스템에 게재된 자에 대해서 공기업이나 준정부기관이 입찰에 참가할 수 없도록 하여야 하는지에 대한 확실한 규정이 존재하지 않는다. 이는 2016. 9. 12. 「공기업·준정부기관 계약사무규칙」이 개정되면서 발생한 문제로서 개정 이전에는 이 점에 대한 명문의 규정이 존재하였다.[82] 공기업이나 준정

82) 「공기업·준정부기관 계약사무규칙」(2016. 9. 12. 개정되기 전의 것) 제15조 제11항 "기관장은 국가를 당사자로 하는 계약에 관한 법률 및 지방자치단체를 당사자로 하는 계약에 관한 법률에 따라 입찰참가자격 제한사실을 통보받거나 전자조달시스템에 게재된 자에 대하여도 입찰에 참가할 수 없도록 할 수 있다. (중략)."

부기관이 입찰참가자격 제한을 함에 있어 국가계약법 제27조에 따라야 하므로, 입찰참가자격 제한사유나 절차에 관해서 국가계약법 시행령 제76조와 시행규칙 제76조가 자동적으로 적용되어야 한다. 그렇다면 공기업이나 준정부기관이 입찰참가자격 제한을 하는 경우에도 중앙관서의 장이 국가계약법에 따른 입찰참가자격을 제한하는 경우와 동일한 절차와 효과를 가질 것을 입법자가 의도한 것으로 보여진다.[83] 따라서 중앙관서의 장이 국가계약법에 따른 입찰참가자격을 제한하는 경우에도 그 효력이 공기업이나 준정부기관에 미치는 것으로 해석하는 것이 타당하다. 즉 국가계약법 시행령 제76조 제11항을 유추적용하여 공기업이나 준정부기관은 국가계약법이나 지방자치법 또는 공공기관법에 의한 입찰참가자격 제한을 통보받거나 전자조달시스템에 게재된 자에 대해서 입찰에 참가할 수 없도록 해야 한다고 본다.

기획재정부 훈령「기타공공기관 계약사무 운영규정」제14조 제11항에 따라 기타공공기관은 국가계약법, 지방계약법 및「공기업·준정부기관 계약사무규칙」에 따라 입찰참가자격 제한조치를 통보받거나 전자조달시스템에 게재된 자에 대하여 입찰에 참가할 수 없도록 할 수 있다. 하지만 반대로 기타공공기관이 입찰참가자격 제한조치를 한 경우 중앙관서의 장, 지방자치단체, 공기업·준정부기관은 이를 이유로 입찰참가자격 제한을 할 수 없다고 해석된다.[84] 또한 기타공공기관이 입찰참가자격 제한조치를 한 경우 타 기타공공기관은 이에 구속되지 않는다.

지방공기업은 지방공기업법 제64조의2 제6항, 동법 시행령 제57조의4에 따라 지방계약법 시행령 제92조를 준용하여 입찰참가자격을 제한할 수 있다. 그러나 지방공기업이 입찰참가자격을 제한한 경우 국가계약법이나 공공기관법 및 공기업·준정부기관 계약사무규칙은 지방공기업법을 인용하고 있지 않으므로, 중앙관서의 장이나 공기업·준정부기관은 지방공기업의 입찰참가자격 제한에 구속되지 않는다고 해석된다.[85]

---

83) 국가계약법 시행령 제76조 제11항에 의하면 공기업이나 준정부기관이 입찰참가자격을 제한한 경우 그 입찰참가자격 제한의 효력은 각 중앙관서의 장에게도 미친다.

84) 장훈기, 앞의 책, 1735면; 기획재정부 유권해석 계약제도과-1505, 2012. 11. 21. 뒤에서 살펴보는 바와 같이 기타공공기관의 입찰참가자격 제한은 행정처분이 아닌 사법상의 통지에 해당하는 것으로 해석되므로 이 점에 비추어보더라도 구속력이 없다고 보아야 한다.

85) 장훈기, 앞의 책, 1736면.

2) 계약체결 제한

가) 각 중앙관서의 장 또는 계약담당공무원은 경쟁입찰에 있어 낙찰된 자가 계약체결 전에 입찰참가자격 제한을 받은 경우에는 그 낙찰자와 계약을 체결해서는 아니 된다(국가계약법 시행령 제76조 제7항 본문). 다만, 장기계속계약의 낙찰자가 최초로 계약을 체결한 이후 입찰참가자격 제한을 받은 경우로서 해당 장기계속계약에 대한 연차별계약을 체결하는 경우에는 해당 계약상대자와 계약을 체결할 수 있다(국가계약법 시행령 제76조 제7항 단서).

나) 만약 발주기관이 계약상대자가 계약체결 전에 입찰참가자격 제한을 받은 사실을 알지 못하여 계약을 체결하였으나 계약 체결 후에 입찰참가자격 제한사실을 알게 된 경우에는 국가계약법 시행령 제76조 제7항의 취지상 당해 계약을 취소할 수 있다고 해석함이 타당하다. 그렇지만 계약이행이 상당히 이루어진 경우에 뒤늦게 입찰참가자격 제한사실이 밝혀진 경우에도 국가계약법 시행령 제76조 제7항의 취지에 따라 당해 계약을 해지해야 할 것인지에 대해서는 많은 고려가 필요하다고 할 것이다.

다) 공동계약의 경우 낙찰자로 결정된 후 계약체결 전에 대표자가 아닌 공동수급체의 구성원 일부가 제한조치를 받은 경우에는 잔존 구성원만으로 입찰공고 등에서 정한 면허, 시공능력 등 해당 계약이행 요건을 갖추고 있으면 출자비율 변경 등 공동수급협정서를 보완하게 하여 해당 공동수급체와 계약을 체결할 수 있다는 것이 기획재정부의 유권해석이다.[86]

다. 효력이 미치는 범위

1) 처분을 받은 자의 모든 사업에 입찰참가자격 제한의 효력이 미친다.

입찰참가자격의 제한은 당해 계약상대자라는 법인격에 대한 행정처분이므로 계약상대자가 법인인 경우 여러 개의 면허나 등록 기타 사업을 영위하고 있다고 하더라도 입찰참가자격의 제한은 당해 법인 자체의 모든 입찰에 적용된다. 그러므로 입찰참가자격 제한을 받은 업종과 다른 업종에 대한 입찰에 대해서도 제한의 효력이 미친다.

---

86) 기획재정부 유권해석 회계 41301-264, 1998. 2. 7.

2) 상호 또는 대표자 변경의 경우

입찰참가자격 제한을 받은 후 상호나 법인의 대표자를 바꿔 입찰참가자격 제한을 받지 않은 것처럼 위장하여 입찰에 참여하는 경우가 있을 수 있다. 입찰참가자격을 제한받은 계약상대자가 개인인 경우에는 개명에 의하여 동일성이 바뀌는 것이 아니고, 법인의 경우에도 상호나 대표자, 주주의 변경으로 법인의 동일성에 변동이 발생하는 것이 아니므로, 입찰참가자격 제한의 효력은 당해 개인이나 법인에 그대로 미친다. 그러므로 각 중앙관서의 장 또는 계약담당공무원은 입찰참가자격이 제한된 자와 전자조달시스템에 게재된 자가 상호·대표자 변경 등의 방법으로 제한기간 내에 입찰에 참가하는 것을 방지하기 위하여 입찰참가자의 주민등록번호, 법인등록번호, 관계 법령상의 면허 또는 등록번호 등을 확인하여야 한다(국가계약법 시행령 제76조 제12항).

3) 건설업 양도의 경우

건설업자가 건설업을 양도하려는 경우 국토교통부장관에게 신고하여야 하는데, 건설업을 양도하려는 건설업자가 국가계약법에 따른 입찰참가자격 제한의 처분을 받고 그 제한기간 중에 있는 때에는 그 사실을 양수자가 확인하였음을 증명하여야 한다(건설산업기본법 제17조 제1항, 제2항). 그리고 건설업 양도가 신고된 때에는 건설업을 양수한 자는 건설업을 양도한 자의 건설업자로서의 지위를 승계한다(같은 법 제17조 제3항). 그러므로 입찰참가자격 제한의 처분을 받은 건설업자가 제한기간 중 건설업을 양도한 경우 입찰참가자격 제한처분의 효력은 양수인에게 승계된다고 보는 것이 타당하다.[87)]

4) 회사의 합병 또는 분할의 경우

건설업자인 법인이 다른 법인과 합병하는 경우 합병으로 설립되거나 존속하는 법인은 합병으로 소멸되는 법인의 건설업자로서의 지위를 승계한다(건설산업기본법 제17조 제3항). 회사의 합병으로 인하여 존속회사 또는 신설회사는 소멸회사의 모든 권리와 의무를 포괄적으로 승계한다(상법 제235조, 제269조, 제530조 제2항, 제603조). 합병에 의하여 승계되는 권리와 의무는 사법상의 관계나 공법상

87) 장훈기, 앞의 책, 1739면.

의 권리와 의무를 불문하되, 그 성질상 이전을 허용하지 않는 것은 제외되지만 행정적 제재처분은 승계된다.[88] 따라서 입찰참가자격의 제한을 받은 법인이 타 법인에 합병되는 경우 합병으로 설립하거나 존속하는 법인은 입찰참가자격 제한조치의 효력을 받게 된다.

회사분할의 경우는 어떠한가? 합병의 경우에는 합병 전의 회사의 법인격은 합병 후의 회사에서 그 동일성이 유지된다. 그러나 분할의 경우에는 법인격의 승계는 일어나지 않는다. 존속분할의 경우에는 분할회사가 존속하므로 분할 전 회사의 법인격은 분할 후의 존속회사에서 그 동일성을 유지한다. 그러나 분할로 인한 신설회사 또는 흡수분할합병의 승계회사는 분할회사의 법인격을 승계하지 않는다.[89] 그러므로 회사분할의 경우에 입찰참가자격 제한의 효력은 분할로 인한 신설회사 또는 흡수분할합병의 승계회사에는 미치지 않는다고 해석해야 한다.

5. 입찰참가자격 제한처분에 대한 구제방법

가. 입찰참가자격 제한처분의 법적 성격에 따라 구제방법이 달라진다.

입찰참가자격 제한처분이 행정처분이라면 이는 행정심판법, 행정소송법의 대상이 되는 반면, 이를 행정처분으로 볼 수 없다면 그 처분에 대한 구제방법은 행정쟁송이 아니라 민사상의 구제방법, 예컨대 입찰참가자격 제한처분 무효확인의 소 또는 이를 위한 임시의 가처분(민사집행법 제300조 제2항)을 사용해야 한다.

1) 행정처분으로 보는 경우

가) 국가계약법에 의한 중앙관서의 장, 지방계약법에 의한 지방자치단체, 지방공기업법에 의해 지방공기업이 하는 입찰참가자격 제한처분은 행정처분에 해당한다.

나) 공공기관의 운영에 관한 법률에 따른 공공기관 중 공기업과 준정부기관은 동법 제39조 제2항, 제3항에 따라 입찰참가자격 제한처분을 할 수 있으며, 공

88) 대법원 2015. 12. 24. 선고 2015도13946 판결.
89) 이철송, 회사법강의 제24판, 박영사(2016), 1121면.

기업·준정부기관 사무규칙 제15조에 의하면 입찰참가자격 제한은 국가계약법 제27조에 따르도록 되어 있으므로 이들 공공기관의 입찰참가자격 제한처분 역시 행정처분에 해당한다. 대법원도 공공기관의 운영에 관한 법률의 적용을 받는 공기업인 한국전력공사가 한 입찰참가자격 제한처분을 행정처분으로 보았다.[90]

2) 행정처분으로 볼 수 없는 경우

공공기관의 운영에 관한 법률의 적용을 받지만 공기업이나 준정부기관이 아닌 기타공공기관이 한 입찰참가자격 제한처분은 행정처분에 해당하는가? 공공기관의 운영에 관한 법률 제39조 제2항은 공기업과 준정부기관에 대해서만 입찰참가자격 제한의 권한을 부여하고 있을 뿐 기타공공기관을 명시하고 있지 않다. 그러므로 기타공공기관은 기획재정부 훈령인 '기타공공기관 계약사무 운영규정'에 따라 입찰참가자격을 제한하거나 자체 계약규정에 따라 입찰참가자격을 제한하는 실정이므로, 기타공공기관의 입찰참가자격 제한을 행정처분으로 보기는 어렵다고 할 것이다. 대법원도 수도권매립지관리공사는 공공기관의 운영에 관한 법률상 기타공공기관에 불과하여 동법 제39조에 의한 입찰참가자격 제한처분을 할 수 없고, 입찰에 참가시키지 않겠다는 뜻의 사법상의 효력을 가지는 통지행위를 한 것에 불과하다고 판단하였다.[91]

나. 행정심판

행정심판이란 행정청의 위법·부당한 처분 또는 부작위에 대하여 처분의 취소나 무효, 부작위의 위법 또는 의무이행을 확인받음으로써 침해된 국민의 권리 또는 이익을 구제하고 아울러 행정의 적정한 운영을 꾀하기 위한 제도이다(행정심판법 제1조). 행정심판에는 취소심판, 무효등확인심판, 의무이행심판이 있는데 전술한 바와 같이 입찰참가자격 제한처분을 행정처분으로 볼 수 있는 경우에는 행정심판으로 구제받을 수 있다.

행정심판은 행정소송에 대한 임의절차이다. 행정심판 제기 후 행정소송을 제기할 수 있고 반대로 행정소송 제기 후 행정심판을 제기할 수도 있으며 양자를 동시에 제기할 수도 있다.

---

90) 대법원 2014. 11. 27. 선고 2013두18964 판결.
91) 대법원 2010. 11. 26.자 2010무137 결정.

다. 행정소송

1) 소송의 성격

입찰참가자격 제한처분에 대한 행정소송은 항고소송에 해당하고(행정소송법 제3조 제1호), 구체적으로는 처분의 취소를 구하는 취소소송 또는 처분의 무효를 구하는 무효확인소송으로 구별될 수 있다(행정소송법 제4조). 실무상 입찰참가자격 제한처분의 취소를 구하는 취소소송을 제기하는 경우가 대부분이다.

2) 관할법원

피고의 소재지를 관할하는 행정법원이 1심 관할법원이다. 중앙행정기관 또는 그 장이 피고인 경우 관할법원은 대법원 소재지의 행정법원이 된다(행정소송법 제9조). 따라서 입찰참가자격 제한처분을 한 기관이 국가인 경우 서울행정법원이 제1심 법원이 되고, 지방자치단체나 공공기관의 경우 해당기관의 소재지를 관할하는 법원이 관할법원이다.

3) 소송의 당사자

가) 원고

취소소송은 처분 등의 취소를 구할 법률상 이익이 있는 자가 제기할 수 있으며, 처분 등의 효과가 기간의 경과, 처분 등의 집행 그 밖의 사유로 취소된 뒤에도 그 처분 등의 취소로 인하여 회복되는 법률상 이익이 있는 자가 제기할 수 있다(행정소송법 제12조). 입찰참가자격 제한처분을 받은 자가 원칙적으로 원고적격을 가진다.

나) 피고적격

취소소송은 그 처분 등을 행한 행정청이 피고가 되나, 처분 등이 있은 후에 그 처분 등에 관계되는 권한이 다른 행정청에 승계된 때에는 승계한 행정청이 피고가 된다. 행정청이 없게 된 때에는 그 처분 등에 관한 사무가 귀속하는 국가 또는 공동단체가 피고가 된다(행정소송법 제13조). 조달청이 입찰참가자격 제한처분을 하는 경우 조달청장이 피고가 된다.

4) 취소소송의 대상

입찰참가자격 제한처분이 소송의 대상이 된다. 전술한 바와 같이 입찰참가자격 제한처분과 함께 이루어지는 전자조달시스템 게재가 행정처분으로서 소송의 대상인가에 대해서는 논란이 있다. 입찰참가자격 제한처분이 있은 후 직권으로 그 처분을 취소하고 새로운 처분을 한 경우 종전의 처분에 대한 취소소송은 소의 이익이 없어 부적법하므로 새로운 처분이 취소소송의 대상이 된다.[92)]

5) 제소기간

취소소송에는 제소기간의 제한이 있다. 원칙적으로 처분 등이 있음을 안 날로부터 90일 이내에 제기하여야 하고 처분 등이 있은 날로부터 1년을 경과하면 제기하지 못한다(행정소송법 제20조). 입찰참가자격 제한처분에 대해서는 그 처분을 통보하여야 하고 통보가 있는 경우 처분이 있음을 알았다고 보아야 하므로 위 제소기간은 입찰참가자격 제한처분을 송달받은 날로부터 진행된다고 할 것이다. 실무상으로는 입찰참가자격 제한처분에 의한 입찰참가제한의 불이익이 심대하므로 불복하려고 하는 당사자가 제소기간을 도과하는 경우는 생각하기 힘들다.

6) 심리

민사소송은 당사자처분권주의(민사소송법 제188조)가 지배하지만, 행정소송의 경우 공익성의 요청에 따라 법원은 필요하다고 인정할 때에는 직권으로 증거조사를 할 수 있고, 당사자가 주장하지 아니한 사실에 대해서도 판단할 수 있도록 직권심리주의를 적용한다(행정소송법 제26조). 그렇지만 직권심리주의하에서도 원고의 청구범위를 유지하면서 그 범위 내에서 필요에 따라 신청 외의 사실에 관하여 판단할 수 있을 뿐이다.[93)]

행정소송에 있어서는 특단의 사정이 있는 경우를 제외하면 당해 행정처분의 적법성에 관하여는 당해 행정청이 이를 주장·입증하여야 할 것이나 행정소송에 있어서 직권주의가 가미되어 있다고 하여도 여전히 당사자주의·변론주의를 그 기본구조로 하는 이상 행정처분의 위법을 들어 그 취소를 청구함에 있어

92) 대법원 2002. 9. 6. 선고 2001두5200 판결.
93) 대법원 1987. 11. 10. 선고 86누491 판결.

서는 직권조사사항을 제외하고는 원고가 그 위법된 구체적인 사실을 먼저 주장하여야 한다.[94)]

즉 처분의 적법성에 대한 입증책임은 피고 행정청에 있고, 처분절차의 적법성 및 송달에 대한 입증책임도 행정청에 있다. 따라서 행정처분이 그 재량권의 한계를 벗어난 것이어서 위법하다는 점은 그 행정처분의 효력을 다투는 자가 이를 주장 · 입증하여야 하고 처분청이 그 재량권의 행사가 정당한 것이었다는 점까지 이를 주장 · 입증할 필요는 없다.[95)]

7) 재판

행정처분이 위법한 경우 그 처분을 취소하는 판결을 선고한다. 행정소송법은 원고의 청구가 이유 없다고 인정하는 경우에도 처분 등을 취소하는 것이 현저히 공공복리에 적합하지 아니하다고 인정하는 경우에는 청구를 기각할 수 있는 제도를 마련하고 있는데(행정소송법 제28조 전문), 이를 사정판결이라고 부른다. 그러나 입찰참가자격 제한처분의 취소를 구하는 소송에서는 사정판결이 내려지는 경우는 상정하기 어렵다고 본다. 왜냐하면 위법한 처분을 취소하여 침해된 권리를 구제하는 것이 공공복리에 적합하지 않을 수 없기 때문이다.[96)]

취소판결의 효력은 당사자인 행정청과 기타 관계행정청뿐만 아니라 제3자에게도 효력이 있다(행정소송법 제29조). 취소판결이 확정되면 취소된 처분은 처분청의 별도의 행위를 기다릴 필요없이 처분시에 소급하여 소멸된다.[97)] 입찰참가자격 제한처분 취소소송에서 처분이 취소된 경우 당해 행정청은 물론 입찰참가자격 제한처분을 통보받은 다른 기관 모두 입찰참가자격을 제한할 수 없게 된다.

8) 취소소송과 관련한 쟁점

가) 제소기간이 도과한 경우

일반적으로 행정처분에 효력기간이 정하여져 있는 경우 그 처분의 효력 또는 집행이 정지된 바 없다면 위 기간의 경과로 그 행정처분의 효력은 상실되므

94) 대법원 1994. 11. 25. 선고 94누9047 판결.
95) 대법원 1987. 12. 8. 선고 87누861 판결.
96) 대법원 1999. 3. 9. 선고 98두18565 판결.
97) 대법원 1991. 10. 11. 선고 90누5443 판결.

로 그 기간 경과 후에는 그 처분이 외형상 잔존함으로 인하여 어떠한 법률적 이익이 침해되고 있다고 볼 만한 별다른 사정이 없는 한 그 처분의 취소를 구할 법률상의 이익이 없다.[98]

그런데 제재적 행정처분이 그 처분에서 정한 제재기간의 경과로 인하여 그 효과가 소멸되었으나, 부령인 시행규칙 또는 지방자치단체의 규칙의 형식으로 정한 처분기준에서 제재적 행정처분을 받은 것을 가중사유나 전제요건으로 삼아 장래의 제재적 행정처분을 하도록 규정하고 있는 경우 비록 제재기간이 경과하였지만 그 취소를 구할 법률상 이익이 인정될 수 있는가에 대하여 종래 대법원은 행정처분에 효력기간이 정하여져 있는 경우 및 각종 규칙상의 행정처분 기준에 관한 규정에서 위반 횟수에 따라 가중처분하게 되어 있는 경우, 그 효력기간 경과 후에 행정처분의 취소를 구할 법률상의 이익을 부정하였다.[99]

그러나 그 후 대법원은 2006. 6. 22. 선고 2003두1684 전원합의체 판결로 특정한 경우에 제재기간이 도과한 제재적 행정처분의 취소를 구하는 법률상 이익을 인정하는 것으로 종전의 견해를 변경하였다. 대법원은 위 전원합의체 판결에서 환경영향평가대행업무 정지처분을 받은 환경영향평가대행업자가 업무정지처분기간 중 환경영향평가대행계약을 신규로 체결하고 그 대행업무를 한 사안에서 업무정지처분기간 경과 후에도 '환경 · 교통 · 재해 등에 관한 영향평가법 시행규칙'의 규정에 따른 후행처분을 받지 않기 위하여 업무정지처분의 취소를 구할 법률상 이익을 인정하였는데, 관련 부분 대법원의 판시는 다음과 같다.

"제재적 행정처분이 그 처분에서 정한 제재기간의 경과로 인하여 그 효과가 소멸되었으나, 부령인 시행규칙 또는 지방자치단체의 규칙(이하 이들을 '규칙'이라고 한다)의 형식으로 정한 처분기준에서 제재적 행정처분(이하 '선행처분'이라고 한다)을 받은 것을 가중사유나 전제요건으로 삼아 장래의 제재적 행정처분(이하 '후행처분'이라고 한다)을 하도록 정하고 있는 경우, 제재적 행정처분의 가중사유나 전제요건에 관한 규정이 법령이 아니라 규칙의 형식으로 되어 있다고 하더라도, 그러한 규칙이 법령에 근거를 두고 있는 이상 그 법적 성질이 대외적 · 일반적 구속력을 갖는 법규명령인지 여부와는 상관없이, 관할 행정청이나 담당공무원은 이를 준수할 의무가 있으므로 이들이 그 규칙에 정해진 바에 따라 행

---

98) 대법원 1995. 7. 14. 선고 95누4087 판결.
99) 대법원 1995. 10. 17. 선고 94누14148 전원합의체 판결.

정작용을 할 것이 당연히 예견되고, 그 결과 행정작용의 상대방인 국민으로서는 그 규칙의 영향을 받을 수밖에 없다. 따라서 그러한 규칙이 정한 바에 따라 선행처분을 받은 상대방이 그 처분의 존재로 인하여 장래에 받을 불이익, 즉 후행처분의 위험은 구체적이고 현실적인 것이므로, 상대방에게는 선행처분의 취소소송을 통하여 그 불이익을 제거할 필요가 있다. 또한, 나중에 후행처분에 대한 취소소송에서 선행처분의 사실관계나 위법 등을 다툴 수 있는 여지가 남아 있다고 하더라도, 이러한 사정은 후행처분이 이루어지기 전에 이를 방지하기 위하여 직접 선행처분의 위법을 다투는 취소소송을 제기할 필요성을 부정할 이유가 되지 못한다. 그러한 쟁송방법을 막는 것은 여러 가지 불합리한 결과를 초래하여 권리구제의 실효성을 저해할 수 있기 때문이다. 오히려 앞서 본 바와 같이 행정청으로서는 선행처분이 적법함을 전제로 후행처분을 할 것이 당연히 예견되므로, 이러한 선행처분으로 인한 불이익을 선행처분 자체에 대한 소송에서 사전에 제거할 수 있도록 해 주는 것이 상대방의 법률상 지위에 대한 불안을 해소하는 데 가장 유효적절한 수단이 된다고 할 것이고, 또한 그 소송을 통하여 선행처분의 사실관계 및 위법여부가 조속히 확정됨으로써 이와 관련된 장래의 행정작용의 적법성을 보장함과 동시에 국민생활의 안정을 도모할 수 있다. 이상의 여러 사정과 아울러, 국민의 재판청구권을 보장한 헌법 제27조 제1항의 취지와 행정처분으로 인한 권익침해를 효과적으로 구제하려는 행정소송법의 목적 등에 비추어 행정처분의 존재로 인하여 국민의 권익이 실제로 침해되고 있는 경우는 물론이고 권익침해의 구체적·현실적 위험이 있는 경우에도 이를 구제하는 소송이 허용되어야 한다는 요청을 고려하면, 규칙이 정한 바에 따라 선행처분을 가중사유 또는 전제요건으로 하는 후행처분을 받을 우려가 현실적으로 존재하는 경우에는, 선행처분을 받은 상대방은 비록 그 처분에서 정한 제재기간이 경과하였다고 하더라도 그 처분의 취소소송을 통하여 그러한 불이익을 제거할 권리보호의 필요성이 충분히 인정된다고 할 것이므로, 선행처분의 취소를 구할 법률상 이익이 있다고 보아야 한다."

이러한 대법원의 판례변경에 따라, 선행하는 입찰참가자격 제한처분의 기간이 경과하였다고 하더라도 선행처분으로 인하여 장래 입찰참가자격 제한처분을 받을 경우 가중의 불이익을 받을 가능성이 존재함을 이유로 선행 입찰참가자격 제한처분의 취소를 구할 수 있다고 할 것이다.

나) 그 밖의 소의 이익이 문제되는 경우

전술한 대법원 1995. 7. 14. 선고 95누4087 판결은 행정명령에 불과한 회계예규에서 부정당업자로 제재받은 후 1년이 경과하지 아니한 자는 국가가 발주하는 공사계약의 연대보증인이 될 수 없게 되었다거나, 입찰참가자격 제한을 받고 당해 제한기간 만료 후 1년 이상 경과하지 아니한 자에 대하여는 일정한 공사계약의 계약상대자로서 소정의 선금지급을 받을 수 없게 되었다 하더라도, 이는 사실상·경제상의 불이익에 불과할 뿐 그 취소 또는 무효확인을 구할 법률상의 이익이 있는 것이라고 볼 수 없어서 행정처분 취소소송이 상고심에 계속 중 행정처분 효력기간이 경과하여 처분의 취소를 구하는 소송은 부적법하다고 하였다. 한편, 영업정지처분으로 조달청입찰참가자격사전심사기준 및 조달청시설공사적격심사세부기준에 의하여 3년 동안 신인도 감점의 불이익을 받는 경우 이는 사실상·경제상의 불이익에 불과하므로 그 취소를 구할 법률상의 이익이 있다고 할 수 없다.[100)]

다) 처분사유의 추가·변경

행정처분의 취소를 구하는 항고소송에 있어서는 실질적 법치주의와 행정처분의 상대방인 국민에 대한 신뢰보호라는 견지에서 처분청은 당초처분의 근거로 삼은 사유와 기본적 사실관계가 동일성이 있다고 인정되는 한도 내에서만 다른 사유를 추가하거나 변경할 수 있을 뿐, 기본적 사실관계와 동일성이 인정되지 않는 별개의 사실을 들어 처분사유로 주장함은 허용되지 아니하고, 여기서 기본적 사실관계의 동일성 유무는 처분사유를 법률적으로 평가하기 이전의 구체적인 사실에 착안하여 그 기초가 되는 사회적 사실관계가 기본적인 점에서 동일한지 여부에 따라 결정된다. 그러므로 정당한 이유없이 계약을 이행하지 않았음을 이유로 입찰참가자격을 제한하였으나 항고소송에서 계약의 이행과 관련하여 관련공무원에게 뇌물을 준 사실을 입찰참가자격 제한사유로 주장하는 것은 기본적 사실관계의 동일성이 없어 허용되지 않는다.[101)]

---

100) 대법원 1999. 2. 23. 선고 98두14471 판결.
101) 대법원 1999. 3. 9. 선고 98두18565 판결.

9) 집행정지

가) 개설

입찰참가자격 제한처분이 발효되는 순간 모든 중앙관서의 장, 지방자치단체, 공공기관, 지방공기업 등이 발주하는 계약의 입찰참가가 봉쇄되므로 입찰참가자격 제한처분의 취소를 구하는 행정소송을 제기하는 것만으로는 불이익을 구제받기 어렵다. 이런 이유로 실무상 입찰참가자격 제한처분을 받는 경우 그 취소를 구하는 행정소송의 제기와 함께 입찰참가자격 제한처분의 효력을 정지시키는 집행정지신청을 제기하는 사례가 대부분이다.

취소소송의 제기는 처분 등의 효력이나 그 집행 또는 절차의 속행에 영향을 주지 아니하므로(행정소송법 제23조 제1항), 취소소송이 제기된 경우 처분 등이나 그 집행 또는 절차의 속행으로 인하여 생길 회복하기 어려운 손해를 예방하기 위하여 긴급한 필요가 있다고 인정할 때에는 본안이 계속된 법원은 당사자의 신청 또는 직권에 의하여 처분 등의 효력이나 그 집행 또는 절차의 속행의 전부 또는 일부의 정지를 결정할 수 있다(행정소송법 제23조 제2항).

나) 요건

(1) 집행정지의 대상인 처분 등이나 그 집행 또는 절차의 속행이 존재하여야 한다.

(2) 집행정지는 본안소송이 제기되어야 한다(행정소송법 제23조 제2항, 제38조).

집행정지신청은 본안의 소 제기 후 또는 동시에 되어야 할 것이다. 다만 본안의 소보다 집행정지의 신청이 선행한 경우에는 신청에 대한 결정이 내려지기 전에 본안의 소를 제기하면 하자가 치유된다고 본다. 계속된 본안소송의 대상과 집행정지신청의 대상은 원칙적으로 동일하여야 한다. 또한 본안소송은 적법하여야 한다. 대법원은 집행정지는 행정처분의 집행부정지원칙의 예외로서 인정되는 것이고 또 본안에서 원고가 승소할 수 있는 가능성을 전제로 한 권리구제수단이라는 점에 비추어보면 집행정지사건 자체에 의하여도 신청인의 본안청구가 적법한 것이어야 한다는 것을 집행정지의 요건에 포함시켜야 한다는 입장이다.[102)]

102) 대법원 1999. 11. 26.자 99부3 결정.

(3) 본안소송의 승소의 개연성이 있어야 한다.

집행정지제도는 신청인이 본안소송에서 승소판결을 받을 때까지 그 지위를 보호함과 동시에 후에 받을 승소판결이 무의미하게 되는 것을 방지하려는 것이어서 본안 소송에서 처분의 취소가능성이 없음에도 처분의 효력이나 집행의 정지를 인정한다는 것은 제도의 취지에 반하므로 효력정지나 집행정지사건 자체에 의하여도 신청인의 본안 청구가 이유 없음이 명백하지 않아야 한다는 것도 효력정지나 집행정지의 요건에 포함된다.[103)]

(4) 보전의 필요성이 있어야 한다.

첫째, 회복하기 어려운 손해를 예방하기 위한 긴급한 필요가 있어야 한다(행정소송법 제23조 제2항). 회복하기 어려운 손해란 특별한 사정이 없는 한 금전으로 보상할 수 없는 손해로서 금전보상이 불가능한 경우 내지는 금전보상으로는 사회관념상 행정처분을 받은 당사자가 참고 견딜 수 없거나 참고 견디기가 현저히 곤란한 경우의 유형, 무형의 손해를 일컫는다.[104)] 긴급한 필요성이란 회복곤란한 손해의 발생이 시간적으로 절박하여 손해를 회피하기 위하여 본안판결을 기다릴 여유가 없는 것을 의미하는데,[105)] 처분의 성질과 태양 및 내용, 처분상대방이 입는 손해의 성질 · 내용 및 정도, 원상회복 · 금전배상의 방법 및 난이 등은 물론 본안청구의 승소가능성 정도 등을 종합적으로 고려하여 구체적 · 개별적으로 판단하여야 한다.

둘째, 공공의 복리에 중대한 영향을 미칠 우려가 없어야 한다. 공공복리에 중대한 영향을 미칠 우려라 함은 일반적 · 추상적인 공익에 대한 침해의 가능성이 아니라 당해 처분의 집행과 관련된 구체적 · 개별적인 공익에 중대한 해를 입힐 개연성을 말하는 것으로서 이러한 집행정지의 소극적 요건에 대한 주장 · 소명책임은 행정청에게 있다.[106)]

다) 절차

집행정지는 당사자의 신청 또는 직권에 의하여 본안소송이 계속중인 법원

103) 대법원 2008. 5. 6.자 2007무147 결정.
104) 대법원 2011. 4. 21.자 2010무111 전원합의체 결정.
105) 대법원 1994. 1. 17.자 93두79 결정.
106) 대법원 2008. 5. 6.자 2007무147 결정.

이 심리한다. 집행정지 요건에 대한 심리는 증명이 아닌 소명으로 족하고(행정소송법 제23조 제4항), 통상적으로 집행정지제도의 긴급성에 비추어 서면심리로 그치거나 심문을 하는 정도가 실무이다. 소명의 방법은 법원이 즉시 조사할 수 있는 증거이어야 하고(민사소송법 제271조 제1항), 소명의 대상은 집행정지의 적극적 요건이다.

라) 집행정지결정

집행정지의 요건을 구비한 신청에 대해서는 결정으로 처분 등의 효력이나 그 집행 또는 절차의 속행의 전부 또는 일부를 정지할 수 있다(행정소송법 제23조 제2항). 다만 처분 등의 집행 또는 절차의 속행을 정지함으로써 목적을 달성할 수 있는 경우에는 처분의 효력정지까지 할 수는 없다(행정소송법 제23조 제2항 단서). 집행정지의 기간에 관하여는 법원이 집행정지의 시기와 종기를 자유롭게 정할 수 있다. 종기에 대해서는 본안판결선고시, 확정시 또는 결정시로부터 몇 일간 등 임의로 정할 수 있다. 실무적으로는 정지결정을 한 후 본안에서 원고청구기각판결이 선고될 경우 신청인이 상소를 남용할 가능성이 있음을 고려하여 본안판결선고시까지를 가장 많이 이용하고 있다.

마) 집행정지결정의 효력

집행정지결정이 고지되면 행정청의 별도의 절차가 없더라도 본안판결이 있을 때까지 잠정적으로 행정처분이 없었던 것과 동일한 상태로 된다.[107] 집행정지결정의 효력은 결정 주문에서 정한 시기까지 존속하며 그 시기의 도래와 동시에 효력이 당연히 소멸한다.[108] 집행정지결정은 당해 사건에 관하여 당사자인 행정청과 그 밖의 관계행정청을 기속한다(행정소송법 제23조 제6항, 제30조 제1항). 따라서 행정청은 집행정지 결정의 효력이 존속하는 동안에는 동일내용으로 새로운 행정처분을 하거나 또는 그에 관련된 처분을 할 수 없고 이에 위반하는 행정처분은 당연무효이다.

107) 대법원 1961. 11. 23.자 4294행상3 결정.
108) 대법원 2007. 11. 30.자 2006무14 결정.

바) 입찰참가자격 제한처분에 대한 집행정지

대법원은 일찍부터 입찰참가자격 제한처분에 대한 집행정지가 가능하다는 입장을 취해왔다.[109] 부정당행위에 대한 제재로서의 입찰참가자격 제한의 효과가 당사자에게 미치는 영향이 워낙 크므로 본안소송에서 그 당부의 판단이 내려지기 전까지 집행정지를 인정할 실익이 있다.

109) 대법원 1986. 3. 21.자 86두5 결정.

제27조의2 (과징금)

① 각 중앙관서의 장은 제27조 제1항에 따라 부정당업자에게 입찰 참가자격을 제한하여야 하는 경우로서 다음 각 호의 어느 하나에 해당하는 경우에는 입찰 참가자격 제한을 갈음하여 다음 각 호의 구분에 따른 금액 이하의 과징금을 부과할 수 있다.

1. 부정당업자의 위반행위가 예견할 수 없음이 명백한 경제여건 변화에 기인하는 등 부정당업자의 책임이 경미한 경우로서 대통령령으로 정하는 경우: 위반행위와 관련된 계약의 계약금액(계약을 체결하지 아니한 경우에는 추정가격을 말한다)의 100분의 10에 해당하는 금액
2. 입찰 참가자격 제한으로 유효한 경쟁입찰이 명백히 성립되지 아니하는 경우로서 대통령령으로 정하는 경우: 위반행위와 관련된 계약의 계약금액(계약을 체결하지 아니한 경우에는 추정가격을 말한다)의 100분의 30에 해당하는 금액

② 각 중앙관서의 장은 제1항에 따른 과징금 부과를 하려면 대통령령으로 정하는 바에 따라 제27조의3에 따른 과징금부과심의위원회의 심의를 거쳐야 한다.

③ 제1항에 따른 과징금의 금액과 그 밖에 필요한 사항은 대통령령으로 정한다.

④ 각 중앙관서의 장은 제1항에 따라 과징금을 부과받은 자가 납부기한까지 내지 아니하면 국세 체납처분의 예에 따라 징수한다.

1. 규정 취지

기존의 부정당업자에 대한 제재방법으로서의 입찰참가자격 제한이 획일적이고 광범위하게 집행되어 위반의 정도에 비하여 불이익이 크다는 비판이 제기되고, 경우에 따라서는 경쟁입찰이 성립되지 못하며, 건설업체의 대외신인도 하락으로 해외 건설공사 수주에도 악영향을 미치는 등의 부작용이 초래되었다. 이에 2012. 12. 18. 국가계약법 개정을 통하여 위반행위의 수준이 경미하거나 입찰참가자격 제한으로 유효한 입찰이 성립되지 않는 경우 등에는 입찰참가자격 제한에 갈음하여 과징금을 부과할 수 있도록 하였다.

2. 과징금의 법적 성격

입찰참가자격 제한에 갈음하여 부과하는 과징금은 행정법규나 행정법상의 의무 위반으로 얻은 경제상의 이익을 박탈하기 위하여 그 이익액에 따라 행정기관이 과하는 제재금으로서의 통상적인 과징금이 아니라 영업정지로 인하여 초래될 공익에 대한 침해 등의 문제를 고려하여 영업정지를 하지 않고 그 대신 그 영업으로 인한 이익을 박탈하는 변형된 과징금의 성격을 가진다.

입찰참가자격 제한에 갈음한 과징금 부과는 입찰참가자격 제한과 마찬가지로 침익적 행정처분에 해당하고, 부정당업자에 대하여 입찰참가자격 제한을 할 것인지 아니면 과징금을 부과할 것인지는 중앙관서의 장의 재량에 속한다.

3. 과징금 부과 대상 및 기준

중앙관서의 장은 위반행위에 대한 부정당업자의 책임이 경미한 경우와 유효한 경쟁입찰이 명백히 성립되지 않는 경우로 구분하여 과징금 부과의 사유와 기준을 정하고 있다.

가. 부정당업자의 책임이 경미한 경우

1) 위반행위에 대하여 부정당업자의 책임이 경미한 경우란 ① 천재지변이나 그 밖에 이에 준하는 부득이한 사유로 인한 경우, ② 국내·국외 경제 사정의 악화 등 급격한 경제 여건 변화로 인한 경우, ③ 발주자에 의하여 계약의 주요 내용이 변경되거나 발주자로부터 받은 자료의 오류 등으로 인한 경우, ④ 공동계약자나 하수급인 등 관련 업체에도 위반행위와 관련한 공동의 책임이 있는 경우, ⑤ 입찰의 공정성과 계약이행의 적정성이 현저하게 훼손되지 아니한 경우로서 부정당업자의 책임이 경미하며 다시 위반행위를 할 위험성이 낮다고 인정되는 사유가 있는 경우를 말한다(국가계약법 시행령 제76조의2 제1항).

2) 한편, 국가계약법 제27조 제1항 제2호, 제4호부터 제7호까지, 국가계약법 시행령 제76조 제1항 제1호 가목·나목·라목, 같은 항 제2호 나목부터 라목까지, 같은 항 제3호 나목 또는 다목에 해당하는 경우는 이 조항에 따른 과징금 부과대상에서 제외하는데(국가계약법 시행령 제76조의2 제1항 단서), 이는 위 제재사유의 성

격상 이를 부정당업자의 책임이 경미한 경우에 해당한다고 볼 수 없기 때문이다.

3) 이 경우 과징금 부과금액은 위반행위와 관련된 계약의 계약금액(계약을 체결되지 아니한 경우에는 추정가격을 말한다)의 10/100에 해당하는 금액 이하이다(국가계약법 제27조의2 제1항 제1호).

나. 유효한 경쟁입찰이 성립하지 않는 경우

1) 입찰참가자격 제한으로 유효한 경쟁입찰이 명백히 성립되지 않는 경우란 부정당업자에 대한 입찰참가자격 제한이 이루어지면 입찰자가 2인 미만이 될 것으로 예상되는 경우를 말한다(국가계약법 시행령 제76조의2 제2항).

2) 유효한 경쟁입찰이 성립하지 않는 경우에는 부정당업자의 책임이 경미한 경우와 달리 국가계약법 시행령 제76조 제1항에서 정한 제재사유 전부가 그 적용대상이 된다. 유효한 경쟁입찰이 성립하지 않을 것이 명백함에도 입찰참가자격 제한을 하게 되면 수의계약을 통해 계약이 이루어져 오히려 국가계약의 공정성이나 투명성을 저해할 우려가 있고, 과징금 부과도 위반행위에 대한 제재의 성격을 갖고 있기 때문으로 이해된다.

3) 이 경우 과징금 부과금액은 위반행위와 관련된 계약의 계약금액(계약을 체결되지 아니한 경우에는 추정가격을 말한다)의 30/100에 해당하는 금액 이하이다(국가계약법 제27조의2 제1항 제2호).

다. 부과 기준

과징금의 부과비율은 위반행위의 종류와 위반 정도에 따라 국가계약법 시행규칙 [별표 3](부정당업자의 책임이 경미한 경우) 및 [별표 4](유효한 경쟁입찰이 성립되지 아니하는 경우)에서 구체적으로 규정하고 있다(국가계약법 시행규칙 제77조의2 제1항).

각 중앙관서의 장은 위반행위의 동기·내용과 횟수 등을 고려하여 [별표 3] 및 [별표 4]에서 정한 과징금 금액의 1/2 범위에서 이를 감경할 수 있다(국가계약법 시행규칙 제77조의2 제2항).

4. 과징금 부과 절차

가. 과징금부과심의위원회의 심의

각 중앙관서의 장은 과징금을 부과하려면 기획재정부에 설치된 과징금부과심의위원회의 심의를 거쳐야 한다(국가계약법 제27조의2 제2항). 위원회는 과징금 부과 여부 및 과징금 금액의 적정성에 관하여 심의한다.

나. 과징금 부과 통지 및 납부

각 중앙관서의 장은 과징금을 부과하려는 때에는 위반행위의 종류와 과징금 금액을 분명하게 적은 서면으로 알려야 한다(국가계약법 시행령 제76조의3 제1항).

과징금 부과 통지를 받은 자는 통지를 받은 날부터 60일 이내에 과징금을 부과권자가 정하는 수납기관에 내야 한다. 다만 천재지변이나 그 밖의 부득이한 사유로 그 기간 내에 과징금을 낼 수 없을 때에는 그 사유가 해소된 날부터 30일 이내에 내야 한다(국가계약법 시행령 제76조의3 제2항).

과징금을 받은 수납기관은 과징금을 낸 자에게 영수증을 내줘야 하고, 과징금의 수납기관이 과징금을 받았을 때에는 지체없이 그 사실을 부과권자에게 통보하여야 한다(국가계약법 시행령 제76조의3 제3항, 제4항).

다. 과징금 납부기한의 연장 및 분할 납부

가. 각 중앙관서의 장은 국가계약법 제27조의2에 따라 부정당업자가 납부하여야 할 과징금이 계약금액의 10%를 초과하는 경우 또는 「중소기업기본법」 제2조에 따른 중소기업자에게 10억원을 초과하여 과징금을 부과하는 경우로서 ① 재해 또는 도난 등으로 재산에 현저한 손실을 입은 경우, ② 사업 여건의 악화로 사업이 중대한 위기에 처한 경우, ③ 과징금을 일시납부하면 자금 사정에 현저한 어려움이 예상되는 경우, ④ 그 밖에 이와 유사한 사유가 있는 경우의 어느 하나에 해당하는 사유로 인하여 과징금을 납부하여야 하는 자가 과징금의 전액을 일시에 납부하기가 어렵다고 인정되는 경우에는 그 납부기한을 연장하거나 분할납부하게 할 수 있다(국가계약법 시행령 제76조의4 제1항).

나. 과징금 납부기한의 연장이나 분할납부를 신청하려는 자는 과징금 납부

를 통지받은 날부터 30일 이내에 납부기한의 연장 또는 분할납부의 사유를 증명하는 서류를 첨부하여 각 중앙관서의 장에게 신청하여야 한다(국가계약법 시행령 제76조의4 제2항).

다. 납부기한의 연장은 그 납부기한의 다음날부터 1년을 초과할 수 없고(국가계약법 시행령 제76조의4 제3항), 분할납부의 경우 납부기한 간의 간격은 3개월을 초과할 수 없으며, 분할 횟수는 3회를 초과할 수 없다(같은 조 제4항).

> 제27조의3 (과징금부과심의위원회)
> ① 제27조의2에 따른 과징금 부과 여부 및 과징금 금액의 적정성을 심의하기 위하여 기획재정부에 과징금부과심의위원회를 둔다.
> ② 제1항에 따른 과징금부과심의위원회의 구성과 운영 등에 필요한 사항은 대통령령으로 정한다.

1. 과징금부과심의위원회의 설치

각 중앙관서의 장이 과징금을 부과하려면 과징금부과심의위원회의 심의를 거쳐야 하는데, 이와 같이 과징금 부과 여부 및 과징금 금액의 적정성에 관하여 심의하기 위한 기관으로 기획재정부에 과징금부과심의위원회를 두고 있다(국가계약법 제27조의3 제1항).

2. 과징금부과심의위원회의 구성

가. 위원회의 구성

과징금부과심의위원회는 위원장 1명을 포함하여 15명 이내의 위원으로 구성하는데, 위원회의 위원장은 기획재정부 제2차관이 되고, 위원은 성별을 고려하여 ① 기획재정부, 국방부, 행정자치부, 공정거래위원회, 조달청의 고위공무원단에 속하는 공무원 중에서 소속 기관의 장이 지명하는 사람 각 1명(다만 조달청의 경우는 2명), ② 계약 관련 분야에 관한 학식과 경험이 풍부한 사람으로서 ㉮ 「고등교육법」에 따른 대학에서 법학·경제학 또는 경영학의 부교수 이상의 직에 근무한 경력이 있는 사람, ㉯ 변호사의 자격을 가진 사람으로서 그 자격과 관련된 업무에 5년 이상 재직 중이거나 재직한 사람, ㉰ 정부조달계약 업무에 관한 학식과 경험이 풍부한 사람으로서 위 기준에 상당하다고 인정되는 사람 중에서 기획재정부장관이 위촉하는 민간위원 8명 이내로 구성된다(국가계약법 시행령 제76조의5 제1항, 제2항).

나. 위원의 임기

민간위원의 임기는 2년으로 하되, 연임할 수 있고, 위원 중 공무원이 아닌 위원의 사임 등으로 인하여 새로 위촉된 위원의 임기는 전임위원 임기의 남은 기간으로 한다(국가계약법 시행령 제76조의5 제3항, 제4항).

다. 위원장의 직무

위원장은 위원회를 대표하고, 위원회의 업무를 총괄한다. 위원장이 부득이 한 사유로 직무를 수행할 수 없을 때에는 기획재정부장관이 지명하는 위원이 그 직무를 대행한다(국가계약법 시행령 제76조의6).

라. 위원의 제척 · 기피 · 회피

1) 위원회의 위원은 아래 해당하는 사건에 대한 심의에서 제척된다(국가계약법 시행령 제76조의7 제1항).

① 위원 또는 그 배우자나 배우자이었던 사람이 해당 부정당업자(부정당업자가 법인 · 단체 등인 경우에는 그 임원을 포함한다)이거나 부정당업자의 공동권리자 또는 공동의무자인 사건

② 위원이 해당 부정당업자와 친족이거나 친족이었던 경우

③ 위원이나 위원이 속한 기관 또는 법인이 해당 사건에 관하여 증언, 진술, 자문, 연구, 용역 또는 감정을 한 경우

④ 위원이나 위원이 속한 중앙관서(조달청의 경우 위원이 속한 국을 말한다)가 발주한 계약에 관련된 사건

⑤ 위원이 각 중앙관서의 소속 공무원으로서 해당 사건과 관련된 조사 또는 심사를 한 사건

2) 해당 사건의 부정당업자는 위원에게 공정한 심의를 기대하기 어려운 사정이 있는 경우에는 기피 신청을 할 수 있다. 이 경우 위원장은 이 기피 신청에 대하여 위원회의 의결을 거치지 아니하고 기피 여부를 결정한다(국가계약법 시행령 제76조의7 제2항).

3) 위원이 제척 사유나 기피 사유에 해당하는 경우에는 스스로 그 사건의 심의에서 회피하여야 한다(국가계약법 시행령 제76조의7 제3항).

마. 위원의 지명철회 · 기피 · 회피

1) 위원을 지망한 자는 해당 위원이 다음 각 호의 어느 하나에 해당하는 경

우에는 그 지명을 철회할 수 있다(국가계약법 시행령 제76조의8 제1항).

① 심신장애로 인하여 직무를 수행할 수 없게 된 경우
② 직무와 관련된 비위사실이 있는 경우
③ 직무태만, 품위손상이나 그 밖의 사유로 인하여 위원으로 적합하지 아니하다고 인정되는 경우
④ 위원 스스로 직무를 수행하는 것이 곤란하다고 의사를 밝힌 경우
⑤ 위원의 제척·기피 사유에 해당하는 데에도 불구하고 회피하지 아니한 경우

2) 기획재정부장관은 민간위원이 지명철회 사유의 어느 하나에 해당하는 경우에는 해당 위원을 해촉할 수 있다(국가계약법 시행령 제76조의8 제2항)

3. 위원회의 심의 절차

가. 심의의 요청

1) 각 중앙관서의 장은 과징금 부과 여부나 과징금 금액의 적정성 등에 관한 심의를 요청할 경우에는 아래 사항을 적은 서면을 위원회에 제출하여야 한다(국가계약법 시행령 제76조의9 제1항).

① 부정당업자의 성명과 주소(법인인 경우에는 법인의 명칭, 주된 사무소의 소재지, 그 대표자의 성명을 말한다)
② 과징금 부과가 필요한 사유
③ 과징금 부과 액수와 판단 근거

2) 위원회에 제출하는 서면에는 다음의 서류를 첨부하여야 한다(국가계약법 시행령 제76조의9 제2항).

① 부정당업자에게 입찰참가자격을 제한하거나 과징금을 부과하게 된 원인과 사실을 증명하는 서류
② 그 밖에 심의에 필요한 증거 서류

3) 위원회는 제출된 서류만으로는 과징금 부과 여부와 과징금 금액의 적정성을 판단하기 곤란한 경우에는 상당한 기간을 정하여 서류의 보완을 요청할 수 있다. 이 경우 서류의 보완에 걸리는 기간은 심의 기간에 산입하지 아니한다

(국가계약법 시행령 제76조의9 제3항).

나. 심의

1) 위원회는 필요한 경우 부정당업자와 해당 중앙관서의 장에게 심의 요청된 사항에 관한 서류의 제출을 요구할 수 있으며, 관계 전문기관에 감정·진단과 시험 등을 의뢰할 수 있다(국가계약법 시행령 제76조의10 제2항).

2) 위원회는 심의·결정의 완료 전에 부정당업자 및 해당 중앙관서의 장과 그 대리인에게 의견을 진술할 기회를 주어야 하며, 필요한 경우에는 부정당업자 및 해당 중앙관서의 장과 그 대리인, 증인 또는 관계전문가로 하여금 위원회에 출석하게 하여 그 의견을 들을 수 있다(국가계약법 시행령 제76조의10 제3항).

3) 위원회는 각 중앙관서의 장으로부터 심의 요청을 받은 날부터 60일 이내에 심의 결과를 통보하여야 한다. 다만, 부득이한 사정이 있으면 30일의 범위에서 그 기간을 연장할 수 있다(국가계약법 시행령 제76조의10 제1항).

다. 회의

위원장은 위원회의 회의를 소집하고, 그 의장이 된다. 위원회의 회의는 재적위원 과반수의 출석으로 개의(開議)하고, 출석위원 과반수의 찬성으로 의결한다. 위원회에 위원회의 사무를 처리할 간사 1명을 둔다. 위원회의 운영에 필요한 사항은 위원회의 위원장이 정한다(국가계약법 시행령 제76조의11).

라. 소위원회

1) 위원회의 업무를 효율적으로 처리하기 위하여 위원회에 공사분야소위원회 및 물품·용역분야소위원회를 각각 둔다. 공사분야소위원회는 건설·전기통신 등 공사와 관련된 과징금 부과의 심의에 관한 사항을 담당하고, 물품·용역분야소위원회는 물품의 제조·구매와 용역과 관련된 과징금 부과의 심의에 관한 사항을 담당한다(국가계약법 시행령 제76조의12 제1항 내지 제3항).

2) 소위원회는 소위원회의 위원장을 포함하여 10명 이내의 위원으로 구성한다. 소위원회의 위원장 및 위원은 위원회의 위원 중에서 위원회의 위원장이 지명하되, 심의 요청된 사항의 전문성을 고려하여 필요한 경우에는 위원회의 위원이 아닌 사람을 소위원회의 위원으로 임명하거나 위촉할 수 있다(국가계약

법 시행령 제76조의12 제4, 5항).

3) 위원회에 심의 요청된 사안은 해당 소위원회에서 우선 심사하여 결정안을 작성하고, 이를 위원회에 상정하여야 한다(국가계약법 시행령 제76조의12 제6항).

마. 수당

위원회에 출석한 위원 및 관계전문가에 대해서는 예산의 범위에서 수당을 지급할 수 있다. 다만, 공무원인 위원이 그 소관 업무와 직접 관련되어 위원회에 출석하는 경우에는 그러하지 아니하다(국가계약법 시행령 제76조의13).

> **제27조의4** (하도급대금 직불조건부 입찰참가)
> ① 각 중앙관서의 장은 계약상대자가 「건설산업기본법」 제34조 제1항 또는 「하도급거래 공정화에 관한 법률」 제13조 제1항이나 제3항을 위반한 사실을 확인한 때에는 해당 계약상대자 및 위반행위를 다른 중앙관서의 장에게 지체 없이 통보하여야 한다.
> ② 제1항의 통보가 있는 때에는 각 중앙관서의 장 또는 계약담당공무원은 같은 항의 계약상대자가 통보일부터 1년 이내에 입찰공고일이 도래하는 입찰에 참가하고자 하는 경우 계약상대자가 제15조 제1항에 따른 대가 지급 시 하도급대금은 발주기관이 하수급인에게 직접 지급하는 것에 합의한다는 내용의 확약서를 제출하는 경우에 한정하여 입찰참가를 허용하여야 한다.

1. 규정의 취지

법령에서 수급인으로 하여금 하도급대금을 일정한 기간 내에 지급하도록 규정하고 있음에도 하수급인 등에게 하도급대금이 제대로 지불되지 않고 있는 현실을 감안하여 하도급대금 지급 관련 법령을 위반한 계약상대자의 경우에는 하도급대금 직접지불 확약서를 제출하는 경우에 한하여 입찰에 참가시키도록 함으로써 하수급인 등에 대한 하도급대금을 담보하는 규정으로 이해된다.

2. 규정의 내용

각 중앙관서의 장은 계약상대자가 하도급대금의 지급과 관련한 [건설산업기본법] 제31조 제1항 또는 「하도급거래 공정화에 관한 법률」 제13조 제1항이나 제3항을 위반한 사실을 확인한 때에는 해당 계약상대자 및 위반행위를 다른 중앙관서의 장에게 지체 없이 통보하여야 한다(국가계약법 제27조의4 제1항). 이러한 통보가 있는 때에는 각 중앙관서의 장 또는 계약담당공무원은 계약상대자가 통보일부터 1년 이내에 입찰공고일이 도래하는 입찰에 참가하고자 하는 경우 계약상대자가 대가 지급 시 하도급대금은 발주기관이 하수급인에게 직접 지급하는 것에 합의한다는 내용의 확약서를 제출하는 경우에 한정하여 입찰참가를 허용하여야 한다(국가계약법 제27조의4 제2항).

> **제27조의5** (조세포탈 등을 한 자의 입찰참가자격 제한)
> ① 각 중앙관서의 장은 대통령령으로 정하는 조세포탈 등을 한 자로서 유죄판결이 확정된 날부터 2년이 지나지 아니한 자에 대하여 입찰 참가자격을 제한하여야 한다.
> ② 제1항에 따라 입찰 참가자격을 제한받은 자와의 수의계약 체결에 관하여는 제27조 제3항을 준용한다.

1. 요건

각 중앙관서의 장은 대통령령으로 정하는 조세포탈 등을 한 자로서 유죄판결이 확정된 날부터 2년이 지나지 아니한 자에 대하여 입찰참가자격을 제한하여야 한다(국가계약법 제27조의5 제1항)

본 조는 당해 입찰이나 계약의 체결 및 이행과정에서의 사유가 아닌 조세포탈행위 등을 이유로 입찰참가자격을 제한하는 규정이다.

대상자는 조세범처벌법 제3조에 따른 조세포탈세액이나 환급·공제받은 세액이 5억원 이상인 자, 관세법 제270조에 따른 부정한 방법으로 관세를 감면받거나 면탈하거나 환급받은 세액이 5억원 이상인 자, 지방세기본법 제129조에 따른 지방세 포탈세액이나 환급·공제 세액이 5억원 이상인 자, 국제조세조정에 관한 법률 제34조에 따른 해외금융계좌의 신고의무를 위반하고, 그 신고의무 위반금액이 같은 법 제34조의2 제1항에 따른 금액을 초과하는 자, 외국환거래법 제18조에 따른 자본거래의 신고의무를 위반하고, 그 신고의무 위반금액이 같은 법 제29조 제1항 제6호에 해당하는 자이다(국가계약법 시행령 제12조 제3항).

각 중앙관서의 장 또는 계약담당공무원은 형의 실효 등에 관한 법률 제2조 제5호에 따른 범죄경력자료의 회보서나 판결문 등의 입증서류를 제출하게 하는 등의 방법으로 계약상대방이 제3항 각 호의 어느 하나에 해당하는지를 계약 체결 전까지 확인하여야 한다(국가계약법 시행령 제12조 제4항). 이를 위해 각 중앙관서의 장 또는 계약담당공무원은 계약상대방이 입찰에 참가할 때에 제4항에 따른 입증서류를 제출하기 어려운 경우에는 제3항 각 호의 어느 하나에 해당하지 아니한다는 사실을 적은 서약서를 제출하게 할 수 있다. 이 경우 서약서에는 서약서에 적은 내용과 다른 사실이 발견된 때에는 계약을 해제·해지할 수 있고, 부정당업자 제재처분을 받을 수 있다는 내용이 포함되어야 한다(국가계약법 시행령 제12조 제5항).

2. 절차와 효과

조세포탈 등을 이유로 한 입찰참가자격 제한에 관하여는 부정당업자에 대한 입찰참가자격 제한에 관한 국가계약법 시행령 제76조 제4항 · 제5항 · 제7항 및 제8항을 준용한다(국가계약법 시행령 제12조 제6항).

조세포탈 등의 이유로 입찰참가자격을 제한받은 자는 경쟁입찰에 관하여 입찰에 참가할 수 없는 불이익을 받는 것 외에 수의계약에 관하여 국가계약법 제27조 제3항의 규정에 의한 제한을 받는다(국가계약법 제27조의5 제2항).

Ⅸ. 대형공사계약(국가계약법 시행령 제6장)[1]

1. 개요

가. 적용범위와 주요개념

국가계약법 시행령 제6장의 규정은 대형공사계약 중 대안입찰 또는 일괄입찰에 의한 계약과 특정공사의 계약에 적용되며(국가계약법 시행령 제78조), 그 주요개념은 아래와 같다(국가계약법 시행령 제79조 제1항).

1. "대형공사" 총 공사비 추정가격이 300억원 이상인 신규복합공종공사
2. "특정공사" 총 공사비 추정가격이 300억원 미만인 신규복합공종공사 중 각 중앙관서의 장이 대안입찰 또는 일괄입찰로 집행함이 유리하다고 인정하는 공사
3. "대안" 정부가 작성한 실시설계서상의 공종 중에서 대체가 가능한 공종에 대하여 기본방침의 변동없이 정부가 작성한 설계에 대체될 수 있는 동등 이상의 기능 및 효과를 가진 신공법·신기술·공기단축 등이 반영된 설계로서 해당 실시설계서상의 가격이 정부가 작성한 실시설계서상의 가격보다 낮고 공사기간이 정부가 작성한 실시설계서상의 기간을 초과하지 아니하는 방법(공기단축의 경우에는 공사기간이 정부가 작성한 실시설계서상의 기간보다 단축된 것에 한한다)으로 시공할 수 있는 설계
4. "대안입찰" 원안입찰과 함께 따로 입찰자의 의사에 따라 대안이 허용된 공사의 입찰
5. "일괄입찰" 정부가 제시하는 공사일괄입찰기본계획 및 지침에 따라 입찰시에 그 공사의 설계서 기타 시공에 필요한 도면 및 서류(이하 "도서")를 작성하여 입찰서와 함께 제출하는 설계·시공일괄입찰
6. "기본설계입찰" 일괄입찰의 기본계획 및 지침에 따라 실시설계에 앞서 기본설계와 그에 따른 도서를 작성하여 입찰서와 함께 제출하는 입찰

---

1) 제78조부터 제92조까지.

7. "입찰안내서" 대안입찰, 일괄입찰 또는 기본설계입찰에 참가하고자 하는 자가 당해공사의 입찰에 참가하기 전에 숙지하여야 하는 공사의 범위·규모, 설계·시공기준, 품질 및 공정관리 기타 입찰 또는 계약이행에 관한 기본계획 및 지침 등을 포함한 문서
8. "실시설계서" 기본계획 및 지침과 기본설계에 따라 세부적으로 작성한 시공에 필요한 설계서(설계서에 부수되는 도서를 포함한다)
9. "계속비대형공사" 공사비가 계속비예산으로 계상된 대형공사
10. "일반대형공사" 공사비가 계속비예산으로 계상되지 아니한 대형공사

대안의 경우에 대체될 수 있는 설계의 범위와 한계에 관하여 이의가 있는 경우에는 「건설기술 진흥법」 제5조에 따른 중앙건설기술심의위원회(특별건설기술심의위원회를 포함하며, 이하 "중앙건설기술심의위원회")의 심의를 거쳐 각 중앙관서의 장이 그 범위와 한계를 정한다. 다만, 기술자문위원회를 설치·운영하고 있는 각 중앙관서의 장(그 소속기관의 장을 포함한다)은 기술자문위원회의 심의를 거쳐 그 범위와 한계를 정할 수 있다(국가계약법 시행령 제79조 제2항).

각 중앙관서의 장 또는 계약담당공무원[2]은 대형공사의 준공검사를 한 후에 평가단을 구성하여 당해 공사의 사업계획·시공과정·실적 및 효과 등에 대하여 평가를 실시할 수 있다(국가계약법 시행령 제92조).

나. 일괄입찰방식에 의한 도급계약의 기본법리

일괄입찰, 즉 설계·시공일괄입찰 방식에 의한 도급계약은 "도급인은 열쇠만 돌리면 된다."라는 말에서 유래된 Turn-Key Base 도급계약이라고도 일컬어지며, 수급인이 금융, 설계, 시공, 기계설치, 시운전까지 책임을 지고 공사목적물을 완공하여 인도하는 계약방식이다.[3]

대법원은 이를 "수급인이 도급인이 의욕하는 공사 목적물의 설치목적을 이해한 후 그 설치목적에 맞는 설계도서를 작성하고 이를 토대로 스스로 공사를 시행하며 그 성능을 보장하여 결과적으로 도급인이 의욕한 공사목적을 이루게

---

2) 각 중앙관서의 장이 계약에 관한 사무를 그 소속공무원에게 위임하지 아니하고 직접 처리하는 경우, 편의상 "계약담당공무원"이라고만 한다.
3) 윤재윤, 앞의 책, 100면 참조.

하여야 하는 계약"으로 보고 있다(대법원 1994. 8. 12. 선고 92다41559 판결; 1996. 8. 23. 선고 96다16650 판결 등 참조).

따라서 일괄입찰 방식에 의한 도급계약의 경우, 수급인이 기본설계부터 시운전에 이르기까지 모든 과정을 책임지고 시공하고, 공사대금은 세부적인 시공과정이나 공사내역으로 정하여지는 것이 아니라 전체적인 금액으로 정하여지므로, 실제 공사비가 이를 초과하거나 미달하더라도 정산하지 아니한다. 대법원도 "설계·시공일괄입찰(Turn-Key Base) 방식에 의한 도급계약은 수급인이 도급인이 의욕하는 공사의 목적을 이해한 후 그 목적에 맞는 설계도서를 작성하고 이를 토대로 스스로 공사를 시행하여 결과적으로 도급인이 의욕한 공사목적을 이루도록 하는 계약을 의미하는 것으로서(대법원 1996. 8. 23. 선고 96다16650 판결 참조), 위 특례규정의 설계·시공일괄입찰 방식에 의하여 체결된 이 사건 공사도급계약에 있어서도 수급인인 원고로서는 입찰단계에서부터 도급인인 피고가 제시하는 공사일괄입찰기본계획 및 지침에 따라 그 공사의 설계서 기타 시공에 필요한 도면 및 서류를 작성하여 입찰에 참가한 후, 낙찰자로 선정된 다음에는 자신이 작성한 설계도서를 토대로 스스로의 책임과 위험부담으로 공사완공에 필요한 비용을 산정하여 이 사건 공사를 시행하고, 그 결과로서 피고가 의도한 공사목적물을 조달하여야 하는 것이므로, 이 사건 공사의 발주자인 피고에게 공사입찰자들을 위하여 미리 적정한 공사비용을 산출하여 공사예산을 책정할 의무가 있다고 볼 수 없으며, 입찰자도 공고된 공사예산의 범위 내에서 이 사건 입찰을 하여야 하는 제한이나 법적 구속력은 없고, 따라서 이 사건 입찰 당시 공고된 공사예산이 피고의 잘못으로 인하여 과소하게 책정되었음에도 원고가 위 공사예산이 적정 공사비인 것으로 믿고 이를 기준으로 피고와 공사도급계약을 체결하였다가 공사금액보다 추가로 비용을 들여 이 사건 공사를 시공함으로써 결과적으로 손해를 보게 되었다고 하더라도, 여기에 피고의 어떠한 위법행위가 있었다고 볼 수 없을 뿐더러, 그와 같은 손해가 피고의 위법행위로 말미암아 발생된 손해라고 볼 수도 없다."는 원심판단을 수긍하였다(대법원 2003. 5. 30. 선고 2002다7824 판결).[4)]

---

4) 대법원은 일괄입찰 방식에 의한 도급계약과 유사한 정액도급계약의 특징에 관하여도 같은 취지에서 '계약 체결 당시에 미리 실공사비를 추산하여 그 견적액에 이윤을 더하여 공사대금을 확정하는 이른바 정액도급에 의한 공사도급계약의 경우에 있어서는 수급인

또한 일괄입찰 방식의 자동화설비 도급계약에서 도급인의 중도금 지급채무가 일시 이행지체의 상태에 빠졌다 하더라도, 당해 자동화설비에 중대한 하자가 있어 시운전 성공 여부가 불투명하게 된 때에는 도급인으로서는 자신의 대금지급의무와 대가관계에 있는 시운전 성공 시까지는 중도금지급의무의 이행을 거부할 수 있고, 그 하자가 중대하고 보수가 불가능하거나 보수가 가능하더라도 장기간을 요하여 계약의 본래의 목적을 달성할 수 없는 경우에는 중도금채무의 이행을 제공하지 않고 바로 계약을 해제할 수 있으며, 그 계약해제가 신의칙에 반하지 아니한다(대법원 1996. 8. 23. 선고 96다16650 판결 참조).

일괄입찰 방식을 택할 경우, 수급인으로서는 공사비를 절감하기 위하여 신기술을 개발하는 등 경제발전에 도움이 되고, 도급인으로서는 세부공정에 일일이 신경을 쓸 필요 없이 완성된 공사의 결과만 인수하면 되는 장점이 있다.[5] 반면, 정확한 공사비 산정이 어려운 점, 단순한 구조물이 되기 쉽고 덤핑의 위험이 높은 점(공사비 절감을 위하여 수급인이 고의로 필요한 부분을 누락시킬 수 있다), 입찰시에 과도한 설계비가 지출되어 중소기업의 참여가 제한되는 점, 사업비용과 사업내용이 불명확해질 수 있는 점 등의 단점이 지적되고 있다.[6]

다만 우리나라 관급공사에서는 전형적인 일괄입찰방식에 의한 계약은 존재하지 않고, 내역입찰방식에 의한 계약의 요소가 포함된 중간적인 성격의 계약으로 체결되고 있으며, 대법원도 같은 입장이다(대법원 2002. 8. 23. 선고 99다52879 판결).

으로서는 그의 신용, 자력, 기술 등을 이용하여 가능한 적은 비용으로 수주한 공사를 완성함으로써 도급금액과의 차액분을 이득하려고 꾀할 것임은 당연한 이치이므로, 공사의 완성 결과 실공사비가 당초의 공사도급금액의 견적 당시 예상하였던 것보다 적게 소요되었다고 하여 도급인이 그 도급금액의 감액을 주장할 수 없고 나아가 그 차액분이 수급인의 부당이득이 된다고 볼 수도 없다'고 판시하였다(대법원 1995. 2. 10. 선고 94다44774, 44781 판결).

5) 여상원, "가. 설계시공일괄입찰방식에 의한 도급계약(이른바 Turn-Key Base 계약)의 개념. 나. 사토처리장소가 계약의 요소가 된다면 그 변경이 계약의 변경이 되고 설계시공일괄입찰방식에 의한 도급계약에서 변경이 가능한지 여부", 대법원판례해설 제42호(2003), 875면 참조.

6) 윤재윤, 앞의 책, 100면; 정원, 공공조달계약법(상) 제3판, 법률문화원(2009), 317면 각주 202); 김홍준, 앞의 책, 46면 참조.

[대법원 2002. 8. 23. 선고 99다52879 판결]

이 사건 계약에 포함되는 문서로는 시설공사계약 입찰유의서, 시설공사계약일반조건, 시설공사계약 특수조건, 설계서 및 현장 설명사항 등이 있는데, 그 중 설계서에는 공사시방서, 설계도면, 현장설명서, 공종별 목적 물량이 표시된 내역서(공사추정가액이 1억원 이상인 경우)가 포함되어 있고, 한편 공사계약일반조건 제14조는 설계변경으로 인하여 공사량의 증감이 발생한 때에는 당해 계약금액을 조정한다고 되어 있으며, 제16조는 계약담당 공무원은 공사기간의 변경, 운반거리 변경 등 계약내용의 변경으로 계약금액을 조정하여야 할 필요가 있는 경우에는 그 변경된 내용에 따라 실비를 초과하지 아니하는 범위 안에서 이를 조정한다고 규정하고 있고, 공사계약 특수조건 제7조에서는 계약일반조건 제15조에 의하여 물가변동에 의한 계약금액을 조정할 경우에는 품목조정률을 적용한다라고 규정하고 있는 사실, 나아가 입찰안내서에 대한 유의사항 제6항에는 공사비는 예산회계법 시행령 제78조 제1항 제2호를 기준으로 내역서를 작성하고 그에 대한 산출내역서를 제출한다고 규정되어 있고, 시설공사계약일반조건 제21조 제6항은 기성 부분에 대한 대가를 지급하는 경우에는 산출내역서의 단가에 의하여 이를 계산한다고 규정하고 있는 것을 알 수 있는바, 이와 같은 이 사건 계약의 내용으로 되는 각 규정의 취지에 비추어 살펴보면 피고는 이 사건 계약의 규모가 100억원 이상의 대형공사이므로 계약체결 당시 시행되고 있던 대형공사계약에관한예산회계법시행령특례규정에 따라 이 사건 계약을 설계·시공일괄입찰방식에 의한 도급계약의 형태로 체결하였으나, 실질적인 계약의 내용에 관하여는 앞서 본 바와 같이 설계요소의 변경뿐만 아니라 공사기간의 변경, 운반거리 변경 등 계약내용에 변경이 있을 경우 계약금액을 조정할 수 있다는 공사대금에 관한 조정 유보 규정을 둔 사실을 알 수 있으므로, **이 사건 계약은 계약이 체결된 후 공사기간 등의 변경이 있다 하더라도 공사대금의 조정을 할 수 없는 원래 의미의 설계·시공일괄입찰방식에 의한 계약이라기보다는 내역입찰방식에 의한 계약의 요소를 혼합하고 있는 중간적인 형태의 계약**이라고 보아야 할 것이다.

기본적으로 일괄입찰 방식에 의한 도급계약이라고 하더라도 일반법리보다는 실제 체결된 계약의 구체적인 조건에 따라야 할 것이고, 이 역시 계약법의 법리를 벗어날 수 없는 만큼 계약에서 확정할 수 없는 당사자의 의사는 계약에 있어서의 당사자의 의사해석에 관한 일반법리를 따를 수밖에 없을 것이다.[7)]

한편, 실무상 일괄입찰 방식에 의한 도급계약에서는 설계변경으로 인한 계약금액 조정의 가능 여부가 가장 다투어지고 있으며, 이에 관해서는 아래 4.항에서 살펴보겠다.

2. 입찰에 관한 특례

가. 입찰방법의 심의 등의 특례

각 중앙관서의 장은 대형공사 및 특정공사(이하 "대형공사등")의 경우 입찰의 방법에 관하여 「건설기술 진흥법」 제5조 제2항에 따른 중앙건설기술심의위원회의 심의를 거쳐야 하고(국가계약법 시행령 제80조 제1항, 국가계약법 시행규칙 제79조 제1항), 중앙건설기술심의위원회의 심의를 받으려는 때에는 해당연도 이후에 집행할 대형공사등의 집행기본계획서를 아래 각 호에서 정하는 순서에 따라 국토교통부장관에게 제출하여야 한다(국가계약법 시행령 제80조 제2항).

1. 기본설계서 작성 전에 일괄입찰로 발주할 공사와 그 밖의 공사로 구분하여 제출
2. 일괄입찰로 발주하지 아니하기로 결정된 공사에 대하여는 실시설계서를 작성한 후 대안입찰로 발주하려는 공사에 대하여 제출

집행기본계획서는 매년 해당연도의 1월 15일까지 국토교통부장관에게 제출되어야 하며, 다만 공사의 미확정 등 그 기한 내에 제출할 수 없는 특별한 사유가 있는 경우에는 그 사유가 없어진 후 지체 없이 집행기본계획서를 작성하여 국토교통부장관에게 제출하여야 한다(국가계약법 시행규칙 제78조 제1항). 이러한 집행기본계획서에는 아래 각 호의 사항이 포함되어야 한다(국가계약법 시행규칙 제78조 제1항 본문 및 각 호). 다만 국방부장관은 국방부에 「건설기술 진흥법」

7) 여상원, 앞의 글, 879면 참조.

제5조 제2항에 따른 특별건설기술심의위원회가 설치되어 있는 경우에는 집행기본계획서를 국토교통부장관에게 제출하지 아니할 수 있다(국가계약법 시행규칙 제78조 제3항).

1. 공사명
2. 공사의 개요
3. 공사추정금액
4. 공사기간
5. 공사장의 위치
6. 입찰예정시기
7. 입찰방법(대안입찰의 경우에는 대안입찰에 부칠 사항 또는 범위) 및 제안이유
8. 사업효과
9. 기타 참고사항

각 중앙관서의 장은 기본설계서를 작성하기 전에 일괄입찰로 발주할 공사와 일괄입찰로 발주하지 아니할 공사(이하 "기타공사")로 구분하여 집행기본계획서를 작성하여야 하며, 기타공사로 심의된 공사 중 실시설계서를 작성한 후 대안입찰로 발주할 필요가 인정되는 공사에 대하여는 심의의뢰를 위하여 집행기본계획서를 작성하여야 한다(국가계약법 시행규칙 제78조 제2항).

국토교통부장관은 집행기본계획서를 제출받은 때에는 중앙건설기술심의위원회로 하여금 집행기본계획서에 포함된 공사의 입찰방법에 관하여 심의하게 하여야 하나, 기타공사의 경우에는 심의를 생략하게 할 수 있다(국가계약법 시행규칙 제79조 제1항). 다만 국방부장관은 특별건설기술심의위원회로 하여금 집행기본계획서에 명시된 모든 공사의 입찰방법에 관하여 심의하게 하여야 한다(국가계약법 시행규칙 제79조의2).

국토교통부징관은 중앙선설기술심의위원회의 심의가 완료된 경우 매년 1월 15일까지 제출된 집행기본계획서에 대해서는 매년 2월 20일까지, 매년 1월 16일 이후에 제출된 집행기본계획서에 대해서는 심의를 완료한 후 10일 이내에 각 해당 중앙관서의 장에게 공사별로 심의결과를 통보하여야 한다(국가계약법 시행규칙 제79조 제2항). 각 중앙관서의 장은 특별한 사유가 없는 한 통보된 심의결과에 따라 집행기본계획서를 조정하여야 한다(국가계약법 시행규칙 제79조 제3항).

국토교통부장관 또는 국방부장관은 제출된 대형공사등의 집행기본계획서 또는 집행계획서에 대한 중앙건설기술심의위원회의 또는 특별건설기술심의위원회의 심의결과에 따라 대안입찰 또는 일괄입찰의 방법에 의하여 집행할 대형공사등을 신문 또는 전자조달시스템에 공고하여야 하고(국가계약법 시행령 제80조 제3항, 국가계약법 시행규칙 제81조), 각 중앙관서의 장은 대형공사등에 있어서 특별한 사유가 없는 한 위와 같이 공고된 입찰방법에 따라 입찰을 하여야 한다(국가계약법 시행령 제80조 제5항).

입찰방법의 심의 등에 관한 규정은 실시설계 기술제안입찰과 기본설계 기술제안입찰에도 준용된다(국가계약법 시행규칙 제81조의2).

나. 입찰참가자격의 특례

계약담당공무원은 다음 각 호의 요건을 모두 갖춘 자에 한하여 일괄입찰 또는 대안입찰에 참가하게 하여야 한다. 다만, 제1호 및 제2호의 요건 중 어느 하나만을 갖춘 자들이 공동으로 다음 각 호의 요건을 모두 갖추어 일괄입찰 또는 대안입찰에 참가하고자 하는 경우에는 이들의 입찰참가를 허용하여야 한다(국가계약법 시행령 제84조 제1항)

1. 「건설산업기본법」 제9조에 따라 해당공사의 시공에 필요한 건설업의 등록을 한 자일 것
2. 「건설기술 진흥법」 제26조에 따른 건설기술용역업자 또는 「건축사법」 제23조에 따라 건축사업무신고를 한 자일 것

대안입찰의 경우 대안을 제출하지 아니하고 원안에 의한 입찰을 하는 자에 대하여는 위 제1호의 요건만을 갖춘 자에 대하여도 입찰에 참가하게 하여야 한다(국가계약법 시행령 제84조 제2항).

계약담당공무원은 일괄입찰 등에 있어 시행령 제13조에 따라 입찰참가자격을 미리 심사하여 적격자를 선정하고자 하는 경우 사전심사 기준·방법 그 밖에 필요한 사항은 「입찰참가자격사전심사요령」을 참고하여 정할 수 있다['일괄입찰 등에 의한 낙찰자 결정기준'[8](이하 "낙찰자 결정기준") 제2조].

---

8) 기획재정부 계약예규 제284호, 2016. 1. 1. 일부개정.

다. 입찰절차의 특례

1) 일괄입찰

일괄입찰은 기본설계입찰을 실시하여 후술하는 바와 같이 실시설계적격자로 선정된 자에 한하여 실시설계서를 제출하게 하여야 하고(국가계약법 시행령 제85조 제1항), 일괄입찰자는 기본설계입찰서 또는 실시설계서에 다음 각 호의 구분에 따른 도서를 첨부하여 제출하여야 한다(국가계약법 시행령 제85조 제3항, 설계자 결정기준 제4조 제1항).

가) 기본설계입찰서의 경우

(1) 기본설계에 대한 설명서

(2) 「건설기술 진흥법 시행령」 제11조의 규정에 의한 관계서류

(3) 기타 공고로 요구한 사항

나) 실시설계서의 경우

(1) 실시설계에 대한 구체적인 설명서

(2) 「건설기술 진흥법 시행령」 제11조의 규정에 의한 관계서류

(3) 단가 및 수량을 명백히 한 산출내역서

(4) 기타 참고사항을 기재한 서류

2) 대안입찰

대안입찰자가 원안입찰과 함께 대안을 제출하는 경우 다음 각 호의 도서를 입찰서에 첨부하여 제출하게 하여야 하며, 다만 동시에 2개 이상의 대안을 제출할 수는 없다(국가계약법 시행령 제85조 제2항, 낙찰자 결정기준 제4조 제1항).

가) 대안설계에 대한 구체적인 설명서

나) 「건설기술 진흥법 시행령」 제11조의 규정에 의한 관계서류

다) 원안입찰 및 대안입찰에 대한 단가와 수량을 명백히 한 산출내역서

라) 대안의 채택에 따른 이점 기타 참고사항을 기재한 서류

3) 설계적격심의

계약담당공무원은 다음 각 호의 어느 하나에 해당하는 때에는 중앙건설기술심의위원회에 당해 설계의 적격여부에 대한 심의 및 설계점수평가를 의뢰하여야 한다(국가계약법 시행령 제85조 제5항 제1문, 설계자 결정기준 제4조 제2항). 이 경우 중앙건설기술심의위원회는 기술적 타당성을 검토하고 설계의 적격여부를 명백히 한 서류(원안입찰의 경우를 제외한다) 및 설계점수를 당해 중앙관서의 장 또는 계약담당공무원에게 통지하여야 한다(국가계약법 시행령 제85조 제5항 제2문).

1. 대안입찰의 경우로서 원안설계서와 선정된 낙찰적격입찰의 대안입찰서를 제출받은 때
2. 일괄입찰의 경우로서 기본설계입찰서 또는 실시설계서를 제출받은 때

계약담당공무원은 위 설계심의를 기술자문위원회의 심의로 갈음할 수 있다. 다만, 기술자문위원회가 설치되어 있지 아니한 경우에는 그러하지 아니하다(국가계약법 시행령 제85조 제6항).

중앙건설기술심의위원회 또는 기술자문위원회는 설계의 심의를 함에 있어서 대안입찰서·기본설계입찰서 또는 실시설계서에 첨부된 도서가 입찰의 기본계획 및 지침의 내용이나 기본설계의 내용에 비추어 미비하거나 그 내용이 분명하지 아니한 경우에는 이에 대한 보완을 요구할 수 있다(국가계약법 시행령 제85조 제7항).

라. 낙찰자 결정의 특례

1) 실시설계적격자 또는 낙찰자의 결정방법 등

계약담당공무원은 일괄입찰의 경우 공사의 목적, 특성 등을 고려하여 시행령 제87조 제1항에 따라 선정된 자를 대상으로 다음 각 호의 어느 하나에 해당하는 방법으로 실시설계적격자를 결정하여야 한다(국가계약법 시행령 제85조의2 제1항).

1. 설계점수가 기획재정부장관이 정하는 범위에서 각 중앙관서의 장 또는 계약담당공무원이 정한 기준을 초과한 자로서 최저가격으로 입찰한 자를 실시설계적격자로 결정하는 방법(“설계적합최저가방식”)

2. 입찰가격을 설계점수로 나누어 조정된 수치[9]가 가장 낮은 자("입찰가격조정방식") 또는 설계점수를 입찰가격으로 나누어 조정된 점수[10]가 가장 높은 자("설계점수조정방식")를 실시설계적격자로 결정하는 방법
3. 설계점수와 가격점수[11]에 가중치[12]를 부여하여 각각 평가한 결과를 합산한 점수가 가장 높은 자를 실시설계적격자로 결정하는 방법("가중치기준방식")
4. 계약금액을 확정하고 기본설계서만 제출하도록 한 경우 설계점수가 가장 높은 자를 실시설계적격자로 결정하는 방법[13]("확정가격최상설계방식")

계약담당공무원은 대안입찰의 경우 공사의 목적, 특성 등을 고려하여 원안입찰자와 시행령 제86조 제2항부터 제4항까지의 규정에 따라 채택된 대안을 제출한 자를 대상으로 다음 각 호의 어느 하나에 해당하는 방법으로 낙찰자를 결정하여야 한다(국가계약법 시행령 제85조의2 제2항).

1. 최저가격으로 입찰한 자를 낙찰자로 결정하는 방법("설계적합최저가방식")
2. 입찰가격을 설계점수로 나누어 조정된 수치[14]가 가장 낮은 자("입찰가격조정방식") 또는 설계점수를 입찰가격으로 나누어 조정된 점수[15]가 가장 높은 자("설계점수조정방식")를 낙찰자로 결정하는 방법
3. 설계점수와 가격점수[16]에 가중치[17]를 부여하여 각각 평가한 결과를 합산한 점수가 가장 높은 자를 낙찰자로 결정하는 방법("가중치기준방식")

---

9) 조정가격 = 입찰가격/(설계점수/100)(낙찰자 결정기준 제9조).
10) 조정점수 = [(설계점수 × 추정가격(부가가치세를 포함)]/입찰가격 (낙찰자 결정기준 제10조).
11) 가격점수 = 가격점수가중치 × (최저입찰가격/해당입찰가격) (낙찰자 결정기준 제11조 제3항).
12) 설계점수와 가격점수의 가중치는 공사의 기술난이도 등을 고려하여 낙찰자 결정기준 별표에 따라 그 합계가 100이 되도록 정하여야 하며, 동 내용을 입찰공고시 실시설계적격자 결정방법과 함께 명시하여야 한다(낙찰자 결정기준 제11조 제2항).
13) 본 제4호의 경우에는 입찰참가자가 가격입찰서를 제출하지 아니한다(설계자 결정기준 제4조 제1항 단서).
14) 조정가격 = 입찰가격/(설계점수/100)(낙찰자 결정기준 제18조).
15) 조정점수 = (설계점수 × 예정가격)/입찰가격 (낙찰자 결정기준 제19조).
16) 가격점수 = 가격점수가중치 × (최저입찰가격/해당입찰가격) (낙찰자 결정기준 제20조 제3항).
17) 설계점수와 가격점수의 가중치는 공사의 기술난이도 등을 고려하여 낙찰자 결정기준 별표에 따라 그 합계가 100이 되도록 정하여야 하며, 동 내용을 입찰공고시 실시설계적격자 결정방법과 함께 명시하여야 한다(낙찰자 결정기준 제20조 제2항).

계약담당공무원은 실시설계적격자 또는 낙찰자 결정방법을 선택함에 있어 시행령 제94조에 따라 계약심의회의 자문을 구할 수 있다(낙찰자 결정기준 제3조 제2항).

계약담당공무원은 위와 같이 선택된 실시설계적격자 또는 낙찰자의 결정 방법을 입찰공고를 할 때에 명시하여야 한다(국가계약법 시행령 제85조의2 제3항, 낙찰자 결정기준 제3조 제3항).

일괄입찰에 있어 확정가격최상설계방식에 따라 실시설계적격자를 결정하는 경우에는 시행령 제79조 제1항 제5호 및 제6호에도 불구하고 기본설계입찰 시 입찰서를 제출하게 하지 아니한다(국가계약법 시행령 제85조의2 제4항).

계약담당공무원은 필요한 경우에는 실시설계적격자 또는 낙찰자가 결정될 수 있도록 세부심사기준을 정할 수 있으며, 세부심사기준을 정한 때에는 입찰에 참가하고자 하는 자가 열람할 수 있도록 비치하여야 하고, 입찰에 참가하고자 하는 자의 신청이 있을 경우 이를 시행규칙 제41조에 정한 입찰관련서류와 함께 교부하여야 한다(낙찰자 결정기준 제5조 제1항, 제2항). 상기 열람·교부기간은 입찰공고일부터 입찰등록마감일까지 이어야 하며, 계약담당공무원은 입찰에 참가하고자 하는 자가 서류로 세부심사기준을 교부토록 요구하지 않는 한 시행령 제14조에 따른 전자조달시스템에 세부심사기준을 게재함으로써 입찰에 참가하고자 하는 자에 대한 열람 또는 교부에 갈음할 수 있다(낙찰자 결정기준 제5조 제3항, 제4항).

2) 대안입찰의 대안채택 및 낙찰자 결정

계약담당공무원은 시행령 제85조 제2항에 따라 제출된 대안입찰서의 대안입찰가격(후술하는 바와 같이 조정을 거친 후의 대안입찰가격을 포함한다)이 다음 각 호의 요건을 모두 충족하는 경우에는 이를 낙찰적격입찰로 선정한다(국가계약법 시행령 제86조 제1항, 낙찰자 결정기준 제15조 제1항).

1. 대안입찰가격이 입찰자 자신의 원안입찰가격보다 낮을 것
2. 대안입찰가격이 총 공사 예정가격 이하로서 대안공종에 대한 입찰가격이 대안공종에 대한 예정가격 이하일 것

계약담당공무원은 낙찰적격입찰의 대안설계서를 원안설계서와 함께 시행령 제85조 제5항 또는 제6항에 따라 중앙건설기술심의위원회 또는 기술자문위

원회에 설계의 적격 여부에 대한 심의 및 설계점수평가를 의뢰하여야 한다(낙찰자 결정기준 제15조 제2항).

계약담당공무원은 위와 같이 선정된 낙찰적격입찰의 대안입찰서에 대하여 시행령 제85조 제5항에 따라 설계의 적격 여부 및 설계점수를 통지받은 때에는 적격으로 통지된 대안입찰서 중 설계점수가 높은 순으로 최대 6개의 대안(적격으로 통지된 대안이 6개 미만인 경우에는 적격으로 통지된 모든 대안)을 선정한 후 대안설계점수가 원안설계점수보다 높은 것을 대안으로 채택한다. 다만, 수개의 대안공종 중 일부 공종에 대한 대안설계점수가 원안설계점수보다 낮은 경우에는 해당공종에 대한 대안공종은 이를 채택하지 아니한다(국가계약법 시행령 제86조 제2항).

계약담당공무원은 수개의 대안공종 중 일부 공종에 대한 대안설계점수가 원안설계점수보다 낮아 대안으로 채택되지 아니한 공종이 있는 경우에는 대안입찰자의 대안입찰서상 해당공종의 입찰가격을 원안입찰시에 제출한 산출내역서상의 해당공종의 입찰가격으로 대체하여 전체 대안입찰가격을 조정하여야 한다(국가계약법 시행령 제86조 제3항).

계약담당공무원은 위와 같은 조정을 거친 후, 수개의 대안공종 중 일부 공종에 대한 대안설계점수가 원안설계점수보다 낮아 대안으로 채택되지 아니한 공종으로 인하여 불가피하게 채택된 공종에 대한 설계의 일부를 수정하여야 하는 경우에는 이를 수정할 수 있다. 다만, 수정하게 되는 공종의 입찰가격은 증액할 수 없다(국가계약법 시행령 제86조 제4항).

위와 같은 조정 또는 수정을 하는 경우 계약담당공무원은 미리 중앙건설기술심의위원회 또는 기술자문위원회의 심의를 거쳐야 한다(국가계약법 시행령 제86조 제8항).

계약담당공무원은 원안입찰자와 위와 같이 채택된 대안을 제출한 자 중에서 위 가.항에서 설명한 낙찰자 결정방법을 적용하여 낙찰자를 결정한다(국가계약법 시행령 제86조 제5항).

계약담당공무원은 대안을 제출한 자가 없거나, 위와 같은 방법에 따른 낙찰자가 없는 경우에는 원안입찰가격이 예정가격 이하로서 최저가격인 입찰을 제출한 자부터 순차적으로 다음 각 호의 방법에 따라 낙찰자를 결정한다(국가계약법 시행령 제86조 제6항).

1. 추정가격이 300억원 이상인 공사: 국가계약법 시행령 제42조 제4항에

따라 각 입찰자의 입찰가격, 공사수행능력 및 사회적 책임 등을 종합 심사하여 낙찰자를 결정

2. 그 외의 공사: 국가계약법 시행령 제42조 제1항에 따라 계약이행능력을 심사하여 낙찰자를 결정

위와 같은 방법에 따른 낙찰자 결정은 부득이한 사유가 없는 한 입찰일부터 80일 이내에 하여야 한다(국가계약법 시행령 제86조 제7항).

3) 일괄입찰의 낙찰자 선정

가) 계약담당공무원은 기본설계입찰에 있어서 국가계약법 시행령 제85조 제5항의 규정에 의한 통지를 받은 때에는 입찰자[18] 중 설계점수가 높은 순으로 최대 6인(적격으로 통지된 입찰자가 6인 미만인 경우에는 적격으로 통지된 모든 입찰자)을 실시설계적격자 결정대상자로 선정한 후 국가계약법 시행령 제85조의2 제1항에 따라 선택된 실시설계적격자 결정방법을 적용하여 실시설계적격자로 결정한다. 다만, 국가계약법 시행령 제85조 제5항에 따른 기본설계적격자가 1인 이하인 경우에는 재공고입찰에 의하여야 한다(국가계약법 시행령 제87조 제1항).

계약담당공무원은 위와 같이 실시설계적격자로 결정된 입찰자의 입찰금액이 계속비대형공사에 있어서는 계속비예산, 일반대형공사에 있어서는 총 공사예산을 각각 초과하는 경우에는 예산의 범위 안으로 가격을 조정하기 위하여 그 입찰자와 협의하여야 하며 협의가 성립되지 아니할 때에는 재공고입찰에 의하여야 한다(국가계약법 시행령 제87조 제3항).

나) 계약담당공무원은 국가계약법 시행령 제85조 제5항 및 제6항의 규정에 의하여 중앙건설기술심의위원회 또는 기술자문위원회로부터 당해 실시설계의 적격통지를 받은 때에는 그 실시설계서를 제출한 자를 낙찰자로 결정한다(국가계약법 시행령 제87조 제2항).

다만 계약담당공무원은 공사의 시급성 기타 특수한 사정으로 인하여 필요하다고 인정하는 경우에는 위 1)항의 실시설계적격자로 하여금 당해공사를 공정별 우선순위에 따라 구분하여 실시설계서를 작성하게 할 수 있으며, 당해 실

---

18) 설계적합최저가방식의 경우 60점 이상 85점 이하에서 계약담당공무원이 정한 설계점수 이상을 받은 자에 한한다(낙찰자 결정기준 제7조 제1항).

시설계서에 대하여 중앙건설기술심의위원회 또는 기술자문위원회로부터 실시설계적격통지를 받은 때에는 그 실시설계적격자를 낙찰자로 결정하고 우선순위에 따라 공사를 시행하게 할 수 있다(국가계약법 시행령 제87조 제5항). 이 경우 계약담당공무원은 위와 같이 낙찰자로 결정된 자로 하여금 공사를 시행하게 하기 전에 총 공사와 실시설계적격통지를 받은 공사에 대한 산출내역서를 제출하게 하여 이에 따라 계약을 체결하여야 하고(국가계약법 시행령 제87조 제6항), 총 공사에 대한 최종실시설계적격통지가 있는 때에는 계약을 체결한 자로 하여금 산출내역서를 다시 작성하여 당초의 산출내역서와 대체하도록 하여야 한다. 이 경우 당초의 계약금액은 이를 증액할 수 없다(국가계약법 시행령 제87조 제7항).

계약담당공무원은 국가계약법 시행령 제87조 제5항 및 제6항의 규정에 의하여 낙찰자를 결정하거나 계약을 체결하고자 하는 경우에는 실시설계서를 우선 제출하여야 하는 공종의 범위 및 제출기한, 산출내역서의 작성·제출에 관한 사항 등을 입찰안내서 등에 명시하여 입찰에 참가하고자 하는 자가 입찰 전에 미리 이를 알 수 있도록 하여야 한다(국가계약법 시행령 제87조 제8항).

다) 위와 같은 낙찰자의 결정은 부득이한 사유가 없는 한 실시설계서가 제출된 날부터 60일 이내에 하여야 한다(국가계약법 시행령 제87조 제4항).

4) 입찰결과의 공개

계약담당공무원은 개찰 후 즉시 입찰참가업체별 설계점수와 입찰가격을 전자조달시스템 또는 발주기관의 정보처리장치를 통하여 공개하여야 하며, 「독점규제 및 공정거래에 관한 법령」에 따라 입찰관련정보를 공정거래위원회에 제출하여야 한다(낙찰자 결정기준 제21조).

5) 기타 - 수의계약, 재입찰 등

[유권해석(회계제도과-956, 2009. 5. 29.자)][19]

[회신내용] 국가기관이 추진하는 설계·시공일괄입찰에서 재공고입찰 시에도 입찰자가 1인뿐인 경우에는 동 입찰자를 대상으로 곧바로 수의계약을 체결할 수는 없으나, 동 입찰자가 제출한 설계도서에 대해 중앙건설기술심의위원

19) 박성동 외 2인, 앞의 글, 659면에서 재인용.

회 또는 설계자문위원회의 기본·실시설계 심의 및 적격심사 등 턴키입찰 심의절차를 거치게 한 후 이를 통과한 경우에 한하여 수의계약을 체결하는 것은 가능하다고 보며, 이 경우 수의시담은 당해예산 및 설계도서 등을 종합 고려하여 발주기관이 판단, 처리할 사항임.

[유권해석(회계제도과-2801, 2006. 12. 14.자)][20]

[회신내용] 실시설계 단계에서 정부의 사업계획 변경에 따라 계약목적물의 용도 및 규모가 일부 변경되었으나 당초 사업의 본질이 변경되지 않고 당해 사업의 적정한 이행을 위하여 불가피한 경우라면 계약체결 이후에 시행령 제91조 및 공사계약일반조건 제21조 제3항에 따라 설계변경으로 처리함이 타당하다고 봄.

[유사회신사례(회계제도과-566, 2010. 4. 6.자)][21] 설계변경으로 인해 당해 사업의 본질적 내용이 변경되어 새로운 사업으로 판단되는 경우라면 새로운 입찰을 진행하여야 하나, 당해 사업의 본질적 내용이 변경되지 않고 사업이행을 위해 불가피한 경우라면 기본설계변경을 통해 계약을 이행할 수 있을 것임.

3. 설계비 보상

가. 기본원칙

계약담당공무원은 다음 각 호의 어느 하나에 해당하는 자의 전부 또는 일부에 대하여는 예산의 범위 안에서 설계비의 일부를 보상할 수 있다(국가계약법 시행령 제88조 제1항).

1. 국가계약법 시행령 제86조 제2항 및 제87조에 따라 선정된 자 중 낙찰자로 결정되지 아니한 자(이하 "낙찰탈락자")
2. 발주기관의 귀책사유로 취소된 대안입찰 또는 일괄입찰에 참여한 자

계약담당공무원은 설계비를 보상하기 위하여 다음 각 호에 따라 설계비 등의

20) 박성동 외 2인, 앞의 글, 672면에서 재인용.
21) 박성동 외 2인, 앞의 글, 672면에서 재인용.

보상예산을 확보하여야 한다['정부 입찰 · 계약 집행기준'[22] 제86조].

1. 국가계약법 시행령 제89조에 따른 대형공사의 설계비 보상예산: 해당 공사예산의 20/1000
2. 국가계약법 시행령 제107조에 따른 기술제안입찰의 제안서 작성비용 보상예산: 해당 공사예산의 10/1000

계약담당공무원은 2인 이상이 공동으로 입찰하여 낙찰탈락자가 된 경우에는 후술하는 바에 따라 산출된 금액을 공동입찰의 대표자에게 지급하여야 한다(정부 입찰 · 계약 집행기준 제88조).

계약담당공무원은 낙찰탈락자가 확정[23]되면 즉시 낙찰탈락자에게 설계비 등 보상과 관련된 내용을 통지하여야 하며(정부 입찰 · 계약 집행기준 제89조 제1항), 위 통지에는 특별한 사유가 없는 한 통지일로부터 30일 이내에 낙찰탈락자의 설계비 등의 보상요청이 없으면 설계비 등 보상금에 대한 권리를 포기한 것으로 간주한다는 내용이 포함되어야 한다(정부 입찰 · 계약 집행기준 제89조 제2항).

계약담당공무원은 대안입찰, 일괄입찰 또는 기술제안입찰 공사의 입찰공고를 하는 경우에 입찰공고에 설계비 보상에 관한 내용을 포함시켜야 한다(정부 입찰 · 계약 집행기준 제90조).

나. 대안입찰의 경우

계약담당공무원은 낙찰탈락자에 대해 해당 공사의 설계보상비로 책정된 해당 공사예산의 20/1000에 해당하는 금액을 다음 각 호와 같이 지급하여야 한다(정부 입찰 · 계약 집행기준 제87조 제1항).

1. 낙찰탈락자가 5명인 경우: 공사예산의 20/1000에 해당하는 금액을 설계점수가 높은 자 순으로 20분의 7, 20분의 5, 20분의 4, 20분의 2, 20분의 2를 지급

---

22) 기획재정부 계약예규 제280호, 2016. 1. 1. 일부개정.

23) **유권해석(회계 41301-334, 1998. 2. 21.자)**: 국가기관이 설계 · 시공일괄입찰방식으로 시행하는 공사의 경쟁입찰에 있어 (중략) 설계비의 보상통지시기는 (중략) 낙찰자를 결정한 시점이 되는바, 낙찰자를 선정하지 못한 경우에는 설계비 보상을 할 수 없으며, 재공고입찰 등에 의하여 낙찰자를 다시 선정한 경우에 (중략) 설계비 보상을 할 수 있음[한국건설기술정보원, 정부계약(회계) 질의 · 회신(2003), 705면에서 재인용].

2. 낙찰탈락자가 4명인 경우: 공사예산의 20/1000에 해당하는 금액을 설계점수가 높은 자 순으로 20분의 7, 20분의 5, 20분의 4, 20분의 2를 지급
3. 낙찰탈락자가 3명인 경우: 공사예산의 20/1000에 해당하는 금액을 설계점수가 높은 자 순으로 20분의 7, 20분의 5, 20분의 4를 지급
4. 낙찰탈락자가 2명인 경우: 공사예산의 20/1000에 해당하는 금액을 설계점수가 높은 자 순으로 20분의 7, 20분의 5를 지급
5. 낙찰탈락자가 1명인 경우: 공사예산의 20/1000에 해당하는 금액의 1/4을 지급

대안입찰의 경우 계약담당공무원은 발주기관의 귀책사유로 취소된 대안입찰에 참여한 자에 대해 해당 공사의 설계보상비로 책정된 해당 공사예산의 20/1000에 해당하는 금액을 다음 각 호와 같이 지급하여야 한다(정부 입찰·계약 집행기준 제87조 제2항). 다만 국가계약법 시행령 제86조 제2항에 따라 낙찰자가 선정되기 전에 발주기관의 귀책사유로 입찰이 취소된 경우에는 모든 입찰참여자에 대해 해당 공사의 설계보상비로 책정된 해당 공사예산의 20/1000에 해당하는 금액을 균분하여 지급하여야 하나, 입찰참여 1인당 동 금액의 1/4를 초과하여 지급하지 못한다(정부 입찰·계약 집행기준 제87조 제3항).

1. 국가계약법 시행령 제86조 제2항에 따라 선정된 자가 6인인 경우: 공사예산의 20/1000에 해당하는 금액을 설계점수가 높은 자 순으로 20분의 7, 20분의 5, 20분의 4, 20분의 2, 20분의 1, 20분의 1을 지급
2. 국가계약법 시행령 제86조 제2항에 따라 선정된 자가 5인 이하인 경우: 제87조 제1항을 준용하여 지급

다. 일괄입찰의 경우

계약담당공무원은 낙찰탈락자 중 설계점수가 높은 순으로 최대 3인(낙찰탈락자가 3인 미만인 경우에는 모든 낙찰탈락자)을 선정하여 다음의 산식에 따라 설계보상비를 지급한다(정부 입찰·계약 집행기준 제87조의2 제1항).

$$0.3\% + \frac{\text{설계점수} - 60}{40} \times 0.6\%$$

계약담당공무원은 발주기관의 귀책사유로 취소된 일괄입찰에 참여한 자 중 국가계약법 시행령 제87조에 따라 선정된 자에 대해 설계점수가 높은 순으로 최대 4인(국가계약법 시행령 제87조에 따라 선정된 자가 4인 미만인 경우에는 선정된 모든 자)을 선정하여 위 산식에 따라 설계보상비를 지급한다(정부 입찰·계약 집행기준 제87조의2 제2항). 다만 국가계약법 시행령 제87조에 따라 낙찰자가 선정되기 전에 발주기관의 귀책사유로 입찰이 취소된 경우에는 모든 입찰참여자에 대해 해당 공사의 설계보상비로 책정된 해당 공사예산의 20/1000에 해당하는 금액을 균분하여 지급하여야 하나, 입찰참여 1인당 동 금액의 1/4를 초과하여 지급하지 못한다(정부 입찰·계약 집행기준 제87조의2 제4항).

계약담당공무원은 위와 같이 산정한 설계보상비 합계액(이하 "설계보상비 합계액")이 설계비 보상예산을 초과하는 경우에 위와 같이 산정된 각 자의 설계보상비가 설계보상비 합계액에서 차지하는 비율에 따라 해당 설계비 보상예산을 나누어 지급한다(정부 입찰·계약 집행기준 제87조의2 제3항).

라. 보론 - 입찰담합을 이유로 한 설계보상비 반환청구

일괄입찰의 입찰유의서에 "입찰의 무효에 해당하거나 무효에 해당하는 사실이 사후에 발견된 자 및 계약예규 정부 입찰·계약 집행기준 제85조에 해당하지 않는 자는 설계보상비 대상자에서 제외하며, 입찰의 무효사실이 발견되기 이전에 설계비를 보상받은 자는 보상받은 금액을 즉시 반환하여야 한다."라고 규정되는 경우가 상당히 있다.

최근 입찰담합 사실이 사후에 적발된 경우 발주자가 주위적으로 위 입찰유의서 규정에 근거하여 설계보상비를 지급받은 낙찰탈락자를 상대로 기 지급한 설계보상비의 반환을 청구하고, 예비적으로 입찰담합이라는 불법행위에 기한 손해배상으로서 설계보상비 상당액의 지급을 구하는 사례가 많다. 특히, 실무상 사후에 입찰담합 사실이 발견되는 경우가 많아, 발주자가 기존 낙찰자와 계약을 체결하고 이미 공사가 완성된 상황에서 설계보상비의 반환을 구하는 경우도 상당히 있다.

이러한 유형의 사건에서는 ① 위 입찰유의서의 규정이 법률유보의 원칙에 반하거나 계약상대자의 계약상 이익을 부당하게 제한하고 신의성실에 위반하여 현저히 공정성을 잃은 것으로서 무효인지, ② 입찰담합 사실이 밝혀졌다고 하여 입찰이 당연 무효가 되는 것인지, ③ 계약당사자가 아닌 낙찰탈락자에게 위 입찰유의서가 적용될 수 있는지, ④ 입찰의 유효함을 전제로 계약 체결 또는 이행이 완료된 경우에도 위 입찰유의서상의 설계보상비 반환사유가 인정될 수 있는지, ⑤ 계약체결이 조달청 등에 위탁된 경우 설계보상비의 반환을 청구할 수 있는 자는 누구인지, ⑥ 설계보상비 반환청구권의 소멸시효기간 및 기산점이 언제인지 등이 주로 다투어지고 있다.

또한 불법행위에 기한 손해배상청구로 청구원인을 구성하는 경우, ① 입찰무효가 발견되어 다시 입찰절차를 진행하였더라도 설계보상비는 지급되었을 것이라는 사정을 감안할 때 과연 손해가 있다고 볼 수 있는지, ② 설계보상비를 지급받은 낙찰탈락자의 경우에도 기술적 타당성 검토절차를 통과하여 설계보상비 지급대상자로 판정을 받았다는 점을 감안할 때 입찰담합과 발주자의 손해 사이에 상당인과관계가 인정될 수 있는지, ③ 위 손해배상청구권의 소멸시효의 기산점이 언제인지 등이 다투어지고 있다.

현재까지 이에 직접 적용될 수 있는 대법원판례는 존재하지 않으나, 최근 서울중앙지방법원은 「① 국가계약법이 적용되는 입찰절차에 하자가 존재하는 경우 그 하자가 공공성과 공정성이 현저히 침해될 정도로 중대하고, 상대방도 그러한 사정을 알았거나 알 수 있었을 경우 또는 낙찰자결정과 계약체결이 선량한 풍속 기타 사회질서에 반하는 결과가 될 것임이 분명한 경우 등에 한하여 입찰 및 이에 따른 낙찰자결정과 계약이 무효로 된다고 해석함이 타당한 점(대법원 2006. 6. 19.자 2006마117 결정 등 참조), ② 이 사건 입찰유의서에서 정해진 입찰의 무효사유가 있다고 하여 입찰이 당연 무효가 된다면 그에 따라 체결된 계약 역시 무효에 이르게 되어 법적 안정성을 해치게 되는 점 등에 비추어 보면, 입찰의 무효사유가 존재하는 경우 그에 따른 입찰이 당연 무효가 되는 것이 아니라, 계약 체결 전이라면 입찰무효를 선언하고 재입찰을 공고할 수 있고, 계약 체결 후라면 약정해제권이 유보된 것으로서 계약을 해제할 수 있는 것으로 해석함이 상당하다. 그런데 원고[24]가 이 사건 입찰을 무효로 보아 재입찰을 공고하거나 K공동수급체에 공사도급계약의 해제를 통보하지 않았고, 위 공동수급체가 이 사건 입찰에 따른 공사를 계속 수행하고 있는 사실은 당사자 사이에 다툼이 없으므로, 이 사건 공동행위가 있었다는 사실만으로 이 사건 입찰이 무효가

---

24) 발주자를 가리킨다.

되었다고 볼 수 없다. (중략) 따라서 원고가 피고에게 이 사건 설계보상비 등을 지급할 의무가 없음을 전제로 한 원고의 위 주장은 더 나아가 살필 필요 없이 받아들일 수 없다.」라고 판시하면서(서울중앙지방법원 2016. 1. 15. 선고 2015가합553575 판결), 입찰유의서를 근거로 한 설계보상비 반환청구를 기각하였다.

다만 위 서울중앙지방법원 판결은 원고의 불법행위에 기한 손해배상청구를 인용하였는데, 이에 대해서는 상당한 비판이 있고, 결국 대법원판례의 축적을 통해 정리되어야 할 문제로 생각된다.

4. 설계변경으로 인한 계약금액 조정의 제한

전술한 바와 같이, 일괄입찰 등의 방식에 의한 도급계약의 경우 도급계약 체결 후 설계변경이 발생하더라도 계약금액을 조정하지 않는 것이 원칙일 것이나, 우리나라 관급공사에서는 그러한 전형적인 일괄입찰 등의 방식에 의한 도급계약은 존재하지 않고, 내역입찰방식에 의한 계약의 요소가 포함된 중간적인 성격의 계약으로 체결되고 있으며, 대법원도 같은 입장이다(대법원 2002. 8. 23. 선고 99다52879 판결).

국가계약법 시행령도 대안입찰 또는 일괄입찰 방식에 의한 도급계약에서 설계변경으로 계약내용이 변경되더라도 계약금액을 증액할 수 없다는 원칙을 제시하면서도,[25] 정부에 책임있는 사유[26][27] 또는 천재 · 지변 등 불가항력의 사

25) **유권해석(회계 41301－3525, 1997. 12. 22.자)**: 국가기관이 설계 · 시공일괄입찰을 실시하여 체결한 공사계약에 있어 (중략) 계약상대자가 제출한 산출내역서는 설계서에 해당되지 않는바, 설계도면과 산출내역서상의 물량이 상이하다는 사유로는 계약금액을 조정할 수 없으며, 설계도면에 따라 시공하여야 함(한국건설기술정보원, 앞의 책, 703-704면에서 재인용)

26) **유권해석(회계제도과－1479, 2006. 7. 7.자)**: 계약상대자가 환경영향평가서와 상이한 방음벽 설치와 관련하여 실시설계 심의과정에서 발주기관과 협의하여 승인을 받은 후 설계심의를 통과하여 계약이 체결된 경우라면 계약상대자는 동 실시설계서를 기준으로 당해 공사를 이행하여야 할 것이며, 발주기관이 실시설계서에 반영되지 않은 추가 방음벽 시공을 요구하는 경우라면 이는 발주기관의 필요에 의한 설계변경 사유로 볼 수 있을 것임(박성동 외 2인, 앞의 글, 654-655면에서 재인용)

27) **유권해석(회계제도과－568, 2010. 4. 6.자)**: 입찰공고일 이전에 대안설계부분에 해당하는 설계 규격이 변경됨과 동시에 기존 규격과 변경된 규격의 병용사용기간이 계약완료 이전에 종료되도록 하는 기술표준원 고시가 있었고, 대안입찰안내서에 대안 설계기준은 최근 개정된 내용을 기준으로 하도록 하는 내용 등이 있었다면, 계약 체결 이후 변경된

유로 인한 경우에는 계약금액의 증액을 허용하고 있다(국가계약법 시행령 제91조 제1항).

회계예규 공사계약일반조건 제21조 제5항은 정부에 책임있는 사유 또는 불가항력의 사유를 아래와 같이 열거하고 있다.

1. 사업계획 변경 등 발주기관의 필요에 의한 경우
2. 발주기관 외에 해당공사와 관련된 인허가기관 등의 요구가 있어 이를 발주기관이 수용하는 경우
3. 공사관련법령(표준시방서, 전문시방서, 설계기준 및 지침 등 포함)의 제 · 개정으로 인한 경우
4. 공사관련법령에 정한 바에 따라 시공하였음에도 불구하고 발생되는 민원에 의한 경우
5. 발주기관 또는 공사 관련기관이 교부한 지하매설 지장물 도면과 현장 상태가 상이하거나 계약 이후 신규로 매설된 지장물에 의한 경우
6. 토지 · 건물소유자의 반대, 지장물의 존치, 관련기관의 인허가 불허 등으로 지질조사가 불가능했던 부분의 경우[28]
7. 제32조[29]에 정한 사항 등 계약당사자 누구의 책임에도 속하지 않는 사

규격으로 설계변경을 하는 경우에도 그 사유는 발주기관의 책임 또는 불가항력에 의한 사유로 보기 어려울 것임(박성동 외 2인, 앞의 글, 668-669면에서 재인용).

28) **유권해석(회계 41310-2177, 1997. 8. 2.자)**: 지질과 관련된 사항인 때에는 설계전에 지질측량이 가능했던 부분인 경우에는 불가항력으로 볼 수 없을 것이며, 가옥 등 지상의 장애물에 기인하여 불가피하게 지질측량을 할 수 없었던 부분인 경우에는 동 사유(불가항력)에 해당됩니다(한국건설기술정보원, 앞의 책, 697-698면에서 재인용).

29) 제32조(불가항력) ① 불가항력이라 함은 태풍 · 홍수 기타 악천후, 전쟁 또는 사변, 지진, 화재, 전염병, 폭동 기타 계약당사자의 통제범위를 벗어난 사태의 발생 등의 사유(이하 "불가항력의 사유"라 한다)로 인하여 계약당사자 누구의 책임에도 속하지 아니하는 경우를 말한다. 다만, 이는 대한민국 국내에서 발생하여 공사이행에 직접적인 영향을 미친 경우에 한한다.
② 불가항력의 사유로 인하여 다음 각호에 발생한 손해는 발주기관이 부담하여야 한다.
1. 제27조에 의하여 검사를 필한 기성부분
2. 검사를 필하지 아니한 부분 중 객관적인 자료(감독일지, 사진 또는 동영상 등)에 의하여 이미 수행되었음이 판명된 부분
3. 제31조 제1항 단서 및 동조 제3항에 의한 손해
③ 계약상대자는 계약이행 기간 중에 제2항의 손해가 발생하였을 때에는 지체없이 그 사실을 계약담당공무원에게 통지하여야 하며, 계약담당공무원은 통지를 받았을 때에는 즉시 그 사실을 조사하고 그 손해의 상황을 확인한 후에 그 결과를 계약상대자에게 통지하여야 한다. 이 경우에 공사감독관의 의견을 고려할 수 있다.

유에 의한 경우

또한 일괄입찰의 경우 시행령은 계약체결 이전에 실시설계적격자에게 책임이 없는 다음 각 호의 어느 하나에 해당하는 사유로 실시설계를 변경한 경우에는 계약체결 이후 즉시 설계변경에 의한 계약금액을 조정을 하도록 규정하고 있다(국가계약법 시행령 제91조 제2항).

1. 민원이나 환경·교통영향평가 또는 관련 법령에 따른 인허가 조건 등과 관련하여 실시설계의 변경이 필요한 경우
2. 발주기관이 제시한 기본계획서·입찰안내서 또는 기본설계서에 명시 또는 반영되어 있지 아니한 사항에 대하여 해당 발주기관이 변경을 요구한 경우
3. 중앙건설기술심의위원회 또는 기술자문위원회가 실시설계 심의과정에서 변경을 요구한 경우

위와 같은 사유로 계약금액을 조정하고자 할 때에는 다음 각 호의 기준에 의한다(국가계약법 시행령 제91조 제3항).

1. 감소된 공사량의 단가: 국가계약법 시행령 제85조 제2항 및 제3항의 규정에 의하여 제출한 산출내역서상의 단가
2. 증가된 공사량의 단가: 설계변경 당시를 기준으로 산정한 단가와 제1호의 규정에 의한 산출내역서상의 단가의 범위 안에서 계약당사자 간에 협의하여 결정한 단가. 다만, 계약당사자 사이에 협의가 이루어지지 아니하는 경우에는 설계변경 당시를 기준으로 산정한 단가와 제1호의 규정에 의한 산출내역서상의 단가를 합한 금액의 100분의 50으로 한다.
3. 제1호의 규정에 의한 산출내역서상의 단가가 없는 신규비목의 단가: 설계변경 당시를 기준으로 산정한 단가

---

④ 계약담당공무원은 제3항에 의하여 손해의 상황을 확인하였을 때에는 별도의 약정이 없는 한 공사금액의 변경 또는 손해액의 부담 등 필요한 조치에 대하여 계약상대자와 협의하여 이를 결정한다. 다만, 협의가 성립되지 않을 때에는 제51조에 의해서 처리한다.

X. 기술제안입찰(국가계약법 시행령 제8장[1])

1. 적용범위와 주요개념

각 중앙관서의 장 또는 계약담당공무원[2]은 상징성 · 기념성 · 예술성 등이 필요하다고 인정되거나 난이도가 높은 기술이 필요한 시설물 공사(이하 "기술제안대상공사")에 대하여는 실시설계 기술제안입찰 또는 기본설계 기술제안입찰에 의한 계약을 체결할 수 있다(국가계약법 시행령 제97조 전단). 위 계약에 대하여는 시행령 제8장에 규정한 바에 의하되, 제8장에 특별한 규정이 없는 사항에 관하여는 시행령의 다른 장에 규정한 바에 따른다(국가계약법 시행령 제97조 후단).

기술제안입찰의 주요개념은 아래와 같다(국가계약법 시행령 제98조).

1. "기술제안서" 입찰자가 발주기관이 교부한 설계서 등을 검토하여 공사비 절감방안, 공기단축방안, 공사관리방안 등을 제안하는 문서
2. "실시설계 기술제안입찰" 발주기관이 교부한 실시설계서 및 입찰안내서에 따라 입찰자가 기술제안서를 작성하여 입찰서와 함께 제출하는 입찰
3. "기본설계 기술제안입찰" 발주기관이 작성하여 교부한 기본설계서와 입찰안내서에 따라 입찰자가 기술제안서를 작성하여 입찰서와 함께 제출하는 입찰

2. 입찰방법의 심의 등의 특례

각 중앙관서의 장은 기술제안대상공사에 대하여 실시설계 기술제안입찰 또는 기본설계 기술제안입찰(이하 "실시설계 기술제안입찰등")을 실시하려는 경우 입찰방법의 심의에 관하여 중앙건설기술심의위원회의 심의를 거쳐야 한다(국가계약법 시행령 제99조 제1항). 각 중앙관서의 장은 위와 같이 중앙건설기술심의위

---

1) 제97조부터 제109조까지.
2) 각 중앙관서의 장이 계약에 관한 사무를 그 소속공무원에게 위임하지 아니하고 직접 처리하는 경우, 편의상 "계약담당공무원"이라고만 한다.

원회의 심의를 받으려는 때에는 해당 연도 이후에 집행할 기술제안대상공사의 집행기본계획서를 다음 각 호에서 정하는 순서에 따라 국토교통부장관에게 제출하여야 한다(국가계약법 시행령 제99조 제2항 전단).

1. 기본설계서를 작성한 후 기본설계 기술제안입찰로 발주하려는 공사에 대하여 제출
2. 기본설계 기술제안입찰로 발주하지 아니하기로 결정된 공사에 대해서는 실시설계서를 작성한 후 실시설계 기술제안입찰로 발주하려는 공사에 대하여 제출

대형공사계약에 관한 입찰방법의 심의 등에 관한 규정, 입찰방법 공고 등에 관한 규정은 실시설계 기술제안입찰 등에도 준용된다(국가계약법 시행령 제99조 제2항 후단, 제3항, 시행규칙 제81조의2).

3. 입찰참가자격의 특례

실시설계 기술제안입찰에 관하여는 경쟁입찰의 참가자격에 관한 시행령 제12조 제1항을, 기본설계 기술제안입찰에 관하여는 일괄입찰 등에 관한 시행령 제84조 제1항을 각각 준용한다(국가계약법 시행령 제100조).

4. 낙찰자 결정방법 등의 특례

실시설계 기술제안입찰의 경우, 계약담당공무원은 공사의 목적, 특성 등을 고려하여 제104조 본문에 따라 낙찰자 결정대상자로 선정된 자를 대상으로 다음 각 호의 어느 하나에 해당하는 방법으로 낙찰자를 결정하여야 한다(국가계약법 시행령 제102조 제1항).

1. 최저가격으로 입찰한 자를 낙찰자로 결정하는 방법
2. 입찰가격을 기술제안점수로 나누어 조정된 수치가 가장 낮은 자 또는 기술제안점수를 입찰가격으로 나누어 조정된 점수가 가장 높은 자를 낙찰자로 결정하는 방법
3. 기술제안점수와 가격점수에 가중치를 부여하여 각각 평가한 결과를 합

산한 점수가 가장 높은 자를 낙찰자로 결정하는 방법

기본설계 기술제안입찰의 경우, 계약담당공무원은 공사의 목적, 특성 등을 고려하여 제106조 제1항에 따라 기술제안적격으로 선정된 자를 대상으로 다음 각 호의 어느 하나에 해당하는 방법으로 실시설계적격자를 결정하여야 한다(국가계약법 시행령 제102조 제2항).

1. 최저가격으로 입찰한 자를 실시설계적격자로 결정하는 방법
2. 입찰가격을 기술제안점수로 나누어 조정된 수치가 가장 낮은 자 또는 기술제안점수를 입찰가격으로 나누어 조정된 점수가 가장 높은 자를 실시설계적격자로 결정하는 방법
3. 기술제안점수와 가격점수에 가중치를 부여하여 각각 평가한 결과를 합산한 점수가 가장 높은 자를 실시설계적격자로 결정하는 방법

계약담당공무원은 위와 같이 선택된 낙찰자 및 실시설계적격자 결정방법을 입찰공고를 할 때에 명시하여야 한다(국가계약법 시행령 제102조 제3항).

각 중앙관서의 장은 위와 같은 낙찰자 및 실시설계적격자 결정방법에 필요한 기술제안점수 · 가격점수의 산출방법과 가중치, 기술과 가격 조정을 위한 산식, 그 밖에 필요한 사항을 정하여 입찰에 참가하려는 자가 열람할 수 있도록 하여야 한다(국가계약법 시행령 제102조 제4항).

5. 실시설계 기술제안입찰의 특례

가. 입찰절차

계약담당공무원은 실시설계 기술제안입찰을 하는 경우 입찰자에게 다음 각 호의 내용을 포함한 기술제안서를 제출하게 하여야 한다. 다만, 공사의 특성 등을 고려하여 필요하면 그 내용의 일부를 변경할 수 있다(국가계약법 시행령 제103조 제1항).

1. 시공 효율성 검토 등을 통한 공사비 절감방안
2. 생애주기비용 개선방안

3. 공기단축방안
4. 공사관리방안
5. 발주기관이 교부한 설계서 및 입찰자가 제출하는 기술제안서의 내용을 반영하여 물량과 단가를 명백히 한 산출내역서
6. 그 밖에 입찰공고를 할 때에 요구된 사항

각 중앙관서의 장은 위와 같이 제출된 기술제안서의 평가를 위한 세부심사기준을 정하고 입찰에 참가하려는 자가 열람할 수 있도록 하여야 한다(국가계약법 시행령 제103조 제2항).

계약담당공무원은 위와 같이 기술제안서를 제출받은 때에는 중앙건설기술심의위원회에 해당 기술제안서의 적격여부에 대한 심의 및 점수 평가를 의뢰하고 중앙건설기술심의위원회는 의뢰받은 기술제안서의 타당성을 검토하여 기술제안서의 적격 여부 및 평가점수를 명백히 한 서류를 해당 계약담당공무원에게 통지하여야 한다(국가계약법 시행령 제103조 제3항).

계약담당공무원은 위 기술제안서 심의 및 점수 평가에 대하여는 기술자문위원회의 심의 및 점수 평가로 갈음할 수 있다(국가계약법 시행령 제103조 제4항).

중앙건설기술심의위원회 또는 기술자문위원회는 위와 같이 기술제안서 심의를 하는 경우 기술제안서가 입찰의 기본계획 및 지침의 내용이나 설계서의 내용에 비추어 미비하거나 그 내용이 분명하지 아니한 경우에는 이에 대한 보완을 요구할 수 있다(국가계약법 시행령 제103조 제5항).

나. 낙찰자 결정

계약담당공무원은 실시설계 기술제안입찰을 하는 경우 중앙건설기술심의위원회로부터 통지를 받은 때에는 입찰자 중 기술제안점수가 높은 순으로 최대 6명(적격으로 통지된 입찰자가 6명 미만인 경우에는 적격으로 통지된 모든 입찰자)을 낙찰자 결정대상자로 선정한 후 위 3.항에 기술한 바에 따라 선택된 낙찰자 결정방법을 적용하여 낙찰자를 결정한다(국가계약법 시행령 제104조 본문). 다만, 시행령 제103조 제3항에 따라 중앙건설기술심의위원회가 통지한 기술제안적격자가 1명 이하인 경우에는 재공고입찰에 의하여야 한다(국가계약법 시행령 제104조 단서).

6. 기본설계 기술제안입찰의 특례

가. 입찰절차

계약담당공무원은 기본설계 기술제안입찰을 하는 경우 입찰자에게 다음 각 호의 내용을 포함한 기술제안서를 제출하게 하여야 한다. 다만, 공사의 특성 등을 고려하여 필요하면 그 내용의 일부를 변경할 수 있다(국가계약법 시행령 제105조 제1항).

1. 시공 효율성 검토 등을 통한 공사비 절감방안
2. 생애주기비용 개선방안
3. 공기단축방안
4. 공사관리방안
5. 그 밖에 입찰공고를 할 때에 요구된 사항

각 중앙관서의 장은 위와 같이 제출된 기술제안서의 평가를 위한 세부심사기준을 정하고 입찰에 참가하려는 자가 열람할 수 있도록 하여야 한다(국가계약법 시행령 제105조 제2항).

계약담당공무원은 시행령 제106조 제1항 본문에 따라 실시설계적격자로 선정된 자에 한정하여 실시설계서를 제출하게 하여야 하며, 실시설계서에 다음 각 호의 도서를 첨부하게 하여야 한다(국가계약법 시행령 제105조 제3항).

1. 실시설계에 대한 구체적인 설명서
2. 「건설기술 진흥법 시행령」 제11조에 따른 관계 서류
3. 단가 및 수량을 명백히 한 산출내역서
4. 그 밖에 참고 사항을 적은 서류

계약담당공무원은 위와 같이 기술제안서 또는 실시설계서를 제출받은 때에는 중앙건설기술심의위원회에 해당 기술제안서 또는 실시설계서의 적격여부에 대한 심의 및 점수 평가를 의뢰하고, 중앙건설기술심의위원회는 의뢰받은 기술제안서 또는 실시설계서의 타당성을 검토하여 기술제안서 또는 실시설계서의 적격 여부 및 평가점수를 명백히 한 서류를 해당 중앙관서의 장 또는 계약담

당공무원에게 통지하여야 한다(국가계약법 시행령 제105조 제4항).

계약담당공무원은 중앙건설기술심의위원회의 기술제안서 또는 실시설계서 심의 및 점수평가에 대하여는 기술자문위원회의 심의 및 점수평가로 갈음할 수 있다(국가계약법 시행령 제105조 제5항).

중앙건설기술심의위원회 또는 기술자문위원회는 기술제안서 또는 실시설계서의 심의를 하는 경우 기술제안서 또는 실시설계서에 첨부된 도서가 입찰의 기본계획 및 지침의 내용이나 기본설계(실시설계서를 심의하는 경우에는 기술제안서를 포함한다)의 내용에 비추어 미비하거나 그 내용이 분명하지 아니한 경우에는 이에 대한 보완을 요구할 수 있다(국가계약법 시행령 제105조 제6항).

나. 낙찰자 결정

계약담당공무원은 시행령 제105조 제4항에 따라 중앙건설기술심의위원회의 통지를 받은 때에는 입찰자 중 기술제안점수가 높은 순으로 최대 6명(적격으로 통지된 입찰자가 6명 미만인 경우에는 적격으로 통지된 모든 입찰자)의 낙찰자 결정대상자를 선정한 후 시행령 제102조 제2항에 따른 실시설계적격자 결정방법을 적용하여 실시설계적격자를 결정한다. 다만, 시행령 제105조 제4항에 따른 기술제안적격자가 1명 이하인 경우에는 재공고입찰에 의하여야 한다(국가계약법 시행령 제106조 제1항).

계약담당공무원은 시행령 제105조 제4항 및 제5항에 따라 중앙건설기술심의위원회 또는 기술자문위원회로부터 해당 실시설계의 적격통지를 받은 때에는 그 실시설계서를 제출한 자를 낙찰자로 선정한다(국가계약법 시행령 제106조 제2항).

일괄입찰의 낙찰자 선정에 관한 시행령 제87조 제3항부터 제8항까지의 규정은 기본설계 기술제안입찰의 낙찰자결정에 관하여 준용한다(국가계약법 시행령 제106조 제3항).

7. 기타

가. 제안서 작성비용 보상

계약담당공무원은 다음 각 호의 어느 하나에 해당하는 자의 전부 또는 일부에 대해서는 예산의 범위에서 제안서 작성비용의 일부를 보상할 수 있다(국가계약법 시행령 제107조 제1항).

1. 국가계약법 시행령 제104조 및 제106조 제1항에 따라 선정된 자 중 낙찰자로 결정되지 아니한 자
2. 발주기관의 귀책사유로 취소된 기술제안입찰에 참가한 자

계약담당공무원은 낙찰탈락자 중 제안서점수가 높은 순으로 최대 5인(낙찰탈락자가 5인 미만인 경우에는 모든 낙찰탈락자)을 선정하여 다음 산식에 따라 제안서 보상비를 지급한다[정부 입찰·계약 집행기준[3] 제87조의3 제1항].

$$0.1\% + \frac{\text{제안서 점사} - 60}{40} \times 0.2\%$$

계약담당공무원은 발주기관의 귀책사유로 취소된 기술제안입찰에 참여한 자 중 국가계약법 시행령 제104조 또는 제106조 제1항에 따라 선정된 자에 대해 제안서 점수가 높은 순으로 최대 5인(선정된 자가 5인 미만인 경우에는 선정된 모든 자)을 선정하여 위 산식에 따라 제안서 보상비를 지급한다(정부 입찰·계약 집행기준 제87조의3 제2항). 다만 국가계약법 시행령 제104조 또는 제106조 제1항에 따라 선정되기 전에 발주기관의 귀책사유로 입찰이 취소된 경우에는 모든 입찰참여자에 대해 해당 공사의 제안서 작성비용으로 책정된 해당 공사예산의 10/1000에 해당하는 금액을 균분하여 지급하되, 입찰참여 1인당 동 금액의 1/4를 초과하여 지급하지 못한다(정부 입찰·계약 집행기준 제87조의3 제4항).

계약담당공무원은 위와 같이 산정한 제안서 보상비 합계액이 제안서 보상예산을 초과하는 경우에 위와 같이 산정된 각 자의 제안서 보상비가 제안서 보상비 합계액에서 차지하는 비율에 따라 해당 제안서 보상예산을 나누어 지급한다(정부 입찰·계약 집행기준 제87조의3 제3항).

계약담당공무원은 2인 이상이 공동으로 입찰하여 낙찰탈락자가 된 경우에는 위와 같이 산출된 금액을 공동입찰의 대표자에게 지급하여야 한다(정부 입찰·계약 집행기준 제88조).

---

3) 기획재정부 계약예규 제280호, 2016. 1. 1. 일부개정.

계약담당공무원은 낙찰탈락자가 확정되면 즉시 낙찰탈락자에게 제안서 작성비용의 보상과 관련된 내용을 통지하여야 한다(정부 입찰 · 계약 집행기준 제89조 제1항). 위 통지에는 특별한 사유가 없는 한 통지일로부터 30일 이내에 낙찰탈락자의 제안서 작성비용의 보상요청이 없으면 설계비 등 보상금에 대한 권리를 포기한 것으로 간주한다는 내용이 포함되어야 한다(정부 입찰 · 계약 집행기준 제89조 제2항).

계약담당공무원은 기술제안입찰 공사의 입찰공고를 하는 경우에 입찰공고에 제안서 작성비용 보상에 관한 위 내용을 포함시켜야 한다(정부 입찰 · 계약 집행기준 제90조).

나. 설계 변경으로 인한 계약금액 조정

설계변경으로 인한 계약금액 조정에 관하여 실시설계 기술제안입찰에 따른 공사계약의 경우에는 국가계약법 시행령 제65조(일반공사의 설계변경으로 인한 계약금액 조정)를, 기본설계 기술제안입찰에 따른 공사계약의 경우에는 국가계약법 시행령 제91조(대안입찰과 일괄입찰의 설계변경으로 인한 계약금액 조정)를 각각 준용한다(국가계약법 시행령 제108조).

다. 평가

계약담당공무원은 기술제안입찰에 의한 공사의 준공검사를 한 후에 평가단을 구성하여 해당 공사의 발주방식의 적정성, 시공과정 · 실적 및 효과 등에 대하여 평가를 실시할 수 있다(국가계약법 시행령 제109조 제1항). 위 평가단의 구성 · 운영, 그 밖에 평가에 관하여 필요한 사항은 각 중앙관서의 장이 정한다(국가계약법 시행령 제109조 제2항).

XI. 이의신청 및 국가계약분쟁조정위원회에 의한 심사 · 조정

제28조 (이의신청)

① 대통령령으로 정하는 금액(국제입찰의 경우 제4조에 따른다) 이상의 정부조달계약 과정에서 해당 중앙관서의 장 또는 계약담당공무원의 다음 각 호의 어느 하나에 해당하는 행위로 불이익을 받은 자는 그 행위를 취소하거나 시정(是正)하기 위한 이의신청을 할 수 있다.

1. 제4조 제1항의 국제입찰에 따른 정부조달계약의 범위와 관련된 사항
2. 제7조에 따른 입찰 참가자격과 관련된 사항
3. 제8조에 따른 입찰 공고 등과 관련된 사항
4. 제10조 제2항에 따른 낙찰자 결정과 관련된 사항
5. 그 밖에 대통령령으로 정하는 사항

② 이의신청은 이의신청의 원인이 되는 행위가 있었던 날부터 15일 이내 또는 그 행위가 있음을 안 날부터 10일 이내에 해당 중앙관서의 장에게 하여야 한다.

③ 해당 중앙관서의 장은 이의신청을 받은 날부터 10일 이내에 심사하여 시정 등 필요한 조치를 하고 그 결과를 신청인에게 통지하여야 한다.

④ 제3항에 따른 조치에 이의가 있는 자는 통지를 받은 날부터 15일 이내에 제29조에 따른 국가계약분쟁조정위원회에 조정(調停)을 위한 재심(再審)을 청구할 수 있다.

제29조 (국가계약분쟁조정위원회)

① 제28조 제4항에 따른 재심청구를 심사 · 조정하게 하기 위하여 기획재정부에 국가계약분쟁조정위원회(이하 "위원회"라 한다)를 둔다.

② 위원회는 위원장 1명을 포함하여 15명 이내의 위원으로 구성한다.

③ 위원회의 위원장은 기획재정부장관이 지명하는 고위공무원단에 속하는 공무원이 되고, 위원은 대통령령으로 정하는 중앙행정기관 소속 공무원으로서 해당 기관의 장이 지명하는 사람과 다음 각 호의 어느 하나에 해당하는 사람 중 성별을 고려하여 기획재정부장관이 위촉하는 사람이 된다.

1. 「고등교육법」에 따른 대학에서 법학 · 재정학 · 무역학 또는 회계학의 부교

수 이상의 직에 5년 이상 근무한 경력이 있는 사람
2. 변호사의 자격을 가진 사람으로서 그 자격과 관련된 업무에 5년 이상 재직 중이거나 재직한 사람
3. 정부의 회계 및 조달계약 업무에 관한 학식과 경험이 풍부한 사람으로서 제1호 또는 제2호의 기준에 상당하다고 인정되는 사람

④ 제3항 각 호의 위촉위원의 임기는 2년으로 하되, 연임할 수 있다. 〈신설 2016. 3. 2.〉

⑤ 제3항 각 호의 위촉위원의 사임 등으로 인하여 새로 위촉된 위원의 임기는 전임위원 임기의 남은 기간으로 한다.

⑥ 제3항 각 호의 위촉위원은 금고 이상의 형의 선고를 받거나 장기간의 심신쇠약으로 직무를 수행할 수 없게 된 때를 제외하고는 임기 중 그 의사에 반하여 해촉되지 아니한다.

⑦ 위원회의 위원은 그 위원과 직접 이해관계가 있는 안건의 심사 · 조정에 참여할 수 없다.

⑧ 제2항부터 제7항까지에서 규정한 사항 외에 위원회의 운영 및 심사 · 조정 절차와 그 밖에 필요한 사항은 대통령령으로 정한다.

제30조 (계약절차의 중지)

① 위원회는 심사 · 조정에 착수하는 경우 청구인과 해당 중앙관서의 장에게 그 사실을 통지하여야 한다.

② 위원회는 해당 중앙관서의 장의 의견을 고려하여 필요하다고 인정하면 조정이 완료될 때까지 해당 입찰 절차를 연기하거나 계약체결을 중지할 것을 명할 수 있다.

제31조 (심사 · 조정)

① 위원회는 특별한 사유가 없으면 재심청구를 받은 날부터 50일 이내에 심사 · 조정하여야 한다.

② 제1항에 따른 조정은 청구인과 해당 중앙관서의 장이 조정이 완료된 후 15일 이내에 이의를 제기하지 아니한 경우에는 재판상 화해(和解)와 같은 효력을 갖는다.

1. 이의신청

가. 요건

1) 계약의 최소규모(국가계약법 시행령 제110조 제1항)

1. 공사 계약의 경우: 70억원 이상
2. 물품 계약의 경우: 1억 5천만원 이상
3. 용역 계약의 경우: 1억 5천만원 이상

2) 사유

1. 제4조 제1항의 국제입찰에 따른 정부조달계약의 범위와 관련된 사항
2. 제7조에 따른 입찰 참가자격과 관련된 사항
3. 제8조에 따른 입찰 공고 등과 관련된 사항
4. 제10조 제2항에 따른 낙찰자 결정과 관련된 사항
5. 그 밖에 대통령령으로 정하는 사항

5호에서 말하는 그 밖에 대통령령으로 정하는 사항은 물가변동, 설계변경 및 기타 계약내용의 변경에 따른 계약금액의 조정과 관련한 사항(국가계약법 시행령 제110조 제2항 제1호)과 지체상금 및 지체일수 산입범위와 관련한 사항(국가계약법 시행령 제110조 제2항 제2호)을 말한다.

3) 신청 기간(국가계약법 제28조 제2항)

이의신청의 원인이 되는 행위가 있었던 날부터 15일 이내 또는 그 행위가 있음을 안 날부터 10일 이내.

4) 상대방(국가계약법 제28조 제2항)

이의신청은 해당 중앙관서의 장에게 하여야 한다.

나. 처리(국가계약법 제28조 제3항)

해당 중앙관서의 장은 이의신청을 받은 날부터 10일 이내에 심사하여 시정

등 필요한 조치를 하고 그 결과를 신청인에게 통지하여야 한다.

다. 불복절차(국가계약법 제28조 제4항)

이의신청에 대하여 중앙관서의 장이 취한 조치에 대하여 이의가 있는 자는 통지를 받은 날부터 15일 이내에 법 제29조에 따른 국가계약분쟁조정위원회에 조정(調停)을 위한 재심(再審)을 청구할 수 있다.

2. 국가계약분쟁조정위원회의 조정

가. 국가계약분쟁조정위원회의 설치

이의신청에 대하여 중앙관서의 장이 취한 조치에 대하여 불복이 있는 때에는 국가계약분쟁조정위원회에 재심 청구를 할 수 있고, 재심 청구를 심사·조정하게 하기 위하여 기획재정부에 국가계약분쟁조정위원회(이하 "위원회"라 한다)를 둔다(국가계약법 제28조 제4항, 제29조 제1항).

나. 위원회의 구성(국가계약법 제29조 제2항)

1) 위원장

위원장은 기획재정부장관이 지명하는 고위공무원단에 속하는 공무원이 된다.

2) 위원

위원은 기획재정부장관이 15명 이내로 위촉하되, 기획재정부·미래창조과학부·국방부·행정자치부·산업통상자원부·국토교통부·조달청과 그 밖에 기획재정부장관이 필요하다고 인정하는 중앙행정기관의 고위공무원단에 속하는 공무원으로서 해당 기관의 장이 지명하는 공무원 각 1명과 「고등교육법」에 따른 대학에서 법학·재정학·무역학 또는 회계학의 부교수 이상의 직에 5년 이상 근무한 경력이 있는 사람, 변호사의 자격을 가진 사람으로서 그 자격과 관련된 업무에 5년 이상 재직 중이거나 재직한 사람, 정부의 회계 및 조달계약 업무에 관한 학식과 경험이 풍부한 사람으로서 제1호 또는 제2호의 기준에 상당하다고 인정되는 사람 중에서 성별을 고려하여 위촉한다(국가계약법 제29조 제2항,

국가계약법 시행령 제111조).

위원의 임기는 2년으로 하되, 연임할 수 있고(국가계약법 제29조 제4항), 위원의 사임 등으로 인하여 새로 위촉된 위원의 임기는 전임위원 임기의 남은 기간으로 한다(국가계약법 제29조 제5항).

위촉위원은 금고 이상의 형의 선고를 받거나 장기간의 심신쇠약으로 직무를 수행할 수 없게 된 때를 제외하고는 임기 중 그 의사에 반하여 해촉되지 아니한다(국가계약법 제29조 제6항).

위원회의 위원은 그 위원과 직접 이해관계가 있는 안건의 심사 · 조정에 참여할 수 없다(국가계약법 제29조 제7항).

다. 위원회의 운영 및 심사 · 조정 절차[1)]

1) 중앙관서 장의 의견서 제출

심사 · 조정 청구의 사실을 통지받은 중앙관서의 장은 통지를 받은 날부터 14일 이내에 이에 대한 의견을 서면으로 위원회에 제출하여야 한다(국가계약법 시행령 제112조 제1항).

2) 위원회의 심사 · 조정 착수 통지

위원회는 심사 · 조정에 착수하는 경우 청구인과 해당 중앙관서의 장에게 그 사실을 통지하여야 한다(국가계약법 제30조 제1항).

3) 위원회의 증거조사

위원회는 필요한 경우 청구인 및 해당 중앙관서의 장에게 심사 · 조정이 요청된 사항에 관한 서류의 제출을 요구할 수 있으며, 관계 전문기관에 감정 · 진단과 시험 등을 의뢰할 수 있다(국가계약법 시행령 제112조 제2항).

위원회는 심사 · 조정의 완료 전에 청구인 및 해당 중앙관서의 장과 그 대리인에게 의견을 진술할 기회를 주어야 하며, 필요한 경우에는 청구인 및 해당 중앙관서의 장과 그 대리인, 증인 또는 관계전문가로 하여금 위원회에 출석하게 하여 그 의견을 들을 수 있다(국가계약법 시행령 제112조 제3항).

---

1) 국가계약법 시행령 제112조~제115조.

4) 위원회의 서면 조정안 작성

위원회는 조정청구의 심사 결과 청구인이 불이익을 받았다고 인정되는 경우에는 해당 중앙관서의 장 또는 계약담당공무원이 행한 행위를 취소 또는 시정하거나 그에 따른 손해배상 또는 손실보상을 하도록 하는 서면 조정안을 작성하여 이를 청구인 및 해당 중앙관서의 장에게 알려야 한다(국가계약법 시행령 제113조 제1항, 제2항). 이 때 손해배상 또는 손실보상은 입찰 준비와 조정의 청구 과정에서 드는 비용으로 한정할 수 있다(국가계약법 시행령 제113조 제3항).

5) 심사 기간

위원회는 특별한 사유가 없으면 재심청구를 받은 날부터 50일 이내에 심사·조정하여야 한다(국가계약법 제31조 제1항).

6) 조정의 중지

위원회는 위원회에 조정청구된 것과 같은 사안에 대하여 법원의 소송이 진행 중인 경우 그 심사·조정을 중지할 수 있다. 이 경우 중지 사유를 청구인 및 해당 중앙관서의 장에게 알려야 한다(국가계약법 시행령 제114조).

7) 비용부담

청구인은 위원회의 심사·조정과 관련한 비용을 부담한다. 다만, 청구인과 해당 중앙관서의 장 간에 약정이 있는 경우에는 그 약정에 따른다(국가계약법 시행령 제115조 제1항).

청구인이 부담할 비용의 구체적인 범위는 다음과 같다(국가계약법 시행규칙 제86조 제1항).

1. 감정·진단과 시험에 드는 비용
2. 증인과 증거 채택에 드는 비용
3. 검사와 조사에 드는 비용
4. 녹음·속기록과 통역 등 그 밖의 심사·조정에 드는 비용

위원회는 필요하다고 인정하는 경우에는 청구인으로 하여금 제1항에 따른 심사·조정 관련 비용을 미리 내게 할 수 있다(국가계약법 시행규칙 제86조 제2항).

위원회는 제2항에 따라 심사·조정 관련 비용을 미리 받은 경우에는 심사·조정안이 당사자에게 제시된 날부터 30일 이내에 미리 받은 금액과 비용에 대한 정산서를 청구인에게 통지하여야 한다. 다만, 청구인과 해당 중앙관서의 장간에 약정이 있는 경우에는 그 약정에 따라 정산서를 통지한다(국가계약법 시행규칙 第86条 第3항).

8) 계약절차의 중지 명령

위원회는 해당 중앙관서의 장의 의견을 고려하여 필요하다고 인정하면 조정이 완료될 때까지 해당 입찰 절차를 연기하거나 계약체결을 중지할 것을 명할 수 있다(국가계약법 第30条).

라. 조정 완료의 효과

국가계약분쟁조정위원회에 의한 조정은 청구인과 해당 중앙관서의 장이 조정이 완료된 후 15일 이내에 이의를 제기하지 아니한 경우에는 재판상 화해(和解)와 같은 효력을 갖는다(국가계약법 第31条 第2항).

> 제32조 (계약담당공무원의 교육)
> 정부는 계약담당공무원의 자질향상을 위하여 교육을 할 수 있다.
>
> 제33조 (계약실적보고서의 제출)
> 각 중앙관서의 장은 대통령령으로 정하는 바에 따라 계약실적보고서를 기획재정부장관에게 제출하여야 한다.
>
> 제34조 (계약에 관한 법령의 협의)
> 각 중앙관서의 장은 계약에 관한 법령을 입안할 때에는 기획재정부장관과 미리 협의하여야 한다.
>
> 제35조 (벌칙 적용에서의 공무원 의제)
> 다음 각 호의 위원회의 위원 중 공무원이 아닌 위원은 「형법」 제129조부터 제132조까지의 규정을 적용할 때에는 공무원으로 본다.
> 1. 제27조의3에 따른 과징금부과심의위원회
> 2. 제29조에 따른 국가계약분쟁조정위원회
> 3. 입찰·낙찰 또는 계약의 체결·이행에 관한 사전심사 및 자문 업무를 수행하는 대통령령으로 정하는 위원회

1. 계약담당공무원의 교육

정부는 계약담당공무원의 자질향상을 위하여 교육을 할 수 있다(국가계약법 제32조).

2. 계약실적보고서의 제출

각 중앙관서의 장 또는 계약담당공무원은 계약체결 또는 계약변경 후 30일 이내에 계약체결 및 계약변경에 관하여, 입찰에 부칠 계약목적물의 규격에 관한 사항으로서 물품 제조·구매계약의 경우에는 성능, 재질 및 제원 등 계약목적물에 요구되는 조건, 용역계약의 경우에는 과업 내용 등 계약상대자가 이행할 용역의 세부사항을, 계약체결에 관한 사항으로서 계약의 목적, 입찰일 및 계약체결일, 추정가격 또는 예정가격, 계약체결방법(일반경쟁·제한경쟁·지명경쟁·

수의계약, 지역제한 여부, 국가계약법 시행령 제72조 제3항 적용 여부), 계약상대자의 성명(법인인 경우에는 법인명), 계약 물량 또는 규모, 계약금액(장기계속공사의 경우 총 공사금액), 지명경쟁 또는 수의계약의 경우에는 그 사유, 국가계약법 시행령 제42조 제4항에 따라 낙찰자를 결정한 공사의 경우에는 입찰자별 입찰금액을 기획재정부장관에게 제출하여야 한다(국가계약법 제33조, 국가계약법 시행령 제93조, 국가계약법 시행규칙 제82조의2, 제82조 제2호, 제3호).

다만, 국가계약법 시행령 제26조 제1항 제1호 가목 중 작전상의 병력 이동에 따른 사유와 제26조 제1항 제1호 나목 및 같은 항 제5호 라목에 따른 사유로 인하여 체결한 수의계약의 경우에는 계약실적보고서를 제출할 의무가 없다.

3. 계약에 관한 법령의 협의

각 중앙관서의 장은 계약에 관한 법령을 입안할 때에는 기획재정부장관과 미리 협의하여야 한다(국가계약법 제34조).

4. 뇌물죄 적용에서의 공무원 의제(국가계약법 제35조)

다음 각 호의 위원회의 위원 중 공무원이 아닌 위원은 「형법」 제129조부터 제132조까지의 규정을 적용할 때에는 공무원으로 본다.

1. 제27조의3에 따른 과징금부과심의위원회
2. 제29조에 따른 국가계약분쟁조정위원회
3. 입찰 · 낙찰 또는 계약의 체결 · 이행에 관한 사전심사 및 자문 업무를 수행하는 대통령령으로 정하는 위원회

사항색인

[ㅅ]

[ㅇ]

[ㅈ]

집필진
WRITER

강 현
- 고려대학교 법과대학 졸업(1990)
- 제22기 사법연수원 수료(1993)
- 사법연수원 부동산간접투자와 금융강좌 강사(2005-2015)
- 대한상사중재원 중재인(2010-현재)
- The annual Practice Editor for Real Estate within South Korea, Chambers and Partners(2016-현재)
- 법무법인(유한) 태평양(1994-현재)

김재승
- 서울대학교 법과대학 졸업(1988)
- 제22기 사법연수원 수료(1993)
- 미국 Georgetown Law(LL.M., 2001)
- 판사(1996-2008), 부장판사(2008-2012)
- 법무법인(유한) 태평양(2012-현재)

도건철
- 서울대학교 법과대학 졸업(1988)
- 제19기 사법연수원 수료(1990)
- Georgetown University Law Center 졸업(LL.M., 1999)
- Gale International Korea 법무담당 부사장(2008-2009)
- 법무법인(유한) 태평양(1993-현재)

박철규
- 고려대학교 법과대학 졸업(1999)
- 제31기 사법연수원 수료(2002)
- 미국 California Western School of Law(2008)
- 법무법인(유한) 태평양(2002-현재)

백호석

- 서울대학교 법과대학 졸업(1999)
- 제34기 사법연수원 수료(2005)
- 미국 Santa Clara University School of Law(LL.M., 2011)
- 법무법인(유한) 태평양(2005-현재)

범 현

- 고려대학교 법과대학 졸업(1996)
- 제30기 사법연수원수료(2001)
- 대법원 양형위원회 전문위원(2010-현재)
- 한국건설법학회 총무이사(2015-현재)
- 법무법인(유한) 태평양(2001-현재)

송재우

- 고려대학교 법과대학 졸업(1995)
- 제27기 사법연수원 수료(1998)
- 미국 University of Southern California 연수(2006-2007)
- 용인시 특별법률고문변호사(2008-2010)
- 법무법인(유한) 태평양(2001-현재)

연운희

- 한양대학교 법과대학 졸업(1991)
- 제22기 사법연수원 수료(1993)
- 수원지방법원 부장판사(2010-2013)
- 법무법인(유한) 태평양(2013-현재)

오정면

- 서울대학교 법과대학 졸업(1990)
- 제22기 사법연수원 수료(1993)
- 미국 California Western school of Law(LL.M., 2002), 미 New York주 변호사
- 대한상사중재원 중재인(2016-현재)
- 서울지방변호사회 회원이사(2009-2011)
- 법무법인(유한) 태평양(1996-현재)

이형석

- 서울대학교 법과대학 졸업(1988)
- 제21기 사법연수원 수료(1992)
- 미국 New York 주 변호사자격 취득(2004)
- 대통령 소속 국가건축정책위원회 위원(2016-현재)
- 중앙토지수용위원회 위원(2016-현재)
- 법무법인(유한) 태평양(1995-현재)

전은진

- 서울대학교 인류학과 졸업(1999)
- 제30기 사법연수원 수료(2001)
- 미국 Washington University in St. Louis(School of Law) 수학(2007)
- Visiting Scholar, University of Missouri(Truman School of Public Affairs) (2011-2013)
- 법무법인(유한) 태평양(2001-2010, 2014-현재)

조병규

- 서울대학교 법과대학 졸업(1997)
- 제29기 사법연수원 수료(2000)
- 법무법인 지평(2003-2011)
- 법무법인(유한) 태평양(2011-현재)

최병호

- 서울대학교 법과대학 졸업(1987)
- 제18기 사법연수원 수료(1989)
- 미국 University of Washington School of Law 졸업(1997), 미 New York주 변호사(1999)
- 대한상사중재원 중재인(2002-현재)
- 사법연수원 전문분야(건설) 테마특강 강사(2007-2013)
- 법무법인(유한) 태평양(1992-현재)

주석 국가계약법

초판발행 2017년 1월 30일
중판발행 2018년 3월 10일

지은이 법무법인(유한)태평양 건설부동산팀
펴낸이 안종만

편 집 김선민
기획/마케팅 조성호
표지디자인 권효진
제 작 우인도 · 고철민

펴낸곳 (주) 박영사
서울특별시 종로구 새문안로3길 36, 1601
등록 1959. 3. 11. 제300-1959-1호(倫)
전 화 02)733-6771
f a x 02)736-4818
e-mail pys@pybook.co.kr
homepage www.pybook.co.kr
ISBN 979-11-303-2972-7 93360

정 가 35,000원